注册建筑师考试丛书

一级注册建筑师考试教材

·6·

建筑方案 技术与场地设计(作图)

（第十六版）

《注册建筑师考试教材》编委会　编

曹纬浚　主编

中国建筑工业出版社

图书在版编目（CIP）数据

一级注册建筑师考试教材．6，建筑方案 技术与场
地设计：作图 /《注册建筑师考试教材》编委会编；
曹纬浚主编．—16版．— 北京：中国建筑工业出版社，
2020.12（2021.3重印）
（注册建筑师考试丛书）
ISBN 978-7-112-25617-4

Ⅰ．①一… Ⅱ．①注… ②曹… Ⅲ．①建筑方案-建
筑设计-资格考试-自学参考资料②场地-建筑设计-资
格考试-自学参考资料 Ⅳ．①TU

中国版本图书馆 CIP 数据核字（2020）第 231818 号

责任编辑：张　建
责任校对：姜小莲

注册建筑师考试丛书
一级注册建筑师考试教材
·6·
建筑方案 技术与场地设计 （作图）
（第十六版）
《注册建筑师考试教材》编委会　编
曹纬浚　主编

*

中国建筑工业出版社出版、发行（北京海淀三里河路 9 号）
各地新华书店、建筑书店经销
北京红光制版公司制版
廊坊市海涛印刷有限公司印刷

*

开本：787 毫米×1092 毫米　1/16　印张：44¼　字数：1077 千字
2020 年 12 月第十六版　　2021 年 3 月第三十一次印刷
定价：135.00 元
ISBN 978-7-112-25617-4
（36612）

《注册建筑师考试教材》
编 委 会

主 任 委 员　赵春山

副主任委员　于春普　曹纬浚

主　　　编　曹纬浚

主 编 助 理　曹 京　陈 璐

编　　　委（以姓氏笔画为序）

于春普	王又佳	王昕禾	尹　桔
叶 飞	冯 东	冯 玲	刘 博
许 萍	李 英	李魁元	何 力
汪琪美	张思浩	陈 岚	陈 璐
陈向东	赵春山	荣玥芳	侯云芬
贾昭凯	钱民刚	郭保宁	黄 莉
曹 京	曹纬浚	樊振和	穆静波
魏 鹏			

序

赵春山

（住房和城乡建设部执业资格注册中心原主任
兼全国勘察设计注册工程师管理委员会副主任
中国建筑学会常务理事）

我国正在实行注册建筑师执业资格制度，从接受系统建筑教育到成为执业建筑师之前，首先要得到社会的认可，这种社会的认可在当前表现为取得注册建筑师执业注册证书，而建筑师在未来怎样行使执业权力，怎样在社会上进行再塑造和被再评价从而建立良好的社会资源，则是另一个角度对建筑师的要求。因此在如何培养一名合格的注册建筑师的问题上有许多需要思考的地方。

一、正确理解注册建筑师的准入标准

我们实行注册建筑师制度始终坚持教育标准、职业实践标准、考试标准并举，三者之间相辅相成、缺一不可。所谓教育标准就是大学专业建筑教育。建筑教育是培养专业建筑师必备的前提。一个建筑师首先必须经过大学的建筑学专业教育，这是基础。职业实践标准是指经过学校专门教育后又经过一段有特定要求的职业实践训练积累。只有这两个前提条件具备后才可报名参加考试。考试实际就是对大学建筑教育的结果和职业实践经验积累结果的综合测试。注册建筑师的产生都要经过建筑教育、实践、综合考试三个过程，而不能用其中任何一个去代替另外两个过程，专业教育是建筑师的基础，实践则是在步入社会以后通过经验积累提高自身能力的必经之路。从本质上说，注册建筑师考试只是一个评价手段，真正要成为一名合格的注册建筑师还必须在教育培养和实践训练上下功夫。

二、关注建筑专业教育对职业建筑师的影响

应当看到，我国的建筑教育与现在的人才培养、市场需求尚有脱节的地方，比如在人才知识结构与能力方面的实践性和技术性还有欠缺。目前在建筑教育领域实行了专业教育评估制度，一个很重要的目的是想以评估作为指挥棒，指挥或者引导现在的教育向市场靠拢，围绕着市场需求培养人才。专业教育评估在国际上已成为了一种通行的做法，是一种通过社会或市场评价教育并引导教育围绕市场需求培养合格人才的良好机制。

当然，大学教育本身与社会的具体应用需要之间有所区别，大学教育更侧重于专业理论基础的培养，所以我们就从衡量注册建筑师第二个标准——实践标准上来解决这个问题。注册建筑师考试前要强调专业教育和三年以上的职业实践。现在专门为报考注册建筑

师提供一个职业实践手册，包括设计实践、施工配合、项目管理、学术交流四个方面共十项具体实践内容，并要求申请考试人员在一名注册建筑师指导下完成。

理论和实践是相辅相成的关系，大学的建筑教育是基础理论与专业理论教育，但必须要给学生一定的时间使其把理论知识应用到实践中去，把所学和实践结合起来，提高自身的业务能力和专业水平。

大学专业教育是作为专门人才的必备条件，在国外也是如此。发达国家对一个建筑师的要求是：没有经过专门的建筑学教育是不能称之为建筑师的，而且不能进入该领域从事与其相关的职业。企业招聘人才也首先要看他们是否具备扎实的基本知识和专业本领，所以大学的本科建筑教育是必备条件。

三、注意发挥在职教育对注册建筑师培养的补充作用

在职教育在我国有两个含义：一种是后补充学历教育，即本不具备专业学历，但工作后经过在职教育通过社会自学考试，取得从事现职业岗位要求的相应学历；还有一种是继续教育，即原来学的本专业和其他专业学历，随着科技发展和自身业务领域的拓宽，原有的知识结构已不适应了，于是通过在职教育去补充相关知识。由于我国建筑教育在过去一段时期底子薄，培养数量与社会需求差距很大。改革开放以后为了满足快速发展的建筑市场需求，一批没有经过规范的建筑教育的人员进入了建筑师队伍。而要解决好这一历史问题，提高建筑师队伍整体职业素质，在职教育有着重要的补充作用。

继续教育是在职教育的一种行之有效的教育形式，它特指具有专业学历背景的在职人员从业后，因社会的发展使得原有知识需要更新，要通过参加新知识、新技术的学习以调整原有知识结构、拓宽知识范围。它在性质上与在职培训相同，但又不能完全画等号。继续教育是有计划性、目标性、提高性的，从整体人才队伍和个人知识总体结构上作调整和补充。当前，社会在职教育在制度上和措施上还不够完善，质量很难保证。有一些人把在职读学历作为"镀金"，把继续教育当作"过关"。虽然最后证明拿到了，但实际的本领和水平并没有相应提高。为此需要我们做两方面的工作，一是要让我们的建筑师充分认识到在职教育是我们执业发展的第一需求；二是我们的教育培训机构要完善制度、改进措施、提高质量，使参加培训的人员有所收获。

四、为建筑师创造一个良好的职业环境

要向社会提供高水平、高质量的设计产品，关键还是要靠注册建筑师的自身素质，但也不可忽视社会环境的影响。大众审美的提高可以让建筑师感受到社会的关注，增强自省意识，努力创造出一个经受得住大众评价的作品。但目前实际上建筑师的很多设计思想受开发商与业主方面很大的影响，有时建筑水平并不完全取决于建筑师，而是取决于开发商与业主的喜好。有的业主审美水平不高，很多想法往往只是自己的意愿，这就很难做出与社会文化、科技、时代融合的建筑产品。要改善这种状态，首先要努力创造尊重知识、尊重人才的社会环境。建筑师要维护自己的职业权力，大众要尊重建筑师的创作成果，业主不要把个人喜好强加于建筑师。同时建筑师自身也要提高自己的素质和修养，增强社会责任感，建立良好的社会信誉。要让创造出的作品得到大众的尊重，首先自己要尊重自己的劳动成果。

五、认清差距，提高自身能力，迎接挑战

目前中国的建筑师与国际水平还存在着一定差距，而面对信息化时代，如何缩小差距以适应时代变革和技术进步，及时调整并制定新的对策，成为建筑教育需要探讨解决的问题。

我们现在的建筑教育不同程度地存在重艺术、轻技术的倾向。在注册建筑师资格考试中明显感觉到建筑师们在相关的技术知识包括结构、设备、材料方面的把握上有所欠缺，这与教育有一定的关系。学校往往比较注重表现能力方面的培养，而技术方面的教育则相对不足。尽管这些年有的学校进行了一些课程调整，加强了技术方面的教育，但从整体来看，现在的建筑师在知识结构上还是存在缺欠。

建筑是时代发展的历史见证，它凝固了一个时期科技、文化发展的印记，建筑师如果不能与时代发展相适应，努力学习和掌握当代社会发展的科学技术与人文知识，提高建筑的科技、文化内涵，就很难创造出高水平的作品。

当前，我们的建筑教育可以利用互联网加强与国外信息的交流，了解和掌握国外在建筑方面的新思路、新理念、新技术。这里想强调的是，我们的建筑教育还是应该注重与社会发展相适应。当今，社会进步速度很快，建筑所蕴含的深厚文化底蕴也在不断地丰富、发展。现代建筑创作不能单一强调传统文化，要充分运用现代科技发展成果，使建筑在经济、安全、健康、适用和美观方面得到全面体现。在人才培养上也要与时俱进。加强建筑师科技能力的培养，让他们学会适应和运用新技术、新材料去进行建筑创作。

一个好的建筑要实现它的内在和外表的统一，必须要做到：建筑的表现、材料的选用、结构的布置以及设备的安装融为一体。但这些在很多建筑中还做不到，这说明我们一些建筑师在对新结构、新设备、新材料的掌握和运用上能力不够，还需要加大学习的力度。只有充分掌握新的结构技术、设备技术和新材料的性能，建筑师才能够更好地发挥创造水平，把技术与艺术很好地融合起来。

中国加入 WTO 以后面临国外建筑师的大量进入，这对中国建筑设计市场将会有很大的冲击，我们不能期望通过政府设立各种约束限制国外建筑师的进入而自保，关键是要使国内建筑师自身具备与国外建筑师竞争的能力，充分迎接挑战、参与竞争，通过实践提高我们的设计水平，为社会提供更好的建筑作品。

前　言

一、本套书编写的依据、目的及组织构架

原建设部和人事部自 1995 年起开始实施注册建筑师执业资格考试制度。

本套书以考试大纲为依据，结合考试参考书目和现行规范、标准进行编写，并结合历年真实考题的知识点做出修改补充。由于多年不断对内容的精益求精，本套书是目前市面上同类书中，出版较早、流传较广、内容严谨、口碑销量俱佳的一套注册建筑师考试用书。

本套书的编写目的是指导复习，因此在保证内容综合全面、考点覆盖面广的基础上，力求重点突出、详略得当；并着重对工程经验的总结、规范的解读和原理、概念的辨析。

为了帮助考生准备注册考试，本书的编写教师自 1995 年起就先后参加了全国一、二级注册建筑师考试辅导班的教学工作。他们都是在本专业领域具有较深造诣的教授、一级注册建筑师、一级注册结构工程师和具有丰富考试培训经验的名师、专家。

本套《注册建筑师考试丛书》自 2001 年出版至今，除 2002、2015、2016 三年停考之外，每年均对教材内容作出修订完善。现全套书包含：《一级注册建筑师考试教材》（共 6 个分册）、《一级注册建筑师考试历年真题与解析》（知识题科目，共 5 个分册）；《二级注册建筑师考试教材》（共 3 个分册）、《二级注册建筑师考试历年真题与解析》（知识题科目，共 2 个分册）。

二、本书（本版）修订说明

（1）第二十八章"建筑方案设计（作图）"增补了 2020 年遗址博物馆方案设计试题及解析。

（2）第二十九章"建筑技术设计（作图）"，建筑构造部分补充了试题架构、应试内容思维导图和解题步骤示意图，并增补了建筑基本构造、建筑专项构造、地下工程防水构造等相关知识的思维导图。建筑结构部分除增补了试题架构、应试内容思维导图和解题步骤示意图外，还重新编写了建筑结构与结构布置的基本概念、建筑结构类型、结构构件与部件、结构缝的类型与工程措施等知识点。

依据《外墙外保温工程技术标准》JGJ 144－2019、《建筑给水排水设计标准》GB 50015－2019、《民用建筑电气设计标准》GB 51348－2019 等相关标准，对章节中的相关内容做了修订、补充。

增补了 2010 年建筑技术设计（作图）的全部 4 道试题以及 2020 年建筑技术设计（作图）中的住宅给水排水平面设计试题，并附有详细解析及答案。同时，对上一版书中个别年份的试题解析作了完善、更新。

（3）第三十章"场地设计（作图）"增补了 2020 年场地设计作图的全套考题，并附参考答案及提示。

三、本套书配套使用说明

考生在学习《一级教材》时，除应阅读相应的标准、规范外，还应多做试题，以便巩固知识，加深理解和记忆。《一级历年真题与解析》是《一级教材》的配套试题集，收录了 2003 年以来知识题的多年真实试题并附详细的解答提示和参考答案。其 5 个分册，分别对应《一级教材》的前 5 个分册。《一级历年真题与解析》的每个分册均包含两个部分，即按照《一级教材》章节设置的分散试题和近几年的整套试题。考生可以在考前做几次自测练习。

《一级教材》的第六分册收录了一级注册建筑师资格考试的"建筑方案设计""建筑技术设计"和"场地设计" 3 个作图考试科目的多年真实试题，并提供了参考答卷，部分试题还附有评分标准；对作图科目考试的复习大有好处。

四、《一级教材》各分册作者

《第 1 分册　设计前期 场地与建筑设计（知识）》——第一、二章王昕禾；第三、七章尹桔；第四章何力；第五章王又佳；第六章荣玥芳。

《第 2 分册　建筑结构》——第八章钱民刚；第九、十章黄莉、王昕禾；第十一章冯东、黄莉；第十二～十四章冯东、叶飞；第十五、十六章黄莉。

《第 3 分册　建筑物理与建筑设备》——第十七章汪琪美；第十八章刘博；第十九章李英；第二十章许萍；第二十一章贾昭凯、贾岩；第二十二章冯玲。

《第 4 分册　建筑材料与构造》——第二十三章侯云芬；第二十四章陈岚。

《第 5 分册　建筑经济 施工与设计业务管理》——第二十五章陈向东；第二十六章穆静波；第二十七章李魁元。

《第 6 分册　建筑方案 技术与场地设计（作图）》——第二十八、三十章张思浩；第二十九章建筑剖面及设备部分魏鹏、臧楠楠，建筑构造及结构部分王昕禾、臧楠楠。

本套书一直以来得到了广大考生朋友的大力支持。今年要特别感谢王治新、魏鹏和张婧 3 位朋友给予我们的无私帮助。王治新对本套《一级教材》中的《第 2 分册　建筑结构》《第 4 分册　建筑材料与构造》《第 5 分册　建筑经济 施工与设计业务管理》3 个分册提出了详尽的修改建议，这无疑促进了这 3 个分册教材质量的提升，也成为 2021 版教材修订的主要依据之一。魏鹏和张婧两位老师为本版一、二级教材的修订提供了近年试题（作为章后习题）。在此，对他们一并表示衷心的感谢！我们也诚挚地希望各位注册建筑师考试的师生能对本套教材的编写提出更多的宝贵意见和建议。

在此预祝各位考生取得好成绩，考试顺利过关！

《注册建筑师考试教材》编委会

2020 年 9 月

目　录

第二十八章　建筑方案设计（作图）

2002 年公布的全国一级注册建筑师资格考试大纲将过去的"建筑设计与表达"长达 12 小时的作图考试，分为建筑方案设计（6 小时）和建筑技术设计（6 小时）两项考试；把应试者从超常繁重的劳动中解放出来。同时把建筑方案设计能力和建筑技术设计能力分别进行考核，可以更准确地测试出应试者是否在某一方面有薄弱环节。应该说这是考试方法上的一个改进。

第一节　建筑方案设计（作图）考试大纲及考生注意事项

一、2002 年考试大纲

2002 年考试大纲中写明：

七、建筑方案设计（作图）

检验应试者的建筑方案设计构思能力和实践能力，对试题能做出符合要求的答案，包括：总平面布置、平面功能组合、合理的空间构成等，并符合法规规范。

从 1995～2001 年，逐年考试中测试这部分能力的试题主要有两种：一种是根据设计任务书做快速设计（包括总平面、单体建筑平面等）；另一种是给出功能关系图（气泡图）及说明，要求应试者按"气泡图"上的功能关系做出总平面图和单体平面图。自 2002 年至今，建筑方案设计（作图）就是一道快速设计作图题，其考试题型可参阅本章第二节中的例题。

这门考试的目的是检验应试者的建筑方案设计构思能力和实践能力。在考试大纲中明确提出 4 方面考核点，大致包括以下内容：

（一）总平面布置

包括城市道路连接，场地道路、停车的考虑，绿化景观环境的合理安排和消防、日照、开口位置等各项规范的掌握。

（二）平面功能组合

需考虑功能分区、出入口布置的合理性；人流、物流等各种流线的通顺便捷性；垂直交通楼、电梯设置的科学性；厅、堂、走道、公厕等公用设施安排的妥善性；朝向、采光、通风等室内环境安排的合理性以及建筑面积和房间面积的准确性。

（三）合理的空间构成

包括楼层的合理布局；垂直交通安排；不同大小、不同高度空间的合理组织；结构安排的合理性以及室内、外空间的综合考虑。

（四）符合法规规范

包括各项防火规范，有关无障碍设计的规范，《民用建筑设计通则》等，特别是各项强制性条文的掌握。

以上四个考核点是对于一个应试者能否成为一级注册建筑师的一项十分必要的基本能力综合考核。

二、考试注意事项

（一）考试不是设计竞赛

注册资格的考试，主要是考查应试者的设计能力和基本功，而不是考设计"灵感"，所以考试中千万不要"标新立异"，不要追求奇特的趣味性，更不要画蛇添足。应试者在思想上必须明确：考试不是设计竞赛。

例如：某设计院的一位建筑师，平日设计水平较高，项目设计中能经常有不同凡响的创意，在考试中由于追求方案的奇特，想表现自己的"设计能力"，在快速设计题中采用60°斜柱网的平面布局，浪费了很多时间，考题没有答完。由于追求形式和表现，追求构图和绘画的技巧，设计中不免带来一些问题，不符合题目要求，建筑面积超出，面积分配不合乎要求，不但没有加分（注册考试是不加分数的），反而减分不少，结果没有及格。所以不要在考试中着意地玩什么创意，否则适得其反。

（二）一定要好好审题

要快速地正确理解题意，可以说看清题目是最重要的，因为作图题考试的全部要求都明确地写在卷子上。

应试者在拿到试卷后，首先应浏览题目，正确把握题目的设计条件——任务书，有的题目除文字外，还有设计条件图（表），可能有若干个图或表，要准确理解题意，特别是对成果的要求，抓住要点，然后再动手设计。

项目名称往往表明了建筑的性质和类型。项目的规模一般有三层含义：使用量（人次、床、辆、座……）、建筑面积和用地面积。项目概述是题目的进一步补充说明：建造地点的特征，包括地理位置、气候条件（如建筑在北方寒冷地带，需考虑基础在冰冻线以下等）、地质水文条件以及建筑耐久、耐火等级等，都是应试者应了解的。但由于作图题要在有限的规定时间里完成，方方面面的问题又很多，这就要求我们准确理解题意抓重点。

设计任务书中一般会具体给出建筑的总面积要求，特别是建筑面积的允许波动幅度，以及建筑各组成部分、各部分的面积分配和使用功能上的具体要求等。这是对建筑方案设计的具体条件和限制。有时还会详细给出建筑材料的要求，设备配置情况等。根据上述条件，应试者可分析得出建筑的平面与空间组织方式、建筑层数、结构形式……这些都是设计的关键因素，应试者必须详细理解，认真分析。

对于答卷最后成果的要求，如表现方式，设计深度及平面、立面和剖面图的比例和数量（有时不要求作立面或剖面），都会给予明确的指示。

应试者应特别注意任务书后的一般附带说明，它往往告诉应试者上述各项目中未包含而又特别重要的要求，如：是否允许加注文字说明，建筑面积可否按轴线计算，图纸和文字表达的工具与材料等，应特别留意。

应当指出，对设计任务和条件图的认识和理解，是应试者此后全面展开设计工作的前提和重要基础，只有正确理解和运用这些条件，才有可能取得满意的成绩。

举几个审题不清的例子：

（1）题目上明明有古树，写明要保留古树，有的应试者硬是把古树给刮掉了，在古树的位置上盖了房，这样不仅要扣分，而且给看卷人留下坏的印象。

（2）有个题目上要求残疾人坡道扶手要长出 30cm，已写得明明白白，而个别应试者硬是画成扶手与坡道一般齐。有的题目写明走道宽 1.8m，而应试者画成 1.5m。

（3）某年总图考题是画 4 个班幼儿园，总图要求每个班都能看到东侧公园，有的应试者做成一字形平面，画完后想起来要求每班都能看到公园，赶忙改做八角窗，这样只有第一班能看见公园，其他八角窗只能看到东面八角窗，还是不能满足要求。

（4）有一题给了两个 1：100 的平面，要求画 1：50 的剖面，一位应试者拿起来就在平面图上画投影线，画成 1：100 的剖面，画到一半才发现错了，又用刀片刮，耽误了时间。

作为一个注册建筑师如果连题目都看不清，就等于连设计任务书都吃不透，是不可能做好设计的。所以审题能力也是考核的一个方面。

（三）图纸表达要清楚、正确

反映一个设计作品的图纸，其内容交代得是否准确和清楚，反映了建筑师的方案构思能力和设计实践能力，也反映了一定的绘图技巧。图是建筑师的语言，绘图技巧在清晰表达方面是起相当作用的。因此应特别注意线条的运用，图例的正确，尺寸的注法，轴线的清晰，必要的文字说明，图名、比例、指北针、剖切线、标高等，都不要漏项，而且要表达清楚和正确。

作图不准许用铅笔画，要求用墨线作图，而且要符合比例尺的要求。当允许徒手画图时必然会有明确的说明，否则也不宜用徒手画。

拿图例来说，有的题目要求按照试卷上给出的图例来画，这样就不要自己选图例。

有的建筑师从毕业参加工作起就用计算机画图，使用尺规手工绘图的速度非常慢，这样的考生在考试前应多多练习手工绘图。

（四）合理分配答题时间

答题时间的分配要结合自己的情况，决定审题约用多少时间，画构思草图约用多少时间，画在正式卷子上用多少时间。其中构思草图是最重要的，因为决定方案的优劣，主要看草图是否合理。但也不能给正式作图留的时间过短，以至成品图潦草，丢三落四，错误太多，给判卷人留下不好的印象，这也会影响得分。

第二节　2002 年考试大纲方案作图试题解析

建筑方案设计作图考试的具体做法是，按照试题给定的设计条件和要求，做一项较大型民用建筑的方案设计。设计图要求用尺规和黑色墨水笔按比例直接绘制在试题纸上，一般只需要画两个主要楼层的平面图和总平面布置图。图纸表达应达到概念性方案设计的深度，重在完整、清晰，图面的表现效果则并不讲究。

从 2003 年以来 14 年实际试题的建筑类型和规模，我们可以大致了解到建筑方案设计作图考试的难度：

2003 年　小型航站楼　2 层　14000m²±10%

2004 年　医院病房楼　8 层中的 2 层（内科病房及手术部）2200m²±10%
2005 年　法院审判楼　2 层　6300m²±10%
2006 年　中高层住宅楼　9 层　14200m²（每套建筑面积允许±5m²）
2007 年　厂房改造（体育俱乐部）2 层　改造 4070m²　扩建 2330m²±10%
2008 年　公路汽车客运站　2 层　8165m²±10%
2009 年　中国驻某国大使馆　2 层　4700m²±10%
2010 年　门急诊楼改扩建　2 层　6355m²±10%
2011 年　图书馆　2 层　9000m²±10%
2012 年　博物馆　2 层　10000m²±10%
2013 年　超级市场　2 层　12500m²±10%
2014 年　老年养护院　2 层　7000m²±5%
2015 年　停考
2016 年　停考
2017 年　旅馆扩建　9 层中的 2 层（一、二层）7900m²±5%（房间面积允许±10%）
2018 年　公交客运枢纽站　2 层　6200m²±5%（房间面积允许±10%）
2019 年　多厅电影院　3 层中的底部 2 层　5900m²±5%
2020 年　遗址博物馆　地下 1 层、地上 1 层　5000m²±5%

就建筑类型而言，实际试题涉及面并无限制，不少试题类型超出了常见的范围，有些类型我国目前尚无专用的建筑设计规范。好在考试中一旦出现不常见的建筑类型，或功能、流线要求复杂的建筑设计题目，一般都附有功能分析图和详细功能要求说明。因此，我们不主张大家从建筑类型入手准备考试，死记硬背各种类型建筑的功能关系或者猜测即将面临的考题类型，甚至花工夫去背一些典型建筑的平面实例；而建议大家把准备工作的重点放在看懂建筑功能关系图，进而掌握从功能关系图转化为建筑平面组合图的方法。

了解了考试大纲、作图考试要求和近年试题的类型与规模后，如果不知道建筑方案设计作图考核的重点所在，不能在很短时间内解决设计的关键问题，考试也难以顺利通过。这门考试历年通过率较低的主要原因恐怕就在这里。我们下面将针对历年建筑方案设计作图的试题进行解析，应试者应特别注意了解具体的评分标准，掌握每道试题考核点的设置和重点所在，从中归纳出建筑方案作图考试带有规律性的东西，从而能够在考试时做到成竹在胸，有的放矢，最终直击要害，顺利过关。

一、2005 年 法院审判楼设计

（一）试题要求

1. 任务描述

某法院根据发展需要，在法院办公楼南面拆除的旧审判楼原址上，新建 2 层审判楼，保留法院办公楼（图 28-2-1）。

2. 任务要求

设计新建审判楼审判区的大、中、小法庭与相关用房以及信访立案区。

（1）审判区应以法庭为中心，合理划分公众区、法庭区及犯罪嫌疑人羁押区，各种流线应互不干扰，严格分开。

（2）犯罪嫌疑人羁押区应与大法庭、中法庭联系方便，法官进出法庭应与法院办公楼联系便捷，详见审判楼主要功能关系图（图28-2-2）。

（3）各房间名称、面积、间数、内容要求详见表28-2-1、表28-2-2。

一层用房及要求　　　　　　　　　　　　　　　表28-2-1

功能	房 间 名 称		单间面积 （m²）	间数	面积小计 （m²）	备　　注
审判区	中法庭	＊中法庭	160	2	320	
		合议室	50	2	100	
		庭长室	25	1	25	
		审判员室	25	1	25	
		公诉人（原告）室	30	1	30	
		被告人室	30	1	30	
		辩护人室	30	2	60	
	小法庭	＊小法庭	90	3	270	
		合议室	25	3	75	
		审判员室	25	1	25	
		原告人室	15	1	15	
		被告人室	15	1	15	
		辩护人室	15	2	30	
	证据存放室		25	2	50	
	证人室		15	2	30	
	＊犯罪嫌疑人羁押区		110		110	划分羁押室10间，卫生间 1间（共11间，每间6m²） 及监视廊
	法警看守室		45	1	45	
信访立案区	信访接待室		25	5	125	
	立案接待室		50	2	100	
	＊信访立案接待厅		150	1	150	含咨询服务台
	档案室		25	4	100	
其他	＊公众门庭		450	1	450	含咨询服务台
	公用卫生间		30	3	90	信访立案区1间（分设男女）， 公众区男女各1间
	法官专用卫生间		25	3	75	各间均分设男女
	收发室		25	1	25	
	值班室		20	1	20	
	交通面积		780		780	含过厅、走廊、楼梯、电梯等
本层建筑面积小计：3170m²						
允许层建筑面积：±10%　2853～3487m²						

5

功能	房间名称			单间面积 （m²）	间数	面积小计 （m²）	备注
审判区	大法庭		* 大法庭	550	1	550	
			合议室	90	1	90	
			庭长室	45	1	45	
			审判员室	45	1	45	
			公诉人（原告）室	35	1	35	
			被告人室	35	1	35	
			辩护人室	35	2	70	
			犯罪嫌疑人候审区（室）	20	1	20	
	小法庭		* 小法庭	90	6	540	
			合议室	25	6	150	
			审判员室	25	2	50	
			原告人室	15	2	30	
			被告人室	15	2	30	
			辩护人室	15	4	60	
	证人室			15	4	60	
	证据存放室			35	2	70	
	档案室			45	1	45	
其他	新闻发布室			150	1	150	
	医疗抢救室			80	1	80	
	公用卫生间			30	2	60	男女各1间
	法官专用卫生间			25	3	75	每间均分设男女
	交通面积			880		880	含过厅、走廊、 楼梯、电梯等

本层建筑面积小计：3170m²

允许层建筑面积：±10%　2853～3487m²

（4）层高：大法庭 7.20m，其余均为 4.2m。

（5）结构：采用钢筋混凝土框架结构。

3. 场地条件

（1）场地平面见总平面图（图 28-2-1），场地平坦。

（2）应考虑新建审判楼与法院办公楼交通厅的联系，应至少有一处相通。

（3）东、南、西三面道路均可考虑出入口，审判楼公众出入口应与犯罪嫌疑人出入口分开。

4. 制图要求

（1）在总平面图上画出新建审判楼，画出审判楼与法院办公楼相连关系，注明不同人流的出入口，完成道路、停车场、绿化等布置。

（2）画出一层、二层平面图，并应表示出框架柱、墙、门（表示开启方向）、窗、卫生间布置及其他建筑部件。

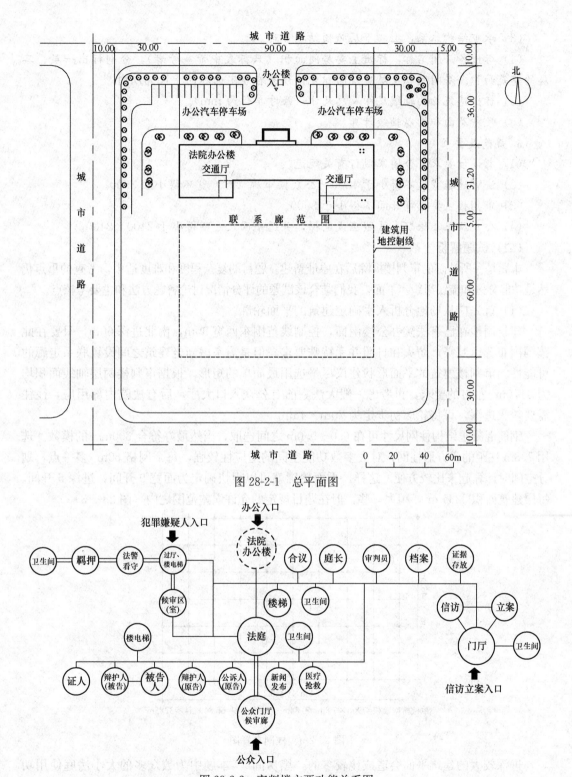

图 28-2-1 总平面图

图 28-2-2 审判楼主要功能关系图

注：1. 功能关系图并非简单交通图。其中双线表示两者之间要紧邻或相通；
2. 候审区（室）是独罪嫌疑人的候审区，仅为大法庭设置。

（3）承重结构体系，上、下层必须结构合理。

（4）标出各房间名称，标出主要房间面积（只标表中带＊号者），分别标出一层、二层的建筑面积。房间面积及层建筑面积允许误差在规定面积的±10％以内。

（5）标出建筑物的轴线尺寸及总尺寸（尺寸单位为 mm）。

（6）尺寸及面积均以轴线计算。

5. 规范及要求

（1）本设计要求符合国家现行有关规范。

（2）法官通道宽度不得小于1800，公众候审廊（厅）宽不得小于3600。

（3）审判楼主要楼梯开间不得小于3900。

（4）公众及犯罪嫌疑人区域应设电梯，井道平面尺寸不得小于2400×2400。

（二）试题解析

本题是一所法院的审判楼拆除后在原址新建。题目的复杂程度和难度适中，考查的重点仍然是功能分区和流线组织。下面，我们结合该试题的评分情况讨论解题方法和主要考核点。

（1）首先应从场地分析入手确定建筑的平面轮廓。

建筑用地在已有法院办公楼南面，控制线范围东西宽90m，南北进深60m，只要在此范围内布置审判楼，防火和日照并无特殊要求。但是需考虑新老建筑之间设置联系走廊的可能性。审判楼建筑的平面形状建议尽量选用最简单的矩形。根据审判楼两层轴线面积均为3170m² 左右的要求，再考虑一般大法庭前有公众入口大厅，后有法院内部用房，往往需要较大进深，可将轮廓初步定为70m×45m。

钢筋混凝土结构柱网尺寸可在 6.0～9.0m 之间选取，当然最好符合 300mm 的模数。选用 7.8m 柱距的正方形柱网，对大多数功能空间的适应性较强，每个网格 60m² 多一点，划分空间时计算起来比较方便。这样，平面轮廓就可以很快确定为面宽 9 开间，进深 6 开间。每层建筑面积 3285 m²，稍大一些，但在题目规定的允许误差范围之内（图 28-2-3）。

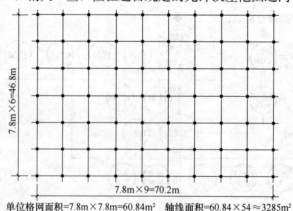

单位格网面积=7.8m×7.8m=60.84m²　　轴线面积=60.84×54≈3285m²

图 28-2-3　柱网布置图

进深较大的建筑平面会造成比较多的"黑房间"。本题中为数众多的大小法庭使用功能类似于带舞台的观众厅，可以没有外窗。所以不必把平面做得凸出凹进或者开天井，使设计复杂化。

（2）平面轮廓和柱网尺寸确定了，就可以及时地在总图中把建筑布置出来；同时建筑面积控制也没有问题了，接下来要做的就是功能分区。

功能分区是最重要的环节，分区搞好了，考试就成功了一半。即使来不及深入细分空间，来不及完整表达设计细节，你也有希望及格。

一层平面包括中、小法庭、法庭前面的公众候审区、法庭后面的法官活动区、犯罪嫌疑人临时羁押区和信访立案区5个功能区，这5部分必须相互独立又可以有必要的联系。法庭应位于中间，公众区在前，法官区在后（与办公楼靠近），羁押区和信访区分置左右的安排是合理的（图 28-2-4），相应的对外出入口也就可以分布于东、南、西三个方向。

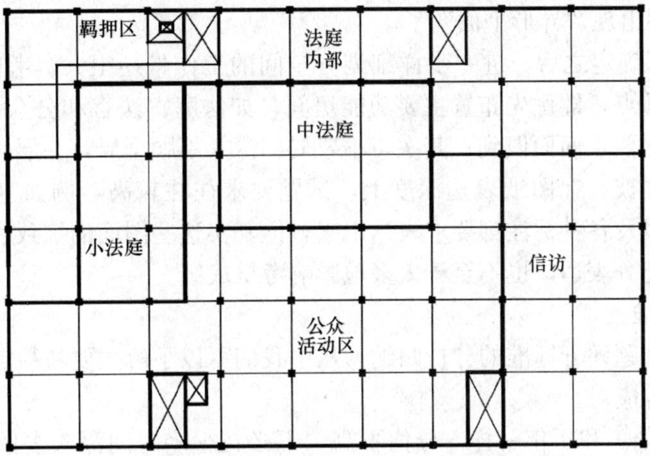

图 28-2-4　审判楼一层功能分区图

楼梯考虑安全疏散需要，公众活动区和法庭内部应各设两部，均匀布置。羁押区再按气泡图的提示单独设置一组楼电梯。考虑无障碍设计要求，在公众活动区设无障碍电梯和厕所。

二层分区和一层对应，南侧为公众活动区，北侧为法庭内部区，中部为大小法庭。羁押区的布置要求尽量独立，从入口到羁押室，再到大、中法庭，流线要避开公众场所，也不宜与法庭内部有太多穿插。但犯罪嫌疑人进入法庭的路线与法庭内部人流的交叉可能难以避免，应试时不必花太多时间去琢磨最佳的流线组织方案，以免耽误了整体方案的按时完成，得不偿失（图 28-2-5）。

图 28-2-5　审判楼二层功能分区图

功能分区要按功能关系图所示，把原告、被告、辩护、证人等纳入公众活动区。同时要注意，无论大、中、小法庭布置时都要按前有公众区，后有法官区这样的模式处理，因而从总体上看，法庭在中间，法官区在外面包围，公众候审廊插入法庭区这样的格局就自然产生了。

在主要功能用房的大小和形状的确定方面，考试时往往没有充足时间仔细推敲，首先要解决有无的问题，然后是保证主要的大房间不是"一眼看上去就太小"就可以了。房间面积不必准确控制，其实评分时没有人给你仔细核算。主要房间形状要尽量避免长宽比大于2，当然更不要出现"异形平面"了。

（3）功能分区确定之后，进一步详细划分空间的工作量还很大。考试时要注意两点：首先，一定要抓重点，即优先布置主要功能房间，如法庭、法官和公众使用的主要房间，不必完全按照试题要求面面俱到；其次，不要局部深入不顾全局，一层和二层平面都要照顾到，不可顾此失彼。在图纸表达深度上，试题要求往往较高，例如卫生间洁具、楼电梯、外窗等细节以及各种标注都要求表达出来，但其实这些图面的细致表达所占分数却并不多；没有时间充分表达，也不至于太多地影响考试成绩。

（三）评分标准

以下是对本试题评分标准的分析归纳。从中我们可以了解主要考核点在哪里，以便做到心中有数，从容应对。

（1）总图10分。和历年一样，分值不高，不必花很多时间深入去做。只要将建筑轮廓放进建筑控制线以内，按题意画出和已有办公楼连接的示意，标出建筑入口，连接原有道路即可。此题评分时明确规定，没做总图的考卷也可以评分，扣掉10分而已。

（2）审判区布置46分，显然是最重要的。

其中，功能分区和流线20分，是重中之重。主要考核点是法庭内部和公众活动分区要明确，流线切勿交叉混杂。按题目的要求划分各功能房间也很重要，重点房间如法庭的数量、面积、形状以及法庭和法官、原告和被告用房的位置关系要尽量和提示的功能关系图相符合。

（3）羁押区是本题的一个特殊功能区，实际上属于审判区的一个独立部分，其布置有12分。最主要的要求是设置独立入口和尽可能在流线上不与其他活动相接触。

（4）信访区布置16分，重点考查的也是功能分区和流线组织。要设置独立入口，要与审判区分离，但又要有联系。

门厅、厕所、新闻发布、医疗抢救等公用设施和结构布置共6分。规范及规定5分，主要考查防火疏散、无障碍设计（电梯或坡道）以及候审廊宽度是否满足要求。可见符合规范规定的问题虽然是建筑设计作图考试肯定会有的要求，但是分量却并不重，并不是考核的重点。2003年以来的历次考试大体都是如此。

（5）图面表达5分。这也和历年考试的评分标准相同。这里面包括房间名称和面积的标注，柱网尺寸的标注以及图面的清晰、美观程度，总共才占5%的权重。所以这些工作可以放在后面做，实在没时间完成也不大要紧。建筑师讲究图面效果的职业习惯在注册考试作图中应该放一放，和投标方案靠图面效果争取高分的情况完全不同，在图面表达上多下功夫，其结果将适得其反：多花了时间，做的是无用功，反倒耽误了关键问题的解答。

归纳起来，本道试题能否及格的关键在于法院内外功能的明确分区、不同性质人流的恰当组织以及审判区主要功能房间按照题目要求的合理布置。还是那句老话，功能分区和流线组织是最重要的。

（四）参考答案

1. 总平面布置图（图 28-2-6）

2. 一层平面图（图 28-2-7）

3. 二层平面图（图 28-2-8）

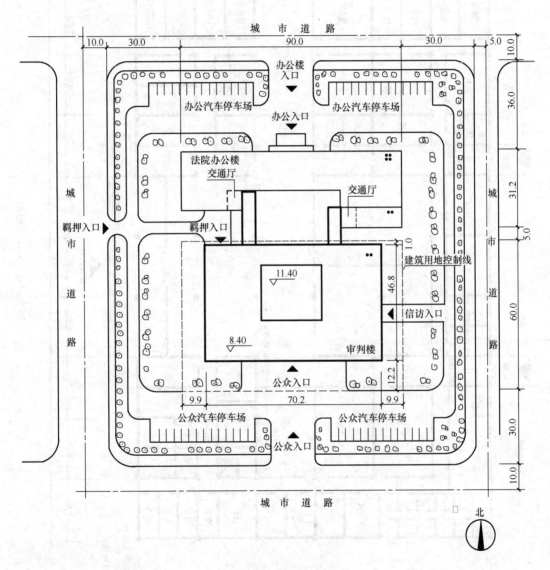

图 28-2-6 总平面布置图

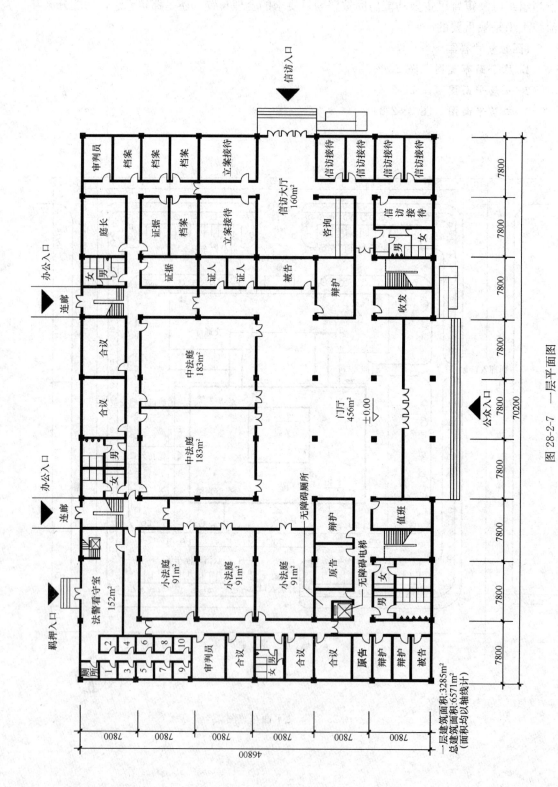

图 28-2-7 一层平面图

信访入口

办公入口
连廊

办公入口
连廊

羁押入口

公众入口

审判员
档案
档案
档案
立案接待
信访接待
信访接待
信访接待
信访接待

庭长
证据
档案
立案接待
信访大厅 160m²
咨询
信访接待
男
女

女男
证据
证人
证人
被告
辩护
收发
信访接待

合议
合议
中法庭 183m²
中法庭 183m²
门厅 456m² ±0.00
男
女

法警看守室 152m²
小法庭 91m²
小法庭 91m²
小法庭 91m²
原告
辩护
无障碍电梯
无障碍厕所
辩护
值班
男
女

厕所
1 2
3 4
5 6
7 8
9 10
审判员
合议
女男
合议
合议
原告
辩护
辩护
被告

7800
7800
7800
7800
7800
7800
70200

7800
7800
7800
7800
7800
7800
46800

一层建筑面积:3285m²
总建筑面积:6571m²
(面积均以轴线计)

12

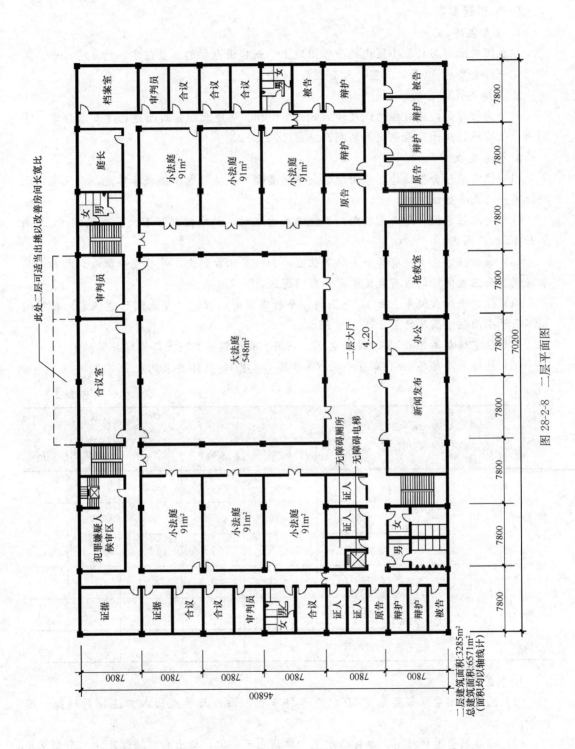

图 28-2-8 二层平面图

大法庭 548m²

二层大厅 4.20

小法庭 91m²

小法庭 91m²

小法庭 91m²

小法庭 91m²

小法庭 91m²

小法庭 91m²

档案室

审判员

合议

合议

合议

男 女

被告

辩护

被告

庭长

女 男

审判员

合议室

犯罪嫌疑人候审区

辩护

原告

原告

辩护

抢救室

办公

新闻发布

无障碍电梯

无障碍厕所

证人

证人

证据

证据

合议

合议

审判员

女 男

合议

证人

证人

原告

辩护

辩护

被告

此处二层可适当出挑以改善房间长宽比

7800 7800 7800 7800 7800 7800 7800 7800 7800
70200

7800 7800 7800 7800 7800 7800
46800

二层建筑面积:3285m²
总建筑面积:6571m²
(面积均以轴线计)

13

二、2006年 住宅方案设计

(一) 试题要求

1. 任务描述

在我国中南部某居住小区内的平整用地上，新建带电梯的9层住宅，约14200m²。其中两室一厅套型为90套，三室一厅套型为54套。

2. 场地条件

用地为长方形，建筑控制线尺寸为88m×50m。用地北面和西面是已建6层住宅，东面为小区绿地，南面为景色优美的湖面（图28-2-9）。

3. 任务要求

(1) 住宅应按套型设计，并由两个或多个套型以及楼、电梯组成各单元，以住宅单元拼接成一栋或多栋住宅楼。

(2) 要求住宅设计为南北朝向，不能满足要求时，必须控制在不大于南偏东45°或南偏西45°的范围内。

(3) 每套住宅至少应有两个主要居住空间和一个阳台朝南，并尽量争取看到湖面；其余房间（含卫生间）均应有直接采光和自然通风。

(4) 住宅南向（偏东、西45°范围内）平行布置时，住宅（含北侧已建住宅）日照间距不小于南面住宅高度的1.2倍（即33m）。

(5) 住宅楼层高3m，要求设置电梯，采用200厚钢筋混凝土筒为梯井壁。

(6) 按标准层每层16套布置平面（9层共144套），具体要求见表28-2-3。

表 28-2-3

套型	套数（标准层）	套内面积（轴线面积）	套型要求					
			名称	厅（含餐厅）	主卧室	次卧室	厨房	卫生间
两室一厅	10	75（允许±5m²）	开间（m）	≥3.6	≥3.3	≥2.7		
			面积（m²）	≥18	≥12	≥8	≥4.5	≥4
			间数	1	1	1	1	1
三室一厅	8	95（允许±5m²）	开间（m）	≥3.6	≥3.3	≥2.7		
			面积（m²）	≥25	≥14	≥8	≥5.5	≥4
			间数	1	1	2	1	2

4. 制图要求

(1) 总平面图要求布置至少30辆汽车停车位，画出与单元出入口连接的道路、绿化等。

(2) 标准层套型拼接图，每种套型至少单线表示一次，标出套型轴线尺寸、套型总尺寸、套型名称；相同套型可以用单线表示轮廓。

(3) 套型布置：

14

· 用双线画出套型组合平面图中所有不同的套型平面图；

· 在套型平面图中，画出墙、门窗，标注主要开间及进深轴线尺寸、总尺寸；标注套型编号并填写两室套型和三室套型面积表，附在套型平面图下方。

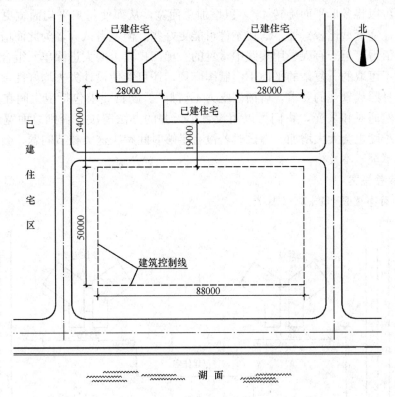

图 28-2-9　总平面图

（二）试题解析

以单元式住宅为题，这在历年的注册考试中是没有过的。应该说，题目的复杂程度和难度不大。下面，我们结合该试题的评分情况讨论解题方法和主要考核点。

（1）任务要求全部住宅套型朝向与景观均好。经过场地分析，显然布置一栋一梯二户单元组合、南北通透的板式住宅楼的方案成为首选。关键在于 88m 的总面宽能否放下 16 套合乎要求的住宅。稍有一些住宅设计经验的人应当知道，平均每套住宅面宽 5.5m 是完全能够做下来的，只是住宅平面进深较大，居住的舒适度可能不太高，方案不太理想而已；但是只要设计在大的方面符合题目要求，考试应该能够确保及格。

按照每层 16 套住宅的总建筑面积 1580m² 计算，88m 长的单元组合平面，进深约为 17.9m。为使所有房间均有自然通风和采光，平面中可能要开凹槽或布置小天井，建筑进深还会再大一些。这样，住宅的组合平面大致可确定为 88m×18m。

（2）接下来做单元平面。可以根据计算确定三室套和两室套的平均理论面宽。假设两室套面宽为 X，三室套面宽即为 $(95÷75)X=1.27X$。

列算式：$10X+6×1.27X=88m$，解方程，$X=5m$。

由此可知，在进深相同的前提下，两室套面宽可为 5m，三室套面宽可为 6.35m。采用最简单的矩形一梯两户单元平面，2-3 套型组合和 2-2 套型组合的单元可以很容易布置出来。题目要求每套住宅至少应有两个主要居住空间朝南,对于两室套而言,两个主要居住空间的宽度至少是 2.7m+3.3m=6m,而实际面宽限制为 5m,只能用加大进深,适当重叠的办法解决了。

此题也可以将条形平面旋转 45°,以增加总面宽,从而使每户平均面宽更大一些,进深减小些,住宅套型比较舒展,居住条件可能更好些。但笔者认为,为此而增加设计制图的难度并不值得。至于有人采用实践中常见的一梯四户以上的大进深单元组合,使设计复杂化,也是不可取的。复杂的平面不但制图麻烦,还可能使设计失去均好性,造成部分套型满足不了日照或景观的要求,可谓"吃力不讨好"。题目要求包括卫生间在内的所有房间都要有自然通风和采光,我们可以用设置小天井的办法解决;否则总面宽还要加大不少,解题的难度也会大大增加。考试时若没有足够时间解决这类枝节问题,会被扣去一些分数,但也不至于不及格。

(三)参考答案

1. 总平面布置图(图 28-2-10)

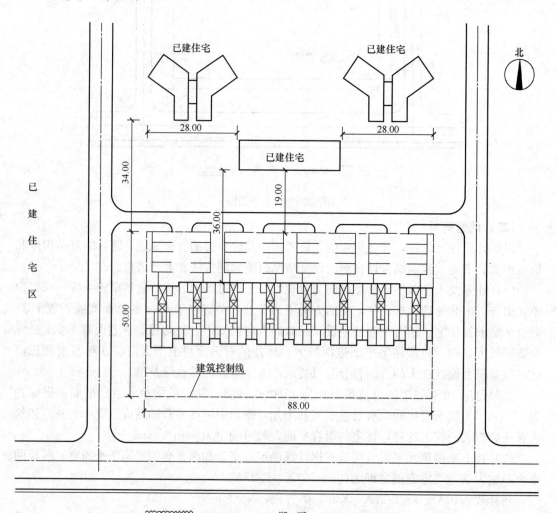

图 28-2-10 总平面布置图

2. 单元平面图及套型指标表（图 28-2-11、图 28-2-12 及表 28-2-4）

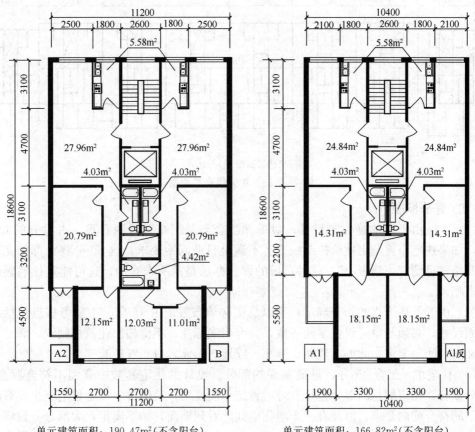

单元建筑面积：190.47m²（不含阳台）

图 28-2-11 2-3 单元平面图

单元建筑面积：166.82m²（不含阳台）

图 28-2-12 2-2 单元平面图

套型指标表

表 28-2-4

套型	编号	套数	套内面积（m²）	套型指标						
				名称	厅	主卧	次卧	厨房	主卫	次卫
两室一厅	A1 A1反	4	73.27	开间(m)	3.90	3.30	2.70			
				面积(m²)	24.84	18.15	14.31	5.58	4.03	
				间数	1	1	1	1	1	
两室一厅	A2	6	76.81	开间(m)	4.30	3.30	2.70			
				面积(m²)	27.96	20.79	12.15	5.58	4.03	
				间数	1	1	1	1	1	
三室一厅	B	6	93.38	开间(m)	4.30	3.30	2.70			
				面积(m²)	27.96	20.79	12.03 11.01	5.58	4.42	4.03
				间数	1	1	2	1	1	1

17

3. 单元组合平面图（图 28-2-13）

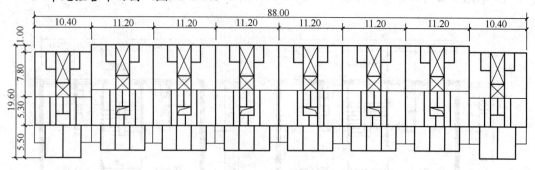

每层建筑面积 1476.46m²

图 28-2-13　单元组合平面图

（四）评分标准

（1）本题由于做的是住宅设计，对单元组合与总图布置特别看重，占总分的 60%。而且，如果住宅布置超出建筑控制线或者不满足日照间距要求，这 60 分将全部扣完，肯定不及格，可谓"一票否决"。这种严厉的评分办法是前所未有的，这可能是住宅题评分的特点吧。

（2）由于上述严格的扣分规定，所以总图必须布置，占 15 分。主要考核点包括：住宅平面尺寸，必须与单元组合平面一致，并有明确标注，不得超出建筑控制线，满足日照间距和防火间距要求。此外，道路、停车、绿地、单元入口布置还有 5 分。

（3）住宅单元组合 45 分，是最重要的部分。设计的住宅套数或套型不符合题意的，此部分 0 分，相应的总图部分也是 0 分，肯定不能及格。具体讲，每套住宅至少要有两个居住空间符合朝向要求，以及有一个居住空间能看到湖面，如不满足，大部分分数将被扣除。由于本题设计尺寸控制至关重要，平面尺寸标注也就不可或缺；楼电梯也必须表示清楚，这一点和公建试题评分标准差别很大。

（4）住宅套型设计 35 分。要画出所有套型的详细平面图，空间布局要大体合理，房间数量、开间大小、采光通风等应符合题目要求，并表示阳台、门窗，标明房间名称，标注尺寸和面积。

（5）结构布置和图面表达 5 分，这和历年考试的评分标准差不多，只是尺寸、面积和房间名称的标注不包括在里面。

归纳起来，本题能否及格的关键在于按照题目要求合理布置住宅套型，拼接成套型数量、面积符合要求，并与场地条件相适应的住宅组合平面。至于住宅的功能、流线问题，当属建筑师应知应会，题目没有给出提示，也不是考核的重点，只要做到大体合理即可。

从以上评分标准看，简化设计，减少套型种类不但可以减少设计制图工作量，加快设计进度，更可以减少被扣分的危险。这是本题解答的一个诀窍。

三、2007 年　厂房改造（体育俱乐部）设计

（一）试题要求

1. 任务描述

我国中南部某城市中，拟将某工厂搬迁后遗留下的厂房改建并适当扩建成为区域级体

育俱乐部。

2. 场地描述

(1) 场地平坦，厂房室内外高差为 150mm；场地及周边关系见总平面图（图 28-2-14）。

(2) 扩建的建筑物应布置在建筑控制线内；厂房周边为高大水杉树，树冠直径 5m 左右。在扩建中应尽量少动树，最多不宜超过 4 棵。

3. 厂房描述

(1) 厂房为 T 形 24m 跨单层车间，建筑面积 3082m²。

(2) 厂房为钢筋混凝土结构，柱距 6m，柱间墙体为砖砌墙体，其中窗宽 3.6m，窗高 6.0m（窗台离地面 1.0m），屋架为钢筋混凝土梯形桁架，屋架下缘标高 8.4m，无天窗。

4. 厂房改建要求

(1) 厂房改建部分按表 28-2-5 提出的要求布置。根据需要应部分设置二层；采用钢筋混凝土框架结构，除增设的支承柱外亦可利用原有厂房柱作为支承与梁相连接；作图时只需表明结构支承体系。

(2) 厂房内地面有足够的承载力，可以在其上设置游泳池（不得下挖地坪），并可在其上砌筑隔墙。

(3) 厂房门窗可以改变，外墙可以拆除，但不得外移。

5. 扩建部分要求

(1) 扩建部分为二层，按表 28-2-6 提出的要求布置。

(2) 采用钢筋混凝土框架结构。

6. 其他要求

(1) 总平面布置中内部道路边缘距建筑不小于 6m。机动车停车位：社会车辆 30 个、内部车辆 10 个；自行车位 50 个。

(2) 除库房外，其他用房均应有天然采光和自然通风。

(3) 公共走道轴线宽度不得小于 3m。

(4) 除游泳馆外其余部分均应按无障碍要求设计。

(5) 设计应符合国家现行的有关规范。

(6) 男女淋浴更衣室中应各设有不少于 8 个淋浴位及不少于总长 30m 的更衣柜。

7. 制图要求

(1) 总平面布置：

• 画出扩建部分；

• 画出道路、出入口、绿化、机动车位及自行车位。

(2) 一、二层平面布置

1) 按要求布置出各部分房间，标出名称，有运动场的房间应按图 28-2-15 提供的平面布置资料画出运动场地及界线，其场地界线必须能布置在房间内。

2) 画出承重结构体系及轴线尺寸、总尺寸。注出 * 号房间（表 28-2-5、表 28-2-6）面积，房间面积允许±10% 的误差。填写图 28-2-16 及图 28-2-17 图名下边的共 6 个建筑面积。厂房改建后的建筑面积及扩建部分建筑面积允许有±5% 的误差（本题面积均以轴线计算）。

3) 画出门（表示开启方向）、窗，注明不同的地面标高。

4) 厕浴部分需布置厕位、淋浴隔间及更衣柜。

厂房改建部分设置要求 表 28-2-5

房间名称	单间面积 （m²）	房间数	场地数	相关用房 （m²）	备　注
游泳馆	800	1	1	另附 水处理 50 水泵房 50	泳池深 1.4～1.8m
篮球馆	800	1	1	另附库房 18	馆内至少有 4 排看台（排距 750mm）
羽毛球馆	420	1	2	另附库房 18	二层设观看廊
乒乓球馆	360	1	3	另附库房 18	
*体操馆	270	1		另附库房 18	净高≥4m，馆内有≥15m 长的镜面墙
*健身房	270	1		另附库房 18	
急救室	36	1			
*更衣淋浴	95	2			男女各 1 间，与泳池紧邻相通，与其他运动兼用
厕所	25	2			男女各 1 间
资料室	36	1			
楼梯、走廊					
厂房内改建后建筑面积	4050				含增设的二层建筑，面积允许误差±5％

厂房扩建部分设置要求 表 28-2-6

房间名称		单间面积 （m²）	房间数	相关用房 （m²）	备　注
俱乐部餐厅	*大餐厅	250	1		对内、对外均设出入口
	小餐厅	30	2		
	厨房	180	1	内含男女卫生间 18	需设置库房、备餐间
*体育用品商店		200	1	内含库房 30	对内、对外均设出入口
保龄球馆		500	1	内含咖啡吧 36	6 道球场 1 个
办公部分	大办公室	30	4		
	小办公室	18	2	另附小库房一间	
	会议室	75	1		
	厕所	9	2		男女各 1 间
公用部分	门厅	180		内含前台、值班室共 18	
	接待厅	36			
	厕所	18	4	内含无障碍厕位	男女均分设一、二层
	陈列廊	45	1		
	楼电梯、走廊				
扩建部分建筑面积		2330			面积允许误差±5％

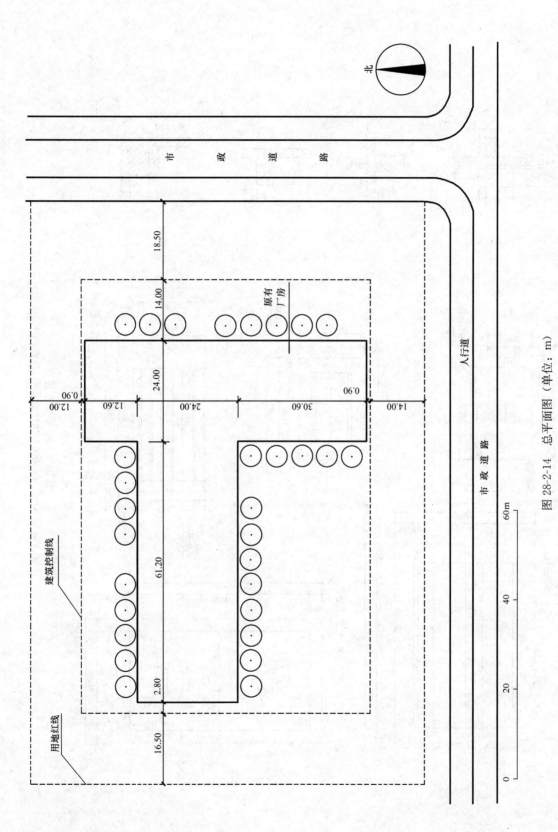

图 28-2-14 总平面图 (单位：m)

21

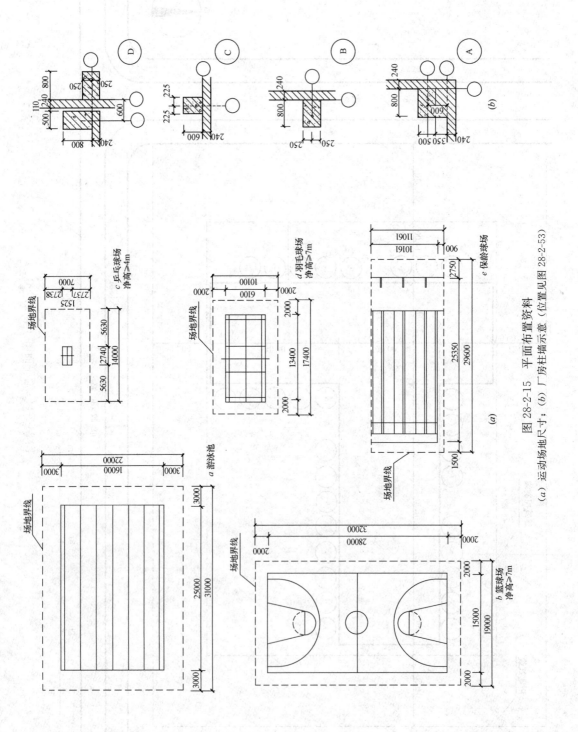

图 28-2-15　平面布置资料

(a) 运动场地尺寸；(b) 厂房柱墙示意图（位置见图 28-2-53）

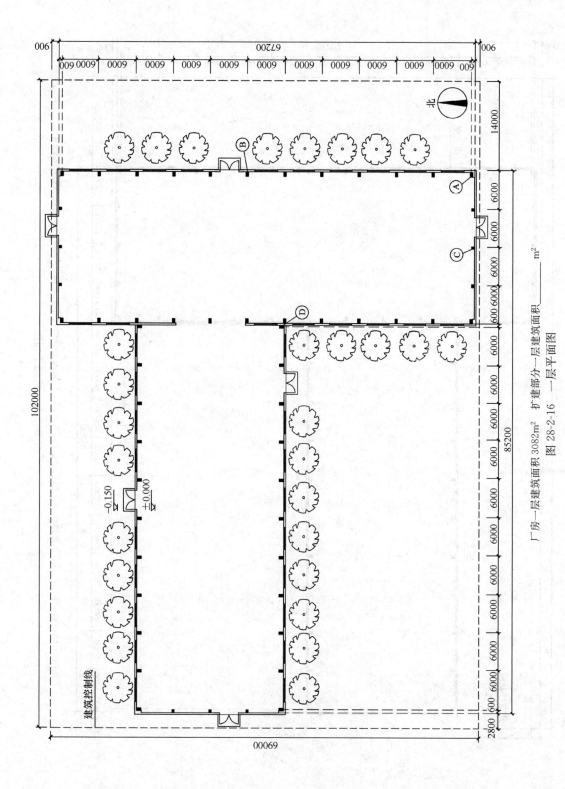

厂房一层建筑面积 3082m² 扩建部分一层建筑面积 _____ m²

图 28-2-16 一层平面图

23

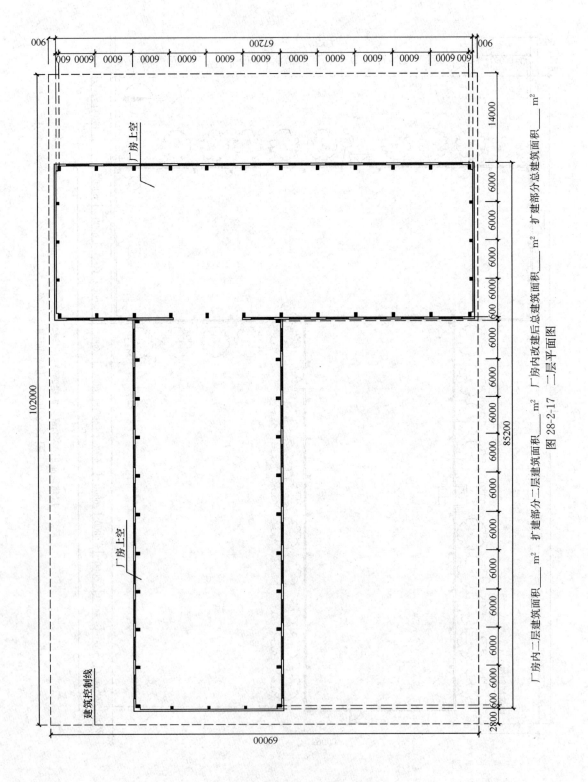

厂房内二层建筑面积___ m² 扩建部分二层建筑面积___ m² 厂房内改建后总建筑面积___ m² 扩建部分总建筑面积___ m²

图 28-2-17 二层平面图

24

（二）试题解析

本题是利用旧厂房改、扩建为体育俱乐部的方案设计，题目的难度不是太大。下面，我们结合该试题的评分情况讨论解题方法和主要考核点。

（1）从场地分析入手，先确定扩建部分的用地及建筑平面形态，并考虑新、旧建筑的入口位置和二者之间的交通联系等总体布局关系，是做好本设计的前提。

扩建部分 2330m² 分两层，每层 1165m²。为了和旧厂房结构相协调，柱网可用 6m×6m，并与旧厂房柱网对位。在用地选择的问题上，考虑旧厂房东侧地块过于狭长，不好用；北侧地块面积太小也无法用；而选择旧厂房西南一块地进行扩建最为合理可行（图 28-2-18）。扩建部分入口开向南侧，可作为俱乐部的主入口；改建部分可向东、北开口，以满足紧急疏散和后勤管理的需要。

（2）旧厂房改造是本题考核的重点。首先确定要求面积大、空间高度需占用旧厂房全部高度的篮球、游泳和羽毛球三个馆的位置。篮球、游泳各800m² 的面积，宜占用 24m 跨度厂房端头 5.5 个柱距，以免阻隔内部交通联系。羽毛球则可占第三个端头。余下相对集中的部分可作夹层处理，便于组织交通。

游泳部分的布置比较复杂，不注意容易出问题。试题提示泳池深 1.4～1.8m，并且

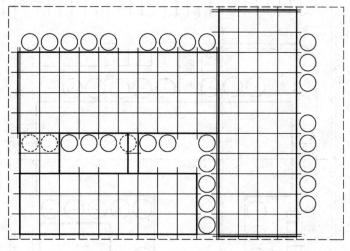

扩建部分建筑面积：2304m²

图 28-2-18　柱网布置图

不得下挖地坪，所以泳池剖面应当从 ±0.000 往上提升，池岸及水面至少提高到 2.1m 以上。为简化竖向结构空间关系以及便于交通联系考虑，游泳池宜布置在改建后的二层。泳池下部空间大部分被泳池结构构造所占，可以不利用，也只计算一层面积。

扩建部分功能以小型办公空间为主，为保证良好的采光通风条件，平面进深不宜大于18m，故其基本平面形态可以是一个 54m×18m 的矩形，并与旧厂房柱网对位，尽量靠西南布置；面积不足可以用与旧厂房之间的联系体补上。

（3）扩建部分在确定位置和平面形态之后，内部空间的布置应注意合理的功能分区。考虑到餐厅和商店有对城市公众开放的要求，故应放在一层，并且直接对前庭院开门。保龄球和管理办公只好放在二楼。同时还应将内部管理办公和公共活动尽量分开，扩建部分做成L形，与旧厂房相接，保龄球球道采用纵向布置，正好充分利用 30m 宽的场地地形，并与旧厂房围合出一块室外庭院，在内部空间关系上处于二层平面的尽端，是个不错的选择。

（三）参考答案

1. **总图布置**（图 28-2-19）

2. **一层平面图**（图 28-2-20）

3. **二层平面图**（图 28-2-21）

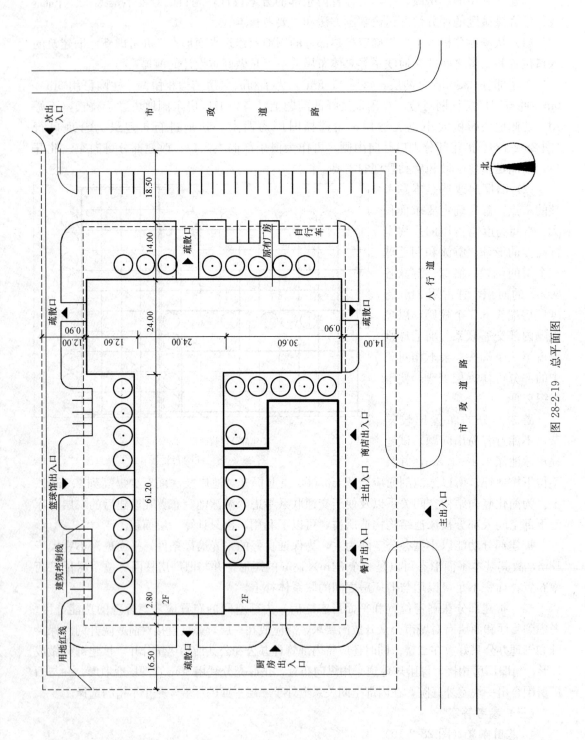

图 28-2-19 总平面图

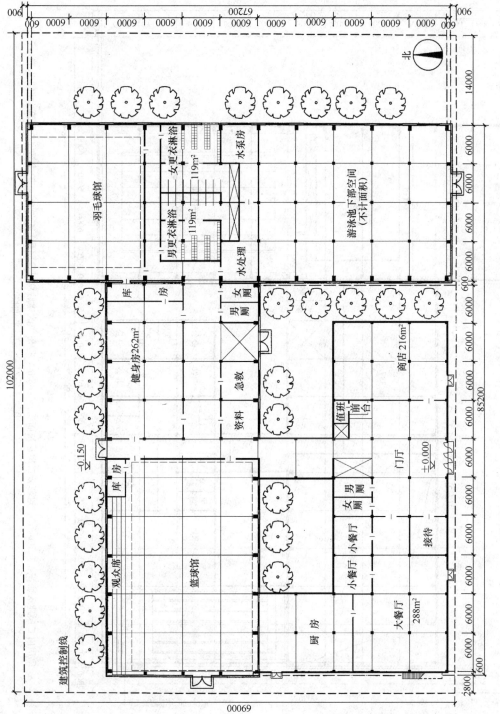

厂房一层建筑面积：2288m²，扩建部分一层建筑面积：1118m²

图 28-2-20 一层平面图

27

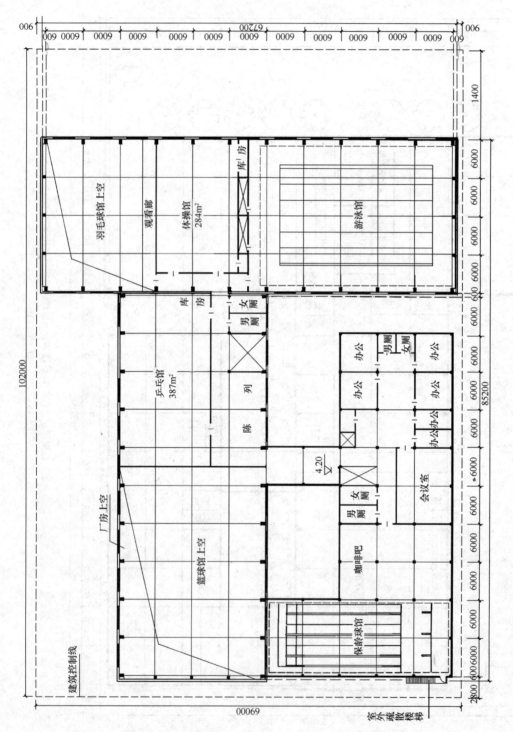

厂房内二层建筑面积：1056m²，扩建部分二层建筑面积：1088m²，扩建部分总建筑面积：4138m²，厂房内改建后总建筑面积：2176m²

图 28-2-21 二层平面图

(四) 评分标准

(1) 总图部分 8 分，不是很重要。主要考点在于建筑不出控制线，砍树不要超过 4 棵，内部道路要和城市道路相接，满足停车要求，主要入口和餐厅、厨房、商店直接对外等等。按题目要求去做，这部分并不困难。

(2) 旧厂房改造部分占 50 分，这是最重要的。其中几个运动场馆的布置占 35 分。首先场馆数和场地数一个都不能少，少一个就会扣掉 20~35 分，可能导致不及格。因为这是最基本的功能要求。其次是空间高度问题，篮球、游泳、羽毛球要求 7m 以上，因而不能和其他空间作上下层布置，这也涉及最基本的功能问题，占 25 分。

运动场附属空间，如更衣、淋浴、厕所、库房、水泵房、水处理间的布置以及流线组织还有 15 分。

(3) 扩建部分 32 分，也较为重要。这部分又分为餐厅、商店、保龄球和办公 4 部分。遗漏了其中任何一部分扣 20 分，所以先要解决有无的问题。然后是这部分的功能分区和流线组织，包括新、旧建筑之间的交通联系，有 12 分。这部分只要按照题意进行深入细致的安排，就能大体上解决。时间不够，一些细节照顾不到，只要大关系不错，就不至于不及格。在这里还是要提醒大家，作图考试不要追求方案的尽善尽美，只要大关系做对了，题目要求的主要功能房间都放进去了，其余细节大可不必拘泥。

(4) 本题和其他试题相同，规范规定共占 5 分。规范考核主要包括防火和无障碍。例如，所有大房间（包括各运动场馆和大餐厅、商店）都应有两个安全出口，少一个出口扣 2 分，最多扣 5 分；无障碍设计要求设无障碍电梯或坡道。题目规定的公共走道宽度不够，以及出现黑房间（库房、水处理除外）也要扣分。这些问题都属于"小节"，全部加起来也只有 5 分，因此不必多虑。

(5) 最后是结构和图面表达共 5 分，每年试题都大致如此。结构布置只要上下层对应关系正确即可。图面表达包括房间名称和尺寸、面积标注，分数没有多少，没来得及做也关系不大。题目要求浴室、厕所要布置隔间和卫生设备，要画门窗，门还要画出开启方向等，而评分时都没有考虑，说明此类细节并不影响评分，为了能按时完成图纸，考试作图时可以相对粗放一些。

四、2008 年 公路汽车客运站设计

(一) 试题要求

1. 任务描述

在我国某城市拟建一座两层的公路汽车客运站，客运站为三级车站，用地情况及建筑用地控制线见总平面图（图 28-2-22）。

2. 场地条件

地面平坦，客车进站口设于东侧中山北路，出站口架高设于北侧并与环城北路高架桥相连。北侧客车坡道、客车停车场及车辆维修区已给定，见总平面图。到达站台与发车站台位置见一、二层平面图（图 28-2-23、图 28-2-24）。

3. 场地设计要求

在站前广场及东、西广场用地红线范围内布置以下内容：

(1) 西侧的出租车接客停车场（停车排队线路长度≥150m）。

(2) 西侧的社会小汽车停车场（车位≥26 个）。

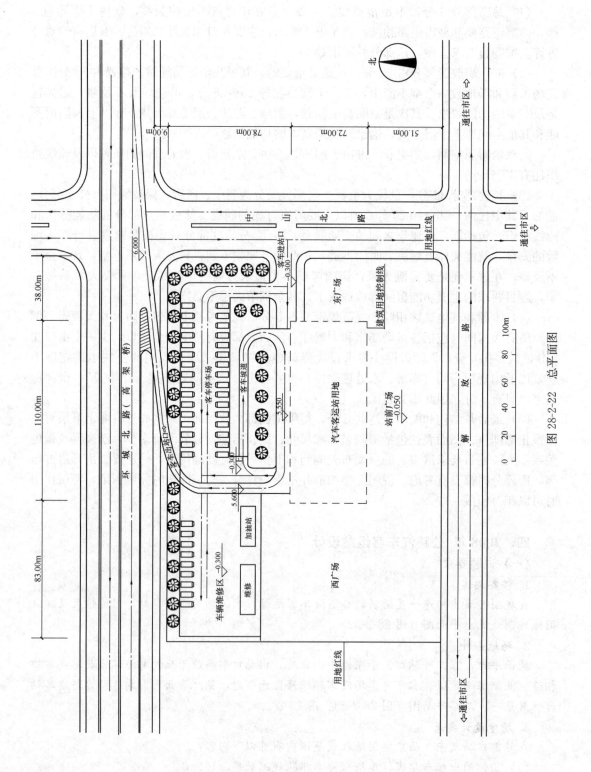

图 28-2-22　总平面图

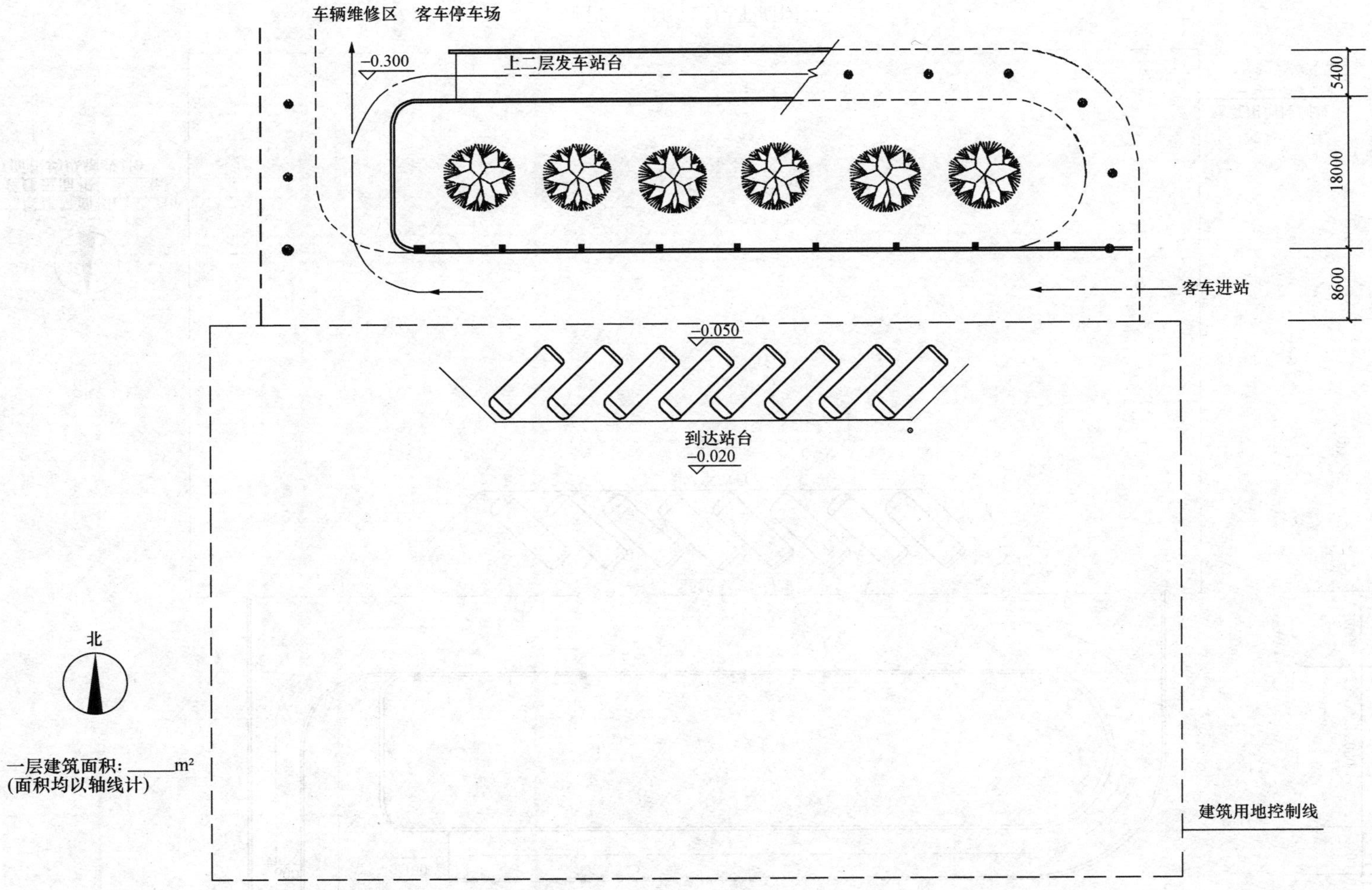
车辆维修区
客车停车场
−0.300
上二层发车站台
5400
18000
8600
客车进站
−0.050
到达站台
−0.020
北
一层建筑面积: ______m²
(面积均以轴线计)
建筑用地控制线

图 28-2-23　一层平面图

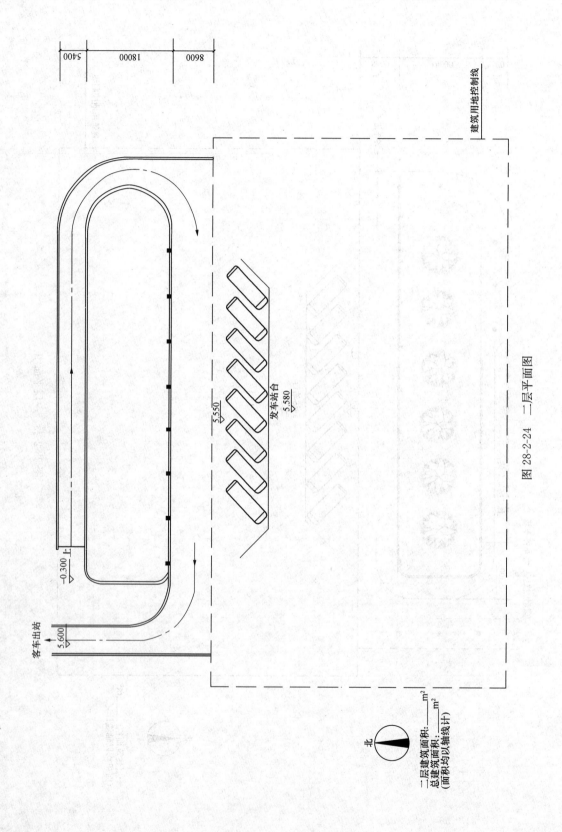

图 28-2-24　二层平面图

北

二层建筑面积：＿＿＿ m²
总建筑面积：＿＿＿ m²
（面积均以轴线计）

(3) 沿解放路西侧的抵达机动车下客站台（用弯入式布置，站台长度≥48m）。

（4）自行车停车场（面积≥300m²）。

（5）适当的绿化与景观。人车路线应顺畅，尽量减少混流与交叉。

4. 客运站设计要求

（1）一、二层用房及建筑面积要求见表28-2-7及表28-2-8。

（2）一、二层主要功能关系要求见图28-2-25。

（3）客运站用房应分区明确，各种进出口及楼梯位置合理，使用与管理方便，采光通风良好，尽量避免暗房间。

（4）层高：一层5.6m（进站大厅应适当提高）；二层≥5.6m。

（5）一层大厅应有两台自动扶梯及一部开敞楼梯直通二层候车厅。

（6）小件行李托运附近应设置一台小货梯直通二层发车站台。

（7）主体建筑采用钢筋混凝土框架结构，屋盖可采用钢结构，不考虑抗震要求。

（8）建筑面积均以轴线计，其值允许在规定建筑面积的±10%以内。

（9）应符合有关设计规范要求，应考虑无障碍设计要求。

5. 制图要求

（1）在总平面图（图28-2-22）上按设计要求绘制客运站屋顶平面；表示各通道及进出口位置；绘出各类车辆停车位置及车辆流线；适当布置绿化与景观；标注主要的室外场地相对标高。

（2）在图28-2-23及图28-2-24上分别绘制一、二层平面图，内容包括：

• 承重柱与墙体，标注轴线尺寸与总尺寸。

• 布置用房，画出门的开启方向，不用画窗；注明房间名称及带＊号房间的轴线面积。厕所器具可徒手简单布置。

• 表示安检口一组、检票口、出站验票口各两组，见图例（图28-2-26）、自动扶梯、各种楼梯、电梯、小货梯及二层候车座席（座宽500mm，座位数≥400座）。

• 在图28-2-23及图28-2-24左下角填写一、二层建筑面积及总建筑面积。

• 标出地面、楼面及站台的相对标高。

一层用房及建筑面积表   表28-2-7

功能区	房间名称	建筑面积(m²)	房间数	备 注
	＊进站大厅	1400	1	
售票	售票室	60	1	面向进站大厅总宽度≥14m
	票务	50	1	
	票据库	25	1	
对外服务站务用房	＊快餐厅	300	1	
	快餐厅辅助用房	200	4	含厨房、备餐、库房、厕所
	商店	150	1	
	小件托运	40	1	其中库房25m²
	小件寄存	40	1	其中库房25m²
	问讯	15	1	

功能区	房间名称	建筑面积（m²）	房间数	备　注
对外服务站务用房	邮电	15	1	
	值班	15	1	
	公安	40	1	其中公安办公 25m²
	男、女厕所各1	80	2	
内部站务用房	站长	25	1	
	＊电脑机房	75	1	
	调度室	70	1	
	＊职工餐厅	150	1	
	职工餐厅辅助用房	110	4	含厨房、备餐、库房、厕所
	司机休息	25×3	3	
	站务	25×3	3	
	男、女厕所各1	40	2	
到达区	＊到达站台	450	1	不含客车停靠车位面积
	验票补票室	25	1	
	出站厅	220	1	（含验票口两组）
	问讯	20	1	
	男、女厕所各1	40	2	
其他	消防控制室	30	1	
	设备用房	80	1	
	走廊、过厅、楼梯等	750		合理、适量布置
一层建筑面积：4665m²				

注：上列建筑面积均以轴线计，允许范围±10%。

二层用房及建筑面积表　　　　　　　　　　表 28-2-8

功能区	房间名称	建筑面积（m²）	房间数	备　注
候车	＊候车大厅	1400	1	含安检口一组及检票口两组
	＊母婴候车室及女厕所各1	90	2	靠站台可不经检票口单独检票
对外服务站务用房	广播	15	1	
	问讯	15	1	
	商店	70	1	
	医务	20	1	
	男、女厕所各1	80	2	
内部站务用房	调度	40	1	
	办公室	50×6	6	
	＊会议室	130	1	
	接待	80	1	
	男、女厕所各1	40	2	

功能区	房间名称	建筑面积（m²）	房间数	备 注
发车区	发车站台	450	1	不含客车停靠车位面积
	司机休息	80	1	
	检票员室	30	1	
其 他	设备用房	40	1	
	走廊、过厅、楼梯等	620		合理、适量布置
	二层建筑面积：3500m²			

注：1. 一、二层合计总建筑面积8165m²。

2. 上列建筑面积均以轴线计，允许范围±10%。

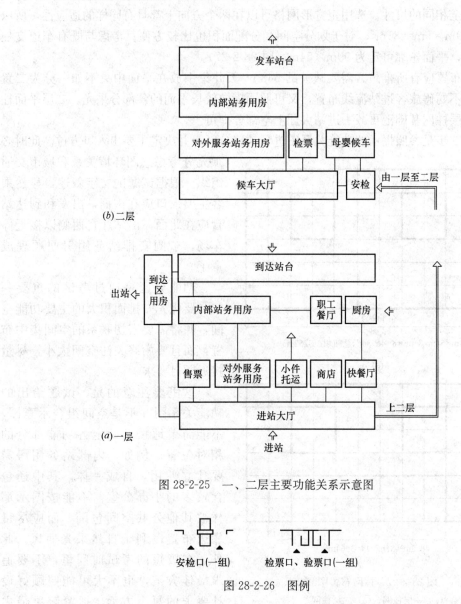

图 28-2-25 一、二层主要功能关系示意图

图 28-2-26 图例

（二）试题解析

（1）按照先总体后局部的原则，第一步是确定建筑的平面形态和柱网。根据试题给定的总图条件，建筑控制线范围是一个东西长110m，南北宽72m的矩形。但是，看清两张平面图（图28-2-23、图28-2-24）所提供的场地条件可以发现，拟建房屋的进深只能做到60m左右。如果考虑建筑外墙面到车道边的必要距离，进深还要再减小一些。按照一层建筑面积4665m²的要求，宜采用最简约的矩形平面，我们可以用一块约90m×50m的图形来解决问题。在确定具体结构柱网时，由于题目要求充分利用自然通风和采光，尽量避免黑房间，可考虑在平面中插入天井，因而平面轮廓可尽量放大以获取最好的采光、通风条件。至于柱网尺寸，只要符合我国建筑技术的发展趋势，大一点小一点本无所谓；但最好先留意一下平面图，图上给出了架空车道的支柱柱距是9m，因而不必多加考虑，直接采用与之完全相同的尺寸。选用正方形网格可以在两个方向上都具有同样的适应性，所以是可取的。9m×9m=81m²，对于划分空间和分配面积也比较方便；考虑与既有车道支柱的对位关系，平面轮廓可定为99m×54m（图28-2-27）。

天井的布置应有所推敲。需要减去的648m²天井集中放在平面中央不如一分为二置于两侧，既不妨碍旅客进站流线布置，又可照顾横向较长平面的各部分采光。二层平面柱网则是在一层柱网基础上再减去进站大厅上空部分即可。

（2）第二步是参照提示的功能关系图进行功能分区，并决定主要出入口方位。此时必须充分考虑总图环境关系和城市交通组织。根据试题的文字叙述，显然乘客主要入口应在南面，出发和到达站台应在北面，出站厅在西侧以接近停车场，东侧安排站务用房便顺理成章了。

功能分区是通过考试的重要一步。要优先安排面积大的主要功能空间，并将需要密切联系的空间集中布置，而且要始终关注空间大小，尽量接近题目要求。

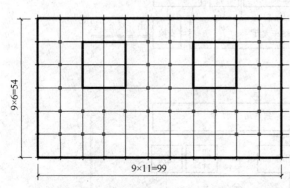

99m×54m−81m²×8=4698m²，总面积：8262m²

(a)

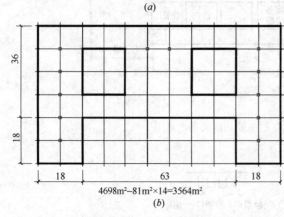

4698m²−81m²×14=3564m²

(b)

图28-2-27　柱网布置图

(a) 一层柱网；*(b)* 二层柱网

这里要注意的是，试题给出的功能关系图并不是空间组合示意图，不能简单地按其确定各功能部分的相对位置。例如，内部站务用房需要独立使用，自成一体，其中还包含较多的小办公室，不能按图示那样被其他公共空间包围，而应尽量靠边布置以利于自然采光通风。此外，在极短的考试时间里，不要追求最佳方案，也不大可能照顾好设计要求的每个方面。抓紧解决最主要的功能问题,枝节问题可以放弃,形式问题则完全不需要考虑。至于本方案采用大致对称的构成关系,只是习惯做法使然,并非刻意追求(图28-2-28)。

功能分区大体完成后,还有空间的细致划分、交通流线的布置,以及表示门洞位置、标注房间名称和面积等大量工作要做。这一步要注意两点:一是全面同步地推进设计,避免一层平面用时太多而丢下了二层,那样将会前功尽弃;二是分清主次,集中精力解决主要矛盾,也就是把主要功能空间,即建筑面积表里标有 * 号的空间布置好,先将主要得分点拿下,次要问题来不及解决也不会影响考试的通过。

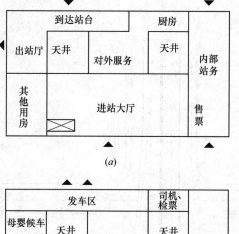

图 28-2-28 功能分区图
(a) 一层分区;(b) 二层分区

(三)参考答案

图 28-2-29~图 28-2-31 为参考答案。从中我们可以发现设计及表达并未做到完善的程度,例如,厨房空间没有进一步划分,厕所没有布置卫生洁具,楼梯也没有细画。但这样的答卷至少及格是没有问题的。

顺便说一点,对试题中的制图要求不必太较真,因为图面表达问题从来不是考查重点。本题要求二层平面图布置 400 个候车座椅,画图工作量很大,而评分时却根本没有考虑。门的开启方向每年试题都要求表示,实际评分时却都没有设置扣分点。

(四)评分标准

此题总图布置占 15 分,要求布置车辆流线、停车场、绿化景观等。时间不够而没有完成也不是没有通过的希望。只要简单地将建筑平面轮廓放进建筑控制线以内,总图的主要工作就可告一段落,留待最后有时间再深入去做。

这道题的评分分值分配比例如下:

总图	15 分
一层平面	40 分
二层平面	30 分
规范	7 分
结构与表达	8 分

由此可见,与往年的考试一样,总图、规范、结构、图面表达都不是要紧的地方,即使全都不符合要求,只要两层平面功能布局符合题目要求,也是能及格的。

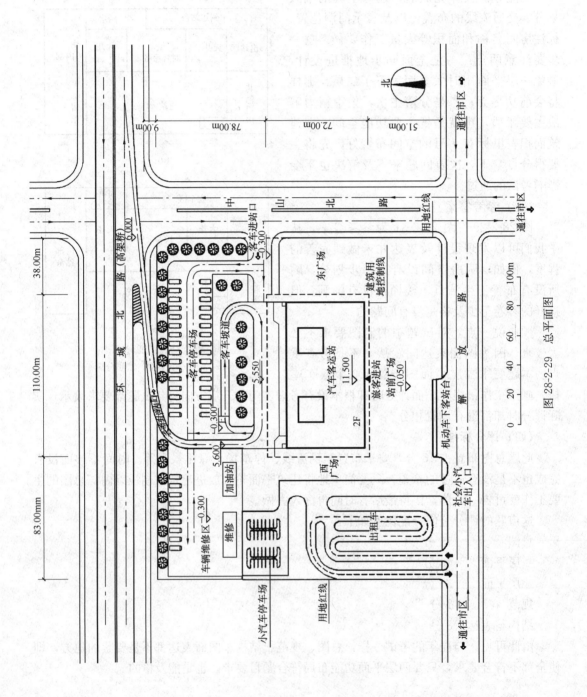

图 28-2-29　总平面图

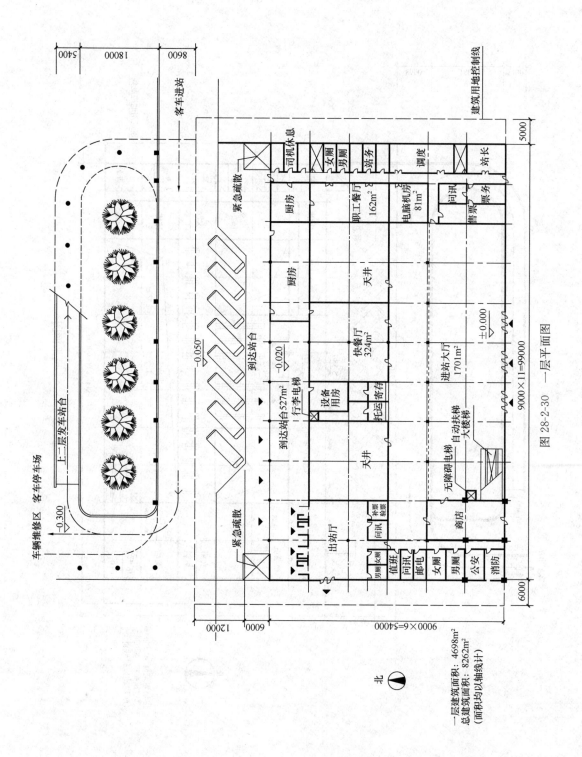

图 28-2-30 一层平面图

一层建筑面积：4698m²
总建筑面积：8262m²
（面积均以轴线计）

北

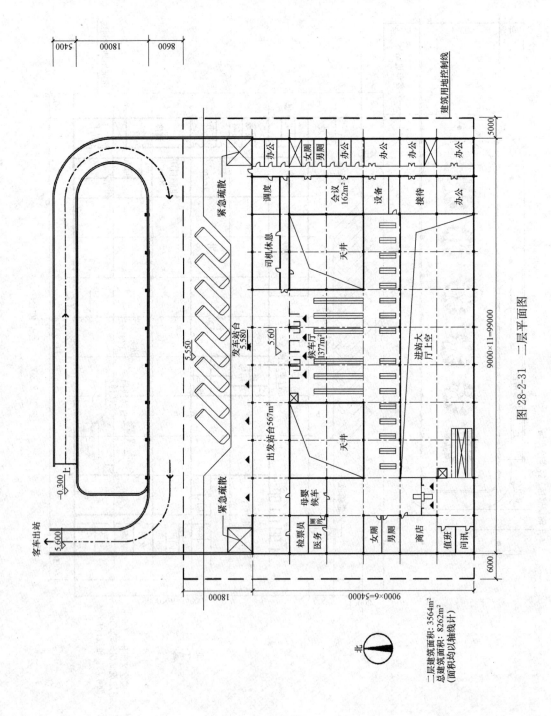

图 28-2-31 二层平面图

二层建筑面积：3564m²
总建筑面积：8262m²
（面积均以轴线计）

北

五、2009 年 中国驻某国大使馆设计

(一) 试题要求

1. 任务描述

我国拟在北半球某国修建一座大使馆，当地气候类似于我国华东地区。建筑层数为 2 层。用地情况及建筑控制线见总平面图（图 28-2-32）。

2. 场地条件

用地南侧为城市干道，东侧为次干道，北侧为城市绿地，西侧为相邻使馆用地。建筑用地范围 90m×70m，内有保留大树 1 棵，位置见总平面图。

3. 场地设计要求

(1) 主入口开向南侧城市干道，签证入口开向东侧次干道。主入口处设警卫室和安检室各（3×5）m^2，附近设 20 个小汽车停车位（可分散布置）；签证入口处设警卫兼安检室 1 个（3×5）m^2。

(2) 接待、签证、办公、大使府邸、办公区厨房应有独立的出入口，各入口之间又宜有联系。签证入口前设室外活动场地 200～350m^2 并与其他区域用活动铁栅分隔。

4. 建筑设计要求

(1) 建筑功能关系见图 28-2-33，图中双线示紧密联系。

(2) 大使馆分为接待、签证、办公及大使官邸四个区域，各区域均应设单独出入口，每区域内使用相对独立但内部又有一定联系。

(3) 办公区厨房有单独出入口，应隐蔽方便。

(4) 采用框架剪力墙结构体系，结构应合理。

(5) 签证、办公及大使官邸三个区域层高 3.9m，接待区门厅、多功能厅、接待室、会议室层高≥5m，其余用房层高为 3.9m 或 5m。

(6) 除备餐、库房、厨房内的更衣室及卫生间、服务间、档案室、机要室外，其余用房应为直接采光。一、二层用房及建筑面积要求见表 28-2-9 及表 28-2-10。

5. 制图要求

(1) 总图要求表示道路、绿地、停车位，并标出与道路连接的出入口。

(2) 绘制一层及二层平面图，应表达：

•承重柱与墙体，标注轴线尺寸及总尺寸；

•布置房间，表示门的位置，不必画窗；标注房间名称及带＊号房间的轴线面积，标注每层的建筑面积和总建筑面积。

(3) 主要线条用尺规绘制，卫生洁具等可徒手绘制。布置用房，画出门的开启方向，不用画窗；注明房间名称及带＊号房间的轴线面积。

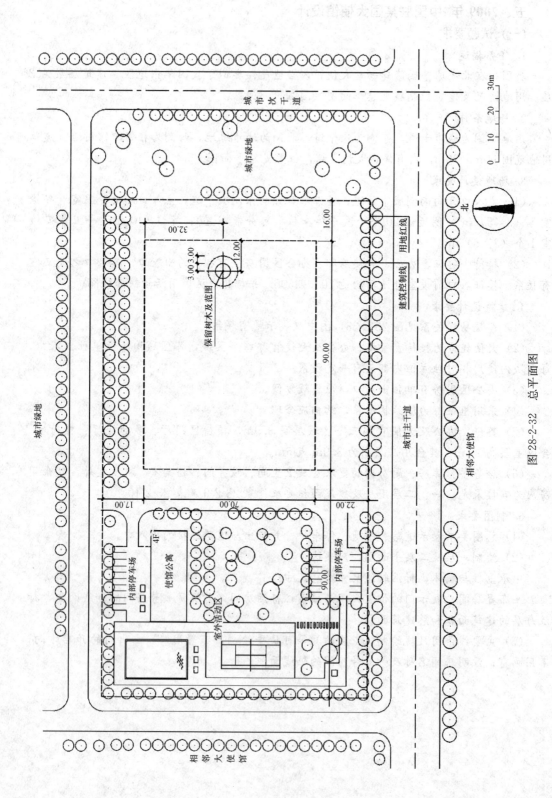

图 28-2-32 总平面图

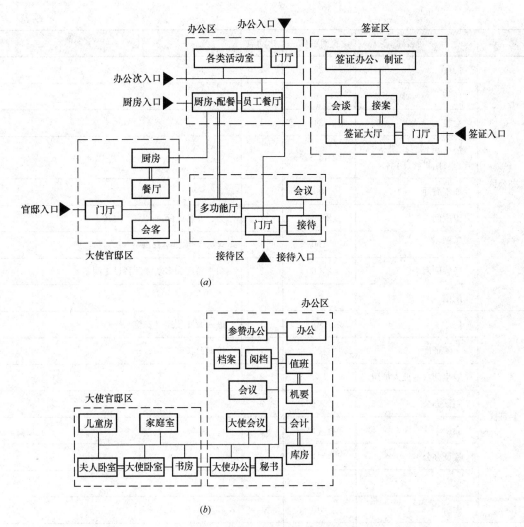

图 28-2-33　主要功能关系示意图

（a）使馆一层主要功能关系图；（b）使馆二层主要功能关系图

一层房间功能及要求　　　　　　　　　　　　表 28-2-9

功能区	房间名称	建筑面积(m²)	房间数	备　注
接待区	＊门厅	150	1	
	＊多功能厅	240	1	兼作宴会厅
	休息室	80	1	
	＊接待室	145	1	
	会议室	120	1	
	卫生间	2×40	男女各1	应考虑残疾人厕位
	衣帽间	48	1	
	值班和服务	2×12	2	值班、服务各1间
	小计	887		

功能区	房间名称	建筑面积(m²)	房间数	备　注
办公区	门厅	25	1	
	门卫	16	1	
	会客	24	1	
	活动室(健身、跳操、乒乓、桌球、棋牌、图书)	6×48＝288	6	
	职工餐厅	90	1	
	卫生间	2×24	2	男、女各1间
	大厨房	150	1	含男女更衣各16m²
	备餐间两个	2×60	2	职工餐厅和多功能厅各设1间备餐
	配电	24	1	
签证区	门厅	80	1	进入大厅须经过安检
	＊签证厅	220 含接案台60	1	接案台长度≥10m
	卫生间（签证人员用）	2×8	2	
	制证办公	2×16	2	
	会谈	2×16	2	
	签证办公	4×16	4	
	保安	16	1	
	库房	16	1	
官邸区	门厅	50	1	
	会客	60	1	
	值班	12	1	
	衣帽间	7	1	
	厨房	27	1	
	餐厅	55	1	
	客房	35	1	带卫生间
	卫生间	16	1	
以上面积合计：				2410m²
走廊、楼梯等面积：				740m²
一层建筑面积：				3150m²
允许一层建筑面积（±10％以内）：				2835～3465m²

44

功能区	房间名称	建筑面积（m²）	房间数	备 注
官邸区	＊大使卧室	70	1	均带卫生间
	夫人卧室	54	1	
	儿童卧室	40	1	
	家庭室	40	1	
	书房	28	1	
	储藏	28	1	
办公区	大使办公	56	1	
	＊大使会议	75	1	
	普通会议	80	1	
	秘书	20	1	
	参赞办公	3×48＝144	3	
	普通办公室	8×24＝192	8	
	机要室	140	4	其中机要室 3 间共 116m²，值班室 1 间24m²
	档案室	80	2	含 32m² 阅档室
	财务室	72	2	含 27m² 库房
	卫生间	2×24	2	男、女各 1 间
以上面积合计：				1167m²
走廊、楼梯等面积：				383m²
二层建筑面积总计：				1550m²
允许二层建筑面积（±10％以内）：				1395～1705m²

（二）试题解析

（1）按照先总体后局部的原则，第一步是确定建筑的平面形态和柱网。根据试题给定的总图条件，建筑控制线范围是一个东西长 90m，南北宽 70m 的矩形。由于场地要求保留原有大树，可以只利用大树以西 72m 宽的地块布置。按照一层建筑面积 3150m² 的要求，采用最简单的矩形轮廓和 8m×8m 柱网，并考虑到绝大多数功能房间均需要自然通风和采光，可以用一个周边建筑进深不太大的、带内院的 64m×64m 口字形平面来解决问题（图 28-2-34）。在这里要提醒大家注意的是：按历来的考试规定，建筑尺寸和定位一律按轴线，所以建筑与建筑控制线的关系，以建筑边轴线不超越控制线为原则，故压线布置是允许的。

（2）第二步是参照提示的功能关系图进行功能分区，并决定各个出入口的方位。根据

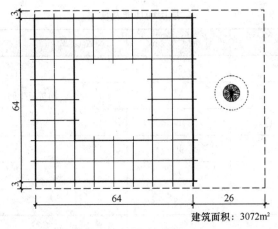

建筑面积：3072m²

图 28-2-34　柱网设置图

试题要求，主入口开向南侧城市干道，签证入口开向东侧次干道，因而可以将接待区设于建筑南段，将签证区设于东段。北段和西段就是办公和官邸了（图 28-2-35）。

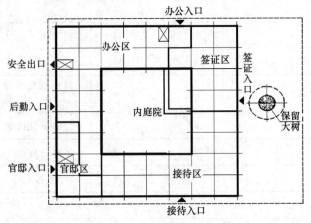

图 28-2-35　一层功能分区图

具体划分功能分区时要注意控制各分区的面积大小。可按照各分区要求的面积统计数，加上按比例分配的交通面积数，除以 64，便得出各分区大体上应占有的网格数量（图 28-2-36）。

试题分层给出功能关系图，一层各分区的相互关系可以直接用于平面布置，二层分区应与一层功能区相对应，并注意楼梯及厕所在上下层之间的对位关系。具体分区时还要注意相邻的两个功能区之间的联系通道，例如图 28-2-35 一层平面中接待区和办公区之间的联系需要通过签证区，显得不够直接。考虑到该联系属于使馆内部的办公流线，所以还是能够接受的。当然，最好在庭院里添加一条连廊。而办公区的厨房、备餐需要直接为接待区的多功能厅服务，其间的交通联系就不能被官邸区所阻隔，因而一层官邸区的形状就必须适当调整，如图做成"L"形。

（3）分区妥当后就要抓紧时间落实各分区的平面组合关系。这部分工作量比较大，我们还是应当从大关系入手。大关系理顺，即使细节来不及一一敲定，及格也应该是没有问题的。所谓"大关系"，就是主要功能房间和面积大、数量多的房间的恰当定位，并将与

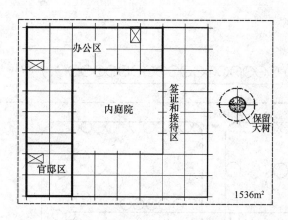

图 28-2-36　二层功能分区图

其关系密切的房间尽量贴邻布置。和往年的方案作图考试一样，我们不要把目标定在做出尽善尽美的方案上，因为这往往是不可能达到的。一定要在最短的时间里争取拿出大体可行，又能让阅卷人看得明白的方案来。绘图与表达则不必过多考虑。例如，墙体就用一条粗实线表示，窗户不必画，门也不必表示开启方向；楼梯和厕所来不及细画也不要紧，只要让阅卷人能看清楚是楼梯、厕所便可以了。

关于图面表达深度，尽管通常题目要求很高，如表示墙、柱，墙还要画双线；要画门、窗，还要表示门的开启方向，厕所要布置卫生洁具，要布置家具等。但笔者根据历年评分标准认定，这些属于图面表达的内容，统统加在一起不过 5 分左右，不值得多花时间去做。

(三) 参考答案

1. 总平面图（图 28-2-37）

总图其实不一定画得这样深入。主要是把建筑布置在建筑红线之内，让开保留大树，作环行车道连接建筑各个出入口并与城市道路相接就可以了。

2. 一层平面图（图 28-2-38）

3. 二层平面图（图 28-2-39）

仔细看，平面图表达得也不完善。例如，厕所没有布置卫生洁具，楼梯只是位置示意，也没有做无障碍设计，有些房间的面积不一定完全符合题目要求。墙体用一根粗实线表示，窗线一律不画，门留出洞口再加上一条短竖线，对于只求及格的图纸，画到这种平面组合图的深度就足够了。在考试时间不够用的情况下，要根据自己的能力，注意适可而止，切不可追求完美。要知道，题目中的制图要求是按满分的标准设定的，而应试者的目标只是及格，所以一定不要把太多的时间花在只占 5 分的图面表达上。

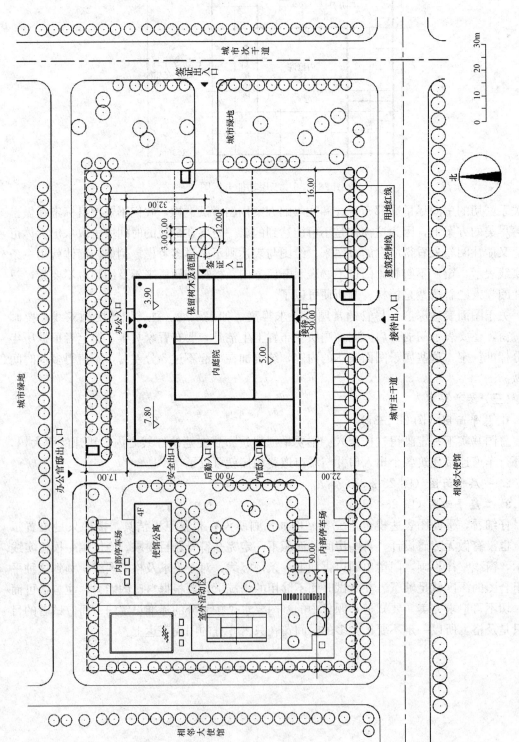

图 28-2-37 总平面图

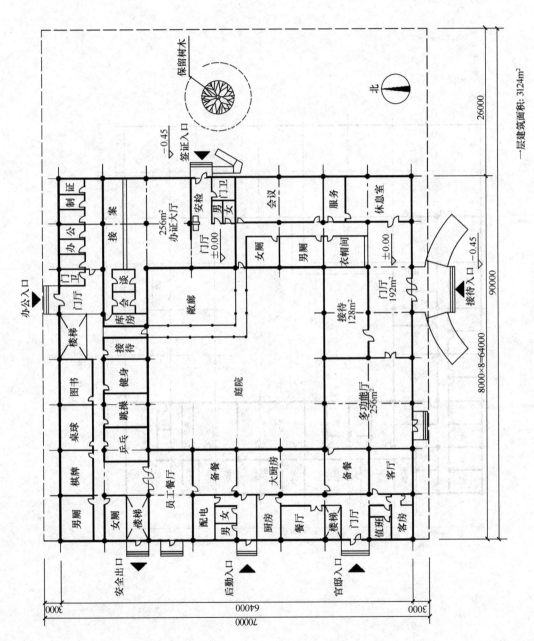

图 28-2-38　一层平面图

49

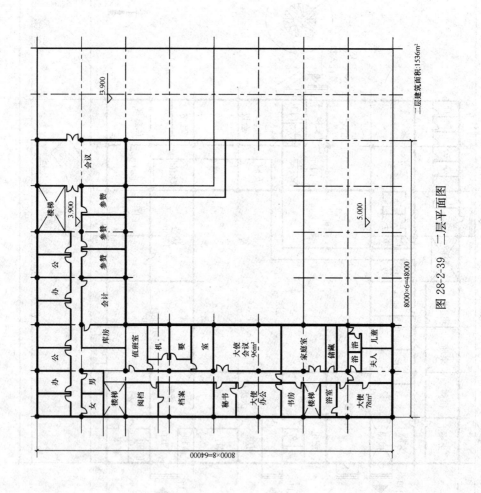

图 28-2-39　二层平面图

50

(四) 评分标准 (表 28-2-11)

表 28-2-11

序号	项目		考核内容	分值	扣分范围	扣分	扣分小计	得分
1	总平面 (15 分)		建筑物超红线扣 10 分,古树未保留扣 5 分	15	5~10			
			总平面与单体不符每处扣 1 分		1~5			
			接待区、签证区未能分别通往主次干道,每处扣 2 分;办公、官邸区未通城市道路扣 1 分		1~3			
			对城市的出入口(最少 3 处)未设警卫安检房每处扣 1 分		1~3			
			未表示建筑物的 5 个出入口(4 大区及厨房),少 1 个扣 1 分		1~3			
			签证区入口处没布置 200~350m² 场地,该入口场地未设活动铁栅与各区分隔的各扣 1 分		1~2			
			场地内道路布置不当或未布置扣 1~2 分,20 个车位每缺 3 个扣 1 分。未布置绿化扣 2 分		1~3			
2	一层 平面 (47 分)	功能分区	4 大区分区不清,交通混乱交叉	12	2~6			
			办公区与其余 3 区内部不通(允许经楼梯与二层官邸相通)或无门相隔,每处扣 2 分		2~4			
			厨房未设单独出入口;厨房备餐未与员工餐厅、多功能厅紧密相连,每处扣 2 分		2~4			
			房间比例不当(>1:2),每处扣 2 分(厕所、库房除外)		1~2			
		接待	平面布置功能关系明显不良	10	1~5			
			缺门厅、多功能厅、接待,每缺 1 间扣 3 分;缺会议、休息、卫生间,每缺 1 间扣 1 分		1~5			
			面积不符:门厅(150±15m²)、多功能厅(240±24m²)、接待室(145±15m²)每处扣 2 分;其他明显不符每处扣 1 分		1~3			
			门厅、多功能厅、接待室、会议室层高不足 5m,每处扣 1 分		1~2			
			除服务间、衣帽间外,每间暗房间扣 1 分		1~2			
		办公区	平面布置功能关系明显不良	8	1~4			
			缺门厅、会客、活动室(6 间)、卫生间、员工餐厅、备餐、厨房,每缺 1 间扣 1 分		1~4			
			面积明显不符的房间,每间扣 1 分		1~3			
			厨房内部无男女更衣、厕所,每项扣 1 分		1~3			
			除备餐、厨房内更衣、厕所外,每间暗房间扣 1 分		1~2			

序号	项目		考 核 内 容	分值	扣分范围	扣分	扣分小计	得分
2	一层平面（47分）	签证区	平面布置功能关系明显不良，扣1～5分；内外人流交叉混乱或内外不通，扣2分	10	1～5			
			缺门厅、签证大厅、会谈室（2间）、办公（4间）、制证室（2间）、保安及供签证者用的卫生间，每缺1间扣1分		1～6			
			面积不符：签证大厅（220±22m²）扣2分，其他明显不符每处扣1分		1～3			
			会议室未开两个门分别通向内外区域的，每处扣1分		1～2			
			大厅未设60m²的接案，接案柜台长度＜10m的每处扣1分		1～2			
			除库房外，每间暗房间扣1分		1～2			
		大使官邸	平面布置功能关系明显不良	7	1～4			
			缺门厅、值班、会客厅、餐厅、厨房、客房、卫生间每间扣1分		1～4			
			除衣帽间外，每间暗房间扣1分		1～2			
3	二层平面（26分）	功能交通	功能分区及平面布置明显不当，交通混乱交叉	8	2～6			
			办公区与大使馆官邸不通或无门相隔		2～4			
			房间比例不当（＞1∶2），每处扣1分（厕所、库房除外）		1～3			
		办公区	平面布置功能关系明显不良	10	2～6			
			缺大使办公、大使会议、秘书室、机要室（3间）、值班室、会议室、参赞办公室（3间）、办公室（8间）、会计、档案室、阅档室、卫生间，每缺1间扣1分		1～5			
			面积明显不符，每处扣1分		1～3			
			未经值班而进入机要室		1			
			未经阅档室进入档案室		1			
			秘书、大使办公未相邻并未与官邸紧密靠近，每处扣1分		1～2			
			除档案室、机要室外，每间暗房间扣1分		1～2			
		大使官邸	平面功能关系明显不良	8	2～4			
			缺大使卧室、夫人卧室、家庭室、书房、儿童房、卫生间，每缺一间扣1分		1～4			
			面积明显不符，每处扣1分		1～2			
			大使卧室与夫人卧室未内部相通		1			
			未布置至少1个卧室朝南，扣1分		1			

序号	项目	考核内容	分值	扣分范围	扣分	扣分小计	得分
4	规范规定 （4分）	未按规范合理布置疏散楼梯，安全疏散距离不满足的扣4分	4	4			
		接待门厅、签证门厅入口处未设轮椅坡道扣2分；接待区未设残疾人厕位扣1分		1~4			
5	结构 （3分）	未表示承重结构体系，结构柱网不合理的扣2分	3	2			
		一、二层结构体系不吻合，有结构柱影响房间使用的每处扣1分		1~3			
6	图面 （5分）	未注房间名称以及带＊号房间的面积和每层面积的，每处扣1分	5	1~4			
		未按要求标注轴线尺寸及总尺寸的，每处扣1分		1~3			
		图面粗糙潦草不清的，酌情扣1~5分		1~5			
		墙体为单线，未表示承重柱与门的开启方向的，酌情扣1~5分		1~5			

通过此题来看方案作图考试的评分标准，可以看出，考核的重点和往年一样，依然是两层平面布置对于功能要求的满足，占73分；总图15分，比往年的多数情况增加5分；规范、结构和图面合计12分，也比往年的多数情况略高。图面表达和往年一样总共只占5分，显然是不重要的。本试题的功能要求不太复杂，流线、流程也比较简单，重点在于合理分区和各功能房间数量和面积大小的满足。本试题评分对主要功能房间的采光、通风要求和气泡图中对某些功能关系的规定是否满足也设置了较多的评分点；因此不少应试方案虽然大的功能关系不错，但细节上疏漏较多，还是不能及格；这是近几年试题评分的一个特点，即大的功能关系不复杂的试题，往往会看重功能细节要求的满足与否。

六、2010 年 门急诊楼改扩建

（一）试题要求

1. 任务描述

某医院根据发展需要，拟对原有门急诊楼进行改建并扩建约3000m² 二层用房；改扩建后形成新的门急诊楼。

2. 场地条件

场地平整，内部环境和城市道路关系见总平面图（图28-2-40），医院主要人、车流由东面城市道路进出，建筑控制用地为72m×78.5m。

3. 原门急诊楼条件

原门急诊楼为二层钢筋混凝土框架结构，柱截面尺寸为500mm×500mm，层高4m，

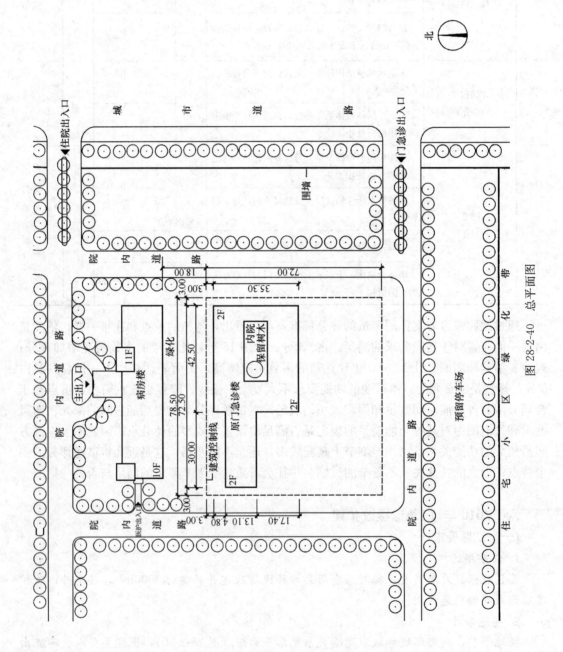

图 28-2-40　总平面图

建筑面积 3300m²，室内外高差 300mm；改建时保留原放射科和内科部分，柱网及楼梯间不可改动，墙体可按改扩建需要进行局部调整。

4. 总图设计要求

（1）组织好扩建部分与原门急诊楼的关系。

（2）改扩建后门急诊楼一、二层均应有连廊与病房楼相连。

（3）布置 30 辆小型机动车及 200m² 自行车的停车场。

（4）布置各出入口、道路与绿化景观。

（5）台阶、踏步及连廊允许超出建筑控制线。

5. 门急诊楼设计要求

（1）门急诊主要用房及要求见表 28-2-12 及表 28-2-13，主要功能关系见图 28-2-41。

（2）改建部分除保留的放射科、内科外，其他部分应在保持结构不变的前提下按题目要求完成改建后的平面布置。

（3）除改建部分外，按题目要求尚需完成约 3000m² 的扩建部分平面布置，设计中应充分考虑改扩建后门急诊楼的完整性。

（4）扩建部分为二层钢筋混凝土框架结构（无抗震设防要求），柱网尺寸宜与原有建筑模数相对应，层高 4m。

（5）病人候诊路线与医护人员路线必须分流；除急诊外，相关科室应采用集中候诊和二次候诊廊相结合的布置方式。

（6）除暗室、手术室等特殊用房外。其他用房均应有自然采光和通风（允许有采光廊相隔）；公共走廊轴线宽度不小于 4.8m，候诊廊不小于 2.4m. 医护走廊不小于 1.5m。

（7）应符合无障碍设计要求及现行相关设计规范要求。

6. 制图要求

（1）绘制改扩建后的屋顶平面图（含病房楼连廊），绘制并标明各出入口、道路、机动车和自行车停车位置，适当布置绿化景观。

（2）在给出的原建筑一、二层框架平面图（图 28-2-42、图 28-2-43）上，分别画出改扩建后的一、二层平面图，内容包括：

1）绘制框架柱、墙体（要求双线表示），布置所有用房，注明房间名称，表示门的开启方向。窗、卫生间器具等不必画。电梯及自动扶梯图例见图 28-2-44。

2）标注建筑物的轴线尺寸及总尺寸、地面和楼面相对标高。在试卷右下角指定位置填写一、二层建筑面积和总建筑面积。

7. 提示

（1）尺寸及面积均以轴线计算，各房间面积及层建筑面积允许在规定面积的 ±10% 以内。

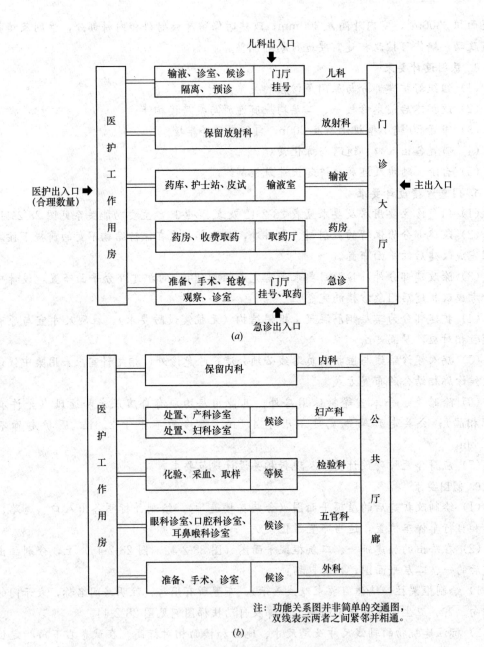

图 28-2-41 主要功能关系示意图

(a) 一层主要功能关系图；(b) 二层主要功能关系图

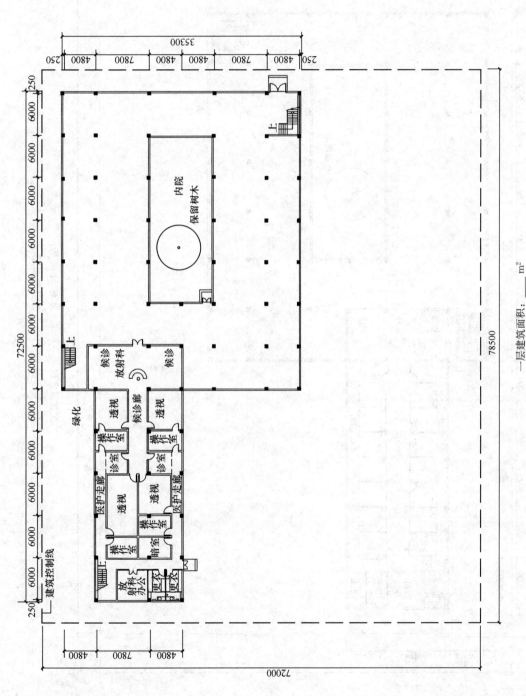

一层建筑面积：____ m²

图 28-2-42　一层平面图

北

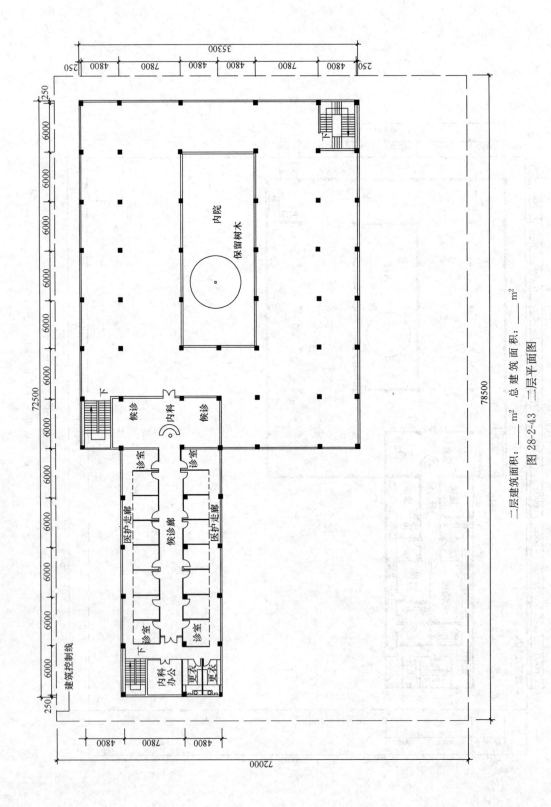

二层建筑面积: ____ m² 总建筑面积: ____ m²

图 28-2-43 二层平面图

58

区域	房间名称	房间面积 m²	间数	说 明
门诊大厅	大厅	300	1	含自动扶梯、导医位置
	挂号厅	90	1	深度不小于 7m
	挂号收费	46	1	窗口宽度不小于 6m
药房	取药厅	150	1	深度不小于 10m
	收费取药	40	1	窗口宽度不小于 10m
	药房	190	1	
	药房办公	18	1	
急诊	门厅	80	3	门厅 48m²，挂号 10m²，收费取药 22m²
	候诊	50		
	诊室	50	5	每间 10m²
	抢救、手术、准备	140	3	抢救、手术各 55m²，手术准备间 30m²
	观察间	45	1	
	医办、护办	36	2	每间 18m²
儿科	门厅	120	3	门厅 90m²，挂号、收费、取药、药房各 15m²
	预诊、隔离	46	3	预诊 1 间 20m²；隔离 2 间，每间 13m²
	输液	18	1	
	候诊	80		包括候诊厅、候诊廊
	诊室	60	6	每间 10m²
	厕所	30	2	男女各 1 间，每间 15m²
输液	输液室	220	1	
	护士站、皮试、药库	78	3	每间 26m²
放射科	（保留原有平面）	480		
其他	公共厕所	80		
	医护人员更衣、厕所	100		成套布置，可按各科室分别或共用设置
	交通面积	790		含公共走廊、医护走廊、楼梯、医用电梯等

一层建筑面积合计：3337m²

允许一层建筑面积（±10%）：3003～3671m²

区域	房间名称	房间面积 m²	间数	说 明
外科	候诊	160		包括候诊厅、候诊廊
	诊室	170	17	每间 10m²
	病人更衣	28	1	
	手术室、准备间	60	2	手术室、准备间各 30m²
	医办、护办、研究	60	3	每间 20m²
五官科	候诊	160		包括候诊厅、候诊廊
	眼科诊室	60	6	每间 10m²，其中包括暗室
	耳鼻喉科诊室	60	6	每间 10m²，其中包括测听室
	口腔科诊室	45	2	口腔诊室 35m²、石膏室 10m²
	办公	45	3	眼科、耳鼻喉科、口腔科各一间，每间 15m²

区域	房间名称	房间面积 m²	间数	说　　明
妇产科	候诊	160		妇科与产科的候诊厅、候诊廊应分设
	妇科诊室	60	6	每间 10m²
	妇科处置	40	3	含病人更衣厕所 10m²，医护更衣洗手 10m²
	产科诊室	60	6	每间 10m²
	产科处置	40	3	含病人更衣厕所 10m²，医护更衣洗手 10m²
	办公	40	2	妇科、产科各一间，每间 20m²
检验科	检验等候	110	1	
	采血、取样	40	1	柜台长度不少于 10m
	化验、办公	120	4	化验三间、办公一间，每间 30m²
内科	（保留原有平面）	480		
其他	公共厕所	80		
	医护更衣、厕所	80		成套布置，可按各科室分别或共用设置
	交通面积	860		含公共走廊、医护走廊、楼梯、医用电梯等

二层建筑面积合计：3018m²

允许二层建筑面积（±10%以内）：2716～3320m²

（2）使用图例

 医用电梯 　　　　自动扶梯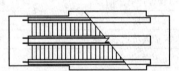

图 28-2-44

（二）试题解析

（1）按题作答是顺利通过方案作图考试的重要原则。因而，认真仔细的审题是拿到考卷后必须首先做好的工作。在这里用不着先入为主、自以为是的所谓"知识积累"。其实，通观最近 8 年来的一级注册建筑师执业资格考试方案作图的试题，我们就不难发现：应试者不必要，也不可能事先在各种类型的建筑设计原理和方法上下工夫，因为你碰上的试题完全可能是绝大多数应试者完全陌生的建筑类型，这样才能体现公平、公正的原则。所以通过考试的关键在于读懂题意，并按照出题人对设计的功能要求去做。这道题看上去功能要求相当复杂：需要布置 8 个门、急诊科室的平面，大小房间数量非常多；还有一般应试者搞不清楚的医患分离、分流以及患者二次候诊的特殊要求。只有充分利用试题给出的保留科室和原有建筑的平面组合模式这些已知条件，才可能迅速而正确地解决问题。

（2）读懂题意之后，应从场地分析入手开始解题。第一步，在建筑控制线范围内，建议用最简单的矩形来确定扩建的建筑轮廓。我们只需沿用保留建筑的柱网和宽度尺寸向南扩展到接近南边建筑控制线为止。为了解决自然通风采光问题，可参照保留建筑的内院形式，布置新的内院。扩建部分的平面形态完全模仿原有格局，并控制好扩建部分的建筑面积。注意原有建筑的空间组合关系中包含了三个南北朝向，适合布置门、急诊科室的实体，向南扩建只需再增加三个南北朝向的实体，就可以满足总数为十个科室另加一个门诊大厅的空间需要。平面图形的中间东西朝向部分将六个实体串联起来，适于布置患者就诊大通道，东西两侧部分布置医护人员用房及出入口也比较恰当（图 28-2-45）。

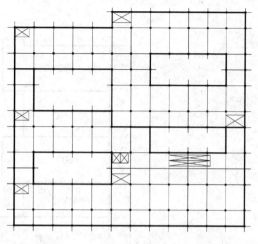

图 28-2-45　利用原有柱网确定矩形轮廓

（3）参照提示的功能关系图进行功能分区，并决定各个出入口方位。一层分区：门诊大厅布置在东南角，靠近总图上既定的医院门急诊场地出入口，门诊部大门以向东开为宜，这样可充分保证建筑入口的可识别性。急诊和儿科需要独立出入口，可分别位于西南和东北；急诊在西南，大门向南开，既方便救护车通达，又可尽量避开普通就医者的视线，以免对他们造成不利的心理影响。余下药房和输液不需要直接对外开口，可放在平面中部（图 28-2-46）。二层分区：外科需要面积最大，适合放在急诊楼上；检验科所需面积最小，放在输液楼上正好；剩下的妇产科与五官科位置可以互换（图 28-2-47）。

图 28-2-46　一层功能分区图

（4）分区妥当后就要抓紧时间落实各分区的平面组合关系。本题各部分功能房间数量大，流线关系复杂，如果不充分利用已知条件，参照两个保留的科室平面进行推演，设计难度很大，一般不大可能快速而正确地完成。这里面，医患分离、分流和患者二次候诊是题目的明确要求，所有诊室可以利用"采光廊"采光也是题目允许的。参照两个保留科室的平面布置就可以很快安排好新增科室的平面，从而迅速解决问题。至于防火疏散，保留原有楼梯和走道布局不动，新建部分照搬保留部分的布局和形式，就没有问题。

这一步工作量极大，考试时一般不可能做到尽善尽美。只要将主要功能房间安排好，并符合题目要求的流线、流程就行，图面表达不妨简练些。

（5）关于本题的结构布置和无障碍设计考虑。虽然结构布置和无障碍设计在方案作图考试中并不重要，但本题中有些问题最好能搞清楚。

本题目给出了原有建筑的结构布置和墙、柱的尺寸关系，扩建时最好能考虑到新旧建

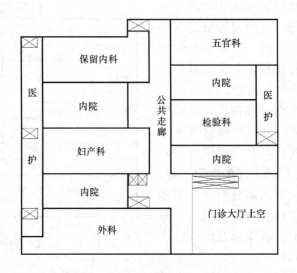

图 28-2-47　二层功能分区图

筑间平面的相互关系。一般做法是在新旧建筑衔接处做双柱变形缝。缝宽可按柱宽加 100 考虑，也就是定为 600 即可。这样做，如果在新旧建筑之间留出采光天井，天井的最小宽度采用一个 7800 柱距，再加 600 变形缝宽，轴线尺寸大于 8000。据说此题评分时明确采光天井宽度不得小于 8000，大约就是如此设定的。

关于执行无障碍规范问题。现行规范要求医疗建筑要做无障碍出入口，即主要出入口室内外不能有高差。然而题目给定原有门诊楼室内地坪高于室外地面 300。如果新建部分执行规范，新旧建筑一层地面间有高差，需用坡道联系，平面图表达有些复杂。考虑到改扩建方便，笔者认为此题不做无障碍出入口也不应扣分。

（三）参考答案

1. 总平面图（图 28-2-48）

总图布置，除了把建筑布置在建筑红线以内之外，还要注意把门诊、急诊、儿科和医护人员的两个出入口标明，并在门急诊楼和病房楼之间画上连廊。关于出入口的无障碍设计问题，现行规范要求医疗建筑门内外无高差的所谓"无障碍出入口"，新建的门诊大厅和急诊入口门前不应出现轮椅坡道。然而原有建筑室内外高差有 300mm，出入口应有坡道。到底做不做坡道，在一层平面图上应有交代。

2. 一层平面图（图 28-2-49）

两层平面图深入表达的工作量极大，考试时一般不可能达到完满的程度。此题功能要求复杂，房间数量很大，只有充分利用试题给出的已知条件，尽量参照两个保留科室的平面布局，才有可能快速而正确地完成设计。特别是"医患分离"和"二次候诊"的概念，不了解我国当前医院门诊部设计的人，只有看清试题纸上的特别提示，才能正确解答。其实考前并不需要专门研究医院建筑设计的专门问题。重要的问题在于认真审题，善于找出并利用提示。

3. 二层平面图（图 28-2-50）

以上两层平面图表达得并不完善。例如，厕所没有布置卫生洁具，楼电梯只是位置示

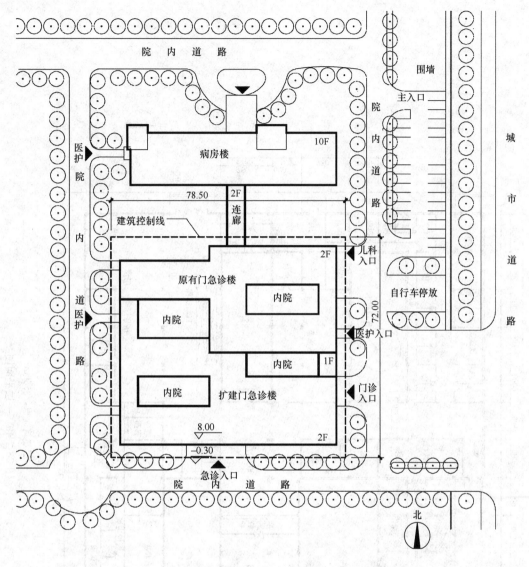

图 28-2-48 总平面图

意，有些房间的面积不一定完全符合题目要求（请读者注意：原题楼梯间均开敞，不符合现行规范规定；笔者建议快速解题时只需按题目要求保留的平面布置方式，同样做成开敞楼梯间，旧题旧做，不必按新规范改题新做了）。墙体用一根粗实线表示，窗线一律不画，对于只求及格的图纸，画到这种平面组合图的深度就够了。关于墙体的平面图画法，本试题确实"要求双线表示"，但评分时结构与图面表达一共只有 6 分，不值得在画双线墙上多花工夫。应试者的目标应当是及格，考试时把太多的时间花在的图面表达上是不明智的。

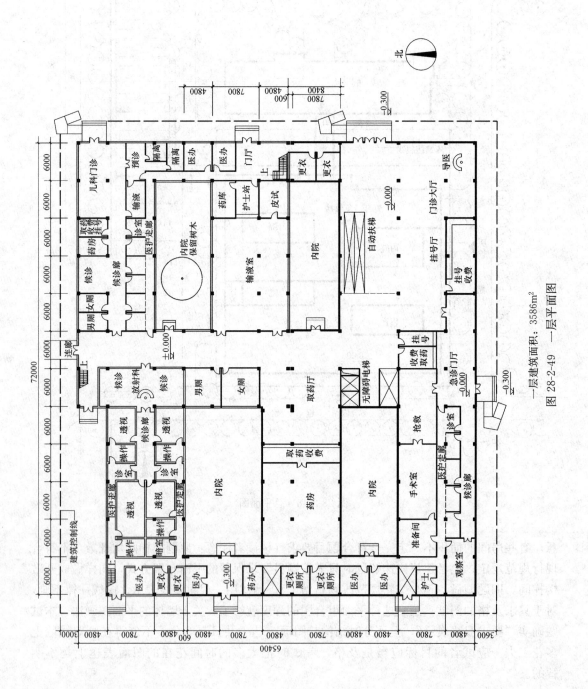

一层建筑面积：3586m²   一层平面图

图 28-2-49

64

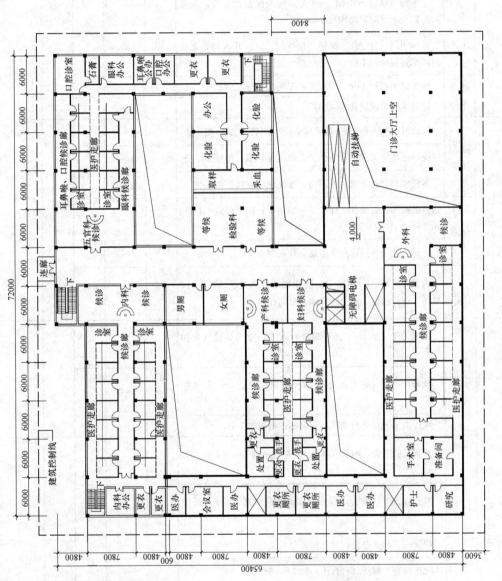

二层建筑面积：3002m²　总建筑面积：6588m²

图 28-2-50　二层平面图

（四）评分标准（表 28-2-14）

表 28-2-14

序号	项 目		考 核 内 容	分值	扣分范围	扣分	扣分小计	得分
1	总平面（10）	用地布局	主体建筑超红线扣 6 分	10	6			
			总平面与单体不符扣 1～3 分，树未保留扣 3 分，未表示与病房楼之间有联廊扣 1 分		1～5			
		出入口	未标明门、急、儿、医护入口，门、急、儿入口处无临时停车处每项扣 1 分		1～3			
		道路车位	停车位不足扣 1 分，未布置停车场扣 2 分		1～2			
			道路未完善或缺扣 1～2 分		1～2			
2	功能布局（12）	功能流线	除放射、内科保留外，改扩建应有 8 个科室，缺一扣 5 分	12	5～10			
			交通混乱交叉或患者与医护工作区无分隔，每处扣 1 分		1～5			
			各科室与公共走道联系不当，或互相串联每处扣 1 分		1～3			
		交通	自动扶梯、电梯各 2 部，少一部扣 2 分；主通道＜4.8m 扣 2 分		2～6			
			急诊、儿科与门诊完全不通，每处扣 1 分		1～2			
		其他	内天井间距＜8m 扣 2 分；公用厕所无采光通风扣 2 分，缺扣 5 分；诊室、医办暗房间，每间扣 1 分		1～8			
3	一层平面（36）	门诊大厅	门诊大厅（300m²）面积明显不符扣 1～2 分，缺挂号扣 4 分	6	1～5			
			挂号厅深度（除去走道）＜7m 或窗口宽＜6m，每项扣 1 分		1～2			
			大厅内未能看见自动扶梯、电梯，每项扣 1 分		1～2			
		药房	缺药房扣 3 分，面积（190m²）明显不符扣 1～2 分，无进药入口扣 2 分	6	1～4			
			取药厅深度（除去走道）＜10m 或窗口宽＜10m，每项扣 1 分		1～4			
			缺取药、药房办公，每处扣 2 分		1～2			
			无内部更衣厕所（可合用）扣 1～2 分		2～4			
		输液	医患流线交叉扣 2～3 分，无医护人员入口扣 1 分	6	1～4			
			缺输液室扣 3 分，面积（220m²）明显不符扣 1～2 分		1～3			
			护士站、皮试、药库各 1，缺一扣 1 分		1～3			
			无内部更衣厕所（可合用）扣 1～2 分		1～2			

序号	项目		考核内容	分值	扣分范围	扣分	扣分小计	得分
3	一层平面（36）	急诊	医患流线交叉扣2~3分，无医护人员入口扣1分	9	1~3			
			无急诊出入口扣3分		3			
			抢救未紧邻门厅，且未直通手术室扣1~2分		1~2			
			诊室5，观察、抢救、手术、准备、挂号、收费取药、医办、护办各1，缺一扣1分		1~6			
			无内部更衣厕所（可合用）扣1~2分		1~2			
		儿科	医患流线交叉扣2~3分，无医护人员入口扣1分	9	1~3			
			无儿科入口扣3分		3			
			隔离室未经预诊扣2分，缺二次候诊扣1分		1~3			
			诊室6，预隔3，输液、挂号收费、药房各1，缺一扣1分		1~6			
			无患者厕所、无内部更衣厕所（可合用），各扣1~2分		1~3			
4	二层平面（30）	外科	医患流线交叉扣2~3分，无医护人员入口扣1分	8	1~3			
			缺二次候诊扣1分		1			
			患者→更衣→手术←准备←医护，流线不符各扣1~2分		1~2			
			诊室17，更衣、手术、准备、医办、护办、研究各1，缺一扣1分		1~6			
			无内部更衣厕所（可合用）扣1~2分		1~2			
		五官科	医患流线交叉扣2~3分，无医护人员入口扣1分	8	1~3			
			缺二次候诊扣1分		1			
			眼6，耳鼻喉6，口腔2，办公3，缺一间扣1分		1~6			
			无内部更衣厕所（可合用）扣1~2分		1~2			
		妇产科	医患流线交叉扣2~3分；无医护人员入口扣1分	8	1~3			
			妇产候诊未分扣1分，缺二次候诊扣1分		1~2			
			患者→更衣（厕所）→处置←更衣（洗手）←医护，流线不符各扣1分		1~2			
			妇科、产科诊室各6，更衣（厕所）、处置、更衣（洗手）、办公各1，缺一扣1分		1~6			
			无内部更衣厕所（可合用）扣1~2分		1~2			
		检验科	医患流线交叉扣2~3分，无医护人员入口扣1分	6	1~3			
			等候厅（110m²）面积明显不符扣1~2分，柜台窗口<10m，扣1分		1~2			
			化验3，采血取样、办公各1，缺一扣1分		1~4			
			无内部更衣厕所（可合用）扣1~2分		1~2			

续表

序号	项目		考核内容	分值	扣分范围	扣分	扣分小计	得分
5	规范规定(6)	安全疏散	袋形走道>20m，楼梯间距离>70m，各扣3分	6	3～6			
			楼梯尺寸明显不够，每处扣1分		1～2			
			未设残障坡道扣1分		1			
6	图面表达(6)	结构图面	结构布置不合理扣2～3分，未画柱扣2分，改变原有承重结构布局扣2分	6	2～6			
			尺寸标注不全或未标注扣1～2分		1～2			
			每层面积未标或不符，房间名称未注扣1～4分		1～4			
			图面粗糙不清扣2～4分		2～4			
			单线作图扣2～6分		2～6			

注意事项：

1. 总平面、一层、二层未画（含基本未画），该项为0分；其中一层或二层未画时，考核项目5、6也为0分。

2. 每项考核内容扣分小计不得超过该项分值。

从本题的评分标准可以看出，考核的重点依然是两层平面布置对于功能要求的满足，占78分；总图10分，规范、结构和图面合计12分。平面布置的考核重点设定在各个主要功能房间的数量和质量（采光）是否满足方面，所以解题时如果总体布局不错，而功能房间缺漏较多也是不能及格的。

七、2011年 图书馆方案设计

(一) 试题要求

1. 任务描述

我国华中地区某县级市拟建一座两层、建筑面积约9000m²、藏书量为60万册的中型图书馆。

2. 用地条件

用地条件见总平面图（图28-2-51）。该用地地势平坦；北侧临城市主干道，东侧临城市次干道，南侧、西侧为相邻用地。用地西侧有一座保留行政办公楼。图书馆的建筑控制线范围为68m×107m。

3. 总平面设计要求

(1) 在建筑控制线内布置图书馆建筑（台阶、踏步可超出）。

(2) 在用地内预留4000m²图书馆发展用地，设置400m²少儿室外活动场地。

(3) 在用地内合理组织交通流线，设置主、次入口（主入口要求设在城市次干道一侧），建筑各出入口和环境有良好关系。布置社会小汽车停车位30个、大客车停车位3个、自行车停车场300m²；布置内部小汽车停车位8个，货车停车位2个，自行车停车场80m²。

(4) 在用地内合理布置绿化景观，用地界限内北侧的绿化用地宽度不小于15m，东侧、南侧、西侧的绿化用地宽度不小于5m。应避免城市主干道对阅览室的噪声干扰。

68

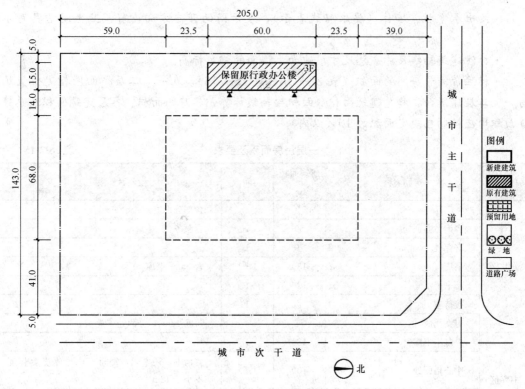

图 28-2-51 总平面图

4. 建筑设计要求

（1）各用房及要求见表 28-2-15 及表 28-2-16，功能关系见主要功能关系图（图 28-2-52）。

（2）图书馆布置应功能关系明确，交通组织合理，读者流线与内部业务流线必须避免交叉。

（3）主要阅览室应为南北向采光，单面采光的阅览室进深不大于 12m，双面采光不大于 24m。当建筑物遮挡阅览室采光面时，其间距应不小于该建筑物的高度。

（4）除书库区、集体视听室及各类库房外，所有用房均应有自然通风、采光。

（5）观众厅应能独立使用并与图书馆一层连通。少儿阅览室应有独立对外出入口。

（6）图书馆一、二层层高均为 4.5m，报告厅层高为 6.6m。

（7）图书馆结构体系采用钢筋混凝土框架结构。

（8）应符合现行国家有关规范和标准要求。

5. 制图要求

（1）总平面图：

· 绘制图书馆建筑屋顶平面图并标注层数和相对标高。

· 布置用地的主、次出入口、建筑各出入口及道路、绿地。标注社会及内部机动车停车位、自行车停车场。

· 布置图书馆发展用地范围，室外少儿活动场地范围并标注其名称和面积。

（2）平面图：

· 按要求分别绘制图书馆一层平面图和二层平面图。标注各用房名称。

- 绘出承重柱、墙体（要求双线表示），表示门的开启方向，窗、卫生间洁具可不表示。
- 标注建筑轴线尺寸、总尺寸，地面、楼面的相对标高。
- 标注带*号房间的面积（表28-2-15、表28-2-16），在一、二层平面图指定位置填写一、二层建筑面积和总建筑面积（面积按轴线计算，各房间面积、各层建筑面积及总建筑面积均应控制在规定面积的10%以内）。

一层用房面积及要求 表28-2-15

功能分区	房间名称		建筑面积（m²）	房间数	设 计 要 求
公共区	*门厅		540	1	含部分走道
	咨询、办证处		50	1	含服务台
	寄存处		70	1	
	书店		180	1+1	含35m²书库
	新书展示		130	1	
	接待室		35	1	
	男女厕所		72	4	每间18m²，分两处布置
书库区	*基本书库		480	1	
	中心借阅处		100	1+2	含借书、还书间，每间15m²，服务台长度应不小于12m
	目录检索		40	1	应靠近中心借阅处
	管理室		35	1	
阅览区	*报刊阅览室		420	1+1	含70m²辅助书库
	*少儿阅览室		420	1+1	应靠近室外少儿活动场地，含70m²辅助书库
报告厅	*观众厅		350	1+1	设讲台，含24m²放映室
	门厅与休息处		180		
	男女厕所		40	2	每间20m²
	贵宾休息室		50	1	应设独立出入口，含厕所
	管理室		20	1	应连通内部服务区
内部业务区	编目	拆包室	50	1	按照拆→分→编流程布置（靠近货物出入口）
		分类室	50	1	
		编目室	100	1	
	典藏、美工、装帧室		150	3	每间50m²
	男女厕所		24	2	每间12m²
	库房		40	1	
	空调机房		30	1	不宜与阅览室相邻
	消防控制室		30	1	
交通	交通面积		1214		含全部走道、楼梯、电梯等

一层建筑面积：4900m²（允许±10%：4410～5390m²）

70

功能分区	房间名称		建筑面积（m²）	房间数	设 计 要 求
公共区	＊大厅		360	1	
	咖啡茶座		280	1	也可开敞式布置，含供应柜台
	售品部		120	1	也可开敞式布置，含服务柜台
	读者活动室		120	1	
	男女厕所		72	4	每间 18m²，分两处设置
阅览区	＊开架阅览室		580	1+1	含 70m² 辅助书库
	＊半开架阅览室		520	1+1	含 250m² 书库
	缩微阅览	缩微阅览室	200	1	朝向应北向，含出纳台
		资料库	100	1	
	音像视听	个人视听室	200	1	含出纳台
		集体视听室	160	1+2	含控制 24m²、库房 10m²
		资料库	100	1	
		休息厅	60	1	
内部业务区	影像	摄影室	50	1	有门头
		拷贝室	50	1	有门头
		冲洗室、暗室	50	1+1	按照摄→拷→冲流程布置
	缩微室		25	1	
	复印室		25	1	
	办公室		100	4	每间 25m²
	会议室		70	1	
	管理室		40	1	
	男女厕所		24	2	每间 12m²
	空调机房		30	1	
交通	交通面积		764		含全部走道、楼梯、电梯等

二层建筑面积：4100m²（允许±10%：3690～4510m²）

注：以上面积均以轴线计算，房间面积与总建筑面积允许±10%的误差。

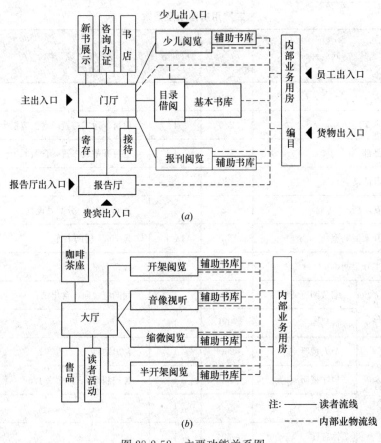

图 28-2-52 主要功能关系图

(a) 一层主要功能关系图；(b) 二层主要功能关系图

（二）试题解析

（1）图书馆是一种常见的建筑类型，功能关系也不太复杂。应试时只要仔细审题，认真按题作答，考及格并不困难。此题的考核重点，除了所要求的面积和房间数量外，主要是内外功能分区和分流。这是所有公共建筑设计都要考虑的问题，只是图书馆建筑应该对此格外重视罢了。要多花些时间读题，作草图的过程中还要反复对照题目的功能关系和具体要求，尽量争取做出符合题意的答案。

（2）解题还是应从场地分析入手。首先注意场地的环境关系和朝向。试题提供的总平面图又一次把指北针放倒画，使一些读题不仔细的人吃了大亏。题目要求阅览室南北向布置，你按上北下南的常规考虑，房间朝向就全错了。仅就这一点就会扣去 12 分。场地出入口，题目明确要求主要出入口开向城市次干道（东侧），这一点没有悬念；那么次要出入口就应开向城市主干道（北侧）。主要出入口为读者用，次要出入口为内部办公和物流用。用地西部有一栋保留的行政办公楼，这对图书馆平面布局有影响。显然应将业务管理放在新建建筑的西侧，以方便内部使用。用地南部建筑控制线以外的场地比较宽，正好布置预留发展用地。

进行了简单的场地分析后，就可以确定建筑平面的轮廓了。由于建筑控制线范围是一个矩形，因而建筑轮廓没有理由不是矩形。考试时完全没有必要在建筑平面形态处理上花工夫。试题要求尽量避免黑房间，各个阅览室又要求南北向，我们便可以在充分利用地形的基础上，做一个带内院的大矩形。把书库放在中央有利于向各个阅览室提供服务，内院便一分为二，建筑平面形态就成为一个南北面宽稍小的"日"字（图 28-2-53）。

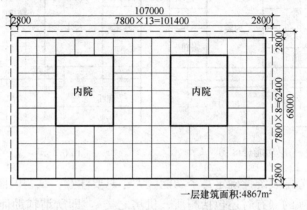

图 28-2-53　确定平面轮廓和柱网

　　下面我们要确定结构柱网。对于大型公共建筑，我们推荐采用柱距较大的正方形柱网，而且一定不要让结构跟着建筑空间划分走。整齐划一的大柱网为平面布置提供了足够的灵活性。应试时这样做将大大简化设计，加快设计和作图进度，肯定是明智之举。用最常见的 7.8m 柱距，南北宽 8 开间，东西宽 13 开间，基本充满控制线范围。为了控制面积，同时解决采光通风问题，平面内部留出两个大院子。这样就构成了前述的"日"字形平面。这个平面里包含 80 个面积为 60.84m² 的方格，一层总面积为 4867m²，与试题要求非常接近。二层应减去报告厅所占的 8 个方格，面积为 4380m²，符合要求。从这里就可以看出采用正方形柱网作图的便捷。画草图时只需在草图纸上徒手打方格网，根本不需用比例尺。只要你自己对每个方格的面积大小心中有数，无论控制总面积，还是分配每一功能区的大小，以至划分每个功能房间的范围，只要按方格计数就可以了。

　　（3）接下来进行功能分区，这是解题的重点之一。图书馆功能分区的首要问题是把读者公共活动和内部办公管理严格区分开来。这一点和法院审判楼、医院门诊部相同。不但分区要明确，流线也必须分开且不应交叉。通常是把两种功能各放在平面的一端，两种人流相对而行，最终进入他们共同的活动场所阅览室。

　　一层功能分区：两个内院偏西布置，是因为业务办公区宜在西部以便和原有行政办公楼接近，其面积规模只需一个柱距的进深，做成单面走廊的办公空间正合适；而东部布置大厅空间，需要三个柱距。南北朝向部分的三个建筑实体，书库在中央，占三个柱距，两个阅览室一南一北各占两个柱距，如此布局可谓各得其所。至于少儿阅览和报刊阅览孰南孰北，可考虑三个因素：其一，南部日照条件好些，宜让给少儿；其二，少儿阅览室外需要布置活动场地 400m²，而南部用地较宽，条件较好。其三，图书馆北面室外场地靠近城市主干道，应以交通功能为主，不宜布置少儿活动场地；而把报刊阅览放在北部，也便于休息日单独对外开放（图 28-2-54）。

　　二层功能分区：功能和交通尽可能与一层平面上下对位，这是理性设计的原则之一，也是快速设计的重要手段。业务办公部分上下两层对齐；两个普通阅览室还是一南一北布置，缩微和音像阅览可布置在中央一层书库楼上；东部还是布置大空间，只是报告厅为单层高大空间而已（图 28-2-55）。

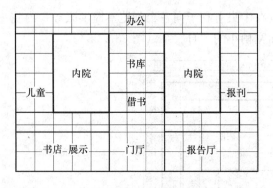

图 28-2-54 一层功能分区图

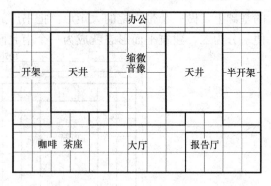

图 28-2-55 二层功能分区图

按试题的面积分配表统计确定每个功能区大小时要注意：试题的面积分配表里，交通面积一般是单列一项的（有时还包括厕所、机房之类），即所谓辅助面积。应当先计算出辅助面积占总面积的比例，即辅助面积系数。本题一层的辅助面积系数约为 25%，二层约为 18%。统计出每个功能区所需的使用面积后还要按此系数增加辅助面积，这才是应分配给该区的建筑面积数。这个数被每方格面积数除，就是你应分配给该区的方格数。功能分区草图只要按方格数划分就可以了。建议大家考前练习一下这种快速绘制草图的方法。这种方法不但考试好用，平时做工程也同样适用。

（4）分区妥当后就要抓紧时间落实各分区的平面组合关系。本题各部分功能房间数量大，需要用较多时间安排。重点在于控制面积和主要功能用房一个都不要少。根据历年评分现场传来的信息，方案作图考试中的面积控制并不需要太严格，因为评分时不可能仔细给你测算，只要那些重要功能房间看上去不是明显的小就行了。

这一步还要注意试题给出的功能关系图里的一些细节。如本试题要求一层平面的业务区要和门厅、目录、报告厅有联系，你就得在书库区一侧设一条专用走道；还要求业务区可以直接通达各个阅览室及其附设的辅助书库，那你就要让各阅览室及其辅助书库分别与业务区走道贴邻。此外，在一层功能关系图中明确要求至少设置 6 个出入口，深化平面组合图时最好不要遗漏。

这一步工作量极大，考试时一般不可能做到尽善尽美。只要将主要功能房间安排好，具有符合题目要求的流线、流程就行，图面表达不妨简约一些。

（5）关于规范问题的考核，通常会考到防火疏散和无障碍设计。不过这在方案作图考试中其实并不太重要。本题涉及的防火问题主要是疏散距离和疏散口个数。平面布置时，各个楼梯要分布均匀，同时避免过长的袋形走道，给每个房间尽量提供双向疏散的可能。再就是超过 120m² 的大房间至少开两个门。楼梯多些，门开多些不要紧，不犯规就好。无障碍设计要求为下肢残疾的读者提供上二层的电梯以及在主要出入口设轮椅坡道。至于图书馆专用设计规范的执行，本题只要求设一套书刊提升设备，在业务区布置一台货物电梯即可。

（三）参考答案

1. 总平面图（图 28-2-56）

2. 一层平面图（图 28-2-57）

3. 二层平面图（图 28-2-58）

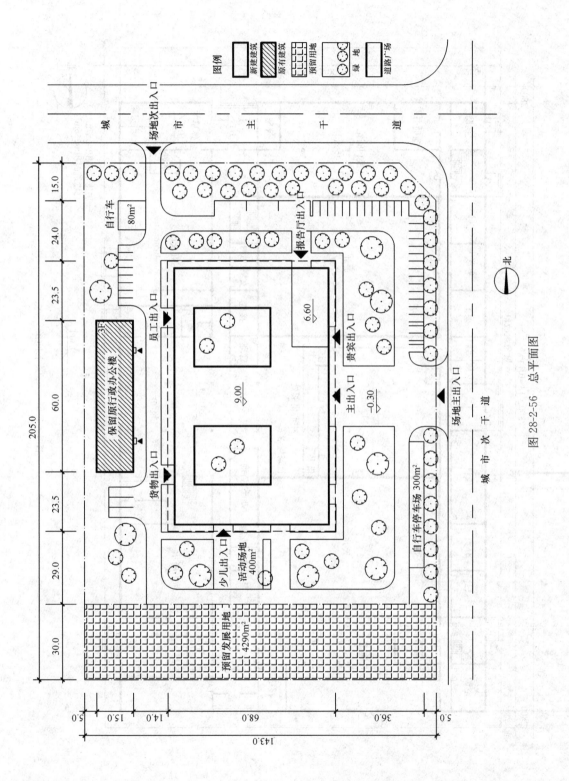

图 28-2-56 总平面图

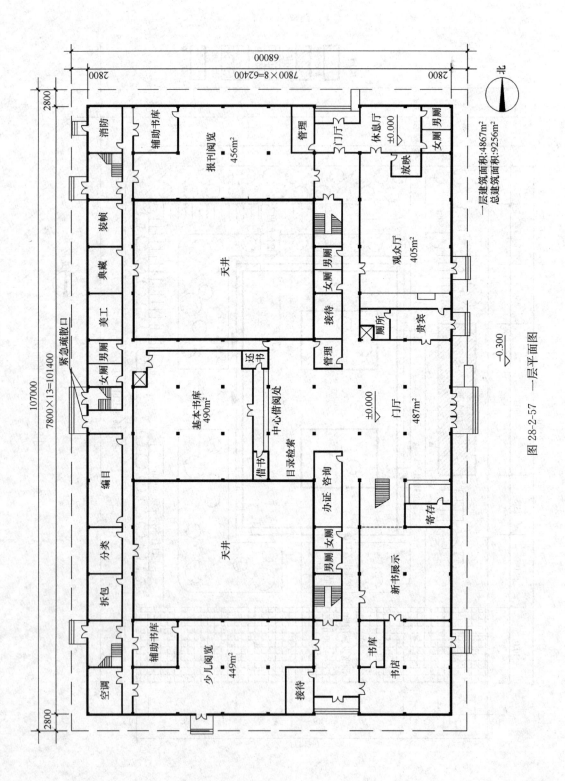

图 28-2-57　一层平面图

76

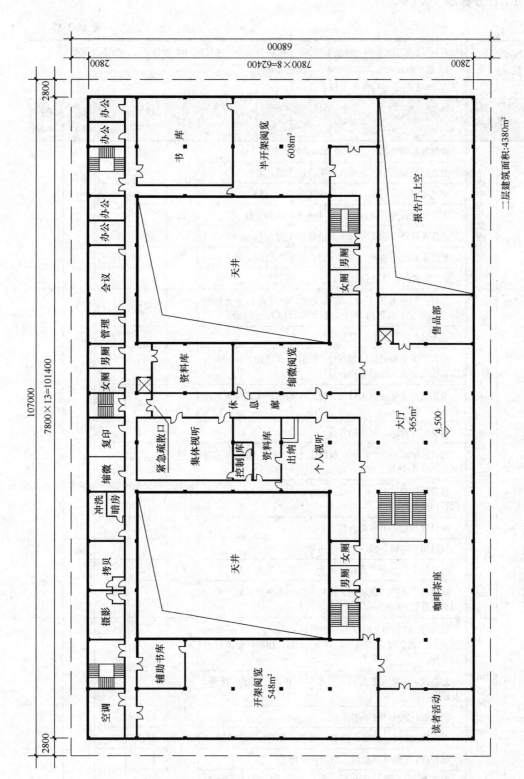

图 28-2-58 二层平面图

二层建筑面积:4380m²

68000

2800　7800×8=62400　2800

107000

7800×13=101400

2800　　　　　2800

办公
办公
办公
会议
管理
女厕　男厕
复印
缩微
冲洗暗房
拷贝
摄影
空调

书　库

半开架阅览
608m²

天井

紧急疏散口
资料库

女厕　男厕

集体视听
控制库
资料库
出纳
个人视听

休息廊

缩微阅览

大厅
365m²
4.500

报告厅上空

售品部

天井

男厕　女厕

咖啡茶座

辅助书库

开架阅览
548m²

读者活动

77

(四) 评分标准（表 28-2-17）

表 28-2-17

	提示	1. 一层或二层未画（含基本未画），该项为 0 分，考核项目 4 也为 0 分，为不及格卷。 2. 总平面未画（含基本未画），该项为 0 分。 3. 扣除 45 分后即为不及格卷。					
序号	考核项目	分项考核内容	分值	扣分范围	分项扣分	扣分小计	项目得分
1	总平面 (15)	功能布局及交通流线 建筑超控制线扣 15 分、总体与单体不符扣 5 分	15	5～15			
		出入口只设一个、主出入口不在次干道，各扣 5 分		5～10			
		北侧未退 15m，东、南、西侧未退 5m，各扣 4 分		4～12			
		未留发展用地、未留少儿活动场地，各扣 1 分		1～2			
		道路系统不全扣 1 分、未画道路扣 2 分		1～2			
		车位不足或布置不合理扣 1 分、未画车位扣 2 分		1～2			
		6 个建筑出入口缺一个扣 1 分		1～2			
2	一层平面 (43)	功能布局 读者区与业务区不分、流线交叉，轻微者扣 5 分；有 2～3 处布置不良者扣 12 分；较严重者扣 15～20 分	28	5～20			
		业务区与门厅无直接联系		5			
		报告厅无单独出入口扣 5 分，位置不合理扣 3 分，未与读者区或业务区连通各扣 2 分		2～5			
		少儿阅览无单独出入口扣 3 分，未与读者区或业务区连通各扣 2 分		2～5			
		阅览室东西向，每间扣 3 分		3～6			
		阅览室单面采光>12m，双面采光>24m，阅览室天井宽<9m，每处扣 3 分		3～6			
		报告厅层高<6.6m、一层层高<4.5m，各扣 3 分，未标各扣 1 分		1～6			
		编目区与基本书库无直接联系		3			
		编目用房不符合拆→分→编流程		1			
		门厅旁未设办证、寄存、展示、书店，各扣 1 分		1～2			
		除书库、库房、放映室、机房、咨询办证处，暗房间每间扣 1 分		1～3			
	缺房间或面积	缺少儿阅览（420m²）、报刊（420m²）、基本书库（480m²）观众厅（350m²），各扣 10 分，面积严重不符各扣 5 分	15	5～15			
		公共区：9 间（男女厕 4、寄存、书店、展示、接待、办证）		1～5			
		阅览区：2 间（辅助书库）		1～2			
		书库区：4 间（借阅、借书、还书、目录）		1～3			
		报告厅：4 间（男女厕、贵宾、管理）		1～3			
		业务区：11 间（男女厕、拆包、分类、编目、典藏、美工、装裱、库房、空调、消防）		1～5			

序号	考核项目		分项考核内容	分值	扣分范围	分项扣分	扣分小计	项目得分
3	二层平面（30）	功能布局	读者区与业务区不分、流线交叉，轻微者扣5分；有2~3处布置不良者扣12分；较严重者扣12~15分	18	5~15			
			业务区与阅览室、视听室无直接联系，每处扣2分		2~4			
			阅览室东西向，每间扣3分		3~6			
			阅览室单面采光>12m，双面采光>24m，阅览室天井宽<9m，每处扣3分		3~6			
			二层层高<4.5m扣3分，未标扣1分		1~2			
			除资料库、书库、集体视听、控制、库房外，暗房间每间扣1分		1~3			
			影像用房不符摄→拷→冲流程		1			
		缺房间或面积	缺开架阅览（580m²）、半开架（520m²）、缩微、个人视听、集体视听、各扣10分；面积严重不符，各扣5分	12	5~12			
			公共区：7间（男女厕4、咖啡、售品、读者活动）		1~4			
			阅览区：4间（资料库2、辅助书库、书库）		1~2			
			业务区：14间（男女厕2、摄影、拷贝、冲洗、缩微、复印、办公4、会议、管理、空调）		1~6			
4	规范图面（12）		袋形走廊>20m，楼梯间距>70m	12	10			
			公共区未设电梯扣2分，办公区未设电梯扣2分		2~4			
			未标房间名、未标尺寸、未标面积，每处扣2分		2~6			
			单线作图、未画门，各扣2分		2~4			
			未考虑无障碍设施扣1分，楼梯间尺寸明显不够，每处扣2分		1~3			
			结构布置不合理		2			
			图面潦草，辨认不清		1~3			

注意事项：1. 方案作图题的及格分数为60分。

2. 扣分小计不得超过该项分值；当考核扣分已达到该项分值时，其余内容即忽略不看。

本年度考试评分情况归纳如下：

总图15分属于较高标准，但仍不算是重点。总图未画可以参加评分，扣15分而已。总图考核重点是建筑布置不超越建筑控制线、符合规划退线要求和场地通路出入口布置。

考核重点和往年一样，还是两张平面图是否满足功能要求，共73分。显然是重中之重。而功能要求包括功能布局和房间的数量、面积两部分，大约各占一半的分数。所谓功能布局，主要是功能分区和交通流线组织，要符合试题功能关系图要求，此外还包括采光、朝向等物理环境质量要求。

最后剩下 12 分给了规范和图面表达，也比往年稍有加重。其中突出的一点是防火疏散距离超标，扣 10 分，是以往从未有过的情况。另外明确规定"单线作图、未画门，各扣 2 分"。不过，不管怎么扣，只能在 12 分之内。所以这部分也还是不太重要。应试时不必在这方面多下功夫。

八、2012 年 博物馆方案设计

(一) 试题要求

1. 任务描述

在我国中南地段某地级市拟建一座两层、总建筑面积约为 10000m² 的博物馆。

2. 用地条件

用地范围见总平面图（图 28-2-59），该用地地势平坦，用地西侧为城市主干道，南侧为城市次干道，东侧北侧为城市公园，用地内有湖面以及预留扩建用地，建筑控制线范围为 105m×72m。

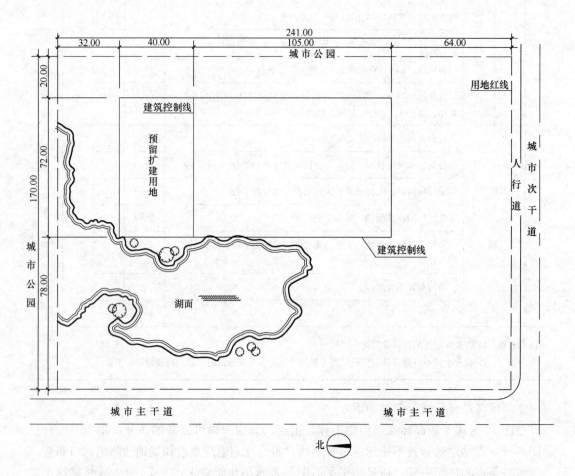

图 28-2-59　总平面图

3. 总平面设计要求

(1) 在建筑控制线内布置博物馆建筑。

(2) 在城市次干道上设车辆出入口，主干道上设人行出入口，在用地内布置社会小汽车位 20 个，大客车停车位 4 个，自行车停车场 200m²，布置内部与贵宾小汽车停车位 12 个，内部自行车停车场 50m²，在用地内合理组织交通流线。

(3) 布置绿化与景观，沿城市主次干道布置 15m 的绿化隔离带。

4. 建筑设计要求

(1) 博物馆布置应分区明确，交通组织合理，避免观众与内部业务流线交叉，其主要功能关系图见图 28-2-60、图 28-2-61。

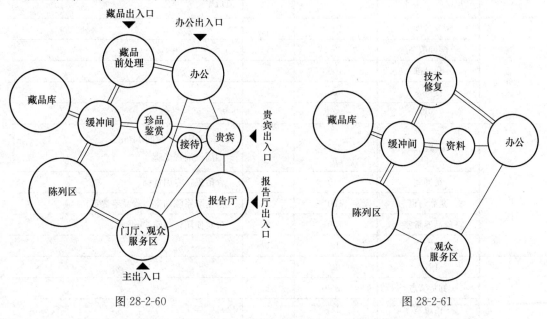

图 28-2-60   图 28-2-61

(2) 博物馆由陈列区、报告厅、观众服务区、藏品库区、技术与办公区五部分组成，各房间及要求见表 28-2-18、表 28-2-19。

一层用房及要求

表 28-2-18

功能区		房间名称	建筑面积 m²	间 数	备 注
陈列区	陈列	*陈列室	1245	3	每间 415m²
		*通廊	600	1	兼休息，布置自动扶梯
		男女厕所	50	3	男女各 22m²，无障碍 6m²
	贵宾	贵宾接待室	100	1	含服务间、卫生间
		门厅	36	1	与报告厅贵宾共用
		值班室	25	1	与报告厅贵宾共用

功能区		房间名称	建筑面积 m²	间 数	备 注
报告厅		门厅	80	1	
		＊报告厅	310	1	
		休息厅	150	1	
		男女厕所	50	3	男女各 22m²，无障碍 6m²
		音响控制室	36	1	
		贵宾休息室	75	1	含服务间、卫生间，与陈列区贵宾共用门厅、值班室
观众服务区		＊门厅	400	1	
		问询服务	36	1	
		售品部	100	1	
		接待室	36	1	
		寄存	50	1	
藏品库区		＊藏品库	375	2	2 间藏品库，每间 110m² 四周设巡视走廊
		缓冲间	110	1	含值班，专用货梯
		藏品通道	100	1	紧密联系陈列室，珍品鉴赏室
		珍品鉴赏室	130	2	贵宾使用，每间 65m²
		管理室	18	1	
技术与办公区	藏品前处理	门厅	36	1	
		卸货清点	36	1	
		值班室	18	1	
		登录	18	1	
		蒸熏消毒	36	1	应与卸货清点紧密联系
		鉴定	18	1	
		修复	36	1	
		摄影	36	1	
		标本	36	1	
		档案	54	1	
	办公	门厅	72	1	
		值班室	18	1	
		会客室	36	1	
		管理室	72	2	
		监控室	18	1	
		消防控制室	36	1	
		男女厕所	25	2	与藏品前处理共用

续表

功能区	房间名称	建筑面积 m²	间 数	备 注
	其他交通面积	583m²		含全部走道、过厅、楼梯、电梯等

一层建筑面积：5300m²

一层允许建筑面积：4770～5830m²（允许±10%）

二层用房及要求　　　　　　　　　　　表 28-2-19

功能区		房间名称	建筑面积 m²	间 数	备 注
技术与办公区	藏品前处理	书画修复	54	1	含库房 18m²，室内连通
		织物修复	54	1	含库房 18m²，室内连通
		金石修复	54	1	含库房 18m²，室内连通
		瓷器修复	54	1	含库房 18m²，室内连通
		档案	36	1	
		实验室	54	1	
		复制室	36	1	
	办公	研究室	180	5	每间 36m²
		会议室	54	1	
		馆长室	36	1	
		办公室	72	4	每间 18m²
		文印室	25	1	
		管理室	108	3	每间 36m²
		库房	36	1	
		男女厕所	25	2	
其他交通面积			798m²		含走道、楼电梯等
陈列区		*陈列室	1245	3	每间 415m²
		*通廊	600	1	兼休息，布置自动扶梯
		男女厕所	50	3	男女各 22m²，无障碍 6m²
观众服务区		咖啡茶室	150	1	含操作间、库房
		书画商店	150	1	
		售品部	100	1	
		男女厕所	50	3	男女各 22m²，无障碍 6m²

83

功能区	房间名称	建筑面积 m²	间 数	备 注
藏品库区	＊藏品库	375	2	2 间藏品库，每间 110m² 四周设巡视走廊
	缓冲间	110	1	含值班，专用货梯
	藏品通道	100	1	
	阅览室	54	1	供研究工作人员用
	资料室	72	1	
	管理室	18	1	

二层建筑面积：4750m²

二层允许建筑面积：4275～5225m²（±10%）

（3）陈列区每层设三间陈列室，其中至少两间能天然采光，陈列室应每间能独立使用互不干扰。陈列室跨度不小于12m。陈列区贵宾与报告厅贵宾共用门厅，贵宾参观珍品可经接待室，贵宾可经厅廊参观陈列室。

（4）报告厅应能独立使用。

（5）观众服务区门厅应朝主干道，馆内观众休息活动应能欣赏到湖面景观。

（6）藏品库区接收技术用房的藏品先经缓冲间（含值班、专用货梯）进入藏品库；藏品库四周应设巡视走廊；藏品出库至陈列室、珍品鉴赏室应经缓冲间通过专用的藏品通道送达（详见功能关系图）；藏品库区出入口需设门禁；缓冲间、藏品通道、藏品库不需要天然采光。

（7）技术与办公用房应相应独立布置且有独立的门厅及出入口，并与公共区域相通；技术用房包括藏品前处理和技术修复两部分，与其他区域进出须经门禁，库房不需天然采光。

（8）适当布置电梯与自动扶梯。

（9）根据主要功能关系图布置主要五个出入口及必要的疏散出口。

（10）预留扩建用地，主要考虑今后陈列区及藏品库区扩建使用。

（11）博物馆采用钢筋混凝土框架结构，报告厅层高不小于6m，其他用房层高4.8m。

（12）设备机房布置在地下室，本设计不必考虑。

5. 规范要求

本设计应符合现行国家有关规范和标准要求。

6. 制图要求

（1）在总平面图上绘制博物馆建筑屋顶平面图并标注层数、相对标高和建筑物各主要出入口。

（2）布置用地内绿化、景观，布置用地内道路与各出入口并完成与城市道路的连接，布置停车场并标注各类机动停车位数量、自行车停车场面积。

（3）按要求绘制一层平面图与二层平面图，标注各用房名称及表28-2-18、表28-2-19

中带＊号房间的面积。

（4）画出承重柱、墙体（双线表示），表示门的开启方向，窗、卫生洁具可不表示。

（5）标志建筑轴线尺寸、总尺寸，地面、楼面的相对标高。

（6）在指定位置填写一、二层建筑面积（面积均按轴线计算，各房间面积、各层建筑面积允许控制在规定建筑面积的 10％ 以内）。

（二）试题解析

（1）场地条件分析。总图用地和建筑用地均为规整的矩形。指北针不按常规，逆时针转了 90°。要注意不要把陈列室采光面的朝向搞错。用地西侧是城市主干道，题目要求博物馆主入口开向主干道，省得自己捉摸。次入口显然开向南侧次干道。用地西北角有一片水面，西侧建筑控制线紧邻水边。显然建筑主入口及入口前广场应躲开水面，适当南移。建筑用地北侧标出约 40m 宽的发展用地，设计时要考虑向北发展的可能。无非今后可以向北接建陈列室和藏品库。建筑东侧和南侧的室外场地可以用于道路、停车和绿化。这道题的场地问题比较简单。总图布置有两个问题需要考虑：①用地位于中等城市的干道交叉口，两个通路出口距道路红线交点不应小于 70m；②建筑控制线西北段临水，建筑是否应进一步退线并无强条规定。笔者认为环行消防车道在本题中并非必须，按规划设计条件和考试惯例，博物馆西侧外墙可以压红线。

（2）确定平面轮廓和柱网。用最简单的平面轮廓解题几乎可以是"以不变应万变"的考试作图手法，因为没有必要在图形上作任何多余的文章。矩形轮廓正方形柱网可以不假思索地确定下来。题目要求除少数库房和两间陈列室外，都要天然采光。所以接下来的策略就是充分利用地形，把建筑外轮廓尽量做大些，以便留出大内院采光。柱距大小无关紧要，因为柱网问题从来不是考核重点。不过如果柱距定得合适，排平面方便些。可以依据大房间的形状、尺寸控制确定合适的柱距，同时兼顾大量小房间的划分，尽量做到墙柱结合。那些不能有柱子的大房间，把柱子拔掉就是。本题选 7.5m 方柱网，看来还比较合适。

这样，矩形轮廓的尺寸就是横向 13 开间 97.5m，纵向 9 开间 67.5m，共 6581.25m²，由 117 个 56.25m² 的方格构成。按题目要求面积的上限，要挖去约 23 个方格。从图形上看，内院的形状可以是 25 个方格的正方形，也可以是 24 个方格的长方形。

（3）功能分区和内院定位（图 28-2-62、图 28-2-63）。此题功能分区和流线组织的原则和大多数公共建筑一样，就是内外分离，各行其道。

1）主入口门厅肯定在西侧，面向城市主干道；相应的观众服务区就在西侧。

2）陈列区和藏品库区要考虑向北发展，所以只能放在南侧。

3）东侧一个柱距用做技术与办公比较合适。

4）剩下南侧就布置报告厅和贵宾出入口。

（4）公共建筑设计中，处理功能问题的两项重要工作是功能分区和流线组织。功能分区问题前面已有讨论，下面再对博物馆流线作简单分析。

博物馆流线组织的重要原则是内外流线必须明确分开，特别是藏品流线一定要完全独立而不与无关人员有任何不必要的接触。题目要求"避免观众与内部业务流线交叉"，当然就更不应混流。这也是所有公共建筑设计都要妥善解决的重要功能问题。博物馆试题比一般公共建筑更复杂的问题在于文物防盗和贵宾接待两方面。

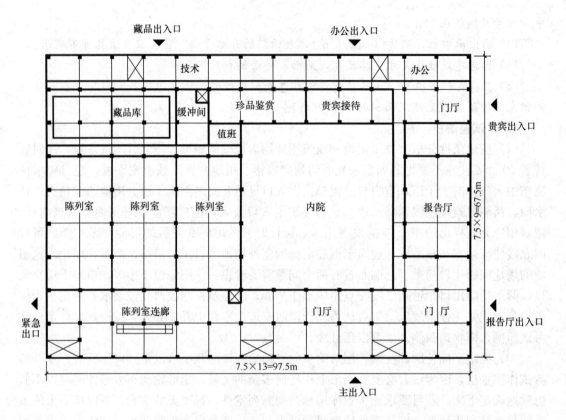

图 28-2-62　一层功能分区图

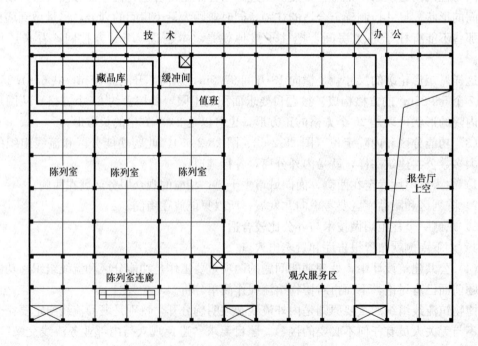

图 28-2-63　二层功能分区图

博物馆设计的流线组织，首先应从总体上明确区分内外两类流线。

外部流线主要是观众进出服务区、陈列区和报告厅这三条流线。其中最重要的流线是观众从主出入口门厅进入后，经服务区、陈列区通廊进入陈列厅；同时也可进入报告厅。这一流线要力求短捷便利。此外报告厅应能独立使用，要为观众设直接对外的门厅和出入口。

博物馆还有一条特殊的外部流线——贵宾流线，而贵宾活动又分散在陈列区的贵宾接待室、藏品库区的珍品鉴赏室和报告厅的贵宾休息室三处，流线比较复杂，处理起来比较麻烦，做好了不太容易。贵宾活动要与公共活动分区、分流，应设专用出入口。由于贵宾需要和内部管理办公有较多接触，故贵宾活动部分应和内部区靠近。贵宾参观珍品以及普通陈列的路径能独立设置最好，但这种流线很少发生，如设置贵宾专用廊道，其利用率将会很低。所以题目允许贵宾经接待室进出珍品鉴赏室；贵宾参观普通陈列室可经过公共厅廊，与群众"打成一片"。实在需要与群众分开，则可在闭馆期间参观。另外，贵宾还要进入报告厅，主要是登台演讲，可从后台方向进出。

博物馆的内部流线也很复杂。大部分内部管理办公和技术工作人员从办公或技术出入口进出内部区域，其流线与公共活动分离很好办。但还有少量内部人员要进入公共活动区管理服务，要与公众直接接触，故完全可以穿越公共空间进入工作岗位，不必为此设置专用廊道。很多公共建筑的公众活动区都有一些内部用房，如公共大厅里的管理、接待、问询、寄存、售票、挂号，乃至清洁、保安等，在功能关系图上往往用一条单线表示与内部区的联系，这种联系并不密切，通常不必专设走道，在平面上能走得通就行。不少设计者往往把这条连线看得过重，为此特别设置一些专用走道，把平面搞得很复杂，甚至影响了主要使用功能。这种做法不足取。

博物馆里特殊而重要的流线是藏品物流流线。由于藏品的价值不可估量，这一流线必须与外界严密隔离。藏品送进博物馆，经藏品前处理和技术修复后，再经缓冲间进入藏品库区收藏；需要时再经缓冲间和藏品专用通道送到陈列室或珍品鉴赏室供公众或贵宾观赏。这必须是一条完全独立、封闭的路径。藏品出入藏品库都要经过缓冲间这一中介空间，以保证环境温、湿度的平缓过渡。藏品库区进出口必须设门禁；藏品前处理和技术修复部分因临时存放藏品，也必须与其他内部空间隔离，出入也须经过门禁；藏品库周围与银行金库相同，须设保安专用的环行巡视走道。

（5）功能分区后，深化图纸的工作是考试中最费时费事的，一般都不可能在 6 小时里做到完善的程度。根据历年评分情况，这一步不可在房间面积上过于纠结。房间数量尽量不要少，多出来并不要紧。主要功能房间只要不要让阅卷人一眼看去明显很小，就不成问题。一般每份试卷评阅时间最多十几分钟，阅卷人不可能对应试者的平面房间仔细核算，建议大家作图时不要过分在意那±10％的允许值。

（6）小时快速设计作图难免有缺漏和不当，考试时不必要也不可能追求最佳答案。这是每位应试者都应注意的问题。

（三）参考答案

1. 总平面图（图 28-2-64）

2. 一层平面图（图 28-2-65）

3. 二层平面图（图 28-2-66）

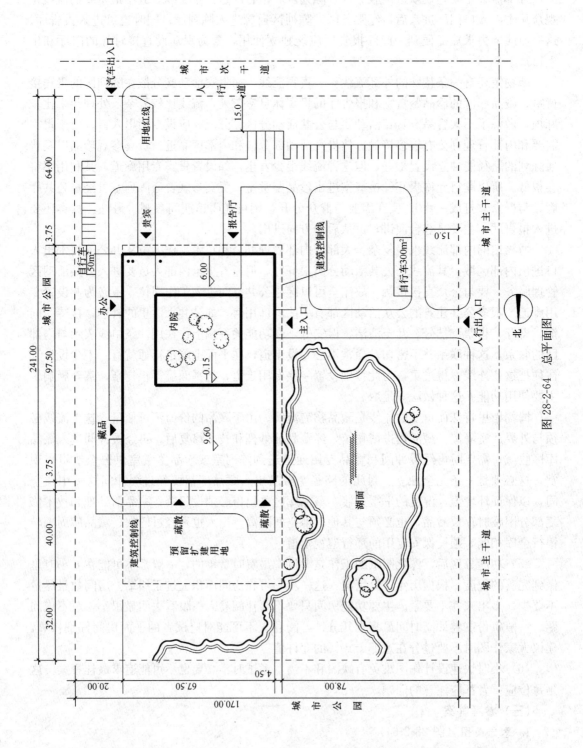

图 28-2-64 总平面图

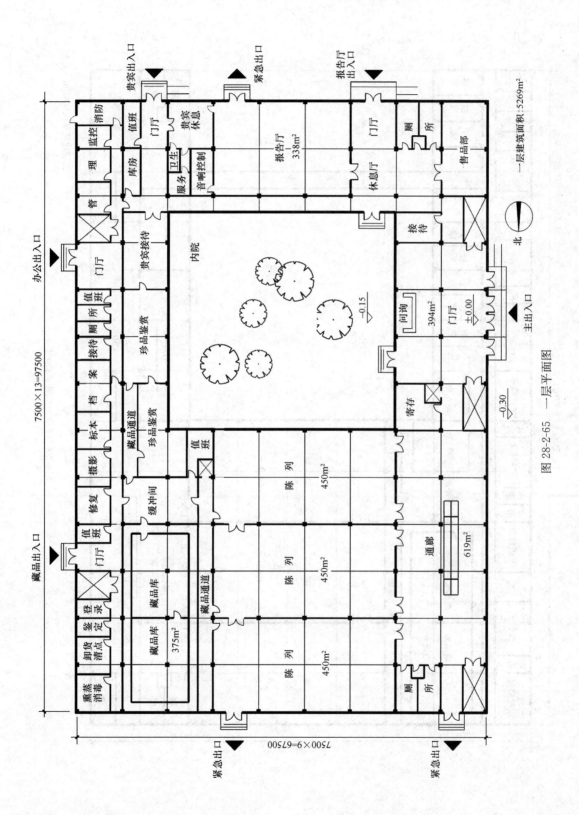

图 28-2-65　一层平面图

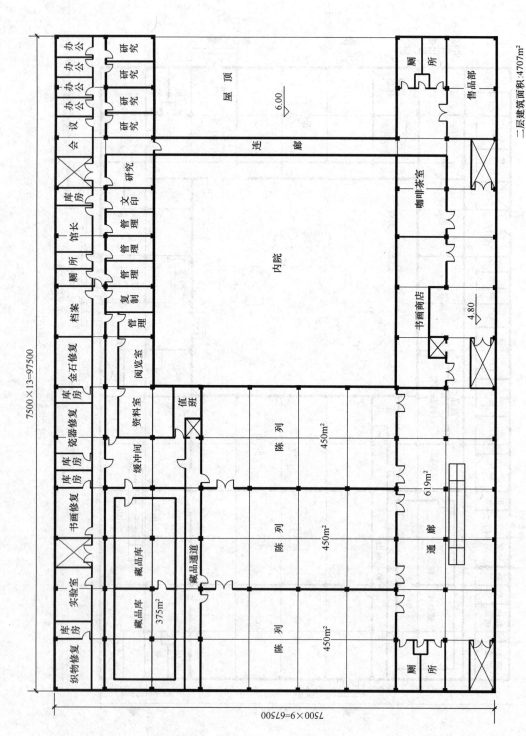

图 28-2-66 二层平面图

二层建筑面积：4707m²

办公　办公　会议　库房　馆长　厕所　档案　金石修复　瓷器修复　库房　书画修复　实验室　库房

研究　研究　研究　文印　管理　管理　复制　管理　缓冲间　资料室　阅览室

研究

连廊

屋顶

6.00

内院

藏品库

藏品库
375m²

藏品通道

值班

陈列
450m²

陈列
450m²

陈列
450m²

厕所

书画商店

咖啡茶室

4.80

通廊

619m²

厕所

售品部

7500×13=97500

7500×9=67500

（四）评分标准（表 28-2-20）

表 28-2-20

提 示		1. 一层或二层未画（含基本未画）该项为 0 分，序号 4 项也为 0 分，为不及格卷。 2. 总平面未画（含基本未画），该项为 0 分。 3. 扣到 45 分后即为不及格卷。					
序号	考核项目	分 项 考 核 内 容		分值	扣分范围	分项扣分	扣分小计
1	总平面（15）	整体布局及交通绿化	建筑超出控制线扣 15 分	15	15		
			总体与单体不符扣 5 分，未表示层数或标高各扣 1 分		1～5		
			次干道未设车辆出入口，主干道未设人行出入口，各扣 3 分，未注明各扣 1 分		1～6		
			道路系统未表示扣 3 分，表示不全或组织不合理扣 1 分		1～3		
			停车场未布置扣 3 分，布置不全或不合理扣 1 分 内外不分扣 2 分，未标注自行车停车场面积扣 2 分		1～5		
			未布置绿化隔离带扣 2 分，未注 15m 或表示不明确扣 1 分		1～2		
			五个建筑出入口缺一个扣 1 分		1～5		
2	一层平面（43）	功能布局	公众观展与内部业务分区不明或流线交叉扣 20 分	43	20		
			藏品入库流程未按：藏品前处理—缓冲间—藏品库，扣 4 分 藏品出库流程未按：藏品库—缓冲间—藏品通道—陈列室及精品鉴赏室，扣 4 分		4～8		
			缓冲间未设值班、专用货梯，各扣 1 分 藏品库四周未设巡视走道或设置不合理，扣 2 分		1～4		
			藏品前处理与办公流线交叉，扣 4 分 未设门禁（无门相隔），扣 2 分；未分设独立门厅，扣 2 分		2～6		
			办公区与观众服务区门厅无直接联系，扣 2 分		2		
			观众服务区门厅未朝主干道，休息活动区看不到湖景，未布置电梯、自动扶梯，各扣 2 分		2～6		
			陈列室应有 3 间且独立使用、至少 2 间自然采光、每间跨度不小于 12m，每违反一项，各扣 2 分		2～6		
			贵宾无独立出入口，扣 2 分；未与珍品鉴赏、报告厅、办公、观众服务厅连通，各扣 1 分		1～4		
			报告厅不能独立使用，扣 4 分；未与观众服务区连通或联系不当，扣 3 分		2～4		
			暗房间（除藏品库区、库房、音控外），每间扣 1 分（陈列室另按上述条文）		1～4		
		缺房间或面积	缺：陈列室 3（每间 415m²）、通廊（600m²）、报告厅（310m²）、观众服务区门厅（400m²）、藏品库 2（每间 110m²），各扣 10 分 面积严重不符，各扣 2 分；未标注面积，各扣 1 分		1～15		
			陈列区 6 间：贵宾接待、贵宾门厅、值班、厕 3 报告厅 7 间：门厅、休息厅、音控、贵宾休息、厕 3 观服区 4 间：问询服务、售品部、接待室、寄存 藏品库 5 间：缓冲、藏品通道、精品鉴赏 2、管理 前处理 10 间：门厅、卸货清点、值班、登录、蒸熏消毒、鉴定、修复、摄影、标本、档案 办公区 9 间：门厅、值班、会客、管理 2、监控、消防、厕 2	缺 1 间扣 1 分	1～6		

序号	考核项目		分项考核内容	分值	扣分范围	分项扣分	扣分小计
3	二层平面 (30)	功能布局	公众观展与内部业务分区不明或流线交叉扣15分	30	15		
			藏品入库流程未按：藏品前处理—缓冲间—藏品库，扣4分 藏品出库流程未按：藏品库—缓冲间—藏品通道—陈列室及精品鉴赏室，扣4分		4~8		
			缓冲间未设值班、专用货梯，各扣1分 藏品库四周未设巡视走道或设置不合理，扣2分		1~4		
			技术修复与办公流线交叉，扣4分；未设门禁（无门相隔），扣2分		2~4		
			办公区与观众服务区门厅无直接联系，扣2分		2		
			休息活动区看不到湖景，扣2分		2		
			陈列室应有3间且独立使用、至少2间自然采光、每间跨度不小于12m，每违反一项，各扣2分		2~6		
			报告厅层高<6.0m，其余房间层高≠4.8m或无法判断，各扣1分		1~2		
			暗房间（除藏品库区、库房外），每间扣1分（陈列室另按上述条文）		1~4		
		缺房间或面积	缺：陈列室3（每间415m²）、通廊（600m²）、藏品库2（每间110m²），各扣10分；面积严重不符，各扣2分；未标注面积，各扣1分		1~10		
			陈列区3间：厕3 观服区7间：咖啡茶室、书画、售品、厕3 藏品库5间：缓冲间、藏品通道、阅览、资料、管理 修复11间：修复8、档案、实验、复制 办公区18间：研究5、会议、馆长、办公4、文印、管理3、库房、厕2	缺1间扣1分	1~6		
4	规范图面 (12)		楼梯间开敞（封闭）时，房间疏散门至最近安全出口：袋形走道>20m（22m），两出口之间>35m（40m）；首层楼梯距室外出口>15m，各扣5分	12	5~10		
			入口未考虑无障碍每处扣1分，楼梯间尺寸明显不足扣2分		1~3		
			未标房间名、未标尺寸、未标楼层建筑面积每处扣2分		2~6		
			单线作图扣5分，未画门扣1~3分		1~5		
			结构布置不合理		3		
			图面潦草，辨认不清		1~3		

注意事项：1. 方案作图的及格分数为60分。

2. 扣分小计不得超过该项分值；当考核扣分已达到该项分值时，其余内容即忽略不看。

以上评分标准完全符合历年规律。

总图 15 分，是最近几年的水平，也是十年来的最高分值。首先，总图考核重点是建筑布置，不能超越建筑控制线，一旦超出，15 分全部扣去。而"压线"一向都是允许的。其次考核基地通路两个出入口和建筑物五个出入口的设置与表达。至于场地东北角大片湖面对基地及建筑物主入口定位的影响，则在总体与单体是否相符方面考虑，建筑主入口如果开到水里去，扣分也很严重。道路和停车场布置相对次要，简单表示即可，布置不合理、不规范也不是大问题；景观、绿化布置，题目虽有要求，评分却没有怎么考虑，这也和往年一样。总图来不及做，扣掉 15 分，也还有可能及格。

考核的重点依然是两层平面图功能要求的满足，有 73 分。主要考查功能布局和流线组织是否符合题意；当然还有主要功能房间在量、形、质上的满足程度。要想通过考试，这一部分几处重点一定不能有过多缺失。如：公众观展与内部业务分区不明或流线交叉，两层扣掉 35 分，肯定不及格；最主要的功能房间缺少一间扣 10 分，两层加起来缺多了会扣掉 25 分，及格也基本无望。可见，对这些关键性的功能问题，考试时要敏感，紧紧抓住，并尽量解决好。其他大量次要问题，如办公、贵宾、报告厅等的布局和流线，有些毛病并不致命。

最后 12 分给了规范、结构和图面表达，又一次说明，这三项内容不是考核重点。考不及格不要在这些方面找原因。同样，考试时也不必在这些方面下大工夫。这里面有些小项扣分挺狠，如防火疏散问题扣 10 分，单线作图扣 5 分，但通通加起来，充其量只能扣 12 分，大可不必过虑。

九、2013 年 超级市场方案设计

（一）试题要求

1. 任务描述

在我国某中型城市拟建一座两层高、总建筑面积约 12500m² 的超级市场（即自选商场），按下列各项要求完成超级市场的方案设计。

2. 用地条件

用地地势平坦；用地西侧临城市主干道，南侧为城市次干道，北侧为居住区，东侧为商业区。用地红线、建筑控制线、出租车停靠站及用地情况详见总平面图（图28-2-67）。

3. 总平面设计要求

（1）在建筑控制线内布置超级市场建筑。

（2）在用地红线内布置人行、车行流线，布置道路及行人、车辆出入口。在城市主干道上设一处客车出入口，次干道上分设客、货车出入口各一处。出入口允许穿越绿化带。

（3）在用地红线内布置顾客小汽车停车位 120 个，每 10 个小汽车停车位附设 1 个超市手推车停放点；购物班车停车位 3 个，顾客自行车停车场 200m²；布置货车停车位 8 个，职工小汽车停车场 300m²，职工自行车停车场 150m²，相关停车位见总平面图（图 28-2-67）所附图示。

（4）在用地红线内布置绿化。

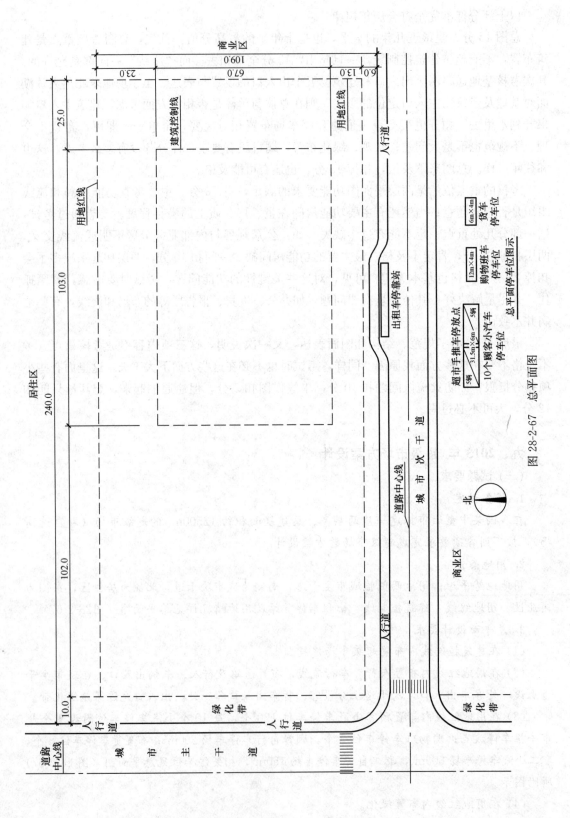

图 28-2-67 总平面图

4. 建筑设计要求

超级市场由顾客服务、卖场、进货储货、内务办公和外租用房 5 个功能区组成，用房、面积及要求见表 28-2-21 及表 28-2-22。功能关系见示意图（图 28-2-68）。选用的设施见图例（图 28-2-69），相关要求如下：

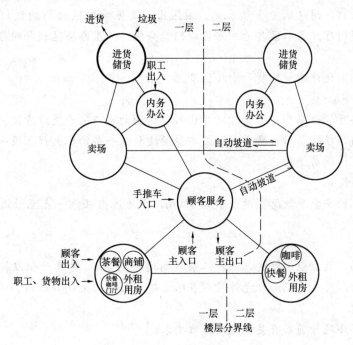

图 28-2-68　一、二层主要功能关系示意图

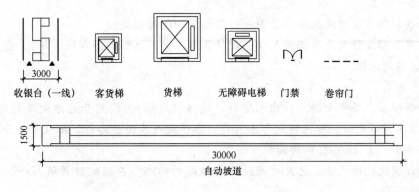

图 28-2-69　平面图用设施图示及图例

（1）顾客服务区

建筑主出、入口朝向城市主干道，在一层分别设置。宽度均不小于 6m。设一部上行自动坡道供顾客直达二层卖场区，部分顾客亦可直接进入一层卖场区。

（2）卖场区

区内设上、下自动坡道及无障碍电梯各一部。卖场由若干区块和销售间组成，区块间由通道分隔，通道宽度不小于 3m 且中间不得有柱。收银等候区域兼作通道使用。等候长度自收银台边缘计不小于 4m。

（3）进货储货区

分设普通进货处和生鲜进货处。普通进货处设两部货梯。走廊宽度不小于3m。每层设2个补货口为卖场补货，宽度均不小于2.1m。

（4）内务办公区

设独立出入口，用房均应自然采光。该区出入其他功能区的门均设门禁。一层接待室、洽谈室连通门厅。与本区其他用房应以门禁分隔；二层办公区域相对独立，与内务区域以门禁分隔。

本区内卫生间允许进货储货和卖场区职工使用。

（5）外租用房区

商铺、茶餐厅、快餐店、咖啡厅对外出入口均朝向城市次干道以方便其对外使用，同时一层茶餐厅与二层快餐店、咖啡厅还应尽量便捷联系一层顾客大厅。设一部客货梯通往二层快餐店以方便厨房使用。

（6）安全疏散

二层卖场区的安全疏散总宽度最小为9.6m，卖场区内任意一点至最近安全出口的直线距离最大为37.5m。

（7）其他

建筑为钢筋混凝土框架结构，一、二层层高均为5.4m，建筑面积以轴线计算，各房间面积、各层面积及总建筑面积允许控制在给定建筑面积的±10%以内。

5. 规范要求

本设计应符合现行国家有关规范及标准要求。

6. 制图要求

（1）总平面图

1）绘制超级市场建筑屋顶平面图并标注层数和相对标高。

2）布置并标注行人及车辆出入口、建筑各出入口、机动车停车位（场）、自行车停车场，布置道路及绿化。

（2）平面图

1）绘制一、二层平面图。画出承重柱、墙体（双线）、门的开启方向及应有的门禁，窗、卫生洁具可不表示。标注建筑各出入口、各区块及各用房名称，标注带*号房间或区块（表28-2-21、表28-2-22）的面积。

2）标注建筑轴线尺寸、总尺寸及地面、楼面的标高。在指定位置填写一、二层建筑面积和总建筑面积。

一层用房面积及要求表　　　　　　　　　　　表28-2-21

功能区	房间或区块名称	建筑面积（m²）	间数	要求及备注
顾客服务区	*顾客大厅	640		分设建筑主出、入口，宽度均不小于6m
	手推车停放	80		设独立对外出入口，便于室外手推车回收
	存包处	60		面向顾客大厅开口
	客服中心	80		含总服务台、售卡、广播、货物退换各一间20m²

功能区	房间或区块名称		建筑面积（m²）	间数	要求及备注
顾客服务区	休息室		30	1	紧邻顾客大厅
	卫生间		80	4	男女各25m²，残卫、清洁间单独设置
卖场区	收银处		320		布置收银台不少于10组，设一处宽度为2.4m的无购物出口
	*包装食品区块		360		紧邻收银处，均分二块且相邻布置
	*散装食品区块		180		
	*蔬菜水果区块		180		
	*杂粮干货区块		180		
	*冷冻食品区块		180		通过补货口连接食品冷冻库
	*冷藏食品区块		150		通过补货口连接食品冷藏库
	*豆制品禽蛋区块		150		
	*酒水区块		80		
	生鲜加工销售间		54	2	销售18m²，加工间36m²连接进货储货区
	熟食加工销售间		54	2	销售18m²，加工间36m²连接进货储货区
	面包加工销售间		54	2	销售18m²，加工间36m²连接进货储货区
	交通		1000		含自动坡道、无障碍电梯、通道等
进货储货区	普通	*普通进货处	210		含收货间12m²，有独立对外出口的垃圾间18m²，货梯2部
		普通卸货停车间	54	1	设4m×6m车位2个，内接普通进货处，设卷帘门
		食品常温库	80	1	
	生鲜	*生鲜进货处	144		含收货间12m²，有独立对外出口的垃圾间18m²
		生鲜卸货停车间	54	1	设4m×6m车位2个，内接生鲜进货处，设卷帘门
		食品冷藏库	80	1	
		食品冷冻库	80	1	
	辅助用房		72	2	每间36m²

功能区	房间或区块名称		建筑面积（m²）	间数	要求及备注
内务办公区	门厅		30	1	
	接待室		30	1	连通门厅
	洽谈室		60	1	连通门厅
	更衣室		60	2	男、女各30m²
	职工餐厅		90	1	不考虑厨房布置
	卫生间		30	3	男、女卫生间及清洁间各1间
外租用房区	商铺		480	12	每间40m²，均独立对外经营，设独立对外出入口
	茶餐厅		140	1	连通顾客大厅，设独立对外出入口
	快餐店、咖啡厅、门厅		30	1	联系顾客大厅
	卫生间		24	3	男、女卫生间及清洁间各1间。供茶餐厅、二层快餐店与咖啡厅使用，亦可设在二层
交通	走廊、过厅、楼梯、电梯等		540		不含顾客大厅和卖场内交通

一层建筑面积：6200m²（允许±10%：5580～6820m²）

二层用房面积及要求表　　　　　　表 28-2-22

功能区	房间或区块名称		建筑面积（m²）	间数	要求及备注
卖场区服务区	*特卖区块		300		靠墙设置
	*办公体育用品区块		300		靠墙设置
	*日用百货区块		460		均分2间且相邻布置
	*服装区块		460		均分2间且相邻布置
	*家电用品区块		460		均分2间且相邻布置
	*家用清洁区块		50		
	*数码用品区块		120		含20m²体验间2间
	*图书音像区块		120		含20m²音像、视听各1间
	交通		1210		含自动坡道、无障碍电梯、通道等
进货储货区	库房		640	4	每间160m²
内务办公区	内务	业务室	90	1	
		会议室	90	1	
		职工活动室	90	1	
		职工休息室	90	1	
		卫生间	30	3	男、女卫生间及清洁间各1间

功能区	房间或区块名称		建筑面积（m²）	间数	要求及备注
内务办公区	办公	安全监控室	30	1	
		办公室	90	3	每间 30m²
		收银室	60	2	30m² 收银、金库各 1 间，金库为套间
		财务室	30	1	
		店长室	90	3	每间 30m²
		卫生间	30	3	男、女卫生间及清洁间各 1 间
	快餐店		400	2	含 330m² 餐厅，内含服务台 30m²、厨房 70m²、客货梯 1 部
	咖啡厅		140	1	内含服务台 15m²
交通	走廊、过厅、楼梯、电梯等		860		不含卖场内交通
二层建筑面积：6240m²（允许±10%：5616～6864m²）					

注：一、二层总建筑面积为 12440m²（允许±10%：11196～13684m²）。

（二）试题解析

1. 解题从总图场地分析入手

根据题目给出的总图场地条件，设计用地位于城市主次干道交叉口的一角，西侧是主干道，南侧是次干道。用地东侧与商业区相邻，北侧是居住区。题目规定，超市建筑的主出入口朝向西侧主干道，给出的建筑控制线范围处于用地偏东的位置，让出大片场地显然是为顾客停车场准备的。可见出题人是把驾车购物者当作主要顾客考虑的。同时题目还规定，外租用房区的大量商铺与餐饮朝向南侧次干道。次干道边有出租车站，因而超市南侧的室外场地作为组织顾客流线的步行广场是合宜的。基地的车流出入口至少应设两个，并且尽量离干道交叉口远一些，由城市道路引入的车道可以置于超市建筑的北侧和东侧，与城市道路共同形成围绕建筑的环路，以满足消防车通行的需要。用地东侧是商业区，可以作为超市进货方向；用地北侧是居住区，作为超市内部管理办公人员的进出方向也比较合理。

2. 确定平面轮廓和柱网

题目给定的控制线范围比一层建筑面积大得有限，因而建筑采用矩形轮廓，且不能挖天井，是确定无疑的。矩形轮廓、正方形柱网，不在图形上作任何多余的文章，是应试方案的最佳选择。因为注册考试没有造型要求，大可不必在建筑形式处理上耽误时间，做一个方盒子是最理性的选择。较大柱距的框架结构为各种大型公共建筑的平面组合提供了充分的灵活性。选用 9m×9m 方形柱网，每个网格 81m²，与题目中 80m² 的面积模数，以及超市收银口宽度 3m 的要求比较协调。做一个横向 11 间，纵向 7 间的矩形平面，是合乎理性的答案。

3. 功能关系的总体布局（图 28-2-70）

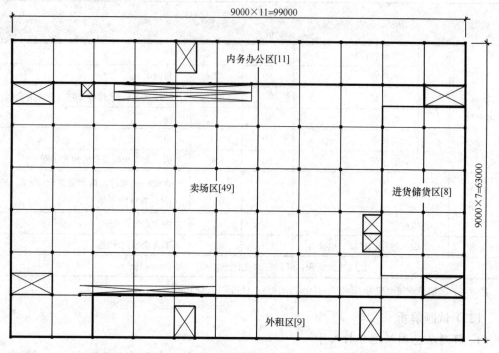

9000×11=99000

9000×7=63000

内务办公区[11]

卖场区[49]

进货储货区[8]

外租区[9]

二层建筑面积:77×81m²=6237m²

二层分区

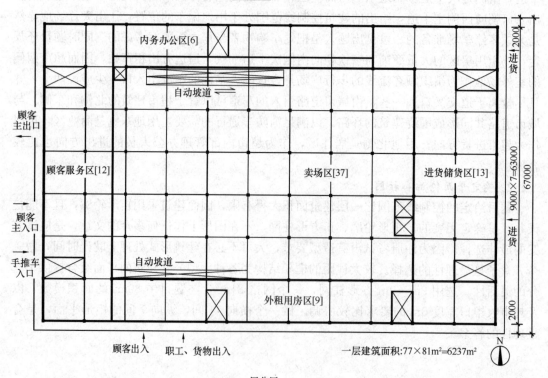

9000×7=63000

67000

2000

2000

进货

进货

内务办公区[6]

自动坡道 →

顾客
主出口 ←

顾客服务区[12]

卖场区[37]

进货储货区[13]

顾客
主入口 →

手推车
入口 →

自动坡道 →

外租用房区[9]

顾客出入　职工、货物出入

一层建筑面积:77×81m²=6237m²

N

一层分区

图 28-2-70　功能分区图

100

卖场是核心功能区，占据最大的面积，且不需自然采光，显然应居于中心地带。周边靠外墙的位置尽量让给需要自然采光的功能房间。依据前述场地分析的结果，顾客出入口和顾客服务区在西侧，进货区在东侧，出租房在南侧，管理办公区在北侧。我们只要根据各分区面积要求的统计结果，注意将单列的交通面积大致按比例分配到每个区域，就可以控制住各分区的范围大小。这里应注意不同空间组织模式的交通面积比例不同。走道式布置，交通面积比例可达 25%，而大厅式的交通空间已经融入大厅里了。用 9m 方格柱网，画草图甚至可以不用比例尺，一个方格 81m²，只需数方格分配面积，就可以快速确定总体功能区划。这一步草图工作一定要上下两层同时兼顾，尽量上下层之间对位布置。不但结构柱网和交通空间要尽量对位，功能内容也对位布置是既便捷又符合理性的做法。两层平面草图一起做最大的好处在于，可以使两层设计深度一致，从而保证出图的完整性；避免完成了一层而没有时间做第二层的尴尬结果。

4. 落实功能分区

接下去具体落实每个功能区的平面组合细节，这是工作量最大的一个环节。一般不可能做到完满，也不必追求方案的优秀。抓大放小，尽量符合题意，不犯大错误就好。面积大小控制不要太拘谨，主要的、大的功能房间不是"一眼看上去明显的小"就可以了。图面表达宜简约；对大多数应试者而言，在表达上多花时间很不值得的。

5. 关于安全疏散

商业建筑的营业厅是典型的"无标定人数的建筑"，解决安全疏散问题是建筑师的法律责任。不过大型公共建筑的防火问题比较复杂，方案阶段的设计不可能也不必要完全解决好。如防火分区问题，方案作图考试时不可能深入考虑。解题时只要考虑好疏散宽度和疏散距离就可以了。本题目根据现行防火规范规定，二层卖场区总面积 3480m²，乘以最小面积折算值（50%）和疏散人数换算系数（0.85 人/m²）得出需要紧急疏散的人数为 1479 人，然后再按每 100 人的疏散净宽度 0.65m，算得总疏散宽度应不小于 9.6m。因而需要设 5～6 个较宽大的楼梯。这些楼梯最好为营业厅专用，火灾发生时就近借用相邻分区的内部楼梯实行紧急疏散也是可以的。至于疏散距离，二层卖场区内任何一点至最近安全出口的直线距离不应大于 30m，考虑设置自动喷水灭火系统，安全疏散距离可再增加 25%，因而以不超过 37.5m 为限。题目既然对疏散问题作了如此精确、详细的规定，很显然这是个重要考核点。按近几年的评分规律，一份卷子安全疏散不满足要求，可能被扣掉 10 分之多。

6 小时快速设计作图难免有缺漏和不当，考试时不可能，也不必要追求最佳答案。抓住大的功能问题解决好，才是应试者的成功之道。

（三）参考答案

1. **总平面图**（图 28-2-71）
2. **一层平面图**（图 28-2-72）
3. **二层平面图**（图 28-2-73）

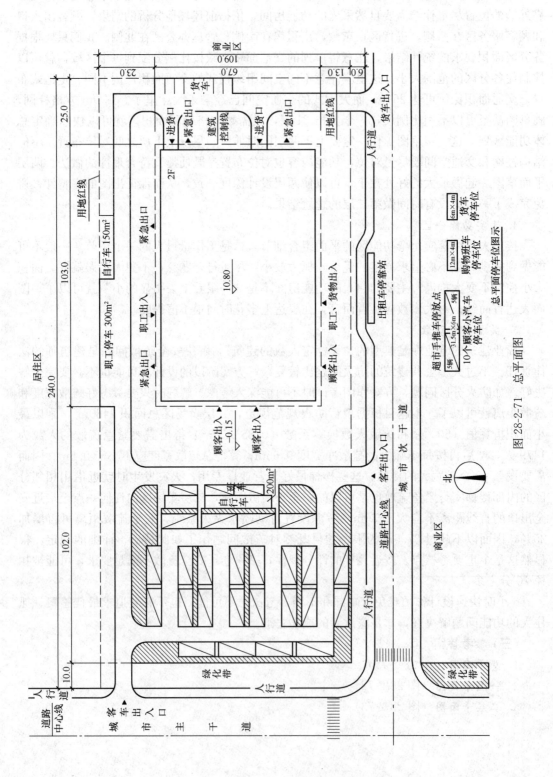

图 28-2-71 总平面图

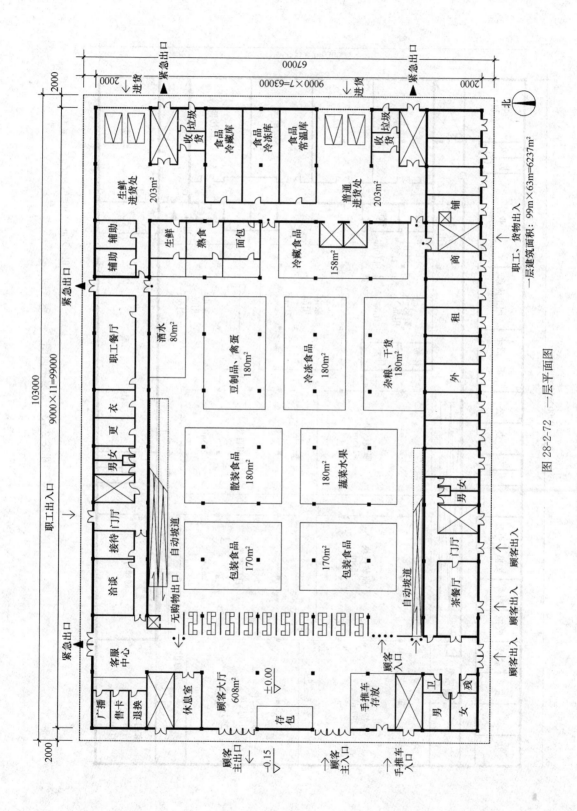

图 28-2-72 一层平面图

一层建筑面积：99m×63m=6237m²

职工、货物出入

北

103

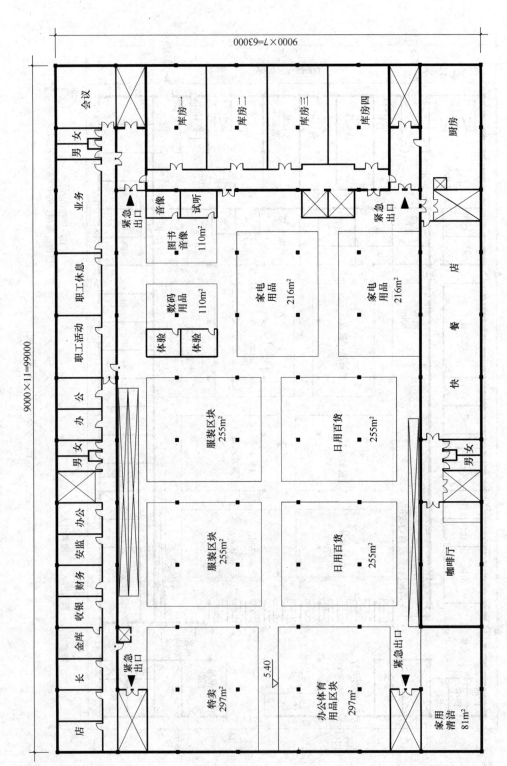

图 28-2-73 二层平面图

（四）评分标准（表 28-2-23）

表 28-2-23

					扣分范围
提示		1. 一层或二层未画（含基本未画），该项为 0 分且为不及格卷。 2. 总平面未画（含基本未画），该项 0 分。 3. 扣到 45 分后即为不及格卷。			
序号	考核项目	分项考核内容		分值	扣分范围
1	总平面（15）	整体布局及交通绿化	**建筑超出控制线或单体未画（不包括台阶、坡道、雨篷等）**	15	15
			总体与单体不符扣 3 分，未表示层数、标高或表示错误各扣 1 分		1～3
			场地机动车出入口缺 1 处扣 2 分，未按要求设置或开口距路口＜70m 各扣 2 分		2～6
			道路未表示扣 3 分，表示不全或组织不合理各扣 1～2 分，未做绿化设计扣 1 分		1～3
			机动车：顾客停车场未画扣 4 分；职工、货车、班车停车场未画、布置不当、未分区设置各扣 2 分；职工停车场未标注面积扣 1 分		1～8
			自行车：停车场未画各扣 2 分；未标注面积各扣 1 分		1～3
			建筑出入口：顾客 2、货物 2、手推车、办公，标注缺各扣 1 分		1～3
2	一层平面（40）	功能布局	**卖场区、办公区、进货储货区、外租商铺区之间，分区不明或流线交叉扣 20 分** **（功能分区明确但未按要求连通，按下述条款扣分）**	40	20
		服务区	• 未布置由服务区直达二层卖场区的自动扶梯扣 5 分 • 超市出、入口未朝向主干道或未分别设置各扣 1 分 • 手推车停放未设置或设置不当扣 2 分 • 未设置卖场入口扣 1 分；未设置无购物出口扣 1 分		1～8
		卖场区	• 未分设 9 个独立区块，不同区块间主通道小于 3m 或中间有柱各扣 2 分 • 面包、熟食、生鲜销售与其加工间未布置在一起各扣 1 分 • 上述 3 个加工间与库区未相连或联系不当各扣 1 分 • 包装食品区块未紧邻收银处扣 2 分 • 收银处未画扣 4 分；排队等候距离小于 4m 扣 2 分；数量、宽度不足各扣 1 分 • 无障碍电梯未设在卖场区、卖场区内设卫生间各扣 2 分		1～14
		库区	• 货物未按卸货停车间—进货处—库房（加工间）—卖场区布置扣 4 分 • 普通、生鲜进货未分别设置扣 2 分 • 2 个补货口，每缺 1 个扣 3 分；补货口未直通库区走廊或未直通卖场区通道各扣 3 分 • 库区内未设走廊扣 2 分，宽度小于 3m 扣 1 分 • 货梯设于库房内扣 2 分		1～10
		办公区	• 与服务、卖场、库区之间未连通各扣 2 分；未设门禁各扣 1 分 • 对外洽谈和接待未连通门厅或未与其他用房分隔各扣 1 分 • 办公用房（不含卫生间）无自然采光，每间扣 1 分		1～8
		外租区	• 咖啡厅及快餐店、茶餐厅、外租商铺、快餐货物未设独立出入口，各出入口未朝向城市次干道各扣 1 分 • 茶餐厅未与顾客大厅直接联系扣 1 分 • 快餐、咖啡、门厅未与顾客大厅直接联系扣 1 分		1～5
		垂直交通	未布置自动扶梯 2（卖场内）、快餐客货梯 1、库区货梯 2（需位于普通进货处）、无障碍电梯 1（需位于卖场内）各扣 2 分		2～6

序号	考核项目		分项考核内容	分值	扣分范围
2	一层平面（40）	缺房间或面积	售货区块9、顾客大厅（640m²）、进货处2（210m²＋144m²），缺1扣3分；面积严重不符（±10%）各扣2分；未标注面积各扣1分	40	1～10
			服务区8间：手推车停放、存包处、客服中心4、休息室、卫生间	缺1间扣1分	1～5
			卖场区6间：生鲜加工销售间2、熟食加工销售间2、面包加工销售间2		
			库区7间：普通卸货停车间、食品常温库、食品冷藏库、食品冷冻库、生鲜卸货停车间、辅助用房2		
			内务区7间：门厅、接待、洽谈、更衣2、职工餐厅、卫生间		
			外租区15间：商铺12，茶餐厅，咖啡、快餐、门厅、卫生间		
	二层平面（30）	功能布局	卖场区、办公区、进货储货区、外租商铺之间：分区不明确或流线交叉扣15分（功能分区明确，但未按要求连通，按下述条款扣分）	30	15
		卖场区	• 顾客流线未按卖场区—收银处（一层）—顾客服务区设置扣4分 • 未分11个区块：不同区间主通道小于3m或中间有柱各扣2分 • 特卖区块与办公体育用品区块未靠墙布置各扣1分 • 百货、服装、家电区块未按要求均分且相邻布置各扣1分		1～10
		库区	• 货物流线未按库房—卖场区设置扣4分 • 2个补货口缺1扣3分，补货口未直通库区走廊或未直通卖场区通道各扣3分 • 库区内未设走廊扣2分，宽度小于3m扣1分 • 货梯设于库房内扣2分		2～8
		办公区	• 与卖场、库区之间未连通各扣2分，未设门禁各扣1分 • 办公区域与内务区域未设门禁扣1分 • 办公用房（不含卫生间）无自然采光，每间扣1分		1～6
		外租区	• 外租区直接连通二层卖场区扣5分 • 快餐店客货梯未与厨房相邻扣2分		2～7
		垂直交通	梯、电梯位置与一层不符，每处扣2分		2～6
		缺房间或面积	售货区块11、快餐店、咖啡厅、缺1扣3分；面积严重不符（±10%）各扣2分，未标注面积各扣1分		1～10
			卖场区4间：影像、试听、体验间2	缺1间扣1分	1～6
			库区4间：库房4		
			内务区5间：业务、会议、职工活动、职工休息、卫生间		
			办公区11间：安全监控、办公3、收银2、财务、店长3、卫生间		
			外租区1间：快餐店厨房		

序号	考核项目	分项考核内容	分值	扣分范围
3	规范图面(15)	**卖场总疏散宽度小于 9.6m，卖场内任意一点距最近安全出口距离＞37.5m 各扣 4 分；房间门至最近安全出口：袋形走廊＞20m（开敞）/22m（封闭），首层楼梯距室外出口＞15m，各扣 4 分**	15	4～12
		一、二层平面墙体单线作图各扣 4 分		4～8
		顾客主出入口未考虑无障碍，每处扣 1 分；自动扶梯、楼梯间尺寸明显不足，每处扣 2 分		1～5
		二层快餐店未设两个疏散口扣 1 分		1
		未标房间名、尺寸、标高、楼层建筑面积，每处扣 1 分		1～5
		未画门，缺 1 个扣 1 分		1～3
		结构体系未布置扣 8 分，仅单层布置或布置不合理，扣 3 分		3～8
		房间或卖场区块比例不当各扣 1 分		1～5
		画图潦草、辨认不清		1～3

注意事项：1. 方案作图题的及格分数为 60 分；

2. 扣分小计不得超过该项分值；当考核扣分已达到该项分值时，其余内容即忽略不看。

从以上评分表可以看出，2013 年的考核标准从总体上讲，和近几年相比并无明显变化。总图 15 分，一层平面 40 分，二层平面 30 分，规范、结构与图面 15 分。两层平面图的功能问题，包括平面布局和主要房间数量、面积符合题目要求仍然是绝对重点。只有抓紧做好这一部分，方案才有通过的可能。而总图、规范、结构与图面表达显然次要得多，不可能是造成不及格的主要原因。

如果对这个评分表作深入分析，可以发现今年明显加重了对作图细节的考核。例如，对图面的标注和其他属于图面表达的问题设置了很重的扣分。究其原因，可能是试题功能分区和流线相对简单，关键之处都有明确提示，因而考核重点便向"量、形、质"方面转移了，而"量、形、质"的考核，只有明确的标注才便于评分吧。

具体看一下：

总图 15 分。关键在于正确画出建筑平面轮廓，要与单体一致，并不能越界（建筑控制线）。

两层平面图，功能问题 70 分。其中分区和流线组织约占 40 分，房间数量与面积约 30 分。这一部分考核又明显偏重于主要功能（卖场和仓储）要求的满足。评分表里还有一处与往年不同，就是两层平面图中共 19 个房间或区块要求标注面积，对于漏标的试卷扣分严格。按照以往的评分办法，所有标注缺漏，包括文字、尺寸、面积、标高等，都在"图画表达"项目里，总共扣 2～3 分。而 2013 年评分表将房间面积标注放到平面功能项目里，和 20 多个房间、区块的数量、面积缺漏一起扣分，并且"各扣 1 分"。从字面理解，似乎全部面积都没标注，可能会被扣掉 20 分。如此评分过于严格，具体评分操作如何尚不得而知。

规范与图面 15 分。疏散宽度和疏散距离不合规范要求，最多可能被扣 12 分。此外，与往年一样，2013 年方案作图考试坚持要求用双线表示墙体，并且加大了对"单线作图"的扣分力度。用单线画墙可能被扣掉 8 分。这本来是平面图清晰表达的要求，全部用一种细实线绘图，分不清墙体和其他，当然不行。笔者建议，时间不够用的话，用一根粗实线表达墙体，与其他线条明确区别还是必要的。当然，为了避免丢失这 8 分，能用双线画墙体更好。结构布置可能被扣掉 8 分，也比往年要求严格不少。这些方面要求尽管比往年提高很多，总算还控制在 15 分之内，所以和总图一样，算不上考核的重点。应试者对此应有清醒认识。

十、2014 年 老年养护院方案设计

(一) 试题要求

根据《老年养护院建设标准》和《养老设施建筑设计规范》的定义，老年养护院是为失能（介护）、半失能（介助）老年人提供生活照料、健康护理、康复娱乐、社会工作等服务的专业照料机构。

1. 任务描述

在我国南方某城市，拟新建二层、96 张床位的小型老年养护院。总建筑面积约 7000m²。

2. 用地条件

用地地势平坦，东侧为城市主干道，南侧为城市公园，西侧为居住区，北侧为城市次干道。用地情况详见总平面图（图 28-2-74）。

3. 总平面设计要求

(1) 在建筑控制线内布置老年养护院建筑。

(2) 在用地红线内组织交通流线，布置基地出入口及道路。在城市次干道上设主、次入口各一个。

(3) 在用地红线内布置 40 个小汽车停车位（内含残疾人停车位，可不表示）、1 个救护车停车位、2 个货车停车位。布置职工及访客自行车停车场各 50m²。

(4) 在用地红线内合理布置绿化及场地。设一个不小于 400m² 的衣物晾晒场（要求临近洗衣房）和 1 个不小于 800m² 的老年人室外集中活动场地（要求临近城市公园）。

4. 建筑设计要求

(1) 老年养护院建筑由 5 个功能区组成，包括：入住服务区、卫生保健区、生活养护区、公共活动区、办公与附属用房区。各区域分区明确、相对独立。用房及要求详见表 28-2-24、表 28-2-25。主要功能关系见图 28-2-75，选用的图例见图 28-2-76。

(2) 入住服务区

结合建筑主出入口布置，与各区联系方便，与办公、卫生保健、公共活动区的交往厅（廊）联系紧密。

(3) 卫生保健区

是老年养护院的必要医疗用房，需方便老年人就医和急救。其中临终关怀室应靠近抢救室，相对独立布置且有独立对外出入口。

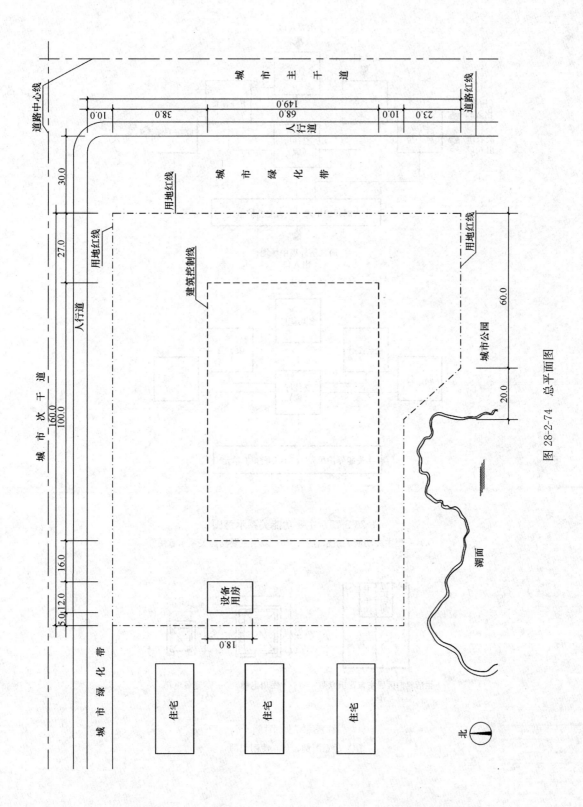

图 28-2-74 总平面图

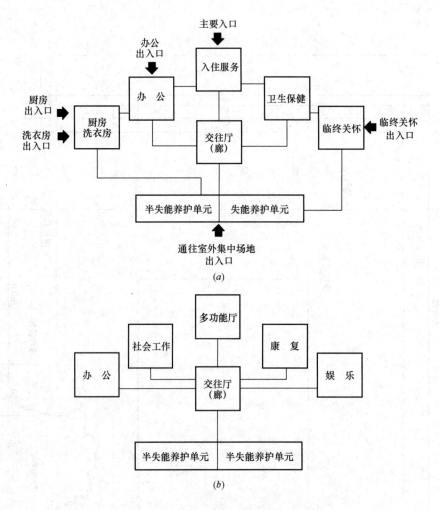

图 28-2-75　主要功能关系示意图

(a) 一层主要功能关系示意图；(b) 二层主要功能关系示意图

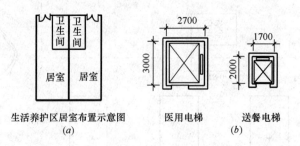

图 28-2-76　图例

(a) 示意图例；(b) 使用图例

（4）生活养护区

是老年人的生活起居场所，由失能养护单元和半失能养护单元组成。一层设置1个失能养护单元和1个半失能养护单元；二层设置2个半失能养护单元。养护单元内除亲情居室外，所有居室均需南向布置，居住环境安静，并直接面向城市花园景观。其中失能养护单元应设专用廊道直通临终关怀室。

（5）公共活动区

包括交往厅（廊）、多功能厅、娱乐、康复、社会工作用房5部分，交往厅（廊）应与生活养护区、入住服务区联系紧密；社会工作用房应与办公用房联系紧密。

（6）办公与附属用房区

办公用房、厨房和洗衣房应相对独立，并分别设置专用出入口。办公用房应与其他各区联系方便，便于管理。厨房、洗衣房应布置合理，流线清晰，并设一条送餐和洁衣的专用服务廊道直通生活养护区。

（7）本建筑内须设2台医用电梯、2台送餐电梯和1条连接一、二层的无障碍坡道（坡道坡度≤1:12，坡道净宽≥1.8m，平台深度≥1.8m）。

（8）本建筑内除生活养护区的走廊净宽不小于2.4m外，其他区域的走廊净宽不小于1.8m。

（9）根据主要功能关系图布置6个主要出入口及必要的疏散口。

（10）本建筑为钢筋混凝土框架结构（不考虑设置变形缝），建筑层高：一层为4.2m；二层为3.9m。

（11）本建筑内房间除药房、消毒室、库房、抢救室中的器械室和居室中的卫生间外，均应天然采光和自然通风。

5. 规范及要求

本设计应符合国家的有关规范和标准要求。

6. 制图要求

（1）总平面图

1）绘制老年养护院建筑屋顶平面图并标注层数和相对标高，注明建筑各主要出入口。

2）绘制并标注基地主次出入口、道路和绿化、机动车停车位和自行车停车场、衣物晾晒场和老年人室外集中活动场地。

（2）平面图

1）绘制一、二层平面图。画出承重柱、墙（双线）、门（表示开启方向）、窗，卫生洁具可不表示。

2）标注建筑轴线尺寸、总尺寸，标注室内楼、地面及室外地面相对标高。

3）注明房间或空间名称，标注带＊号房间（表28-2-24、表28-2-25）的面积。各房间面积允许误差在规定面积的±10%以内。在一、二层平面图中指定位置填写一、二层建筑面积，允许误差在规定面积的±5%以内。

注：房间及各层建筑面积均以轴线计算。

一层用房面积及要求　　　　　　　　　　　　　表 28-2-24

房间及空间名称		建筑面积（m²）	间数	备　　注
入住服务区	＊门厅	170	1	含总服务台、轮椅停放处
	总值班兼监控室	18	1	靠近建筑主出入口
	入住登记室	18	1	
	接待室	36	2	每间 18m²
	健康评估室	36	2	
	商店	45	1	
	理发室	15	1	
	公共卫生间	36	1（套）	男女各 13m²，无障碍 5m²，污洗 5m²
卫生保健区	护士站	36	1	
	诊疗室	108	6	每间 18m²
	检查室	36	2	每间 18m²
	药房	26	1	
	医护办公室	36	2	每间 18m²
	＊抢救室	45	1（套）	含 18m² 器械室 1 间
	隔离观察室	36	1	有相对独立的区域和出入口，含卫生间 1 间
	消毒室	15	1	
	库房	15	1	
	＊临终关怀室	104	1（套）	含 18m² 病房 2 间，5m² 卫生间 2 间，58m² 家属休息
	公共卫生间	15	1（套）	含 5m² 独立卫生间 3 间
生活养护区	半失能养护单元（24 床）	居室	324	12	每间 2 张床位，面积 27m²，布置见示意图例
		＊餐厅兼活动厅	54	1	
		备餐间	26	1	内含或靠近送餐电梯
		护理站	18	1	
		护理值班室	15	1	含卫生间 1 间
		助浴间	21	1	
		亲情居室	36	1	
		污洗间	10	2	设独立出口
		库房	5	1	
		公共卫生间	5	1	
	失能养护单元（24 床）	居室	324	12	每间 2 张床位，面积 27m²，布置见示意图例
		备餐间	26	1	内含或靠近送餐电梯
		检查室	18	1	
		治疗室	18	1	
		护理站	36	1	
		护理值班室	15	1	含卫生间 1 间
		助浴间	42	2	每间 21m
		污洗间	10	1	设独立出口
		库房	5	1	
		公共卫生间	5	1	
		专用廊道			直通临终关怀室

房间及空间名称			建筑面积 （m²）	间数	备　注
公共 活动区		*交往厅（廊）	145	1	
办公与 附属用 房区	办公	办公门厅	26	1	
		值班室	18	1	
		公共卫生间	30	1（套）	男、女各 15m²
	附属 用房	*职工餐厅	52	1	
		*厨房	260	1（套）	含门厅 12m²，收货 10m²，男、女更衣 各 10m²，库房 2 间各 10m²，加工区 168m²，备餐间 30m²
		*洗衣房	120	1（套）	合理分设接收与发放出入口，内含更 衣 10m²
		配餐与洁衣的专用廊道			直通生活养护区，靠近厨房与洗衣房， 合理布置配送车停放处
其他		交通面积（走道、无障碍坡道、楼梯、电梯等）约1240m²			
		一层建筑面积：3750m²			

二层用房面积及要求　　　　　　　　表 28-2-25

房间及空间名称			建筑面积 （m²）	间数	备　注
生活 养护区		本区设 2 个半失能养护单元，每个单元的用房及要求与表 28-2-1"半失能养护单元"相同			
公共 活动区		*交往厅（廊）	160	1	
		*多功能厅	84	1	
	康复	*物理康复室	72	1	
		*作业康复室	36	1	
		语言康复室	26	1	
		库房	26	1	
	娱乐	*阅览室	52	1	
		书画室	36	1	
		亲情网络室	36	1	
		棋牌室	72	2	每间 36m²
		库房	10	1	
	社会 工作	心理咨询室	72	4	每间 18m²
		社会工作室	36	2	每间 18m²
		公共卫生间	36	1（套）	男女各 13m²，无障碍 5m²，污洗 5m²
公共及 附属用 房区		办公室	90	5	每间 18m²
		档案室	26	1	
		会议室	36	1	
		培训室	52	1	
		公共卫生间	30	1（套）	男女各 15m²
其他		交通面积（走道、无障碍坡道、楼梯、电梯等）约1160m²			
		二层建筑面积：3176m²			

（二）试题解析

（1）总图场地分析

老年养护院设计用地位于城市主次干道交叉口的西南角，北侧是次干道，东侧是主干道，西侧是居住区，南侧是公园绿地。试题规定，基地的主、次出入口均朝向北侧次干道。矩形建筑控制线范围处于用地中部，北面留出大片场地显然应为建筑主入口广场及停车场所用。建筑南面场地紧邻公园，日照及其他环境条件均好，其切入公园的一块用地正好可作老人户外活动用。建筑西侧场地内既有设备用房一座，提示该用地当以后勤使用为主。建筑东侧场地使用性质没有明确定义，可考虑作环境绿化隔离之用。这样的场地分析结果将决定养护院建筑平面合理的功能分区关系：主入口及入住服务在北，居住单元在南，后勤办公在西，医疗与公共活动在东。

（2）确定平面轮廓和柱网

从使用功能和用地条件看，老年养护院建筑采用低层、低密度、小体量分散的园林式布置无疑是比较合适的。但作为考试对策，矩形轮廓、正方形柱网的集中式布置、在图形上不做任何多余的文章，则是最佳选择。此外，集中式布置还方便使用与管理，容易满足建筑各种功能空间之间的联系要求。因为注册考试没有造型要求，大可不必在建筑形式处理上耽误时间。

整齐划一、较大柱距的框架结构为各种现代大型公共建筑的平面组合提供了充分的灵活性。至于具体柱距的确定，就应试而言本不是要害问题，考试时不必过于纠结。当然，你选择的柱距如果恰好与出题人的考虑一致，排房间时会比较顺畅。但一般应试者在紧张的考试中不大可能做到这一点，故笔者不主张在柱距问题上花太多时间去反复琢磨，相信这不是设计成败的关键。不过此题大量养护居室的开间宽度最好能把握住，考虑无障碍住房空间尺寸满足轮椅使用者的通行、停留与回转需要，居室开间宽度不宜小于医院病房的最小宽度 3.60m，柱距大于 7.2m 恐怕是必要的。因此，结合用地宽度，采用 7.5m 柱距，把轮廓尽量作大些，以便利用大天井更好地解决建筑采光通风问题，做一个横向 13 个柱距，纵向 8 个柱距的矩形平面，按建筑面积控制要求，挖去超出的面积做天井，是合乎理性又简单的应试答案。

（3）老年养护院属于"新生事物"，如何进行正确设计，建筑师应事先对其进行使用功能的具体分析（图 28-2-77）。

老年养护院的基本使用功能与常见的疗养院、托儿所相近。本试题要求设计一所只为失能和半失能老人服务的小型机构，其主要功能是半失能老人的居住养护、交往与康乐，如同普通疗养院的休闲活动区，而失能老人养护部分的功能又接近医院住院部。处理养护院的功能关系，应强调的不是分隔和分离，而是亲和与融合。这和法院的内外隔离完全不同，甚至和门诊部要求的"医患分离、分流"也很不一样。其中没有金库、羁押那种需要"严防死守"的区域，倒更像一个和谐的大家庭。

采用整体集中布局时，多种使用功能分区安排是必要的，如同住宅设计的内外、动静分区一样，特别要保证老年人居住部分环境的安静、舒适，当然应与后勤、娱乐部分尽量远离。像多数疗养院建筑那样采用单走道布置居室，保证其良好的阳光、通风和景观条件应是首选，这一点和医院病房是不大一样的。卫生保健区可看作一所极小型医院，应与居住区适当隔离，尤其是其中的隔离、抢救、临终部分，要避免对老年人生理、心理产生不良影响。

交往厅（廊）和二楼公共活动区相当于住宅的起居室，和半失能养护单元之间直接相通是必要的，但和疗养院一样，联系路线稍长并无妨碍。

管理办公部分与多数公共建筑要求的内外分隔也不同，倒是和小型俱乐部一样，管理人员与公众活动分而不离，"打成一片"甚至更为可取。后勤部分相当于住宅的厨房、洗衣间，免不了脏乱嘈杂，又当别论。由于后勤与居室相对远离，供应流线较长，是不得已。送餐和收发衣物流线穿越养护区走廊，联系每一间居室是功能之必要，无须顾虑路线长短和干扰居住。

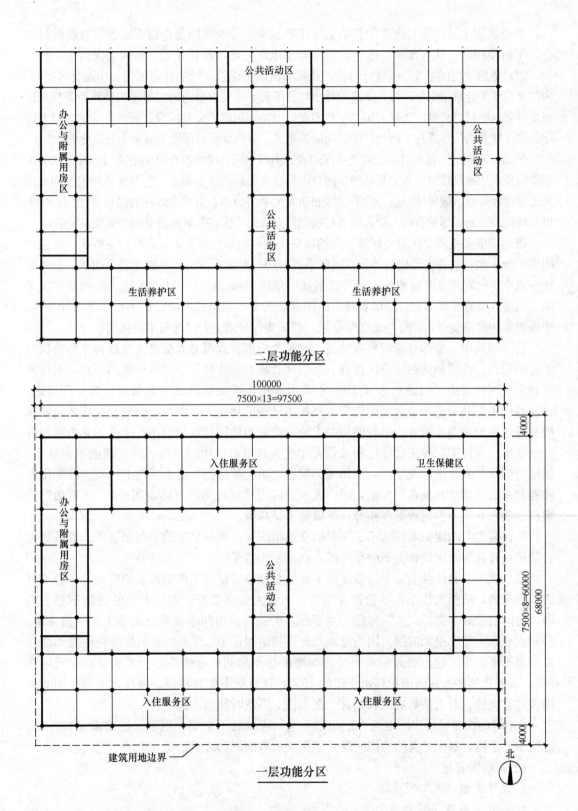

图 28-2-77 功能分区图

为疏散安全，用环行走道把各功能区串联起来，分而不隔是合理考虑。紧急疏散时如此，平时使用时，从方便轮椅通达的角度考虑也应如此，此处并无"串区之忧"。

（4）依照"现代主义"的设计理论，功能和流线是建筑设计的首要问题。功能分区妥当，再按题目要求合理组织好流线，距离设计成功就不远了。我国目前的注册建筑师执业资格考试正是奔着这个目标去的。出题人用文字和图表提出功能和流线关系的设计要求，应试者只有按题作答才能获得认可通过。因此，读懂功能关系图，并以此为依据做方案是十分重要的。

然而，不同的出题人对于功能关系图的表达不尽相同，这里没有统一格式与标准。功能关系图所要表达的是建筑中各主要功能空间分隔与联系关系的抽象概念，它与建筑物的平面图形并无直接相关性。懂得这一点，就不要按照功能关系图的形态直接生成你的设计平面图，也不可照样组织交通（尽管有些出题人的确是按他们自认的"标答"平面格局画功能关系图的）。

既然功能关系图交代的是建筑空间的联系关系，而这些联系关系必然有主有次，就应当明确区分主次，或者说要把两部分空间联系的密切与否表示清楚。不能"眉毛胡子一把抓"。这一点今年试题并没有做到位，所有联系都用单线表示，这让应试者无法直接判断主次关系。出题人没有交代清楚，应试者就要运用自己的专业知识和生活常识去作一下功能分析，想一想哪些是重要联系，哪些是次要联系，即只要在平面上走得通而不必强调独立。

公共建筑中一般都有管理服务流线，这是为内部管理服务人员进入建筑各个角落执行业务的通路。在明确的内外分区前提下，内部管理办公往往位于建筑平面的一角，而这种管理服务流线要能"四通八达"，因而不大可能也不必要处理成一条条独立的专用通道。普遍地借用公共通道才是合理的选择。例如本试题的功能关系图，办公与交往厅之间的连线就是这种管理服务流线，平时使用中无论人流量与使用频率都很小，完全不必为此专设一条通廊。设计中只要把交往厅和入住大厅连通起来，借用办公与入住之间的紧密联系，保证管理服务人员进入交往厅，当属毫无问题之事。那些把功能关系图上所有连线都用连廊连起来的所谓"八爪鱼"方案，明白人看后应当感到可笑。可话说回来，"八爪鱼"方案符合题意，也不会招致更多扣分，这就是考试规则。

总而言之，功能关系图既不是简单的交通组织图，更不是建筑平面组合图。谁若想把它简单地转化为建筑设计方案的平面图，那就根本错了。

（5）接下去具体落实每个功能区的平面组合细节，这是工作量最大的阶段。一般不可能做到完满，应抓大放小，尽量符合题意，不犯大错误就好。面积大小的控制不必太拘谨，房间面积表上打了"＊"号的、主要的、大的功能房间不要明显做小了。一般来说，房间面积做大了不是大问题。因为总面积允许超出规定值 5%～10%，就是允许做大数百以至上千平方米，超出的面积又不可能均摊给每个房间，这样势必会造成一些"无用空间"，或者让某些大房间面积超出规定的 10%，这显然不能算错误。另外，考试作图的图面表达宜简约，对大多数应试者而言，在表达上多花时间很不值得。

6 小时的快速设计作图难免有缺漏和不当，考试时不必要，也不可能追求最佳答案。抓住主要矛盾，解决好大的功能问题，才是应试者的成功之道。

（三）参考答案

1. **总平面图**（图 28-2-78）

2. **一层平面图**（图 28-2-79）

3. **二层平面图**（图 28-2-80）

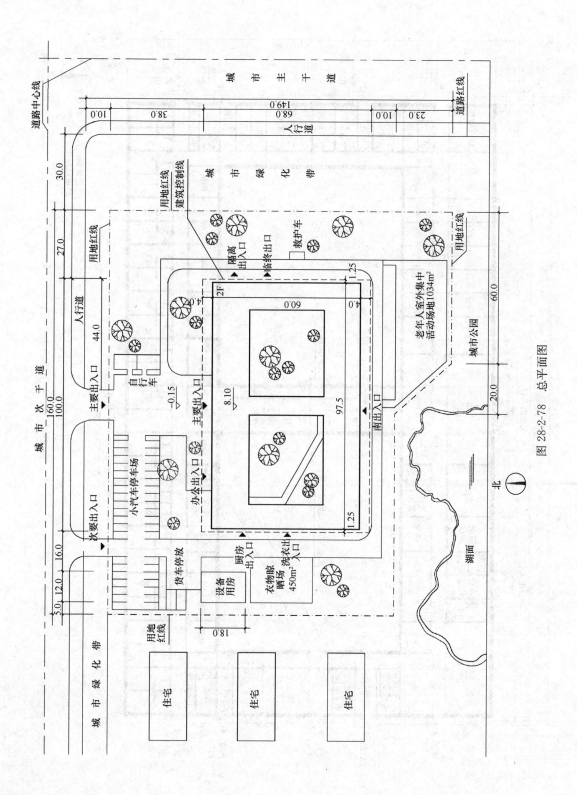

图 28-2-78 总平面图

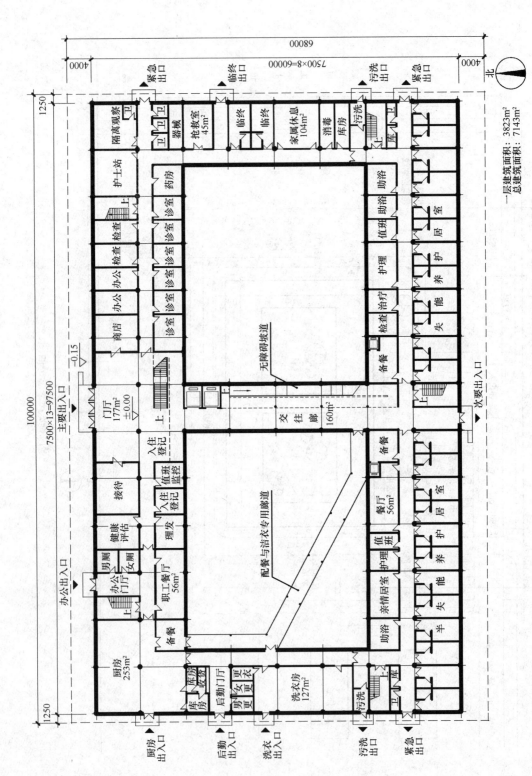

图 28-2-79 一层平面图

118

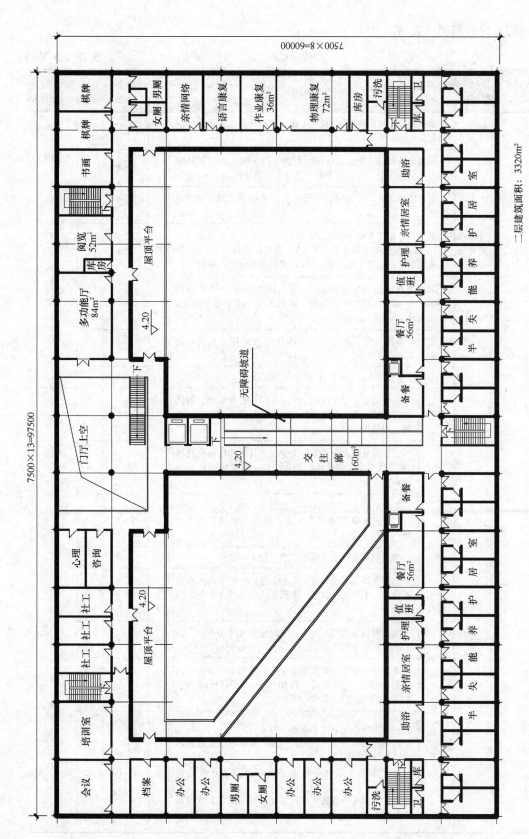

棋牌　棋牌　书画　│　阅览 52m²　│ 多功能厅 84m²　│ 门厅・上空

男厕　女厕　亲情网络　语言康复　作业康复 36m²　物理康复 72m²　库房　污洗　卫　库

7500×8=60000

7500×13=97500

屋顶平台　4.20▽　下

无障碍坡道

交　往　廊 160m²　4.20

下

二层建筑面积：3320m²

助浴　亲情居室　护理　值班　餐厅 56m²　备餐

护　养　失　半　居　能　能　室

会议　档案　办公　办公　男厕　女厕　办公　办公　办公　污洗　卫　库

培训室　社工　社工　社工　心理咨询

屋顶平台　4.20▽

备餐　餐厅 56m²　值班　护理　亲情居室　助浴

养　失　半　能　能　护　居　室

图 28-2-80　二层平面图

（四）评分标准（表 28-2-26）

评分标准   表 28-2-26

序号	考核项目		分项考核内容	分值	扣分范围	分项扣分	扣分小计	项目得分
1	总平面（15）	整体布局及交通绿化	建筑物超出控制线或未画扣15分（不包括台阶、坡道、雨篷等）	15	15			
			场地出入口（2处）未设在城市次干道、缺一处、开口距主干道路口小于70m、主干道上设出入口，各扣3分		3～6			
			基地道路未表示扣3分，表示不全或流线不合理，扣1～2分		1～3			
			机动车停车场未画（含基本未画），扣3分；车位不足（40个）、未布置救护车停车位（1个）、货车停车位（2个）、职工及访客自行车停车场（各一处），或布置不合理，各扣1分		1～6			
			未布置衣物晾晒场（400m²）、老年人室外集中活动场地（800m²）扣2分；位置不合理、面积不足，或未布置绿化，各扣1分		1～5			
			总图与单体不符，扣2分；未标注层数或相对标高，扣1分		1～3			
			未标注建筑出入口（6个），缺1个扣1分		1～3			
2	一层平面（43）	功能布局	功能分区	入住服务、卫生保健、生活养护、公共活动、附属办公区域未相对独立设置，缺区、分区不明确或不合理，每处扣5分	30	5～20			
			入住服务	入住服务与办公、卫生保健、公共活动区的交往厅（廊）联系不紧密，各扣2分；与生活养护区联系不便，扣1分		1～4			
				功能房间布置不合理或流线交叉，扣3分；总值班兼监控室未靠近建筑主入口，公共卫生间布置不合理，各扣1分		1～4			
			卫生保健	功能用房布局或流线不合理，扣1～4分		1～4			
				临终关怀室未相对独立，扣5分；内部未画或布置不合理、未靠近抢救室、未设置独立对外出入口，各扣3分		3～8			
				隔离观察室未相对独立、未设独立对外出入口，扣3分；未设卫生间扣1分		1～4			
			生活养护	养护单元居室（除亲情居室外）未朝南向布置，或未面向城市公园景观，各扣6分；居室开间小于3.3m或缺居室房间，扣6分		6～12			
				相邻养护单元分区不明确，扣4分；单元内功能布局不合理，例如护理站与居室联系不当，扣2～5分；餐厅兼活动厅与备餐未紧密相邻设置，每处扣1分；养护单元未设置通往室外活动场地的出口，或设置不合理，扣1分		1～10			

120

序号	考核项目			分项考核内容	分值	扣分范围	分项扣分	扣分小计	项目得分
2	一层平面(43)	功能布局	生活养护	失能养护单元未设专用廊道直通临终关怀室,扣5分		5			
				配餐间未设(靠近)送餐电梯或布置不合理,污洗间位置不合理或未设置独立的出入口,各扣2分		2~6			
			公共活动	交往厅(廊)与生活养护区联系不紧密、尺度或设计不合理,各扣3分		3~6			
			附属办公	办公用房、厨房未相对独立布置,未分别设置专用出入口,各扣3分		3~6			
				厨房(含门厅、收货、男女更衣、库房2间、加工区、备餐间)布置不合理,洗衣房(含更衣)未合理分设接收与发放出入口,各扣3分		3~6			
				未设置专用的送餐与洁衣专用服务廊道,扣6分;设置不合理、洁污不分或穿越养护单元,扣4分		3~6			
		缺房间或面积		未在指定位置标注一层建筑面积(3750m²)或误差面积大于±5%以上,扣1分	13	3~6			
				缺带＊号房间:门厅(170m²)、抢救室(45m²)、临终关怀室(104m²)、餐厅兼活动厅(54m²)、交往厅(廊)(145m²)、职工餐厅(52m²)、厨房(260m²)、洗衣房(120m²),每间扣2分		1~6			
				未标注带＊号房间面积,或面积严重不符,每间扣1分					
				缺其他房间,每间扣1分					
3	二层平面(30)	功能分区		生活养护、公共活动、附属办公区域未相对独立设置,缺区、分区不明确或不合理,每处扣5分		5~15			
		功能布局	生活养护	养护单元居室(除亲情居室外)未朝南向布置,或未面向城市公园景观,各扣6分;居室开间小于3.3m或缺居室房间,扣6分		6~12			
				相邻养护单元分区不明确,扣2分;单元内功能布局不合理,例如护理站与居室联系不当,扣2~5分;餐厅兼活动厅与备餐未紧密相邻设置,每处扣1分		1~6			
				配餐间未设(靠近)送餐电梯或布置不合理,污洗间位置不合理,各扣2分		2~4			

序号	考核项目	分项考核内容			分值	扣分范围	分项扣分	扣分小计	项目得分
3	二层平面（30）	功能布局	公共活动	交往厅（廊）与生活养护区联系不紧密、尺度或设计不合理，各扣3分	30	3～6			
				康复、娱乐、社会工作各区域未相对独立，或流线不合理，各扣3分；社会工作用房和办公用房联系不紧密、未设公共卫生间或功能房间布置不合理，各扣1分		1～6			
			附属办公	办公用房未相对独立，与各区联系不方便，或穿越其他功能区，各扣2分		2～4			
			缺房间或面积	未在指定位置标注二层建筑面积（3176m²）或误差面积大于±5%以上，扣1分		1			
				缺带 * 号房间：交往厅（160m²）、多功能厅（84m²）、物理康复室（72m²）、作业康复室（36m²）、餐厅兼活动厅（54m²），每间扣2分。未标注带 * 号房间面积，或面积严重不符，每间扣1分；缺其他房间，每间扣1分		1～6			
4	规范和图面（12）	房间疏散门至最近安全出口：袋形走道>20m，两出口之间>35m，首层楼梯距室外出口>15m，各扣5分			12	5			
		未设置电梯或连接一、二层的无障碍坡道，各扣4分；设置不合理，各扣2分；疏散楼梯未封闭或设计不合理，扣2分				1～6			
		主出入口、生活养护区通往室外场地出入口未设无障碍坡道，生活养护区的走廊净宽小于2.4m，或其他区域的走廊净宽小于1.8m，各扣1分				1～2			
		除商店、消毒室、库房、抢救室中的器械室和居室中的卫生间外，无天然采光的房间，每个扣1分				1～3			
		一、二层平面单线表示墙线，各扣2分；未画门或开启方向有误，每个扣1分；未标注轴线尺寸、总尺寸，或未标注楼地面或室外地面相对标高，每项扣1分				1～5			
		结构布置不合理，或未布置，图面潦草、辨认不清，扣1～3分				1～3			
注意事项		1. 方案作图的及格分数为60分； 2. 扣分小计不得超过该项分值；当考核扣分已达到该项分值时，其余内容忽略不看							

（1）从总体上看，2014年方案作图试题的评分标准与往年的评分标准基本一致，考核重点仍然是两层平面图的功能组合，分值合计73%；总图15%；规范与表达12%。这完全符合2003年以来的评分规律。

（2）题目开篇即提到作为命题依据的《老年养护院建设标准》和《养老设施建筑设计规范》，都是绝大多数应试者所不熟悉的。后者实施日期明文规定为2014年5月1日，也就是考前不久。应当承认，这样做不符合注册考试对规范、标准的考核原则，即："以上一年度12月底以前公布实施者为限"。

（3）失能、半失能老人的专门养护院，在我国目前尚属少见。按以往注册考试的规律，对于非常见类型的建筑功能问题，应试者只需按题目要求执行。但遗憾的是本试题的题目要求并不够明确，导致多种不同解读，孰是孰非，众说纷纭。首先，对养护院各功能区"相对独立"的理解很不一致。主要是相关区域之间的隔离程度如何，隔离与无障碍通行要求的矛盾如何协调的问题。其次，老年养护院的特殊功能包含养老、医疗、临终三项内容，试题用"相对独立"、"设置专用出入口"、"设置专用廊道"、"流线清晰"、"布置合理"等措辞，语言表达不够清楚。同时，题目功能关系图中的功能连线一律为单线，不能区分重要密切联系和一般次要联系。这些都使应试者感到迷惑不解。

（4）另外，附属用房的布置和服务流线的组织，也是重点扣分之处。2014年《评分标准》说，"未设置专用送餐和洁衣廊道，扣6分；设置不合理、洁污不分或穿越养护单元，扣4分"，可见问题相当严重。而题目仅要求"厨房、洗衣房应布置合理，流线清晰，并设一条送餐和洁衣的专用服务廊道直通生活养护区"，并在功能关系图上标明了这一联系关系。但问题在于，何谓"专用送餐和洁衣廊道"，怎样布置就算"洁污不分"和"穿越养护单元"，不容易搞清楚。关于污物处理，规范对建筑设计的要求只有"养老设施建筑内宜每层设置或集中设置污物间，且污物间应靠近污物运输通道，并应有污物处理及消毒设施。"以及"洗衣房平面布置应洁、污分区"两条，且均非强制性条文。从设计原理分析，送餐和洁衣流线是联系厨房配餐间、洗衣房洁衣发放口和各养护单元的重要而密切的联系。这种流线既然必须通往4个养护单元的每间居室，就很难避免与居室里产生的污物清除流线相接触或交叉，"穿越"更是难免。经深入分析，笔者理解出题人的意思可能是，养护单元要像医院病房布局那样考虑洁污分离、各在一端：送餐和洁衣从后勤区出来，设一条专用的清洁走廊直通与一层两个养护单元相衔接的平面中部，也就是养护单元的清洁入口处（请大家注意，题目的功能关系图中并没有把那条流线连到平面中部，而是连到半失能区的中部）；而将污物间置于平面的东西两端。这样才能大体做到洁污分开而不穿越。笔者所做的"试题解析"和"参考答案"确实没有注意这一点。而要做到这一点，养护单元只能做成中间走廊，把备餐和老人餐厅放在护理单元北侧居中的位置，那里是送餐和洁衣的合理进入处，这样才能做到洁污较好地分离、分流。厨房和洗衣房送出的食物、衣物通过一条清洁的专用廊道，穿过庭院直达此处。很可能如此处理才符合题意吧。我们姑且把它看作是题中的难点，没有解决好并不至于不及格。

（5）总图评分还有个问题，就是主次两个出口入只能都开向次干道，主干道上开口扣3分。老人养护院主入口不宜开向城市主干道，这是规范规定，可以理解。次入口也开向次干道，是题目要求，也没问题。可是应试者为偶尔使用的殡葬车向主干道多开一个出口，如非城市规划管理上的特别禁忌，就不应算错而扣分，且总图在东侧开殡葬车出口，避免其在场地内绕行，似乎更加合理。

十一、2017年 旅馆扩建项目方案设计

（一）试题要求

1. 任务描述

因旅馆发展需要，拟扩建一座九层高的旅馆建筑（其中旅馆客房布置在二～九层），按下列要求设计并绘制总平面图和一、二层平面图，其中一层建筑面积4100m²，二层建筑面积3800m²。

2. 用地条件

基地东侧、北侧为城市道路，西侧为住宅区，南侧临城市公园。基地内地势平坦，有保留的既有旅馆建筑一座和保留大树若干，具体情况详见总平面图（图28-2-81）。

北

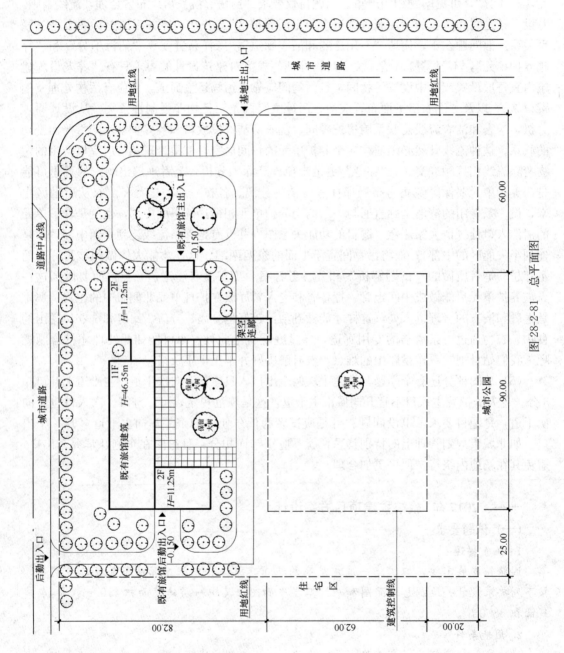

城市道路

用地红线

基地主出入口

用地红线

道路中心线

城市道路

用地红线

既有旅馆主出入口
-0.150

2F
H=11.25m

架空连廊

11F
H=46.35m

既有旅馆建筑

保留大树

保留大树

保留大树

2F
H=11.25m

既有旅馆后勤出入口
-0.150

后勤出入口

用地红线

住宅区

建筑控制线

城市公园

60.00

90.00

25.00

82.00

62.00

20.00

图 28-2-81　总平面图

3. 总平面设计要求

根据给定的基地主出入口、后勤出入口、道路、既有旅馆建筑、保留大树等条件，进行如下设计：

（1）在用地红线内完善基地内部道路系统，布置绿地及停车场地（新增：小轿车停车位 20 个，货车停车位 2 个，非机动车停车场一处 100m²）。

（2）在建筑控制线内布置扩建旅馆建筑（雨篷、台阶允许突出建筑控制线）。

（3）扩建旅馆建筑通过给定的架空连廊与既有旅馆建筑相连接。

（4）扩建旅馆建筑应设主出入口、次出入口、货物出入口、员工出入口、垃圾出口及必要的疏散口。扩建旅馆建筑的主出入口设于东侧，次出入口设于给定的架空连廊下，主要为宴会（会议）区客人服务，同时便于与既有旅馆建筑联系。

4. 建筑设计要求

扩建旅馆建筑主要由公共部分、客房部分、辅助部分三部分组成，各部分应分区明确、相对独立。用房、面积及要求详见表 28-2-27、表 28-2-28，主要功能关系见示意图 28-2-82，选用的图例见图 28-2-83。

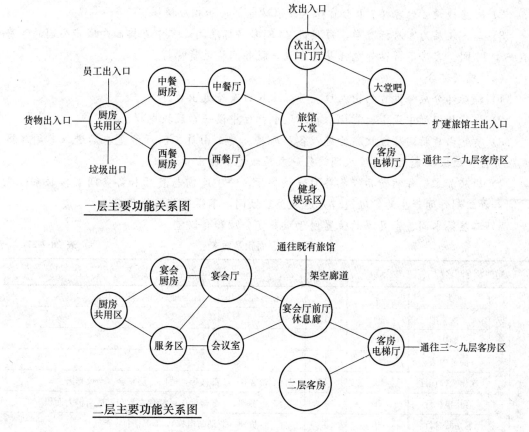

图 28-2-82　主要功能关系示意图

（1）公共部分

1）扩建旅馆大堂与餐饮区、宴会（会议）区、健身娱乐及客房区联系方便。大堂总服务台位置应明显，视野良好。

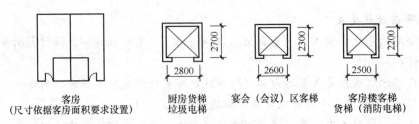

客房
（尺寸依据客房面积要求设置）

厨房货梯
垃圾电梯

宴会（会议）区客梯

客房楼客梯
货梯（消防电梯）

图 28-2-83　示意图例

2）次出入口门厅设 2 台客梯和楼梯与二层宴会（会议）区联系；二层宴会厅前厅与宴会厅、给定的架空连廊联系紧密。

3）一层中餐厅、西餐厅、健身娱乐用房的布局应相对独立，并直接面向城市公园或基地内保留大树的景观。

4）健身娱乐区的客人经专用休息厅进入健身房与台球室。

（2）客房部分

1）客房楼应临近城市公园布置，按城市规划要求，客房楼东西宽度不大于 60m。

2）客房楼设 2 台客梯、1 台货梯（兼消防电梯）和相应楼梯。

3）二～九层为客房标准层，每层设 23 间客房标准间。其中直接面向城市公园的客房不少于 14 间。客房不得贴邻电梯井道布置，服务间临近货梯厅。

（3）辅助部分

1）辅助部分应分设货物出入口、员工出入口及垃圾出口。

2）在货物门厅中设 1 台货梯，在垃圾电梯厅中设一台垃圾电梯。

3）货物由货物门厅经收验后进入各层库房。员工由员工门厅经更衣后进入各厨房区或服务区；垃圾收集至各层垃圾间，经一层垃圾电梯厅出口运出。

4）厨房加工制作的食品经备餐间送往餐厅，洗碗间需与餐厅和备餐间直接联系；洗碗间和加工制作间产生的垃圾通过走道运至垃圾间，不得穿越其他用房。

5）二层茶水间、家具库的位置便于服务宴会厅和会议室。

一层用房、面积及要求　　　　　　　　　　表 28-2-27

	房间及空间名称		建筑面积	间数	备　注
公共部分	旅馆大堂区	＊大堂	400	1	含前台办公 40m²，行李间 20m²，库房 10m²
		＊大堂吧	260	1	
		商店	90	1	
		商务中心	45	1	
		次出入口门厅	130	1	含 2 台客梯、1 部楼梯，通向二层宴会（会议）区
		客房电梯厅	70	1	含 2 台客梯、1 部楼梯；可结合大堂布置适当扩大面积
		客房货梯厅	40	1	含 1 台货梯（兼消防电梯）、1 部楼梯
		公共卫生间	55	3	男、女各 25m²、无障碍卫生间 5m²
	餐饮区	＊中餐厅	600	1	
		＊西餐厅	260	1	
		公共卫生间	85	4	男、女各 35m²、无障碍卫生间 5m²、清洁间 10m²

房间及空间名称			建筑面积	间数	备 注
公共部分	健身娱乐区	休息厅	80	1	含接待服务台
		*健身房	260	1	含男女更衣各 30m² (含卫生间)
		台球室	130	1	
辅助部分	厨房共用区	货物门厅	55	1	含 1 台货梯
		收验间	25	1	
		垃圾电梯厅	20	1	含 1 台垃圾电梯,并直接对外开门
		垃圾间	15	1	与垃圾电梯厅相邻
		员工门厅	30	1	含 1 部专用楼梯
		员工更衣室	90	1	含男女更衣各 45m² (含卫生间)
	中餐厨房区	*加工制作间	180	1	
		备餐间	40	1	
		洗碗间	30	1	
		库房	80	2	每间 40m²,与加工制作间相邻
	西餐厨房区	*加工制作间	120	1	
		备餐间	30	1	
		洗碗间	30	1	
		库房	50	2	每间 25m²,与加工制作间相邻

其他交通面积(走道、楼梯等)约 800m²

一层建筑面积:4100m²(允许±5% 3895～4305m²)

二层用房、面积及要求 表 28-2-28

房间及空间名称		建筑面积	间数	备 注
公共部分	宴会(会议)区	*宴会厅	660	1	含声光控制室 15m²
		*宴会厅前厅	390	1	含通向一层次出入口的 1 台电梯和 1 部楼梯
		休息廊	260	1	服务于宴会厅与会议室
		公共卫生间(前厅)	55	1	男、女各 25m²、无障碍卫生间 5m² 服务于宴会厅前厅
		休息室	130	2	每间 65m²
		*会议室	390	3	每间 130m²
		公共卫生间(会议)	85	1	男、女各 35m²、无障碍卫生间 5m²、清洁间 10m² 服务于宴会厅与会议室
辅助部分	厨房共用区	货物电梯厅	55	1	含 1 台货梯
		总厨办公室	30	1	
		垃圾电梯厅	20	1	含 1 台垃圾电梯
		垃圾间	15	1	与垃圾电梯相邻

房间及空间名称		建筑面积	间数	备注
辅助部分	宴会厨房区			
	* 加工制作间	260	1	
	备餐间	50	1	
	洗碗间	30	1	
	库房	75	3	每间 25m² ，与加工制作间相邻
	服务区 茶水间	30	1	方便服务宴会厅、会议室
	家具库	45	1	
客房部分	客房区 客房电梯厅	70	1	含 2 台客梯，1 部楼梯
	客房标准间	736	23	每间 32m² ，客房标准间可参照提供的图例设计
	服务间	14	1	
	消毒间	20	1	
	客房货梯厅	40	1	含 1 台货梯（兼消防电梯），1 部楼梯

其他交通面积（走道、楼梯等）约 340m²

二层建筑面积 3800m²（允许±5％ 3610～3991m²）

5. 其他

（1）本建筑为钢筋混凝土框架结构，不考虑设置变形缝。

（2）建筑层高：一层层高 6m，二层宴会厅层高 6m，客房层高 3.9m，其余用房层高 5.1m；三～九层客房层高 3.9m，建筑室内外高差 150mm，给定的架空连廊与二层室内楼面同高。

（3）除更衣室、库房、收验间、洗碗间、茶水间、家具库、公共卫生间、行李间、声光控制室、客房卫生间、客房服务间、消毒间外，其余用房均应天然采光与自然通风。

（4）本题目不要求布置地下停车库与出入口、消防控制室等设备用房和附属设施。

（5）本题目不要求设置设备转换层及同层排水设施。

6. 规范要求

本设计应符合国家相关规范的规定。

7. 制图要求

（1）总平面图

1）绘制扩建旅馆的建筑屋顶平面图（包括与既有建筑架空连廊的连接部分），并标注层数和相对标高。

2）绘制道路、绿化及新增的小轿车停车位、货车停车位及非机动车停车场，并标注停车位数量和非机动车停车场面积。

3）标注扩建旅馆建筑的主出入口、次出入口、货物出入口、员工出入口、垃圾出口。

（2）平面图

1) 绘制一、二层平面图，表示出墙（双线）、门（表示开启方向），窗、卫生洁具可不表示。

2) 标注建筑轴线尺寸，总尺寸，标注室内楼、地面即使外地面相对标高。

3) 标注房间或空间名称；标注带 * 号房间（表 28-2-27、表 28-2-28）的面积，各房间面积允许误差在 10% 以内。

4) 填写一、二层建筑面积，允许误差在规定面积的 5% 以内。

注：房间及各层建筑面积均以轴线计算。

（二）试题解析

（1）总图场地分析

本设计任务是既有旅馆的扩建。建筑用地在既有建筑南侧且与之紧邻，相互间有明显的对位关系。场地南侧是城市公园，东侧临城市道路，西侧是居住区。建筑控制线范围内有保留大树一株；用地北侧既有旅馆庭院中也有保留大树可做景观资源考虑。整个旅馆场地出入口为既定的，无须本次设计考虑。主出入口在场地东侧，次出入口即后勤出入口位于场地西北角。据此可以决定，扩建建筑主出入口应在建筑东侧，后勤出入口应向西开。

（2）看清题意并做简单的场地分析后，确定一层平面轮廓和柱网。

本题决定结构柱网尺寸的主要因素是旅馆客房。按题目每套客房 32m² 的要求，8m 左右开间，每开间 2 套，比较合适；为简化设计柱网取 8.0m。

按极简的方式应试——矩形轮廓、正方形柱网，以不变应万变。轮廓在建筑控制线内尽量做大，横向 11 开间，纵向 7 开间可以。轮廓面积为 $11 \times 7 \times 64m^2 = 4928m^2$。为让出保留大树的位置，同时解决自然采光、通风，平面中部开一个大天井。天井位置偏南 1 个柱距，以适应北部餐饮区需要，南部留出 2 个柱距放客房标准层，北边缘向北推出 1 个走道宽度（1/4 柱距），以满足客房标准层空间的需要。一层建筑面积控制为 4144m²。

（3）二层轮廓与一层对位。二层面积比一层小 300m²，可减去 4 个网格面积，作为屋顶平台（图 28-2-84）。

（4）按"分区明确且相对集中"原则进行大的功能分区布置（图 28-2-85）。

（5）下一步将大分区细化，并组织交通、安排楼梯间位置。草图做到这一步，距离成功就不远了（图 28-2-86）。

（6）最后把各个分区的大小房间一一划分落实，工作量很大。6 小时考试时间内一般不可能做到完美，抓大放小是明智的做法。首先把标有星号的主要房间和大房间布置好，时间不够用，众多小房间来不及落实也问题不大。千万不要因小失大。图面表达也宜尽量简约，以免不能按时交卷。

（7）上述工作先在草图纸上完成。可以用铅笔徒手画 1/500 小草图，以便擦改。大体定案后再用草图纸按题目要求的比例画正式草图。正式草图完成后再蒙上试卷纸，用墨线、尺规描绘答案图纸；切不可直接在试卷纸上打稿、修改，把卷子弄得一塌糊涂，还很可能犯规（考试规定答卷上不得留有墨线以外的任何其他痕迹）。建议用 3~4 小时完成正式草图，描图和检查时间不宜少于 2 小时。

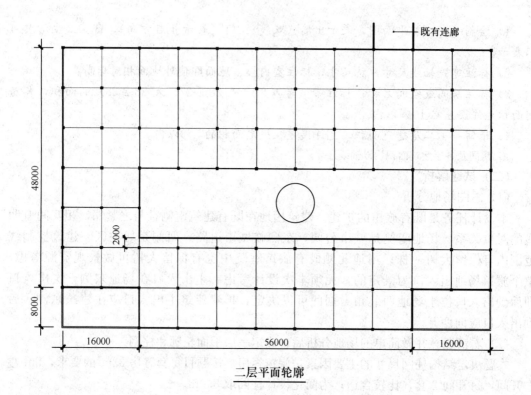

既有连廊

48000

2000

8000

16000 56000 16000

二层平面轮廓

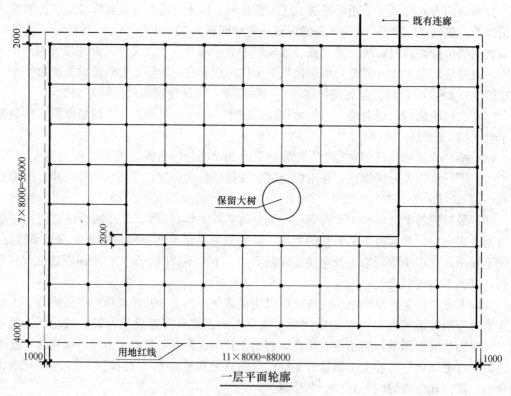

既有连廊

2000

7×8000=56000

2000

保留大树

4000

1000 用地红线 11×8000=88000 1000

一层平面轮廓

图 28-2-84 确定平面轮廓和柱网

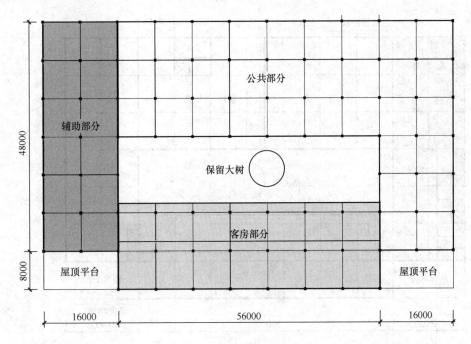

二层分区示意

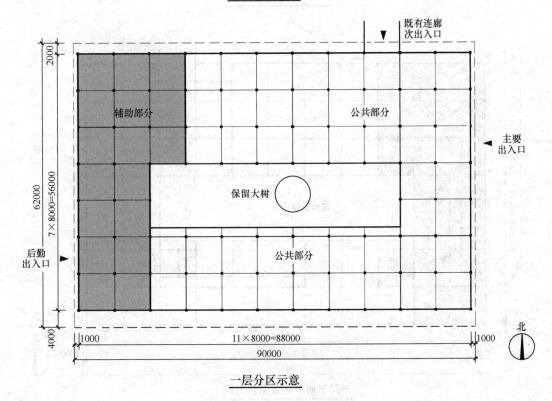

一层分区示意

图 28-2-85　平面功能分区图

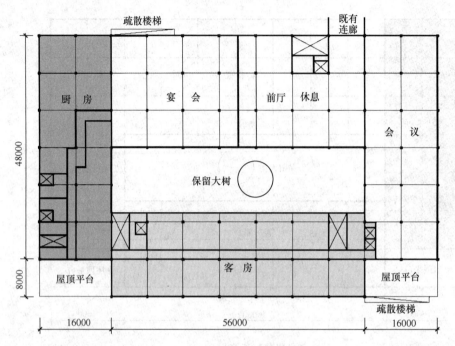

疏散楼梯

既有连廊

厨房

宴会

前厅休息

会议

48000

保留大树

客房

屋顶平台

屋顶平台

8000

疏散楼梯

16000

56000

16000

二层平面分区及交通组织

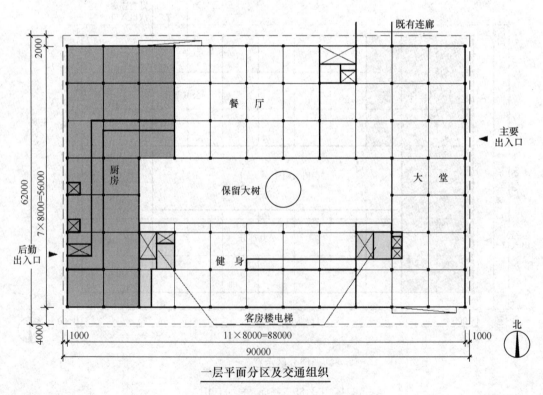

既有连廊

2000

餐厅

主要
出入口

厨房

保留大树

大堂

62000

7×8000=56000

后勤
出入口

健身

4000

客房楼电梯

1000

11×8000=88000

1000

90000

北

一层平面分区及交通组织

图 28-2-86 平面分区及交通组织图

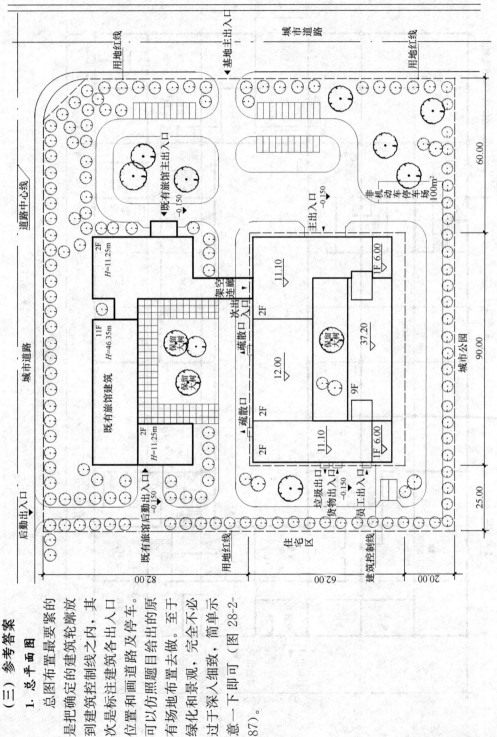

北

城市道路

用地红线

基地主出入口

城市道路

用地红线

道路中心线

城市道路

60.00

非机动车停车场100m²

用地中心线

既有旅馆主出入口 ▼ -0.150

主出入口 ▼ -0.150

11.10 ▽

1F ▽ 6.00

2F H=11.25m

架空连廊 ▼

次出入口 ▽

2F

12.00 ▽

37.20 ▽

保留大树

9F

既有旅馆建筑

11F H=46.35m

保留大树

保留大树

疏散口

2F

11.10 ▽

1F ▽ 6.00

城市公园

90.00

2F H=11.25m

既有旅馆后勤出入口 ▼ -0.150

疏散口

2F

垃圾出口

货物出口 ▼ -0.150

员工出入口 ▼

后勤出入口 ▼

用地红线

住宅区

建筑控制线

82.00

62.00

20.00

25.00

图 28-2-87 总平面图

（三）参考答案

1. 总平面图

总图布置最要紧的是把确定的建筑轮廓放到建筑控制线之内，其次是标注建筑各出入口位置和画道路及停车。可以仿照题目给出的原有场地布置去做。至于绿化和景观，完全不必过于深入细致，简单示意一下即可（图 28-2-87）。

133

2. 一层平面图（图 28-2-88）

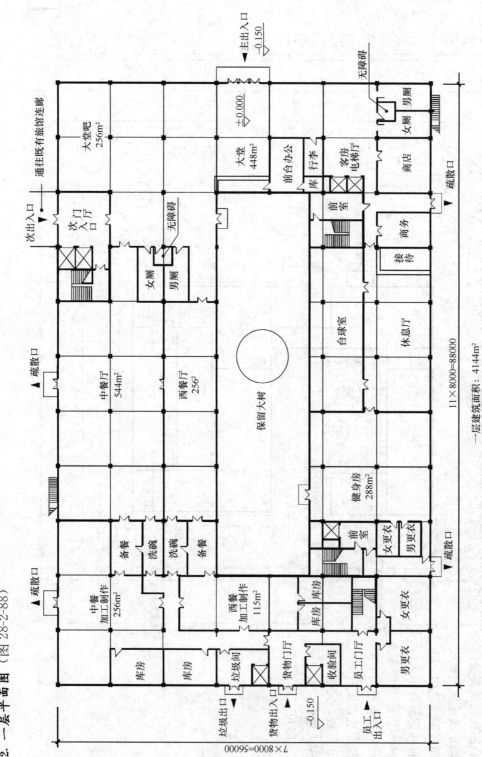

主出入口 -0.150

无障碍

大堂吧 256m²

次出入口

通往既有旅馆连廊

次门入口厅

女厕 男厕

无障碍

保留大树

中餐厅 544m²

西餐厅 256²

大堂 448m²

前台办公

行李

库

客房电梯厅

疏散口

商店

女厕 男厕

前室

商务

接待

台球室

休息厅

11×8000=88000

一层建筑面积：4144m²

图 28-2-88 一层平面图

疏散口

中餐加工制作 256m²

备餐 洗碗 洗碗 备餐

西餐加工制作 115m²

库房 库房

前室

健身房 288m²

女更衣 男更衣

疏散口

库房

库房

垃圾间

垃圾出口

货物门厅

货物出入口

-0.150

收验间

员工门厅

女更衣

男更衣

员工出入口

7×8000=56000

134

3. 二层平面图 (图 28-2-89)

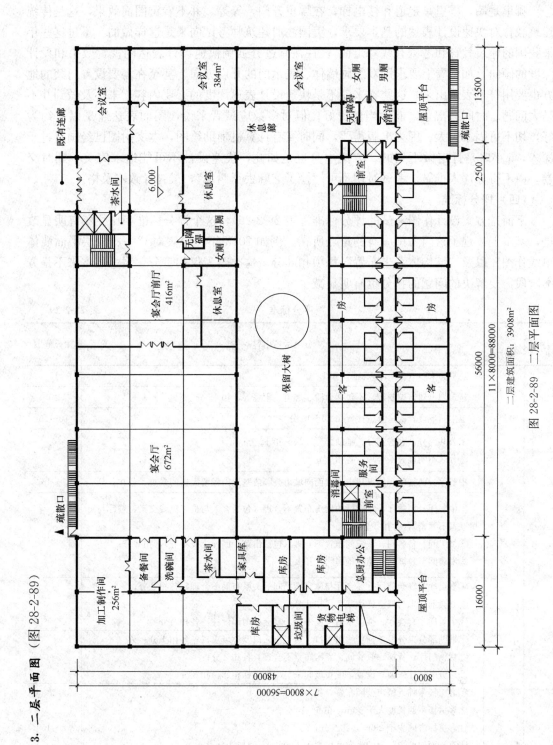

图 28-2-89 二层平面图

二层建筑面积: 3908m²

11×8000=88000

7×8000=56000

两层平面图的图面表达一向不是考核重点所在，考试大纲要求的目标是"完整、清晰"。完整指的是两层平面图缺一不可，而"清晰"是要让阅卷人看清楚你的平面布置概念，哪里是墙，哪里是走道和楼电梯，在哪里开门，等等。并不看重图面效果，这是传统建筑教育对快速设计表达的基本要求，美国注册建筑师考试向来是这样做的。不过这些年来我国的建筑教育和考试有些"走偏"，往往有过分强调快速设计表达的视觉效果和设计深度的倾向。如试卷上要求用双线画墙体、表示门的开启方向，甚至在需要设置门禁的地方也要用符号表示出来。这些本来就不是快速设计表达深度的必要内容，来不及做到并不是大问题。时间有富余，能做当然更好；但对多数应试者来说，图面表达还是以简约为好，切不可因小失大。因为出版需要，同时又有计算机辅助绘图，本文附图已经画得过于深入，6小时是肯定做不到的。方案本身也是如此，快速设计不可能追求完美，到时交卷，由不得你深入推敲。考试时切不可"捡了芝麻丢了西瓜"，最终导致不及格。

（四）评分标准

下面是方案设计作图考试的评分标准（表28-2-29），这个评分标准相比往年有明显改进，基本上体现了这门考试应有的重点所在。例如2013年评分表对"一、二层平面墙体单线作图"以及"结构体系未布置"每项扣8分，这次改为仅扣1分。对一些本来不是方案阶段需要解决的问题的扣分也有明显减少。

评分标准　　　　　　　　　　　　　　　　　　　　　表 28-2-29

序号	考核项及分值	分项考核内容	扣分范围
1	重点考核项（65分）	总平面未画（含基本未画），扣15分	15
		建筑超出建筑控制线，不包括台阶、坡道、雨篷等，扣15分	15
		卫生间下设置厨房及餐厅，扣10～15分	10～15
		①公共部分、客房部分、辅助部分，缺一扣15分； ②分区不明确或不合理，各扣5分	5～15
		中餐厅、西餐厅、健身房未直接面向城市公园或基地内保留大树的景观，各扣5分	5～15
		①中餐厅、西餐厅、宴会厅的厨房布置不合理（包括客人与员工流线交叉，餐厅与厨房联系不紧密），各扣5分； ②加工间、备餐间、洗碗间布置不合理（包括出菜、回碗流线不分），扣3分； ③洗碗间至垃圾间穿超其他房间，扣3分	3～15
		①宴会厅与宴会前厅、宴会厅与休息廊之间的关系布局不合理，各扣2分； ②宴会前厅未与架空连廊联系，扣2分； ③中餐厅、宴会厅、会议室的尺度不当，宴会厅内部设柱，各扣2分	2～6
		①辅助部分未分设单独货物出入口、员工出入口及垃圾出口，各扣1分； ②货物门厅、货梯、收验间、库房布置不合理，各扣2分； ③垃圾电梯厅未独立设置，或垃圾间未与垃圾电梯相邻，扣3分	2～6
		①客房楼未临近城市公园布置，扣10分； ②客房楼东西长度大于60m，扣5～10分； ③客房标准间少于23间，扣5分； ④直接面向城市公园的南向客房少于14间，每间扣2分； ⑤存在暗客房，每间扣2分	2～15

序号	考核项及分值		分项考核内容	扣分范围
1	重点考核项（65分）		缺次入口门厅楼、电梯，客房区楼、电梯（含客梯、货梯兼消防电梯），厨房区楼、电梯（含货梯、垃圾电梯、厨房员工专用楼梯），每处扣2分	2～6
			①客房楼未布置防烟楼梯间、消防前室，扣2～4分； ②房间疏散门至最近安全出口：袋形走廊＞18.75m，两出口之间＞37.5m，各扣2分； ③客房楼的首层楼梯间未直通室外或未做扩大前室，裙房的楼梯距室外出口＞15m，各扣2分	2～6
			每层建筑面积严重不符，扣5分	5
2	总平面（10分）		①增加基地机动车对外出口，扣1分； ②基地内道路未表示、表示不全或不合理，扣1～2分	1～3
			① 小轿车停车场未画（含基本未画）扣2分，车位不足20个扣2分； ②货车停车位未画或不足2个，扣1分； ③非机动车停车场不足100m² 或位置不当，扣1分； ④ 未布置绿地，扣1分	1～3
			①总图与单体不符扣2分； ②未与给定的架空连廊连接扣1分； ③未标注层数、相对标高，各扣1分	1～3
			①未标注建筑出入口（5个，包括主出入口、次出入口、货物出入口、员工出入口、垃圾出口），缺1个扣1分； ②扩建建筑主出入口未设置于东侧、次出入口未设定于架空连廊下，或布局不合理，各扣2分	1～3
3	一层平面（10分）	公共部分	①大堂总服务台、前台办公、行李间、库房布局不合理，各扣1分； ②大堂区、餐饮区未设置公共卫生间或布置不合理，各扣1分	1～3
			①健身娱乐区未独立成区，扣2分； ②健身娱乐区客人未经专用休息厅进入健身房与台球室，健身房未设置男、女更衣室，各扣1分	1～3
		辅助部分	员工更衣室未相对独立，扣2分	2
		缺房间或面积	未在指定位置标注一层建筑面积（3895～4305m²），扣1分	
			①缺 * 号房间：大堂400m²、大堂吧260m²、中餐厅600m²、西餐厅260m²、健身房260m²、中餐加工制间180m²、西餐加工制间120m²，每间扣2分； ②缺其他房间，每间扣1分	1～6
4	二层平面（8分）	公共部分	①宴会区休息室未设或位置不当，扣2分； ②宴会前厅、会议区未设公共卫生间或位置不合理，各扣1分	1～4
		辅助部分	茶水间、家具库的布置不便于服务宴会厅与会议室，各扣1分	1～2
		客房部分	①客房贴邻电梯井道布置，服务间未邻近货梯厅，各扣2分； ②客房开间小于3.3m，扣2分	2～4
		缺房间或面积	未在指定位置标注二层建筑面积（3610～3990m²），扣1分	
			①缺 * 号房间：宴会厅660m²、宴会厅前厅390m²、会议室390m²（3间）、宴会厅加工制作间260m²，每间扣2分； ②缺其他房间，每间扣1分	1～6

序号	考核项及分值	分项考核内容	扣分范围
5	其他 （7分）	结构不合理、未布柱，图面潦草、表达不清，扣1～5分	1～5
		除更衣、库房、收验、备餐、洗碗、茶水、家具库、公共卫生间、行李间、声控室、客房卫生间、客房服务间、消毒间外，未天然采光的房间，每间扣1分	1～3
		一、二层平面用单线表示，未画门或开启方向有误，未标注轴线尺寸、总尺寸，各层层高未按规定设计或未标注楼层标高，各扣1分	1～4

2017 年的考试评分表的格式较以往有明显改变，单列出综合的"重点考核项"内容，权重值 65%。余下的为 35%，其中总图占 10 分，与重点考核部分的总图扣分有重复，这样实际上就明显加大了总平面图部分的分值，相应降低了两层平面图的重要性，显得不合理。具体评分时如何把握不是很清楚。此外，对于强制性标准规范，如卫生间置于餐饮直接上层和防火疏散问题扣也加重不少，这对于快速方案作图考试要求也略显过重。

总之，从以上评分标准看，方案作图考试要求的重点仍然是平面功能问题，总图、规范、结构和图面表达相对次要得多，这和以往考试要求是一致的。抓住重点总是成功的关键。

十二、2018 年 公交客运枢纽站方案设计

（一）试题要求

1. 任务描述

在南方某市城郊拟建一座总建筑面积约 6200m² 的两层公交客运枢纽站（以下简称客运站），客运站站房应接驳已建成的高架轻轨站（以下简称轻轨站）和公共换乘停车楼（以下简称停车楼）。

2. 用地条件

基地地势平坦，西侧为城市主干道辅路和轻轨站，东侧为停车楼和城市次干道，南侧为城市次干道和住宅区，北侧为城市次干道和商业区，用地情况与环境详见总平面图（图 28-2-90）。

3. 总平面设计要求

在用地红线范围内布置客运站站房、基地各出入口、广场、道路、停车场和绿地，合理组织人流、车流，各流线互不干扰，方便换乘与集散。

（1）基地南部布置大客车营运停车场，设出、入口各 1 个；布置到达车位 1 个、发车车位 3 个及连接站房的站台；另设过夜车位 8 个、洗车车位 1 个。

（2）基地北部布置小型汽车停车场，设出、入口各 1 个；布置车位 40 个（包括 2 个无障碍车位）及接送旅客的站台。

（3）基地西部布置面积约 2500m² 的人行广场（含面积不小于 300m² 的非机动车停车场）。

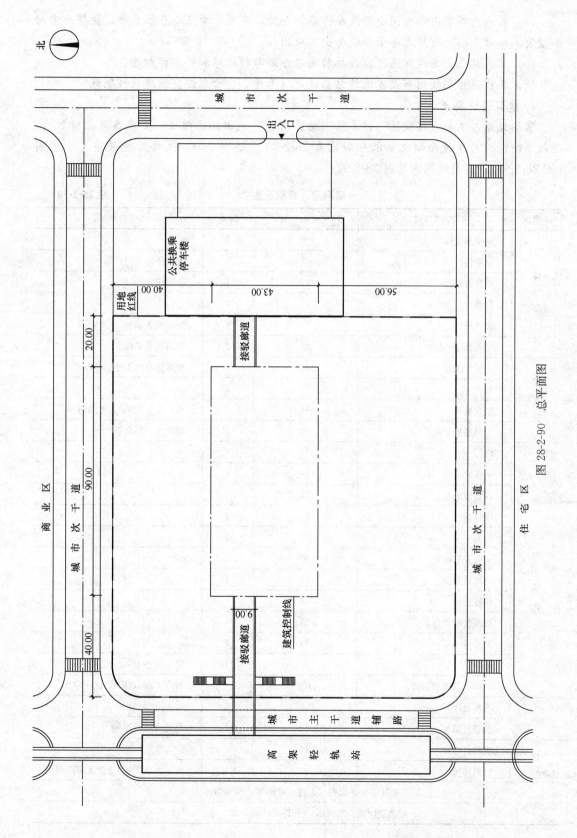

图 28-2-90　总平面图

（4）基地内布置内部专用小型汽车停车场一处，布置小型汽车车位6个，快餐厅专用小型货车车位1个，可经北部小型汽车出入口出入。

（5）客运站东、西两侧通过二层接驳廊道分别与轻轨站和停车楼相连。

（6）在建筑控制线内布置客运站站房建筑（雨篷、台阶允许突出建筑控制线）。

4. 建筑设计要求

客运站站房主要由换乘区、候车区、站务用房区及出站区组成，要求各区相对独立，流线清晰；用房建筑面积及要求分别见表28-2-30、表28-2-31，主要功能关系见示意图（图28-2-91），选用的图例见图28-2-92。

一层用房、面积及要求 　　　　　　　　　　　　　表 28-2-30

功能区	房间及空间名称	建筑面积（m²）	数量	备注
换乘区	＊换乘大厅	800	1	
	自助银行	64	1	同时开向人行广场
	小件寄存处	64	1	含库房40m²
	母婴室	10	1	
	公共厕所	70	1	男、女各32m²，无障碍6m²
	＊售票厅	80	1	含自动售票机
候车区	＊候车大厅	960	1	旅客休息区不小于640m²
	商店	64	1	
	公共厕所	64	1	男、女各29m²，无障碍6m²
	＊母婴候车室	32	1	哺乳室，厕所各5m²
站务用房区	门厅	24	1	
	＊售票室	48	1	
	客运值班室	24	1	
	广播室	24	1	
	医务室	24	1	
	＊公安值班室	30	1	
	值班站长室	24	1	
	调度室	24	1	
	司乘临时休息室	24	1	
	办公室	24	2	
	厕所	30	1	男、女各15m²（含更衣）
	＊职工餐厅和厨房	108	1	餐厅60m²，厨房48m²
出站区	＊出站厅	130	1	
	验票补票室	12	1	靠近验票口设置
	出站值班室	16	1	
	公共厕所	32	1	男、女各16m²（含无障碍厕位）
其他交通面积（走道、楼梯等）约670m²				
一层建筑面积：3500m²（允许±5%，3325～3675m²）				

功能区	房间及空间名称	建筑面积（m²）	数量	备　　　注
换乘区	＊换乘大厅	800	1	面积不含接驳廊道
	商业	580	1	合理布置约 50～70m² 的商铺 9 间
	母婴室	10	1	
	公共厕所	70	1	男、女各 32m²。无障碍 6m²
	＊快餐厅	200	1	
	＊快餐厅厨房	154	1	含备餐 24m²，洗碗间 10m²，库房 18m²，男、女更衣室各 10m²
站务用房区	＊交通卡办理处	48	1	
	办公室	24	8	
	会议室	48	1	
	活动室	48	1	
	监控室	32	1	
	值班宿舍	24	2	各含 4m² 卫生间
	厕所	30	1	男、女各 15m²（含更衣）

其他交通面积（走道、楼梯等）约 440m²

二层建筑面积：2700m²（允许±5％，2565～2835m²）

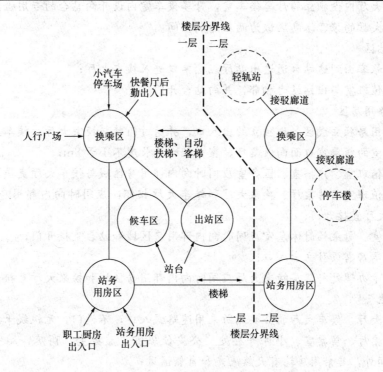

图 28-2-91　一、二层主要功能关系示意图

（1）换乘区

1）换乘大厅设置两台自动扶梯、两台客梯（兼无障碍）和一部梯段宽度不小于 3m

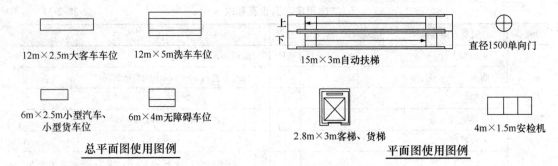

12m×2.5m大客车车位	12m×5m洗车车位
6m×2.5m小型汽车、小型货车位	6m×4m无障碍车位

总平面图使用图例

15m×3m自动扶梯　　　　直径1500单向门

2.8m×3m客梯、货梯　　　　4m×1.5m安检机

平面图使用图例

图 28-2-92　示意图例

的开敞楼梯（不作为消防疏散楼梯）；

2）一层换乘大厅西侧设出入口 1 个，面向人行广场；北侧设出入口 2 个，面向小型汽车停车场；二层换乘大厅东西两端与接驳廊道相连；

3）快餐厅设置独立的后勤出入口，配置货梯一台，出入口与内部专用小型汽车停车场联系便捷；

4）售票厅相对独立，购票人流不影响换乘大厅人流通行。

（2）候车区

1）旅客通过换乘大厅经安检通道（配置 2 台安检机）进入候车大厅，候车大厅另设开向换乘大厅的单向出口 1 个，开向站台的检票口 2 个；

2）候车大厅内设独立的母婴候车室，母婴候车室内设开向站台的专用检票口；

3）候车大厅的旅客休息区域为两层通高空间。

（3）出站区

1）到站旅客由到达站台通过出站厅经检票口进入换乘大厅；

2）出站值班室与出站站台相邻，并向站台开门。

（4）站务用房区

1）站务用房独立成区，设独立的出入口，并通过门禁与换乘大厅、候车大厅连通；

2）售票室的售票窗口面向售票厅，窗口柜台总长度不小于 8m；

3）客运值班室、广播室、医务室应同时向内部用房区域与候车大厅直接开门；

4）公安值班室与售票厅、换乘大厅和候车大厅相邻，应同时向内部用房区域、换乘大厅和候车大厅直接开门；

5）调度室、司乘临时休息室应同时向内部用房区域和站台直接开门；

6）职工厨房需设独立出入口；

7）交通卡办理处与二层换乘大厅应同时向内部用房区域和换乘大厅直接开门。

（5）其他

1）换乘大厅、候车大厅的公共厕所采用迷路式入口，不设门，无视线干扰；

2）除售票厅、售票室、小件寄存处、公安值班室、监控室、商店、厕所、母婴室、库房、洗碗间外，其余用房均有天然采光和自然通风；

3）客运站站房采用钢筋混凝土框架结构；一层层高为 6m，二层层高为 5m，站台与停车场高差 0.15m；

4）本设计应符合国家相关规范、标准的规定；

5）本题目不要求布置地下车库及其出入口、消防控制室等设备用房。

5. 制图要求

（1）总平面图

1）绘制广场、道路、停车场、绿化，标注各机动车出入口、停车位数量及人行广场和非机动车停车场面积；

2）绘制建筑的屋顶平面图，并标注层数和相对标高；标注建筑各出入口。

（2）平面图

1）绘制一、二层平面图，表示出柱、墙体（双线或单粗线）、门（表示开启方向）、窗，卫生洁具可不表示；

2）标注建筑轴线尺寸、总尺寸，标注室内楼、地面及室外地面相对标高；

3）标注房间及空间名称，标注带＊号房间及空间（表28-2-30、表28-2-31）的面积，允许误差为±10％；

4）填写一、二层建筑面积，允许误差为规定面积的±5％，房间及各层建筑面积均以轴线计算。

（二）试题解析

1. 场地功能分析

根据用地条件、总平面图和试题文字对总图布置的要求，本公交枢纽建筑用地以外的东、西、南、北4块室外场地的功能定位应当是：西侧为步行人流的集散广场，这是大型公共建筑面向城市方向的前广场；南侧为内部长途客车营运停车场；北侧为公共小汽车停车场；东侧较窄的场地显然应以内部使用为主。场地功能的合理分区是建筑内部功能分区的前提。

2. 确定建筑轮廓与柱网

试题给定的建筑控制线范围90m×43m，面积3870m²，与一层的建筑面积（3500m²）相差无多，拟建建筑基本上占满整个用地。大型公共建筑的平面轮廓和框架结构柱网没有必要搞得复杂多变，特别是做快速设计，宜简单采用矩形轮廓、正方形柱网，可选8m左右柱距，东西方向11开间，南北方向5跨，可以充分利用场地，并满足建筑面积需要。考虑到题目对大多数房间明确提出自然采光通风要求，可采用公共建筑常用的8m柱网，再挖掉两个柱网网格，作为天井；一层建筑面积就基本上满足要求了。如果注意到题目总图给出东西两端的接驳廊道宽度是9m，不妨将与站房对应的一排柱距局部加宽到9m，以便使站房和两侧既有建筑尺寸一致。这样一层建筑面积就是3480m²，符合题意。

3. 建筑功能分区

结合室外场地的功能要求，建筑内部功能按内外分区明确的要求，首先将内部两层站务用房上、下对位布置在建筑东端，以此保证内部站务用房充分独立，不受外部公共活动人群的干扰，这是大多数大型公共建筑的普遍做法。

一层出站区则应放在西端与人行广场相衔接，以方便到达旅客出站进城，人们穿过步行广场可以乘出租车、轻轨、公交车或私家车，也可骑自行车或步行离站；部分旅客出站后可以上到二层换乘区，换乘轻轨或去公共换乘停车楼离开。也有部分中转旅客，出站后直接在站内换乘大厅购票进站候车；对于这部分人流而言，出站厅在东、在西都无所谓。

从题目给定东、西两端的接驳廊道位置看，建筑平面北部至少两个柱距宜为东西贯通的换乘空间；内部站务用房和一层出站厅也应该让出换乘通道，布置在平面的东南角和西南角。候车空间（包括二层挑空部分）只能放在平面南部。如此分区布置方能做到各功能区相对独立、各得其所。

4. 建筑内的人流组织

（1）交通枢纽内的人员流线比较复杂，但题目所给的功能关系图却相对简单，主要是站台与出站区、候车区、换乘区之间的直接密切联系。紧邻布置并无困难，只需处理好出发和到达（包括换乘部分）的大量集中人流问题，使流线尽量便捷，并避免相互交叉干扰就可以了。至于到达和出发人流有时可能逆向相遇，则是在所难免的，只能通过加强管理来解决。在大型交通建筑中旅客人流复杂多样，完全避免人流交叉往往是不可能的。至于内部管理人员进入公共活动区域则是必需的，完全不必将其流线与公众（旅客）活动相隔离。内部管理人流较少，曲折迂回不成问题，与旅客人流交叉或逆行更是不可避免，故不必特意单独考虑。

（2）关于人流组织的一些细节考虑

1）售票厅和售票窗口

依据题意，售票厅和售票窗口在一层换乘大厅里，而窗口内又属内部站务用房，故内、外分区在此衔接。布置时宜将售票厅切入内部站务区，以避开密集的换乘人流。

2）出站区布置

有些考生以大客车在停车场内的流线应该东进西出为由，认为客车到达站台应在东边，因而将出站厅布置在东面，显然是本末倒置了。就大量换乘人流而言，出站厅在东还是在西都没太大关系。

5. 功能分区概念图（图 28-2-93）

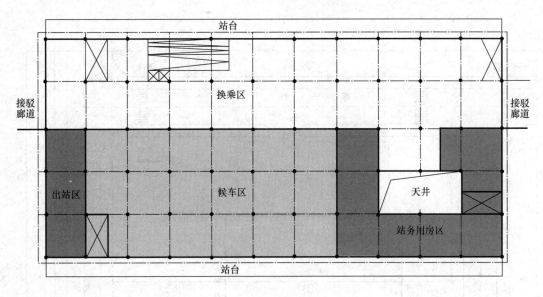

一层分区概念图

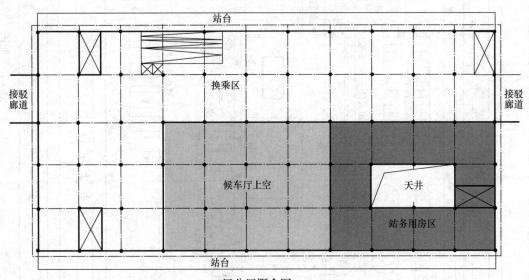

二层分区概念图

图 28-2-93 平面功能分区图

(三) 参考答案

1. 总平面图（图 28-2-94）

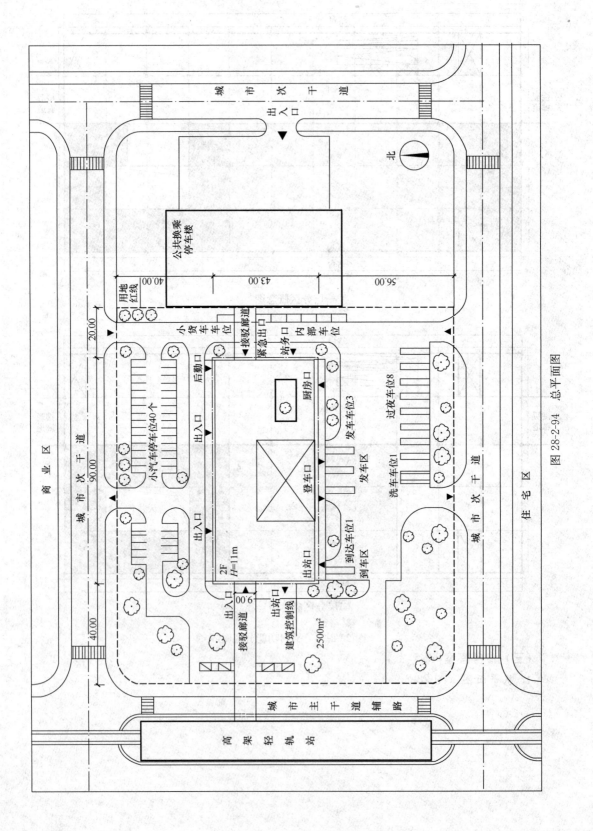

图 28-2-94 总平面图

这道题的总平面设计要求比较复杂，没有一定交通建筑总图设计经验的考生不容易做好。不过笔者认为，按历年考试评分情况看，这部分的分值权重不会太高，一般不超过15分。考试时不必花太多时间和精力去追求完美答案，重要的是把建筑轮廓控制好并放进建筑控制线以内。把建筑的主要出入口位置标注出来，道路简单布置，广场、停车场大致控制好面积，绿地简单示意即可。部分线条徒手表达都没有太大问题。

2. 一层平面图（图 28-2-95）

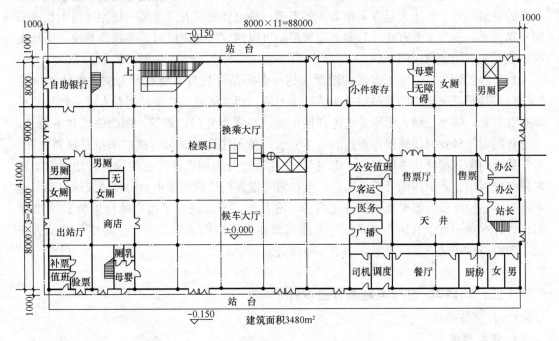

图 28-2-95 一层平面图

3. 二层平面图（图 28-2-96）

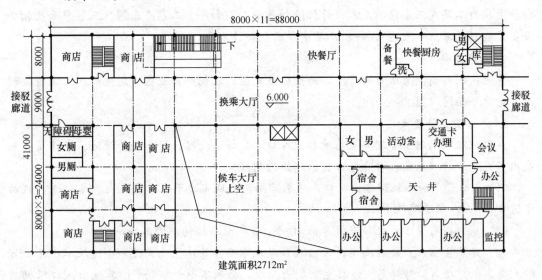

图 28-2-96 二层平面图

必须说明，这个针对注册考试快速设计的示例肯定不是优秀答案，只是争取及格而已。6 小时能设计出一个如此复杂的方案，想要面面俱到、毫无缺漏是不大可能的。即使所谓"标准答案"也不可能完美。建筑设计考试和高考作文一样，完全是主观性的考试，任意两个人做出来的方案必然不一样，不可能存在唯一正确的"标准答案"。我们平时做设计，哪怕时间再怎么充裕，要想做到完美大概也不容易。生活中不少问题的决策往往是两可的，如这道题的出站区放在东头还是西头，答案并不唯一，作图考试更不能以此判断方案的及格与否。至于大量方案细节，如走道、楼电梯的位置以及某一功能区内大量房间的布局关系，更是千变万化，只要不违规都是可以的。因此应试时不必犹豫不决，反复捉摸而耽误宝贵的应试时间。

最后再强调一点：应试方案的图面表达一向不是考核重点所在，考试大纲要求的是"完整、清晰"。完整指的是两层平面图缺一不可，而"清晰"是要让阅卷人看清楚你的平面布置方案，哪里是墙，哪里是走道和楼电梯，在哪里开门，等等。图面效果并不看重，这是传统建筑教育对快速设计表达的基本要求，美国注册建筑师考试向来也是这样做的。近年我国的建筑师注册考试有点"走偏"，往往有过分强调设计深度的倾向。如试卷上要求用双线画墙、表示门的开启方向，甚至在需要设置门禁的地方也要用符号表示出来。这些本来不是快速设计需要表达的深度内容，有几年评分时还给了很高的权重值。2018 年考试评分在这一点上有所改进，试卷上注明墙体也可以用单粗线画了。对多数应试者来说，图面表达还是以简约为要，切不可因小失大。

十三、2019 年 多厅电影院方案设计

(一) 试题要求

1. 任务描述

在我国南方某城市设计多厅电影院一座，电影院为三层建筑，包括大观众厅 1 个（350 座）、中观众厅 2 个（每个 150 座）、小观众厅 1 个（50 座），及其他功能用房。部分功能用房为二层或三层通高，本设计仅绘制总平面图和一、二层平面图（三层平面及相关设备设施不做考虑和表达）。一、二层建筑面积合计为 5900m²。

2. 用地条件

基地东侧与南侧为城市次干道，西侧邻住宅区，北侧邻商业区。用地红线、建筑控制线详见总平面图（图 28-2-97）。

3. 总平面设计要求

在用地红线范围内合理布置基地各出入口、广场、道路、停车场和绿地。在建筑控制线内布置建筑物（雨篷、台阶允许突出建筑控制线）。

(1) 基地设置两个机动车出入口，分别开向两条城市次干道，基地内人车分道，机动车道宽 7m，人行道宽 4m。

(2) 基地内布置小型机动车停车位 40 个，300m² 非机动车停车场一处。

(3) 建筑主出入口设在南面，次出入口设在东面。基地东南角设一个进深不小于 12m 的人员集散广场（L 形转角）连接主、次出入口，面积不小于 900m²；其他出入口根据功能要求设置。

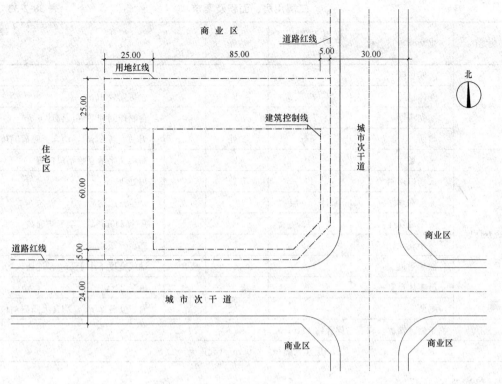

图 28-2-97　总平面图

4. 建筑设计要求

　　电影院一、二层为观众厅区和公共区，两区之间应分区明确、流线合理。各功能房间面积及要求详见表 28-2-32、表 28-2-33。功能关系见示意图（图 28-2-98）。建议平面采用 9m×9m 柱网，三层为放映机房及办公区，不要求设计和表达。

一层用房、面积及要求　　　　　　　　　　　　表 28-2-32

功能区	房间及空间名称	建筑面积（m²）	数量	采光通风	备　注
观众厅区	*大观众厅	486	1		一至三层通高
公共区	*入口大厅	800	1	#	局部二层通高，约 450m²，含自动扶梯、售票处 50m²（服务台长度不小于 12m）
	*VR 体验厅	400	1	#	
	儿童活动室	400	1	#	
	展示厅	160	1		
	*快餐厅	180	1	#	含备餐 20m²，厨房 50m²
	*专卖店	290	1	#	
	厕所	54	2 处		每处 54m²，男、女各 27m²，均为无障碍厕所，两处厕所之间的间距大于 40m
	母婴室	27	1		
	消防控制室	27	1	#	设疏散门直通室外
	专用门厅	80	1	#	含一部至三层的疏散楼梯
其他	走道、楼梯、乘客电梯等约 442m²				
	一层建筑面积：3400m²（允许±5%）				

功能区	房间及空间名称	建筑面积 (m²)	数量	采光通风	备　注
公共区	＊候场区	320	1		
	＊休息厅	290	1	＃	含售卖处 40m²
	＊咖啡厅	290	1	＃	含制作间和吧台，合计 60m²
	厕所	54	1 处		男、女各 27m²，均含无障碍厕位
观众厅区	＊入场厅	270	1		需用文字示意验票口位置
	入场口声闸	14	5 处		每处 14m²
	＊大观众厅	计入一层			一至三层通高
	＊中观众厅	243	2 个		每个 243m²，二至三层通高
	＊小观众厅	135			二至三层通高
	散场通道	310	1	＃	轴线宽度不小于 3m²，连通入场厅
	员工休息室	20	2 个		每个 20m²
	厕所	54	1 处		男、女各 27m²，均含无障碍厕位
其他	走道、楼梯、乘客电梯等约 181m²				

二层建筑面积：2500m²（允许±5％）

（1）观众厅区

1）观众厅相对集中设置，入场、出场流线不交叉。各观众厅入场口均设在二层入场厅内，入场厅和候场厅之间设验票口一处。所有观众厅入场口均设声闸。

2）大观众厅的入场口和出场口各设两个；两个出场口均设在一层，一个直通室外，另一个直通入口大厅。

3）中观众厅和小观众厅的入场口和出场口各设一个，出场口通向二层散场通道。观众经散场通道内的疏散楼梯或乘客电梯到达一层后，既可直通室外，也可不经室外直接返回一层公共区。

4）乘轮椅的观众均由二层出入（大观众厅乘轮椅的观众利用二层入场口出场）。

5）大、中、小观众厅平面的长×宽尺寸分别为 27m×18m、18m×13.5m、15m×9m。前述尺寸均不包括声闸，平面见示意图（图 28-2-99）。

（2）公共区

1）一层入口大厅局部两层通高，售票处服务台面向大厅，可看见主出入口。专卖店、快餐厅、VR 体验厅邻城市道路设置，可兼顾内外经营。

2）二层休息厅、咖啡厅分别与候场厅相邻。

3）大观众厅座席升起的下部空间（观众厅长度三分之一范围内）需利用。

4）在一层设专用门厅为三层放映机房与办公区服务。

（3）其他

1）本设计应符合国家现行规范、标准及规定。

2）在入口大厅设自动扶梯 2 部，连通二层候场厅。在公共区设乘客电梯 1 部，服务进场观众；在观众厅区散场通道内设乘客电梯一部，服务散场观众。

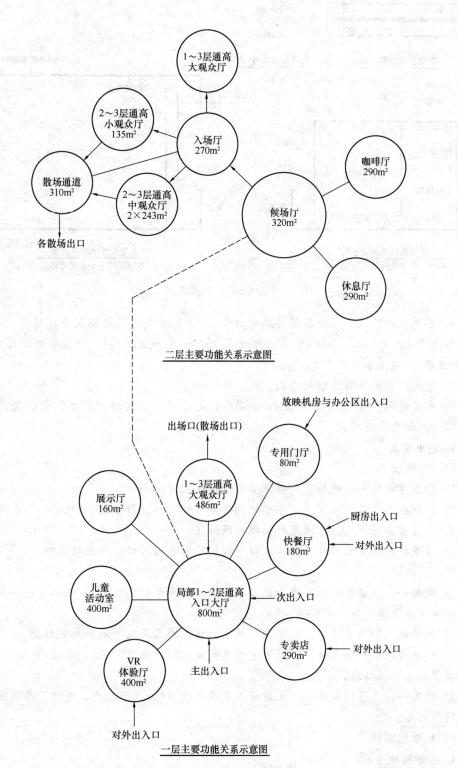

二层主要功能关系示意图

一层主要功能关系示意图

图 28-2-98 一、二层主要功能关系示意图

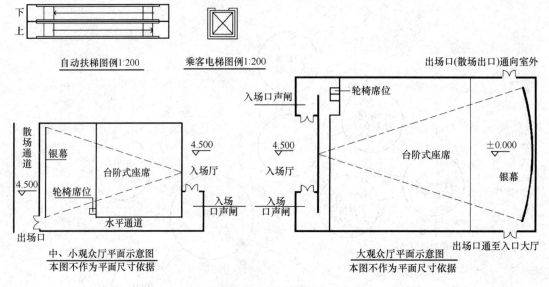

图 28-2-99 示意图例

3）层高：一、二、三层各层层高均为 4.5m（大观众厅下部利用空间除外）。入口大厅局部通高 9m（一至二层）；大观众厅通高 13.5m（一至三层）；中、小观众厅通高 9m（二至三层）；建筑室内外高差 150mm。

4）结构：钢筋混凝土框架结构。

5）采光通风：表 28-2-32、表 28-2-33 "采光通风" 栏内标注 "#" 号的房间，要求有天然采光和自然通风。

5. 制图要求

（1）总平面图

1）绘制建筑物一层轮廓，并标注室内外地面相对标高。

2）绘制机动车道、人行道、小型机动车停车位（标注数量）、非机动车停车场（标注面积）、人员集散场地（标注进深和面积）及绿化。

3）注明建筑物主出入口、次出入口、快餐厅厨房出入口、各散场出口。

（2）平面图

1）绘制一、二层平面图，表示出柱、墙（双线或单粗线）、门（表示开启方向）、窗、卫生洁具可不表示。

2）标注建筑轴线尺寸、总尺寸，标注室内楼、地面及室外地面相对标高。

3）标注房间及空间名称，标注带 ＊ 号房间及空间（表 28-2-32、表 28-2-33）的面积，允许误差为 ±10％ 以内。

4）填写一、二层建筑面积，允许误差在规定面积的 ±5％ 以内。房间及各层建筑面积均以轴线计算。

（二）试题解析

1. 总图场地分析

根据设计用地总平面图，这座多厅电影院建筑用地位于两条城市次干道交叉口，显然东、南两面都是《民用建筑设计统一标准》所规定的 "至少两个通路出口" 的开设方向；

同时作为场地机动车出入口与城市干道交叉口的距离，按规范自道路红线交叉点量起不应小于70m；故本题场地内道路毫无疑义地应沿用地北、西两侧靠边布置。建筑控制线东、南两侧的室外场地可按步行区设计，场地东南角正是电影院必需的入口前人员集散场地。应该说，本题总图布置没有悬念。

2. 确定建筑轮廓与柱网

试题明确建议平面结构采用9m×9m柱网，矩形轮廓应是首选，如非功能需要不必凸出凹进。注意到题目对东南角集散场地宽度不小于12m的要求，建筑轮廓南北纵向只能做5个9m柱距，东西面宽8个9m柱距，建筑面积就是3240m²，比题目要求少不到5%，这样的矩形轮廓当属可行。具体布置平面时，还可以在适当位置外挂紧急疏散楼梯，则首层平面轮廓满足题目要求完全不成问题。此外，由于电影院主要大量功能房间不需要自然采光通风，平面内部不需要开天井。

3. 建筑功能分区与流线组织（图28-2-100）

公共建筑的内外分区问题在本试题中并不突出。独立使用的内部管理用房仅在一层有专用门厅和消防控制室，可以简单布置在平面的西侧或北侧。

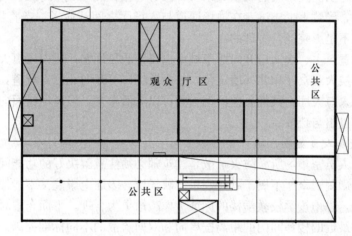

二层功能分区

一层功能分区

图28-2-100　平面功能分区图

试题要求,公共活动空间可分为观众厅区和其他公共活动区两大部分。因为除大观众厅占 3 层空间,一层可安排散场口外,大、中、小 4 个观众厅入场口都在二层,并且中、小观众厅散场口也都在二层,所以二层平面布局对整体空间关系有着决定性的作用,故此题平面功能布局应从二层入手。注意题目要求一层入口大厅要向两条城市次干道开口,局部约 450m² 二层通高,故大厅及其上空应布置在建筑东南部。相应地观众厅区就只能靠西北布置。同时,4 个观众厅宜尽量集中,以便入场厅与散场通道都能集中统一使用(除大观众厅散场口在一层外)。其他公共空间,除候场厅应紧邻入场厅外,休息厅和咖啡厅可以灵活安排。

按气泡图的功能关系示意,二层人流组织是以候场厅为中心,分别联系入场厅和休息厅、咖啡厅,这个要求不难做到。问题在于观众厅区的入场厅和散场通道之间的联系如何处理。根据《建筑设计资料集》(第三版)关于多厅电影院人流特点的说明:"电影院散场观众回流至影院门厅内再进行其他的休息娱乐活动,或看另一场电影",因此散场通道与入场厅之间并不需要有直接、密切的联系。即使有观众需要要看下一场电影,也应通过候场厅再入场。本题功能关系图的联系关系没有区分直接而密切的联系和一般非直接联系,表达得不够到位,导致不少应试者在散场通道与入场厅之间开通了一条直接联系的通道。笔者认为这显然不是影院经营管理的需要。

一层平面布置,主、次入口开向两条城市道路是题目规定;所以入口大厅显然应放在平面东南部,一层大观众厅靠北外墙定位,一个散场口可开向北侧人行道,返场观众可从室内散场口回到入口大厅。其他公共活动空间可以灵活布置,但应尽量面向东、南方向开门,以利于公众进出与疏散。

4. 安全疏散和人员集散广场

电影院属于人员密集场所,防火疏散是建筑师必须注意解决好的功能问题。按现行防火规范说明,电影院观众厅不属于歌舞娱乐放映场所,多厅电影院又不能像普通影院的紧急疏散那样要求,恐怕按学校教学楼的标准考虑疏散更为合理。平面布置时要注意使每个观众厅的出口到最近的楼梯间门的距离按单向和双向疏散的不同标准控制。因此解题时封闭楼梯间的个数不能太少,而且宜尽量靠外墙布置,以保证快速疏散。至于题目明确要求布置在场地东南角的集散广场,本是观演类建筑设计规范明确要求的每座不少于 0.2m² 的室外场地要求,必须满足。总图布置时对广场室外人流组织则大可不必刻意琢磨。

5. 其他细节考虑

一层入口大厅垂直交通组织主要依靠自动扶梯和电梯,楼梯用于安全疏散则应封闭并靠外墙。

本试作方案多处采用外挂疏散楼梯,是人员密集场所需要布置众多紧急疏散出口时的常用办法。特别对于本题明确地处我国南方的气候条件下,完全没有问题;用于应对考试,更可以达到便捷高效的目的。

关于厕所布置。题目要求男、女厕所均设无障碍厕位,故不需专设无障碍厕所。楼上、楼下的厕所宜尽量对位,使上、下水及通风管道共用,但不必完全对位且同形。

题目要求疏散通道需要自然采光通风,做成中间走廊,只需端部和侧面局部对外开窗就行,不一定整条走廊都靠外墙布置。

(三)参考答案

154

1. 总平面图 （图 28-2-101）

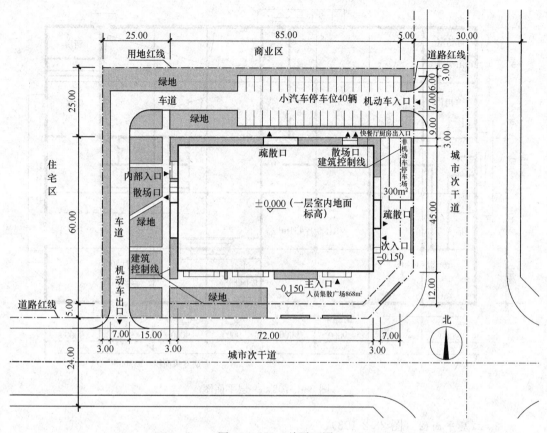

图 28-2-101　总平面图

这道题的总平面设计要求比较简单，基本上没有什么悬念。

人车分流是室外人流密集场所交通组织的普遍要求，解题时这一点应当注意。其实，按《民用建筑设计统一标准》对建筑场地设计的要求，人行道是不需要布置的，人员密集场所可在车道旁做宽度不小于1.5m的人行道，庭院里的步道可以不布置。另外，在道路画法上需要注意，车行道路面一般低于两侧的场地地面，路边设100mm以上高度的路缘石。转弯处内侧需按照车辆转弯半径的需要抹圆，而人行道无此需要。

关于室内外设计高差，按建筑出入口无障碍设计要求，电影院最好做成室内外无高差的平坡出入口，室外场地标高也标注为±0.000，入口处设带透水盖板的截水沟即可。不少新建筑就是这样做的。但是为防止被误判错误，我的试作图是按一般规定的室内外最小高差150mm做的。

自行车停放位置不是重要问题。目前我国城市道路中自行车有时走慢车道，但不能走人行道。因此试作总图中自行车是从东北角车道口进入的，所谓"人车分道"不宜把自行车道归入人行道考虑。

2. 一层平面图（图 28-2-102）

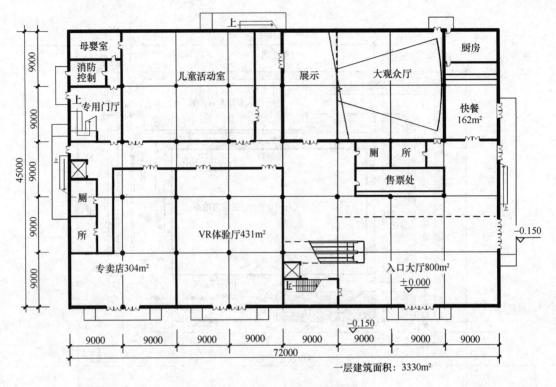

图 28-2-102 一层平面图

3. 二层平面图（图 28-2-103）

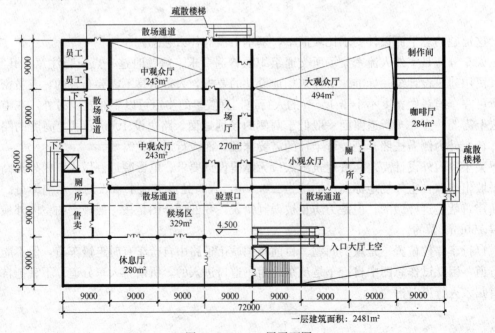

图 28-2-103 二层平面图

需要说明的是：建筑设计中的大量细节，如走道、楼电梯的位置，以及众多房间的布局关系，是千变万化的，不应该存在唯一的正确解答。同时，我的试作答案是针对注册建筑师考试建筑方案快题设计的解答示范，既非"标答"，更称不上是优秀的设计，肯定存在不尽完善的地方；我为其设定的目标只是用最短的时间争取及格而已。

（四）关于 2019 年试题评分标准

由于考试中心对阅卷情况的严密封锁，2019 年的评分标准与 2018 年一样，始终没有公开说明，笔者无法对其作深入分析。不过从最后的评分结果看，确实存在一些令人费解的地方。根据应试者反映的情况，解题难度似乎明显下降，作图工作量也比往年减小了，但有些现象难以理解。据传，不少卷子简单地被评为 30 分；还有人考后复盘自我感觉良好，最终也只得到 30 分；据说还有复盘结果大致相同的两份卷子，一份被评为 80 分，另一份只有 30 分。这反映出目前作图考试可能存在不正常、不合理的现象，考试组织者应该认真反思，在此不做过多讨论。

近年考试评分标准也有重点转移现象；如总图表达过去长期定为 10 分，前几年增加到 15 分，2018 年传说高达 20 分。此外，规范及结构布置考核的权重也有明显增加；如安全疏散、食品卫生、洁污分流、无障碍设计、结构柱网布置的分值均有所提高，在此提醒各位考生加以注意。

十四、2020 年 遗址博物馆方案设计

（一）试题要求

1. 任务描述

华北某地区，依据当地遗址保护规划，结合遗址新建博物馆一座（限高 8m，地上一层、地下一层），总建筑面积 5000m²。

2. 用地条件

基地西、南侧临公路，东、北侧毗邻农田，详见总平面图（图 28-2-104）。

3. 总平面设计要求

（1）在用地红线范围内布置出入口、道路、停车场、集散广场和绿地；在建筑控制线范围内布置建筑物。

（2）在基地南侧设观众机动车出入口一个，人行出入口一个，在基地西侧设内部机动车出入口一个；在用地红线范围内合理组织交通流线，须人车分流；道路宽 7m，人行道宽 3m。

（3）在基地内分设观众停车场和员工停车场。观众停车场设小客车停车位 30 个，大客车停车位 3 个（每车位 13m×4m），非机动车停车场 200m²；员工停车场设小客车停车位 10 个，非机动车停车场 50m²。

（4）在基地内结合人行出入口设观众集散广场一处，面积不小于 900m²，进深不小于 20m；设集中绿地一处，面积不小于 500m²。

4. 建筑设计要求

博物馆由公众区域（包括陈列展览区、教育与服务设施区）、业务行政区域（包括业务区、行政区）组成，各分区明确，联系方便。各功能房间面积及要求详见表 28-2-34、表 28-2-35，主要功能关系及图例见图 28-2-105。本建筑采用钢筋混凝土框架结构（建议

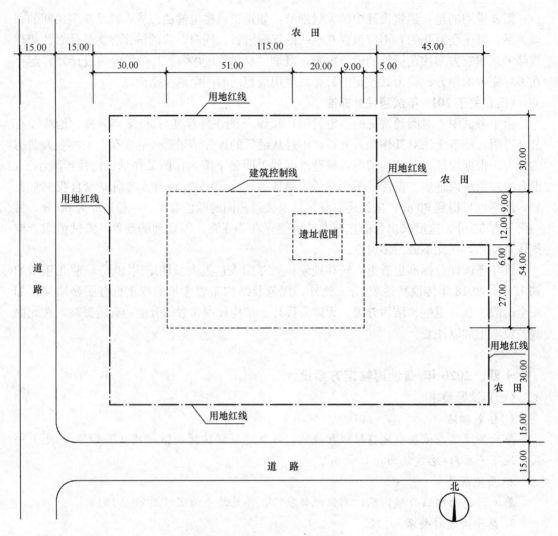

图 28-2-104 总平面图

平面柱网以 8m×8m 为主），各层层高均为 6m，室内外高差 300mm。

（1）公众区域

观众参观主要流线：入馆→门厅→序厅→多媒体厅→遗址展厅→陈列厅→文物修复参观廊→纪念品商店→门厅→出馆。

1）一层

① 门厅与遗址展厅（上空）、序厅（上空）相邻，观众可俯视参观两厅；门厅设开敞楼梯和无障碍电梯各一部，通达地下一层序厅；服务台与讲解员室、寄存处联系紧密；寄存处设置的位置须方便观众存、取物品。

② 报告厅的位置须方便观众和内部工作人员分别使用，且可直接对外服务。

2）地下一层

① 遗址展厅、序厅（部分）为两层通高；陈列厅任一边长不小于 16m；文物修复参观廊长度不小于 16m，宽度不小于 4m。

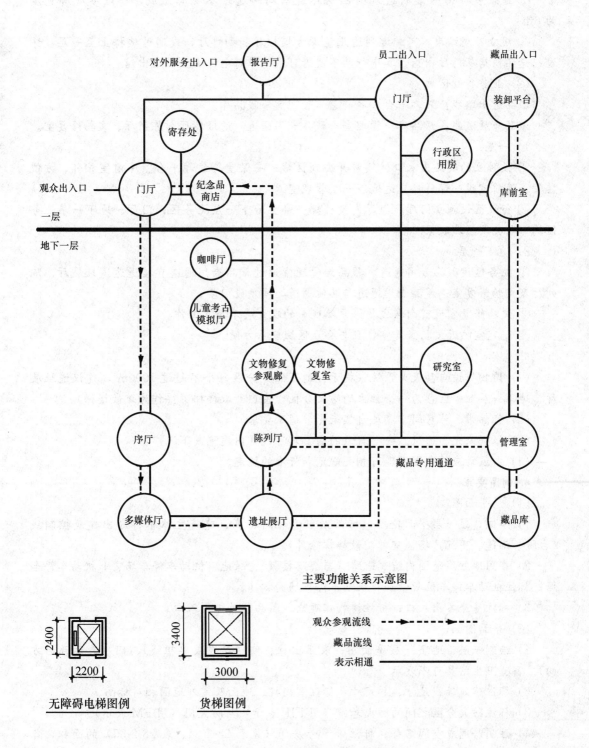

主要功能关系示意图

无障碍电梯图例　　　货梯图例

观众参观流线 ╌╌╌▶╌╌╌▶╌
藏品流线 ╌╌╌╌╌╌╌╌
表示相通 ──────

图 28-2-105　主要功能关系示意及图例

② 遗址展厅由给定的遗址范围及环绕四周的遗址参观廊组成，遗址参观廊宽度为 6m。

③ 观众参观结束，可就近到达儿童考古模拟厅和咖啡厅，或通过楼梯上至一层，穿过纪念品商店从门厅出馆，其中行动不便者可乘无障碍电梯上至一层出馆。

（2）业务行政区域

藏品进出路线：装卸平台—库前室—管理室—藏品库。

藏品布展流线：藏品库—管理室—藏品专用通道—遗址展厅、陈列厅、文物修复室。

1）一层

① 设独立的藏品出入口，须避开公众区域；安保室与装卸平台、库前室相邻，方便监管；库前室设一部货梯直达地下一层管理室。

② 行政区设独立门厅，门厅内设楼梯一部至地下一层业务区；门厅、地下一层业务区均可与公共区域联系。

2）地下一层

① 业务区设藏品专用通道，藏品经管理室通过藏品专用通道直接送达遗址展厅、陈列厅及文物修复室；藏品专用通道与其他通道之间须设门禁。

② 文物修复室设窗向在文物修复参观廊的观众展示修复工作。

③ 研究室临近文物修复室，且与公众区域联系方便。

5. 其他

（1）博物馆设自动灭火系统（提示：地下防火分区每个不超过 1000m²，建议遗址展厅、地下一层业务区各为一个独立的防火分区，室内开敞楼梯不得作为疏散楼梯）。

（2）标注带√号房间需满足自然采光、通风要求。

（3）根据采光、通风、安全疏散的需要，可设置内庭院或下沉广场。

（4）本设计应符合国家现行相关规范和标准的规定。

6. 制图要求

（1）总平面图

1）绘制建筑一层平面轮廓，标注层数和相对标高；建筑主体不得超出建筑控制线（台阶、雨篷、下沉广场、室外疏散楼梯除外）。

2）在用地红线范围内绘制道路（与公路接驳）、绿地、机动车停车场、非机动车停车场；标注机动车停车位数量和非机动车停车场面积。

3）标注基地各出入口；标注博物馆观众、藏品、员工出入口。

（2）平面图

1）绘制一层、地下一层平面图；表示出柱、墙（双线或单粗线）、门（表示开启方向）。窗、卫生洁具可不表示。

2）标注建筑轴线尺寸、总尺寸，标注室内楼、地面及室外地面相对标高。

3）标注防火分区之间的防火卷帘（用 FJL 表示）与防火门（用 FM 表示）。

4）注明房间或空间名称；标注带＊号房间（见表 28-2-34、表 28-2-35）的面积，各房间面积允许误差在规定面积的±10％以内。

5）分别填写一层、地下一层建筑面积，允许误差在规定面积的±5％以内，房间及各层建筑面积均以轴线计算。

功能区		房间及空间名称	建筑面积 (m²)	数量	采光通风	备注
公众区域	教育与服务设施区	*门厅	256	1	✓	
		服务台	18	1		
		寄存处	30	1		观众自助存取
		讲解员室	30	1		
		*纪念品商店	104	1	✓	
		*报告厅	208	1	✓	尺寸：16m×13m
		无性别厕所	14	1		兼无障碍厕所
		厕所	64	1	✓	男 26m²、女 38m²
业务行政区域	行政区	*门厅	80	1	✓	与业务区共用
		值班室	20	1	✓	
		接待室	32	1	✓	
		*会议室	56	1	✓	
		办公室	82	1	✓	
		厕所	44	1	✓	男、女各 16m²，茶水间 12 m²
	业务区	安保室	12	1		
		装卸平台	20	1		
		*库前室	160	1		内设货梯
其他		走廊、楼梯、电梯等约 470m²				

一层建筑面积：1700m²（允许误差在±5％以内）

功能区		房间及空间名称	建筑面积 (m²)	数量	采光通风	备注
公众区域	陈列展览区	*序厅	384	1	✓	
		*多媒体厅	80			
		*遗址展厅	960	1		包括遗址范围和遗址参观廊，遗址参观廊的宽度为 6m
		*陈列厅	400			
		*文物修复参观廊	88	1		长度不小于 16m，宽度不小于 4m
	教育与服务设施区	*儿童考古模拟厅	80	1	✓	
		*咖啡厅	80	1	✓	
		无性别厕所	14	1		兼无障碍厕所
		厕所	64	1	✓	男 26m²、女 38m²
业务行政区域	业务区	管理室	64	1		内设货梯
		*藏品库	166	1		
		*藏品专用通道	90			直接与管理室、遗址展厅、陈列厅、文物修复室相通
		*文物修复室	185	1		面向文物修复参观廊开窗
		*研究室	176	2	✓	每间 88 m²
		厕所	44	1		男、女各 16m²，茶水间 12 m²
其他		走廊、楼梯、电梯等约 425m²				

地下一层建筑面积：3300m²（允许误差在±5％以内）

（二）试题解析

1. 总图场地分析

根据试题提供的总图与规划要求，建筑控制线范围的面积尺寸与建筑轮廓面积所差无几，在控制线范围内布置博物馆建筑平面几乎没有灵活余地。特别是题目给定的遗址范围距离东侧建筑控制线仅有 20m，同时要求建筑外墙与遗址范围之间必须留出 6m 的参观通道；因此，建筑物定位没有灵活余地。

题目要求观众（人、车）从用地南侧进出，西侧设内部机动车出入口。因而建筑外部场地功能划分就很明确了，即南部为主入口广场和观众停车场，其余均作为内部场地。

总图布置消防车道的问题需要琢磨一下。笔者以为，按照消防安全要求，建筑占地面积大于 3000m² 的博物馆建筑应在建筑周边设置环行消防车道。然而按题目给定的场地条件和建筑布置要求，建筑东侧距离用地界线只剩 14m。这个尺寸仅能勉强放下一条 4m 宽的消防车道。按规定车道边与围墙之间留出 1.5m 后，与建筑外墙就只剩下 2.5m 了，故建筑东侧外墙不能开门（少了 0.5m）。当然规范规定，在场地条件不允许时，可以仅沿建筑物前后两条长边设消防车道；但那是不得已而为之，虚拟题目不宜这样做。

2. 确定建筑轮廓与柱网

按照题目给定的 8m 正方形柱网和地下一层建筑面积限值，采用横向 9 开间，纵向 6 开间似乎是唯一正确的解答。一层建筑面积 3456m²，超过规定面积 156m²，在 5% 以内。一层平面建筑面积比地下一层少 1600m²，因博物馆入口序厅和遗址大厅是两层通高，一层不计面积；另外还可以在平面西侧留出 24m×32m 的内庭院，正好符合要求。

场地内的遗址范围是建筑定位的重要依据。宜将结构柱网与遗址范围正对，构成一个两层通高、32m 见方的无柱空间。这也正好符合题目要求在遗址周边留出不小于 6m 宽的参观廊的要求。

3. 建筑功能分区与流线组织

内外分区必须明确。内部管理用房大多需要自然采光通风，可以沿西、北外墙布置在一层一个柱距内，而且应尽量做到上下层功能空间对位。藏品库和大部分展室不需要自然采光通风，可以布置在地下一层或一层平面核心地段。

展览空间宜采用串联式组合，参观流线应按题目要求合理组织。但有一点需要说明，要求"观众不走回头路"是展览建筑设计必须考虑到的，但题目提供的气泡图示意观众进出展区的路线要分开，并要求参观结束后的观众必须通过纪念品商店出去。为此在门厅旁就要设一进一出两部楼梯。笔者只为观众做了一部主要楼梯上下，认为没有必要把纪念品商店放在观众必须通过的流线上。作为应试答案，部分观众也可以通过东端的疏散楼梯上到一层，购买纪念品后离开，以此回应气泡图的要求。

4. 防火与安全疏散 （图 28-2-106）

由于博物馆大部分空间布置在地下，消防安全问题需要妥善解决，首先是防火分区。按规范规定，地下一层每个防火分区面积不得大于 1000m²，所以设 4 个分区为宜。遗址展厅约 1000m² 可为一个区，其余宜按库藏区、公共活动区和业务、行政区，用防火墙分隔，必要处设防火门；平时连通开敞处设防火卷帘，火灾发生时放下。所有楼梯间均应封闭并设防火门，门厅的开敞楼梯在火灾发生时不可通行。

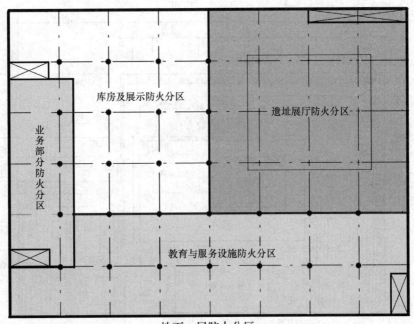

地下一层防火分区

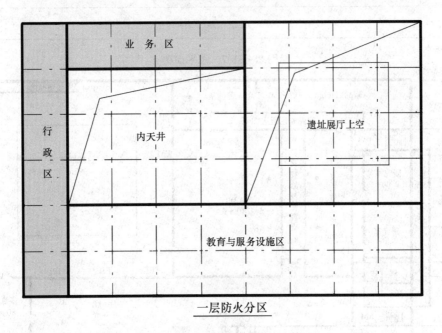

一层防火分区

图 28-2-106 防火分区平面示意图

(三) 参考答案

1. 总平面图 (图 28-2-107)

2. 地下一层平面图 (图 28-2-108)

3. 一层平面图 (图 28-2-109)

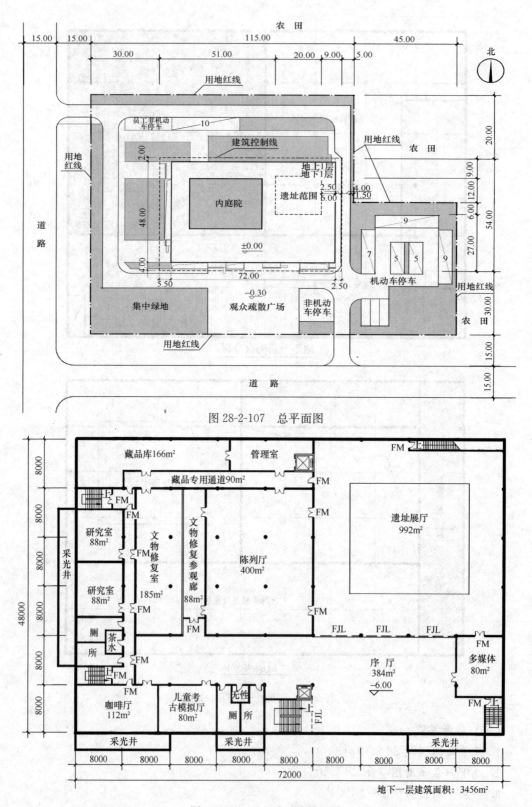

图 28-2-107　总平面图

图 28-2-108　地下一层平面图

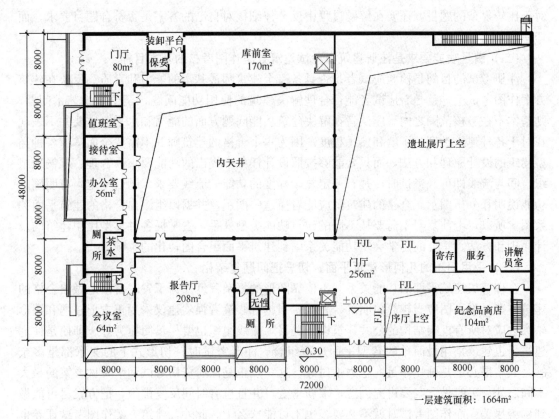

图 28-2-109 一层平面图

第三节 建筑方案设计（作图）考试应试方法和技巧

如前言所述，本书编写的目的是帮助应试者顺利通过注册资格考试，也就是告诉大家怎样在 6 小时的规定考试时间内，拿出合格的建筑方案图来，而不是教大家如何做好建筑设计方案。以下是本教材提供给大家的主要应试方法和技巧的归纳：

（一）仔细审题，抓住关键

考试时间虽紧，但一定要仔细看清题意，抓住设计问题的关键所在。不同功能类型的建筑设计都有其特有的关键性问题。例如，航站楼设计的关键在于进出港人流、物流的流线和流程安排；病房楼设计的关键在于洁、污隔离以及病房朝向；法院审判楼设计一定要把公众活动和法院内部活动在空间上加以严格区分，特别是犯罪嫌疑人羁押区的独立和隔离很重要；住宅设计成败的关键则在于必须满足用地控制、日照间距等规划要求和住宅套型、套数、主要房间的量、形、质标准；体育俱乐部设计和住宅设计相似，并没有复杂的功能、流线关系，因而看重的是各项体育设施的空间和场地在量、形、质方面的满足程度；公交客运站设计同航站楼类似，功能分区和流线组织是关键；大使馆 4 个功能区的分隔与联系则是应当首先安排好的主要问题；公交客运站、图书馆和博物馆更看重内外分区和流线组织；超级市场的功能分区和安全疏散则是需要着重解决的问题。审题时不妨在"建筑设计要求"上多花些时间，争取对题意有尽量准确的理解，抓住关键，重点解决。

对于比较复杂的题目，还要在解题过程中反复仔细核对自己的答案是否符合题目要求，而切忌急于动手画图。

（二）满足功能要求是注册建筑师考试建筑方案作图考核的基本目标

注册考试的目的是检验应试者是否具备一个建筑师最基本的能力和素质。反映在建筑方案作图考试上，就是看应试者能否合理解决建筑的使用功能问题；至于建筑艺术问题，则基本不在考核范围之内。应试者在解决建筑功能问题方面的能力和水平，主要并不表现在对于各种建筑类型的了解和熟悉程度。因为一个合格的建筑师并不需要全面掌握各种类型建筑的设计原理和方法，而只要能够按照设计任务书提出的功能要求，合理、顺畅地组织空间与流线即可。考试时，凡有一定复杂程度的功能、流线要求，题目一定附有明确的功能说明和分析图示。合格的建筑师应能看懂这些图示，并据以组织出合格的建筑平面关系图。所以，考前复习不需要从不同的建筑功能类型入手，去掌握各种类型民用建筑的设计原理和方法。重要的是学会从功能关系图到建筑平面组合图转化的本领。

（三）采用简单的几何形建筑平面，切忌把问题复杂化

合理解决建筑平面的功能关系并不依靠图形的复杂程度。为了省时省事地做出合格的建筑方案，平面图应当越简单明确、直截了当越好。笔者强烈建议采用正方形柱网和矩形轮廓去应对所有框架结构的公共建筑设计题目，流线组织也要尽量简捷为好。即使是住宅建筑，也建议采用最简单的套型平面进行组合。注册考试时一切形式上的文章都是多余的，其结果必定是画蛇添足，吃力不讨好。这一点正是注册资格考试和平时做方案的最大不同之处。平时做方案要讲究创意，求新求变，并且也有时间反复推敲，把方案尽可能做到尽善尽美；而作图考试时就不必要，也不可能这么干。此外，建筑方案作图考试评卷也不同于优秀设计评选，在这么短的时间里，只要求能够及格，并不追求方案的完美。不少方案设计的高手不能顺利通过方案作图考试，究其原因，大概正在于他们把平时做设计的一套办法太多地用到考试里去了。

（四）注意评分标准，分清答题主次

题目上的设计作图要求是按照满分的目标设定的，应试者完全没有必要去一一满足。根据历年考试评分标准，重点在于两层建筑平面图的功能分区、流程流线和房间数量、形状和物理环境质量的满足要求，其权重往往是 70%～80%。总图一般为 10 分，最多时 15 分，没有做也可以评分，所以不是重点。最后 10～15 分给了结构、规范和图面表达与标注，这些同样也不是重点。答题时间的分配应当考虑主次关系，甚至在时间不够用的情况下可以舍弃次要，以确保主要部分的完成。例如航站楼、客运站试题总平面场地布置的工作量很大，分值并不高，就不值得花时间深入解答，只要把确定的建筑平面轮廓放进建筑控制线范围之内，简单表示一下道路交通组织就可以了。同样，结构布置、符合规范方面做得不好，也在 15 分上限之内扣分，考试时用不着为此反复推敲。大量次要功能房间的面积把握同样不值得仔细琢磨，阅卷时根本不可能一一核对那±10%的误差。许多应试者感觉时间不够用，大概就是在不重要的枝节问题上花时间太多的缘故。

（五）图面表达深度适可而止

我国建筑专业的传统职业习惯是注重图面表达，然而在历年的建筑方案作图考试评分标准中，图面表达包括文字标注只占 5 分。一个设计方案图的完整而充分表达的工作量和它的分值不成比例。考试时间不够用，就不必完全按照题目要求的深度去做。例如，墙体可以用一道粗实线表示，窗完全可以不画；门留洞并徒手勾出门扇和开启线，开启方向不必细琢磨；家具布置不是方案阶段考虑的问题；卫生间来不及布置，楼梯没有功夫细画，楼地面标高和房间名称、面积漏了标注等问题，统统加在一起扣分都在这5分之内，并不足以造成答卷不及格。

总之，顺利通过建筑设计作图考试如果说有什么诀窍的话，大致可以归纳为：

认真审题，抓住关键。重中之重，功能流线。

建筑类型，无须多虑。要害之处，注意提示。

形式问题，不需顾及。艺术效果，完全不必。

矩形轮廓，正方柱网。变形旋转，有害无益。

整体把握，逐步深入。布局搞定，细节丢弃。

不求最好，只需合格。原则不错，其余不计。

何谓原则，安全功利。按题作答，平铺直叙。

结构规范，皆属枝节。图面表达，适当简约。

掌握时间，全面推进。局部深入，全无意义。

考试之前，做点练习。猜题背图，白费力气。

知己知彼，百战不殆。功夫到家，过关无疑。

通过对 2005 年以来注册建筑师执业资格考试建筑方案设计作图试题的解析，相信大家对于即将到来的考试实战已经有了一定把握。为了获得更好的应试效果，建议大家抽点时间把这些试题亲自做一做，再对照评分标准，看看能否抓住重点，分配好时间，估计一下自己能不能及格。包括绘图工具的使用，对于习惯于用电脑画图的人来说，也是需要花点时间做做练习的。

第二十九章 建筑技术设计（作图）

第一节 建筑剖面

一、要点综述

（一）概述

建筑作为三维存在，通常以二维投影图（平面、立面及剖面图）来进行等效表达。平面与剖面是不同方向的投影，各层平面加上竖向标高形成了完备的三维信息（准确地说是简单建筑的完备信息），是可以转化为剖面图的。建筑技术设计（作图）建筑剖面部分考核的正是信息完备的多层平面图向剖面图的转化过程，这也是建筑师空间想象能力及信息表达能力的基本功。

考试复习的起点是考试大纲，对于建筑技术设计（作图）科目，大纲的基本要求为："检验应试者在建筑技术方面的实践能力，对试题能作出符合要求的答案；包括：建筑剖面、结构选型与布置、机电设备及管道系统、建筑配件与构造等，并符合法规规范"。

可以看到，对于建筑剖面部分大纲没有更进一步的说明，只能从历年真题中去寻求复习的更多相关线索，2003 年以来的历年真题命题特点分析详见表 29-1-1。

建筑技术设计（作图）剖面试题命题分析   表 29-1-1

年份	题目类型	特点
2003 年	居住建筑剖面	2 层、坡地、坡顶、错层
2004 年	公园内的临水茶室	2 层、坡地、坡顶
2005 年	小型民俗馆剖面	2 层、坡顶
2006 年	居住建筑剖面	3 层、坡地、错层
2007 年	居住建筑剖面	3 层、坡顶
2008 年	居住建筑剖面	3 层、坡地、错层
2009 年	某俱乐部小游船码头剖面	2 层、坡地、坡顶
2010 年	某乡村山地俱乐部剖面	2 层、坡地、坡顶
2011 年	某工作室剖面	2 层、坡地、坡顶
2012 年	某滨水建筑剖面	2 层、坡地、坡顶
2013 年	南方多层公共建筑剖面	4 层、公建局部
2014 年	南方某坡地园林建筑剖面	2 层、坡地
2017 年	坡地展厅剖面	2 层、坡地、坡顶
2018 年	南方某园林建筑剖面	3 层、坡地
2019 年	某住宅剖面	3 层、坡顶

仔细查看此表，可以发现一个明显的规律，建筑剖面部分的真题所考到的建筑绝大多数为2～3层，一般为坡顶、坡地或错层；总之，在竖向上有一些复杂的关系。如何有条不紊、毫无遗漏地画出完整的剖面是通过此部分考核的关键。

建筑剖面的试卷包括两部分：选择题部分及建筑剖面试卷部分。选择题中关于建筑剖面的共有10道题，每小题3分，具体形式详见图29-1-1；建筑剖面试卷部分分为文字说明、图示、各层平面图及建筑剖面作图区，详见图29-1-2。

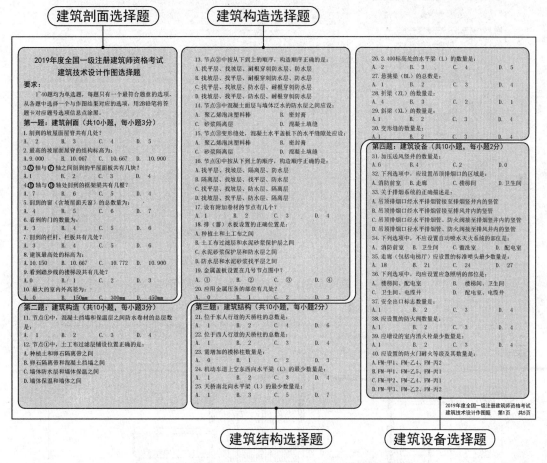

图 29-1-1　建筑技术设计（作图）试卷——选择题部分

选择题所叙述的内容可以看作是建筑剖面考核的关键点。从某种意义上说，选择题＝考点，因而在复习、答题时要重点关注选择题的内容，把握核心要点。

对剖面图进行分解，可以看到整个剖面图由剖切投影线（简称剖线）、看线投影线（简称看线）、建筑材料表达（简称材料）和尺寸标注（简称标注）构成（图29-1-3）。

（二）解题步骤

对建筑剖面图进行分解，可以得出结论：剖面图＝剖线＋看线＋材料及标注。那么这道题的解法也就确定下来了，即按顺序将剖面所有的图面要素画出。先画剖线部分，从一层到屋顶（图29-1-4）；再画看线部分，从一层到屋顶（图29-1-5）；最后补齐材料及尺寸标注，完成剖面图绘制。依据作图对选择题进行解答；因而，解题步骤如下：

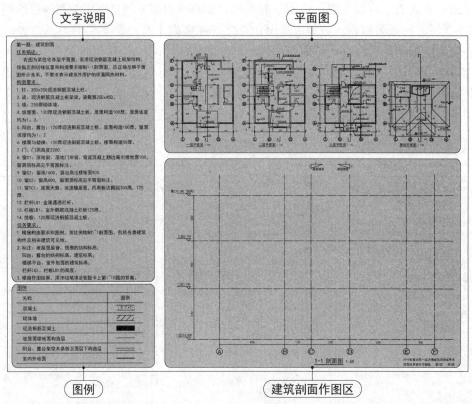

图 29-1-2　建筑技术设计（作图）试卷——建筑剖面部分

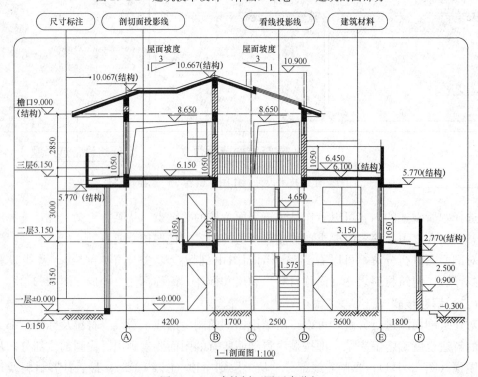

图 29-1-3　建筑剖面图要素分解

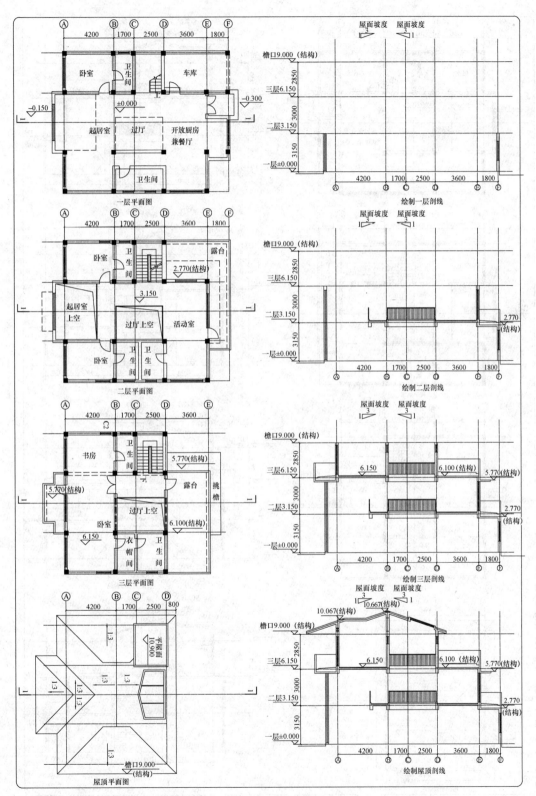

图 29-1-4　绘制剖线

171

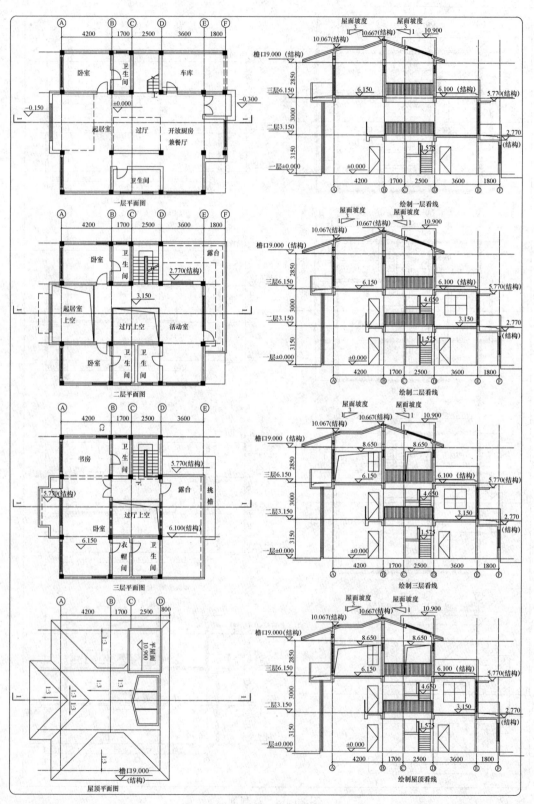

图 29-1-5　绘制看线

172

(1) 连接剖切符号；

(2) 绘制剖线；

(3) 绘制看线；

(4) 补齐材料及标注；

(5) 解答选择题。

（三）相关要点

1. 综合复习

建筑剖面部分应结合建筑构造与建筑结构的相关知识进行综合复习。剖面涉及的建筑结构类型较为简单，由于是2～3层的多层建筑，主要为砌体结构、钢筋混凝土框架结构。剖面涉及的建筑构造部分主要包括：基础、挡土墙、楼地面、屋顶、外墙、内墙、门窗、楼梯、栏杆扶手、室外平台栏杆、墙身及防潮层、踢脚、勒脚、散水、台阶、坡道、阳台、雨篷等。当然在剖面图上并不需要详细表达构造层次。

2. 规范要点

建筑剖面所涉及的规范及其相关要点有：

（1）《建筑设计防火规范》GB 50016—2014（2018年版）

6.4.5 室外疏散楼梯应符合下列规定：栏杆扶手的高度不应小于1.10m，楼梯的净宽度不应小于0.90m。

（2）《民用建筑设计统一标准》GB 50352—2019

6.7.3 阳台、外廊、室内回廊、内天井、上人屋面及室外楼梯等临空处应设置防护栏杆，并应符合下列规定：

1 栏杆应以坚固、耐久的材料制作，并应能承受现行国家标准《建筑结构荷载规范》GB 50009及其他国家现行相关标准规定的水平荷载。

2 当临空高度在24.0m以下时，栏杆高度不应低于1.05m；当临空高度在24.0m及以上时，栏杆高度不应低于1.1m。上人屋面和交通、商业、旅馆、医院、学校等建筑临开敞中庭的栏杆高度不应小于1.2m。

3 栏杆高度应从所在楼地面或屋面至栏杆扶手顶面垂直高度计算，当底面有宽度大于或等于0.22m，且高度低于或等于0.45m的可踏部位时，应从可踏部位顶面起算。

4 公共场所栏杆离地面0.1m高度范围内不宜留空。

（3）《建筑工程设计文件编制深度规定》（2016年）

该规定对方案阶段、初步设计阶段及施工图阶段的剖面图深度作出了详细的说明。不过建筑技术设计作图科目建筑剖面试题的任务要求部分，对于表达深度已经给出了具体要求，因而按题作答即可。

（4）《建筑制图标准》GB/T 50104—2010

4.4.4 不同比例的平面图、剖面图，其抹灰层、楼地面、材料图例的省略画法，应符合下列规定：

1 比例大于1：50的平面图、剖面图，应画出抹灰层、保温隔热层等与楼地面、屋面的面层线，并宜画出材料图例；

2 比例等于1：50的平面图、剖面图，剖面图宜画出楼地面、屋面的面层线，宜绘出保温隔热层，抹灰层的面层线应根据需要确定；

3 比例小于1：50的平面图、剖面图，可不画出抹灰层，但剖面图宜画出楼地面、屋面的面层线；

4 比例为1：100～1：200的平面图、剖面图，可画简化的材料图例，但剖面图宜画出楼地面、屋面的面层线；

5 比例小于1：200的平面图、剖面图，可不画材料图例，剖面图的楼地面、屋面的面层线可不画出。

(5)《房屋建筑制图统一标准》GB/T 50001—2017

第4.0.2条规定了各类图线的线宽，如主要可见轮廓线为 b（粗），可见轮廓线、尺寸线为 $0.5b$（中），图例填充线为 $0.25b$（细）；b 为基本线宽。

该标准表9.2.1为常用建筑材料图例。不过建筑剖面试题会提供图例，因而这部分大致了解即可。

第11.8条规定了各类标高符号的画法，标高是剖面图的重要标注，复习时应予以详细了解。

第11.8.4条规定标高数字应以米为单位，注写到小数点以后第三位；在总平面图中，可注写到小数点以后第二位。

（四）评分标准分析

如前所述，选择题＝考点，评分标准是依据考点进行判分的。以2011年的评分标准为例（表29-1-2），可以看到其所列10项内容确实与选择题的考核内容呈一一对应关系，只是有了更为细致的描述（见试卷文字说明的任务要求部分）。因此可以说，评分标准＝考点细化及其权重。考生在答题时应结合选择题进行剖面作图，把握答题要点。

2011年建筑剖面试题评分标准   表 29-1-2

第一题：建筑剖面		
题号		说　明
1	屋面板	(1) 复核图纸中剖到的屋面板数量、位置及材料表达； (2) ①～②轴之间屋面板处是否有天沟
2	楼梯平台板	(1) 复核图纸中剖到的楼梯平台板（包括雨篷）数量及位置； (2) 复核各楼梯平台板是否标注标高； (3) 复核剖到的平台板材料表达
3	梯段	(1) 复核剖到的梯段、踏步段的数量和栏杆； (2) 复核剖到的梯段和踏步的材料表达
4	栏杆	复核图中看到及剖到的水平栏杆数量及位置
5	栏杆	复核二层挑台栏杆是否标注高度，且高度满足规范要求
6	门窗	(1) 复核看到的门、窗（含天窗）、洞口数量及位置； (2) 复核是否标注窗台、窗顶标高
7	门窗	(1) 复核剖到的门和窗的数量及位置； (2) 复核是否标注窗台、窗顶标高
8	屋脊	复核剖到的屋面板最高处结构标高
9	屋脊	(1) 复核剖到及看到的屋脊数量、标高及位置； (2) 复核剖到的屋脊及屋面板高差表示
10	台阶	(1) 复核剖到的室外台阶数量及踏步数； (2) 复核室外台阶处材料的表达

二、2010 年 某乡村山地俱乐部

任务说明：

图 29-1-6～图 29-1-8 为某乡村山地俱乐部局部平面图，按指定剖切线位置和构造要求绘制 1-1 剖面图，剖面图应正确反映平面图所示关系。

构造要求：

- 结构：砖混结构，现浇钢筋混凝土楼梯、楼板、屋面板。
- 地坪：素土夯实，100mm 厚碎石垫层，120mm 厚素混凝土，面铺地砖。
- 楼板：120mm 厚现浇钢筋混凝土楼板，面铺地砖。
- 屋面：120mm 厚现浇钢筋混凝土屋面板，40mm 厚细石混凝土刚性防水层，面铺屋面瓦，屋面坡度为 1：2，屋面挑檐无天沟和封檐板。屋面标高为屋面结构板顶标高。
- 砖墙：240mm 厚，水泥砂浆抹面。
- 楼梯：现浇钢筋混凝土板式楼梯。
- 梁：所有梁截面为 500mm×200mm（高×宽）。
- 门：所有门高为 2400mm。
- 窗：所有窗均为落地窗，与门同高。
- 天窗：玻璃采光天窗，天窗的坡度和屋面一致。
- 栏杆：楼梯栏杆与平台栏杆均为通透式栏杆。
- 室外踏步：100mm 厚素混凝土，100mm 厚碎石垫层，水泥砂浆找平，面铺地砖。
- 挡土墙：240mm 厚钢筋混凝土。

任务要求：

- 绘制 1-1 剖面图，按照图例绘出构造要求所列内容及建筑可见线。
- 在剖面图上标注楼地面、楼梯休息平台及屋面标高。

图例（表 29-1-3）：

图例   表 29-1-3

材料	图例	材料	图例
砖墙		瓦屋面、水泥砂浆、地砖、细石混凝土	
钢筋混凝土			
素混凝土		素土夯实土	
碎石垫层			

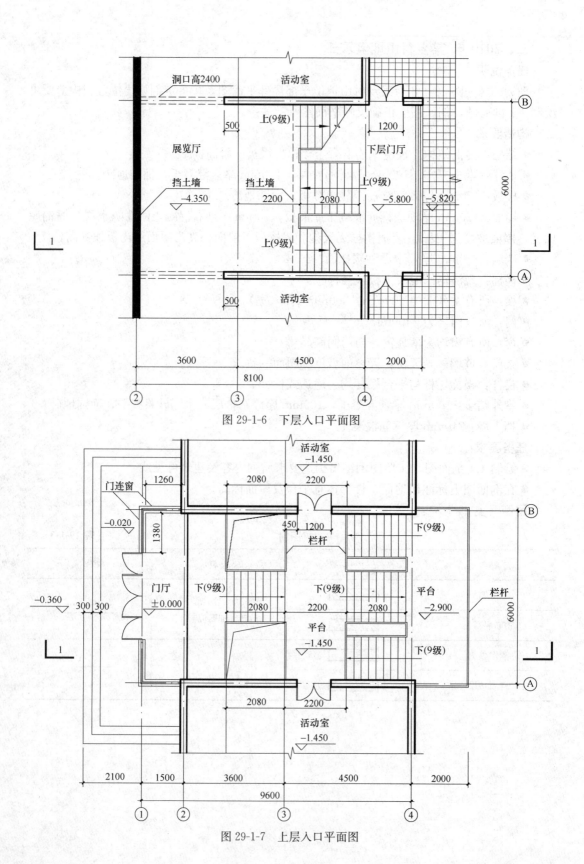

图 29-1-6　下层入口平面图

图 29-1-7　上层入口平面图

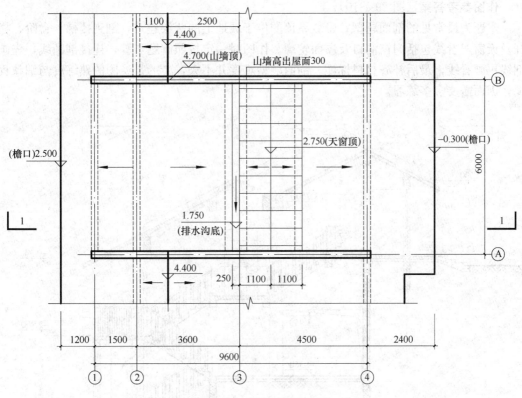

图 29-1-8　屋顶层平面图

三维模型示意图（图 29-1-9）：

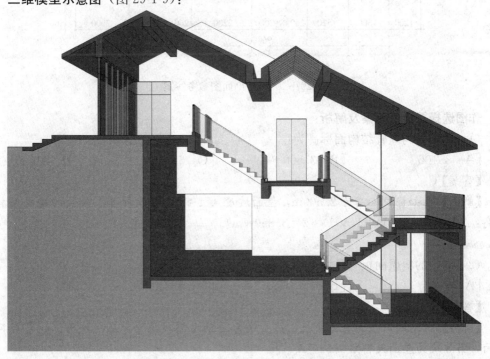

图 29-1-9

作图参考答案（图 29-1-10）：

本题为最常见的剖面题型，带坡屋顶的位于坡地上的两层建筑，剖到楼梯、台阶、栏杆及天窗，看线包括门窗洞口及屋面轮廓。作图时一定按照解题步骤，连接剖断线，先画剖线再画看线，最后补齐材料标注。剖面题型难度并不大，考的是绘图的熟练度与细致程度，因而需要多多练习。

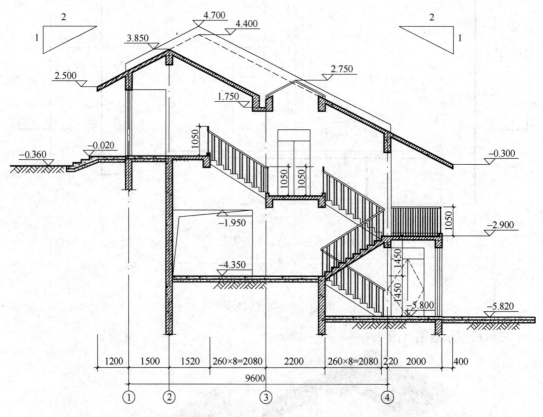

图 29-1-10　1-1 剖面图参考答案

作图选择题参考答案及解析：

（1）②轴处的屋脊结构面标高为：

[A] 3.100　　　　　[B] 3.500　　　　　[C] 3.850　　　　　[D] 4.600

【答案】C

【解析】已知檐口标高为 2.500m，屋面坡度为 1：2，可以计算②轴处的屋脊结构面标高：2.500＋（1.200＋1.500）/2＝3.850（m）。

（2）剖到的斜屋面板有几块？

[A] 3　　　　　　　[B] 4　　　　　　　[C] 5　　　　　　　[D] 6

【答案】A

【解析】剖到的斜屋面有 3 块板，第 1 块为②轴左侧斜屋面，第 2 块为②～③轴间斜屋面，第 3 块为屋面天窗右侧斜屋面。

(3) 剖到的楼板及平台板共有几段？

[A] 1　　　　　　　[B] 2　　　　　　　[C] 3　　　　　　　[D] 4

【答案】C

【解析】剖到的楼板及平台板总计 3 块，第 1 块标高为±0.000m，第 2 块标高为
−1.450m，第 3 块标高为−2.900m。

(4) 剖到的天窗形状为：

[A] /　　　　　　　[B] \　　　　　　　[C] ∧　　　　　　　[D] ∨

【答案】C

【解析】根据图 29-1-10 所示，剖到的天窗形状为∧形。

(5) 剖到的门窗（不包括天窗）数量共为：

[A] 2　　　　　　　[B] 3　　　　　　　[C] 4　　　　　　　[D] 5

【答案】A

【解析】剖到的门窗共计 2 处，第 1 处为标高±0.000m 的门厅外门，第 2 处为标高
−5.800m 的下层门厅外窗。

(6) 看到的门（窗）数量、洞口数量分别为：

[A] 3，1　　　　　　[B] 1，3　　　　　　[C] 3，2　　　　　　[D] 2，3

【答案】A

【解析】看到的门窗共计 3 樘：标高±0.000m 的门厅外窗 1 樘，标高−1.450m 的活
动室门 1 樘，标高−5.800m 的下层门厅外门 1 樘；看到的洞口 1 个，即标高为−4.350m
的展览厅与活动室之间的门洞。

(7) 看到与剖到的梯段各有几段？

[A] 3，2　　　　　　[B] 2，3　　　　　　[C] 3，1　　　　　　[D] 1，3

【答案】C

【解析】看到的梯段共计 3 处：标高±0.000～−1.450m 梯段 1 处，标高−1.450～−
2.900m 梯段 1 处，标高−4.350～−5.800m 梯段 1 处；剖到的梯段 1 处，即标高−2.900
～−4.350m 梯段。

(8) 剖到的栏杆共有几处？

[A] 2　　　　　　　[B] 3　　　　　　　[C] 4　　　　　　　[D] 5

【答案】C

【解析】剖到的栏杆共计 4 处：标高±0.000m 门厅临空栏杆 1 处，标高−1.450m 平
台临空栏杆 2 处，标高−2.900 平台临空栏杆 1 处；故应选 C。

(9) 剖到的挡土墙共有几道？

[A] 1　　　　　　　[B] 2　　　　　　　[C] 3　　　　　　　[D] 4

【答案】B

【解析】剖到的挡土墙共计2道，均在下层入口平面：第1道位于②轴挡土墙处，第2道位于③轴右侧2200mm处。

(10) 按题目所提供的构造要求，剖面图中地坪、楼板及屋面的构造层分别有几层？

[A] 3，3，3   [B] 3，2，3   [C] 3，2，2   [D] 4，2，3

【答案】D

【解析】①地坪构造层次为4层：素土夯实，100mm厚碎石垫层，120mm厚素混凝土，面铺地砖；②楼板构造层次为2层：120mm厚现浇钢筋混凝土楼板，面铺地砖；③屋面构造层次为3层：120mm厚现浇钢筋混凝土屋面板，40mm厚细石混凝土刚性防水层，面铺屋面瓦。故应选D。

三、2011年 某工作室

任务描述：

图29-1-11～图29-1-13为某工作室局部平面图，按指定剖切线位置和构造要求绘制剖面图。剖面图应正确反映平面图所示关系。

除檐口和雨篷为结构标高外，其余均为建筑标高。

构造要求：

- 结构：砖混结构。
- 地面：素土夯实，150mm厚碎土垫层，100mm厚素混凝土，面铺地砖。
- 楼面：120mm厚现浇钢筋混凝土楼板，面铺地砖。
- 屋面：120mm厚现浇钢筋混凝土屋面板，坡度1/2，面铺屋面瓦，檐口处无檐沟和封檐板。
- 天沟：120mm厚现浇钢筋混凝土天沟，沟壁、沟底20mm厚防水砂浆面层。
- 内、外墙：240mm厚砖墙，内墙水泥砂浆抹面，外墙外贴饰面砖。
- 楼梯：现浇钢筋混凝土板式楼梯。
- 梁：现浇钢筋混凝土梁，截面240mm×500mm（宽×高）。
- 门：所有门高2400mm。
- 雨篷：120mm厚现浇钢筋混凝土板。
- 栏杆：栏杆均为通透式栏杆。
- 室外踏步：100mm厚素混凝土，100mm厚碎土垫层，水泥砂浆找平，面铺地砖。

任务要求：

- 按构造要求、图例和门窗表（表29-1-4、表29-1-5）绘制1-1剖面图（图29-1-14）。
- 在1-1剖面图中标注楼地面、楼梯休息平台的建筑标高；标注窗洞底、窗洞顶、檐口、屋脊、③轴屋面板顶的结构标高；标注栏杆高度。
- 按第1页的要求填涂第1页选择题和答题卡。

提示：

基础不需绘制，竖向栏杆可局部单线表示。

门窗表及图例（表29-1-4、表29-1-5）：

门窗表	表 29-1-4			图例	表 29-1-5
名称	编号	洞口尺寸（宽×高）		名称	图例
门	M1（双扇外门连窗）	3600×2700		砖墙	
	M2（单扇外门）	900×2300		钢筋混凝土	
	M3（单扇内门）	900×2300		素混凝土	
窗	C1	1800×1500		屋面瓦、墙砖、地砖、水泥砂浆	
	C2	900×1500（窗洞底标高 2.500）		碎石垫层	
	C3	1500×1000（窗洞底标高 6.300）		素土夯实土	

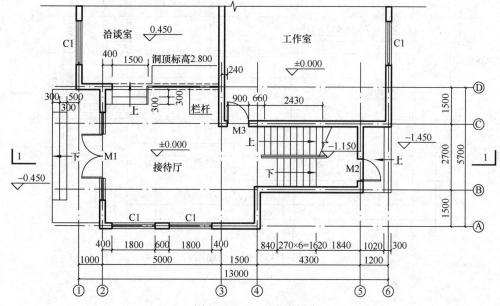

图 29-1-11　一层平面图

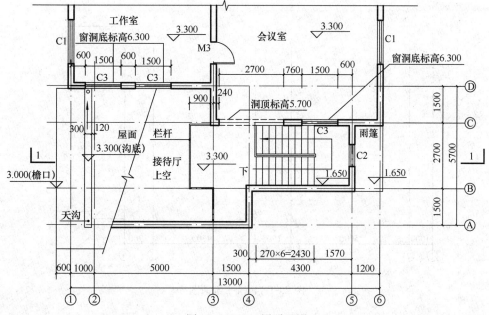

图 29-1-12　二层平面图

181

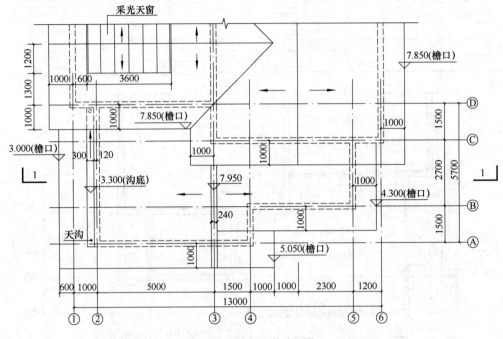

图 29-1-13　屋顶平面图

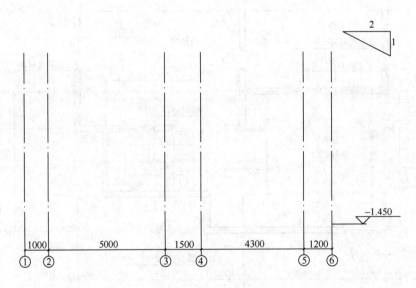

图 29-1-14　1-1 剖面图

三维模型示意图（图 29-1-15）：

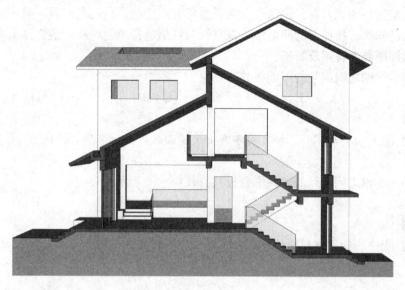

图 29-1-15

作图参考答案（图 29-1-16）：

拿到题目，先确定其复杂程度，做到心中有数。如本题为包含坡屋顶、坡地的两层建筑，剖到了楼梯、台阶和栏杆，是标准的剖面试题难度。绘图量属于按正常绘图速度，2～3小时可以完成的级别。

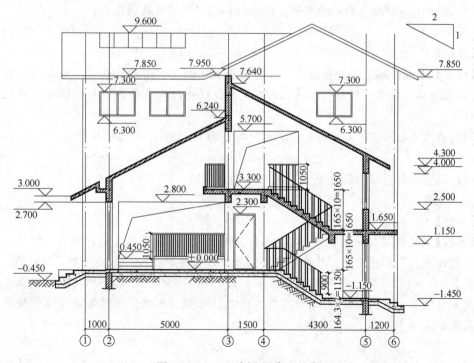

图 29-1-16　1-1 剖面图参考答案

剖面图的解题关键在于准确无遗漏，熟练掌握楼梯、坡顶等复杂部位的画法并标注清楚；本题就是很好的练习题。建议考生在看参考答案之前，自己先试做一遍；然后对照答案，找出自己知识、技能上的薄弱环节，有针对性地进行单项训练，最终寻求突破。

作图选择题参考答案及解析：

(1) ②～⑤轴之间剖到的屋面板共有几块？

[A] 1   [B] 2   [C] 3   [D] 4

【答案】B

【解析】②～③轴及③～⑤轴之间各有 1 块屋面板，共计 2 块，故选 B。

(2) ③～⑤轴之间剖到的楼梯平台板共有几块？

[A] 4   [B] 3   [C] 2   [D] 1

【答案】C

【解析】③～⑤轴间剖到的楼梯平台板有 2 块，标高分别为 1.650m 和 3.300m，故应选 C。

(3) ②～⑤轴之间剖到的梯段及踏步共有几段？

[A] 1   [B] 2   [C] 3   [D] 4

【答案】B

【解析】②～⑤轴剖到的梯段有 1 处，踏步有 1 处，共计 2 处。

(4) 在 1-1 剖面图上看到的水平栏杆和剖到的水平栏杆各有几段？

[A] 3，1   [B] 3，2   [C] 4，2   [D] 4，1

【答案】D

【解析】看到的水平栏杆有 4 处：标高为 0.450～1.500m 的洽谈室平台栏杆；标高为 ±0.000m 的楼梯段水平栏杆；标高 3.300m 平台栏杆；二层会议室与楼梯间之间的水平防护栏杆。

剖到的水平栏杆有 1 处，即二层挑台（标高为 3.300m）的临空栏杆。

(5) 二层挑台栏杆的高度至少应为：

[A] 850   [B] 900   [C] 1050   [D] 1100

【答案】C

【解析】《民用建筑设计统一标准》GB 50352—2019 第 6.7.3 条：阳台、外廊、室内回廊、内天井、上人屋面及室外楼梯等临空处应设置防护栏杆，并应符合下列规定：当临空高度在 24.0m 以下时，栏杆高度不应低于 1.05m；当临空高度在 24.0m 及以上时，栏杆高度不应低于 1.1m；上人屋面和交通、商业、旅馆、医院、学校等建筑临开敞中庭的栏杆高度不应小于 1.2m。故选 C。

(6) 在 1-1 剖面图上看到的门、窗（含天窗）、洞口的数量各为几个？

[A] 1，1，2   [B] 2，4，1   [C] 4，2，1   [D] 1，4，2

【答案】D

【解析】看到的门为1樘: 一层工作室门;

看到的窗 (含天窗) 为4樘: 标高为6.300~7.300m的窗3樘、顶标高为9.600m的天窗1樘;

看到的洞口为2处: 一层①轴洞口1处、二层ⓒ轴洞口1处。故应选D。

(7) 剖到的门和窗各有几个?

[A] 2, 1   [B] 3, 1   [C] 1, 2   [D] 2, 3

【答案】A

【解析】剖到的门有2樘: 一层接待室入口外门和楼梯间外门; 剖到二层楼梯间外窗1樘。故应选A。

(8) 剖到的屋面板最高处结构标高为:

[A] 7.640   [B] 7.950   [C] 9.600   [D] 10.100

【答案】A

【解析】根据檐口标高4.300m和屋面坡度1:2, 可以计算出屋面板最高处结构标高为: 4.300+ (1.000+4.300+1.500−0.120) /2=7.640 (m)。

(9) 剖到的屋脊和看到的屋脊线数量分别是:

[A] 1, 1   [B] 1, 2   [C] 2, 1   [D] 2, 2

【答案】D

【解析】剖到的屋脊有2处, 标高分别为6.240m、7.640m; 看到的屋脊线有2处, 标高分别为9.600m、10.100m。

(10) 剖到的室外台阶共有几处?

[A] 1   [B] 2   [C] 3   [D] 4

【答案】B

【解析】剖到的室外台阶有2处, 分别为接待厅入口台阶和楼梯间入口台阶。

评分标准 (详见表29-1-2)

四、2012年 某滨水建筑

任务描述:

图29-1-17~图29-1-19为某滨水建筑, 该建筑全部架空于水面。按指定剖切线位置和构造要求绘制剖面图。剖面图应正确反映出平面图所示关系。

构造要求:

● 结构: 现浇钢筋混凝土结构。

● 地面: 素土夯实, 120mm厚素混凝土, 面铺地砖。

● 楼面: 亲水平台, 120mm厚现浇钢筋混凝土, 面铺地砖, 板底抹灰。

● 屋面: 120mm厚现浇钢筋混凝土斜屋面板, 坡度1/2, 屋面挑檐无天沟和封檐板,面铺屋面瓦，板底抹灰。平面图上屋檐标高为结构面标高。

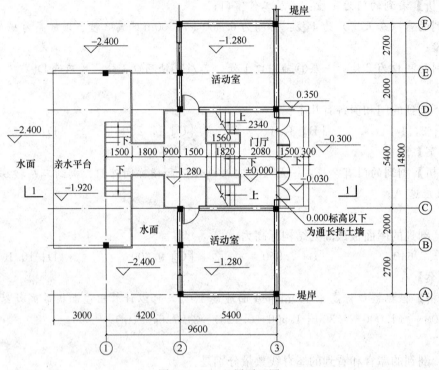

图 29-1-17　一层平面图

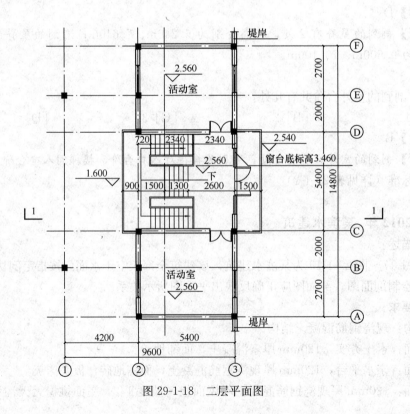

图 29-1-18　二层平面图

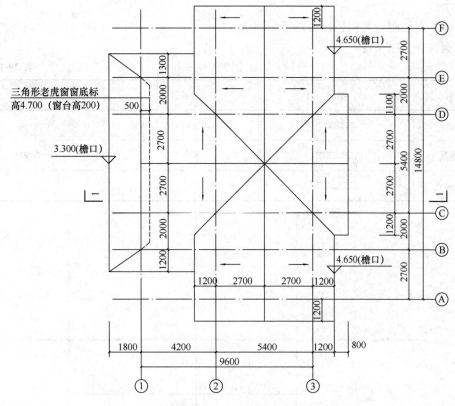

图 29-1-19　屋顶平面图

- 墙：240mm 厚砌体墙，水泥砂浆抹面。
- 楼梯：现浇钢筋混凝土板式楼梯，梯级约 260mm×160mm（宽×高），上铺地砖，板底抹灰。
- 梁：截面 240mm×400mm（宽×高）。
- 柱：截面均为 400mm×400mm。
- 门：所有门洞口高均为 2100mm。
- 窗：三角形老虎窗的窗底标高见屋顶平面，其窗顶抵至屋面板底；其余窗与门同高。阳台处窗台标高为 3.460m。
- 栏杆：栏杆均为通透式金属栏杆。
- 室外台阶：素土夯实，100mm 厚素混凝土，100mm 厚碎土垫层，水泥砂浆找平，面铺地砖。
- 挡土墙：300mm 厚素混凝土。

任务要求：

- 按构造要求和图例（表 29-1-6）绘制 1-1 剖面图（图 29-1-20）。
- 在 1-1 剖面图中，标注楼地面、楼梯休息平台的建筑标高；标注窗洞底、窗洞顶、檐口、屋脊、③轴屋面板顶的结构标高；标注栏杆高度。
- 按第 1 页的要求填涂第 1 页选择题和答题卡。

187

提示：

基础不需绘制，竖向栏杆可局部单线表示。

图例（表 29-1-6）：

图例

表 29-1-6

名称	图例	名称	图例
砌体		屋面，地面，水泥砂浆	
钢筋混凝土		素土夯实	
素混凝土			

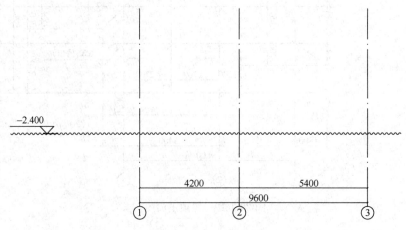

图 29-1-20　1-1 剖面图

三维模型示意图（图 29-1-21）：

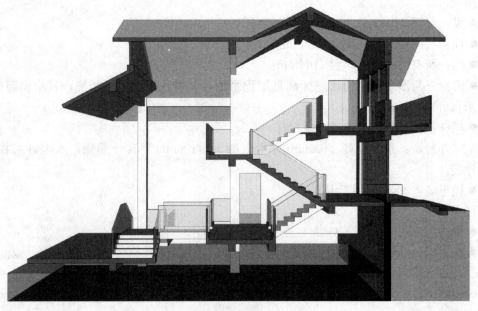

图 29-1-21

188

作图参考答案（图 29-1-22）：

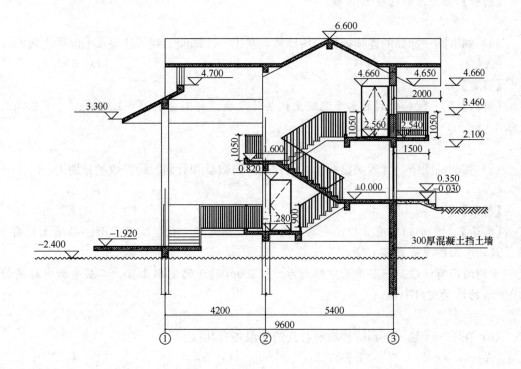

图 29-1-22　1-1 剖面图参考答案

作图选择题参考答案及解析：

（1）屋脊结构面的标高为：

[A] 6.200　　　　[B] 6.400　　　　[C] 6.600　　　　[D] 6.800

【答案】C

【解析】根据檐口标高为 4.650m 和屋面坡度为 1：2，屋脊的结构标高为：
4.650＋（2.700＋1.200）/2＝6.600（m）。

（2）在②～③轴间，剖到的斜屋面板形状为：

[A] 　　[B] 　　[C] 　　[D]

【答案】D

【解析】由图可知选项 D 正确。

（3）老虎窗下剖到的屋面板形状为：

[A]　　　　　　[B]　　　　　　[C]　　　　　　[D]

189

【答案】B

【解析】由图可知选项 B 正确。

(4) 如果同一标高的连续板按一块计算，在①～③轴间剖到了几块水平混凝土板？

[A] 2　　　　　　　[B] 3　　　　　　　[C] 4　　　　　　　[D] 5

【答案】D

【解析】①～③轴剖到的水平混凝土板共计 5 块，标高分别为－1.920m、－1.280m、±0.000m、1.600m 和 2.560m。

(5) 在剖面图中，含老虎窗在内，剖到的门窗数量和看到的门窗数量分别为：

[A] 1，4　　　　　[B] 2，3　　　　　[C] 3，2　　　　　[D] 4，1

【答案】C

【解析】剖到的门窗有 3 樘：一层平面③轴入口大门 1 樘、二层平面③轴墙上的窗 1 樘、屋顶平面图中老虎窗 1 樘。

看到的门有 2 樘：一层平面中标高为－1.280m 的活动室门 1 樘、二层平面中标高为 2.560m 的活动室门 1 樘。

(6) 在①～③轴间剖到的梯段和看到的梯段各有几段？

[A] 1，3　　　　　[B] 2，2　　　　　[C] 3，3　　　　　[D] 4，2

【答案】A

【解析】剖到的梯段由 1 处：标高±0.000～1.600m 之间梯段；

看到的梯段 3 处，分别为：标高－1.920～－1.280m 梯段，标高－1.280～±0.000m 梯段，标高 1.600～2.560m 梯段。

(7) ①～②轴之间 3.300 标高以上可见的梁有几根？

[A] 0　　　　　　　[B] 1　　　　　　　[C] 2　　　　　　　[D] 3

【答案】B

【解析】①～②轴标高 3.300m 以上可见的梁为 1 根。

(8) 剖到的栏杆有几处？

[A] 3　　　　　　　[B] 4　　　　　　　[C] 5　　　　　　　[D] 6

【答案】D

【解析】剖到的栏杆共计 6 处：

一层剖到的栏杆有 3 处：标高－1.920m 的平台栏杆 1 处，标高－1.280m 的平台栏杆 2 处；

二层剖到的栏杆有 3 处：标高 1.600m 的平台栏杆 1 处，标高 2.560m 的平台栏杆 1 处，以及标高 2.540m 的露台栏杆 1 处。共计 6 处，故应选 D。

(9) 剖到的挡土墙和剖到的室外踏步各有几处？

[A] 1, 1   [B] 1, 2   [C] 2, 1   [D] 2, 2

【答案】A

【解析】剖到③轴±0.000m以下挡土墙1处；剖到临堤岸的室外踏步1处。故应选A。

(10) 在①～③轴间屋面板下可见的三角形斜面有几处？

[A] 0   [B] 1   [C] 2   [D] 3

【答案】C

【解析】①～③轴屋面板下可见的三角形斜面共计2处：一处在斜屋面与②轴交接处，一处在斜屋面与③轴交接处；故应选C。

五、2013年 南方多层公共建筑

任务描述：

图29-1-23～图29-1-27为某南方多层公共建筑出入口的局部平面图。按指定剖切线位置和构造要求绘制、完善剖面图，剖面图应正确反映平面图所示关系。

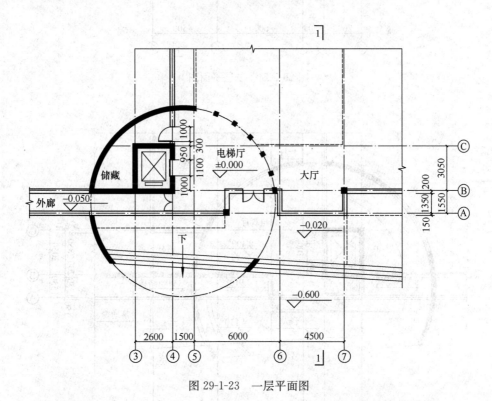

图 29-1-23 一层平面图

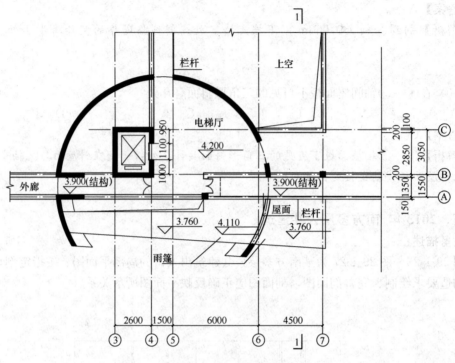

图 29-1-24 二层平面图

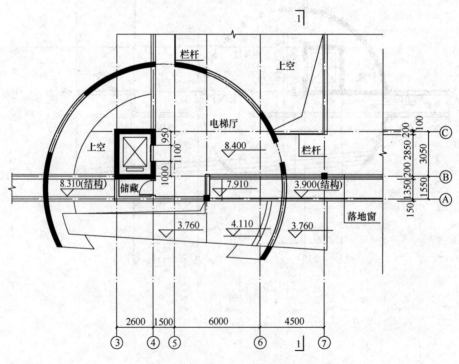

图 29-1-25 三层平面图

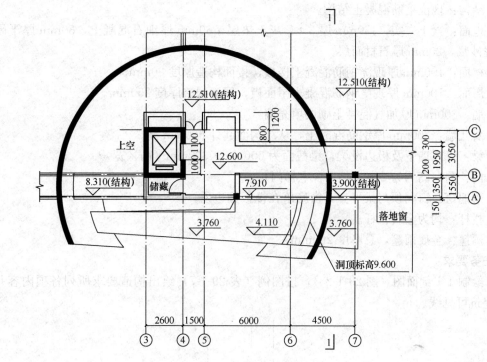

图 29-1-26 四层平面图

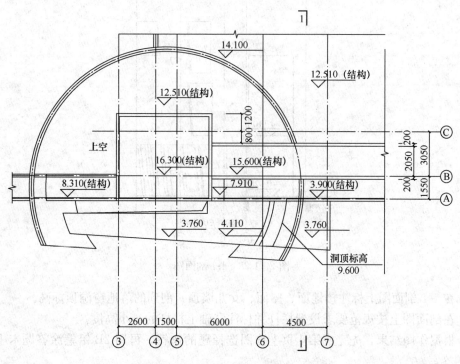

图 29-1-27 屋顶平面图

193

构造要求：

● 结构：现浇钢筋混凝土结构。

● 地面：素土夯实，150mm 厚 3：7 灰土垫层，60mm 厚细石混凝土，30mm 厚干硬性水泥砂浆，20mm 厚石材面层。

● 楼面：100mm 厚现浇钢筋混凝土楼板，楼面构造厚度 90mm。

● 屋面：100mm 厚现浇钢筋混凝土屋面板，屋面构造厚度 250mm。

● 墙：300mm 厚加气混凝土砌块填充墙。

● 女儿墙：200mm 厚钢筋混凝土，从结构面起计 600mm 高。

● 梁：仅在墙下及板边设梁，梁截面为 600mm×300mm（高×宽）。

● 门：洞口高均为 2100mm（含电梯门）。

● 落地窗：窗洞顶与梁平齐，窗底落在楼板翻边顶。

● 栏杆：均为金属栏杆。

● 雨篷：金属雨篷，总厚度 200mm。

任务要求：

● 绘制 1-1 剖面图（图 29-1-28），按图例（表 29-1-7）绘出构造要求所列各项内容并补全建筑可见线。

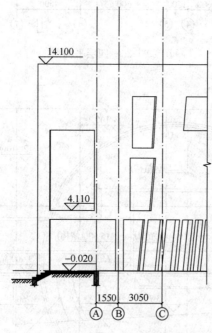

图 29-1-28 1-1 剖面图

● 在 1-1 剖面图上标注楼地面、屋面、女儿墙顶、剖到的落地窗洞顶标高。

● 在剖面图上按规范要求设置栏杆并标注ⓒ轴上栏杆的最小高度。

● 根据作图结果，先完成第 1 页上作图选择题的作答，再用 2B 铅笔涂答题卡上对应题目的答案。

图例（表 29-1-7）：

图例   表 **29-1-7**

名称	图例	名称	图例
加气混凝土砌块	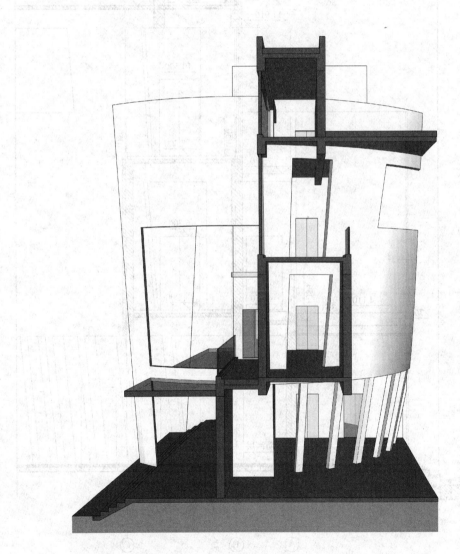	石材、细石混凝土、水泥砂浆	
钢筋混凝土			
灰土垫层		素土夯实	

三维模型示意图（图 29-1-29）：

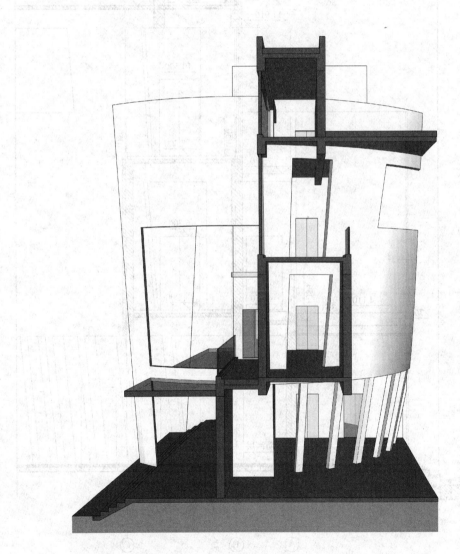

图 29-1-29

作图参考答案（图 29-1-30）：

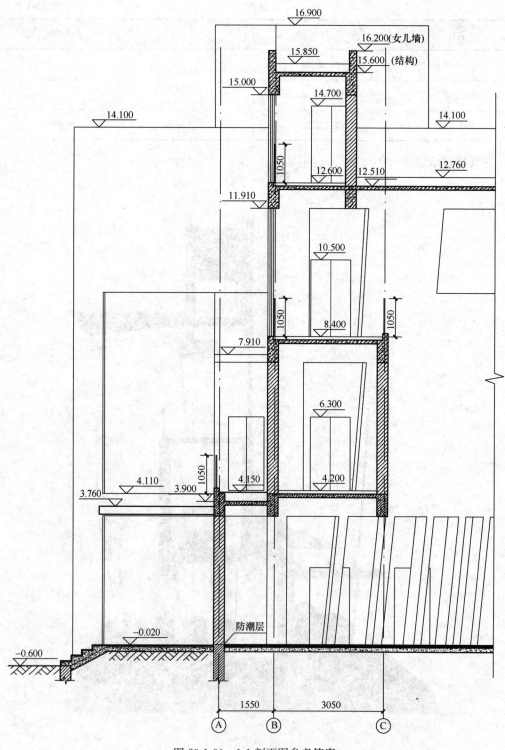

图 29-1-30 1-1 剖面图参考答案

作图选择题参考答案及解析：

（1）剖到的楼板块数为：

[A] 9　　　　　[B] 7　　　　　[C] 5　　　　　[D] 3

【答案】D

【解析】剖到的楼板共 3 块：标高分别为 4.200m、8.400m、12.600m。

（2）剖到的屋面板块数为：

[A] 4　　　　　[B] 3　　　　　[C] 2　　　　　[D] 1

【答案】B

【解析】剖到的屋面板共 3 块：标高分别为 3.900m、12.510m、15.600m。

（3）剖到梁的根数为：

[A] 9　　　　　[B] 8　　　　　[C] 7　　　　　[D] 6

【答案】A

【解析】剖到的梁共计 9 根：标高 4.200m 处剖到 3 根梁、标高 8.400m 处剖到 2 根梁、标高 12.600m 处剖到 2 根梁、标高 15.600m 处剖到 2 根梁。

（4）剖到的落地窗与看到的门（含电梯门）的数量分别为：

[A] 2，6　　　　[B] 3，5　　　　[C] 3，4　　　　[D] 2，5

【答案】A

【解析】剖到的落地窗有 2 樘：三层 1 樘、四层 1 樘；

看到的门（含电梯门）有 6 樘：一层 2 樘、二层 2 樘、三层 1 樘、四层 1 樘。

（5）剖到的栏杆有几处：

[A] 1　　　　　[B] 2　　　　　[C] 3　　　　　[D] 4

【答案】D

【解析】剖到的栏杆共计 4 处：二层 1 处、三层 2 处、四层 1 处。

（6）在 ⓒ 轴上栏杆的最小高度为：

[A] 900　　　　[B] 1000　　　　[C] 1050　　　　[D] 1100

【答案】C

【解析】《民用建筑设计统一标准》GB 50352—2019 第 6.7.3 条：阳台、外廊、室内回廊、内天井、上人屋面及室外楼梯等临空处应设置防护栏杆，并应符合下列规定：当临空高度在 24.0m 以下时，栏杆高度不应低于 1.05m；当临空高度在 24.0m 及以上时，栏杆高度不应低于 1.1m。上人屋面和交通、商业、旅馆、医院、学校等建筑临开敞中庭的栏杆高度不应小于 1.2m。

此处三层栏杆的临空高度在 24.0m 以下，故应选 C。

（7）建筑最高处的标高为：

[A] 16.200　　　　[B] 16.600　　　　[C] 16.900　　　　[D] 17.300

【答案】C

【解析】在屋顶平面图中，最高结构面标高为 16.300m，题目规定女儿墙高度为 600mm，所以最高点女儿墙标高为 16.900m。

（8）剖到的落地窗洞顶标高分别为：

[A] 15.600，11.910　　　　　　　　[B] 15.000，11.910

[C] 12.600，8.900　　　　　　　　 [D] 12.000，8.910

【答案】B

【解析】落地窗顶标高＝屋面板结构面标高－梁高（针对四层而言）＝该层建筑面标高－楼面构造厚度－梁高（针对三层而言）。所以四层落地窗洞顶标高为：15.600－0.600 ＝15.000（m）；三层落地窗顶标高为：12.600－0.090－0.600＝11.910（m）。

（9）剖到与看到的雨篷数量共计为：

[A] 0　　　　　　[B] 1　　　　　　[C] 2　　　　　　[D] 3

【答案】C

【解析】剖到与看到的雨篷数量共计 2 处：剖到的雨篷 1 处，标高为 3.760m；看到的雨篷 1 处，标高为 7.910m。

（10）地面做法构造层次共几个：

[A] 3　　　　　　[B] 4　　　　　　[C] 5　　　　　　[D] 6

【答案】C

【解析】地面构造层次共为 5 层：1）素土夯实 150mm 厚；2）3∶7 灰土垫层；3）60mm 厚细石混凝土；4）30mm 厚干硬性水泥砂浆；5）20mm 厚石材面层。

六、2014 年 南方某坡地园林建筑

任务描述：

图 29-1-31～图 29-1-33 为南方某坡地园林建筑各层平面图，按指定剖切线位置和构造要求在图 29-1-34 上绘制 1-1 剖面图。剖面图应正确反映平面图所示关系。

构造要求：

● 结构：现浇钢筋混凝土框架结构。

● 地坪：素土夯实，100mm 厚碎石垫层，120mm 厚素混凝土。

● 楼板：120mm 厚现浇钢筋混凝土板。

● 屋面：120mm 厚现浇钢筋混凝土板，女儿墙顶标高 8.800m。

● 阳台：150mm 厚现浇钢筋混凝土板式阳台。

● 墙：200mm 厚砌体。

● 柱：400mm×400mm 现浇钢筋混凝土柱。

● 楼梯：现浇钢筋混凝土板式楼梯。

● 梁：现浇钢筋混凝土梁，梁截面均为 600mm×300mm（高×宽）；展厅的楼面及屋

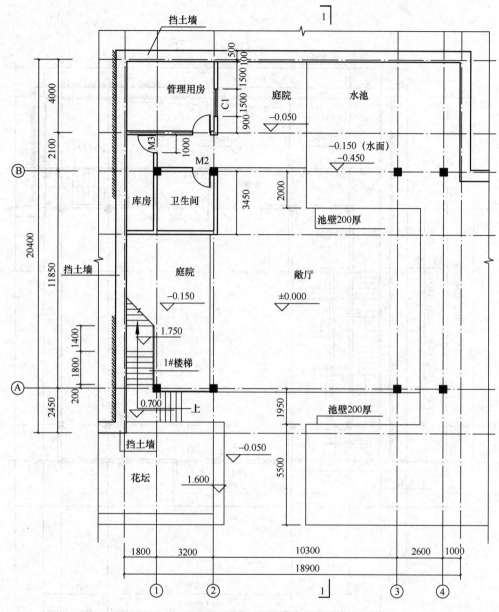

图 29-1-31　一层平面图

面采用井字梁，Ⓐ～Ⓑ轴间井字梁六等分；屋面天窗开口范围内不设梁。

● 门：除 M3 门高 2400mm 外，其余门高平梁底。

● 窗：C1 窗台高 900mm，窗高 2400mm；C2 为落地窗，窗高平梁底；C3 为百叶高窗，窗台标高 8.800m，窗高与玻璃天窗底平齐。

● 天窗：夹胶玻璃采光天窗，构造总厚度 50mm。

● 栏板：200mm 厚钢筋混凝土。

● 雨篷：50mm 厚钢构夹胶玻璃雨篷。

● 挡土墙：600mm 厚钢筋混凝土。

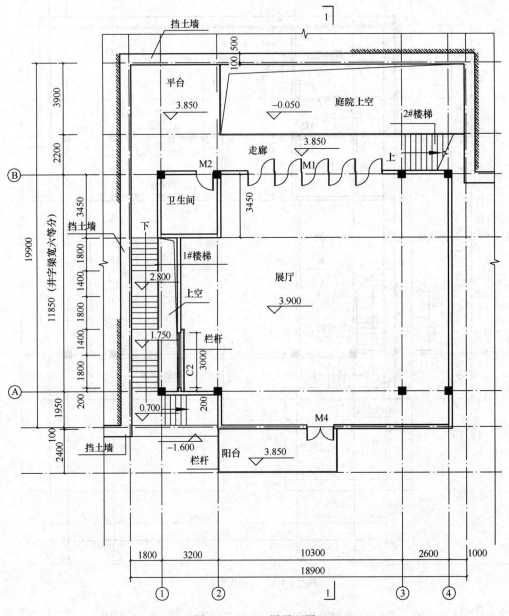

图 29-1-32　二层平面图

● 水池底、壁板：200mm 厚钢筋混凝土。

任务要求：

● 按照构造要求绘制 1-1 剖面图，在图 29-1-34 上作答。

● 在剖面上标注楼地面、天窗、楼梯休息平台、女儿墙及屋面的标高。

● 根据作图结果，先完成第 1～2 页上作图选择题的作答，再用 2B 铅笔涂答题卡上对应题目的答案。

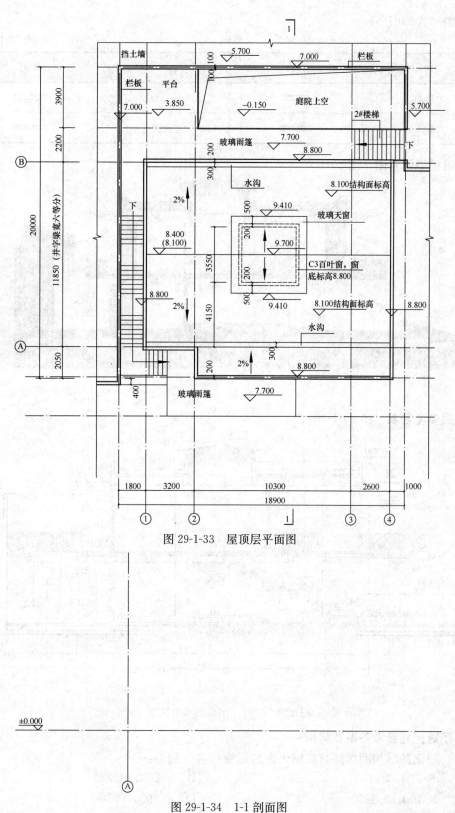

图 29-1-33　屋顶层平面图

图 29-1-34　1-1 剖面图

图例（表 29-1-8）：

图例 表 **29-1-8**

名称	图例	名称	图例
砌体墙	═══	碎石垫层	═══
混凝土	▬▬▬	素土夯实	╱╱╱╱

三维模型示意图（图 29-1-35）：

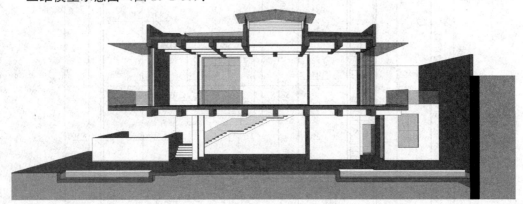

图 29-1-35

作图参考答案（图 29-1-36）：

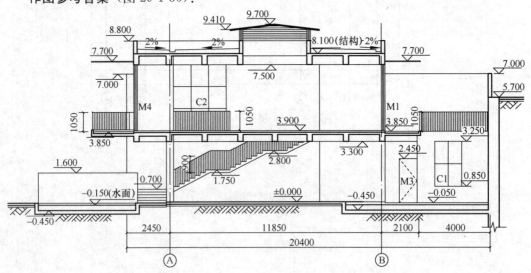

图 29-1-36　1-1 剖面图参考答案

作图选择题参考答案及解析：

（1）屋面的结构面标高与玻璃天窗的屋脊标高分别为：

[A] 8.100，8.400　　　　　　　　[B] 8.250，9.210

[C] 8.100，9.700　　　　　　　　[D] 8.400，9.700

【答案】C

【解析】根据屋顶平面图可知，屋面结构面标高为 8.100m，玻璃天窗屋脊标高为 9.700m，故应选 C。

(2) 在Ⓐ～Ⓑ轴间，剖到的楼板及屋面板分别有几处？

[A] 1, 2　　　　[B] 2, 1　　　　[C] 1, 1　　　　[D] 2, 2

【答案】A

【解析】剖到的楼板有 1 处，标高为 3.900m；剖到的屋面板为 2 处，天窗左右两侧各 1 处；故应选 A。

(3) 在Ⓐ～Ⓑ轴间（含轴线），剖到了几根钢筋混凝土梁？

[A] 4　　　　[B] 8　　　　[C] 13　　　　[D] 14

【答案】C

【解析】Ⓐ～Ⓑ轴楼板和屋面板均为 6 等分井字梁，标高为 3.900m 的楼板剖到的梁为 7 根，标高为 8.100m 的屋面板剖到的梁为 6 根，共计 13 根，故应选 C。

(4) 剖到的门和窗（包括百叶高窗）共有几处？

[A] 3　　　　[B] 4　　　　[C] 5　　　　[D] 6

【答案】B

【解析】二层平面剖到阳台门 1 处、Ⓑ轴门 1 处；屋顶平面剖到百叶窗 2 处。剖到的门和窗共计 4 处，故应选 B。

(5) 看到的门和窗（包括百叶高窗）有几处？

[A] 2　　　　[B] 3　　　　[C] 4　　　　[D] 5

【答案】C

【解析】看到的门和窗包括：一层平面库房门 1 处、管理用房窗 1 处、二层平面展厅窗 1 处、屋顶平面中的百叶窗 1 处；共计 4 处，故应选 C。

(6) 看到多少个楼梯平台？

[A] 1　　　　[B] 2　　　　[C] 3　　　　[D] 4

【答案】C

【解析】看到的楼梯平台共计 3 处，标高分别为 0.700m、1.750m、2.800m。

(7) 剖到的栏杆及栏板共有几处？

[A] 1　　　　[B] 2　　　　[C] 3　　　　[D] 4

【答案】C

【解析】二层平面中剖到的栏杆有 2 处：阳台栏杆 1 处、走廊栏杆 1 处；三层平面中剖到的栏板有 1 处；共计 3 处，故应选 C。

(8) 3.900m 标高以上看到的栏杆及栏板共有几处？

[A] 3   [B] 4   [C] 5   [D] 6

【答案】C

【解析】看到的栏杆有3处：标高为3.850m的阳台栏杆1处，标高为3.900m的展厅护窗栏杆1处，标高为3.850m的平台栏杆1处。

看到的栏板有2处：Ⓐ轴左侧顶标高为7.000m的栏板1处，Ⓑ轴右侧顶标高为7.000m的栏板1处。看到的栏杆和栏板共计5处，故应选C。

(9) 剖到的雨篷共有几处？

[A] 2   [B] 3   [C] 4   [D] 5

【答案】A

【解析】剖到的雨篷共计2处，分别为二层阳台上方雨篷和二层走廊上方雨篷。

(10) 剖到的挡土墙与水池分别有几处？

[A] 1，1   [B] 2，2   [C] 2，1   [D] 1，2

【答案】D

【解析】剖到挡土墙有1处，位于Ⓑ轴右侧6100mm处；剖到水池有2处；故选D。

七、2017年 坡地展厅

任务描述：

图29-1-37～图29-1-39为某坡地展厅建筑平面图，按指定剖切线位置和构造要求绘制1-1剖面图，剖面图应正确反映平面图所示关系。

构造要求：

● 结构：现浇钢筋混凝土框架结构。

● 柱：600mm×600mm现浇钢筋混凝土柱。

● 梁：现浇钢筋混凝土梁，600mm×300mm（高×宽）。

● 墙：内、外墙均为300mm厚砌体，挡土墙为300mm厚钢筋混凝土。

● 坡屋面：200mm厚钢筋混凝土屋面板，上铺瓦屋面；屋面坡度为1：2.5；屋面挑檐无天沟和封檐板。

● 平屋面：100mm厚现浇钢筋混凝土板，面层构造150mm厚。

● 楼面：200mm厚现浇钢筋混凝土板，面层构造100mm厚。

● 楼梯：现浇钢筋混凝土板式楼梯，200mm厚现浇钢筋混凝土板，面层构造50mm厚，梯级为300mm×150mm（宽×高）。

● 阳台、挑台、雨篷：板式结构，200mm厚现浇钢筋混凝土板，阳台面层构造50mm，雨篷板底齐门上口。

● 室内外地面：素土夯实，面层构造200mm厚。

● 门：M-1门高2700mm，M-2门高3900mm，M-3门高3300mm。

● 窗：C-1、C-2为落地窗，窗高至结构梁底；C-3窗台高900mm，窗高3000mm。

● 栏杆：均为通透式金属栏杆。

● 水池：池底及池壁均为200mm厚钢筋混凝土。

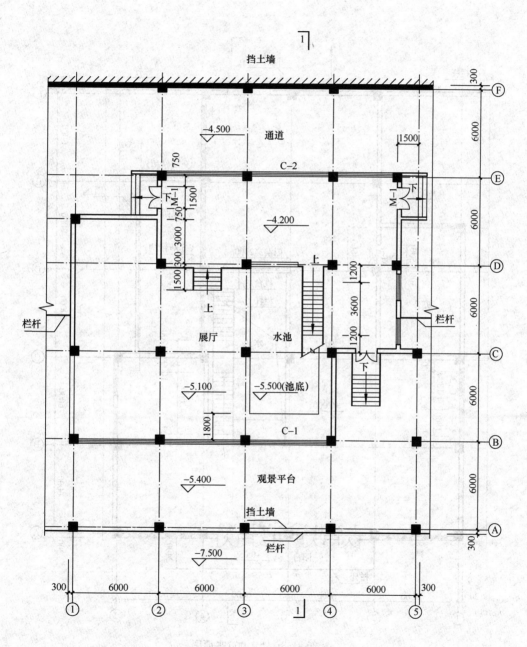

图 29-1-37　－5.100平面图

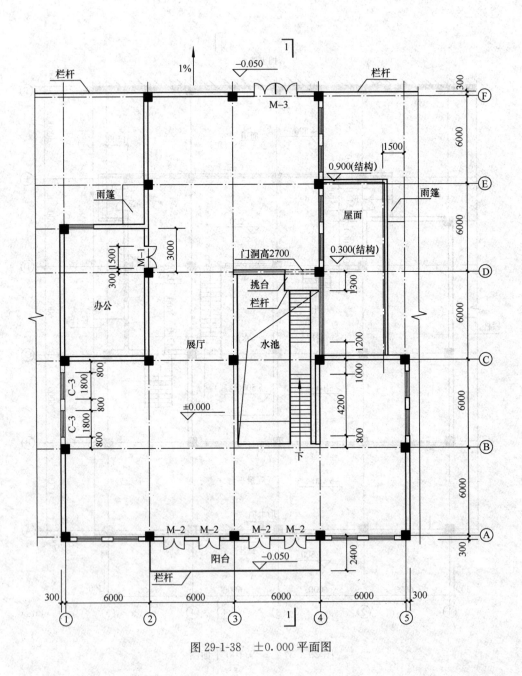

图 29-1-38 ±0.000平面图

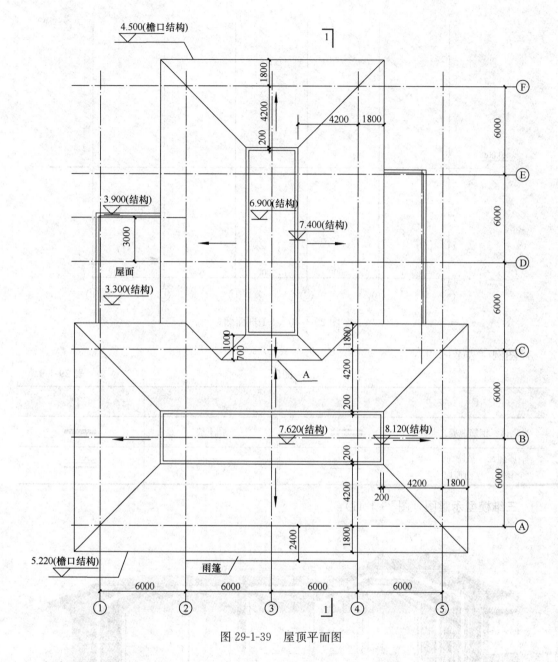

图 29-1-39　屋顶平面图

任务要求：

● 绘制 1-1 剖面图（图 29-1-40），按图例绘出构造要求所列各项内容及建筑可见线。

● 在 1-1 剖面上标注楼地面、楼梯休息平台标高，檐口、屋脊及屋顶平面图中 A 点的结构面标高。

● 根据作图结果，先完成第 1 页 1~10 题作图选择题的作答。再用 2B 铅笔填涂答题卡上对应题目的答案。

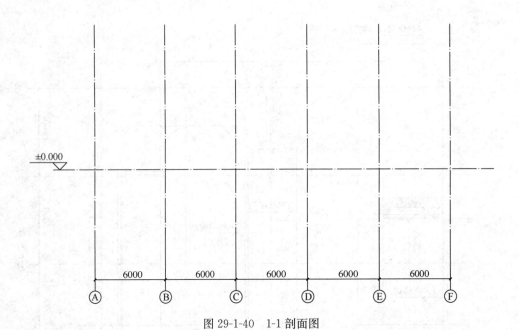

图 29-1-40   1-1 剖面图

图例（表 29-1-9）：

图例   **表 29-1-9**

名称	图例	名称	图例
砌体、钢筋混凝土	▅▅	挡土墙	▅
屋面瓦、平屋面、楼面、楼面面层	══	室内外地坪	▅

三维模型示意图（图 29-1-41）：

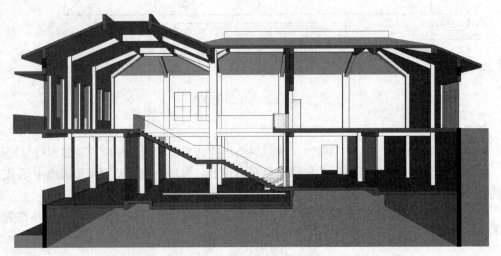

图 29-1-41

作图参考答案（图 29-1-42）：

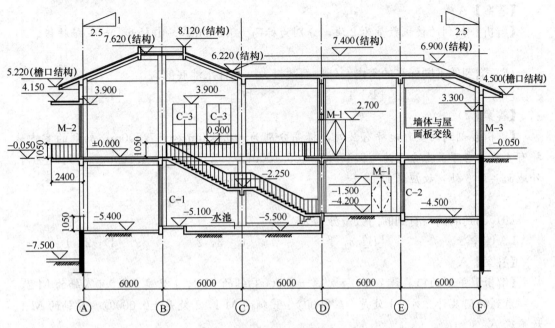

图 29-1-42 1-1 剖面图参考答案

作图选择题参考答案及解析：

(1) 剖到的坡度为 1∶2.5 的屋面板数量为：

[A] 3　　　　　 [B] 4　　　　　 [C] 5　　　　　 [D] 6

【答案】A

【解析】剖到的坡度为 1∶2.5 的屋面板数量为 3 块，分别位于Ⓐ～Ⓑ轴、Ⓑ～Ⓒ轴和Ⓔ～Ⓕ轴。

(2) 屋顶平面图 A 点的结构面标高为：

[A] 5.500　　　 [B] 5.940　　　 [C] 6.220　　　 [D] 6.500

【答案】C

【解析】根据Ⓒ～Ⓕ轴平屋面结构面标高为 6.900m 和屋面坡度为 1∶2.5，可计算出 A 点的标高为：6.900m－（1.000＋0.700）m/2.5＝6.220m。

(3) 剖到的悬臂板数量为（不含屋面挑檐）：

[A] 2　　　　　 [B] 3　　　　　 [C] 4　　　　　 [D] 5

【答案】B

【解析】剖到的悬臂板数量共计 3 个，分别是Ⓐ轴左侧标高为－0.050m 的阳台板、板底标高为 3.90m 的雨篷板和Ⓓ轴左侧标高为±0.000m 的悬挑楼板。

(4) 剖到的楼板数量为：

[A] 2　　　　　[B] 3　　　　　[C] 4　　　　　[D] 5

【答案】A

【解析】剖到的楼板数量为 2 块，分别为标高±0.000Ⓐ～Ⓑ轴和Ⓓ～Ⓕ轴楼板。

(5) 剖到的不同标高的室内、外地面数量为（不计水池底部）：

[A] 3　　　　　[B] 4　　　　　[C] 5　　　　　[D] 6

【答案】D

【解析】剖到的室外地坪有 2 处，标高分别为－0.050m 和－7.500m；剖到的室内地坪有 4 处，自下至上分别为－5.400m、－5.100m、－4.500m、－4.200m。剖到的室内、外地面共计 6 处，故应选 D。

(6) 剖到的门与看到的门数量分别为：

[A] 2，2　　　　[B] 3，1　　　　[C] 3，2　　　　[D] 2，1

【答案】A

【解析】剖到的门共计 2 处：1 处是±0.000Ⓕ轴的 M-3，1 处是±0.000Ⓐ轴的 M-2。
看到的门共计 2 处：1 处是－4.200Ⓓ～Ⓔ轴的 M-1，1 处是±0.000Ⓓ～Ⓔ轴的 M-1。
故应选 A。

(7) 剖到的窗与看到的窗数量分别为：

[A] 1，2　　　　[B] 2，3　　　　[C] 2，2　　　　[D] 3，2

【答案】C

【解析】剖到的窗有 2 处：1 处是－4.200mⒺ轴的 C-2，1 处是－5.100mⒷ轴的 C-1。看到的窗有 2 处：为±0.000mⒷ～Ⓒ轴的 2 处 C-3。故应选 C。

(8) 剖到的挡土墙数量为：

[A] 1　　　　　[B] 2　　　　　[C] 3　　　　　[D] 4

【答案】B

【解析】剖到的挡土墙共计 2 处：1 处在Ⓐ轴－5.400～－7.500m 之间，1 处在Ⓕ轴－0.050～－4.500m；故选 B。

(9) 楼梯休息平台标高为：

[A] －2.550　　　[B] －2.400　　　[C] －2.250　　　[D] －2.100

【答案】C

【解析】由－5.100m 平面图可知，从－4.200m 地面上 13 级踏步能到达休息平台，每级踏步高度为－0.150m，休息平台高度为：－（4.200－0.150×13）m＝－2.250m。

(10) 剖到的栏杆数量为：

[A] 1　　　　　[B] 2　　　　　[C] 3　　　　　[D] 4

【答案】C

【解析】剖到的栏杆共计 3 处，分别为－5.400m 观景平台Ⓐ轴栏杆、±0.000m 挑台栏杆，以及－0.050m 阳台栏杆。

八、2018 年 南方某园林建筑

任务描述：

图 29-1-43～图 29-1-45 为南方某园林建筑（现浇钢筋混凝土框架结构）的局部平面图，按指定剖切线位置和构造要求绘制 1-1 剖面图，剖面图应正确反映平面图所示关系。

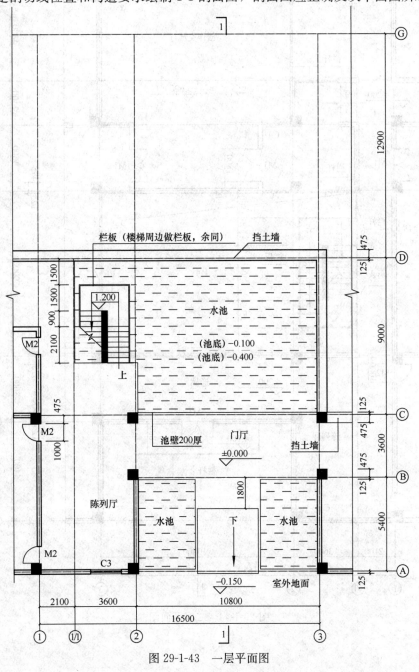

图 29-1-43　一层平面图

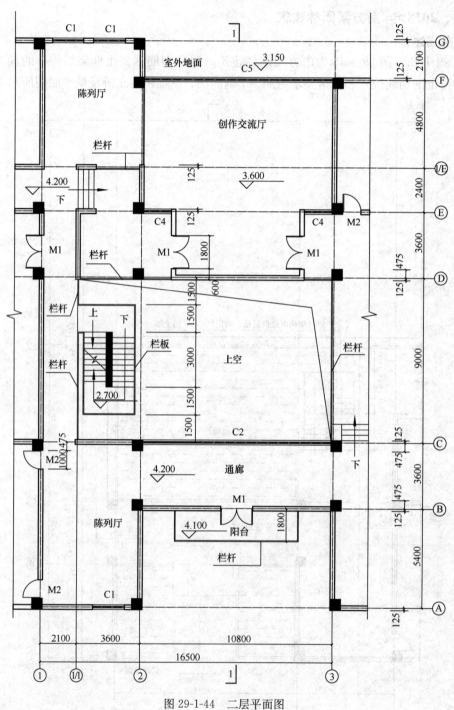

图 29-1-44 二层平面图

212

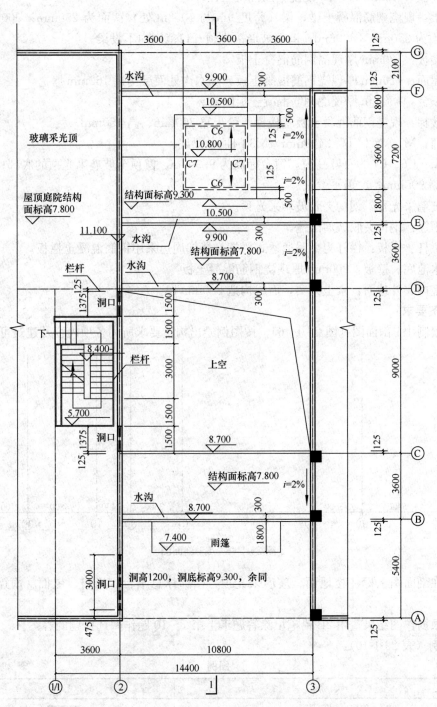

图 29-1-45 三层平面图

构造要求：

● 墙：250mm 厚砌体墙；600mm 厚钢筋混凝土挡土墙。

● 柱：600mm×600mm 现浇钢筋混凝土柱。

● 梁：现浇钢筋混凝土梁，梁（跨度 9m 与 10.8m 处）截面为 250mm×900mm，其余梁截面为 250mm×600mm；屋面玻璃采光顶开口范围内不设梁。

● 楼板：120mm 厚现浇钢筋混凝土板。

● 屋面：120mm 厚现浇钢筋混凝土板，临水沟处面层构造 150mm 厚。

● 阳台：150mm 厚现浇钢筋混凝土板阳台。

● 楼梯：现浇钢筋混凝土板式楼梯，踏步宽 300mm、高 150mm。

● 门：M1、M2 门高 2400mm，M3 门顶平梁底。

● 窗：C6、C7 为百叶高窗，窗台标高为 9.900m，窗顶至玻璃采光顶的底部；其余窗的窗台高 900mm，窗顶平梁底。

● 玻璃采光顶：钢构夹胶玻璃采光顶。

● 雨篷：钢构夹胶玻璃雨篷。

● 栏杆、栏板：栏杆为金属通透式栏杆；楼梯周边采用钢筋混凝土栏板。

● 水池底、壁板：200mm 厚现浇钢筋混凝土板。

● 室内、外地面：素土夯实，面层构造 200mm 厚。

任务要求：

● 绘制 1-1 剖面图（图 29-1-46），按图例绘出构造要求所列各项内容及建筑可见线。

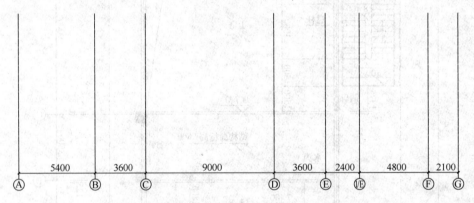

图 29-1-46　1-1 剖面图

● 在剖面图上标注楼地面、玻璃采光顶、楼梯休息平台、檐口、屋面、雨篷等处的标高。

● 根据作图结果，用 2B 铅笔填涂答题卡上第 1～10 题作图选择题的答案。

图例（表 29-1-10）：

图例 表 29-1-10

名称	图例
砌体、钢筋混凝土	
屋面面层	
室内外地面	

三维模型示意图（图 29-1-47）：

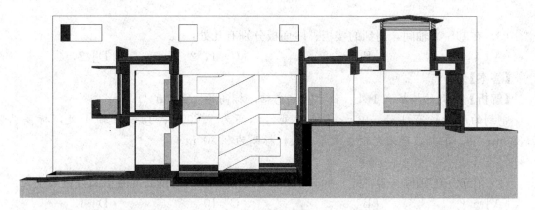

图 29-1-47

作图参考答案（图 29-1-48）：

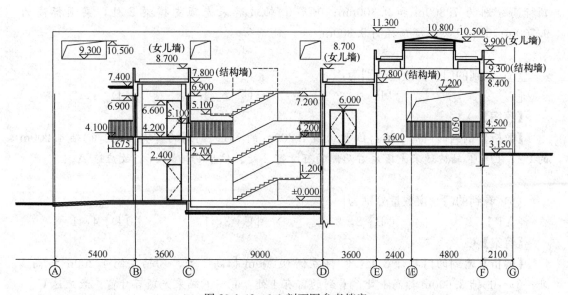

图 29-1-48　1-1 剖面图参考答案

作图选择题参考答案及解析：

（1）玻璃采光顶的顶标高为：

[A] 9.900　　　　[B] 8.700　　　　[C] 10.800　　　　[D] 10.500

【答案】C

【解析】根据三层平面图可知，玻璃采光顶的顶标高为 10.800m。

（2）剖到的屋面结构标高分别为：

[A] 9.900，8.700　　　　　　　　[B] 11.100，9.300

[C] 9.300，7.800　　　　　　　　[D] 9.300，8.700

【解析】剖到的屋面结构标高：Ⓑ~Ⓒ轴和Ⓓ~Ⓔ轴为 7.800m；Ⓔ~Ⓕ轴为 9.300m。

(3) 在Ⓑ~Ⓕ轴间，剖到的楼板、屋面板分别有几处：

[A] 1, 4   [B] 2, 2   [C] 1, 2   [D] 2, 4

【答案】A

【解析】剖到的楼板有 1 处：位于Ⓑ~Ⓒ轴，标高为 4.200m。

剖到的屋面板有 4 处：Ⓑ~Ⓒ轴 1 处，标高为 7.800m；Ⓓ~Ⓔ轴 1 处，标高为 7.800m；Ⓔ~Ⓕ轴玻璃采光顶左右各 1 处，标高为 9.300m。

(4) 在Ⓑ~Ⓕ轴间（含轴线）标高 3.600 以上范围剖到的钢筋混凝土梁数量最少为：

[A] 6   [B] 8   [C] 10   [D] 12

【答案】C

【解析】剖到的梁共计 10 根：Ⓑ轴 2 处，梁顶标高分别为 4.200m 和 7.800m；Ⓒ轴 2 处，梁顶标高分别为 4.200m 和 7.800m；Ⓓ轴 1 处，梁顶标高为 7.800m；Ⓔ轴 2 处，梁顶标高分别为 7.800m 和 9.300mn；Ⓔ~Ⓕ轴玻璃采光顶支撑梁 2 处，梁顶标高为 9.300m；Ⓕ轴 1 处，梁顶标高 9.300m。

(5) 剖到的门、窗数量分别为：

[A] 1, 4   [B] 2, 2   [C] 2, 4   [D] 1, 2

【答案】A

【解析】剖到的门有 1 处：位于Ⓑ轴 4.200m 的 M1；剖到的窗有 4 处：Ⓒ轴 4.200m 的 C2、Ⓔ~Ⓕ轴玻璃采光顶左右两侧的百叶窗 2 处、位于Ⓕ轴的 C5。故应选 A。

(6) 看到的门、窗数量分别为：

[A] 1, 2   [B] 2, 2   [C] 3, 1   [D] 4, 1

【答案】C

【解析】看到的门共计 3 处：Ⓒ轴左侧 0.000m 标高 1 处，Ⓒ轴左侧 4.200m 标高 1 处，Ⓓ~Ⓔ轴 3.600m 标高 1 处；看到的窗有 1 处：Ⓔ~Ⓕ轴采光顶百叶窗。故应选 C。

(7) 看到的楼梯栏板有几处：

[A] 2   [B] 3   [C] 4   [D] 5

【答案】B

【解析】Ⓒ~Ⓓ轴可以看到楼梯栏板共计 3 处。

(8) 剖到与看到的栏杆数量分别为：

[A] 2, 3   [B] 2, 4   [C] 1, 5   [D] 1, 4

【答案】D

【解析】剖到的栏杆 1 处：位于 4.100m 的阳台栏杆；看到的栏杆共计 4 处：Ⓐ~Ⓑ

轴阳台栏杆 1 处，Ⓒ～Ⓓ轴 4.200m 的回廊栏杆 2 处，Ⓔ～Ⓕ轴 4.200m 的陈列厅栏杆
1 处。

（9）剖到的雨篷数量为：

[A] 0   [B] 1   [C] 2   [D] 3

【答案】B

【解析】剖到Ⓐ～Ⓑ轴二层阳台上方雨篷 1 处。

（10）剖到的挡土墙与水池数量分别为：

[A] 1，2   [B] 2，2   [C] 2，1   [D] 1，1

【答案】D

【解析】剖到的挡土墙有 1 处：位于Ⓓ轴±0.000～3.600m；剖到的水池有 1 处：位
于Ⓒ～Ⓓ轴。

九、2019 年 某住宅

任务描述：

图 29-1-49～图 29-1-52 为某住宅各层平面图，采用现浇钢筋混凝土框架结构。按指定
剖切线位置和构造要求绘制 1-1 剖面图，应正确反映平面图所示关系，不要求表示建筑外
围护的保温隔热材料。

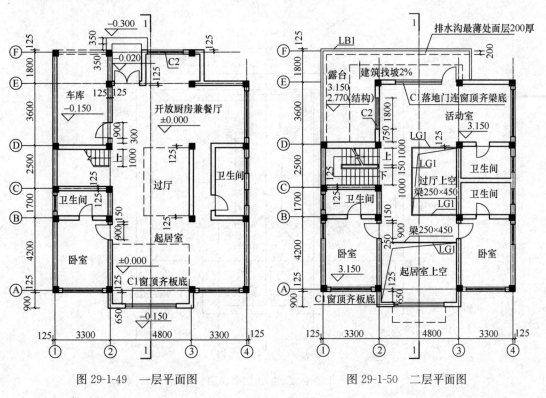

图 29-1-49 一层平面图   图 29-1-50 二层平面图

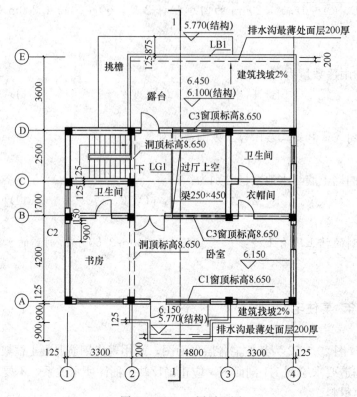

图 29-1-51 三层平面图

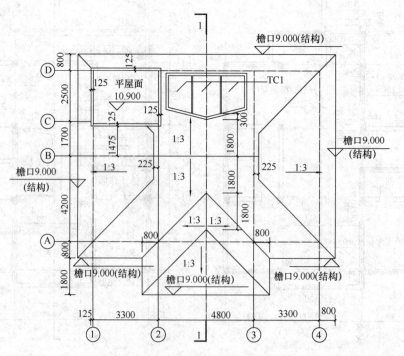

图 29-1-52 屋顶层平面图

构造要求：

● 柱：350mm×350mm 现浇钢筋混凝土柱。

● 梁：现浇钢筋混凝土框架梁，梁截面 250mm×450mm。

● 墙：250mm 厚砌体墙。

● 坡屋面：120mm 厚现浇钢筋混凝土板；屋面构造 100mm 厚，屋面坡度均为 1：3。

● 阳台、露台：120mm 厚现浇钢筋混凝土板；面层为架空开缝木条板，面层下构造层向室外侧找坡 2‰，最薄处 200mm 厚。

● 楼面与楼梯：120mm 厚现浇钢筋混凝土板，楼面构造 50mm 厚。

● 门：门洞高度 2200mm。

● 窗 C1：落地窗、落地门连窗。窗底混凝土翻边高出楼地面 100mm，窗洞顶标高见平面图标注。

● 窗 C2：窗高 1600mm，窗台高出楼地面 900mm。

● 窗 C3：窗高 600mm，窗洞顶标高见平面图标注。

● 窗 TC1：屋面天窗。坡度随屋面，四周板边翻起 300mm 高、125mm 厚。

● 栏杆 LG1：金属通透栏杆。

● 栏板 LB1：室外钢筋混凝土栏板 125mm 厚。

● 挑檐：120mm 厚现浇钢筋混凝土板。

任务要求：

● 根据构造要求和图例（表 29-1-11），按比例在图 29-1-53 上绘制 1-1 剖面图，包括各类建筑构件及相关建筑可见线。

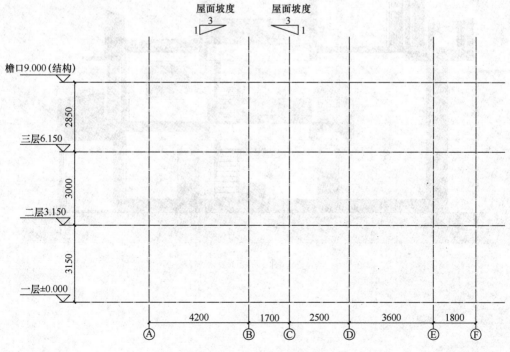

图 29-1-53　1-1 剖面图

● 标注：坡屋面屋脊、挑檐的结构标高；阳台、露台的结构标高、建筑标高；楼梯平台、室外地面的建筑标高；栏杆 LG1、栏板 LB1 的高度。

● 根据作图结果，用 2B 铅笔填涂答题卡上作图选择题的答案。

图例（表 29-1-11）：

图例 表 **29-1-11**

名称	图例	名称	图例
混凝土		室内、外地面	——
砌体墙		阳台、露台架空木条板及面层下构造层	=
现浇钢筋混凝土			
坡屋面、楼地面构造层	——		

三维模型示意图（图 29-1-54）：

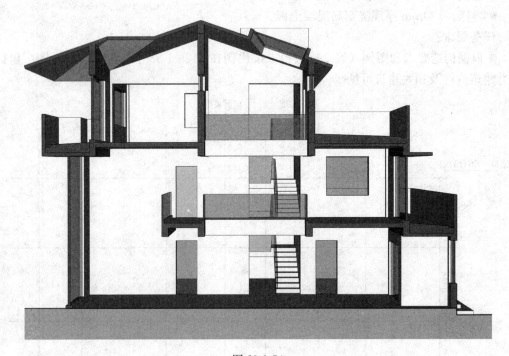

图 29-1-54

220

作图参考答案（图 29-1-55）：

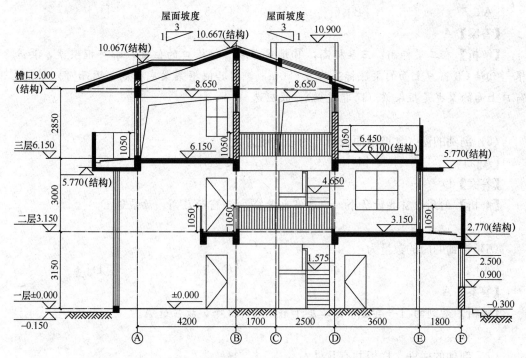

图 29-1-55 1-1 剖面图参考答案

作图选择题参考答案及解析：

（1）剖到的坡屋面屋脊共有几处？

[A] 2　　　　　[B] 3　　　　　[C] 4　　　　　[D] 5

【答案】A

【解析】剖到的坡屋面屋脊共计 2 处，10.667m 标高一处，10.067m 标高一处，故应选 A。

（2）最高的坡屋面屋脊的结构标高为：

[A] 9.000　　　[B] 10.067　　　[C] 10.667　　　[D] 10.900

【答案】C

【解析】屋面坡度为 1:3，檐口高度 9.000m，坡屋面最宽处为 0.8+2.5+1.7=5m。
5/3+9.000=10.667m，故应选 C。

（3）Ⓐ轴与Ⓕ轴之间剖到的平屋面板共有几块？

[A] 1　　　　　[B] 2　　　　　[C] 3　　　　　[D] 4

【答案】B

【解析】Ⓐ～Ⓕ轴剖到的平屋面板共计 2 块，分别是板顶结构标高为 2.770m 和
6.100m 的露台平屋面；Ⓐ轴另一侧板顶结构标高为 5.770m 的阳台平屋面因不在Ⓐ～Ⓕ
轴范围，故不应计入。

(4) Ⓑ轴与①轴处剖到的框架梁共有几根?

[A] 7　　　　　　　[B] 6　　　　　　　[C] 5　　　　　　　[C] 4

【答案】A

【解析】在二层标高、三层标高，Ⓑ轴屋脊和①轴檐口的位置，都有框架梁，共计 8 根。Ⓑ轴 C3 窗户上面的梁底标高为 8.650m，等同其他框架梁底标高，因而可以断定 C3 窗户上面的梁也是框架梁（而非过梁）；故应选 A。

(5) 剖到的窗（含坡屋面天窗）的总数量为:

[A] 4　　　　　　　[B] 5　　　　　　　[C] 6　　　　　　　[D] 7

【答案】D

【解析】剖到的窗共计 7 个，门连窗也是窗，C1 窗两层高，故应选 D。

(6) 看到的门的数量为:

[A] 3　　　　　　　[B] 4　　　　　　　[C] 5　　　　　　　[D] 6

【答案】A

【解析】看到的门一层 2 个，二层 1 个，共计 3 个，故应选 A。

(7) 剖到的栏杆、栏板共有几处?

[A] 3　　　　　　　[B] 4　　　　　　　[C] 5　　　　　　　[D] 6

【答案】D

【解析】剖到的栏杆有 3 处，位于二层室内；剖到的栏板有 3 处：二层剖到露台栏板 1 处，三层剖到露台栏板和阳台栏板各 1 处。剖到的栏杆、栏板共计 6 处，故应选 D。

(8) 建筑最高处的标高为:

[A] 10.150　　　　[B] 10.667　　　　[C] 10.772　　　　[D] 10.900

【答案】D

【解析】女儿墙顶为最高，标高 10.900m，故应选 D。

(9) 看到踏步线的楼梯段共有几处?

[A] 0　　　　　　　[B] 1　　　　　　　[C] 2　　　　　　　[D] 3

【答案】C

【解析】看到踏步线的楼梯段共计 2 处，在Ⓒ～Ⓓ轴，一层和二层各 1 处；故应选 C。

(10) 最大的室内外高差为:

[A] 0　　　　　　　[B] 150mm　　　　[C] 300mm　　　　[D] 450mm

【答案】C

【解析】由一层平面图可知，室外地面标高分别为－0.015m 和－0.300m，一层室内地面标高（车库地面标高不计）为±0.000m，故最大室内外高差为 300mm。

第二节 建 筑 构 造

一、试题分析与解题方法

(一)试题分析

在一级注册建筑师考试的9个科目中"建筑技术设计(作图)"是相对比较难的一门,其通过率也比较低。从2006年开始,"建筑构造"改为第二题(共4道题),选择题共10道,分值为30分(占总分值的30%),"建筑构造"成为通过这门考试的关键。

建筑构造考核的内容可以概括为"量大面广",虽然历年考试的建筑构造类型有所重叠(如2001年与2013年考核轻钢龙骨石膏板隔墙,2003年和2014年考核坡屋面建筑构造),但其考核的节点部位不同,具体的设计要求也不同;可以说"在历年的考试中没有出现过重复的考题"(详见"2.历年试题内容简述")。因此,不能单纯只看以往的考题,而是需要系统复习;平时工作中也要注意知识的积累。本节将引导大家建立一个基本的"建筑构造"知识框架。

注:限于篇幅,本章不可能将现行国家规范(标准)和图集全部收录,请考生在建立知识框架、掌握构造设计原理的基础上,进行有针对性的复习。

1. 考试大纲的要求

建筑技术设计(作图题):检验应试者在建筑技术方面的实践能力,对试题能做出符合要求的答案,包括:……建筑配件与构造等,并符合法规规范。

建筑材料与构造(知识题):了解建筑材料的基本分类;了解常用材料(含新型建材)的物理化学性能,材料规格,使用范围及其检验、检测方法;了解绿色建材的性能及评价标准。**掌握一般建筑构造的原理与方法、能正确选用材料,合理解决其构造与连接**;了解建筑新技术、新材料的构造节点及其对工艺技术精度的要求。

根据考试大纲及历年考试情况来看,上述两部分考试内容是相互关联的,参见本节"二、(一)"概述部分。总之,所有建筑材料与构造的知识、经验、成果等的积累最终要在图纸上反映出来,因此建议这两门考试一起报考。

2. 历年试题内容简述

1998年 木门构造:根据给定的图示,绘制夹板门构造节点,包括亮子与上槛、中横框节点,亮子与边梃节点,门与边梃连接节点,夹板门的百叶门洞口处的节点构造详图。

1999年 变形缝建筑构造:根据给定的材料,绘制防水屋面、地面、外墙、顶棚部位的变形缝构造详图。

2000年 轻钢龙骨吊顶:给定配件形状和相关材料,要求绘制阴角、阳角、墙角、平缝部位的节点构造详图。

2001年 轻钢龙骨石膏板隔墙:根据基本构件表(给定配件形状、尺寸和相关材料),要求绘制隔墙与吊顶、隔墙与地面、隔墙与外墙(阴角)、隔墙与门垛、隔墙平缝、隔墙与隔墙转角(阳角)部位的节点构造详图。

2003年 坡屋面构造:根据给定的材料及图例,绘制非地震区、非大风地区住宅楼的坡屋面,包括屋顶天沟(不采用卧瓦方式)、屋脊、檐口、变形缝的节点构造详图。

2004年 地下室防水构造:根据地下室剖面示意图(给定材料及图例、工程做法),

绘制地下室顶板后浇带、地下室外墙施工缝、地下室底板后浇带、地下室顶板变形缝、地下室底板变形缝节点构造图。

2005 年 干挂石材幕墙：根据外幕墙剖面示意图与给定的配件和材料，绘制完成女儿墙、窗洞口侧墙平面、干挂石材幕墙的上下板连接处、窗口下沿剖面、幕墙与散水处的节点构造详图。

2006 年 无障碍楼梯构造：根据公共建筑内楼梯的平面及剖面示意图，给定的材料及配件，完成无障碍楼梯扶手起点，靠墙扶手，栏杆、扶手与墙连接处，楼梯踏步的构造详图。

2007 年 楼面建筑构造：根据楼面构造做法及要求，绘制现制水磨石楼面、强化复合双层木地板楼面、单层长条木地板楼面、地砖隔声楼面的建筑构造做法详图。

2008 年 平屋面构造：根据《屋面工程技术规范》及各节点屋面要求、材料及图例，绘制 II 级柔性防水无保温屋面（不上人）、II 级防水倒置式屋面（不上人）、II 级刚柔防水保温屋面（上人）、III 级柔性防水保温带隔汽层屋面构造详图（本题的命题依据是 GB 50345—2004，现行版本 GB 50345—2012 规定屋面防水分 I、II 级两级防水，故此题已不适用于现行规范）。

2009 年 玻璃幕墙构造：根据玻璃幕墙的立面及剖面示意图、配件与材料，绘制竖明横隐框架式玻璃幕墙层间（防火）、幕墙可开启窗下窗口、幕墙可开启窗侧窗口、幕墙竖明框部分的节点构造详图。

2010 年 室内墙面构造：按题目要求和图例绘出不同室内墙体的内墙饰面构造做法，包括挂贴石材内饰面、公共浴室面砖（有防水层）内饰面、会议室吸声（穿孔石膏板）内墙面、人造石材内饰面构造图。

2011 年 轻钢龙骨石膏板吊顶：根据给定的配件与材料，绘制完成双层龙骨上人吊顶（石膏板、矿棉板复合面层）、单层龙骨不上人吊顶（石膏板面层）、双层龙骨明架矿棉板上人吊顶（T 型宽带龙骨）、双层龙骨暗架矿棉板上人吊顶（H 型龙骨）构造详图。

2012 年 地下防水构造：根据 4 个未完成的地下室防水构造节点详图以及图例中的配件与材料，不考虑保温，按 I 级防水要求绘制地下室外墙施工缝防水构造、地下室顶板变形缝防水构造、地下室外墙与顶板转角卷材防水构造、地下室底板变形缝防水构造详图。

2013 年 轻钢龙骨石膏板隔墙：根据多层办公楼局部平面图、剖面图及图例（配件与材料），按 8 度抗震设防、耐火等级为二级的要求，绘制外墙与内隔墙的滑动连接构造、隔墙与木门框的连接构造、横向隔墙与纵向隔墙连接处的构造（办公室之间的隔墙不考虑隔声）、隔墙与楼板的连接构造详图。

2014 年 瓦（坡）屋面构造：根据现行规范及图例（配件与材料），完成 I 级防水倒置式平瓦保温屋面、II 级防水平瓦无保温屋面、I 级防水正置式平瓦保温屋面、II 级防水沥青瓦保温屋面构造详图。

2017 年 外墙外保温构造：根据现行规范、国标图集及任务要求和图例（配件与材料），按比例完成涂料饰面 EPS 板薄抹灰系统（用于建筑首层）、涂料饰面胶粉 EPS 颗粒保温浆料系统、面砖饰面胶粉 EPS 颗粒保温浆料系统、涂料饰面现场喷涂硬泡聚氨酯系统构造详图。

2018 年 建筑隔声构造：根据现行规范及国标图集的要求，按提供的图例（配件与材料），绘制建筑室内隔声构造的 4 个剖面节点，包括：楼板隔声构造（采用减振垫板）、楼板隔声构造（采用隔声玻璃棉板）、电梯井道隔声构造（采用附加轻钢龙骨石膏板隔声墙）、管道穿墙隔声构造（采用钢套管构造）。

2019 年 平屋面构造：根据现行规范，按任务要求和图例及屋顶局部平面示意图、图例（配件与材料），绘制完成楼梯间外墙（立墙泛水）与种植屋面挡土墙、种植屋面、有保温上人屋面（Ⅱ级防水屋面）与楼梯间外墙（有变形缝）、有保温上人屋面（Ⅱ级防水屋面）共 4 个平屋面构造节点详图。

3. 试卷架构

（1）建筑构造的试卷结构如图 29-2-1 所示，分为选择题和试卷两部分。

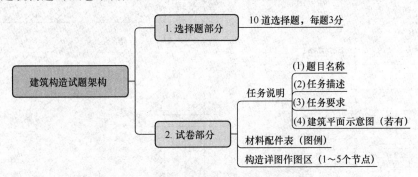

图 29-2-1　建筑构造试题架构

（2）建筑构造试题的选择题部分如图 29-2-2 所示，通常有 10 道小题，每道题分值为

图 29-2-2　建筑构造试题的选择题部分

3分；并按题目要求，将答案填写到答题卡上。建筑构造试题的试卷部分如图 29-2-3 所示，分 3 个部分（任务说明、材料配件表或图例、构造详图作图区）。

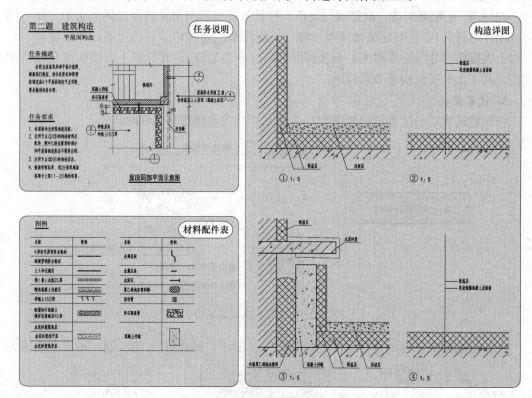

图 29-2-3　建筑构造试题的试卷部分

（二）解题方法与策略

成功解题的关键是平时工作中的经验积累及考试前的集中复习，其关键是掌握建筑构造的设计原理；因此，不能只注重对国标图集及历年试题的记忆。首先无论在平时工作还是考前复习中，不一定都能全面覆盖建筑构造的所有内容，试题也不会重复出现；其次还需要满足考试题目中存在的一些特殊要求，因此要加强理解。对于现行国家标准、规范的要求也需要掌握；同时，还要对照图集或规范附图，认真琢磨"为什么规范是这样规定的"。

齐康院士认为：建筑构造的综合性较强，既应理解构造原理，又应着重掌握构造方法。熟悉做法中的"吊""挂""嵌""榫""铆""焊""卡""钉"等组织物体与物体，以及空间的诸多关系。

樊振和老师提出：要从建筑构造原理入手，来学习掌握建筑构造的内容。他在《建筑构造原理与设计》一书中写道："建筑物的基本功能主要有两个，即承载与围护……建筑物还应具有良好的保温、隔热、防水、防潮、隔声、防火等功能，这就是建筑物的围护功能。我们要搞清楚每个细部的基本功能（解决什么问题）；构造设计就是正确的选用材料，合理的解决其构造与连接"。

推荐一种思考、学习方法——5W1H 分析法（即"六何分析法"，其中时间和人员这两项不需分析）。简而言之要从：① 目标及功能（Why，原因）；② 材料及配件选择（What，对象）；③ 部位（Where，地点）；④ 如何组合及连接（How，方法）4 个方面进行思考、分析。但其前提是：**充分掌握建筑构造的原理，熟悉相应的规范、标准，对国标图集有一定了解。**

1. 复习

考前复习需要"系统、全面"，不限于本教材的内容；同时结合本套教材的第4分册《建筑材料与构造》，快速建立起知识构架。此处的"全面"不是指图集中的每个构造节点都复习到，而是构造类型要尽可能全面，每类构造选择具有代表性的构造节点，相似的可以合并同类项，在考试时可以随机应变。

本节以引文形式引述规范中的要求（重要规定），同时结合国标图集，列举了一些重要节点；这些都是考生们应该掌握的基础知识。复习时要注意归类、总结，重在理解，尤其应注意各构造节点的适用条件。如果复习时间充裕，几本常用的国标图集也要看一下。

本节应重点掌握以下两个方面的基本知识：

(1) **国家标准、规范**：国标（地标）图集也是依据国家标准（规范）编制的；

(2) **建筑构造通用图集**：主要参考国标图集《工程做法》05J909，共分5个部分，主要内容如图29-2-4所示；也可参考华北标图集《工程做法》19BJ1-1。

华北标《工程做法》19BJ1-1主要有8个部分：A室外工程（道路、场地、坡道、台阶等）；B外墙面（非保温外墙面）；C内墙面、踢脚、墙裙；D楼地面（多种楼面、地面）；E顶棚（板底抹灰、吊顶）；F屋面（平屋面、坡屋面、种植屋面、单层防水金属屋面）；G木材、钢材等的表面涂料。

注：外墙外保温做法详见19BJ2-12图集。

建议这门考试与"建筑材料与构造（知识题）"一起报考，这样不但复习效率高，而且通过作图考试的概率也比较高。如果复习时间充裕，建议规范与国标图集尽可能多看一些，边看边理解。总之，艺多不压身，一分耕耘一分收获。

现行国标图集（及其合订本图集）分为10类，主要内容如下：

(1) **总图及室外工程**：道路、环境景观、室外工程、围墙大门、挡土墙等。

(2) **墙体**：石膏砌块内隔墙、挡雨板及栈台雨篷、外墙外保温建筑构造、外墙内保温建筑构造、内隔墙—轻质条板、人造板材幕墙、夹心保温墙建筑与结构构造、预制混凝土外墙挂板、墙体节能建筑构造等。

(3) **屋面**：玻璃采光顶、平屋面建筑构造、坡屋面建筑构造、种植屋面建筑构造、单层防水卷材屋面建筑构造（一）——金属屋面。

(4) **楼地面**：楼地面建筑构造、建筑防腐蚀构造、地下建筑防水构造、地沟及盖板、砌体地沟等。

(5) **梯**：楼梯、栏杆、栏板，钢梯等。

(6) **装修**：外装修、隔断，隔断墙，钢筋混凝土雨篷，内装修—室内吊顶，内装修—墙面装修，内装修—楼（地）面装修，内装修—细部构造，铝合金护栏，住宅内装工业化设计——整体收纳等。

(7) **门窗及天窗**：铝合金门窗、压型钢板及夹心板大门、实腹钢门窗、电动采光排烟天窗、防火门窗、木门窗、建筑节能门窗、通风天窗等。

(8) **设计图示**：民用建筑工程总平面初步设计、施工图设计深度图样、《建筑设计防火规范》图示、《汽车库、修车库、停车场设计防火规范》图示、民用建筑工程室内施工

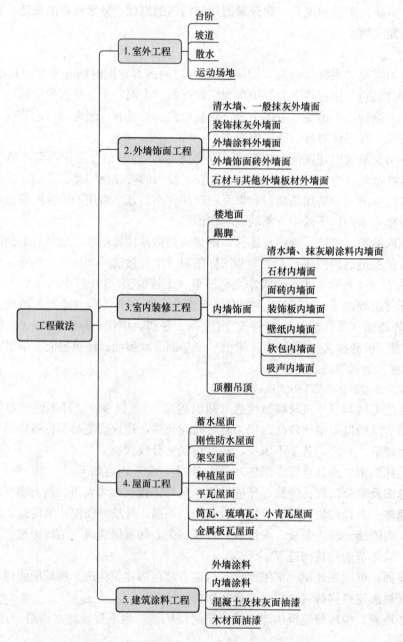

图 29-2-4　国标图集《工程做法》架构示意图

图设计深度图样、《装配式住宅建筑设计标准》图示、老年养护院标准设计样图等。

（9）**综合项目**：工程做法（05J909、07G120）防火建筑构造、建筑隔声与吸声构造、无障碍设计、变形缝建筑构造、被动式太阳能建筑设计、木结构建筑、公共厨房建筑设计与构造、机械式汽车库建筑构造等。

（10）**参考图**：波形沥青瓦、波形沥青防水板建筑构造，轻钢龙骨石膏板隔墙、吊顶，自粘防水材料建筑构造，建筑防水系统构造，挤塑聚苯乙烯泡沫塑料板保温系统建筑构造（参考图集），合成树脂（复合塑料）瓦屋面建筑构造等。

注：

1. 图集中的"建筑防腐、室外工程"考题中还未出现，如有时间可以简单了解一下；参见《建筑防腐蚀构造》08J333、《室外工程》12J003。

2. 其他参考书目：《一级注册建筑师考试建筑技术设计（作图）应试指南》曹纬浚主编（建筑构造部分由樊振和编写）、《建筑构造设计》东南大学 杨维菊主编、《建筑构造原理与设计》（第5版）樊振和编著、《历年真题解析与模拟试卷 建筑技术设计（作图题）》张艳锋、葛自刚编著。

2. 练习

考前练习可分为"专项练习"与"全真模拟练习"，这两种练习是考前必须做的。充分利用平时的碎片时间进行专项练习，如有历年真题，每次练习时间约1小时，练习4个节点；国标图集的抄绘，不限时间，每次4个节点。考前3个月至少进行3次6小时全套考试题的练习，注意记录每道题的解题时间（便于解决正式考试的时间分配问题），在练习后需对照答案判卷评分。

3. 总结

整理平时的专项练习图纸，装订成册，以便于考前复习。对全真模拟练习后的错误要分析原因，找到相应的规范条款，对照图集认真总结。建议参加考前辅导班或建立考试学习群；这样做不但能解决实际问题，更有利于群友们共同进步。

4. 应试策略

（1）绘图工具

"工欲善其事，必先利其器"，建议使用的考试绘图工具如下：

绘图板（A2），无声及无文本编辑功能的计算器，三角板一套，圆规（建议使用圆模板），丁字尺（一字尺也可），比例尺（至少包含1:2和1:5两种规格），建筑模板（依据个人习惯，也可徒手绘制），绘图笔一套（建议0.3和0.5一次性针管笔各两只，一用一备；考试时频繁换笔会影响绘图速度），铅笔（建议使用0.5或0.7的2B自动铅笔），橡皮，订书机，刀片（刮图），胶带纸、空白坐标纸等。

关于**"草图纸"**是否可以带进考场，各地的考场要求是不同的，但一定不得携带涂改液、涂改带等。参加一级注册建筑师"建筑技术设计"科目考试的应试人员还应携带2B铅笔（最好使用考试专用自动铅笔）。

（2）时间分配

建筑技术设计（作图题）科目共有4道大题，这4道题解题所需时间分配并不均等。因为每年的考核内容都是变化的，建议考生拿到试卷后，先大致看一下有哪些内容。一般情况下按题目顺序作答，每道题的时间分配大致为：2.5h、1.5h、1.0h、1.0h；如遇剖面比较复杂的情况，这道题的答题时间也可适当延长。

建筑构造考题通常有两种如下两种类型：

1）**节点构造设计**（节点设计或细部构造）

2）**整体构造设计**（材料选择与分层做法）

前者的绘图量略大，如2014年瓦屋面构造，建议用时1.5h；后面那类题的绘图量小些，如2017年外墙外保温基本构造，建议用时约1.0h。2018年及2019年考题有所改变，4道小题中的两道不但要考材料选择、分层做法，还要考核关键部位的<u>节点构造</u>，另外两道题仅考核<u>整体构造</u>。总体来看，现阶段考题的类型趋于稳定，作图量适中，但考试难度并未下降。

（3）解题顺序与步骤

每个人的工作经历不同会导致对每道题的熟悉程度不同。建议在完成第一道题"建筑剖面"后，调整后面三道题的答题顺序。熟悉的题目先做，不会的题目可以先放一下，一定要保持冷静。在保证会做的题目能得分的前提下，把不会的留到最后，但不要放弃；应根据题目的条件和线索、已知的配件和材料、规范和原理来解题，尽可能多得分（一定要注意绘图的比例），解题步骤如图 29-2-5 所示。

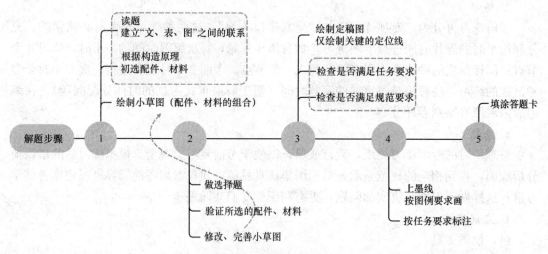

图 29-2-5　建筑构造试题解题步骤示意图

（4）得分条件

选择题内容与考核点及评分标准呈对应关系，如 2011 年的评分标准（表 29-2-1）所列。由此可以看出，评分标准依据选择题的考核点进行分值分配，每年的题目不同，扣分项是不同的。2011 年的考核重点在构件、配件的选择和连接上，对于名称与尺寸标注的扣分则相对宽松。

2011 年　建筑构造题评分标准　　　　　　　　　　　　　　表 29-2-1

题号		说　　明
11	节点1、3	复核节点①、③中是否剖到龙骨 1，未剖到龙骨 1 扣分，绘制正确未注名称不扣分
12	节点1	连接方法（板层次，钉、粘次序）错误扣分；未绘制自攻螺钉扣分；自攻螺钉位置不正确扣分
13	节点1、2	节点①、②中未剖到龙骨 2 扣分，绘制正确未注名称不扣分
14	节点3	节点③中未绘制龙骨 3 图例扣分，绘制正确未注名称不扣分
15	节点4	复核是否出现龙骨 4，图例不正确或未注明龙骨 4 扣分
16	节点1、2	未注明挂插件或绘制图例的扣分；挂插件位置不正确扣分
17	节点4	复核龙骨是否通过龙骨连接件连接，未正确绘制扣分
18	节点3	复核矿棉板是否放置在龙骨上，龙骨绘制不正确不扣分
19	节点2	复核龙骨与石膏板的连接，未绘制自攻螺钉扣分
20	节点4	复核矿棉板的连接，连接做法不正确扣分

注：1. 同一错误不重复扣分；2. 未注明尺寸不扣分。

总之，①选择题正确；②图示正确；③标注正确（表 29-2-1 中的题 15、16）；"3 项正确"才能得分，其中包括材料或配件的选择，各组成部分的排列顺序及连接部分是否安全、可靠，并符合标准、规范。应注意：选择题正确率在 60% 以上才能获得人工阅卷资格。一般情况下，选择题的正确率应达到 70%～80%，同时作图完成度也相对较高时，才有可能通过这门考试。

（5）制图标准

建筑师在日常工作中需依据现行《房屋建筑制图统一标准》GB/T 50001 和《建筑制图标准》GB/T 50104 来绘图。但考试中需注意，一定要按题目所给的图例和构造要求等完成绘图。题目中所给出的"图例、线型"不一定与制图规范的要求保持一致，往往是简化过的，历年的"绘图比例"也有所不同，所以一定要看清题目要求。

作图中的符号包括：剖切符号、索引符号与详图符号、引出线、其他符号，例如，《房屋建筑制图统一标准》GB/T 50001—2017 规定：

7.2.2 当索引符号用于索引剖视详图时，应在被剖切的部位绘制剖切位置线，并以引出线引出索引符号，引出线所在的一侧应为剖视方向。索引符号的编号应符合本标准第 7.2.1 条的规定（图 7.2.2）。

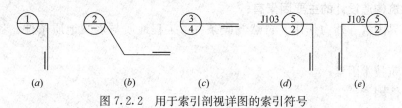

图 7.2.2　用于索引剖视详图的索引符号

（三）建筑构造应试内容架构

建筑构造试题涉及的知识量大面广，其应试的逻辑架构如图 29-2-6 所示。同时，为

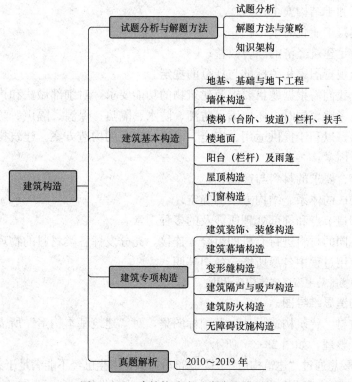

图 29-2-6　建筑构造应试内容思维导图

方便考前查找资料、建立知识体系架构，本节每一部分知识前都会以表格形式列出相关的国家标准（规范）及国标图集。本节将建筑构造分为 2 个部分："建筑基本构造"与"建筑专项构造"，其中前者是基础。两部分均配有相关的知识架构思维导图。

二、建筑基本构造

建筑物基本上是由基础、墙或柱、楼地面、楼梯、门窗、屋顶构成，还有配件设施，如雨篷、阳台、台阶、烟囱、通风管道、电梯等。

构造是指各个组成部分的安排、组织和相互关系。

建筑构造设计是对建筑物中的部件、构件、配件进行的详细设计，以达到建造的技术要求并满足其使用功能和艺术造型的要求。

建筑大样图是对建筑物的细部或建筑构、配件，用较大的比例（一般为 1：20、1：10、1：5 等）将其形状、大小、材料和做法详细地表示出来的图样，又称"节点详图"。

影响建筑构造设计的主要因素有：

（1）外界因素（外力作用、自然气候条件、工程地质与水文地质条件、各种人为因素）；

（2）建筑技术因素；

（3）经济因素；

（4）艺术因素。

建筑构造设计的原则：

（1）必须满足建筑的使用功能要求；

（2）必须有利于结构安全；

（3）适应建筑工业化需求；

（4）必须满足建筑经济的综合效益；

（5）应符合现行国家相关标准与规范的规定。

结合考试，我们需根据题目要求及建筑物的功能要求，对细部做法和构件连接、受力的合理性等进行考虑。同时，还应满足防潮、防水、隔热、保温、隔声、防火、防震、防腐等方面的要求，以利于提供适用、安全、经济、美观的构造方案。建筑构造设计通常需要考虑如下三个因素：

（1）选定符合要求的材料与产品；

（2）整体构成的体系、结构方案的确定；

（3）建筑构造节点和细部处理所涉及的多种因素。

我们要将不同的材料进行有机的组合、连接，充分发挥各类材料的物理性能和适用条件，使其能在使用过程中各尽所能、各司其职。

注：东南大学杨维菊主编《建筑构造设计》。

建筑基本构造思维导图：

依据大学教材《建筑构造设计》及国标图集，对"建筑基本构造"所需了解的内容进行分类、归纳、整理，如图 29-2-7 所示。

总之，现在要想通过"建筑构造作图"这部分考试，考生已经不能满足于只熟悉历年真题了，还需按下述三项内容及要求"认真复习备考，加上临场发挥（利用已知的各种知识、题目

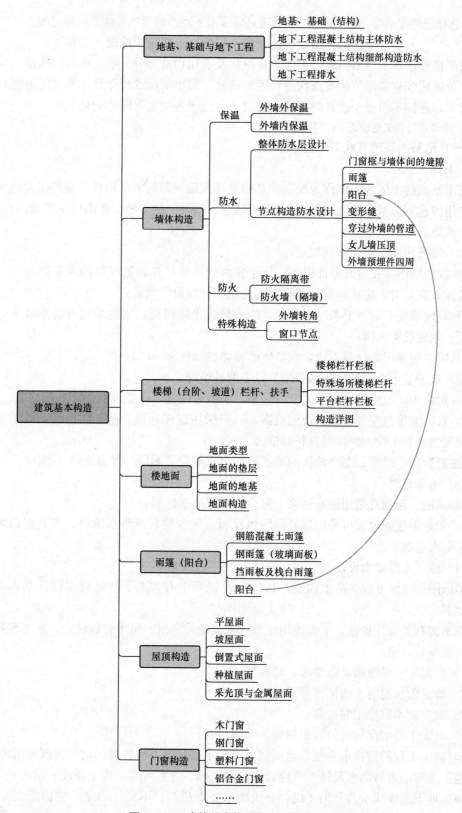

图 29-2-7　建筑基本构造知识思维导图

条件、选择题的提示等，按图索骥）"，可能还需要有一点点的运气，才能顺利过关。

规范＋图集——理解＋记忆——组合＋推理

限于篇幅，本节以下内容仅表述工程做法及通用构造部分，重点在**整体构造**，仅列出特殊部位或比较重要部位的**节点构造**。因为规范、图集的持续性更新，本节尽可能采用引文的形式；这样不但便于教材的更新、修订，也便于考生复习时的记忆。

注：本章不包含机电设备的抗震构造。

（一）地基、基础与地下工程

1. 概述

支承基础的土体或岩体称为地基。基础是建筑最下部的承重构件，是将结构所承受的各种作用传递到地基上的结构组成部分。"地基、基础"的考题主要出现在建筑剖面部分，主要考核防潮层的布置。

（1）墙身防潮应符合下列规定：

1）砌筑墙体应在室外地面以上、位于室内地面垫层处设置连续的水平防潮层；室内相邻地面有高差时，应在高差处墙身贴邻土壤一侧加设防潮层；

2）室内墙面有防潮要求时，其迎水面一侧应设防潮层；室内墙面有防水要求时，其迎水面一侧应设防水层；

3）防潮层采用的材料不应影响墙体的整体抗震性能。

（2）筑于基土上的地面防潮措施分以下两种情况：

1）对由于基土中毛细管水上升的受潮，一般采用混凝土类地面垫层或防潮层；

2）对南方湿热空气产生的地面结露，一般采用加强通风、做架空地面，或采用具有一定吸湿性和热惰性大的面层材料等措施。

【注意】位于严寒、寒冷地区的底层地面可以加设防潮层、保温绝热层等。

（3）防潮材料

1）墙面、顶棚宜采用防水砂浆、聚合物水泥防水涂料；

2）无地下室的地面可采用聚氨酯防水涂料、聚合物乳液防水涂料、水乳型沥青防水涂料和防水卷材。

（4）地下工程防水设计

国标图集《地下建筑防水构造》10J301总说明中有关地下建筑防水设计基本步骤的阐述如下：

在掌握有关设计规范、工程使用性质、水文地质资料、防水材料性能、施工现场条件等设计依据后，应：

1）确定防水等级和设防要求、防水形式；

2）确定防水混凝土的抗渗等级；

3）确定防水层选用的材料；

4）确定工程细部构造的防水措施、选用材料；

5）确定工程的防排水系统、地面挡水、截水系统及工程各种洞口的防倒灌措施。

地下工程应进行防水设计，并应做到定级准确、方案可靠、施工简便、耐久适用、经济合理。地下工程防水共分为4级：一级防水要求最高；不允许渗水，结构表面无湿渍，适用于人员长期停留的场所、极重要的战备工程、地铁站；二级防水不允许渗水，结构表面有少量湿渍，适用于人员经常活动的场所及重要的战备工程。

"地下室防水构造"考过两次，分别于 2004 年和 2012 年。2004 年考题共包含 5 个节点构造：3 个地下室施工缝防水节点，2 个地下室变形缝防水节点。

2012 年考题共包含 4 个节点构造，分别是：①地下室外墙施工缝防水构造；②地下室顶板变形缝防水构造；③地下室外墙与顶板转角卷材防水构造；④地下室底板变形缝防水构造。题目要求根据现行标准和国标图集，不考虑保温，按一级防水要求绘制节点构造。

解题有两种方式，一是根据国家标准，二是依据国标图集。推荐采用第一种方式；在熟悉标准、规范的前提下，依靠配件与材料表、选择题提示，以及临场的分析解题，这样相对容易些。例如节点①，一级防水需要 2 道，看一下配件与材料表，就是规范中图 4.1.25-2 与图 4.1.25-3 的组合，最后用选择题来作确认。对于节点③、节点④也可以利用标准的附图，作适当变化就能解决。节点②根据选择题的提示，利用剩下的配件与材料进行组合。当然，也可依据国标图集（节点①有 8 种构造做法，并且地下室外墙外表面的构造仅注明附加防水层），选择一种符合题目要求的构造做法来作答。因此考生需具有敏锐的观察力 + 超强的记忆力。

【注意】尺寸标注要正确且符合规范要求，数字标注不正确也会扣小分。

地下工程构造涉及的标准、规范和国标图集如表 29-2-2 所示。

相关标准及国标图集 表 29-2-2

序号	规范、图集名称	编号
1	《地下工程防水技术规范》	GB 50108—2008
2	《地下建筑防水构造》	10J301

参考表 29-2-2 的国标图集和规范，总结地下工程防水构造的分项内容如图 29-2-8 所示，左侧为国标图集，右侧为技术规范。

参考相关规范和图集，地下建筑围护结构防水构造的部分内容如图 29-2-9 所示。限于篇幅，其中变形缝、后浇带（诱导缝）没有展开。

《地下工程防水技术规范》GB 50108—2008 节选：

3.1.4 地下工程迎水面主体结构应采用防水混凝土，并应根据防水等级的要求采取其他防水措施。

3.1.5 地下工程的变形缝（诱导缝）、施工缝、后浇带、穿墙管（盒）、预埋件、预留通道接头、桩头等细部构造，应加强防水措施。

3.3.1 地下工程的防水设防要求，应根据使用功能、使用年限、水文地质、结构形式、环境条件、施工方法及材料性能等因素确定。

　1 明挖法地下工程的防水设防要求应按表 3.3.1-1 选用；

　2 暗挖法地下工程的防水设防要求应按表 3.3.1-2 选用。

　注：1. 明挖法、暗挖法这两种地下工程的防水设防要求与防水措施和防水等级有关。如有这方面的题目，按题目要求作答即可。

　2. 暗挖法与明挖法的不同之处是工程内垂直施工缝多，其防水做法与水平施工缝有所区别；暗挖法的底板外防外贴，外墙外防内贴；明挖法的底板和外墙均为外防外贴。

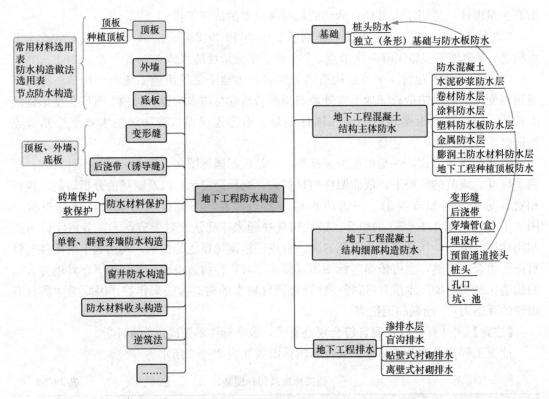

图 29-2-8　地下工程防水构造思维导图

明挖法地下工程防水设防要求　　　　　　　　　　　表 3.3.1-1

工程部位		主体结构							施工缝							后浇带					变形缝（诱导缝）					
防水措施		防水混凝土	防水卷材	防水涂料	塑料防水板	膨润土防水材料	防水砂浆	金属防水板	遇水膨胀止水条（胶）	外贴式止水带	中埋式止水带	外抹防水砂浆	外涂防水涂料	水泥基渗透结晶型防水涂料	预埋注浆管	补偿收缩混凝土	外贴式止水带	预埋注浆管	遇水膨胀止水条（胶）	防水密封材料	中埋式止水带	外贴式止水带	可卸式止水带	防水密封材料	外贴防水卷材	外涂防水涂料
防水等级	一级	应选	应选一至二种						应选二种						应选	应选	应选二种				应选	应选一至二种				
	二级	应选	应选一种						应选一至二种						应选	应选	应选一至二种				应选	应选一至二种				
	三级	应选	宜选一种						宜选一至二种						应选	应选	宜选一至二种				应选	宜选一至二种				
	四级	宜选	—						宜选一种						应选	应选	宜选一种				应选	宜选一种				

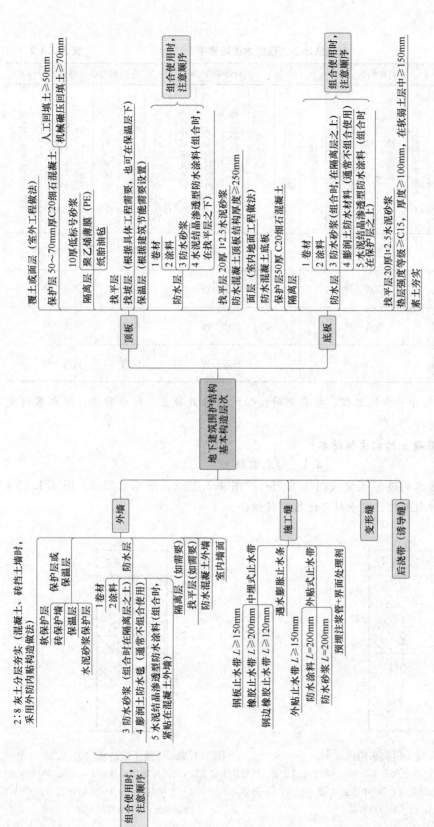

图 29-2-9　地下建筑围护结构防水构造思维导图

237

工程部位		衬砌结构						内衬砌施工缝						内衬砌变形缝（诱导缝）				
防水措施		防水混凝土	塑料防水板	防水砂浆	防水涂料	防水卷材	金属防水层	外贴式止水带	预埋注浆管	遇水膨胀止水条（胶）	防水密封材料	中埋式止水带	水泥基渗透结晶型防水涂料	中埋式止水带	外贴式止水带	可卸式止水带	防水密封材料	遇水膨胀止水条（胶）
防水等级	一级	必选	应选一至二种					应选一至二种						应选	应选一至二种			
	二级	应选	应选一种					应选一种						应选	应选一种			
	三级	宜选	宜选一种					宜选一种						应选	宜选一种			
	四级	宜选	宜选一种					宜选一种						应选	宜选一种			

3.3.2 处于侵蚀性介质中的工程，应采用耐侵蚀的防水混凝土、防水砂浆、防水卷材或防水涂料等防水材料。

2. 地下工程混凝土结构主体防水

4.1 防水混凝土

4.1.25 施工缝防水构造形式宜按图 4.1.25-1、图 4.1.25-2、图 4.1.25-3、图 4.1.25-4 选用，当采用两种以上构造措施时可进行有效组合。

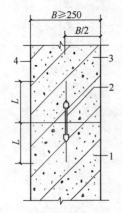

图 4.1.25-1 施工缝防水构造（一）

钢板止水带 $L \geqslant 150$；橡胶止水带 $L \geqslant 200$；钢边橡胶止水带 $L \geqslant 120$；1—先浇混凝土；2—中埋止水带；3—后浇混凝土；4—结构迎水面

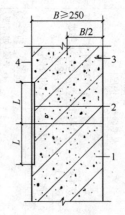

图 4.1.25-2 施工缝防水构造（二）

外贴止水带 $L \geqslant 150$；外涂防水涂料 $L = 200$；外抹防水砂浆 $L = 200$；1—先浇混凝土；2—外贴止水带；3—后浇混凝土；4—结构迎水面

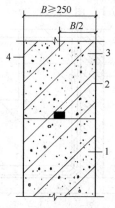
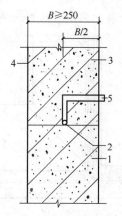

图 4.1.25-3　施工缝防水构造（三）　　　　图 4.1.25-4　施工缝防水构造（四）
1—先浇混凝土；2—遇水膨胀止水条（胶）；　　1—先浇混凝土；2—预埋注浆管；3—后浇混
3—后浇混凝土；4—结构迎水面　　　　　凝土；4—结构迎水面；5—注浆导管

4.3 卷 材 防 水 层

4.3.23 采用外防外贴法铺贴卷材防水层时，应符合下列规定：

1 应先铺平面，后铺立面，交接处应交叉搭接。

2 临时性保护墙宜采用石灰砂浆砌筑，内表面宜做找平层。

3 从底面折向立面的卷材与永久性保护墙的接触部位，应采用空铺法施工；卷材与临时性保护墙或围护结构模板的接触部位，应将卷材临时贴附在该墙上或模板上，并应将顶端临时固定。

4 当不设保护墙时，从底面折向立面的卷材接槎部位应采取可靠的保护措施。

5 混凝土结构完成，铺贴立面卷材时，应先将接槎部位的各层卷材揭开，并应将其表面清理干净，如卷材有局部损伤，应及时进行修补；卷材接槎的搭接长度，高聚物改性沥青类卷材应为 150mm，合成高分子类卷材应为 100mm；当使用两层卷材时，卷材应错槎接缝，上层卷材应盖过下层卷材。

卷材防水层甩槎、接槎构造见图 4.3.23。

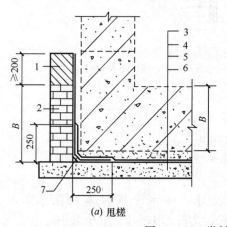
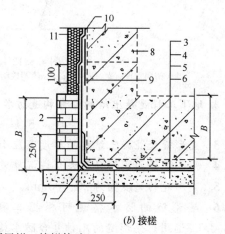

(a) 甩槎　　　　　　　　　　　　　　(b) 接槎

图 4.3.23　卷材防水层甩槎、接槎构造
1—临时保护墙；2—永久保护墙；3—细石混凝土保护层；4—卷材防水层；5—水泥砂浆找平层；6—混凝
土垫层；7—卷材加强层；8—结构墙体；9—卷材加强层；10—卷材防水层；11—卷材保护层

239

4.4.5 防水涂料宜采用外防外涂或外防内涂（图4.4.5-1、图4.4.5-2）。

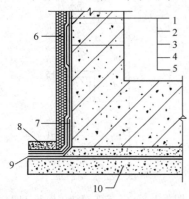 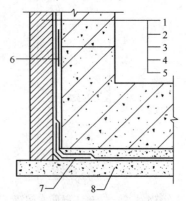

图 4.4.5-1　防水涂料外防外涂构造
1—保护墙；2—砂浆保护层；3—涂料防水层；4—砂
浆找平层；5—结构墙体；6—涂料防水层加强层；7—
涂料防水加强层；8—涂料防水层搭接部位保护层；
9—涂料防水层搭接部位；10—混凝土垫层

图 4.4.5-2　防水涂料外防内涂构造
1—保护墙；2—涂料保护层；3—涂料防水层；
4—找平层；5—结构墙体；6—涂料防水层加
强层；7—涂料防水加强层；8—混凝土垫层

4.5.12　铺设塑料防水板前应先铺缓冲层，缓冲层应采用暗钉圈固定在基面上（图4.5.12）。钉距应符合本规范第4.5.6条的规定。

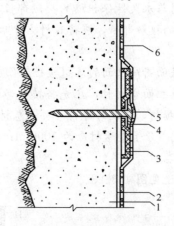

图 4.5.12　暗钉圈固定缓冲层
1—初期支护；2—缓冲层；3—热塑性暗钉圈；4—金属垫圈；5—射钉；6—塑料防水板

3. 地下工程混凝土结构细部构造防水

5.1　变　形　缝

5.1.3　变形缝处混凝土结构的厚度不应小于300mm。

5.1.4　用于沉降的变形缝最大允许沉降差值不应大于30mm。

5.1.5　变形缝的宽度宜为20～30mm。

5.1.6　变形缝的防水措施可根据工程开挖方法、防水等级按本规范表3.3.1-1、表3.3.1-2选用。变形缝的几种复合防水构造形式，见图5.1.6-1～图5.1.6-3。

5.1.7　环境温度高于50℃处的变形缝，中埋式止水带可采用金属制作（图5.1.7）。

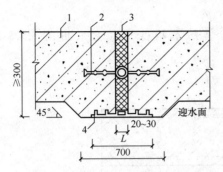

图 5.1.6-1 中埋式止水带与外贴
防水层复合使用
外贴式止水带 $L \geqslant 300$
外贴防水卷材 $L \geqslant 400$
外涂防水涂层 $L \geqslant 400$
1—混凝土结构;2—中埋式止水带;
3—填缝材料;4—外贴止水带

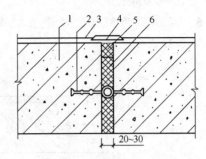

图 5.1.6-2 中埋式止水带与嵌缝
材料复合使用
1—混凝土结构;2—中埋式止水带;
3—防水层;4—隔离层;5 密封
材料;6—填缝材料

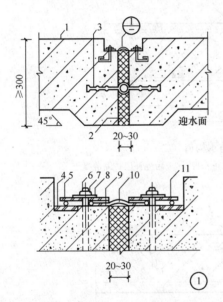

图 5.1.6-3 中埋式止水带与可卸式止水带复合使用
1—混凝土结构;2—填缝材料;3—中埋式止水带;4—预埋
钢板;5—紧固件压板;6—预埋螺栓;7—螺母;8—垫圈;
9—紧固件压块;10—Ω型止水带;11—紧固件圆钢

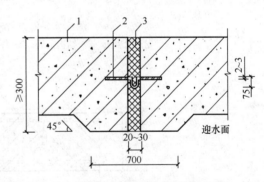

图 5.1.7 中埋式金属止水带
1—混凝土结构;2—金属止水带;3—填缝材料

5.2 后 浇 带

5.2.1 后浇带宜用于不允许留设变形缝的工程部位。

5.2.2 后浇带应在其两侧混凝土龄期达到 42d 后再施工;高层建筑的后浇带施工应按规定时间进行。

5.2.3 后浇带应采用补偿收缩混凝土浇筑,其抗渗和抗压强度等级不应低于两侧混凝土。

5.2.4 后浇带应设在受力和变形较小的部位,其间距和位置应按结构设计要求确定,宽度宜为 700~1000mm。

5.2.5 后浇带两侧可做成平直缝或阶梯缝,其防水构造形式宜采用图 5.2.5-1~图 5.2.5-3。

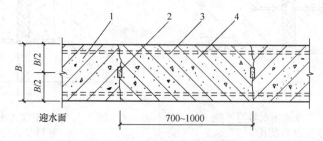

图 5.2.5-1 后浇带防水构造 (一)
1—先浇混凝土;2—遇水膨胀止水条 (胶);3—结构主筋;4—后浇补偿收缩混凝土

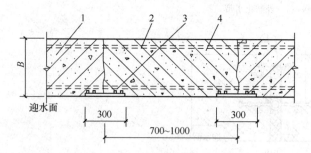

图 5.2.5-2 后浇带防水构造 (二)
1—先浇混凝土;2—结构主筋;3—外贴式止水带;4—后浇补偿收缩混凝土

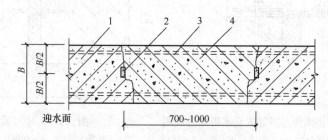

图 5.2.5-3 后浇带防水构造 (三)
1—先浇混凝土;2—遇水膨胀止水条 (胶);3—结构主筋;4—后浇补偿收缩混凝土

5.3 穿墙管 (盒)

5.3.1 穿墙管 (盒) 应在浇筑混凝土前预埋。

5.3.2 穿墙管与内墙角、凹凸部位的距离应大于 250mm。

5.3.3 结构变形或管道伸缩量较小时,穿墙管可采用主管直接埋入混凝土内的固定式防水法,主管应加焊止水环或环绕遇水膨胀止水圈,并应在迎水面预留凹槽,槽内应采用密封材料嵌填密实。其防水构造形式宜采用图 5.3.3-1 和图 5.3.3-2。

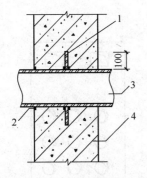 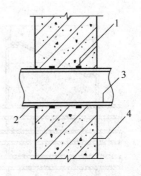

图 5.3.3-1　固定式穿墙管防水构造（一）　　　图 5.3.3-2　固定式穿墙管防水构造（二）
1—止水环；2—密封材料；3—主管；　　　　　　1—遇水膨胀止水圈；2—密封材料；3—主管；
4—混凝土结构　　　　　　　　　　　　　　　　4—混凝土结构

5.3.4　结构变形或管道伸缩量较大或有更换要求时，应采用套管式防水法，套管应加焊止水环（图 5.3.4）。

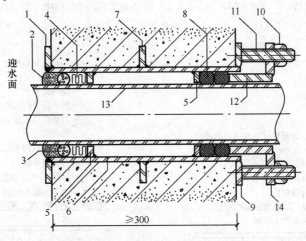

图 5.3.4　套管式穿墙管防水构造
1—翼环；2—密封材料；3—背衬材料；4—充填材料；
5—挡圈；6—套管；7—止水环；8—橡胶圈；9—翼盘；
10—螺母；11—双头螺栓；12—短管；13—主管；
14—法兰盘

5.3.6　穿墙管线较多时，宜相对集中，并应采用穿墙盒方法。穿墙盒的封口钢板应与墙上的预埋角钢焊严，并应从钢板上的预留浇注孔注入柔性密封材料或细石混凝土（图 5.3.6）。

　　总之，这部分必须掌握的基本构造要求是《地下工程防水技术规范》GB 50108—2008 的内容；同时，也可参考国标图集《地下建筑防水构造》10J301，如地下室外墙防水材料收头、底板（双墙底板）、顶板、窗井、散水、后浇带、明沟等特殊部位的节点防水构造。

　　（1）顶板防水构造（图 29-2-10、图 29-2-11）

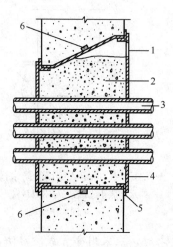

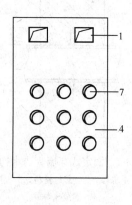

图 5.3.6　穿墙群管防水构造

1—浇注孔；2—柔性材料或细石混凝土；3—穿墙管；4—封口钢板；5—固定角钢；

6—遇水膨胀止水条；7—预留孔

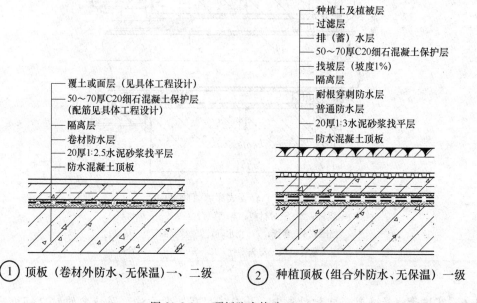

图 29-2-10　顶板防水构造（一）

注：

1. 隔离层常用材料：10mm 厚低标号砂浆、聚乙烯薄膜（PE）、纸胎油毡；

2. 细石混凝土保护层厚度：人工回填时选 50mm，机械回填时选 70mm；

3. 如有保温层，应位于隔离层与保护层之间。

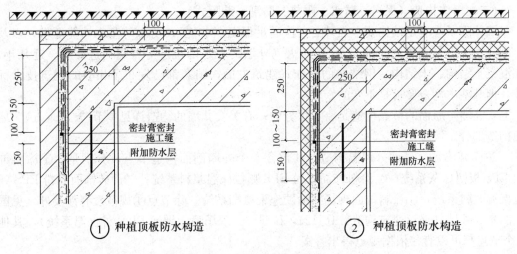

① 种植顶板防水构造   ② 种植顶板防水构造

图 29-2-11 顶板防水构造（二）

（2）地下室后浇带防水构造（图 29-2-12）

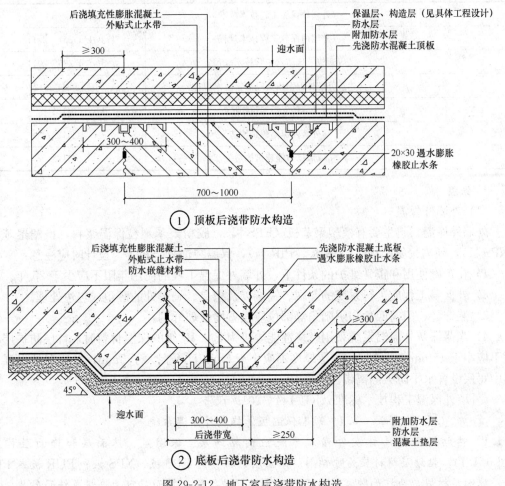

① 顶板后浇带防水构造

② 底板后浇带防水构造

图 29-2-12 地下室后浇带防水构造

（二）墙体构造（保温、防水、隔热、防潮、装配式）

墙体除了应满足结构要求之外，还应满足保温（节能）、防水等基本功能要求，以及防潮（地下室与首层之间的墙身）、防火（外墙的特定部位）等特殊构造要求。近几年，在混凝土结构、木结构、钢结构的装配式建筑方面，国家都已发布了相应的建筑技术标准，但其基本构造要求是不变的。

女儿墙与屋面的节点构造是密不可分的；有关女儿墙的构造详见本节"二、（五）"屋面构造部分。

2017年考题"外墙外保温构造"共包含4个外墙剖面构造节点，分别是：①涂料饰面EPS板薄抹灰系统；②涂料饰面胶粉EPS颗粒保温浆料系统；③面砖饰面胶粉EPS颗粒保温浆料系统；④涂料饰面现场喷涂硬泡聚氨酯系统。除节点④规范没有涉及外（见国标图集《外墙外保温建筑构造》10J121，F型——现场喷涂硬泡PUR外保温系统），其他3个节点都可以直接依据规范得出答案。

墙体构造涉及多本标准规范和国标图集，如表29-2-3所示。

相关标准及国标图集   表29-2-3

序号	规范、图集名称	编号
1	《外墙外保温工程技术标准》	JGJ 144—2019
2	《外墙内保温工程技术规程》	JGJ/T 261—2011
3	《建筑外墙防水工程技术规程》	JGJ/T 235—2011
4	《建筑外墙外保温防火隔离带技术规程》	JGJ 289—2012
5	《外墙外保温建筑构造》	10J121
6	《外墙内保温建筑构造》	11J122
7	《墙体节能建筑构造》	06J123

1. 保温

（1）外墙外保温

外墙外保温材料主要有模塑聚苯板（EPS板），胶粉聚苯颗粒保温浆料，挤塑聚苯板（XPS板），硬泡聚氨酯板（PUR板、PIR板），保温装饰复合板等。设计时应注意：

1）在正确使用和正常维护的条件下，外墙外保温工程的使用年限不应少于25年。

2）外保温工程应进行系统的起端、终端以及檐口、勒脚处的翻包或包边处理。

3）装饰缝、门窗四角和阴阳角等部位应设置增强玻纤网。

4）当薄抹灰外保温系统采用燃烧性能等级为B_1、B_2级的保温材料时，首层防护层厚度不应小于15mm，其他层防护层厚度不应小于5mm且不宜大于6mm，并应在外保温系统中每层设置水平防火隔离带。

《外墙外保温工程技术标准》JGJ 144—2019节选：

6.1 粘贴保温板薄抹灰外保温系统

6.1.1 粘贴保温板薄抹灰外保温系统应由粘结层、保温层、抹面层和饰面层构成（图6.1.1）。粘结层材料应为胶粘剂；保温层材料可为EPS板、XPS板和PUR板或PIR板；抹面层材料应为抹面胶浆，抹面胶浆中满铺玻纤网；饰面层可为涂料或饰面砂浆。

6.1.2 当粘贴保温板薄抹灰外保温系统做找平层时，找平层应与基层墙体粘结牢固，不得有脱层、空鼓、裂缝；面层不得有粉化、起皮、爆灰等现象。

6.1.3 保温板应采用点框粘法或条粘法固定在基层墙体上，EPS板与基层墙体的有效粘贴面积不得小于保温板面积的40%，并宜使用锚栓辅助固定。XPS板和PUR板或PIR板与基层墙体的有效粘贴面积不得小于保温板面积的50%，并应使用锚栓辅助固定。

6.1.4 受负风压作用较大的部位宜增加锚栓辅助固定。

6.1.5 保温板宽度不宜大于1200mm，高度不宜大于600mm。

6.1.6 保温板应按顺砌方式粘贴，竖缝应逐行错缝。保温板应粘贴牢固，不得有松动。

6.1.7 XPS板内外表面应做界面处理。

6.1.8 墙角处保温板应交错互锁。门窗洞口四角处保温板不得拼接，应采用整块保温板切割成形。

6.2 胶粉聚苯颗粒保温浆料外保温系统

6.2.1 胶粉聚苯颗粒保温浆料外保温系统应由界面层、保温层、抹面层和饰面层构成（图6.2.1）。界面层材料应为界面砂浆；保温层材料应为胶粉聚苯颗粒保温浆料，经现场拌合均匀后抹在基层墙体上；抹面层材料应为抹面胶浆，抹面胶浆中满铺玻纤网；饰面层可为涂料或饰面砂浆。

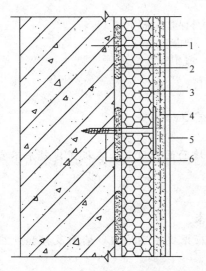

图 6.1.1 粘贴保温板薄
抹灰外保温系统
1—基层墙体；2—胶粘剂；3—保
温板；4—抹面胶浆复合玻纤网；
5—饰面层；6—锚栓

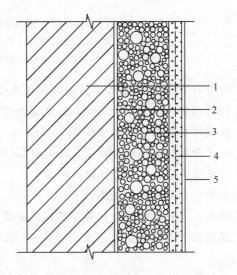

图 6.2.1 胶粉聚苯颗粒保温浆料外保温系统
1—基层墙体；2—界面砂浆；3—保温浆料；
4—抹面胶浆复合玻纤网；5—饰面层

6.2.2 胶粉聚苯颗粒保温浆料保温层设计厚度不宜超过100mm。

6.2.3 胶粉聚苯颗粒保温浆料宜分遍抹灰，每遍间隔应在前一遍保温浆料终凝后进行，每遍抹灰厚度不宜超过20mm。第一遍抹灰应压实，最后一遍应找平，并应搓平。

6.3 EPS板现浇混凝土外保温系统

6.3.1 EPS板现浇混凝土外保温系统应以现浇混凝土外墙作为基层墙体，EPS板为保温层，EPS板内表面（与现浇混凝土接触的表面）开有凹槽，内外表面均应满涂界面砂浆（图6.3.1）。施工时应将EPS板置于外模板内侧，并安装辅助固定件。EPS板表面应做抹面胶浆抹面层，抹面层中满铺玻纤网；饰面层可为涂料或饰面砂浆。

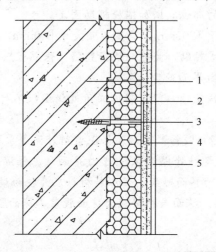

图6.3.1 EPS板现浇混凝土外保温系统
1—现浇混凝土外墙；2—EPS板；3—辅助固定件；
4—抹面胶浆复合玻纤网；5—饰面层

6.3.2 进场前EPS板内外表面应预喷刷界面砂浆。

6.3.3 EPS板宽度宜为1200mm，高度宜为建筑物层高。

6.3.4 辅助固定件每平方米宜设2～3个。

6.3.5 水平分隔缝宜按楼层设置。垂直分隔缝宜按墙面面积设置。在板式建筑中不宜大于30m^2，在塔式建筑中宜留在阴角部位。

6.3.6 宜采用钢制大模板施工。

6.3.7 混凝土墙外侧钢筋保护层厚度应符合设计要求。

6.3.8 混凝土一次浇注高度不宜大于1m。混凝土应振捣密实均匀，墙面及接槎处应光滑、平整。

6.3.9 混凝土结构验收后，保温层中的穿墙螺栓孔洞应使用保温材料填塞，EPS板缺损或表面不平整处宜使用胶粉聚苯颗粒保温浆料修补和找平。

6.4 EPS钢丝网架板现浇混凝土外保温系统

6.4.1 EPS钢丝网架板现浇混凝土外保温系统应以现浇混凝土外墙作为基层墙体，EPS钢丝网架板为保温层，钢丝网架板中的EPS板外侧开有凹槽（图6.4.1）。施工时应将钢丝网架板置于外墙外模板内侧，并在EPS板上安装辅助固定件。钢丝网架板表面应涂抹掺外加剂的水泥砂浆抹面层，外表可做饰面层。

6.4.2 EPS钢丝网架板每平方米应斜插腹丝100根，钢丝均应采用低碳热镀锌钢丝，板两面应预喷刷界面砂浆。EPS钢丝网架板质量除应符合表6.4.2的规定外，尚应符合现行国家标准《外墙外保温系统用钢丝网架模塑聚苯乙烯板》GB 26540的规定。

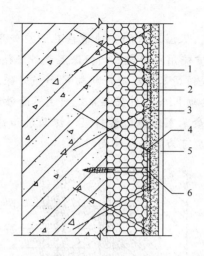

图 6.4.1 EPS 钢丝网架板现浇混凝土外保温系统
1—现浇混凝土外墙；2—EPS 钢丝网架板；3—掺外加剂的水
泥砂浆抹面层；4—钢丝网架；5—饰面层；6—辅助固定件

EPS 钢丝网架板质量要求 表 6.4.2

项目	质量要求
外观	界面砂浆涂敷均匀，与钢丝和 EPS 板附着牢固
焊点质量	斜丝脱焊点不超过 3%
钢丝挑头	穿透 EPS 板挑头≥30mm
EPS 板对接	板长 3000mm 范围内 EPS 板对接不得多于两处， 且对接处需用胶粘剂粘牢

6.4.3 EPS 钢丝网架板应进行热阻检验，检验方法应符合本标准附录 A 第 A.8 节的规定。

6.4.4 EPS 钢丝网架板厚度、每平方米腹丝数量和表面荷载值应符合设计要求。EPS 钢丝网架板构造设计和施工安装应注意现浇混凝土侧压力影响，抹面层应均匀平整且厚度不宜大于 25mm，钢丝网应完全包覆于抹面层中。

6.4.5 进场前 EPS 钢丝网架板内外表面及钢丝网架上均应预喷刷界面砂浆。

6.4.6 应采用钢制大模板施工，EPS 钢丝网架板和辅助固定件安装位置应准确。混凝土墙外侧钢筋保护层厚度应符合设计要求。

6.4.7 辅助固定件每平方米不应少于 4 个，锚固深度不得小于 50mm。

6.4.8 EPS 钢丝网架板竖缝处应连接牢固。阳角及门窗洞口等处应附加钢丝角网，附加的钢丝角网应与原钢丝网架绑扎牢固。

6.4.9 在每层层间宜留水平分隔缝，分隔缝宽度为 15~20mm。分隔缝处的钢丝网和 EPS 板应断开，抹灰前应嵌入塑料分隔条或泡沫塑料棒，外表应用建筑密封膏嵌缝。垂直分隔缝宜按墙面面积设置，在板式建筑中不宜大于 30m²，在塔式建筑中宜留在阴角部位。

6.4.10 混凝土一次浇筑高度不宜大于 1m，混凝土应振捣密实均匀，墙面及接槎处应光滑、平整。

6.4.11 混凝土结构验收后，保温层中的穿墙螺栓孔洞应使用保温材料填塞，EPS钢丝网架板缺损或表面不平整处宜使用胶粉聚苯颗粒保温浆料修补和找平。

6.5 胶粉聚苯颗粒浆料贴砌EPS板外保温系统

6.5.1 胶粉聚苯颗粒浆料贴砌EPS板外保温系统应由界面砂浆层、胶粉聚苯颗粒贴砌浆料层、EPS板保温层、胶粉聚苯颗粒贴砌浆料层、抹面层和饰面层构成（图6.5.1）。抹面层中应满铺玻纤网，饰面层可为涂料或饰面砂浆。

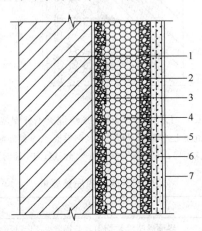

图6.5.1 胶粉聚苯颗粒浆料贴砌EPS板外保温系统
1—基层墙体；2—界面砂浆；3—胶粉聚苯颗粒贴砌浆料；4—EPS板；
5—胶粉聚苯颗粒贴砌浆料；6—抹面胶浆复合玻纤网；7—饰面层

6.5.2 进场前EPS板内外表面应预喷刷界面砂浆。

6.5.3 单块EPS板面积不宜大于0.3m²。EPS板与基层墙体的粘贴面上宜开设凹槽。

6.5.6 胶粉聚苯颗粒浆料贴砌EPS板外保温系统的施工应符合下列规定：

　　1 基层墙体表面应喷刷界面砂浆；

　　2 EPS板应使用贴砌浆料砌筑在基层墙体上，EPS板之间的灰缝宽度宜为10mm，灰缝中的贴砌浆料应饱满；

　　3 按顺砌方式贴砌EPS板，竖缝应逐行错缝，墙角处排板应交错互锁，门窗洞口四角处EPS板不得拼接，应采用整块EPS板切割成形，EPS板接缝应离开角部至少200m；

　　4 EPS板贴砌完成24h之后，应采用胶粉聚苯颗粒贴砌浆料进行找平，找平层厚度不宜小于15mm；

　　5 找平层施工完成24h之后，应进行抹面层施工。

6.6 现场喷涂硬泡聚氨酯外保温系统

6.6.1 现场喷涂硬泡聚氨酯外保温系统应由界面层、现场喷涂硬泡聚氨酯保温层、界面砂浆层、找平层、抹面层和饰面层组成（图6.6.1）。抹面层中应满铺玻纤网，饰面层可为涂料或饰面砂浆。

6.6.2 喷涂硬泡聚氨酯时，施工环境温度不宜低于10℃，风力不宜大于三级，空气相对湿度宜小于85%，不应在雨天、雪天施工。当喷涂硬泡聚氨酯施工中途下雨、下雪时，

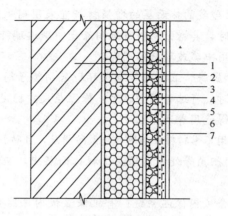

图 6.6.1　现场喷涂硬泡聚氨酯外保温系统

1—基层墙体；2—界面层；3—喷涂 PUR；4—界面砂浆；
5—找平层；6—抹面胶浆复合玻纤网；7—饰面层

作业面应采取遮盖措施。

6.6.3　喷涂时应采取遮挡或保护措施，应避免建筑物的其他部位和施工场地周围环境受污染，并应对施工人员进行劳动保护。

6.6.4　阴阳角及不同材料的基层墙体交接处应采取适当方式喷涂硬泡聚氨酯，保温层应连续、不留缝。

6.6.5　硬泡聚氨酯的喷涂厚度每遍不宜大于 15mm。当需进行多层喷涂作业时，应在已喷涂完毕的硬泡聚氨酯保温层表面不粘手后进行下一层喷涂。当日的施工作业面应当日连续喷涂完毕。

6.6.6　喷涂过程中应保持硬泡聚氨酯保温层表面平整度，喷涂完毕后保温层平整度偏差不宜大于 6mm。应及时抽样检验硬泡聚氨酯保温层的厚度，最小厚度不得小于设计厚度。

6.6.7　硬泡聚氨酯保温层的性能应符合本标准表 4.0.10-1 的规定。

6.6.8　应在硬泡聚氨酯喷涂完工 24h 后进行下道工序施工。硬泡聚氨酯保温层的表面找平宜采用轻质保温浆料，其性能应符合本标准表 4.0.10-2 的规定。

（2）外墙内保温

外墙内保温系统主要由保温层和防护层组成，是用于外墙内表面起保温作用的系统，简称内保温系统。

外墙内保温材料主要有：复合板、有机保温板（EPS 板、XPS 板、PU 板）、纸蜂窝填充憎水型膨胀珍珠岩保温板、无机保温板、保温砂浆、喷涂硬泡聚氨酯、玻璃棉板（毡）、岩棉板（毡）、界面砂浆、胶粘剂、粘结石膏、抹面胶浆、粉刷石膏、中碱玻璃纤维网布、涂塑中碱玻璃纤维网布、耐碱玻璃纤维网布、锚栓、内保温系统用腻子、纸面石膏板、无石棉纤维水泥平板、无石棉硅酸钙板、接缝带和嵌缝材料等。

《外墙内保温工程技术规程》JGJ/T 261—2011 节选：

5.1.5　内保温系统各构造层组成材料的选择，应符合下列规定：

1　保温板及复合板与基层墙体的粘结，可采用胶粘剂或粘结石膏。当用于厨房、卫生间等潮湿环境或饰面层为面砖时，应采用胶粘剂。

2　厨房、卫生间等潮湿环境或饰面层为面砖时不得使用粉刷石膏抹面。

3 无机保温板或保温砂浆的抹面层的增强材料宜采用耐碱玻璃纤维网布。有机保温材料的抹面层为抹面胶浆时，其增强材料可选用涂塑中碱玻璃纤维网布；当抹面层为粉刷石膏时，其增强材料可选用中碱玻璃纤维网布。

4 当内保温工程用于厨房、卫生间等潮湿环境采用腻子时，应选用耐水型腻子；在低收缩性面板上刮涂腻子时，可选普通型腻子；保温层尺寸稳定性差或面层材料收缩值大时，宜选用弹性腻子，不得选用普通型腻子。

5.1.7 有机保温材料应采用不燃材料或难燃材料做防护层，且防护层厚度不应小于6mm。

5.1.8 门窗四角和外墙阴阳角等处的内保温工程抹面层中，应设置附加增强网布。门窗洞口内侧面应做保温。

内保温系统包括：复合板内保温系统；有机保温板内保温系统（图6.2.1）；无机保温板内保温系统；保温砂浆内保温系统（图6.4.1）；喷涂硬泡聚氨酯内保温系统（图6.5.1）；玻璃棉、岩棉、喷涂硬泡聚氨酯龙骨固定内保温系统（图6.6.1）。

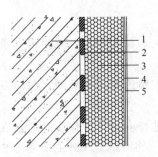

图 6.2.1 有机保温板内保温
系统的基本构造
1—基层墙体；2—粘结层；
3—保温层；4—抹面层；
5—饰面层

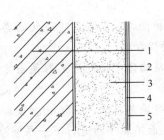

图 6.4.1 保温砂浆内保温
系统基本构造
1—基层墙体；2—界面层；
3—保温层；4—抹面层；
5—饰面层

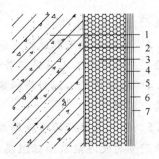

图 6.5.1 喷涂硬泡聚氨酯内
保温系统基本构造
1—基层墙体；2—界面层；3—保温
层；4—界面层；5—找平层；
6—抹面层；7—饰面层

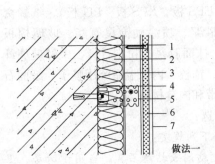

做法一

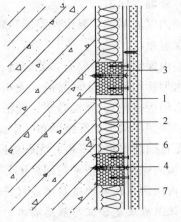

做法二

图 6.6.1 玻璃棉、岩棉、喷涂硬泡聚氨酯龙骨固定内保温系统的基本构造
1—基层墙体；2—保温层；3—隔汽层；4—龙骨；5—龙骨固定件；6—面板；7—饰面层

2. 防水

（1）外墙防水基本要求

建筑外墙防水材料主要有 3 类，分别为防水材料、密封材料及配套材料。

外墙防水材料包括普通防水砂浆、聚合物水泥防水砂浆、聚合物水泥防水涂料、聚合物乳液防水涂料、聚氨酯防水涂料、防水透气膜等。

密封材料包括硅酮建筑密封胶、聚氨酯建筑密封胶、聚硫建筑密封胶、丙烯酸酯建筑密封胶等。

配套材料包括耐碱玻璃纤维网布、界面处理剂、热镀锌电焊网、密封胶粘带等。

（2）建筑外墙整体防水设计应包括：外墙防水工程的构造、防水层材料的选择、节点的密封防水构造。

（3）建筑外墙节点构造防水设计应包括：门窗洞口、雨篷、阳台、变形缝、伸出外墙管道、女儿墙压顶、外墙预埋件、预制构件等交接部位的防水设防。

建筑外墙的防水层应设置在迎水面。不同结构材料的交接处应采用每边不少于 150mm 的耐碱玻璃纤维网布或热镀锌电焊网，作抗裂增强处理。外墙相关构造层之间应粘结牢固，并宜进行界面处理。界面处理材料的种类和做法应根据构造层材料确定。建筑外墙防水材料应根据工程所在地区的气候环境特点选用。

《建筑外墙防水工程技术规程》JGJ/T 235—2011 节选：

5.2 整体防水层设计

5.2.1 无外保温外墙的整体防水层设计应符合下列规定：

1 采用涂料饰面时，防水层应设在找平层和涂料饰面层之间（图 5.2.1-1），防水层宜采用聚合物水泥防水砂浆或普通防水砂浆；

2 采用块材饰面时，防水层应设在找平层和块材粘结层之间（图 5.2.1-2），防水层宜采用聚合物水泥防水砂浆或普通防水砂浆；

3 采用幕墙饰面时，防水层应设在找平层和幕墙饰面之间（图 5.2.1-3），防水层宜采用聚合物水泥防水砂浆、普通防水砂浆、聚合物水泥防水涂料、聚合物乳液防水涂料或聚氨酯防水涂料。

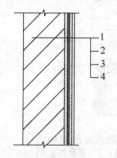 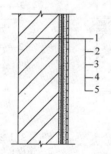 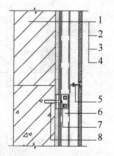

图 5.2.1-1 涂料饰面外墙　　图 5.2.1-2 块材饰面　　图 5.2.1-3 幕墙饰面外墙
　　整体防水构造　　　　　　外墙整体　　　　　　　整体防水构造

1—结构墙体；2—找平层；　1—结构墙体；2—找平层；　1—结构墙体；2—找平层；3—防水层；
3—防水层；4—涂料面层　　3—防水层；4—粘结层；　　4—面板；5—挂件；6—竖向龙骨；
　　　　　　　　　　　　　　5—块材饰面层　　　　　　7—连接件；8—锚栓

5.2.2 外保温外墙的整体防水层设计应符合下列规定：

1 采用涂料或块材饰面时，防水层宜设在保温层和墙体基层之间，防水层可采用聚合物水泥防水砂浆或普通防水砂浆（图 5.2.2-1）；

2 采用幕墙饰面时，设在找平层上的防水层宜采用聚合物水泥防水砂浆、普通防水砂浆、聚合物水泥防水涂料、聚合物乳液防水涂料或聚氨酯防水涂料；当外墙保温层选用矿物棉保温材料时，防水层宜采用防水透气膜（图 5.2.2-2）。

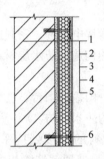 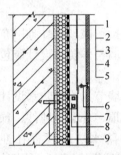

图 5.2.2-1　涂料或块材饰面外保温
外墙整体防水构造
1—结构墙体；2—找平层；3—防水层；
4—保温层；5—饰面层；6—锚栓

图 5.2.2-2　幕墙饰面外保温外墙
整体防水构造
1—结构墙体；2—找平层；3—保温层；
4—防水透气膜；5—面板；6—挂件；
7—竖向龙骨；8—连接件；9—锚栓

5.2.3 砂浆防水层中可增设耐碱玻璃纤维网布或热镀锌电焊网增强，并宜用锚栓固定于结构墙体中。

5.3　节点构造防水设计

5.3.1 门窗框与墙体间的缝隙宜采用聚合物水泥防水砂浆或发泡聚氨酯填充；外墙防水层应延伸至门窗框，防水层与门窗框间应预留凹槽，并应嵌填密封材料；门窗上楣的外口应做滴水线；外窗台应设置不小于5%的外排水坡度（图 5.3.1-1、图 5.3.1-2）。

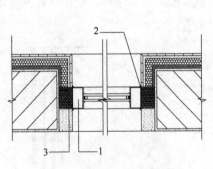 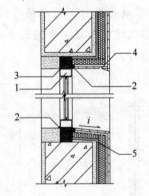

图 5.3.1-1　门窗框防水平
剖面构造
1—窗框；2—密封材料；3—聚合物
水泥防水砂浆或发泡聚氨酯

图 5.3.1-2　门窗框防水立剖面构造
1—窗框；2—密封材料；3—聚合物水泥
防水砂浆或发泡聚氨酯；4—滴水线；
5—外墙防水层

5.3.2 雨篷应设置不应小于1%的外排水坡度，外口下沿应做滴水线；雨篷与外墙交接处的防水层应连续；雨篷防水层应沿外口下翻至滴水线（图 5.3.2）。

5.3.3 阳台应向水落口设置不小于1%的排水坡度，水落口周边应留槽嵌填密封材料。

阳台外口下沿应做滴水线（图 5.3.3）。

5.3.4 变形缝部位应增设合成高分子防水卷材附加层，卷材两端应满粘于墙体，满粘的宽度不应小于 150mm，并应钉压固定；卷材收头应用密封材料密封（图 5.3.4）。

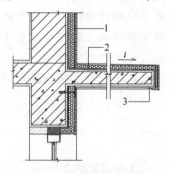
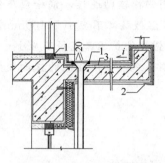
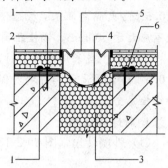

图 5.3.2　雨篷防水构造
1—外墙保温层；2—防水层；
3—滴水线

图 5.3.3　阳台防水构造
1—密封材料；2—滴水线；
3—防水层

图 5.3.4　变形缝防水构造
1—密封材料；2—锚栓；3—衬垫材料；4—合成高分子防水卷材（两端粘结）；5—不锈钢板；6—压条

（4）地下室外墙（防水、防潮）

详见本节"二、（一）"，地基、基础与地下工程构造部分。

3. 防火

防火隔离带是设置在可燃、难燃保温材料外墙外保温工程中，按水平方向分布，采用不燃保温材料制成，以阻止火灾沿外墙面或在外墙外保温系统内蔓延的防火构造。

防火隔离带抹面胶浆、玻璃纤维网布应采用与外墙外保温系统相同的材料。防火隔离带应与基层墙体可靠连接，应能适应外保温系统的正常变形而不产生渗透、裂缝和空鼓；应能承受自重、风荷载和室外气候的反复作用而不产生破坏。建筑外墙外保温防火隔离带保温材料的燃烧性能等级应为 A 级。岩棉带防火隔离带防火效果最好，发泡水泥板和泡沫玻璃防火隔离带虽然试验过程中垮塌区域内均出现池火现象，但整体防火效果也可达到要求，因此建议优先选用岩棉带防火隔离带。

《建筑外墙外保温防火隔离带技术规程》JGJ 289—2012 节选：

5.0.1 防火隔离带的基本构造应与外墙外保温系统相同，并宜包括胶粘剂、防火隔离带保温板、锚栓、抹面胶浆、玻璃纤维网布、饰面层等（图 5.0.1）。

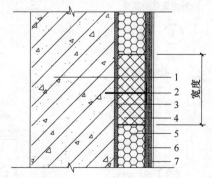

图 5.0.1　防火隔离带基本构造
1—基层墙体；2—锚栓；3—胶粘剂；4—防火隔离带保温板；5—外保温系统的保温材料；
6—抹面胶浆＋玻璃纤维网布；7—饰面材料

5.0.2 防火隔离带的宽度不应小于 300mm。

5.0.3 防火隔离带的厚度宜与外墙外保温系统厚度相同。

5.0.4 防火隔离带保温板应与基层墙体全面积粘贴。

5.0.5 防火隔离带保温板应使用锚栓辅助连接，锚栓应压住底层玻璃纤维网布。锚栓间距不应大于 600mm，锚栓距离保温板端部不应小于 100mm，每块保温板上的锚栓数量不应少于 1 个。当采用岩棉带时，锚栓的扩压盘直径不应小于 100mm。

5.0.6 防火隔离带和外墙外保温系统应使用相同的抹面胶浆，且抹面胶浆应将保温材料和锚栓完全覆盖。

4. 特殊部位构造

（1）外墙转角（图 29-2-13）

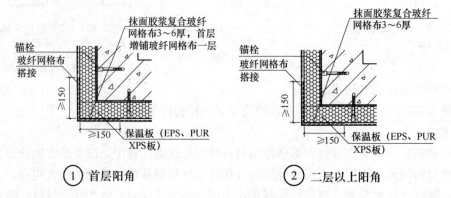

图 29-2-13　外墙转角构造

注：首层需要增铺一层玻纤网格布，其目的是防裂。

（2）窗口节点（图 29-2-14）

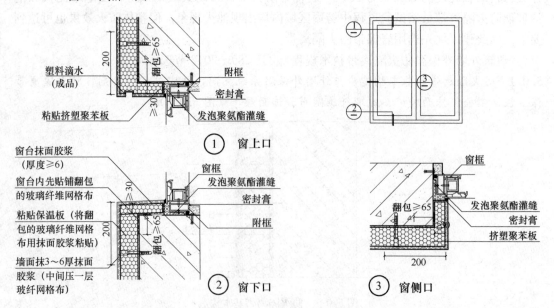

图 29-2-14　窗口节点构造

注：此部分特殊部位构造节点按《外墙外保温建筑构造》10J121 绘制。

（三）楼梯、台阶、坡道及栏杆、扶手

1. 概述

楼梯、台阶、坡道用以解决建筑物的垂直交通和高差；在这门考试中，通常属于第一题"建筑剖面"的考核范围。但 2006 年考了无障碍楼梯的细部构造，共考核 5 个节点，具体内容详见本节"三、（六）"无障碍设施部分。本部分只涉及无障碍设计以外的楼梯、台阶、坡道部分。

楼梯、台阶、坡道构造涉及的常用标准规范和国标图集如表 29-2-4 所示。

相关规范及国标图集　　　　　　　　　　　　　　　表 29-2-4

序号	规范、图集名称	编号
1	《民用建筑设计统一标准》	GB 50352—2019
2	《托儿所、幼儿园建筑设计规范》	JGJ 39—2016
3	《中小学校设计规范》	GB 50099—2011
4	《老年人照料设施建筑设计标准》	JGJ 450—2018
5	《宿舍建筑设计规范》	JGJ 36—2016
6	《综合医院建筑设计规范》	GB 51039—2014
7	《建筑设计防火规范》	GB 50016—2014（2018 年版）
8	《楼梯　栏杆　栏板（一）》	15J403-1
9	《钢梯》	15J401

限于本书篇幅及构造部分的考试要求，仅列出《民用建筑设计统一标准》GB 50352—2019 的通用条款，重点应放在细部构造方面。

（1）楼梯

由连续行走的梯阶、休息平台和维护安全的栏杆（栏板）、扶手以及相应的支托结构组成的作为楼层之间垂直交通用的建筑部件。楼梯可按设置位置（室内、室外楼梯）、使用性质、结构材料、结构形式（板式、梁式、悬臂式、墙承式）、建筑组合形式（单跑楼梯、双跑楼梯、剪刀梯）、防火疏散（敞开楼梯间、封闭楼梯间、防烟楼梯间）等分类。

规范的基本要求：梯段内每个踏步的高度、宽度应一致；相邻梯段的踏步高度、宽度宜一致；踏步应采取防滑措施。

（2）台阶

联系室内、外地坪或楼层不同标高而设置的阶梯型踏步。

6.7.1 台阶设置应符合下列规定：

1 公共建筑室内外台阶踏步宽度不宜小于 0.3m，踏步高度不宜大于 0.15m，且不宜小于 0.1m；

2 踏步应采取防滑措施；

3 室内台阶踏步数不宜少于 2 级，当高差不足 2 级时，宜按坡道设置；

4 台阶总高度超过 0.7m 时，应在临空面采取防护设施；

5 阶梯教室、体育场馆和影剧院观众厅纵走道的台阶设置应符合国家现行相关标准的规定。

（3）坡道

联系室内、外地坪或楼层不同标高而设置的斜坡。

6.7.2 坡道设置应符合下列规定：

1 室内坡道坡度不宜大于1∶8，室外坡道坡度不宜大于1∶10；

2 当室内坡道水平投影长度超过15.0m时，宜设休息平台，平台宽度应根据使用功能或设备尺寸所需缓冲空间而定；

3 坡道应采取防滑措施；

4 当坡道总高度超过0.7m时，应在临空面采取防护设施；

5 供轮椅使用的坡道应符合现行国家标准《无障碍设计规范》GB 50763的有关规定；

6 机动车和非机动车使用的坡道应符合现行行业标准《车库建筑设计规范》JGJ 100的有关规定。

注：电梯、自动扶梯和自动人行道等属于机械装置，此处不作详述。

（4）栏杆、扶手

6.8.7 楼梯应至少于一侧设扶手，梯段净宽达三股人流时应两侧设扶手，达四股人流时宜加设中间扶手。

6.8.8 室内楼梯扶手高度自踏步前缘线量起不宜小于0.9m。楼梯水平栏杆或栏板长度大于0.5m时，其高度不应小于1.05m。

6.8.9 托儿所、幼儿园、中小学校及其他少年儿童专用活动场所，当楼梯井净宽大于0.2m时，必须采取防止少年儿童坠落的措施。

注：室内楼梯的扶手、栏杆高度与阳台、外廊、室内回廊、内天井、上人屋面及室外楼梯等临空处的高度是不同的。

2. 防火疏散楼梯

6.4.5 室外疏散楼梯应符合下列规定：

1 栏杆扶手的高度不应小于1.10m，楼梯的净宽度不应小于0.90m。

2 倾斜角度不应大于45°。

3 梯段和平台均应采用不燃材料制作。平台的耐火极限不应低于1.00h，梯段的耐火极限不应低于0.25h。

4 通向室外楼梯的门应采用乙级防火门，并应向外开启。

5 除疏散门外，楼梯周围2m内的墙面上不应设置门、窗、洞口。疏散门不应正对梯段。

6.4.7 疏散用楼梯和疏散通道上的阶梯不宜采用螺旋楼梯和扇形踏步；确需采用时，踏步上、下两级所形成的平面角度不应大于10°，且每级离扶手250mm处的踏步深度不应小于220mm。

6.4.8 建筑内的公共疏散楼梯，其两梯段及扶手间的水平净距不宜小于150mm。

3. 楼梯构造

《楼梯 栏杆 栏板（一）》15J403-1包括：基本技术要求、楼梯栏杆栏板（玻璃栏板、穿孔金属板栏杆、金属网栏板、钢筋混凝土栏板）、特殊场所楼梯栏杆、平台栏杆栏板、构造详图等。比较常用的是玻璃栏板楼梯。室内不承受水平荷载的栏板玻璃应使用厚度不小于5mm的钢化玻璃，或公称厚度不小于6.38mm的夹层玻璃；承受水平荷载的栏板用玻璃，应使用公称厚度不小于16.76mm的钢化夹层玻璃，如图29-2-15所示。

国标图集中的构造详图主要有：楼梯靠墙扶手、楼梯踏步防滑条、栏杆立柱固定详图、扶手末端与墙柱的连接等（图29-2-16）。

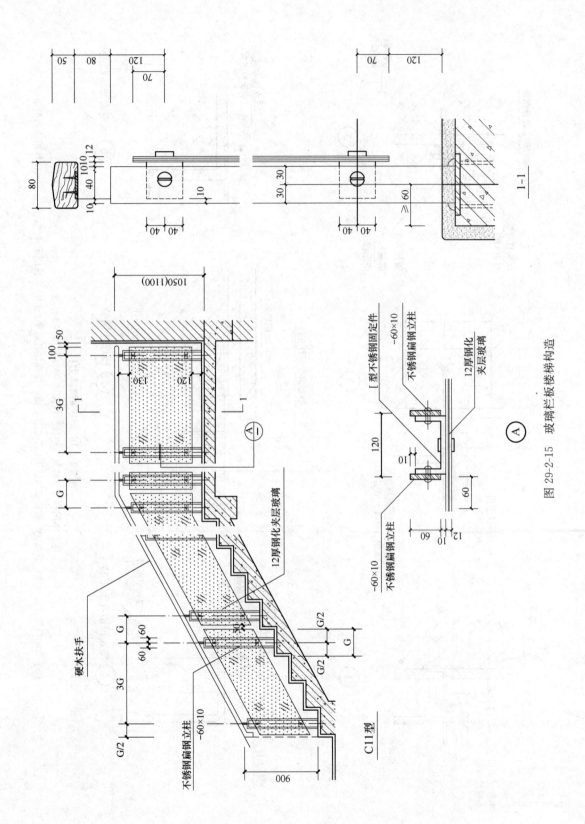

图 29-2-15　玻璃栏板楼梯构造

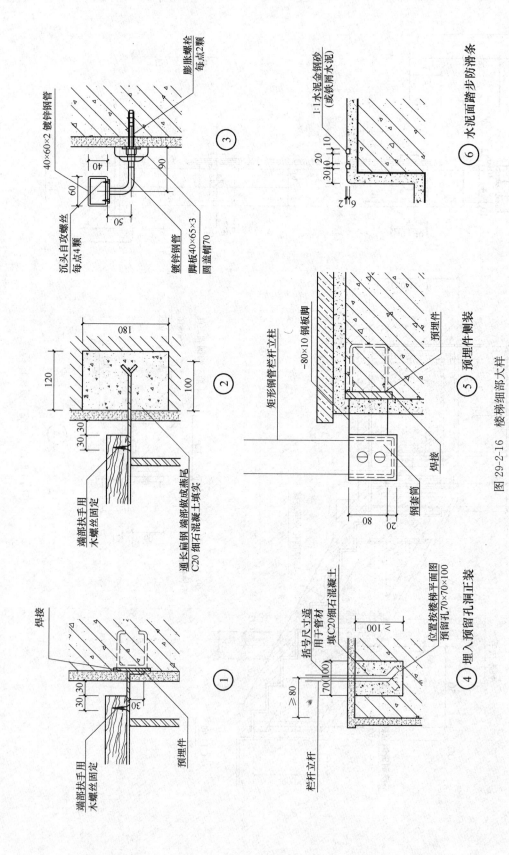

图 29-2-16 楼梯细部大样

注：本图参考《楼梯 栏杆 栏板（一）》15J403-1 绘制。

节点①、②—扶手末端与墙、柱连接；节点③—楼梯靠墙扶手；节点④、⑤—楼梯栏杆或平台栏杆立柱固定详图；节点⑥—楼梯踏步防滑条。

（四）楼地面、阳台（栏杆）及雨篷

建筑楼地面是建筑物底层地面和楼层地面的总称，主要有承重、隔声、热工、防火、防水、敷设管道及室内装修等要求。阳台是附设于建筑物外墙，设有栏杆或栏板，可供人活动的室外空间。雨篷是建筑出入口上方为遮挡雨水而设的部件。

楼地面、阳台及雨篷构造涉及的常用标准规范和国标图集如表 29-2-5 所示。

相关标准及国标图集　　　　　　　　　　　　　　表 29-2-5

序号	规范、图集名称	编号
1	《建筑地面设计规范》	GB 50037—2013
2	《民用建筑设计统一标准》	GB 50352—2019
3	《楼地面建筑构造》	12J304
4	《钢筋混凝土雨篷（建筑、结构合订本）》	03J501-2、03G372
5	《钢雨篷（一）——玻璃面板》	07J501-1
6	《挡雨板及栈台雨篷》	06J106

1. 楼地面基本要求（保温、隔热、防水、防潮）

（1）术语

面层：建筑地面直接承受各种物理和化学作用的表面层。

结合层：面层与下面构造层之间的连接层。

找平层：在垫层、楼板或填充层上起抹平作用的构造层。

隔离层：防止建筑地面上各种液体或水、潮气透过地面的构造层。

防潮层：防止地下潮气透过地面的构造层。

填充层：设置于建筑地面中，起隔声、保温、找坡或暗敷管线等作用的构造层。

垫层：在建筑地基上设置，用以承受并传递上部荷载的构造层。

缩缝：防止混凝土垫层在气温降低时产生不规则裂缝而设置的收缩缝。

伸缝：防止混凝土垫层在气温升高时在缩缝边缘产生挤碎或拱起而设置的伸胀缝。

纵向缩缝：平行于施工方向的缩缝。

横向缩缝：垂直于施工方向的缩缝。

（2）地面类型

《建筑地面设计规范》GB 50037—2013 节选：

3.1.12　建筑地面面层类别及其材料选择，应符合表 3.1.12 的有关规定。

面层类别及其材料选择　　　　　　　　　　　　　表 3.1.12

面层类别	材料选择
水泥类整体面层	水泥砂浆、水泥钢（铁）屑、现制水磨石、混凝土、细石混凝土、耐磨混凝土、钢纤维混凝土或混凝土密封固化剂
树脂类整体面层	丙烯酸涂料、聚氨酯涂层、聚氨酯自流平涂料、聚酯砂浆、环氧树脂自流平涂料、环氧树脂自流平砂浆或干式环氧树脂砂浆
板块面层	陶瓷锦砖、耐酸瓷板（砖）、陶瓷地砖、水泥花砖、大理石、花岗石、水磨石板块、条石、块石、玻璃板、聚氯乙烯块、石英塑料板、塑胶板、橡胶板、铸铁板、网纹钢板、网络地板

面层类别	材 料 选 择
木、竹面层	实木地板、实木集成地板、浸渍纸层压木质地板（强化复合木地板）、竹地板
不发火花面层	不发火花水泥砂浆、不发火花细石混凝土、不发火花沥青砂浆、不发火花沥青混凝土
防静电面层	导静电水磨石、导静电水泥砂浆、导静电活动地板、导静电聚氯乙烯地板
防油渗面层	防油渗混凝土或防油渗涂料的水泥类整体面层
防腐蚀面层	耐酸板块（砖、石材）或耐酸整体面层
矿渣、碎石面层	矿渣、碎石
织物面层	地毯

3.1.13 面层材料强度等级及厚度，应符合本规范附录 A 中表 A.0.1 的规定。

3.1.17 找平层或找平层兼面层与下一层构造应结合牢固，铺设前应涂刷界面剂。

3.2.1 公共建筑中，经常有大量人员走动或残疾人、老年人、儿童活动及轮椅、小型推车行驶的地面，其地面面层应采用防滑、耐磨、不易起尘的块材面层或水泥类整体面层。

3.2.2 公共场所的门厅、走道、室外坡道及经常用水冲洗或潮湿、结露等容易受影响的地面，应采用防滑面层。

3.2.3 室内环境具有安静要求的地面，其面层宜采用地毯、塑料或橡胶等柔性材料。

3.2.4 供儿童及老年人公共活动的场所地面，其面层宜采用木地板、强化复合木地板、塑胶地板等暖性材料。

该规范对清洁、洁净、防尘和防菌地面，防静电地面，耐磨和耐撞击地面，防腐蚀地面，防油渗地面，不发火地面等提出了相关要求，此处不再详述。

（3）地面垫层

4.1.1 现浇整体面层、以粘结剂结合的整体面层和以粘结剂或砂浆结合的块材面层，宜采用混凝土垫层。

4.1.2 以砂或炉渣结合的块材面层，宜采用碎（卵）石、灰土、炉（矿）渣、三合土等垫层。

4.1.3 通行车辆以及从车辆上倾卸物件或在地面上翻转物件等地面，应采用混凝土垫层。

4.1.4 生产过程中有防油渗要求及有汞滴漏的地面，应采用密实性好的钢纤维混凝土或配筋混凝土垫层。

4.1.5 有水及浸蚀介质作用的地面，应采用刚性垫层。

（4）地面构造

6.0.1 底层地面的基本构造层宜为面层、垫层和地基；楼层地面的基本构造层宜为面层和楼板。当底层地面和楼层地面的基本构造层不能满足使用或构造要求时，可增设结合层、隔离层、填充层、找平层等其他构造层。

6.0.2 地面变形缝的设置，应符合下列要求：

1 底层地面的沉降缝和楼层地面的沉降缝、伸缩缝、防震缝的设置，均应与结构相应的缝位置一致，且应贯通地面的各构造层，并做盖缝处理；

2 变形缝应设在排水坡的分水线上，不应通过有液体流经或聚集的部位；

3 变形缝的构造应能使其产生位移或变形时，不受阻、不被破坏，且不破坏地面；变形缝的材料，应按不同要求分别选用具有防火、防水、保温、防油渗、防腐蚀、防虫害性能的材料。

6.0.3 底层地面的混凝土垫层，应设置纵向缩缝和横向缩缝，并应符合下列要求：

1 纵向缩缝应采用平头缝或企口缝［图 6.0.3（a）、（b）］，其间距宜为 3～6m。

2 纵向缩缝采用企口缝时，垫层的厚度不宜小于 150mm，企口拆模时的混凝土抗压强度不宜低于 3MPa。

3 横向缩缝宜采用假缝［图 6.0.3（c）］，其间距宜为 6～12m；高温季节施工的地面假缝间距宜为 6m。假缝的宽度宜为 5～12mm；高度宜为垫层厚度的 1/3；缝内应填水泥砂浆或膨胀型砂浆。

4 当纵向缩缝为企口缝时，横向缩缝应做假缝。

5 在不同混凝土垫层厚度的交界处，当相邻垫层的厚度比大于 1，小于或等于 1.4 时，可采用连续式变截面［图 6.0.3（d）］；当厚度比大于 1.4 时，可设置间断式变截面［图 6.0.3（e）］。

6 大面积混凝土垫层应分区段浇筑。分区段当结构设置变形缝时，应结合变形缝位置、不同类型的建筑地面连接处和设备基础的位置进行划分，并应与设置的纵向、横向缩缝的间距相一致。

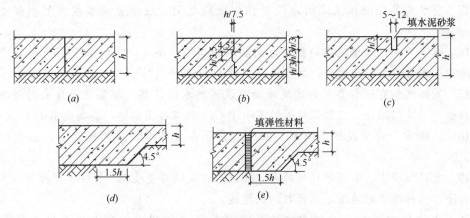

图 6.0.3　混凝土垫层缩缝

（a）平头缝；（b）企口缝；（c）假缝；（d）连续式变截面；（e）间断式变截面；

h—混凝土垫层厚度

6.0.4 平头缝和企口缝的缝间应紧密相贴，不得设置隔离材料。

6.0.5 室外地面的混凝土垫层宜设伸缝，间距宜为 30m，缝宽宜为 20～30mm，缝内应填耐候弹性密封材料，沿缝两侧的混凝土边缘应局部加强。

6.0.6 大面积密集堆料的地面，其混凝土垫层的纵向缩缝和横向缩缝，应采用平头缝，间距宜为 6m。当混凝土垫层下存在软弱下卧层时，建筑地面与主体结构四周宜设沉降缝。

6.0.7 设置防冻胀层的地面采用混凝土垫层时，纵向缩缝和横向缩缝均应采用平头缝，其间距不宜大于 3m。

6.0.8 直接铺设在混凝土垫层上的面层，除沥青类面层、块材类面层外，应设分格缝，并应符合下列要求：

    1 细石混凝土面层的分格缝，应与垫层的缩缝对齐；

    2 水磨石、水泥砂浆、聚合物砂浆等面层的分格缝，除应与垫层的缩缝对齐外，尚应根据具体设计要求缩小间距。主梁两侧和柱周宜分别设分格缝；

    3 防油渗面层分格缝的宽度宜为 15～20mm，其深度宜等于面层厚度；分格缝的嵌缝材料，下层宜采用防油渗胶泥，上层宜采用膨胀水泥砂浆封缝。

6.0.9 当需要排除水或其他液体时，地面应设朝向排水沟或地漏的排泄坡面。排泄坡面较长时，宜设排水沟。排水沟或地漏应设置在不妨碍使用并能迅速排除水或其他液体的位置。

6.0.10 疏水面积和排泄量可控制时，宜在排水地漏周围设置排泄坡面。

6.0.11 底层地面的坡度，宜采用修正地基高程筑坡。楼层地面的坡度，宜采用变更填充层、找平层的厚度或结构起坡。

6.0.12 地面排泄坡面的坡度，应符合下列要求：

    1 整体面层或表面比较光滑的块材面层，宜为 0.5％～1.5％；

    2 表面比较粗糙的块材面层，宜为 1％～2％。

6.0.13 排水沟的纵向坡度不宜小于 0.5％。排水沟宜设盖板。

6.0.14 地漏四周、排水地沟及地面与墙、柱连接处的隔离层，应增加层数或局部采取加强措施。地面与墙、柱连接处隔离层应翻边，其高度不宜小于 150mm。

6.0.15 有水或其他液体流淌的地段与相邻地段之间，应设置挡水或调整相邻地面的高差。

6.0.16 有水或其他液体流淌的楼层地面孔洞四周翻边高度，不宜小于 150mm；平台临空边缘应设置翻边或贴地遮挡，高度不宜小于 100mm。

6.0.17 厕浴间和有防水要求的建筑地面应设置防水隔离层。楼层地面应采用现浇混凝土。楼板四周除门洞外，应做强度等级不小于 C20 的混凝土翻边，其高度不小于 200mm。

6.0.18 在踏步、坡道或经常有水、油脂、油等各种易滑物质的地面上，应采取防滑措施。

6.0.19 有强烈冲击、磨损等作用的沟、坑边缘以及经常受磕碰、撞击、摩擦等作用的室内外台阶、楼梯踏步的边缘，应采取加强措施。

6.0.20 建筑物四周应设置散水、排水明沟或散水带明沟。散水的设置应符合下列要求：

    1 散水的宽度，宜为 600～1000mm；当采用无组织排水时，散水的宽度可按檐口线放出 200～300mm；

    2 散水的坡度宜为 3％～5％。当散水采用混凝土时，宜按 20～30m 间距设置伸缩缝。散水与外墙交接处宜设缝，缝宽为 20～30mm，缝内应填柔性密封材料；

    3 当散水不外露须采用隐式散水时，散水上面覆土厚度不应大于 300mm，且应对墙身下部作防水处理，其高度不宜小于覆土层以上 300mm，并应防止草根对墙体的伤害。

    （5）楼地面构造示例

    国标图集《楼地面建筑构造》12J304 将楼地面构造分为：整体面层楼地面，块材面层楼地面，木材面层楼地面，不发火楼地面，防静电及网络板楼地面，防油、耐热及重载楼地面，低温辐射热水采暖楼地面，体育馆运动场地楼地面，防腐蚀楼地面，保温楼地面，隔声楼地面等。此外，图集中还包括变形缝、踢脚等构造详图。本节仅选取几种常规示例。

1）整体面层楼地面构造做法（图 29-2-17）：

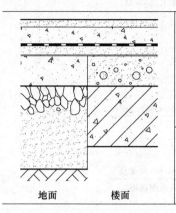

1. 15厚1:2.5水泥砂浆，表面撒适量水泥粉抹压平整

2. 35厚C20细石混凝土

3. 1.5厚聚氨酯防水层

4. 最薄处20厚1:3水泥砂浆或C20细石混凝土找坡层，抹平

5. 水泥浆一道（内掺建筑胶）

6. 80厚C15混凝土垫层	6. 60厚LC7.5轻骨料混凝土
7. 150厚碎石夯入土中	7. 现浇钢筋混凝土楼板或 　　预制楼板上现浇叠合层

地面　　　楼面

水泥砂浆楼地面（有防水层）

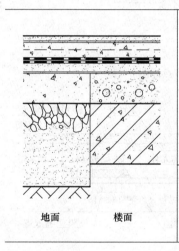

1. 10厚1:2.5防静电水磨石

2. 防静电水泥砂浆一道

3. 30厚1:3防静电水泥砂浆找平层，内配防静电接地金属网，
　　表面抹平

4. 1.5厚聚氨酯防水层（两道）

5. 20厚1:3水泥砂浆

6. 水泥浆一道（内掺建筑胶）

7. 80厚C15混凝土垫层	7. 60厚LC7.5轻骨料混凝土
8. 150厚碎石夯入土中	8. 现浇钢筋混凝土楼板或 　　预制楼板上现浇叠合层

地面　　　楼面

防静电水磨石楼地面（有防水层）

图 29-2-17　整体面层楼地面构造做法

注：本图参考国标图集《楼地面建筑构造》12J304 绘制。

2）木材面层楼地面木龙骨节点详图（图 29-2-18）、低温辐射热水采暖楼地面节点详图（图 29-2-19）、运动场木楼地面构造详图（图 29-2-20）如下图所示。

2. 阳台及雨篷

（1）阳台

阳台是建筑中挑出或部分挑出于外墙面的平台，阳台周围应设置栏杆或栏板。其栏杆或栏板的高度应符合《民用建筑设计统一标准》GB 50352—2019 的要求。

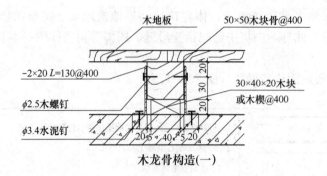

木龙骨构造(一)

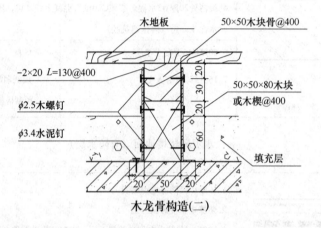

木龙骨构造(二)

图 29-2-18　木材面层楼地面木龙骨节点详图

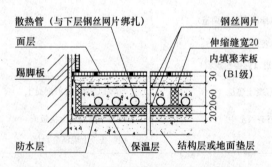

图 29-2-19　低温热水地板辐射采暖楼
地面大样（有双道防水层）

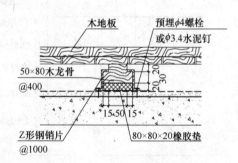

图 29-2-20　运动场木楼地面大样

《民用建筑设计统一标准》GB 50352—2019 节选：

6.7.3 阳台、外廊、室内回廊、内天井、上人屋面及室外楼梯等临空处应设置防护栏杆，并应符合下列规定：

1 栏杆应以坚固、耐久的材料制作，并应能承受现行国家标准《建筑结构荷载规范》GB 50009 及其他国家现行相关标准规定的水平荷载。

2 当临空高度在 24.0m 以下时，栏杆高度不应低于 1.05m；当临空高度在 24.0m 及以上时，栏杆高度不应低于 1.1m。上人屋面和交通、商业、旅馆、医院、学校等建筑临开敞中庭的栏杆高度不应小于 1.2m。

3 栏杆高度应从所在楼地面或屋面至栏杆扶手顶面垂直高度计算，当底面有宽度大于或等于 0.22m，且高度低于或等于 0.45m 的可踏部位时，应从可踏部位顶面起算。

4 公共场所栏杆离地面 0.1m 高度范围内不宜留空。

6.7.4 住宅、托儿所、幼儿园、中小学及其他少年儿童专用活动场所的栏杆必须采取防止攀爬的构造。当采用垂直杆件做栏杆时，其杆件净间距不应大于 0.11m。

（2）雨篷

为防止物体坠落伤人，公共出入口上方应设置具有抗冲击强度的雨篷或防护挑檐。雨篷下沿应设滴水线，"滴水线"具有阻止水流向外墙面的功能。在凸出外墙的窗台、窗楣、雨篷、阳台、女儿墙压顶和突出外墙的腰线等部位，均要做滴水线。滴水线的形式有滴水槽和鹰嘴两种；通常采用水泥砂浆制作，也可采用金属（不锈钢、铝合金）预制件。雨篷与外墙相交处的节点应做构造防水设计，详见本节"二、（二）"。

5.3.2 雨篷恰当的外排水坡度，可以使篷顶的雨水向外迅速排走，在做好雨篷与外墙交界的阴角部位防水的前提下，可以较好地保证雨篷与外墙交界部位的防水。雨篷排水方式包括有组织排水和无组织排水，有组织排水时，排水应坡向水落口，无组织排水时，排水坡向雨篷外檐。空调板防水、凸窗顶板和外飘窗的防水可参照雨篷处理。

注：参考国标图集《挡雨板及栈台雨篷》06J106，《钢筋混凝土雨篷（建筑、结构合订本）》03J501-2、03G372，《钢雨篷（一）玻璃面板》07J501-1。

（五）屋顶构造

屋顶主要由屋面面层及屋顶结构两部分组成，屋顶还有天窗、老虎窗、烟囱等附属设施。屋顶应满足承重、保温、防水、美观等要求。屋顶的类型可分为：平屋顶、坡屋顶和特殊形式的屋顶（如网架、悬索、壳体、折板、膜结构等）。

规范的基本要求是：屋面工程应根据建筑物的性质、重要程度及使用功能，结合工程特点、气候条件等，按不同等级进行防水设防，合理采取保温、隔热措施。

屋顶构造涉及的常用标准规范和国标图集如表 29-2-6 所示。

相关标准及国标图集　　　　　　　　　　　　　　　　　　　表 29-2-6

序号	规范、图集名称	编号
1	《民用建筑设计统一标准》	GB 50352—2019
2	《屋面工程技术规范》	GB 50345—2012
3	《坡屋面工程技术规范》	GB 50693—2011
4	《倒置式屋面工程技术规程》	JGJ 230—2010
5	《种植屋面工程技术规程》	JGJ 155—2013
6	《采光顶与金属屋面技术规程》	JGJ 255—2012
7	《平屋面建筑构造》	12J201
8	《坡屋面建筑构造（一）》	09J202-1
9	《种植屋面建筑构造》	14J206
10	《玻璃采光顶》	07J205
11	《单层防水卷材屋面建筑构造（一）——金属屋面》	15J207-1

《民用建筑设计统一标准》GB 50352—2019 节选：

6.14.2 屋面排水坡度应根据屋顶结构形式、屋面基层类别、防水构造形式、材料性能及当地气候等条件确定，且应符合表 6.14.2 的规定，并应符合下列规定：

1 屋面采用结构找坡时不应小于 3％，采用建筑找坡时不应小于 2％；

2 瓦屋面坡度大于 100％以及大风和抗震设防烈度大于 7 度的地区，应采取固定和防止瓦材滑落的措施；

3 卷材防水屋面檐沟、天沟纵向坡度不应小于 1％，金属屋面集水沟可无坡度；

4 当种植屋面的坡度大于 20％时，应采取固定和防止滑落的措施。

屋面的排水坡度 表 6.14.2

屋面类别		屋面排水坡度（％）
平屋面	防水卷材屋面	≥2、<5
瓦屋面	块瓦	≥30
	波形瓦	≥20
	沥青瓦	≥20
金属屋面	压型金属板、金属夹芯板	≥5
	单层防水卷材金属屋面	≥2
种植屋面	种植屋面	≥2、<50
采光屋面	玻璃采光顶	≥5

6.14.3 上人屋面应选用耐霉变、拉伸强度高的防水材料。防水层应有保护层，保护层宜采用块材或细石混凝土。

6.14.4 种植屋面结构应计算种植荷载作用，并宜设置植物浇灌设施，防水层应满足耐根穿刺要求。

1. 基本构造要求（保温、隔热、防水、防潮）

（1）术语

保护层：对防水层或保温层起防护作用的构造层。

隔离层：消除相邻两种材料之间粘结力、机械咬合力、化学反应等不利影响的构造层。

防水层：能够隔绝水而不使水向建筑物内部渗透的构造层。

保温层：减少屋面热交换作用的构造层。

隔汽层：阻止室内水蒸气渗透到保温层内的构造层。

隔热层：减少太阳辐射热向室内传递的构造层。

复合防水层：由彼此相容的卷材和涂料组合而成的防水层。

附加层：在易渗漏及易破损部位设置的卷材或涂膜加强层。

防水垫层：设置在瓦材或金属板材下面，起防水、防潮作用的构造层。

持钉层：能够握裹固定钉的瓦屋面构造层。

注：屋面的基本构造层次详见下文（《屋面工程技术规范》表 3.0.2）。

（2）基本要求

《屋面工程技术规范》GB 50345—2012 节选：

3.0.1 屋面工程应符合下列基本要求：

1 具有良好的排水功能和阻止水侵入建筑物内的作用；

2 冬季保温减少建筑物的热损失和防止结露；

3 夏季隔热降低建筑物对太阳辐射热的吸收；

4 适应主体结构的受力变形和温差变形；

5 承受风、雪荷载的作用不产生破坏；

6 具有阻止火势蔓延的性能；

7 满足建筑外形美观和使用的要求。

3.0.2 屋面的基本构造层次宜符合表 3.0.2 的要求。设计人员可根据建筑物的性质、使用功能、气候条件等因素进行组合。

屋面的基本构造层次   表 3.0.2

屋面类型	基本构造层次（自上而下）
卷材、涂膜屋面	保护层、隔离层、防水层、找平层、保温层、找平层、找坡层、结构层
	保护层、保温层、防水层、找平层、找坡层、结构层
	种植隔热层、保护层、耐根穿刺防水层、防水层、找平层、保温层、找平层、找坡层、结构层
	架空隔热层、防水层、找平层、保温层、找平层、找坡层、结构层
	蓄水隔热层、隔离层、防水层、找平层、保温层、找平层、找坡层、结构层
瓦屋面	块瓦、挂瓦条、顺水条、持钉层、防水层或防水垫层、保温层、结构层
	沥青瓦、持钉层、防水层或防水垫层、保温层、结构层
金属板屋面	压型金属板、防水垫层、保温层、承托网、支承结构
	上层压型金属板、防水垫层、保温层、底层压型金属板、支承结构
	金属面绝热夹芯板、支承结构
玻璃采光顶	玻璃面板、金属框架、支承结构
	玻璃面板、点支承装置、支承结构

注：1. 表中结构层包括混凝土基层和木基层；防水层包括卷材和涂膜防水层；保护层包括块体材料、水泥砂浆、细石混凝土保护层；

2. 有隔汽要求的屋面，应在保温层与结构层之间设隔汽层。

3.0.5 屋面防水工程应根据建筑物的类别、重要程度、使用功能要求确定防水等级，并应按相应等级进行防水设防；对防水有特殊要求的建筑屋面，应进行专项防水设计。屋面防水等级和设防要求应符合表 3.0.5 的规定。

屋面防水等级和设防要求   表 3.0.5

防水等级	建筑类别	设防要求
Ⅰ级	重要建筑和高层建筑	两道防水设防
Ⅱ级	一般建筑	一道防水设防

（3）排水设计

4.2.3 高层建筑屋面宜采用内排水；多层建筑屋面宜采用有组织外排水；低层建筑及檐

高小于10m的屋面，可采用无组织排水。多跨及汇水面积较大的屋面宜采用天沟排水，天沟找坡较长时，宜采用中间内排水和两端外排水。

4.2.7 高跨屋面为无组织排水时，其低跨屋面受水冲刷的部位应加铺一层卷材，并应设40～50mm厚、300～500mm宽的C20细石混凝土保护层；高跨屋面为有组织排水时，水落管下应加设水簸箕。

4.2.11 檐沟、天沟的过水断面，应根据屋面汇水面积的雨水流量经计算确定。钢筋混凝土檐沟、天沟净宽不应小于300mm，分水线处最小深度不应小于100mm；沟内纵向坡度不应小于1‰，沟底水落差不得超过200mm；檐沟、天沟排水不得流经变形缝和防火墙。

（4）找坡层和找平层设计

4.3.1 混凝土结构层宜采用结构找坡，坡度不应小于3%；当采用材料找坡时，宜采用质量轻、吸水率低和有一定强度的材料，坡度宜为2%。

4.3.2 卷材、涂膜的基层宜设找平层。找平层厚度和技术要求应符合表4.3.2的规定。

找平层厚度和技术要求　　　　　　　　　　　表 4.3.2

找平层分类	适用的基层	厚度（mm）	技术要求
水泥砂浆	整体现浇混凝土板	15～20	1：2.5 水泥砂浆
	整体材料保温层	20～25	
细石混凝土	装配式混凝土板	30～35	C20 混凝土，宜加钢筋网片
	板状材料保温层		C20 混凝土

（5）保温层和隔热层设计

4.4.1 保温层应根据屋面所需传热系数或热阻选择轻质、高效的保温材料，保温层及其保温材料应符合表4.4.1的规定。

4.4.3 屋面热桥部位，当内表面温度低于室内空气的露点温度时，均应作保温处理。

4.4.4 当严寒及寒冷地区屋面结构冷凝界面内侧实际具有的蒸汽渗透阻小于所需值，或其他地区室内湿气有可能透过屋面结构层进入保温层时，应设置隔汽层。隔汽层设计应符合下列规定：

1 隔汽层应设置在结构层上、保温层下；

2 隔汽层应选用气密性、水密性好的材料；

3 隔汽层应沿周边墙面向上连续铺设，高出保温层上表面不得小于150mm。

4.4.5 屋面排汽构造设计应符合下列规定：

1 找平层设置的分格缝可兼作排汽道，排汽道的宽度宜为40mm；

2 排汽道应纵横贯通，并应与大气连通的排汽孔相通，排汽孔可设在檐口下或纵横排汽道的交叉处；

3 排汽道纵横间距宜为6m，屋面面积每36m^{2}宜设置一个排汽孔，排汽孔应作防水处理。

4.4.6 倒置式屋面保温层设计应符合下列规定：

1 倒置式屋面的坡度宜为3%；

2 保温层应采用吸水率低，且长期浸水不变质的保温材料。

4.4.7 屋面隔热层设计应根据地域、气候、屋面形式、建筑环境、使用功能等条件，采取种植、架空和蓄水等隔热措施。

4.4.8 种植隔热层的设计应符合下列规定：

1 种植隔热层的构造层次应包括植被层、种植土层、过滤层和排水层等；

2 种植隔热层所用材料及植物等应与当地气候条件相适应，并应符合环境保护要求；

3 种植隔热层宜根据植物种类及环境布局的需要进行分区布置，分区布置应设挡墙或挡板；

4 排水层材料应根据屋面功能及环境、经济条件等进行选择；过滤层宜采用200～400g/m² 的土工布，过滤层应沿种植土周边向上铺设至种植土高度；

5 种植土四周应设挡墙，挡墙下部应设泄水孔，并应与排水出口连通；

6 种植土应根据种植植物的要求选择综合性能良好的材料；种植土厚度应根据不同种植土和植物种类等确定；

7 种植隔热层的屋面坡度大于20％时，其排水层、种植土应采取防滑措施。

4.4.9 架空隔热层的设计应符合下列规定：

1 架空隔热层宜在屋顶有良好通风的建筑物上采用，不宜在寒冷地区采用；

2 当采用混凝土板架空隔热层时，屋面坡度不宜大于5％；

3 架空隔热制品及其支座的质量应符合国家现行有关材料标准的规定；

4 架空隔热层的高度宜为180～300mm，架空板与女儿墙的距离不应小于250mm；

5 当屋面宽度大于10m时，架空隔热层中部应设置通风屋脊；

6 架空隔热层的进风口，宜设置在当地炎热季节最大频率风向的正压区，出风口宜设置在负压区。

4.4.10 蓄水隔热层的设计应符合下列规定：

1 蓄水隔热层不宜在寒冷地区、地震设防地区和振动较大的建筑物上采用。

2 蓄水隔热层的蓄水池应采用强度等级不低于C25、抗渗等级不低于P6的现浇混凝土，蓄水池内宜采用20mm厚防水砂浆抹面。

3 蓄水隔热层的排水坡度不宜大于0.5％。

4 蓄水隔热层应划分为若干蓄水区，每区的边长不宜大于10m，在变形缝的两侧应分成两个互不连通的蓄水区。长度超过40m的蓄水隔热层应分仓设置，分仓隔墙可采用现浇混凝土或砌体。

5 蓄水池应设溢水口、排水管和给水管，排水管应与排水出口连通。

6 蓄水池的蓄水深度宜为150～200mm。

（6）卷材及涂膜防水层设计

4.5.1 卷材、涂膜屋面防水等级和防水做法应符合表4.5.1的规定。

卷材、涂膜屋面防水等级和防水做法 表4.5.1

防水等级	防 水 做 法
Ⅰ级	卷材防水层和卷材防水层、卷材防水层和涂膜防水层、复合防水层
Ⅱ级	卷材防水层、涂膜防水层、复合防水层

注：在Ⅰ级屋面防水做法中，防水层仅作单层卷材时，应符合有关单层防水卷材屋面技术的规定。

4.5.5 每道卷材防水层最小厚度应符合表4.5.5的规定。

每道卷材防水层最小厚度（mm）   表 4.5.5

防水等级	合成高分子防水卷材	高聚物改性沥青防水卷材		
		聚酯胎、玻纤胎、聚乙烯胎	自粘聚酯胎	自粘无胎
Ⅰ级	1.2	3.0	2.0	1.5
Ⅱ级	1.5	4.0	3.0	2.0

4.5.6 每道涂膜防水层最小厚度应符合表 4.5.6 的规定。

每道涂膜防水层最小厚度（mm）   表 4.5.6

防水等级	合成高分子防水涂膜	聚合物水泥防水涂膜	高聚物改性沥青防水涂膜
Ⅰ级	1.5	1.5	2.0
Ⅱ级	2.0	2.0	3.0

4.5.7 复合防水层最小厚度应符合表 4.5.7 的规定。

复合防水层最小厚度（mm）   表 4.5.7

防水等级	合成高分子防水卷材＋合成高分子防水涂膜	自粘聚合物改性沥青防水卷材（无胎）＋合成高分子防水涂膜	高聚物改性沥青防水卷材＋高聚物改性沥青防水涂膜	聚乙烯丙纶卷材＋聚合物水泥防水胶结材料
Ⅰ级	1.2＋1.5	1.5＋1.5	3.0＋2.0	(0.7＋1.3)×2
Ⅱ级	1.0＋1.0	1.2＋1.0	3.0＋1.2	0.7＋1.3

4.5.8 下列情况不得作为屋面的一道防水设防：

1 混凝土结构层；

2 Ⅰ型喷涂硬泡聚氨酯保温层；

3 装饰瓦及不搭接瓦；

4 隔汽层；

5 细石混凝土层；

6 卷材或涂膜厚度不符合本规范规定的防水层。

4.5.9 附加层设计应符合下列规定：

1 檐沟、天沟与屋面交接处、屋面平面与立面交接处，以及水落口、伸出屋面管道根部等部位，应设置卷材或涂膜附加层；

2 屋面找平层分格缝等部位，宜设置卷材空铺附加层，其空铺宽度不宜小于 100mm；

3 附加层最小厚度应符合表 4.5.9 的规定。

4.5.10 防水卷材接缝应采用搭接缝，卷材搭接宽度应符合表 4.5.10 的规定。

注：搭接宽度通常为 50～100mm。

（7）保护层和隔离层设计

4.7.1 上人屋面保护层可采用块体材料、细石混凝土等材料，不上人屋面保护层可采用浅色涂料、铝箔、矿物粒料、水泥砂浆等材料。保护层材料的适用范围和技术要求应符合表 4.7.1 的规定。

保护层材料的适用范围和技术要求　　　　　　　　表 4.7.1

保护层材料	适用范围	技术要求
浅色涂料	不上人屋面	丙烯酸系反射涂料
铝箔	不上人屋面	0.05mm 厚铝箔反射膜
矿物粒料	不上人屋面	不透明的矿物粒料
水泥砂浆	不上人屋面	20mm 厚 1：2.5 或 M15 水泥砂浆
块体材料	上人屋面	地砖或 30mm 厚 C20 细石混凝土预制块
细石混凝土	上人屋面	40mm 厚 C20 细石混凝土或 50mm 厚 C20 细石混凝土内配 $\phi4@100$ 双向钢筋网片

4.7.2 采用块体材料做保护层时，宜设分格缝，其纵横间距不宜大于 10m，分格缝宽度宜为 20mm，并应用密封材料嵌填。

4.7.6 块体材料、水泥砂浆、细石混凝土保护层与女儿墙或山墙之间，应预留宽度为 30mm 的缝隙，缝内宜填塞聚苯乙烯泡沫塑料，并应用密封材料嵌填。

4.7.8 块体材料、水泥砂浆、细石混凝土保护层与卷材、涂膜防水层之间，应设置隔离层。隔离层材料的适用范围和技术要求宜符合表 4.7.8 的规定。

隔离层材料的适用范围和技术要求　　　　　　　　表 4.7.8

隔离层材料	适用范围	技术要求
塑料膜	块体材料、水泥砂浆保护层	0.4mm 厚聚乙烯膜或 3mm 厚发泡聚乙烯膜
土工布	块体材料、水泥砂浆保护层	200g/m² 聚酯无纺布
卷材	块体材料、水泥砂浆保护层	石油沥青卷材一层
低强度等级砂浆	细石混凝土保护层	10mm 厚黏土砂浆，石灰膏：砂：黏土＝1：2.4：3.6 10mm 厚石灰砂浆，石灰膏：砂＝1：4 5mm 厚掺有纤维的石灰砂浆

（8）瓦屋面设计

4.8.1 瓦屋面防水等级和防水做法应符合表 4.8.1 的规定。

瓦屋面防水等级和防水做法　　　　　　　　表 4.8.1

防水等级	防水做法	防水等级	防水做法
Ⅰ	瓦＋防水层	Ⅱ	瓦＋防水垫层

注：防水层厚度应符合本规范第 4.5.5 条或第 4.5.6 条Ⅱ级防水的规定。

4.8.3 瓦屋面与山墙及突出屋面结构的交接处，均应做不小于 250mm 高的泛水处理。

4.8.4 在大风及地震设防地区或屋面坡度大于 100％时，瓦片应采取固定加强措施。

4.8.6 防水垫层宜采用自粘聚合物沥青防水垫层、聚合物改性沥青防水垫层，其最小厚度和搭接宽度应符合表 4.8.6 的规定。

4.8.7 在满足屋面荷载的前提下，瓦屋面持钉层厚度应符合下列规定：

1 持钉层为木板时，厚度不应小于20mm；

2 持钉层为人造板时，厚度不应小于16mm；

3 持钉层为细石混凝土时，厚度不应小于35mm。

4.8.8 瓦屋面檐沟、天沟的防水层，可采用防水卷材或防水涂膜，也可采用金属板材。

Ⅰ 烧结瓦、混凝土瓦屋面

4.8.9 烧结瓦、混凝土瓦屋面的坡度不应小于30%。

4.8.10 采用的木质基层、顺水条、挂瓦条，均应作防腐、防火和防蛀处理；采用的金属顺水条、挂瓦条，均应作防锈蚀处理。

4.8.11 烧结瓦、混凝土瓦应采用干法挂瓦，瓦与屋面基层应固定牢靠。

Ⅱ 沥青瓦屋面

4.8.13 沥青瓦屋面的坡度不应小于20%。

4.8.14 沥青瓦应具有自粘胶带或相互搭接的连锁构造。矿物粒料或片料覆面沥青瓦的厚度不应小于2.6mm，金属箔面沥青瓦的厚度不应小于2mm。

4.8.15 沥青瓦的固定方式应以钉为主、粘结为辅。每张瓦片上不得少于4个固定钉；在大风地区或屋面坡度大于100%时，每张瓦片不得少于6个固定钉。

4.8.16 天沟部位铺设的沥青瓦可采用搭接式、编织式、敞开式。搭接式、编织式铺设时，沥青瓦下应增设不小于1000mm宽的附加层；敞开式铺设时，在防水层或防水垫层上应铺设厚度不小于0.45mm的防锈金属板材，沥青瓦与金属板材应用沥青基胶结材料粘结，其搭接宽度不应小于100mm。

（9）金属板屋面设计

4.9.1 金属板屋面防水等级和防水做法应符合表4.9.1的规定。

金属板屋面防水等级和防水做法 表4.9.1

防水等级	防水做法
Ⅰ级	压型金属板＋防水垫层
Ⅱ级	压型金属板、金属面绝热夹芯板

注：当防水等级为Ⅰ级时，压型铝合金板基板厚度不应小于0.9mm；压型钢板基板厚度不应小于0.6mm。

4.9.5 金属板屋面在保温层的下面宜设置隔汽层，在保温层的上面宜设置防水透汽膜。

（10）玻璃采光顶设计

4.10.4 玻璃采光顶应采用支承结构找坡，排水坡度不宜小于5%。

4.10.5 玻璃采光顶的下列部位应进行细部构造设计：

1 高低跨处泛水；

2 采光板板缝、单元体构造缝；

3 天沟、檐沟、水落口；

4 采光顶周边交接部位；

5 洞口、局部凸出体收头；

6 其他复杂的构造部位。

（11）细部构造设计

4.11.1 屋面细部构造应包括檐口、檐沟和天沟、女儿墙和山墙、水落口、变形缝、伸出屋面管道、屋面出入口、反梁过水孔、设施基座、屋脊、屋顶窗等部位。

4.11.2 细部构造设计应做到多道设防、复合用材、连续密封、局部增强，并应满足使用功能、温差变形、施工环境条件和可操作性等要求。

4.11.3 细部构造所用密封材料的选择应符合本规范第4.6.3条的规定。

4.11.4 细部构造中容易形成热桥的部位均应进行保温处理。

4.11.5 檐口、檐沟外侧下端及女儿墙压顶内侧下端等部位均应作滴水处理，滴水槽宽度和深度不宜小于10mm。

Ⅰ 檐 口

4.11.6 卷材防水屋面檐口800mm范围内的卷材应满粘，卷材收头应采用金属压条钉压，并应用密封材料封严。檐口下端应做鹰嘴和滴水槽（图4.11.6）。

4.11.7 涂膜防水屋面檐口的涂膜收头，应用防水涂料多遍涂刷。檐口下端应做鹰嘴和滴水槽（图4.11.7）。

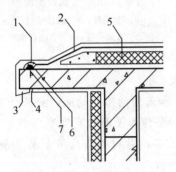

图4.11.6　卷材防水屋面檐口

1—密封材料；2—卷材防水层；
3—鹰嘴；4—滴水槽；5—保温层；
6—金属压条；7—水泥钉

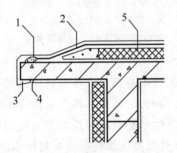

图4.11.7　涂膜防水屋面檐口

1—涂料多遍涂刷；2—涂膜防水层；
3—鹰嘴；4—滴水槽；5—保温层

4.11.8 烧结瓦、混凝土瓦屋面的瓦头挑出檐口的长度宜为50～70mm（图4.11.8-1、图4.11.8-2）。

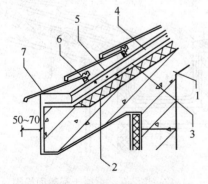

图4.11.8-1　烧结瓦、混凝土
瓦屋面檐口（一）

1—结构层；2—保温层；3—防水层或
防水垫层；4—持钉层；5—顺水条；
6—挂瓦条；7—烧结瓦或混凝土瓦

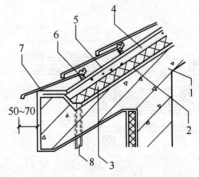

图4.11.8-2　烧结瓦、
混凝土瓦屋面檐口（二）

1—结构层；2—防水层或防水垫层；3—保
温层；4—持钉层；5—顺水条；6—挂瓦条；
7—烧结瓦或混凝土瓦；8—泄水管

4.11.9 沥青瓦屋面的瓦头挑出檐口的长度宜为 10～20mm；金属滴水板应固定在基层上，伸入沥青瓦下宽度不应小于 80mm，向下延伸长度不应小于 60mm（图 4.11.9）。

4.11.10 金属板屋面檐口挑出墙面的长度不应小于 200mm；屋面板与墙板交接处应设置金属封檐板和压条（图 4.11.10）。

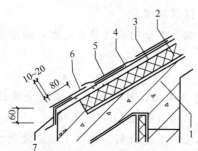
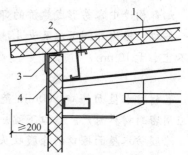

图 4.11.9　沥青瓦屋面檐口　　　　　　图 4.11.10　金属板屋面檐口

1—结构层；2—保温层；3—持钉层；　　　1—金属板；2—通长密封条；

4—防水层或防水垫层；5—沥青瓦；　　　　3—金属压条；4—金属封檐板

6—起始层沥青瓦；7—金属滴水板

Ⅱ　檐 沟 和 天 沟

4.11.11 卷材或涂膜防水屋面檐沟（图 4.11.11）和天沟的防水构造，应符合下列规定：

　　1 檐沟和天沟的防水层下应增设附加层，附加层伸入屋面的宽度不应小于 250mm；

　　2 檐沟防水层和附加层应由沟底翻上至外侧顶部，卷材收头应用金属压条钉压，并应用密封材料封严，涂膜收头应用防水涂料多遍涂刷；

　　3 檐沟外侧下端应做鹰嘴或滴水槽；

　　4 檐沟外侧高于屋面结构板时，应设置溢水口。

4.11.12 烧结瓦、混凝土瓦屋面檐沟（图 4.11.12）和天沟的防水构造，应符合下列规定：

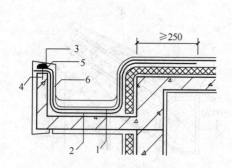
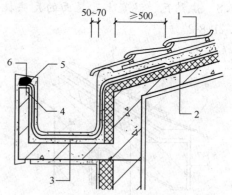

图 4.11.11　卷材、涂膜防水屋面檐沟　　　图 4.11.12　烧结瓦、混凝土瓦屋面檐沟

1—防水层；2—附加层；3—密封材料；　　　1—烧结瓦或混凝土瓦；2—防水层或防水垫层；3—附

4—水泥钉；5—金属压条；6—保护层　　　　加层；4—水泥钉；5—金属压条；6—密封材料

　　1 檐沟和天沟防水层下应增设附加层，附加层伸入屋面的宽度不应小于 500mm；

　　2 檐沟和天沟防水层伸入瓦内的宽度不应小于 150mm，并应与屋面防水层或防水垫层顺流水方向搭接；

3 檐沟防水层和附加层应由沟底翻上至外侧顶部，卷材收头应用金属压条钉压，并应用密封材料封严；涂膜收头应用防水涂料多遍涂刷；

4 烧结瓦、混凝土瓦伸入檐沟、天沟内的长度，宜为50～70mm。

4.11.13 沥青瓦屋面檐沟和天沟的防水构造，应符合下列规定：

1 檐沟防水层下应增设附加层，附加层伸入屋面的宽度不应小于500mm；

2 檐沟防水层伸入瓦内的宽度不应小于150mm，并应与屋面防水层或防水垫层顺流水方向搭接；

3 檐沟防水层和附加层应由沟底翻上至外侧顶部，卷材收头应用金属压条钉压，并应用密封材料封严；涂膜收头应用防水涂料多遍涂刷；

4 沥青瓦伸入檐沟内的长度宜为10～20mm；

5 天沟采用搭接式或编织式铺设时，沥青瓦下应增设不小于1000mm宽的附加层（图4.11.13）；

6 天沟采用敞开式铺设时，在防水层或防水垫层上应铺设厚度不小于0.45mm的防锈金属板材，沥青瓦与金属板材应顺流水方向搭接，搭接缝应用沥青基胶结材料粘结，搭接宽度不应小于100mm。

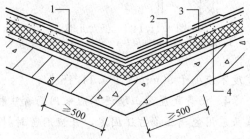

图4.11.13 沥青瓦屋面天沟
1—沥青瓦；2—附加层；
3—防水层或防水垫层；4—保温层

Ⅲ 女儿墙和山墙

4.11.14 女儿墙的防水构造应符合下列规定：

1 女儿墙压顶可采用混凝土或金属制品。压顶向内排水坡度不应小于5%，压顶内侧下端应作滴水处理；

2 女儿墙泛水处的防水层下应增设附加层，附加层在平面和立面的宽度均不应小于250mm；

3 低女儿墙泛水处的防水层可直接铺贴或涂刷至压顶下，卷材收头应用金属压条钉压固定，并应用密封材料封严；涂膜收头应用防水涂料多遍涂刷（图4.11.14-1）；

4 高女儿墙泛水处的防水层泛水高度不应小于250mm，防水层收头应符合本条第3款的规定；泛水上部的墙体应作防水处理（图4.11.14-2）；

5 女儿墙泛水处的防水层表面，宜采用涂刷浅色涂料或浇筑细石混凝土保护。

4.11.15 山墙的防水构造应符合下列规定：

1 山墙压顶可采用混凝土或金属制品。压顶应向内排水，坡度不应小于5%，压顶内侧下端应作滴水处理；

2 山墙泛水处的防水层下应增设附加层，附加层在平面和立面的宽度均不应小于250mm；

3 烧结瓦、混凝土瓦屋面山墙泛水应采用聚合物水泥砂浆抹成，侧面瓦伸入泛水的

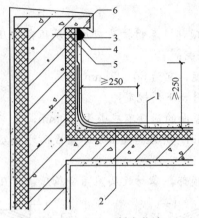

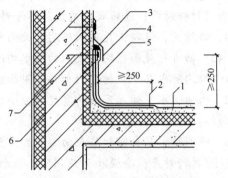

图 4.11.14-1　低女儿墙
1—防水层；2—附加层；3—密封材料；4—金属
压条；5—水泥钉；6—压顶

图 4.11.14-2　高女儿墙
1—防水层；2—附加层；3—密封材料；4—金属盖板；5—保护层；6—金属压条；7—水泥钉

宽度不应小于50mm（图4.11.15-1）；

4　沥青瓦屋面山墙泛水应采用沥青基胶粘材料满粘一层沥青瓦片，防水层和沥青瓦收头应用金属压条钉压固定，并应用密封材料封严（图4.11.15-2）；

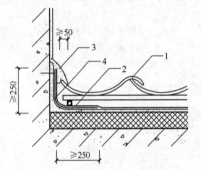

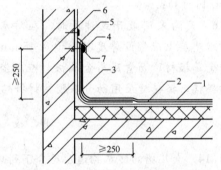

图 4.11.15-1　烧结瓦、混凝土瓦屋面山墙
1—烧结瓦或混凝土瓦；2—防水层或防水垫层；
3—聚合物水泥砂浆；4—附加层

图 4.11.15-2　沥青瓦屋面山墙
1—沥青瓦；2—防水层或防水垫层；3—附加层；
4—金属盖板；5—密封材料；6—水泥钉；7—金属压条

5　金属板屋面山墙泛水应铺钉厚度不小于0.45mm的金属泛水板，并应顺流水方向搭接；金属泛水板与墙体的搭接高度不应小于250mm，与压型金属板的搭盖宽度宜为1～2波，并应在波峰处采用拉铆钉连接（图4.11.15-3）。

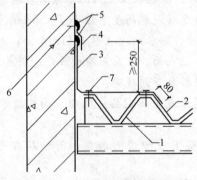

图 4.11.15-3　压型金属板屋面山墙
1—固定支架；2—压型金属板；3—金属泛水板；4—金属盖板；5—密封材料；6—水泥钉；7—拉铆钉

Ⅳ 水 落 口

4.11.16 重力式排水的水落口（图4.11.16-1、图4.11.16-2）防水构造应符合下列规定：

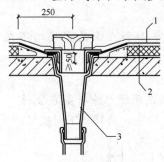 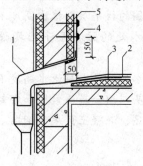

图4.11.16-1 直式水落口   图4.11.16-2 横式水落口

1—防水层；2—附加层；3—水落斗   1—水落斗；2—防水层；3—附加层；4—密封材料；5—水泥钉

  1 水落口可采用塑料或金属制品，水落口的金属配件均应作防锈处理；

  2 水落口杯应牢固地固定在承重结构上，其埋设标高应根据附加层的厚度及排水坡度加大的尺寸确定；

  3 水落口周围直径500mm范围内坡度不应小于5%，防水层下应增设涂膜附加层；

  4 防水层和附加层伸入水落口杯内不应小于50mm，并应粘结牢固。

4.11.17 虹吸式排水的水落口防水构造应进行专项设计。

Ⅴ 变 形 缝

4.11.18 变形缝防水构造应符合下列规定：

  1 变形缝泛水处的防水层下应增设附加层，附加层在平面和立面的宽度不应小于250mm；防水层应铺贴或涂刷至泛水墙的顶部；

  2 变形缝内应预填不燃保温材料，上部应采用防水卷材封盖，并放置衬垫材料，再在其上干铺一层卷材；

  3 等高变形缝顶部宜加扣混凝土或金属盖板（图4.11.18-1）；

  4 高低跨变形缝在立墙泛水处，应采用有足够变形能力的材料和构造作密封处理（图4.11.18-2）。

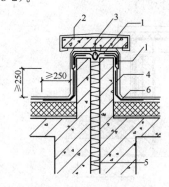 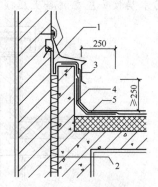

图4.11.18-1 等高变形缝   图4.11.18-2 高低跨变形缝

1—卷材封盖；2—混凝土盖板；3—衬垫材料；   1—卷材封盖；2—不燃保温材料；3—金属

4—附加层；5—不燃保温材料；6—防水层   盖板；4—附加层；5—防水层

Ⅵ 伸 出 屋 面 管 道

4.11.19 伸出屋面管道（图4.11.19）的防水构造应符合下列规定：

1 管道周围的找平层应抹出高度不小于30mm的排水坡；

2 管道泛水处的防水层下应增设附加层，附加层在平面和立面的宽度均不应小于250mm；

3 管道泛水处的防水层泛水高度不应小于250mm；

4 卷材收头应用金属箍紧固和密封材料封严，涂膜收头应用防水涂料多遍涂刷。

4.11.20 烧结瓦、混凝土瓦屋面烟囱（图4.11.20）的防水构造，应符合下列规定：

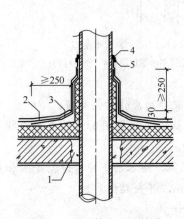 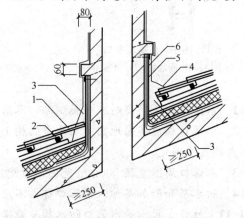

图 4.11.19　伸出屋面管道　　　　图 4.11.20　烧结瓦、混凝土瓦屋面烟囱

1—细石混凝土；2—卷材防水层；3—附　　1—烧结瓦或混凝土瓦；2—挂瓦条；3—聚合物水泥砂浆；

加层；4—密封材料；5—金属箍　　4—分水线；5—防水层或防水垫层；6—附加层

1 烟囱泛水处的防水层或防水垫层下应增设附加层，附加层在平面和立面的宽度不应小于250mm；

2 屋面烟囱泛水应采用聚合物水泥砂浆抹成；

3 烟囱与屋面的交接处，应在迎水面中部抹出分水线，并应高出两侧各30mm。

Ⅶ 屋 面 出 入 口

4.11.21 屋面垂直出入口泛水处应增设附加层，附加层在平面和立面的宽度均不应小于250mm；防水层收头应在混凝土压顶圈下（图4.11.21）。

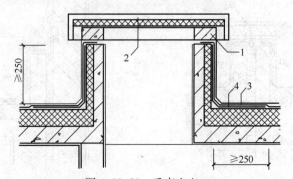

图 4.11.21　垂直出入口

1—混凝土压顶圈；2—上人孔盖；3—防水层；4—附加层

4.11.22 屋面水平出入口泛水处应增设附加层和护墙，附加层在平面上的宽度不应小于

250mm；防水层收头应压在混凝土踏步下（图4.11.22）。

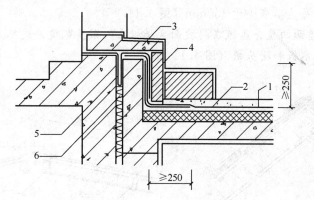

图 4.11.22　水平出入口

1—防水层；2—附加层；3—踏步；4—护墙；5—防水卷材封盖；6—不燃保温材料

Ⅷ　反 梁 过 水 孔

4.11.23　反梁过水孔构造应符合下列规定：

　　1　应根据排水坡度留设反梁过水孔，图纸应注明孔底标高；

　　2　反梁过水孔宜采用预埋管道，其管径不得小于75mm；

　　3　过水孔可采用防水涂料、密封材料防水。预埋管道两端周围与混凝土接触处应留凹槽，并应用密封材料封严。

Ⅸ　设 施 基 座

4.11.24　设施基座与结构层相连时，防水层应包裹设施基座的上部，并应在地脚螺栓周围作密封处理。

4.11.25　在防水层上放置设施时，防水层下应增设卷材附加层，必要时应在其上浇筑细石混凝土，其厚度不应小于50mm。

Ⅹ　屋 脊

4.11.26　烧结瓦、混凝土瓦屋面的屋脊处应增设宽度不小于250mm的卷材附加层。脊瓦下端距坡面瓦的高度不宜大于80mm，脊瓦在两坡面瓦上的搭盖宽度，每边不应小于40mm；脊瓦与坡瓦面之间的缝隙应采用聚合物水泥砂浆填实抹平（图4.11.26）。

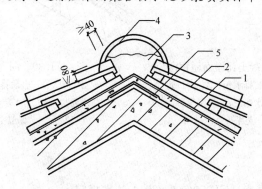

图 4.11.26　烧结瓦、混凝土瓦屋面屋脊

1—防水层或防水垫层；2—烧结瓦或混凝土瓦；3—聚合物水泥砂浆；4—脊瓦；5—附加层

4.11.27 沥青瓦屋面的屋脊处应增设宽度不小于 250mm 的卷材附加层。脊瓦在两坡面瓦上的搭盖宽度，每边不应小于 150mm（图 4.11.27）。

4.11.28 金属板屋面的屋脊盖板在两坡面金属板上的搭盖宽度每边不应小于 250mm，屋面板端头应设置挡水板和堵头板（图 4.11.28）。

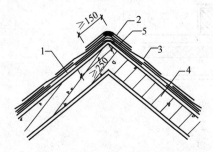 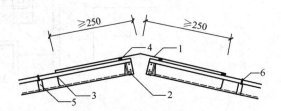

图 4.11.27　沥青瓦屋面屋脊
1—防水层或防水垫层；2—脊瓦；3—沥青瓦；
4—结构层；5—附加层

图 4.11.28　金属板材屋面屋脊
1—屋脊盖板；2—堵头板；3—挡水板；
4—密封材料；5—固定支架；6—固定螺栓

Ⅺ　屋　顶　窗

4.11.29 烧结瓦、混凝土瓦与屋顶窗交接处，应采用金属排水板、窗框固定铁脚、窗口附加防水卷材、支瓦条等连接（图 4.11.29）。

4.11.30 沥青瓦屋面与屋顶窗交接处应采用金属排水板、窗框固定铁脚、窗口附加防水卷材等与结构层连接（图 4.11.30）。

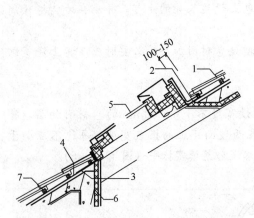 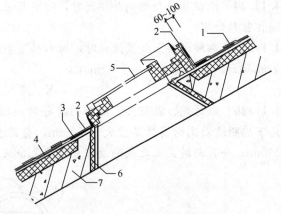

图 4.11.29　烧结瓦、混凝土瓦屋面屋顶窗
1—烧结瓦或混凝土瓦；2—金属排水板；3—窗口附加
防水卷材；4—防水层或防水垫层；5—屋顶窗；
6—保温层；7—支瓦条

图 4.11.30　沥青瓦屋面屋顶窗
1—沥青瓦；2—金属排水板；3—窗口附加
防水卷材；4—防水层或防水垫层；5—屋
顶窗；6—保温层；7—结构层

2. 坡屋面

《坡屋面工程技术规范》GB 50693—2011 基本规定：

3.2.3 坡屋面工程设计应根据建筑物的性质、重要程度、地域环境、使用功能要求以及依据屋面防水层设计使用年限，分为一级防水和二级防水，并应符合表 3.2.3 的规定。

坡屋面防水等级

表 3.2.3

项 目	坡屋面防水等级	
	一级	二级
防水层设计使用年限	≥20 年	≥10 年

注：1. 大型公共建筑、医院、学校等重要建筑屋面的防水等级为一级，其他为二级；
　　2. 工业建筑屋面的防水等级按使用要求确定。

3.2.4 根据建筑物高度、风力、环境等因素，确定坡屋面类型、坡度和防水垫层，并应符合表 3.2.4 的规定。

屋面类型、坡度和防水垫层　　　　　表 3.2.4

坡度与垫层	屋 面 类 型						
	沥青瓦屋面	块瓦屋面	波形瓦屋面	金属板屋面		防水卷材屋面	装配式轻型坡屋面
				压型金属板屋面	夹芯板屋面		
适用坡度（％）	≥20	≥30	≥20	≥5	≥5	≥3	≥20
防水垫层	应选	应选	应选	一级应选二级宜选	—	—	应选

3.2.5 坡屋面采用沥青瓦、块瓦、波形瓦和一级设防的压型金属板时，应设置防水垫层。

3.2.6 坡屋面防水构造等重要部位应有节点构造详图。

3.2.7 坡屋面的保温隔热层应通过建筑热工设计确定，并应符合相关规定。

3.2.8 保温隔热层铺设在装配式屋面板上时，宜设置隔汽层。

3.2.9 坡屋面应按现行国家标准《建筑结构荷载规范》GB 50009 的有关规定进行风荷载计算。沥青瓦屋面、金属板屋面和防水卷材屋面应按设计要求提供抗风揭试验检测报告。

3.2.10 屋面坡度大于 100％以及大风和抗震设防烈度为 7 度以上的地区，应采取加强瓦材固定等防止瓦材下滑的措施。

3.2.11 持钉层的厚度应符合下列规定：

　1 持钉层为木板时，厚度不应小于 20mm；

　2 持钉层为胶合板或定向刨花板时，厚度不应小于 11mm；

　3 持钉层为结构用胶合板时，厚度不应小于 9.5mm；

　4 持钉层为细石混凝土时，厚度不应小于 35mm。

3.2.12 细石混凝土找平层、持钉层或保护层中的钢筋网应与屋脊、檐口预埋的钢筋连接。

3.2.13 夏热冬冷地区、夏热冬暖地区和温和地区坡屋面的节能措施宜采用通风屋面、热反射屋面、带铝箔的封闭空气间层或屋面种植等，并应符合现行国家标准《民用建筑热工设计规范》GB 50176 的相关规定。

3.2.14 屋面坡度大于 100％时，宜采用内保温隔热措施。

　（1）材料

4.1.2 防水垫层应采用以下材料：

　1 沥青类防水垫层（自粘聚合物沥青防水垫层、聚合物改性沥青防水垫层、波形沥

283

青通风防水垫层等）；

  2 高分子类防水垫层（铝箔复合隔热防水垫层、塑料防水垫层、透汽防水垫层和聚乙烯丙纶防水垫层等）；

  3 防水卷材和防水涂料。

4.1.3 防水等级为一级设防的沥青瓦屋面、块瓦屋面和波形瓦屋面，主要防水垫层种类和最小厚度应符合表4.1.3的规定。

一级设防瓦屋面的主要防水垫层种类和最小厚度   表4.1.3

防水垫层种类	最小厚度（mm）
自粘聚合物沥青防水垫层	1.0
聚合物改性沥青防水垫层	2.0
波形沥青通风防水垫层	2.2
SBS、APP改性沥青防水卷材	3.0
自粘聚合物改性沥青防水卷材	1.5
高分子类防水卷材	1.2
高分子类防水涂料	1.5
沥青类防水涂料	2.0
复合防水垫层（聚乙烯丙纶防水垫层＋聚合物水泥防水胶粘材料）	2.0（0.7＋1.3）

4.2.1 坡屋面保温隔热材料可采用硬质聚苯乙烯泡沫塑料保温板、硬质聚氨酯泡沫保温板、喷涂硬泡聚氨酯、岩棉、矿渣棉或玻璃棉等。不宜采用散状保温隔热材料。

  （2）防水垫层设计要点

5.2.1 防水垫层在瓦屋面构造层次中的位置应符合下列规定：

  1 防水垫层铺设在瓦材和屋面板之间（图5.2.1-1）；屋面应为内保温隔热构造。

  2 防水垫层铺设在持钉层和保温隔热层之间（图5.2.1-2），应在防水垫层上铺设配筋细石混凝土持钉层。

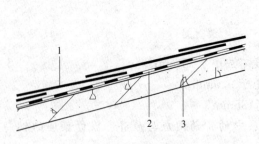

图5.2.1-1 防水垫层位置（1）
1—瓦材；2—防水垫层；3—屋面板

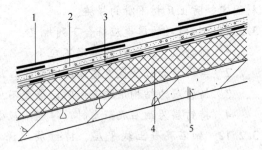

图5.2.1-2 防水垫层位置（2）
1—瓦材；2—持钉层；3—防水垫层；
4—保温隔热层；5—屋面板

  3 防水垫层铺设在保温隔热层和屋面板之间（图5.2.1-3），瓦材应固定在配筋细石混凝土持钉层上。

  4 防水垫层或隔热防水垫层铺设在挂瓦条和顺水条之间（图5.2.1-4），防水垫层宜呈下垂凹形。

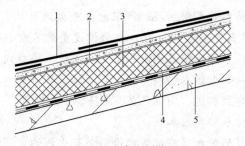

图 5.2.1-3　防水垫层位置（3）

1—瓦材；2—持钉层；3—保温隔热层；4—防水垫层；5—屋面板

5 波形沥青通风防水垫层，应铺设在挂瓦条和保温隔热层之间（图 5.2.1-5）。

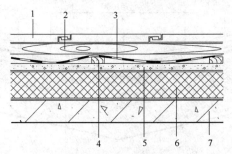

图 5.2.1-4　防水垫层位置（4）

1—瓦材；2—挂瓦条；3—防水垫层；4—顺水条；
5—持钉层；6—保温隔热层；7—屋面板

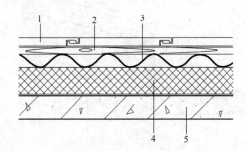

图 5.2.1-5　防水垫层位置（5）

1—瓦材；2—挂瓦条；3—波形沥青通风防水垫层；
4—保温隔热层；5—屋面板

5.2.2 坡屋面细部节点部位的防水垫层应增设附加层，宽度不宜小于 500mm。

5.3　防水垫层细部构造

5.3.1 屋脊部位构造（图 5.3.1）应符合下列规定：

　　1 屋脊部位应增设防水垫层附加层，宽度不应小于 500mm；

　　2 防水垫层应顺流水方向铺设和搭接。

5.3.2 檐口部位构造（图 5.3.2）应符合下列规定：

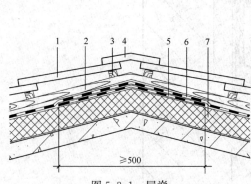

图 5.3.1　屋脊

1—瓦；2—顺水条；3—挂瓦条；4—脊瓦；
5—防水垫层附加层；6—防水垫层；7—保温隔热层

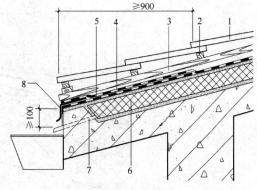

图 5.3.2　檐口

1—瓦；2—挂瓦条；3—顺水条；4—防水垫层；
5—防水垫层附加层；6—保温隔热层；
7—排水管；8—金属泛水板

1 檐口部位应增设防水垫层附加层；严寒地区或大风区域，应采用自粘聚合物沥青防水垫层加强，下翻宽度不应小于100mm，屋面铺设宽度不应小于900mm；

2 金属泛水板应铺设在防水垫层的附加层上，并伸入檐口内；

3 在金属泛水板上应铺设防水垫层。

5.3.3 钢筋混凝土檐沟部位构造（图5.3.3）应符合下列规定：

1 檐沟部位应增设防水垫层附加层；

2 檐口部位防水垫层的附加层应延展铺设到混凝土檐沟内。

5.3.4 天沟部位构造（图5.3.4）应符合下列规定：

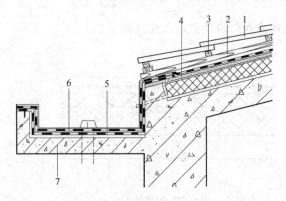 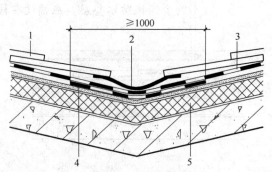

图5.3.3 钢筋混凝土檐沟

1—瓦；2—顺水条；3—挂瓦条；4—保护层（持钉层）；
5—防水垫层附加层；6—防水垫层；7—钢筋混凝土檐沟

图5.3.4 天沟

1—瓦；2—成品天沟；3—防水垫层；
4—防水垫层附加层；5—保温隔热层

1 天沟部位应沿天沟中心线增设防水垫层附加层，宽度不应小于1000mm；

2 铺设防水垫层和瓦材应顺流水方向进行。

5.3.5 立墙部位构造（图5.3.5）应符合下列规定：

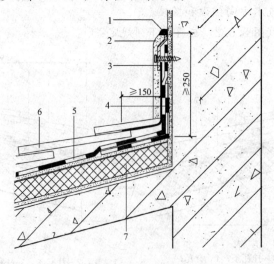

图5.3.5 立墙

1—密封材料；2—保护层；3—金属压条；4—防水垫层附加层；5—防水垫层；6—瓦；7—保温隔热层

1 阴角部位应增设防水垫层附加层;

2 防水垫层应满粘铺设,沿立墙向上延伸不少于250mm;

3 金属泛水板或耐候型泛水带覆盖在防水垫层上,泛水带与瓦之间应采用胶粘剂满粘;泛水带与瓦搭接应大于150mm,并应粘结在下一排瓦的顶部;

4 非外露型泛水的立面防水垫层宜采用钢丝网聚合物水泥砂浆层保护,并用密封材料封边。

5.3.6 山墙部位构造(图5.3.6)应符合下列规定:

1 阴角部位应增设防水垫层附加层;

2 防水垫层应满粘铺设,沿立墙向上延伸不少于250mm;

3 金属泛水板或耐候型泛水带覆盖在瓦上,用密封材料封边,泛水带与瓦搭接应大于150mm。

5.3.7 女儿墙部位构造(图5.3.7)应符合下列规定:

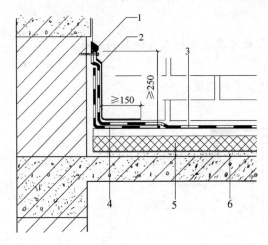

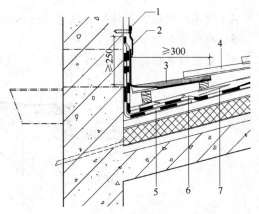

图 5.3.6 山墙

1—密封材料;2—泛水;3—防水垫层;4—防水垫层附加层;5—保温隔热层;6—找平层

图 5.3.7 女儿墙

1—耐候密封胶;2—金属压条;3—耐候型自粘柔性泛水带;4—瓦;5—防水垫层附加层;6—防水垫层;7—顺水条

1 阴角部位应增设防水垫层附加层;

2 防水垫层应满粘铺设,沿立墙向上延伸不应少于250mm;

3 金属泛水板或耐候型自粘柔性泛水带覆盖在防水垫层或瓦上,泛水带与防水垫层或瓦搭接应大于300mm,并应压入上一排瓦的底部;

4 宜采用金属压条固定,并密封处理。

5.3.8 穿出屋面管道构造(图5.3.8)应符合下列规定:

1 阴角处应满粘铺设防水垫层附加层,附加层沿立墙和屋面铺设,宽度均不应少于250mm;

2 防水垫层应满粘铺设,沿立墙向上延伸不应少于250mm;

3 金属泛水板、耐候型自粘柔性泛水带覆盖在防水垫层上,上部迎水面泛水带与瓦搭接应大于300mm,并应压入上一排瓦的底部;下部背水面泛水带与瓦搭接应大于150mm;

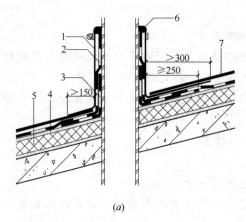
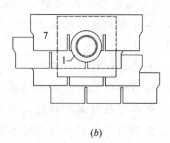

(a)   *(b)*

图 5.3.8 穿出屋面管道

1—成品泛水件；2—防水垫层；3—防水垫层附加层；4—保护层（持钉层）；
5—保温隔热层；6—密封材料；7—瓦

4 金属泛水板、耐候型自粘柔性泛水带表面可覆盖瓦材或其他装饰材料；

5 应用密封材料封边。

5.3.9 变形缝部位防水构造（图 5.3.9）应符合下列规定：

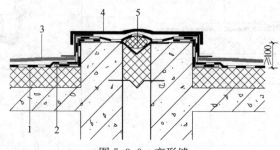

图 5.3.9 变形缝

1—防水垫层；2—防水垫层附加层；3—瓦；4—金属盖板；5—聚乙烯泡沫棒

1 变形缝两侧墙高出防水垫层不应少于 100mm；

2 防水垫层应包过变形缝，变形缝上宜覆盖金属盖板。

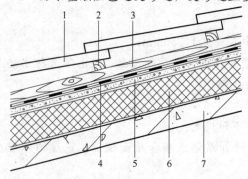

图 7.2.1-1 块瓦屋面构造（1）

1—瓦材；2—挂瓦条；3—顺水条；4—防水垫层；
5—持钉层；6—保温隔热层；7—屋面板

（3）沥青瓦屋面（略）

（4）块瓦屋面

7.2.1 块瓦屋面应符合下列规定：

1 保温隔热层上铺设细石混凝土保护层做持钉层时，防水垫层应铺设在持钉层上，构造层依次为块瓦、挂瓦条、顺水条、防水垫层、持钉层、保温隔热层、屋面板（图 7.2.1-1）。

2 保温隔热层镶嵌在顺水条之间时，应在保温隔热层上铺设防水垫层，构造层依次为块瓦、挂瓦条、防水垫层或隔热防水垫层、保温隔热层、顺水条、屋面板（图7.2.1-2）。

3 屋面为内保温隔热构造时，防水垫层应铺设在屋面板上，构造层次依次为块瓦、挂瓦条、顺水条、防水垫层、屋面板（图7.2.1-3）。

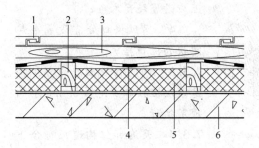

图7.2.1-2 块瓦屋面构造（2）
1—块瓦；2—顺水条；3—挂瓦条；4—防水垫层或
隔热防水垫层；5—保温隔热层；6—屋面板

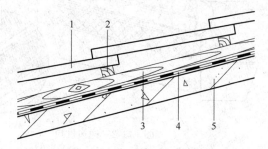

图7.2.1-3 块瓦屋面构造（3）
1—块瓦；2—挂瓦条；3—顺水条；
4—防水垫层；5—屋面板

4 采用具有挂瓦功能的保温隔热层时，在屋面板上做水泥砂浆找平层，防水垫层应铺设在找平层上，保温板应固定在防水垫层上，构造层依次为块瓦、有挂瓦功能的保温隔热层、防水垫层、找平层（兼作持钉层）、屋面板（图7.2.1-4）。

5 采用波形沥青通风防水垫层时，通风防水垫层应铺设在挂瓦条和保温隔热层之间，构造层依次为块瓦、挂瓦条、波形沥青通风防水垫层、保温隔热层、屋面板（图5.2.1-5）。

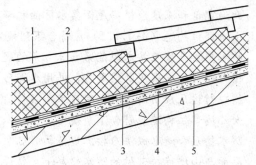

图7.2.1-4 块瓦屋面构造（4）
1—块瓦；2—带挂瓦条的保温板；
3—防水垫层；4—找平层；5—屋面板

7.3 细 部 构 造

7.3.1 通风屋脊构造（图7.3.1）应符合下列规定：

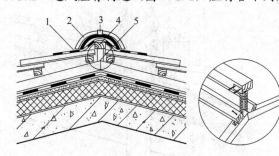

图7.3.1 通风屋脊
1—通风防水自粘胶带；2—脊瓦；3—脊瓦搭扣；
4—支撑木；5—托木支架

1 泛水板和防水垫层做法应按本规范第5.3.2条的规定执行；

1 防水垫层做法应按本规范第5.3.1条的规定执行；

2 屋脊瓦应采用与主瓦相配套的配件脊瓦；

3 托木支架和支撑木应固定在屋面板上，脊瓦应固定在支撑木上；

4 耐候型通风防水自粘胶带应铺设在脊瓦和块瓦之间。

7.3.2 通风檐口部位构造（图7.3.2）应符合下列规定：

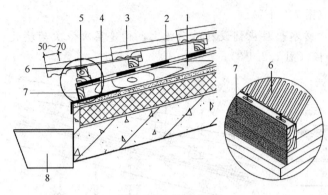

2 块瓦挑入檐沟的长度宜为 50～70mm；

3 在屋檐最下排的挂瓦条上应设置托瓦木条；

4 通风檐口处宜设置半封闭状的檐口挡算。

7.3.3 钢筋混凝土檐沟部位构造做法应按本规范第5.3.3条的规定执行。

7.3.4 天沟部位构造应符合下列规定：

1 防水垫层的做法应按本规范第5.3.4条的规定执行；

图 7.3.2 通风檐口
1—顺水条；2—防水垫层；3—瓦；4—金属泛水板；
5—托瓦木条；6—檐口挡算；7—檐口通风条；8—檐沟

2 混凝土屋面天沟采用防水卷材时，防水卷材应由沟底上翻，垂直高度不应小于150mm；

3 天沟宽度和深度应根据屋面集水区面积确定。

7.3.5 山墙部位构造（图7.3.5）应符合下列规定：

1 防水垫层做法应按本规范第5.3.6条的规定执行；

2 檐口封边瓦宜采用卧浆做法，并用水泥砂浆勾缝处理；

3 檐口封边瓦应用固定钉固定在木条或持钉层上。

7.3.6 女儿墙部位构造应符合下列规定：

1 防水垫层和泛水做法应按本规范第5.3.7条的规定执行；

2 屋面与山墙连接部位的防水垫层上应铺设自粘聚合物沥青泛水带；

3 在沿墙屋面瓦上应做耐候型泛水材料；

4 泛水宜采用金属压条固定，并密封处理。

7.3.7 穿出屋面管道部位构造（图7.3.7）应符合下列规定：

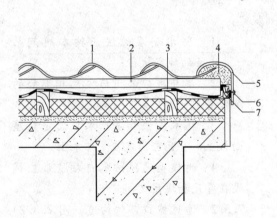

图 7.3.5 山墙
1—瓦；2—挂瓦条；3—防水垫层；4—水泥砂浆封边
5—檐口封边瓦；6—镀锌钢钉；7—木条

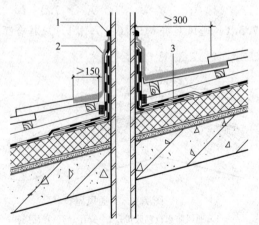

图 7.3.7 穿出屋面管道
1—耐候密封胶；2—柔性泛水；
3—防水垫层

1 穿出屋面管道上坡方向：应采用耐候型自粘泛水与屋面瓦搭接，宽度应大于300mm，并应压入上一排瓦片的底部；

2 穿出屋面管道下坡方向：应采用耐候型自粘泛水与屋面瓦搭接，宽度应大于150mm，并应粘结在下一排瓦片的上部，与左右面的搭接宽度应大于150mm；

3 穿出屋面管道的泛水上部应用密封材料封边。

7.3.8 变形缝部位防水做法应按本规范第5.3.9条的规定执行。

（5）波形瓦屋面

8.2 设 计 要 点

8.2.1 波形瓦屋面应符合下列规定：

1 屋面板上铺设保温隔热层，保温隔热层上做细石混凝土持钉层时，防水垫层铺设在持钉层上，波形瓦固定在持钉层上，构造层依次为波形瓦、防水垫层、持钉层、保温隔热层、屋面板（图8.2.1-1）。

2 采用有屋面板的内保温隔热时，屋面板铺设在木檩条上，防水垫层应铺设在屋面板上，木檩条固定在钢屋架上，角钢固定件长应为100～150mm，波形瓦固定在屋面板上，构造层依次为波形瓦、防水垫层、屋面板、木檩条、屋架（图8.2.1-2）。

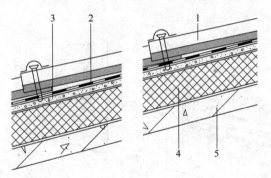 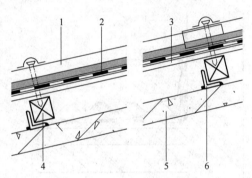

图8.2.1-1 波形瓦屋面构造（1）
1—波形瓦；2—防水垫层；3—持钉层；
4—保温隔热层；5—屋面板

图8.2.1-2 波形瓦屋面构造（2）
1—波形瓦；2—防水垫层；3—屋面板；4—檩条；
5—屋架；6—角钢固定件

8.2.2 波形瓦的固定间距应按瓦材规格、尺寸确定。

8.2.3 波形瓦可固定在檩条和屋面板上。

8.2.4 沥青波形瓦和树脂波形瓦的搭接宽（长）度和固定点数量应符合表8.2.4的规定。

8.3 细 部 构 造

8.3.1 屋脊构造（图8.3.1）应符合下列规定：

1 防水垫层和泛水的做法应按本规范第5.3.1条的规定执行；

2 屋脊宜采用成品脊瓦，脊瓦下部宜设置木质支撑。铺设脊瓦应顺年最大频率风向铺设，搭接宽度不应小于本规范表8.2.4的规定。

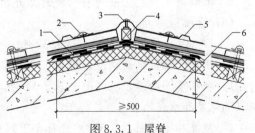

图8.3.1 屋脊
1—防水垫层附加层；2—固定钉；3—密封胶；
4—支撑木；5—成品脊瓦；6—防水垫层

8.3.2 檐口部位构造应符合下列规定：

1 防水垫层和泛水的做法应按本规范第 5.3.2 条的规定执行；

2 波形瓦挑出檐口宜为 50～70mm。

8.3.3 钢筋混凝土檐沟构造应符合下列规定：

1 防水垫层的做法应按本规范第 5.3.3 条的规定执行；

2 波形瓦挑入檐沟宜为 50～70mm。

8.3.4 天沟构造应符合下列规定：

1 防水垫层和泛水的做法应按本规范第 5.3.4 条的规定执行；

2 成品天沟应由下向上铺设，搭接宽度不应小于本规范表 8.2.4 规定的上下搭接长度；

3 主瓦伸入成品天沟的宽度不应小于 100mm。

8.3.5 山墙部位构造（图 8.3.5）应符合下列规定：

1 阴角部位应增设防水垫层附加层；

2 瓦材与墙体连接处应铺设耐候型自粘泛水胶带或金属泛水板，泛水上翻山墙高度不应小于 250mm，水平方向与波形瓦搭接不应少于两个波峰且不小于 150mm；

3 上翻山墙的耐候型自粘泛水胶带顶端应用金属压条固定，并作密封处理。

8.3.6 穿出屋面设施构造（图 8.3.6）应符合下列规定：

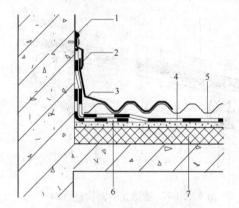 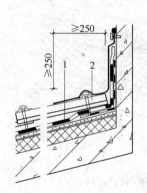

图 8.3.5 山墙

1—密封胶；2—金属压条；3—泛水；
4—防水垫层；5—波形瓦；6—防水垫
层附加层；7—保温隔热层

图 8.3.6 穿出屋面设施

1—防水垫层；2—波形瓦；3—密封材料；4—耐候
型自粘泛水胶带；5—防水垫层附加层；6—保温隔
热层；7—屋面板

1 瓦材与穿出屋面设施构造连接处应铺设 500mm 宽耐候型自粘泛水胶带，上翻高度不应小于 250mm，与波形瓦搭接宽度不应小于 250mm；

2 上翻泛水顶端应采用密封胶封严并用金属泛水板遮盖。

（6）金属板屋面

9.3 细 部 构 造

9.3.1 压型金属板屋面构造应符合下列规定：

1 金属屋面构造层次（图 9.3.1-1）包括：金属屋面板、固定支架、透汽防水垫层、保温隔热层和承托网。

2 屋脊构造（图 9.3.1-2）应符合下列规定：

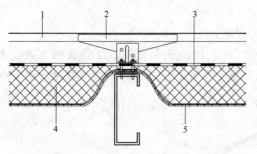

图 9.3.1-1 金属屋面

1—金属屋面板；2—固定支架；3—透汽防水垫层；

4—保温隔热层；5—承托网

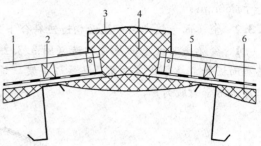

图 9.3.1-2 屋脊

1—金属屋面板；2—屋面板连接；3—屋脊盖板；

4—填充保温棉；5—防水垫层；6—保温隔热层

1）屋脊部位应采用屋脊盖板，并作防水
处理；

2）屋脊盖板应依据屋面的热胀冷缩设计；

3）屋脊盖板应设置保温隔热层。

3 檐口部位构造（图 9.3.1-3）应符合下
列规定：

1）屋面金属板的挑檐长度宜为 200～
300mm，或根据设计要求，按工程所在
地风荷载计算确定；金属板与檐沟之间
应设置防水密封堵头和金属封边板；

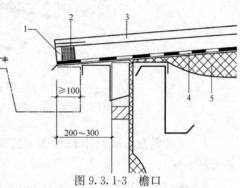

图 9.3.1-3 檐口

1—封边板；2—防水堵头；3—金属屋面板；

4—防水垫层；5—保温隔热层

2）屋面金属板挑入檐沟内的长度不宜小于100mm；

3）墙面宜在相应位置设置檐口堵头；

4）屋面和墙面保温隔热层应连接。

4 山墙部位构造（图 9.3.1-4）应符合下列规定：

1）山墙部位构造应按建筑物热胀冷缩因素设计；

2）屋面和墙面的保湿隔热层应连接。

5 出屋面山墙部位构造（图 9.3.1-5）中，金属板屋面与墙相交处泛水的高度不应

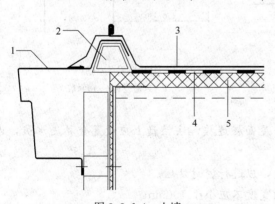

图 9.3.1-4 山墙

1—山墙饰边；2—温度应力隔离组件；

3—金属屋面板；4—防水垫层；5—保温隔热层

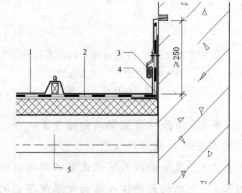

图 9.3.1-5 出屋面山墙

1—金属屋面板；2—防水垫层；3—泛水

及温度应力组件；4—支撑角钢；5—檩条

小于 250mm。

9.3.2 金属面绝热夹芯板屋面构造应符合下列规定：

1 金属夹芯板屋面屋脊构造（图 9.3.2-1）应包括：屋脊盖板、屋脊盖板支架、夹芯屋面板等。屋脊处应设置屋脊盖板支架，屋脊板与屋脊盖板支架连接，连接处和固定部位应采用密封胶封严。

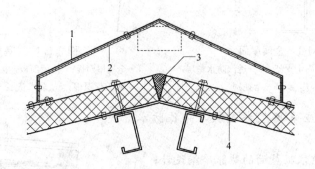

图 9.3.2-1 屋脊
1—屋脊盖板；2—屋脊盖板支架；3—聚苯乙烯泡沫条；4—夹芯屋面板

2 拼接式屋面板防水扣构造（图 9.3.2-2）应包括：防水扣槽、夹芯板翻边、夹芯屋面板和螺钉。

3 檐口宜挑出外墙 150～500mm，檐口部位应采用封檐板封堵，固定螺栓的螺帽应采用密封胶封严（图 9.3.2-3）。

4 山墙应采用槽形泛水板封盖，并固定牢固，固定钉处应采用密封胶封严（图 9.3.2-4）。

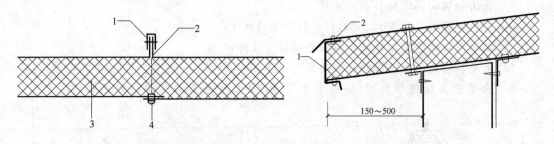

图 9.3.2-2 拼接式屋面板防水扣槽
1—防水扣槽；2—夹芯板翻边；
3—夹芯屋面板；4—螺钉

图 9.3.2-3 檐口
1—封檐板；2—密封胶

5 采用法兰盘固定屋面排气管，并与屋面板连接，法兰盘上应设置金属泛水板，连接处用密封材料封严（图 9.3.2-5）。

9.3.3 金属屋面板与采光天窗四周连接时，应进行密封处理。

9.3.4 金属板天沟伸入屋面金属板下面的宽度不应小于 100mm。

（7）防水卷材屋面（略）

（8）装配式轻型坡屋面（略）

294

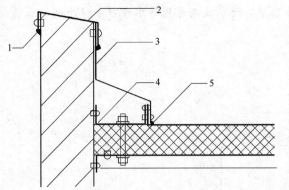

图 9.3.2-4　山墙
1、5—密封胶；2—槽型泛水板；
3—金属泛水板；4—金属U形件

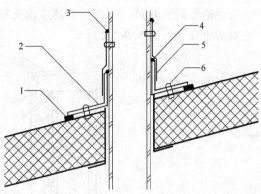

图 9.3.2-5　排气管
1、3—密封胶；2—法兰盘；4—密封胶条；
5—金属泛水板；6—铆钉

3. 倒置式屋面

《倒置式屋面工程技术规程》JGJ 230—2010：

5.3 细 部 构 造

5.3.1 屋面细部构造的设计应符合下列规定：

1 檐口、檐沟和天沟、女儿墙和山墙、水落口、变形缝、伸出屋面管道、屋面出入口、设施基座等细部节点部位应增设防水附加层，平面与立面交接处的卷材应空铺；

2 细部节点应采用高弹性、高延伸性防水和密封材料；

3 细部节点的密封防水构造应使密封部位不渗水，并应满足防水层合理使用年限的要求；

4 在与室内空间有关联的细部节点处，应铺设保温层。

5.3.2 天沟、檐沟的防水保温构造（图5.3.2）应符合下列规定：

1 檐沟、天沟及其与屋面板交接处应增设防水附加层；

2 防水层应由沟底翻上至沟外侧顶部，卷材收头应用金属压条钉压，并应用密封材料封严；涂膜收头应用防水涂料涂刷2～3遍或用密封材料封严；

3 檐沟外侧顶部及侧面均应抹保温砂浆，其下端应做成鹰嘴或滴水槽；

4 保温层在天沟、檐沟的上下两面应满铺或连续喷涂。

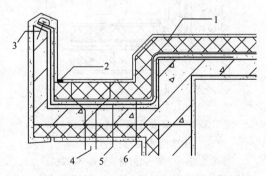

图 5.3.2　天沟、檐沟的防水保温构造
1—保温层；2—密封材料；3—压条钉压；4—水落口；
5—防水附加层；6—防水层

5.3.3 女儿墙、山墙防水保温构造应符合下列规定：

1 女儿墙和山墙泛水处的防水卷材应满粘，墙体和屋面转角处的卷材宜空铺，空铺宽度不应小于200mm；

2 低女儿墙和山墙，防水材料可直接铺至压顶下，泛水收头应采用水泥钉配垫片钉压固定和密封膏封严；涂膜应直接涂刷至压顶下，泛水收头应用防水涂料多遍涂刷，压顶应做防水处理（图 5.3.3-1）；

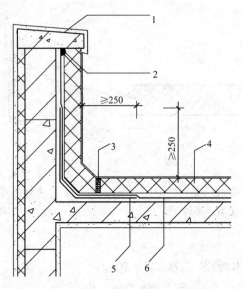

图 5.3.3-1　低女儿墙、山墙防水保温构造
1—压顶；2、3—密封材料；4—保温层；5—防水附加层；6—防水层

　　3　高女儿墙和山墙，防水材料应连续铺至泛水高度，泛水收头应采用水泥钉配垫片钉压固定和密封膏封严，墙体顶部应做防水处理（图 5.3.3-2、图 5.3.3-3）；

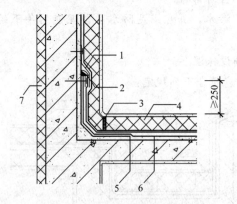

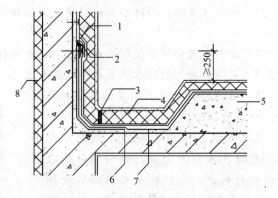

图 5.3.3-2　高女儿墙（无内天沟）、
山墙防水保温构造

1—金属盖板；2、3—密封材料；4—保温层；
5—防水附加层；6—防水层；7—外墙保温

图 5.3.3-3　高女儿墙（有内天沟）、
山墙防水保温构造

1—金属盖板；2、3—密封材料；4—保温层；
5—找坡层；6—防水附加层；7—防水层；8—外墙保温

　　4　低女儿墙和山墙的保温层应铺至压顶下；高女儿墙和山墙内侧的保温层应铺至女儿墙和山墙的顶部；

　　5　墙体根部与保温层间应设置温度缝，缝宽宜为 15～20mm，并应用密封材料封严。

5.3.4　屋面变形缝处防水保温构造（图 5.3.4）应符合下列规定：

1 屋面变形缝的泛水高度不应小于 250mm；

2 防水层和防水附加层应连续铺贴或涂刷覆盖变形缝两侧挡墙的顶部；

3 变形缝顶部应加扣混凝土或金属盖板，金属盖板应铺钉牢固，接缝应顺流水方向，并应做好防锈处理；变形缝内应填充泡沫塑料，上部应填放衬垫材料，并应采用卷材封盖；

4 保温材料应覆盖变形缝挡墙的两侧。

5.3.5 屋面高低跨变形缝处防水保温构造（图 5.3.5）应符合下列规定：

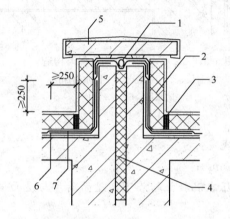 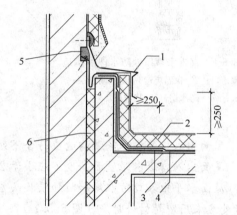

图 5.3.4　屋面变形缝处防水保温构造
1—衬垫材料；2—保温材料；3—密封材料；
4—泡沫材料；5—盖板；6—防水附加层；
7—防水层

图 5.3.5　屋面高低跨变形缝处防水保温构造
1—金属盖板；2—保温层；
3—防水附加层；4—防水层；
5—密封材料；6—泡沫塑料

1 高低跨变形缝的泛水高度不应小于 250mm；

2 变形缝挡墙顶部水平段防水层和附加层不宜粘牢；

3 变形缝内应填充泡沫塑料，并应与墙体粘牢；

4 变形缝应采用金属盖板和卷材覆盖，金属盖板水平段宜采取泛水处理，接缝应用密封材料嵌填；

5 变形缝挡墙侧面和顶部以及高跨墙面应覆盖保温材料。

5.3.6 屋面水落口处防水保温构造应符合下列规定：

1 水落口距女儿墙、山墙端部不宜小于 500mm，水落口杯上口的标高应设置在沟底的最低处；

2 以水落口为中心、直径 500mm 范围内，应增铺防水附加层，防水层贴入水落口杯内不应小于 50mm，并应用防水涂料涂刷；

3 水落口杯与基层接触部位应留宽 20mm、深 20mm 凹槽，并应用密封材料封严（图 5.3.6-1、图 5.3.6-2）；

4 保温层应铺至水落口边，距水落口周围直径 500mm 的范围内均匀减薄，并应形成不小于 5% 的坡度。

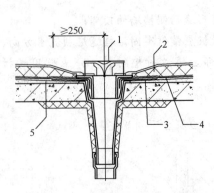

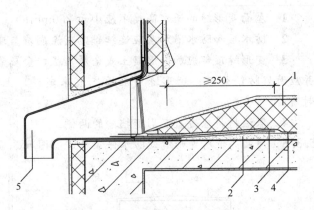

图 5.3.6-1　直排水落口处防水保温构造　　　　图 5.3.6-2　侧水落口处防水保温构造
1—水落口；2—保温层；3—防水附加层；　　　　　1—保温层；2—找坡层；3—防水附加层；
4—防水层；5—找坡层　　　　　　　　　　　　　　4—防水层；5—水落口

5.3.7　屋面出入口处防水保温构造应符合下列规定：

　　1　屋面出入口泛水距屋面高度不应小于 250mm；

　　2　屋面水平出入口防水层和附加层收头应压在混凝土踏步下，屋面踏步与屋面保护层接缝处应采用密封材料封严（图 5.3.7-1）；

　　3　屋面垂直出入口防水层和附加层收头应钉压固定在混凝土压顶圈梁下（图 5.3.7-2）；

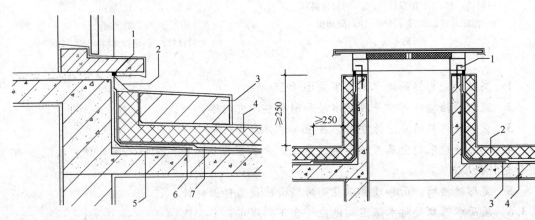

图 5.3.7-1　屋面水平出入口处防水保温构造　　　图 5.3.7-2　屋面垂直出入口处防水保温构造
1—密封材料；2—保护层；3—踏步；4—保温层；　　　1—上人孔盖及压顶圈梁；2—保温层；
5—找坡层；6—防水附加层；7—防水层　　　　　　　3—防水附加层；4—防水层

　　4　屋面水平出入口保温层应连续铺设或喷涂至混凝土踏步处，立面处应粘牢；

　　5　屋面垂直出入口保温层应连续铺设或喷涂至混凝土压顶圈梁下。

5.3.8　伸出屋面管道防水保温构造（图 5.3.8）应符合下列规定：

　　1　伸出屋面管道泛水距屋面高度不应小于 250mm；

　　2　在管道根部外径不小于 100mm 范围内，保护层应形成高度不小于 30mm 的排水坡；

3 管道根部四周防水附加层的宽度和高度均不应小于300mm，管道上防水层收头处应用金属箍紧固，并应采用密封材料封严；

4 板状保温层应铺至管道根部，现喷保温层应连续喷涂至管道泛水高度处，收头应采用金属箍将现喷保温层箍紧。

5.3.9 屋面设施基座的防水保温构造应符合下列规定：

1 设施基座与结构层相连时，防水层和保温层应包裹设施基座的上部，在地脚螺栓周围应做密封处理（图5.3.9）；

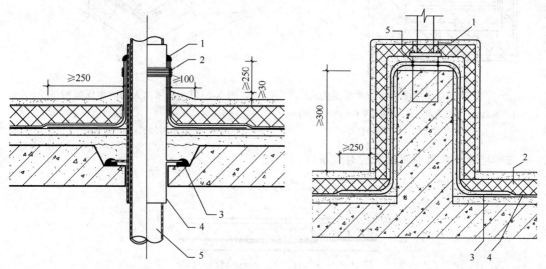

图5.3.8 伸出屋面管道防水保温构造
1、3—密封材料；2—金属箍；
4—套管；5—伸出屋面管道

图5.3.9 屋面设施基座的防水保温构造
1—预埋螺栓；2—保温层；3—防水附加层；
4—防水层；5—密封材料

2 在屋面保护层上放置设施时，设施基座区域保护层应采用细石混凝土覆盖，其厚度不应小于50mm，设施下部的防水层应做卷材附加层。

5.3.10 瓦屋面檐沟防水保温构造应符合下列规定：

1 檐沟处防水附加层深入屋面的长度不宜小于200mm；

2 保温层在天沟、檐沟上下两侧应满铺或连续喷涂；

3 应采取防止保温层下滑的措施，可在屋面板内预埋多排φ12锚筋，锚筋间距宜为1.5m，伸出保温层长度不宜小于25mm，锚筋穿破防水层处应采用密封材料封严（图5.3.10）。

5.3.11 瓦屋面天沟防水保温构造应符合下列规定：

1 天沟底部沿天沟中心线应铺设附加防水层，每边宽度不应小于450mm，并应深入平瓦下；

2 天沟部位应设置金属板瓦覆盖，在平瓦下应上翻，并应和平瓦结合严密（图5.3.11）。

5.3.12 硬泡聚氨酯防水保温复合板间的板缝构造应符合下列规定：

1 在接缝底部应附加一层宽度不小于300mm的防水衬布，防水衬布上应满涂粘结密封胶（图5.3.12）；

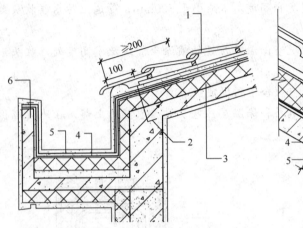

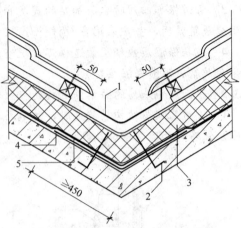

图 5.3.10 瓦屋面檐沟防水保温构造
1—屋面瓦；2—锚筋；3—保温层；4—防水附加层；
5—防水层；6—压条钉压

图 5.3.11 瓦屋面天沟防水保温构造
1—防水金属板瓦；2—预埋锚筋；3—保温层；
4—防水附加层；5—防水层

2 接缝应采用专用防水密封胶填缝。

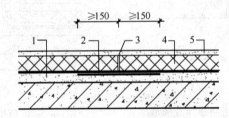

图 5.3.12 聚氨酯防水保温复合板板缝构造
1—找平层；2—防水衬布；3—防水密封胶填板缝；4—聚氨酯防水保温复合板；5—保护层

4. 种植屋面

《种植屋面工程技术规程》JGJ 155—2013 节选：

5.1.6 种植屋面的结构层宜采用现浇钢筋混凝土。

5.1.7 种植屋面防水层应满足一级防水等级设防要求，且必须至少设置一道具有耐根穿刺性能的防水材料。

5.1.8 种植屋面防水层应采用不少于两道防水设防，上道应为耐根穿刺防水材料；两道防水层应相邻铺设且防水层的材料应相容。

5.1.9 普通防水层一道防水设防的最小厚度应符合表 5.1.9 的规定。

普通防水层一道防水设防的最小厚度   表 5.1.9

材料名称	最小厚度（mm）
改性沥青防水卷材	4.0
高分子防水卷材	1.5
自粘聚合物改性沥青防水卷材	3.0
高分子防水涂料	2.0
喷涂聚脲防水涂料	2.0

5.1.10 耐根穿刺防水层设计应符合下列规定：

1 耐根穿刺防水材料应符合本规程第4.3节的规定；

2 排（蓄）水材料不得作为耐根穿刺防水材料使用；

3 聚乙烯丙纶防水卷材和聚合物水泥胶结料复合耐根穿刺防水材料应采用双层卷材复合作为一道耐根穿刺防水层。

5.2 平 屋 面

5.2.1 种植平屋面的基本构造层次包括：基层、绝热层、找坡（找平）层、普通防水层、耐根穿刺防水层、保护层、排（蓄）水层、过滤层、种植土层和植被层等（图5.2.1）。根据各地区气候特点、屋面形式、植物种类等情况，可增减屋面构造层次。

5.2.2 种植平屋面的排水坡度不宜小于2%；天沟、檐沟的排水坡度不宜小于1%。

5.2.3 屋面采用种植池种植高大植物时（图5.2.3），种植池设计应符合下列规定：

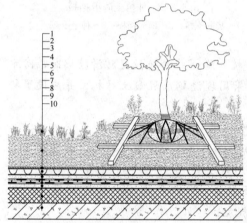

图 5.2.1　种植平屋面基本构造层次

1—植被层；2—种植土层；3—过滤层；

4—排（蓄）水层；5—保护层；

6—耐根穿刺防水层；7—普通防水层；

8—找坡（找平）层；9—绝热层；10—基层

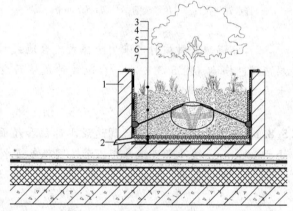

图 5.2.3　种植池

1—种植池；2—排水管（孔）；3—植被层；

4—种植土层；5—过滤层；6—排（蓄）水层；

7—耐根穿刺防水层

1 池内应设置耐根穿刺防水层、排（蓄）水层和过滤层；

2 池壁应设置排水口，并应设计有组织排水；

3 根据种植植物高度在池内设置固定植物用的预埋件。

5.3 坡 屋 面

5.3.1 种植坡屋面的基本构造层次应包括：基层、绝热层、普通防水层、耐根穿刺防水层、保护层、排（蓄）水层、过滤层、种植土层和植被层等。根据各地区气候特点、屋面形式和植物种类等情况，可增减屋面构造层次。

5.3.2 屋面坡度小于10%的种植坡屋面设计可按本规程第5.2节的规定执行。

5.3.3 屋面坡度大于等于20%的种植坡屋面设计应设置防滑构造，并应符合下列规定：

1 满覆盖种植时可采取挡墙或挡板等防滑措施（图5.3.3-1、图5.3.3-2）。当设置防滑挡墙时，防水层应满包挡墙，挡墙应设置排水通道；当设置防滑挡板时，防水层和过

301

滤层应在挡板下连续铺设。

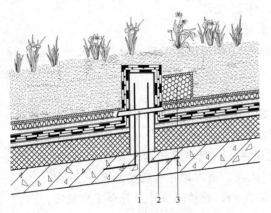

图 5.3.3-1 坡屋面防滑挡墙
1—排水管（孔）；2—预埋钢筋；3—卵石缓冲带

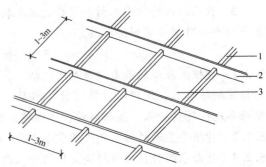

图 5.3.3-2 种植土防滑挡板
1—竖向支撑；2—横向挡板；3—种植土区域

2 非满覆盖种植时可采用阶梯式或台地式种植。阶梯式种植设置防滑挡墙时，防水层应满包挡墙（图 5.3.3-3）。台地式种植屋面应采用现浇钢筋混凝土结构，并应设置排水沟（图 5.3.3-4）。

5.8 细 部 构 造

5.8.1 种植屋面的女儿墙、周边泛水部位和屋面檐口部位，应设置缓冲带，其宽度不应小于 300mm。缓冲带可结合卵石带、园路或排水沟等设置。

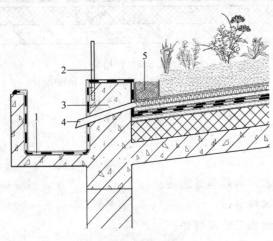

图 5.8.4 檐口构造
1—防水层；2—防护栏杆；3—挡墙；
4—排水管；5—卵石缓冲带

5.8.2 防水层的泛水高度应符合下列规定：

1 屋面防水层的泛水高度高出种植土不应小于 250mm；

2 地下建筑顶板防水层的泛水高度高出种植土不应小于 500mm。

5.8.3 竖向穿过屋面的管道，应在结构层内预埋套管，套管高出种植土不应小于 250mm。

5.8.4 坡屋面种植檐口构造（图 5.8.4）应符合下列规定：

1 檐口顶部应设种植土挡墙；

2 挡墙应埋设排水管（孔）；

3 挡墙应铺设防水层，并与檐沟防水层连成一体。

5.8.5 变形缝的设计应符合现行国家标准《屋面工程技术规范》GB 50345 的规定。变形缝上不应种植，变形缝墙应高于种植土，可铺设盖板作为园路（图 5.8.5）。

5.8.6 种植屋面宜采用外排水方式，水落口宜结合缓冲带设置（图 5.8.6）。

5.8.7 排水系统细部设计应符合下列规定：

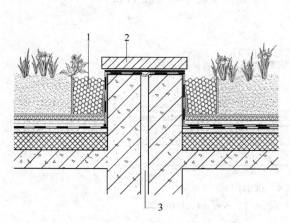

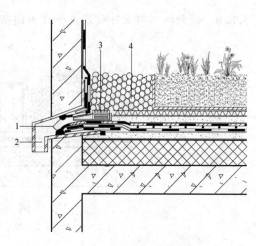

图 5.8.5　变形缝铺设盖板

1—卵石缓冲带；2—盖板；3—变形缝

图 5.8.6　外排水

1—密封胶；2—水落口；3—雨箅子；4—卵石缓冲带

1　水落口位于绿地内时，水落口上方应设置雨水观察井，并应在周边设置不小于 300mm 的卵石缓冲带（图 5.8.7-1）；

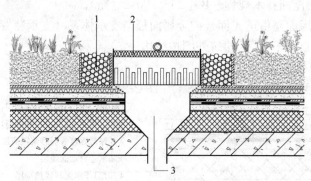

图 5.8.7-1　绿地内水落口

1—卵石缓冲带；2—井盖；3—雨水观察井

2　水落口位于铺装层上时，基层应满铺排水板，上设雨箅子（图 5.8.7-2）。

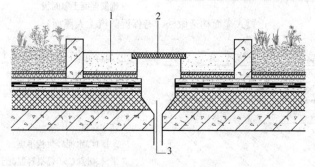

图 5.8.7-2　铺装层上水落口

1—铺装层；2—雨箅子；3—水落口

5.8.8 屋面排水沟上可铺设盖板作为园路，侧墙应设置排水孔（图5.8.8）。

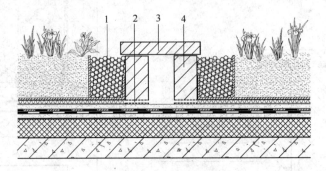

图5.8.8　排水沟

1—卵石缓冲带；2—排水管（孔）；3—盖板；4—种植挡墙

5.8.9 硬质铺装应向水落口处找坡，找坡应符合现行国家标准《屋面工程技术规范》GB 50345的规定。当种植挡墙高于铺装时，挡墙应设置排水孔。

5.8.10 根据植物种类、种植土厚度，可采用地形起伏处理。

5. 采光顶与金属屋面

《采光顶与金属屋面技术规程》JGJ 255—2012（略）。

采光顶与金属屋面是由透光面板或金属面板与支承体系（支承装置与支承结构）组成的，与水平方向夹角小于75°的建筑外围护结构。

6. 屋顶构造示例

（1）正置式与倒置式上人屋面构造（图29-2-21）

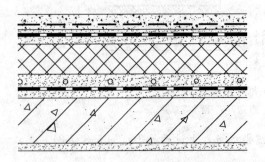

1.40厚C20细石混凝土保护层，配$\phi6$或冷拔$\phi4$的 I 级钢，双向@150（设分隔缝）

2.10厚低强度等级砂浆隔离层

3.防水卷材或涂膜层

4.20厚1:3水泥砂浆找平层

5.保温层

6.最薄30厚LC5.0轻集料混凝土2%找坡层

7.隔汽层

8.20厚1:3水泥砂浆找平层

9.钢筋混凝土屋面板

正置式屋面构造做法（有保温隔汽上人屋面）

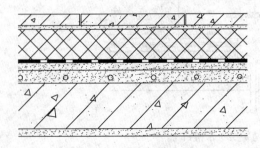

1.490×490×40,C25细石混凝土预制板，双向4$\phi6$

2.20厚低强度等级砂浆铺卧

3.10厚低强度等级砂浆隔离层

4.保温层

5.防水卷材

6.20厚1:3水泥砂浆找平层

7.最薄30厚LC5.0轻集料混凝土2%找坡层

8.钢筋混凝土屋面板

倒置式屋面构造做法（有保温上人屋面）

图29-2-21　屋面构造示例

（2）种植屋面构造节点详图（图 29-2-22）

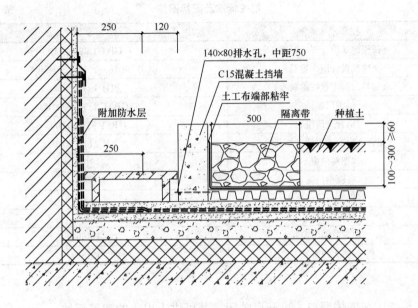

图 29-2-22　种植屋面立面泛水及种植土挡墙

（3）粘结法屋面构造做法（图 29-2-23）

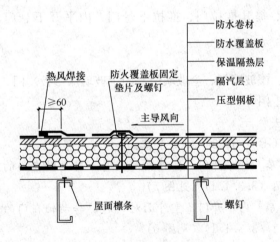

图 29-2-23　W4b 粘结法屋面做法

（六）门窗构造（屋顶天窗、老虎窗、洞口）

门窗是房屋建筑中不承重的围护和分隔构件。

门窗按材料可分为：木门窗、钢门窗、塑料（玻璃钢）门窗、铝合金门窗，以及木塑铝复合、铝塑复合、铝木复合门窗等。

门窗按功能可分为：普通型、隔声型、保温型等，同时还要满足规范的抗风压、水密、气密、空气声隔声、保温、启闭力、耐撞击、抗垂直荷载、抗静扭曲等性能要求。

门窗构造涉及的常用标准规范和国标图集如表 29-2-7 所示。

相关标准及国标图集 表 29-2-7

序号	规范、图集名称	编号
1	《民用建筑设计统一标准》	GB 50352—2019
2	《建筑设计防火规范》	GB 50016—2014（2018 年版）
3	《塑料门窗工程技术规程》	JGJ 103—2008
4	《钢门窗》	GB/T 20909—2017
5	《铝合金门窗》	GB/T 8478—2008
6	《铝合金门窗工程技术规范》	JGJ 214—2010
7	《塑料门窗》	16J604
8	《实腹钢门窗》	04J602-1
9	《铝合金门窗》	02J603-1
10	《木门窗》	16J601
11	《建筑节能门窗》	16J607
12	《防火门窗》	12J609

1. 门

"门"是指围蔽墙体洞口，可开启关闭，并可供人出入的建筑部件。

（1）按用途分类

外门、内门、阳台门、风雨门、疏散门、安全门等。

（2）按开启方式分类

平开门、推拉门、提升推拉门、推拉下悬门、内平开下悬门、转门、折叠门、卷门等。

（3）按构造分类

夹板门、镶板门、镶玻璃门、全玻璃门、固定玻璃（镶板）门、格栅门、百叶门、带纱扇门、连窗门、双重门等。

（4）门的表示方法

《建筑门窗术语》GB/T 5823—2008 节选：

3.3.1.1.1 左开［单扇］外平开门，室外面对门时，转动轴在门的左侧，顺时针向室外旋转开启的单扇平开门（3.3.1.1）（见图 5）。

3.3.1.1.2 左开［单扇］内平开门，室外面对门时，转动轴在门的左侧，逆时针向室内旋转开启的单扇平开门（3.3.1.1）（见图 6）。

3.3.1.1.3 右开［单扇］外平开门，室外面对门时，转动轴在门的右侧，逆时针向室外旋转开启的单扇平开门（3.3.1.1）（见图 7）。

3.3.1.2.2 左开双扇内平开门，室外面对门时，左侧为左开单扇内平开先开扇（2.5.1），右侧为右开单扇内平开后开扇（2.5.2）（见图 14）。

3.3.1.2.3 右开双扇外平开门，室外面对门时，右侧为右开单扇外平开先开扇（2.5.1），左侧为左开单扇外平开后开扇（2.5.2）（见图 15）。

3.3.1.2.4 右开双扇内平开门，室外面对门时，右侧为右开单扇内平开先开扇（2.5.1），左侧为左开单扇内平开后开扇（2.5.2）（见图 16）。

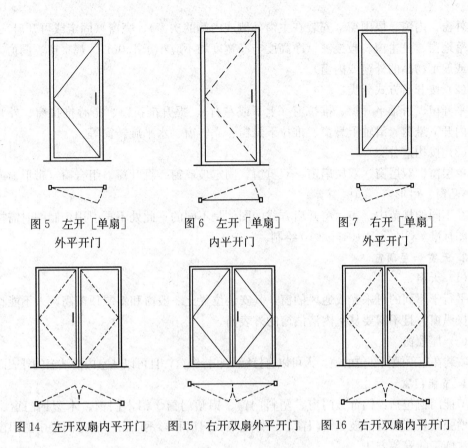

图5　左开［单扇］　　图6　左开［单扇］　　图7　右开［单扇］
外平开门　　　　　　　内平开门　　　　　　外平开门

图14　左开双扇内平开门　图15　右开双扇外平开门　图16　右开双扇内平开门

3.4.11 同侧双重门，门扇（3.1.6）安装在同一侧边框上的双重门（3.4.10）（见图44）。

3.4.12 对边双重门，门扇（3.1.6）安装在相对的两侧边框上的双重门（3.4.10）（见图45）。

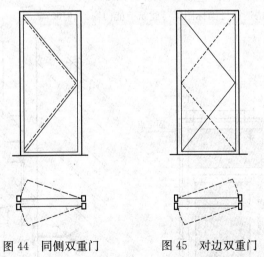

图44　同侧双重门　　　　图45　对边双重门

2. 窗

"窗"是指围蔽墙体洞口，可起采光、通风或观察等作用的建筑部件的总称。通常包括窗框和一个或多个窗扇以及五金配件，有时还带有亮窗和换气装置。

（1）按用途分类

外窗、内窗、风雨窗（安装在主窗外侧或内侧的次窗）、亮窗（固定或可开启）、换气窗、落地窗、逃生窗、救援窗（净高度与净宽度均不应小于1.0m）、观察窗、橱窗（用于陈列或展示物品的外窗或内窗）。

（2）按开启方式分类

平开窗、滑轴平开窗、推拉窗（上下或左右）、提升推拉窗、折叠推拉窗、外开上悬窗、内开下悬窗、滑轴上悬窗、推拉下悬窗、立转窗、水平旋转窗等。

（3）按构造分类

单层窗、双层窗、双层扇窗、双重窗、固定玻璃窗、百叶窗、组合窗（带形窗或条形窗）、凸窗、弓形窗、隐框窗等。

在不同的规范中，表示窗开启方式的图例是不同的；此处不再引用，制图时需按《建筑制图标准》GB/T 50104—2010绘制。

3. 天窗和屋顶窗

（1）天窗

平行于屋面的可采光或通风的窗，其安装位置比一般窗和斜屋顶窗高，人不能直接触及和操纵窗，且不需要从室内清洁窗的外表面。

（2）屋顶窗

安装在屋顶倾斜部位的窗，人可以直接触及和操纵窗，且可以从室内清洁窗的外表面。

4. 节能门窗

节能门窗包括：铝合金门窗、塑料门窗、铝塑门窗、铝木门窗、木塑铝门窗、木门窗、增强聚氨酯门窗、玻璃钢门窗、一体化集成门窗和彩钢门窗。国标图集中的门窗均采用干法施工的安装方法。

（1）窗安装示例（图29-2-24）

（2）门安装节点详图（图29-2-25～图29-2-27）

注：其他部位的具体构造详见国标图集《建筑节能门窗》16J607。

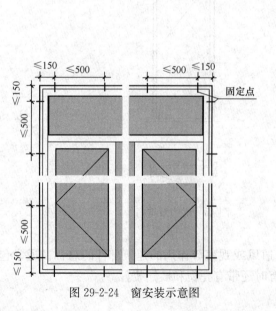

图29-2-24　窗安装示意图

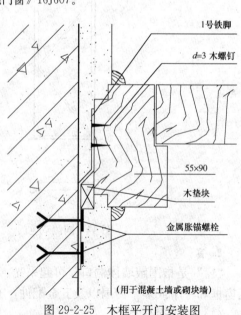

图29-2-25　木框平开门安装图

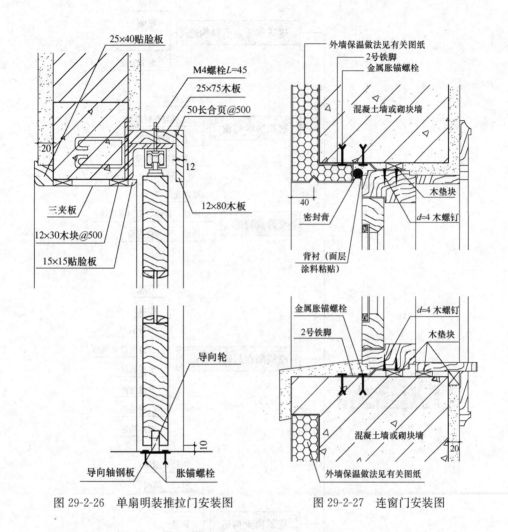

图 29-2-26　单扇明装推拉门安装图　　　　图 29-2-27　连窗门安装图

三、建筑专项构造

在掌握建筑基本构造原理的基础上，还需了解一些"建筑专项构造"。这些都与具体使用功能有关；主要包括建筑室内、外装饰和装修构造，建筑幕墙构造，变形缝构造，建筑隔声与吸声构造，建筑防火构造，无障碍设施构造等。很多"建筑专项构造"不限于国标图集。

在实际工程中，建筑师给出设计要求（如：功能、尺寸、外观材质等方面的相关要求）；其细部节点详图大多数都由专业生产厂家、室内设计及景观设计公司，以及声学及幕墙顾问公司等专业公司来完成深化设计的（设计时需考虑实际施工现场情况及安装条件）。这类考题对于建筑师来说还是比较难的，故建议考生适当了解一些常见的建筑专项构造。

"建筑专项构造"是为了满足某些特殊使用要求的建筑构造，考前所需了解的基本内容如图 29-2-28 所示。

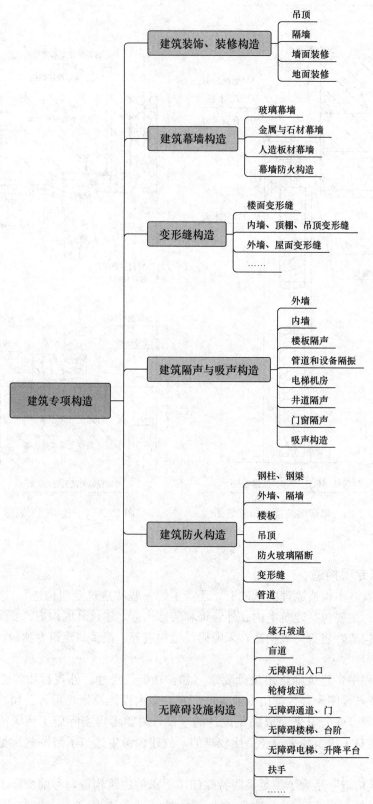

图 29-2-28　建筑专项构造知识思维导图

(一) 建筑装饰、装修构造

建筑装饰、装修主要分为室内装修和室外装修。其中室内装修又可分为墙、顶、地3项。吊顶及隔墙的构造相对比较复杂，涉及各种构、配件的连接；既要考虑结构受力和美观要求，又要考虑防火、隔声、吸声等功能要求。

2000年、2001年、2011年、2013年分别考了轻钢龙骨石膏板吊顶与隔墙；2010年考核了室内墙面的装修构造。

装饰、装修构造涉及的常用标准规范和国标图集如表29-2-8所示。

相关标准及国标图集 表29-2-8

序号	规范、图集名称	编号
1	《民用建筑设计统一标准》	GB 50352—2019
2	《建筑设计防火规范》	GB 50016—2014（2018年版）
3	《建筑内部装修设计防火规范》	GB 50222—2017
4	《住宅室内装饰装修设计规范》	JGJ 367—2015
5	《外装修（一）》	06J505-1
6	《轻钢龙骨内隔墙》	03J111-1
7	《隔断 隔断墙（一）》	07SJ504-1
8	《内装修—墙面装修》	13J502-1
9	《内装修—室内吊顶》	12J502-2
10	《内装修—楼（地）面装修》	13J502-3
11	《内装修—细部构造》	16J502-4
12	《外装修（一）》	06J505-1
13	《防火建筑构造（一）》	07J905-1
14	《轻钢龙骨石膏板隔墙、吊顶》	07CJ03-1（参考图集）

注：《工程做法》05J909共包含5个部分，即：室外工程、外墙饰面工程、室内装修工程、屋面工程、建筑涂料工程；部分构造做法附有简图。

1. 吊顶

国标图集《内装修—室内吊顶》12J502-2包含：轻钢龙骨纸面石膏板吊顶、矿棉吸声板吊顶、玻璃纤维吸声板吊顶、金属板（网）吊顶、柔性（软膜）吊顶，共5个吊顶系统及其构造详图。

（1）轻钢龙骨纸面石膏板整体面层类吊顶通常采用U型、C型轻钢龙骨，配以纸面石膏板组成吊顶系统。如有特殊功能要求，亦可用轻钢龙骨选配水泥加压板、硅酸钙板等板材，或在其表面复合粘贴矿棉板。

（2）矿棉吸声板块板面层类吊顶通常采用T型烤漆龙骨；除配用矿棉板外，也可配用装饰石膏板、硅酸钙板等块状板材。T型龙骨有宽带、窄带、凹槽、凸型、组合龙骨，以及铝合金龙骨等不同品种。H型轻钢龙骨配用中开槽矿棉板，组成暗架吊顶；也可与T型龙骨、Z型龙骨共同组成明、暗架吊顶。

（3）吊顶构件、配件表（表29-2-9）

吊顶龙骨及其配件 表29-2-9

序号	构配件名称	功　能
1	承载龙骨	吊顶龙骨骨架中的主要受力构件
2	主龙骨	吊顶龙骨骨架中的主要受力构件
3	次龙骨	吊顶龙骨骨架中连接主龙骨及固定饰面板的构件

序号	构配件名称	功　能
4	横撑龙骨	吊顶龙骨骨架中起横撑及固定饰面板作用的构件（轻钢龙骨石膏板吊顶中的次龙骨，包括起横撑作用的次龙骨；这种龙骨通常都采用C型龙骨；又称覆面龙骨）
5	T型主龙骨	T型吊顶龙骨骨架中的主要受力构件
6	T型次龙骨	T型吊顶龙骨骨架中起横撑作用的构件
7	H型龙骨	H型吊顶龙骨中起固定饰面作用的构件
8	边龙骨	L型边龙骨、阶梯型边龙骨等
9	吊杆	吊顶系统中悬吊吊顶龙骨骨架及饰面板的承力构件
10	吊件	承载龙骨和吊杆的连接件
11	挂件	覆面龙骨和承载龙骨的连接件
12	挂插件	与覆面龙骨相接的连接件

（4）工程做法

在一般建筑工程中常用轻钢龙骨石膏板吊顶、矿棉吸声板吊顶，这两种吊顶均有单层和双层龙骨两种做法。

1）单层龙骨吊顶

吊顶龙骨直接吊挂于室内顶部结构，不设承载龙骨，比较简单、经济。

2）轻钢龙骨纸面石膏板双层龙骨吊顶

设有承载龙骨（主龙骨），在承载龙骨（主龙骨）下挂覆面龙骨（次龙骨）。

3）矿棉吸声板双层龙骨吊顶

上层是承载龙骨（大龙骨），下层吊挂T型主龙骨；这种双层龙骨吊顶整体性较好，不易变形。

4）金属板吊顶

一般可不设承载龙骨，通过吊杆将龙骨直接吊装在室内顶部结构上；如加设承载龙骨，整体性能会更好。

（5）板材性能

【注意】①安装在轻钢龙骨上燃烧性能达到B_1级的纸面石膏板、矿棉吸声板，可作为A级装修材料使用。

②建筑工程对防火、吸声、防潮、保温等有特殊要求时，吊顶应选择适合特殊要求的龙骨和面板材料。如：防火可采用耐火纸面石膏板、水泥加压平板；防水、防潮可采用耐潮、耐水纸面石膏板，防潮矿棉吸声板，硅酸钙板等。

（6）上人与不上人吊顶基本要求

图集中轻钢龙骨石膏板吊顶和矿棉吸声板吊顶，分为上人与不上人两种。上人吊顶能承受80kg集中荷载，可在承载龙骨上铺设临时检修马道（搁板）。通常上人吊顶吊杆采用ϕ8钢筋或M8全牙吊杆。不上人吊顶采用ϕ6钢筋或M6全牙吊杆。吊杆中距应根据工程具体情况及特点，由设计人员确定。

一般情况下，主龙骨上吊杆之间的距离应小于1000mm；吊杆与吊杆之间的距离应小于或等于1200mm（普通型纸面石膏板尺寸为2400mm×1200mm）。

上人承载龙骨（主龙骨）的规格为：CS 50×15/CS 60×24/CS 60×27（建议使用后两种）。不上人吊顶，承载龙骨（主龙骨）的规格为：C 38×12/C 50×20/C 60×27。

不上人吊顶平面及详图如图29-2-29所示；吊顶与墙的连接如图29-2-30所示；吊顶

伸缩缝如图 29-2-31 所示。

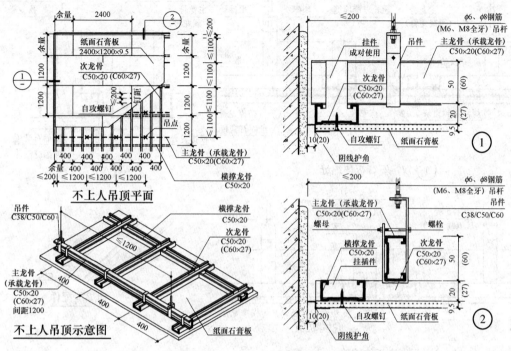

图 29-2-29 不上人吊顶平面及详图

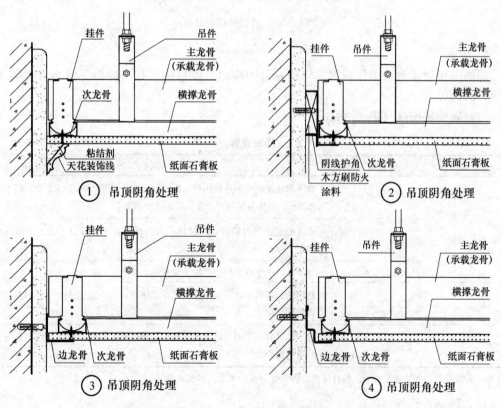

图 29-2-30 吊顶与墙连接详图

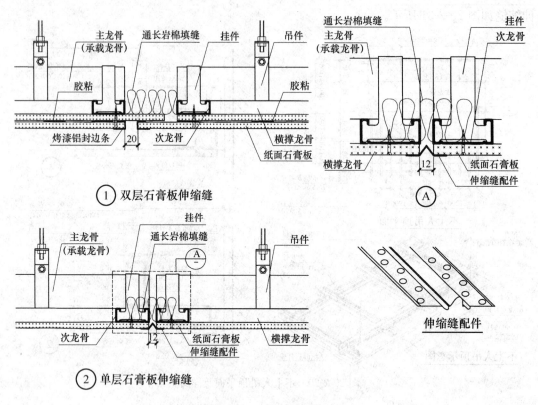

① 双层石膏板伸缩缝

Ⓐ

② 单层石膏板伸缩缝

伸缩缝配件

图 29-2-31 吊顶伸缩缝详图

2. 隔墙

隔墙图集建议参考国标图集《轻钢龙骨内隔墙》03J111-1 和《轻钢龙骨石膏板隔墙、吊顶》07CJ03-1。

（1）隔墙构配件（表 29-2-10）

隔墙龙骨　　　　　　　　　　　　　　　　　　　　　　　　　表 29-2-10

序号	构配件名称	功能
1	横龙骨（U 型）	墙体和建筑结构的连接构件，用于楼板底或楼地面固定竖龙骨；高度超过 4.2m 的墙体与楼板的连接应采用高边横龙骨
2	竖龙骨（C 型）	墙体的主要受力构件，为钉挂面板的骨架，竖龙骨立于上、下横龙骨之中
3	通贯龙骨（U 型）	竖龙骨的水平联系构件，用于竖龙骨的稳定
4	角龙骨（L 型）	制作曲面墙时，代替横龙骨固定在主体结构上，也可作为拱形门窗洞口处板材的固定
5	CH 龙骨	用于电梯井、管道井或其他特殊构造墙体的主要受力构件（H 型部分位于井道内侧）

注：其他配件还有端墙支撑卡、平行接头、边龙骨、覆面龙骨、固定夹等。

（2）隔墙石膏板

隔墙石膏板的品种有：普通纸面石膏板（P）、耐火纸面石膏板（H）、高性能耐火纸

314

面石膏板、耐水纸面石膏板（S）等。石膏板的边形有：楔形棱边（C）、矩形棱边（J）。板的规格一般是 3000mm×1200mm。隔墙安装示意如图 29-2-32～图 29-2-37 所示：

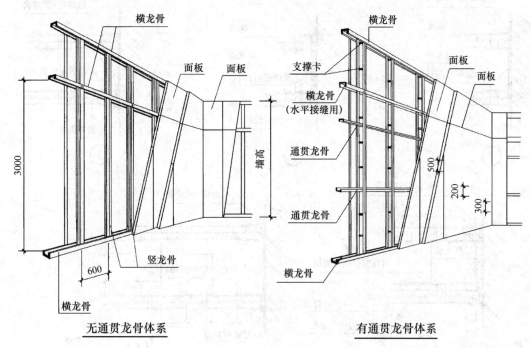

图 29-2-32　隔墙安装示意图

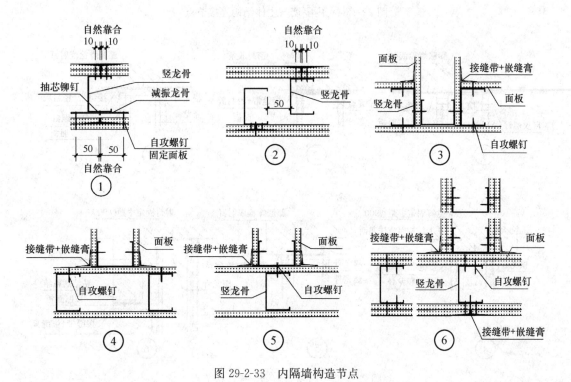

图 29-2-33　内隔墙构造节点

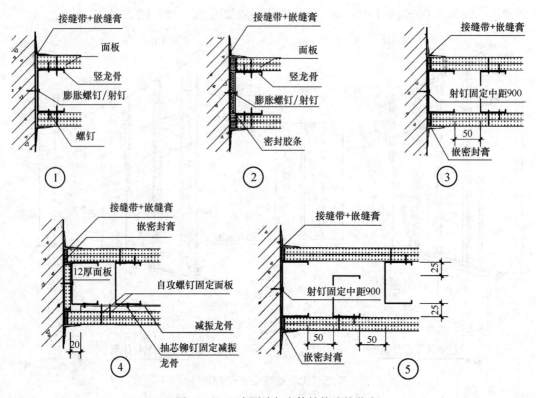

图 29-2-34　内隔墙与主体结构连接节点

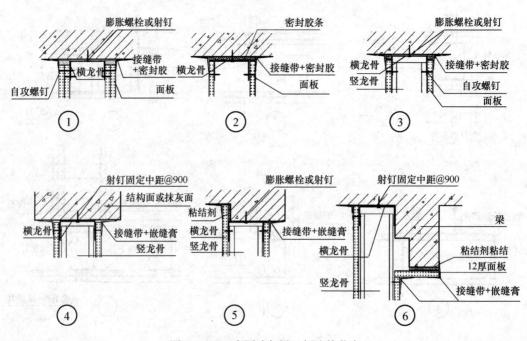

图 29-2-35　内隔墙与梁、板连接节点

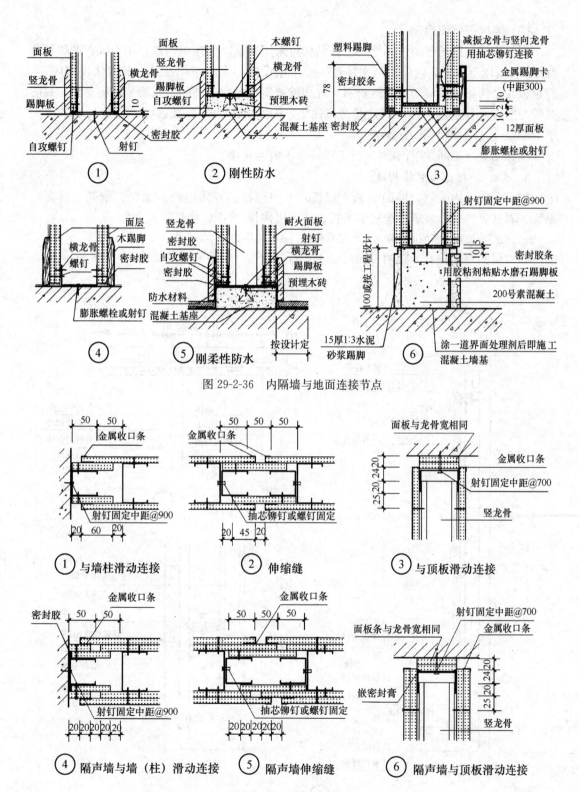

图 29-2-36　内隔墙与地面连接节点

图 29-2-37　墙体滑动连接

（3）隔墙的抗震措施

用于非地震区的各类内隔墙与主体结构可采用非抗震的连接构造；用于抗震设防烈度8度和8度以下地区，内隔墙与主体连接应采用设抗震卡的刚柔性结合的方法连接固定。与顶板、结构梁连接应增设柔性材料，并用镀锌钢板抗震卡件固定或安装减震龙骨。减震龙骨与竖向龙骨垂直连接，用抽芯铆钉固定，间距≤600mm；减震龙骨搭接长度不得大于600mm，且不得小于100mm。

国标图集《隔断 隔断墙（一）》07SJ504-1内容从略。

3.墙面、楼地面装修构造

国标图集《内装修－墙面装修》13J502-1中包括：轻质隔墙、涂料、壁纸（壁布）、贴膜、石材、瓷砖、玻璃、金属装饰板、装饰吸声板、GRC挂板等。

注：此部分的重点是墙面、楼地面的装修构造，其他构造要求详见本节"二、（二）与（三）"。

石材墙面有干挂、干粘两种做法。干挂石材墙面（密缝）做法如图29-2-38所示。

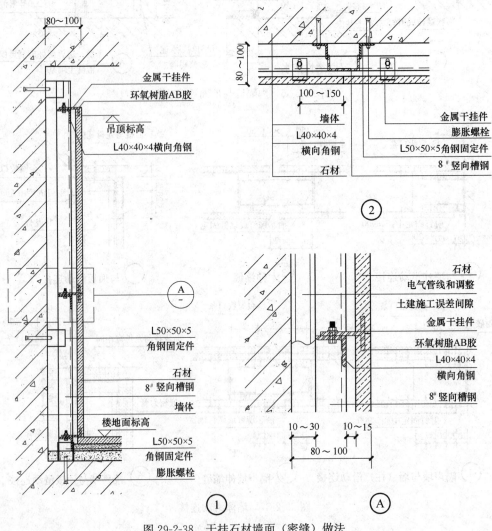

图 29-2-38　干挂石材墙面（密缝）做法

国标图集《内装修—楼（地）面装修》13J502-3 中包括：自流平、石材、地砖、弹性地材、地毯、木地板、网络地板、楼梯踏步、防滑门垫、踢脚等（2007 年考过楼地面构造）。其中常用的是自流平地面和石材地面，如图 29-2-39 所示。

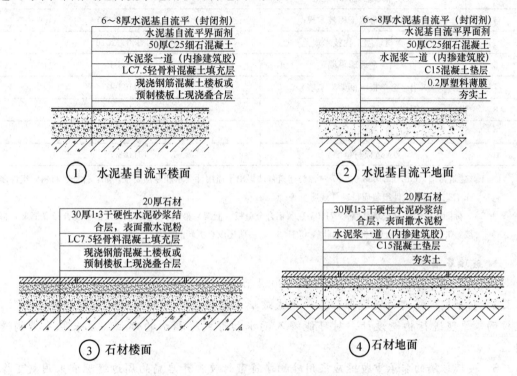

① 水泥基自流平楼面　　② 水泥基自流平地面

③ 石材楼面　　④ 石材地面

图 29-2-39　水泥基自流平楼地面和石材楼地面

可参见本套教材第 4 分册第二十四章第九节，另详见国标图集《内装修－墙面装修》13J502-1、《内装修—楼（地）面装修》13J502-3、《工程做法》05J909 或《工程做法》（2008 年建筑、结构合订本）J909、G120。

（二）建筑幕墙构造

建筑幕墙是由支承结构体系与面板组成的、可相对主体结构有一定位移能力、不分担主体结构所受作用的建筑外围护结构或装饰性结构。

幕墙构造对于"注册建筑师考试"来说是比较难的。点支式玻璃幕墙、全玻璃幕墙、蜂窝结构（框架）、单元幕墙等对考生而言就更加困难了，不是在短短 1 个多小时内能够完成的。在工程中，这些图纸通常是由幕墙公司或厂家的专业技术人员深化完成的。2005 年考过干挂石材幕墙构造，2009 年考了玻璃幕墙构造；因此，考生还是要对这部分知识有所了解。如恰好遇到这方面的题目，也只能临场发挥、按图索骥了。

建筑幕墙构造涉及的常用标准规范和国标图集如表 29-2-11 所示。

相关标准及国标图集　　　　　　　　　　　　　　　表 29-2-11

序号	规范、图集名称	编　号
1	《民用建筑设计统一标准》	GB 50352—2019
2	《建筑设计防火规范》	GB 50016—2014（2018 年版）

序号	规范、图集名称	编 号
3	《玻璃幕墙工程技术规范》	JGJ 102—2003
4	《金属与石材幕墙工程技术规范》	JGJ 133—2001
5	《人造板材幕墙工程技术规范》	JGJ 336—2016
6	《铝合金玻璃幕墙》	97J103-1
7	《铝合金单板（框架）幕墙》	03J103-4
8	《铝塑复合板（框架）幕墙》	03J103-5
9	《石材（框架）幕墙》	03J103-7
10	《人造板材幕墙》	13J103-7

注：1.《建筑幕墙》GB/T 21086—2007 对各类建筑幕墙提出了通用性要求和专项要求，如：性能、材料、组件制作工艺质量、组件组装质量、外观质量等。

2. 国标图集《铝合金玻璃幕墙》97J103-1、《铝合金单板（框架）幕墙》03J103-4、《铝塑复合板（框架）幕墙》03J103-5、《石材（框架）幕墙》03J103-7，目前还没有更新的版本。

1. 玻璃幕墙

《玻璃幕墙工程技术规范》JGJ 102—2003 节选：

4.3.2 明框玻璃幕墙的接缝部位、单元式玻璃幕墙的组件对插部位以及幕墙开启部位，宜按雨幕原理进行构造设计。对可能渗入雨水和形成冷凝水的部位，应采取导排构造措施。

4.3.3 玻璃幕墙的非承重胶缝应采用硅酮建筑密封胶。开启扇的周边缝隙宜采用氯丁橡胶、三元乙丙橡胶或硅橡胶密封条制品密封。

4.3.4 有雨篷、压顶及其他突出玻璃幕墙墙面的建筑构造时，应完善其结合部位的防、排水构造设计。

4.3.5 玻璃幕墙应选用具有防潮性能的保温材料或采取隔汽、防潮构造措施。

4.3.6 单元式玻璃幕墙，单元间采用对插式组合构件时，纵横缝相交处应采取防渗漏封口构造措施。

4.3.7 幕墙的连接部位，应采取措施防止产生摩擦噪声。构件式幕墙的立柱与横梁连接处应避免刚性接触，可设置柔性垫片或预留 $1\sim2$mm 的间隙，间隙内填胶；隐框幕墙采用挂钩式连接固定玻璃组件时，挂钩接触面宜设置柔性垫片。

4.3.8 除不锈钢外，玻璃幕墙中不同金属材料接触处，应合理设置绝缘垫片或采取其他防腐蚀措施。

4.3.9 幕墙玻璃之间的拼接胶缝宽度应能满足玻璃和胶的变形要求，并不宜小于 10mm。

4.3.10 幕墙玻璃表面周边与建筑内、外装饰物之间的缝隙不宜小于 5mm，可采用柔性材料嵌缝。全玻幕墙玻璃尚应符合本规范第 7.1.6 条的规定。

4.3.11 明框幕墙玻璃下边缘与下边框槽底之间应采用硬橡胶垫块衬托，垫块数量应为 2 个，厚度不应小于 5mm，每块长度不应小于 100mm。

4.3.13 玻璃幕墙的单元板块不应跨越主体建筑的变形缝，其与主体建筑变形缝相对应的构造缝的设计，应能够适应主体建筑变形的要求。

国标图集《铝合金玻璃幕墙》97J103-1 的内容从略。

注：2009 年试题"竖明横隐玻璃幕墙构造"，可参考《一级注册建筑师考试建筑技术（作图）应试指南》（曹纬浚主编，"建筑构造"部分由樊振和编写）以及《建筑构造设计》（东南大学杨维菊主编）。

2. 金属与石材幕墙

《金属与石材幕墙工程技术规范》JGJ 133—2001 节选：

4.3.1 幕墙的防雨水渗漏设计应符合下列规定：

1 幕墙构架的立柱与横梁的截面形式宜按等压原理设计。

2 单元幕墙或明框幕墙应有泄水孔。有霜冻的地区，应采用室内排水装置；无霜冻地区，排水装置可设在室外，但应有防风装置。石材幕墙的外表面不宜有排水管。

3 采用无硅酮耐候密封胶设计时，必须有可靠的防风雨措施。

4.3.2 幕墙中不同的金属材料接触处，除不锈钢外均应设置耐热的环氧树脂玻璃纤维布或尼龙 12 垫片。

4.3.3 幕墙的钢框架结构应设温度变形缝。

4.3.4 幕墙的保温材料可与金属板、石板结合在一起，但应与主体结构外表面有 50mm 以上的空气层。

4.3.5 上下用钢销支撑的石材幕墙，应在石板的两个侧面或在石板背面的中心区另采取安全措施，并应考虑维修方便。

4.3.6 上下通槽式或上下短槽式的石材幕墙，均宜有安全措施，并应考虑维修方便。

4.3.7 小单元幕墙的每一块金属板构件、石板构件都应是独立的，且应安装和拆卸方便，同时不应影响上下、左右的构件。

4.3.8 单元幕墙的连接处、吊挂处，其铝合金型材的厚度均应通过计算确定并不得小于 5mm。

4.3.9 主体结构的抗震缝、伸缩缝、沉降缝等部位的幕墙设计应保证外墙面的功能性和完整性。

国标图集《铝合金单板（框架）幕墙》03J103-4 内容从略。

国标图集《石材（框架）幕墙》03J103-7 内容从略。

注：2005 年试题"干挂石材幕墙构造"，可参考《一级注册建筑师考试建筑技术（作图）应试指南》（曹纬浚主编，"建筑构造部分"由樊振和编写）和《建筑构造设计》（东南大学杨维菊主编）。

本节的重点是人造板材幕墙，到目前为止还未考过。

3. 人造板材幕墙

人造板材幕墙：面板材料为人造外墙板的建筑幕墙；包括瓷板幕墙、陶板幕墙、微晶玻璃板幕墙、石材蜂窝板幕墙、木纤维板幕墙和纤维水泥板幕墙。

《人造板材幕墙工程技术规范》JGJ 336—2016 节选：

4.4.1 幕墙构造应能满足维护、维修要求，幕墙面板宜便于更换。

4.4.2 采用封闭式板缝设计的幕墙，板缝密封采用注胶封闭时宜设水蒸气透气孔，采用胶条封闭时应有渗漏雨水的排水措施；采用开放式板缝设计的幕墙，面板后部应设计防水层。

4.4.3 开放式幕墙宜在面板的后部空间设置防水构造，或者在幕墙后部的其他墙体上设置防水层，并宜设置可靠的导排水系统和采取通风除湿构造措施。面板与其背部墙体外表面的最小间距不宜小于20mm，防水构造及内部支承金属结构应采用耐候性好的材料制作，并采取防腐措施。寒冷及严寒地区的开放式人造板材幕墙，应采取防止积水、积冰和防止幕墙结构及面板冻胀损坏的措施。

4.4.4 幕墙的保温构造设计应符合下列规定：

1 当幕墙设置保温层时，保温材料的厚度应符合设计要求，保温材料应采取可靠措施固定；

2 在严寒和寒冷地区，保温层靠近室内的一侧应设置隔汽层，隔汽层应完整、密封，穿透保温层、隔汽层处的支承连接部位应采取密封措施；

3 幕墙与周边墙体、门窗的接缝以及变形缝等应进行保温设计，在严寒、寒冷地区，保温构造应进行防结露验算。

4.4.5 有雨篷、压顶以及其他凸出结构时，应完善其结合部位的防水构造设计。

4.4.6 幕墙与主体结构变形缝相对应的构造缝，应能够适应主体结构的变形要求，构造缝可采用柔性连接装置或设计易修复的构造。幕墙面板不宜跨越主体结构的变形缝。

4.4.7 幕墙构件之间的连接构造应采取措施，适应构件之间产生的相对位移和防止产生摩擦噪声。

4.4.8 幕墙中不同种类金属材料的直接接触处，应设置绝缘垫片或采取其他有效地防止双金属腐蚀措施。

7 支承结构设计

7.1.8 横梁和立柱之间的连接设计，应符合下列规定：

1 横梁和立柱之间可通过连接件、螺栓、螺钉或销钉与立柱连接。

2 连接角码应能承受横梁传递的剪力和扭矩，连接件的截面厚度应经过计算确定且不宜小于3mm；角码和横梁采用不同金属材料时，除不锈钢外，应采取措施防止双金属腐蚀。

3 连接件与立柱之间的连接螺栓、螺钉或销钉应满足抗拉、抗剪、抗扭承载力的要求。螺栓、螺钉或销钉应采用奥氏体型不锈钢制品；螺栓、螺钉的直径，不宜小于6mm；销钉的直径不宜小于Φ5；螺栓、螺钉和销钉的数量，均不得少于2个。

4 钢横梁和钢立柱之间可采用焊缝连接，焊缝承载能力应满足设计要求。

国标图集《人造板材幕墙》13J103-7按人造板材幕墙的面板种类，将其分为：瓷板幕墙、微晶玻璃板幕墙、陶板幕墙、石材蜂窝板幕墙、纤维水泥板幕墙、木纤维板幕墙。幕墙面板之间的接缝形式有封闭式和开放式。幕墙的挂装方式有短挂件连接、通长挂件连接、背面预制螺母连接、背栓连接、穿透支承连接、背面支承连接。虽然人造板材幕墙的连接方式很多，但其基本的受力体系是一致的，例如层间竖向与横向剖面节点，如图29-2-40所示。此外，还需注意节点细部大样（图29-2-41）及几处特殊部位的构造节点，如勒脚、女儿墙收口（图29-2-42）、凹窗横剖节点（图29-2-43）等。

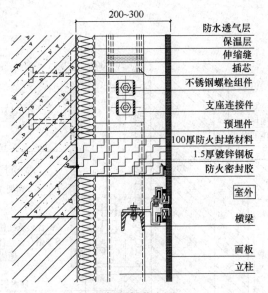

防水透气层
保温层
伸缩缝
插芯
不锈钢螺栓组件
支座连接件
预埋件
100厚防火封堵材料
1.5厚镀锌钢板
防火密封胶
室外
横梁
面板
立柱

200~300

层间竖剖节点图

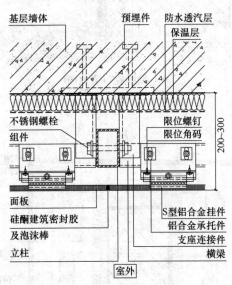

基层墙体　　预埋件　　防水透汽层
保温层

不锈钢螺栓
组件
限位螺钉
限位角码

200~300

面板
硅酮建筑密封胶
及泡沫棒
立柱
S型铝合金挂件
铝合金承托件
支座连接件
横梁

室外

层间横剖节点图

图 29-2-40　人造板材层间竖向与横向剖面节点

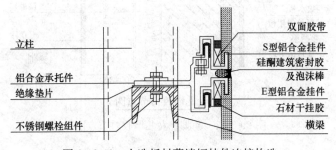

立柱
双面胶带
S型铝合金挂件
硅酮建筑密封胶
及泡沫棒
E型铝合金挂件
石材干挂胶
横梁
铝合金承托件
绝缘垫片
不锈钢螺栓组件

图 29-2-41　人造板材幕墙短挂件连接构造

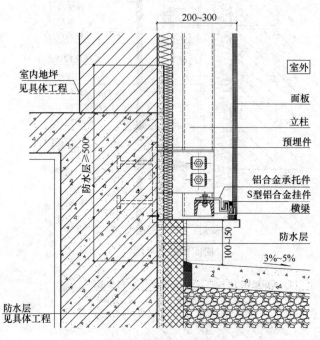

勒脚收口节点图

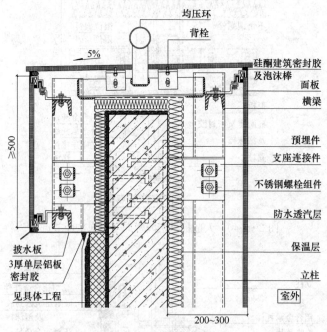

女儿墙收口节点图

图 29-2-42 勒脚、女儿墙收口节点图

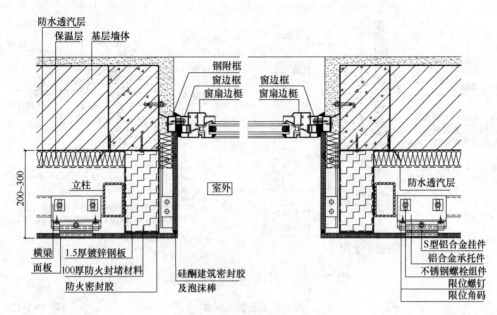

图 29-2-43　凹窗横剖节点图

4. 幕墙防火构造

《建筑设计防火规范》GB 50016—2014（2018 年版）对于建筑外墙、幕墙的防火要求如下：

6.2.5　除本规范另有规定外，建筑外墙上、下层开口之间应设置高度不小于 1.2m 的实体墙或挑出宽度不小于 1.0m、长度不小于开口宽度的防火挑檐；当室内设置自动喷水灭火系统时，上、下层开口之间的实体墙高度不应小于 0.8m。当上、下层开口之间设置实体墙确有困难时，可设置防火玻璃墙，但高层建筑的防火玻璃墙的耐火完整性不应低于 1.00h，多层建筑的防火玻璃墙的耐火完整性不应低于 0.50h。外窗的耐火完整性不应低于防火玻璃墙的耐火完整性要求。

住宅建筑外墙上相邻户开口之间的墙体宽度不应小于 1.0m；小于 1.0m 时，应在开口之间设置突出外墙不小于 0.6m 的隔板。

实体墙、防火挑檐和隔板的耐火极限和燃烧性能，均不应低于相应耐火等级建筑外墙的要求。

6.2.6　建筑幕墙应在每层楼板外沿处采取符合本规范第 6.2.5 条规定的防火措施，幕墙与每层楼板、隔墙处的缝隙应采用防火封堵材料封堵。

国标图集《〈建筑设计防火规范〉图示》18J811-1 附图（图 29-2-44）如下所示。

（三）变形缝构造

"变形缝构造"涉及建筑的多个部位，这些内容已经在本节"二、"中有所表述，下列内容是对其所做的小结、补充与深化。

【注意】变形缝的防火构造详见本节"三、（五）"建筑防火构造部分。

变形缝构造涉及的常用标准规范和国标图集如表 29-2-12 所示。

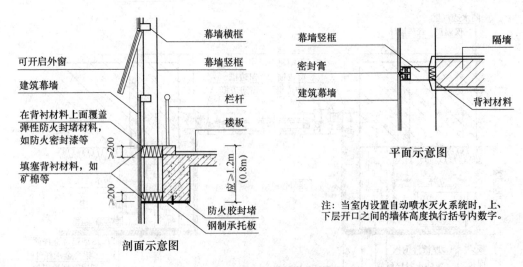

图 29-2-44　建筑幕墙平、剖面示意图

相关标准及国标图集　　　　　　　　　　　　　　　　　表 29-2-12

序号	规范、图集名称	编号
1	《民用建筑设计统一标准》	GB 50352—2019
2	《建筑设计防火规范》	GB 50016—2014（2018 年版）
3	《地下工程防水技术规范》	GB 50108—2008
4	《建筑抗震设计规范》	GB 50011—2010（2016 年版）
5	《变形缝建筑构造》	14J936

注：伸缩缝参见本章第三节"二、"部分。

1. 变形缝及其装置

（1）变形缝

为防止建筑物在外界因素作用下，结构内部产生附加变形和应力，导致建筑物开裂、碰撞甚至破坏而预留的构造缝。包括伸缩缝、沉降缝和抗震缝（防震缝）。所有的变形缝都应满足抗震要求。通常沉降缝在基础部分需要断开，伸缩缝和防震缝可不断开。

（2）建筑变形缝装置

在建筑变形缝部位，由专业厂家制造并指导安装的既能满足建筑结构使用功能，又能起到装饰作用的产品。该装置主要由铝合金型材"基座"、金属或橡胶"盖板"，以及连接基座和盖板的金属"滑杆"组成。

建筑变形缝装置的种类：金属盖板型、金属卡锁型（不能用于屋面）、橡胶嵌平型（楼面、外墙）、防震型、承重型（楼面）、阻火带（内墙、顶棚）、止水带（楼面、外墙、屋面）、保温层（外墙、屋面）。

2. 变形缝设置的一般要求

（1）变形缝应按设缝的性质和条件设计，使其在产生位移或变形时不受阻，且不破坏建筑物。

（2）根据建筑的使用要求，变形缝应分别采取防水、防火、保温、隔声、防老化、防腐蚀、防虫害和防脱落等构造措施。

（3）变形缝不应穿过厕所、卫生间、盥洗室和浴室等用水的房间，也不应穿过配电间等严禁有漏水的房间。

3. 地下工程变形缝

地下工程设置变形缝，是为了适应地下工程由于温度、湿度作用及混凝土收缩、徐变而产生的水平位移，以及地基不均匀沉降而产生的垂直变位，以保证工程结构的安全并满足密封防水的要求。详见本节地基、基础与地下工程有关"地下工程混凝土结构细部构造防水"部分。

按建筑材料划分的各类建筑结构对伸缩缝、沉降缝和防震缝的设置要求不同，详见本章第三节建筑结构部分。简而言之，变形缝都需要满足建筑的使用要求，采取上述规范要求或题目要求的构造措施。

4. 变形缝宽度

地下室混凝土结构变形缝的宽度宜为 20～30mm；屋面保温层的分隔缝宽度约 30mm，伸缩缝宽度约 20～30mm（桥梁的伸缩缝宽度可达 40mm 以上）；沉降缝宽度约 30～70mm。

防震缝宽度设置要求与建筑的结构类型、抗震设防烈度和建筑高度等有关。具体规定如下。

《建筑抗震设计规范》GB 50011—2010（2016 年版）节选：

3.4.5 体型复杂、平立面不规则的建筑，应根据不规则程度、地基基础条件和技术经济等因素的比较分析，确定是否设置防震缝，并分别符合下列要求：

1 当不设置防震缝时，应采用符合实际的计算模型，分析判明其应力集中、变形集中或地震扭转效应等导致的易损部位，采取相应的加强措施。

2 当在适当部位设置防震缝时，宜形成多个较规则的抗侧力结构单元。防震缝应根据抗震设防烈度、结构材料种类、结构类型、结构单元的高度和高差以及可能的地震扭转效应的情况，留有足够的宽度，其两侧的上部结构应完全分开。

3 当设置伸缩缝和沉降缝时，其宽度应符合防震缝的要求。

（1）钢筋混凝土结构

1）框架结构（包括设置少量抗震墙的框架结构）房屋的防震缝宽度：当高度不超过 15m 时，不应小于 100mm；高度超过 15m 时，6 度、7 度、8 度和 9 度分别每增加高度 5m、4m、3m 和 2m，宜加宽 20mm。

2）框架-抗震墙结构房屋的防震缝宽度不应小于上述第 1）款规定数值的 70%，抗震墙结构房屋的防震缝宽度不应小于上述第 1）款规定数值的 50%；且均不宜小于 100mm。

3）防震缝两侧结构类型不同时，宜按需要较宽防震缝的结构类型和较低房屋高度确定缝宽。

（2）砌体结构防震缝宽度约 70～100mm。

（3）木结构防震缝宽度不应小于 100mm。

（4）钢结构防震缝宽度应不小于相应钢筋混凝土结构房屋的 1.5 倍。

（5）单层工业厂房

1）单层钢筋混凝土柱厂房在厂房纵横跨交接处、大柱网厂房或不设柱间支撑的厂房，防震缝宽度可采用 100～150mm，其他情况可采用 50～90mm；

2）单层钢结构厂房的防震缝宽度不宜小于单层混凝土柱厂房防震缝宽度的 1.5 倍；

3）单层砖柱厂房采用轻型屋盖厂房，可不设防震缝；采用钢筋混凝土屋盖厂房与贴建的建（构）筑物间宜设防震缝，防震缝的宽度可采用 50～70mm，防震缝处应设置双柱或双墙。

（6）地下工程变形缝宽度一般为 20～30mm。

5. 变形缝构造

国标图集《变形缝建筑构造》14J936 适用的范围是非地震区及抗震设防烈度小于等于 9 度的建筑；变形缝的宽度为 25～500mm。

图集编入了 A、B、C、D 共 4 个系列的变形缝装置构造详图。每个系列按使用部位分为：楼面变形缝，内墙、顶棚、吊顶变形缝，外墙、屋面变形缝装置。变形缝构造按使用形式可分为：平面型、转角型变形缝装置；按构造特征可分为：盖板型、卡锁型、嵌平型变形缝装置。为满足特殊使用功能的要求，有防震型、承重型变形缝装置。

（1）楼面变形缝（图 29-2-45）

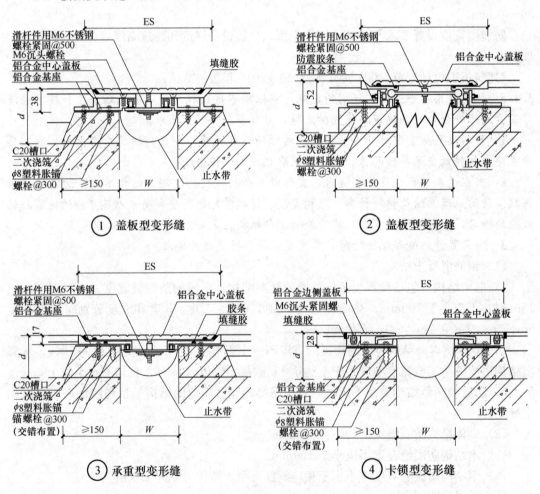

图 29-2-45　楼面变形缝（一）

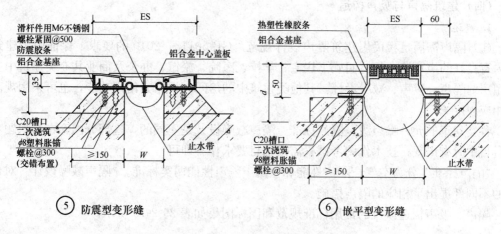

⑤ 防震型变形缝　　　　　　　　⑥ 嵌平型变形缝

图 29-2-45　楼面变形缝（二）

（2）内墙、顶棚、吊顶变形缝（图 29-2-46）

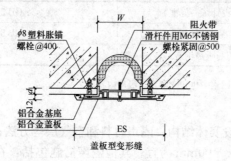

盖板型变形缝

图 29-2-46　内墙、顶棚变形缝

（3）外墙、屋面变形缝（图 29-2-47）

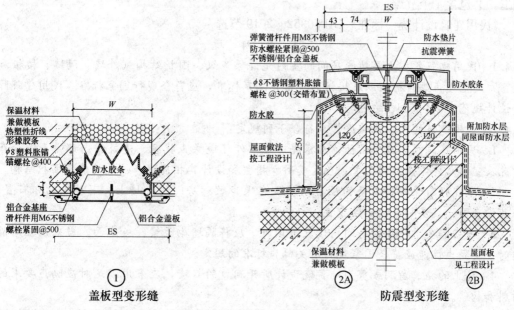

① 盖板型变形缝　　　②A　　②B
　　　　　　　　　　防震型变形缝

图 29-2-47　外墙、屋面变形缝

（四）建筑隔声与吸声构造

1. 概述

建筑隔声需满足《民用建筑隔声设计规范》GB 50118—2010 的要求，保证民用建筑室内有良好的声环境。规范明确了住宅、学校、医院、旅馆、办公及商业共 6 类建筑中主要用房的隔声、吸声、减噪设计。其他类建筑中的房间，根据其使用功能，也可采用规范的相应规定。

各类建筑的允许噪声级、隔声标准、隔声减噪设计是不同的，这部分内容在知识题考试科目中时有出现；技术作图考试只需按题目要求作答即可。

"隔声标准"分为空气声隔声性能和撞击声隔声性能两类标准。"隔声减噪设计"对建筑的不同部提出了相应的隔声措施。

隔声、吸声构造涉及的常用标准规范和国标图集如表 29-2-13 所示。

相关标准及国标图集 表 29-2-13

序号	规范、图集名称	编号
1	《民用建筑设计统一标准》	GB 50352—2019
2	《民用建筑隔声设计规范》	GB 50118—2010
3	《建筑隔声与吸声构造》	08J931

注：在"隔墙、吊顶"等构造图集中也包含隔声、吸声内容。

2. 隔声构造

隔声措施主要采用增设实体结构、隔声材料和空气层等方法；如夹层墙体可以提高隔声效果，空气层厚度以 80~100mm 为宜。其他隔声措施包括：在电梯井道墙体居室一侧加设隔声墙体；水、暖、电气管线穿过墙体时，孔洞周边应采取密封隔声措施；空调机房、新风机房、柴油发电机房、泵房等机房应采取吸声降噪措施。2018 年考了建筑隔声构造，共包含 4 个节点。

《民用建筑设计统一标准》GB 50352—2019 节选：

7.4 声 环 境

7.4.1 民用建筑各类主要功能房间的室内允许噪声级、围护结构（外墙、隔墙、楼板和门窗）的空气声隔声标准以及楼板的撞击声隔声标准，应符合现行国家标准《民用建筑隔声设计规范》GB 50118 的规定。

7.4.2 民用建筑的隔声减噪设计应符合下列规定：

1 民用建筑隔声减噪设计，应根据建筑室外环境噪声状况、建筑物内部噪声源分布状况及室内允许噪声级的需求，确定其防噪措施和设计其相应隔声性能的建筑围护结构。

2 不宜将有噪声和振动的设备用房设在噪声敏感房间的直接上、下层或贴邻布置；当其设在同一楼层时，应分区布置。

3 当安静要求较高的房间内设置吊顶时，应将隔墙砌至梁、板底面。当采用轻质隔墙时，其隔声性能应符合国家现行有关隔声标准的规定。

4 墙上的施工留洞或剪力墙抗震设计所开洞口的封堵，应采用满足对应隔声要求的材料和构造。

5 电梯井道和机房不宜与有安静要求的用房贴邻布置，否则应采取隔振、隔声措施。

6 高层建筑的外门窗、外遮阳构件等应采取有效措施防止风啸声的发生。

7.4.3 民用建筑内的建筑设备隔振降噪设计应符合下列规定：

1 民用建筑内产生噪声与振动的建筑设备宜选用低噪声产品，且应设置在对噪声敏感房间干扰较小的位置。当产生噪声与振动的建筑设备可能对噪声敏感房间产生噪声干扰时，应采取有效的隔振、隔声措施。

2 与产生噪声与振动的建筑设备相连接的各类管道应采取软管连接、设置弹性支吊架等措施控制振动和固体噪声沿管道传播。并应采取控制流速、设置消声器等综合措施降低随管道传播的机械辐射噪声和气流再生噪声。

3 当各类管道穿越噪声敏感房间的墙体和楼板时，孔洞周边应采取密封隔声措施；当在噪声敏感房间内的墙体上设置嵌入墙内对墙体隔声性能有显著降低的配套构件时，不得背对背布置，应相互错开位置，并应对所开的洞（槽）采取有效的隔声封堵措施。

7.4.4 柴油发电机房应采取机组消声及机房隔声综合治理措施。冷冻机房、换热站泵房、水泵房应有隔振防噪措施。

7.4.5 音乐厅、剧院、电影院、多用途厅堂、体育场馆、航站楼及各类交通客运站等有特殊声学要求的重要建筑，宜根据功能定位和使用要求，进行建筑声学和扩声系统专项设计。

7.4.6 人员密集的室内场所，应进行减噪设计。

国标图集《建筑隔声与吸声构造》08J931 包含：外墙、内墙、楼板隔声，管道和设备隔振，电梯机房、井道隔声，门窗隔声，吸声构造。需了解下列隔声构造：石膏板墙的隔声构造（图 29-2-48）、电梯井道隔声构造（图 29-2-49）、隔声楼板（图 29-2-50）、门框缝的隔声构造（图 29-2-51）、明架吸声板吊顶构造（图 29-2-52）、管道穿墙的隔振构造（图 29-2-53）。

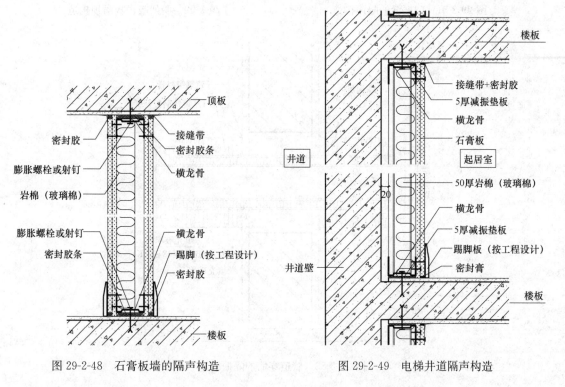

图 29-2-48　石膏板墙的隔声构造　　　　图 29-2-49　电梯井道隔声构造

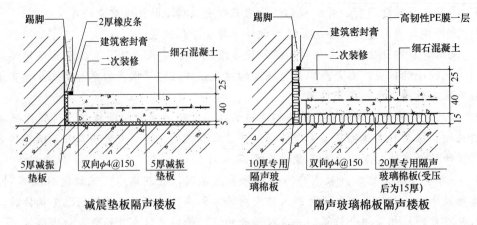

減震墊板隔声楼板

踢脚
2厚橡皮条
建筑密封膏
二次装修
细石混凝土
25
40
5
5厚减振垫板
双向φ4@150
5厚减振垫板

隔声玻璃棉板隔声楼板

踢脚
建筑密封膏
二次装修
高韧性PE膜一层
细石混凝土
25
40
15
10厚专用隔声玻璃棉板
双向φ4@150
20厚专用隔声玻璃棉板(受压后为15厚)

图 29-2-50　隔声楼板构造

1.5厚镀锌钢板
密封条
防火棉
1.0防火隔声门
内填多孔材料
防火条
20
3

图 29-2-51　门框缝的隔声构造

φ8钢筋吊杆
螺母
垫圈
螺栓M6×40
吊件（60或50）
上人主龙骨
D60（60×30）或
D50（50×15）
次龙骨（横撑）
50次龙骨（50×19）
60(50)
9.5 19
自攻螺丝
侧开榫吸声板（用专用胶粘剂粘贴）
50支托
12

图 29-2-52　明架吸声板吊顶构造

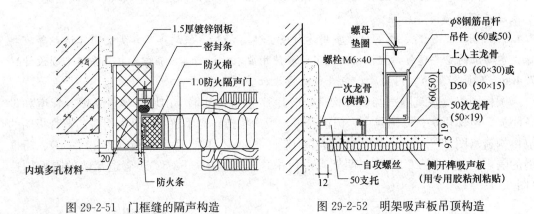

水泥砂浆
建筑密封膏
1厚镀锌钢板套管
保温层
管道外径50
50
25
25
填充玻璃棉（压缩至48～60K）
填充砂浆
d
>3d

图 29-2-53　管道穿墙的隔振构造

3. 吸声构造 （略）

（五）建筑防火构造

1. 防火构造基本要求

建筑构件的防火构造主要是采用各类非承重轻质建筑板材装配而成。国标图集按以下 10 项建筑构件及部位的防火要求进行构造设计：非承重外墙、室内防火墙、楼梯间、疏散走道两侧隔墙、房间隔墙、钢柱及钢梁的防火包覆、防火吊顶、防火门窗及防火卷帘与轻质防火墙的连接、电缆桥架包覆，以及通风管道包覆。有关外墙外保温的防火隔离带构造参见本节"二、（二）"。

防火构造涉及的常用标准规范和国标图集如表 29-2-14 所示。

注：本节不包含机电设备的防火构造。

相关标准规范及国标图集   表 29-2-14

序号	规范、图集名称	编号
1	《民用建筑设计统一标准》	GB 50352—2019
2	《建筑设计防火规范》	GB 50016—2014（2018 年版）
3	《建筑钢结构防火技术规范》	GB 51249—2017
4	《建筑设计防火规范》图示	18J811-1
5	《防火建筑构造（一）》	07J905-1

除变形缝外，其他部位的防火构造详见《防火建筑构造（一）》07J905-1，如隔墙、吊顶的基本构造参见本节"三、（一）"。有防火要求时主要采取的措施是隔墙内填岩棉。

【注意】吊顶的岩棉是在石膏板或纤维增强硅酸盐板的上面，板间接缝需采用膨胀连接件，并用自攻螺丝固定。

2. 变形缝防火构造

《建筑设计防火规范》GB 50016—2014（2018 年版）条文说明节选：

6.3.4 建筑变形缝是在建筑长度较长的建筑中或建筑中有较大高差部分之间，为防止温度变化、沉降不均匀或地震等引起的建筑变形而影响建筑结构安全和使用功能，将建筑结构断开为若干部分所形成的缝隙。特别是高层建筑的变形缝，因抗震等需要留得较宽，在火灾中具有很强的拔火作用，会使火灾通过变形缝内的可燃填充材料蔓延，烟气也会通过变形缝等竖向结构缝隙扩散到全楼。因此，要求变形缝内的填充材料、变形缝在外墙上的连接与封堵构造处理和在楼层位置的连接与封盖的构造基层采用不燃烧材料。有关构造参见图 7。该构造由铝合金型材、铝合金板（或不锈钢板）、橡胶嵌条及各种专用胶条组成。配合止水带、阻火带，还可以满足防水、防火、保温等要求。

国标图集《防火建筑构造（一）》07J905-1 包括：钢柱、钢梁、外墙、隔墙、楼板、吊顶、防火玻璃隔断等。重点掌握如下内容：内墙、顶棚变形缝防火构造（图 29-2-54）、复合外墙构造（图 29-2-55）、防火玻璃隔断（图 29-2-56）、钢梁防火构造（图 29-2-57）、风管防火构造（图 29-2-58）、防火吊顶（单层龙骨）构造（图 29-2-59）。

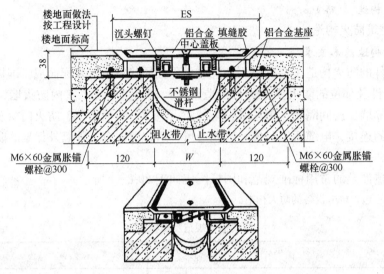

图 7　变形缝构造示意图

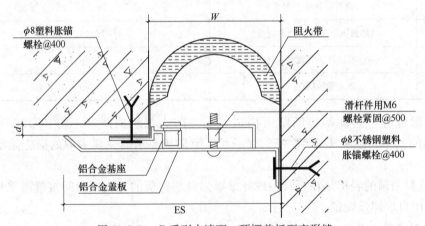

图 29-2-54　B系列内墙面、顶棚盖板型变形缝

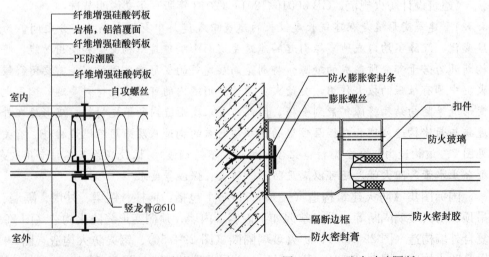

图 29-2-55　纤维增强硅酸盐板复合外墙构造　　　　图 29-2-56　防火玻璃隔断

334

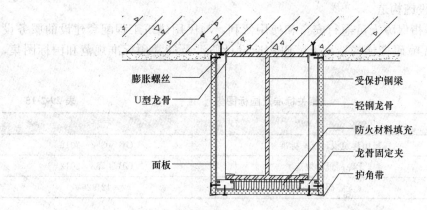

图 29-2-57 轻钢龙骨板材包覆钢梁构造（三面包覆）

膨胀螺丝
U型龙骨
面板
受保护钢梁
轻钢龙骨
防火材料填充
龙骨固定夹
护角带

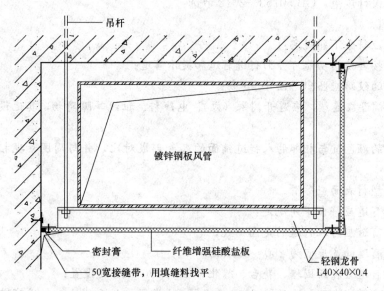

吊杆
镀锌钢板风管
密封膏
纤维增强硅酸盐板
50宽接缝带，用填缝料找平
轻钢龙骨
L40×40×0.4

图 29-2-58 镀锌钢板风管防火包覆构造（双面包覆）

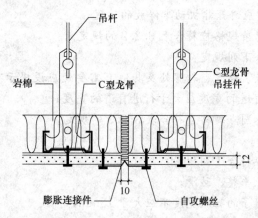

吊杆
岩棉
C型龙骨
C型龙骨吊挂件
膨胀连接件
自攻螺丝

图 29-2-59 防火吊顶（单层龙骨）构造

(六) 无障碍设施构造

无障碍设施是指保障人员通行安全和使用便利，与民用建筑工程配套建设的服务设施。2006年考了无障碍楼梯构造，无障碍构造设计所涉及的常用标准规范和国标图集，如表29-2-15所示。

相关标准及国标图集 表 29-2-15

序号	规范、图集名称	编号
1	《民用建筑设计统一标准》	GB 50352—2019
2	《无障碍设计规范》	GB 50763—2012
3	《无障碍设计》	12J926

1. 基本规定

《无障碍设计规范》GB 50763—2012 节选：

（1）盲道

3.2.1 盲道应符合下列规定：

1 盲道按其使用功能可分为行进盲道和提示盲道；

2 盲道的纹路应凸出路面 4mm 高；

3 盲道铺设应连续，应避开树木（穴）、电线杆、拉线等障碍物，其他设施不得占用盲道；

4 盲道的颜色宜与相邻的人行道铺面的颜色形成对比，并与周围景观相协调，宜采用中黄色；

5 盲道型材表面应防滑。

3.2.2 行进盲道应符合下列规定：

1 行进盲道应与人行道的走向一致；

2 行进盲道的宽度宜为 250～500mm；

3 行进盲道宜在距围墙、花台、绿化带 250～500mm 处设置；

4 行进盲道宜在距树池边缘 250～500mm 处设置；如无树池，行进盲道与路缘石上沿在同一水平面时，距路缘石不应小于 500mm，行进盲道比路缘石上沿低时，距路缘石不应小于 250mm；盲道应避开非机动车停放的位置；

5 行进盲道的触感条规格应符合表 3.2.2 的规定。

3.2.3 提示盲道应符合下列规定：

1 行进盲道在起点、终点、转弯处及其他有需要处应设提示盲道，当盲道的宽度不大于 300mm 时，提示盲道的宽度应大于行进盲道的宽度；

2 提示盲道的触感圆点规格应符合表 3.2.3 的规定。

（2）无障碍出入口

3.3.2 无障碍出入口应符合下列规定：

1 出入口的地面应平整、防滑；

2 室外地面滤水箅子的孔洞宽度不应大于 15mm；

3 同时设置台阶和升降平台的出入口宜只应用于受场地限制无法改造坡道的工程。并应符合本规范第 3.7.3 条的有关规定；

4 除平坡出入口外，在门完全开启的状态下，建筑物无障碍出入口的平台的净深度不应小于 1.50m；

5 建筑物无障碍出入口的门厅、过厅如设置两道门，门扇同时开启时两道门的间距不应小于 1.50m；

6 建筑物无障碍出入口的上方应设置雨篷。

（3）无障碍楼梯

3.6.1 无障碍楼梯应符合下列规定：

1 宜采用直线形楼梯；

2 公共建筑楼梯的踏步宽度不应小于 280mm，踏步高度不应大于 160mm；

3 不应采用无踢面和直角形突缘的踏步；

4 宜在两侧均做扶手；

5 如采用栏杆式楼梯，在栏杆下方宜设置安全阻挡措施；

6 踏面应平整防滑或在踏面前缘设防滑条；

7 距踏步起点和终点 250～300mm 宜设提示盲道；

8 踏面和踢面的颜色宜有区分和对比；

9 楼梯上行及下行的第一阶宜在颜色或材质上与平台有明显区别。

3.6.2 台阶的无障碍设计应符合下列规定：

1 公共建筑的室内外台阶踏步宽度不宜小于 300mm，踏步高度不宜大于 150mm，并不应小于 100mm；

2 踏步应防滑；

3 三级及三级以上的台阶应在两侧设置扶手；

4 台阶上行及下行的第一阶宜在颜色或材质上与其他阶有明显区别。

（4）无障碍扶手

3.8.1 无障碍单层扶手的高度应为 850～900mm，无障碍双层扶手的上层扶手高度应为 850～900mm，下层扶手高度应为 650～700mm。

3.8.2 扶手应保持连贯，靠墙面的扶手的起点和终点处应水平延伸不小于 300mm 的长度。

3.8.3 扶手末端应向内拐到墙面或向下延伸不小于 100mm，栏杆式扶手应向下呈弧形或延伸到地面上固定。

3.8.4 扶手内侧与墙面的距离不应小于 40mm。

3.8.5 扶手应安装坚固，形状易于抓握。圆形扶手的直径应为 35～50mm，矩形扶手的截面尺寸应为 35～50mm。

3.8.6 扶手的材质宜选用防滑、热惰性指标好的材料。

2. 无障碍设施构造

国标图集《无障碍设计》12J926 内容从略。

四、2010 年 室内墙面构造

任务说明：

按题目要求和图例所示的材料，绘出不同室内墙体的内墙饰面构造做法（图 29-2-60），并注明材料名称，制图比例 1：5。

图例（表 29-2-16）：

配件与材料表　　　　　　　　　　　　　　　　　　表 29-2-16

名称	图例	名称	图例
石材	▨	防水层	— — — —
人造石材		玻璃布	∿∿∿
墙面砖	▭▭▭	岩棉	50mm ▨
穿孔石膏板	⣀⣀⣀	木龙骨	
硬木企口饰面板	▨	木砖	40mm 50mm ⊠
细石混凝土	▤	膨胀螺栓	⊨━ 简图 ━◁
水泥砂浆粘结层	▦	木螺钉	◁ 简图 ━
找平层		φ6 圆钢	● ═
界面处理剂	— — — —	铜丝(绑扎用)	△
防潮层			

注：表中配件及材料并非全部选用。

① 挂贴石材(规格600×600×25)内饰面 1:10　② 公共浴室面砖(8厚)内饰面 1:10

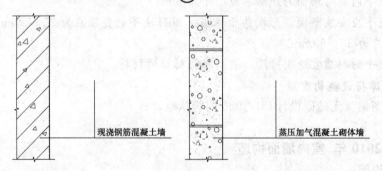

③ 会议室吸声内墙面 1:10　④ 人造石材(规格300×300×10)内饰面 1:10

图 29-2-60

作图参考答案（图 29-2-61）：

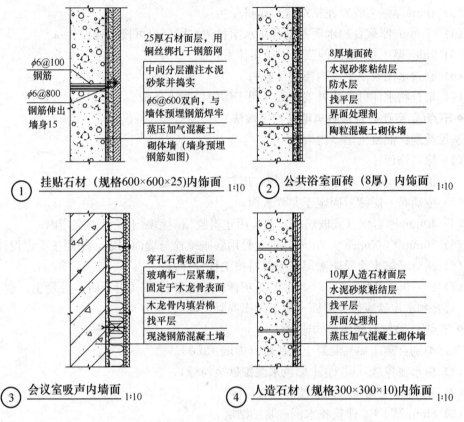

图 29-2-61　作图参考答案

参考图集：

国标图集《工程做法》05J909 内墙饰面部分，4 个节点分别是 NQ26（内墙 14D）、NQ33（内墙 16E）、NQ66（内墙 31C）、NQ39（内墙 18D1）。

● **节点① 挂贴石材墙面构造做法**

基层类别：蒸压加气混凝土砌块墙（内墙 14D）。

（1）稀水泥浆擦缝。

（2）20～30mm 厚天然石板面层，正背面及四周满涂防碱背涂剂；石板背面预留穿孔（或沟槽），用 18 号铜丝（或 $\phi4$ 不锈钢挂钩）与钢筋网绑扎（或卡钩）牢固；灌 50mm 厚 1:2.5 水泥砂浆，分层灌注，振捣密实，每层 150～200mm 且不大于板高的 1/3（灌注砂浆前，先将板材背面和墙面浇水润湿）。

（3）$\phi6$ 钢筋网（双向间距按板材尺寸定）与墙体预埋钢筋、膨胀螺栓固定。

（4）在混凝土梁、柱及现浇混凝土条带、砌块上，预埋 $\phi6$ 钢筋，或钻孔打入 M8× 80mm 的膨胀螺栓（双向间距按板材尺寸定）。

● **节点② 贴面砖防水墙面构造做法**

基层类别：陶粒混凝土砌块墙（内墙 16E）。

（1）白水泥擦缝（或1∶1彩色水泥细砂浆勾缝）；

（2）$h$mm 厚墙面砖（粘贴前墙砖充分浸湿）；

（3）4mm 厚强力胶粉泥粘结层，揉挤压实；

（4）1.5mm 厚聚合物水泥基复合防水涂料防水层（也可按工程设计）；

（5）9mm 厚1∶3水泥砂浆分层压实抹平；

（6）刷素水泥浆甩毛（内掺建筑胶）；

（7）聚合物水泥砂浆修补墙基面（用于陶粒混凝土条板）。

● **节点③ 穿孔石膏板吸声墙面构造做法**

基层类别：混凝土墙（内墙 31C）。

（1）涂料饰面；

（2）铺贴 $h$mm 厚穿孔石膏饰面板，用自攻螺丝固定；

（3）玻璃布一层绷紧固定于龙骨表面；

（4）40mm 厚岩棉（或玻璃棉）毡，用建筑胶粘剂粘贴于龙骨的空当内；

（5）50mm×50mm×0.7mm 轻钢龙骨用膨胀螺栓与墙面固定，中距按工程设计；

（6）高分子防水涂膜防潮层（或材料按工程设计）；

（7）8～10mm 厚1∶0.5∶3水泥石灰膏砂浆分层抹平（用于砖、混凝土、空心砌块墙），聚合物水泥砂浆修补墙面（用于大模混凝土墙）。

● **节点④ 贴仿石砖墙面构造做法**

基层类别：蒸压加气混凝土砌块墙（内墙 18D1）。

（1）白水泥擦缝（或1∶1彩色水泥细砂浆勾缝）；

（2）$h$mm 厚墙面砖（贴前墙砖充分浸湿）；

（3）8mm 厚1∶2建筑胶水泥砂浆粘结层；

（4）刷素水泥浆一道；

（5）6mm 厚1∶0.5∶2.5水泥石灰膏砂浆打底扫毛或划出纹道；

（6）6mm 厚1∶1∶6水泥石灰膏砂浆打底扫毛或划出纹道；

（7）3mm 厚外加剂专用砂浆抹底或界面剂一道甩毛（用于加气混凝土砌块墙），聚合物水泥砂浆修补墙面专用界面剂一道甩毛（用于加气混凝土条板墙）；

（8）喷湿墙面。

注：

1. 墙面砖的厚度为5～7mm属薄型，8～12mm属厚型；厚型构造做法需要2道"打底扫毛"处理。

2. 构造做法有2种：a—建筑水泥砂浆粘贴；b—专用胶粘贴。上文所述的构造层次属于a类；b类使用专用胶粘贴，故不需要刷素水泥浆一道。

作图选择题参考答案及解析：

（1）①节点石材挂贴构造中，下列哪个是正确的？

[A] 通过木砖与墙体预埋钢筋固定   [B] 直接与墙体预埋钢筋固定

[C] 通过膨胀螺栓与墙体固定   [D] 通过钢筋网与墙体预埋钢筋固定

【答案】D

【解析】天然石板用18号铜丝与钢筋网绑扎牢固，钢筋网与墙体预埋钢筋固定，所以选D。

【说明】铜丝绑扎部分不正确扣分。未以文字说明绑扎做法且图中亦未作表示的扣分。标注文字正确，但作图未表示钢筋网或绑扎部位的不扣分。

(2) ①节点在石材背面与墙体之间，下列构造做法哪个是正确的？

[A] 一次灌注水泥砂浆   [B] 分层灌注水泥砂浆

[C] 一次灌注细石混凝土   [D] 分层灌注细石混凝土

【答案】B

【解析】分层灌注水泥砂浆，B正确。参考国标图集"灌50厚1：2.5水泥砂浆，分层灌注，振捣密实，每层150～200mm且不大于板高的1/3（灌注砂浆前，先将板材背面和墙面浇水润湿）"。

【说明】添加不合理及多余的构造层次和材料扣分。

(3) ②节点中，从墙体到饰面的合理构造顺序是：

[A] 找平层；粘结层；防水层   [B] 防水层；找平层；粘结层

[C] 找平层；防水层；粘结层   [D] 防水层；粘结层；找平层

【答案】C

【解析】本题的构造顺序是：① 找平层：9mm厚1：3水泥砂浆分层压实抹平；②防水层：1.5mm厚聚合物水泥基复合防水涂料防水层；③ 粘结层：4mm厚强力胶粉泥粘结层；故应该选择C。

【说明】添加不合理及多余的构造层次和材料扣分。

(4) ②节点中不包括墙体，构造层面最少应有几层（如需要界面处理剂层、防水层时，均应计入）？

[A] 3   [B] 4   [C] 5   [D] 6

【答案】C

【解析】在②节点中，除上题的中间3层外，还有界面处理剂层和面砖面层，共计3＋2＝5层，故选择C。

【说明】界面处理剂层位置不正确扣分。

(5) ③节点中，应采用的饰面材料是：

[A] 岩棉   [B] 硬木企口饰面板

[C] 穿孔石膏板   [D] 玻璃布

【答案】C

【解析】A、D选项不是面层材料；B选项虽然是面层材料，但没有吸声作用；C选项的穿孔石膏板是常用的吸声面板。

【说明】未表示面层粘结做法或粘结做法错误不扣分。

(6) ③节点中，从墙体到饰面的合理构造顺序是：

[A] 找平层；防潮层；木龙骨骨架内填岩棉；玻璃布

[B] 防潮层；找平层；木龙骨骨架内填岩棉；玻璃布

[C] 找平层；防潮层；玻璃布；木龙骨骨架内填岩棉

[D] 防潮层；找平层；玻璃布；木龙骨骨架内填岩棉

【答案】A

【解析】各选项中，从墙体到饰面层的前两项的顺序应是找平层→防潮层（防水层、防潮层都是在找平层上做的），所以 B、D 选项不对；后两项的顺序是木龙骨骨架内填岩棉→玻璃布一层绷紧固定于龙骨表面（防止岩棉脱落）→穿孔石膏板；所以应选 A。

【说明】添加不合理或多余的构造层次和材料扣分，图中未画出膨胀螺栓或位置画错扣分。

(7) ④节点中，与人造石材面层紧贴的构造层是：

[A] 找平层   [B] 防潮层

[C] 防水层   [D] 水泥砂浆粘结层

【答案】D

【解析】人造石材面层必须与基层粘结固定，只有 D 选项是起粘结作用的。

【说明】粘结层使用材料错误扣分。

(8) ④节点中不包括墙体，构造层面最少应有几层（如需界面处理剂层、防水层时，均应计入）。

[A] 3   [B] 4   [C] 5   [D] 6

【答案】D

【解析】分别是界面剂、水泥石灰膏砂浆打底扫毛 2 道、刷素水泥浆 1 道、粘结层、人造石材面层，共 6 层，应故选 D。

【说明】构造做法错误扣分，界面处理剂层位置错误扣分，缺界面处理剂层扣分。

(9) 铜丝用于节点：

[A] ①   [B] ②   [C] ③   [D] ④

【答案】A

【解析】天然石板用 18 号铜丝与钢筋网绑扎牢固，所以是①节点，故应选 A。

【说明】选择正确即可得分，避免与第 (1) 题重复扣分。

(10) 膨胀螺栓用于节点：

[A] ①   [B] ②   [C] ③   [D] ④

【答案】C

【解析】轻钢龙骨与墙面的固定要用膨胀螺栓，只有③节点有龙骨，故应选 C。

【说明】选择正确即可得分，避免与第 (6) 题重复扣分。

注：1. 只有图示没有文字标注的不得分，但第 (9)、(10) 两题不包括在内；

    2. 是否标注尺寸不作为评分标准。

五、2011 年 轻钢龙骨石膏板吊顶构造

任务描述:

下图（图 29-2-62）为 4 个未完成的室内吊顶节点，吊顶下皮位置、连接建筑结构与吊顶的吊件等已给定，要求按最经济合理的原则布置各室内吊顶。

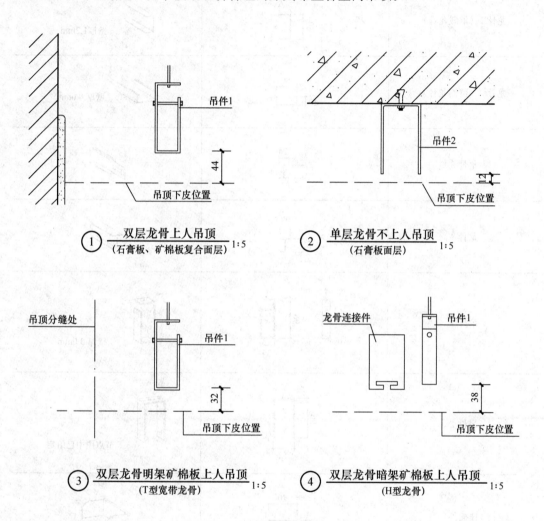

图 29-2-62

任务要求:

● 按下表（表 29-2-17）图例选用合适的配件与材料，绘制完成 4 个节点的构造详图，注明所选配件与材料的名称及必要的尺寸。

● 龙骨 1 与龙骨 2、龙骨 1 与龙骨 3 之间的连接方式不需考虑。

● 按第 1 页的要求填涂第 1 页选择题和答题卡。

图例（表 29-2-17）：

名称	图例 （单位：mm）	轴测简图及说明
龙骨 1（承载龙骨）	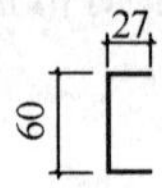 27 / 60	 壁厚1.2mm
龙骨 2（覆面龙骨）	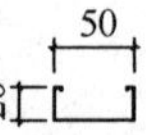 50 / 20	 壁厚 0.6mm
龙骨 3	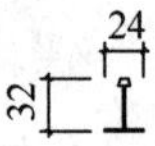 24 / 32	
龙骨 4	 24 / 32	
吊件 1	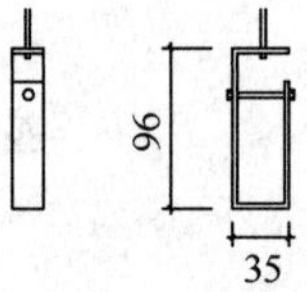 96 / 35	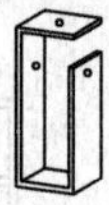 壁厚 3.0mm
吊件 2	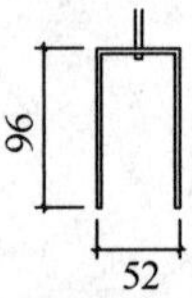 96 / 52	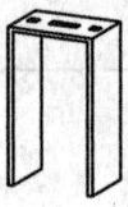 节点图中已给定
挂插件	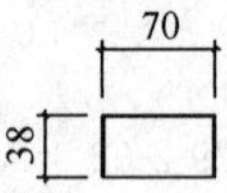 70 / 38	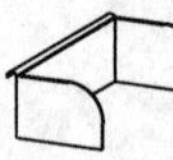
矿棉板	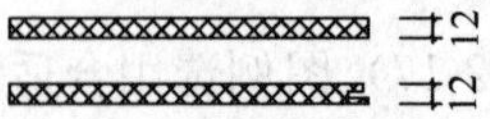 12 / 12	
石膏板	 12	
自攻螺钉		

作图参考答案（图 29-2-63）：

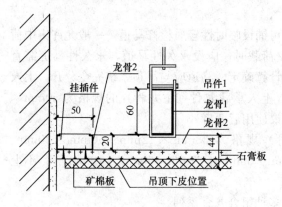

① 双层龙骨上人吊顶
（石膏板、矿棉板复合面层） 1:5

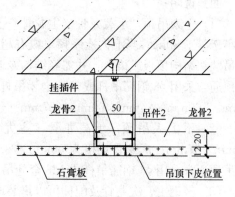

② 单层龙骨不上人吊顶
（石膏板面层） 1:5

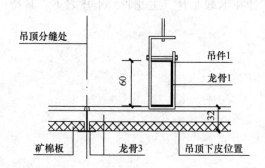

③ 双层龙骨明架矿棉板上人吊顶
（T型宽带龙骨） 1:5

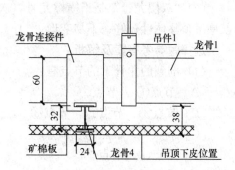

④ 双层龙骨暗架矿棉板上人吊顶
（H型龙骨） 1:5

图 29-2-63 作图参考答案

参考图集：

可参考国标图集《内装修——室内吊顶》12J502-2，也可参考国标图集《轻钢龙骨石膏板隔墙、吊顶》07CJ03-1 吊顶部分（U 型龙骨）。

● **节点① 双层龙骨上人吊顶（石膏板、矿棉板复合面层）**

参考图集《内装修——室内吊顶》12J502-2，上人吊顶及双层龙骨吊顶部分，复合面层构造按题目要求。

● **节点② 单层龙骨不上人吊顶（石膏板面层）**

参考图集《内装修——室内吊顶》12J502-2，不上人吊顶及单层龙骨吊顶部分。

● **节点③ 双层龙骨明架矿棉板上人吊顶（T 型宽带龙骨）**

参考图集《内装修——室内吊顶》12J502-2，上人吊顶、双层龙骨吊顶及矿棉吸声板明架 T 型宽带龙骨部分。

● **节点④ 双层龙骨暗架矿棉板上人吊顶（H 型龙骨）**

参考图集《内装修——室内吊顶》12J502-2，上人吊顶、双层龙骨吊顶及矿棉吸声板暗架 H 型龙骨部分。

图集说明：

（1）上人吊顶，承载龙骨（主龙骨）上可铺设临时性轻质检修马道，一般允许集中荷载小于等于 80kg；当上人检修频繁或有超重荷载时，应设永久性马道，永久性马道需直接吊装在结构顶板或梁上，并需经结构专业计算确定。马道应与吊顶系统完全分开。上人吊顶通常采用 $\phi8$ 钢筋吊杆或 M8 全牙吊杆。上人承载龙骨（主龙骨）的规格为 50mm×15mm、60mm×24mm、60mm×27mm（建议使用后两者）。

（2）不上人吊顶，承载龙骨（主龙骨）规格为 38mm×12mm、50mm×20mm、60mm×27mm；次龙骨规格为 50mm×20mm、60mm×27mm、50mm×19mm 等。不上人吊顶通常采用 $\phi6$ 钢筋吊杆或 M6 全牙吊杆。

（3）轻钢主、次龙骨及配件可以拼装成多种组合龙骨系列。

（4）"单层龙骨"是指主、次龙骨在同一水平面上垂直交叉相接，不设承载龙骨，比较简单、经济。

（5）"双层龙骨"是指横撑龙骨（次龙骨）挂在承载龙骨（主龙骨）下皮之下，其特点是吊顶整体性较好、不易变形。

选择题参考答案及解析：

（1）剖到的龙骨 1 的节点有：

[A] 节点①、节点②

[B] 节点①、节点②、节点③

[C] 节点①、节点③、节点④

[D] 节点①、节点③

【答案】D

【解析】龙骨 1 为 U 型承载龙骨，剖到的节点是①和③。

（2）节点①中矿棉板屋面正确的安装方法是：

[A] 矿棉板与龙骨采用自攻螺钉连接

[B] 矿棉板与龙骨插接

[C] 矿棉板与石膏板采用螺钉连接，石膏板与龙骨采用螺钉连接

[D] 矿棉板用专用粘结剂与石膏板粘接，石膏板通过自攻螺钉与龙骨连接

【答案】D

【解析】根据矿棉板裁口方式和板边形状的不同，有复合粘贴、暗插、明架、明暗结合等灵活的吊装方式。不能通过自攻螺钉与石膏板连接，只能用专用粘结剂与石膏板粘接。如果面层是石膏板（双层石膏板），可以通过自攻螺钉与上层石膏板及覆面龙骨连接。

（3）剖到龙骨 2 的节点有：

[A] 节点①、节点②

[B] 节点①、节点③

[C] 节点①、节点④

[D] 节点②、节点③

【答案】A

【解析】龙骨2为C型覆面龙骨，剖到C型龙骨的是节点①和②。

(4) 剖到龙骨3的节点有：

[A] 节点①   [B] 节点②

[C] 节点③   [D] 节点④

【答案】C

【解析】龙骨3为T型龙骨，是明架矿棉板采用的一种形式，剖到龙骨3的是节点③。

(5) 出现龙骨4的节点有：

[A] 节点②   [B] 节点③

[C] 节点④   [D] 节点③、节点④

【答案】C

【解析】龙骨4为H型龙骨，是暗架矿棉板采用的一种形式，剖到龙骨4的是节点④。

(6) 龙骨2与龙骨2之间正确的连接方法是：

[A] 通过龙骨连接件连接

[B] 通过挂插件连接

[C] 通过自攻螺钉连接

[D] 通过吊挂件连接

【答案】B

【解析】挂插件用于连接次龙骨与横撑龙骨（次龙骨）。

(7) 节点④中主龙骨与次龙骨正确的连接方法是：

[A] 通过龙骨连接件连接

[B] 通过挂插件连接

[C] 通过自攻螺钉连接

[D] 通过吊挂件连接

【答案】A

【解析】连接件用于连接吊顶主龙骨与次龙骨。

(8) 节点③中矿棉板面层正确的安装方法是：

[A] 将矿棉板搭放在龙骨上

[B] 矿棉板与龙骨采用自攻螺钉连接

[C] 将矿棉板逐一插入龙骨架中

[D] 矿棉板与龙骨之间采用专用粘结剂

【答案】A

【解析】矿棉板与龙骨的连接方式是"搭"或"插"，节点③为明装，故应采用"搭"

的方式。

(9) 节点②中石膏板面层正确的安装方法是：

[A] 将石膏板搭放在龙骨上

[B] 石膏板与龙骨采用自攻螺钉连接

[C] 将石膏板逐一插入龙骨中

[D] 石膏板与龙骨之间采用专用粘结剂粘接

【答案】B

【解析】石膏板与覆面龙骨采用"钉"的方式连接。

(10) 节点④中矿棉板正确的安装方法是：

[A] 将矿棉板搭放在龙骨上

[B] 矿棉板与龙骨采用自攻螺钉连接

[C] 将矿棉板逐一插入龙骨中

[D] 矿棉板与龙骨之间采用专用粘结剂粘接

【答案】C

【解析】矿棉板与龙骨的连接方式是"搭"或"插"，节点④为暗装，故应采用"插"的方式。

六、2012 年　地下室防水构造

任务描述：

下图（图 29-2-64）为 4 个未完成的地下室防水构造节点详图。根据现行规范和国家标准图集的要求，不考虑保温，按 1 级防水要求绘制节点构造。

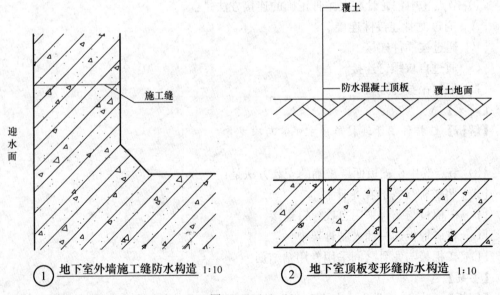

① 地下室外墙施工缝防水构造 1:10　② 地下室顶板变形缝防水构造 1:10

图 29-2-64（一）

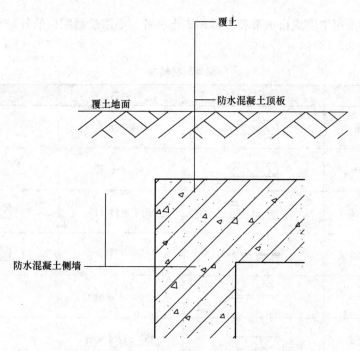

覆土

防水混凝土顶板

覆土地面

防水混凝土侧墙

③ 地下室外墙与顶板转角卷材防水构造 1:10

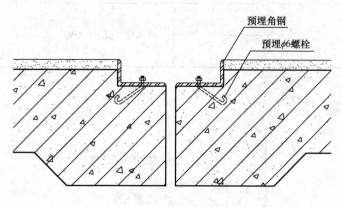

预埋角钢

预埋ϕ6螺栓

覆土

④ 地下室底板变形缝防水构造 1:10

图 29-2-64（二）

任务要求：

● 按下表图例（表29-2-18），选用合适的配件与材料绘制完成4个节点的构造详图。

● 注明所选配件与材料的名称，并在引出线处标注各构造层次的名称。其中各节点的要求如下：

1）节点①应采用两道止水材料，不用绘制外墙的外防水构造。

2）节点②应采用中埋式止水带，并绘制顶板面的外防水构造。

3）节点③外墙采用加气混凝土块保护层。

4）节点④采用中埋式止水带和可拆卸式止水带，不需绘制底板的外防水构造。

图例（表 29-2-18）:

配件与材料表

表 29-2-18

名称	图例	名称	图例
细石钢筋混凝土保护层		遇水膨胀止水条	
加气混凝土保护层		ϕ20 橡胶条	
水泥砂浆保护层		防水密封材料	
防水层、附加防水层		嵌缝材料	
隔离层		40×5 扁钢	
A 型橡胶止水带		25×25×4 角钢	
B 型橡胶止水带		300×2 钢板	
C 型橡胶止水带		ϕ8 螺栓（预埋）螺帽	

注：表中材料及配件并非全部选用。

作图参考答案（图 29-2-65）：

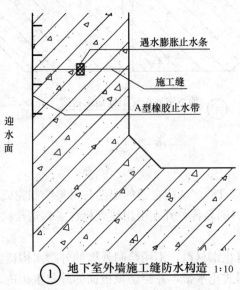

① 地下室外墙施工缝防水构造 1:10

遇水膨胀止水条
施工缝
A 型橡胶止水带
迎水面

图 29-2-65 作图参考答案（一）

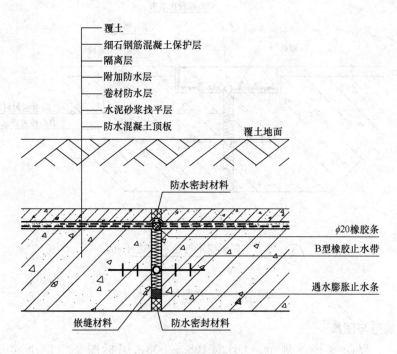

覆土
细石钢筋混凝土保护层
隔离层
附加防水层
卷材防水层
水泥砂浆找平层
防水混凝土顶板

覆土地面

防水密封材料

φ20橡胶条

B型橡胶止水带

遇水膨胀止水条

嵌缝材料　　防水密封材料

② 地下室顶板变形缝防水构造 1:10

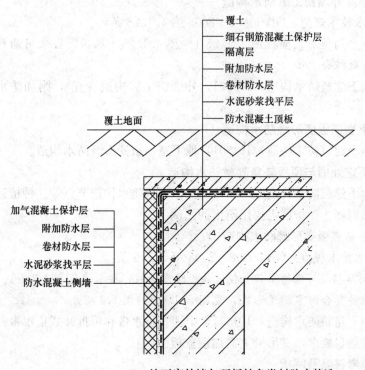

覆土
细石钢筋混凝土保护层
隔离层
附加防水层
卷材防水层
水泥砂浆找平层
防水混凝土顶板

覆土地面

加气混凝土保护层
附加防水层
卷材防水层
水泥砂浆找平层
防水混凝土侧墙

③ 地下室外墙与顶板转角卷材防水构造 1:10

图 29-2-65　作图参考答案（二）

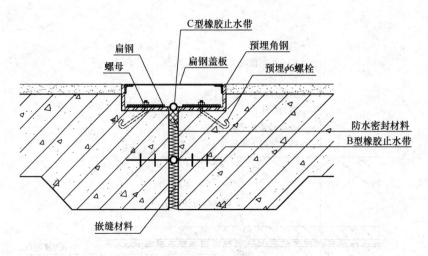

图中标注：
- C型橡胶止水带
- 扁钢
- 螺母
- 扁钢盖板
- 预埋角钢
- 预埋φ6螺栓
- 防水密封材料
- B型橡胶止水带
- 嵌缝材料

④ 地下室底板变形缝防水构造 1:10

图 29-2-65　作图参考答案（三）

参考规范与图集：

《地下工程防水技术规范》GB 50108—2008、国标图集《地下建筑防水构造》10J301。

● **节点① 地下室外墙施工缝防水构造**

《地下工程防水技术规范》GB 50108—2008 第 4.1.25 条：

4.1.25 施工缝防水构造形式宜按图 4.1.25-1～图 4.1.25-4 选用，当采用两种以上构造措施时，可进行有效组合。

国标图集《地下建筑防水构造》10J301，外墙施工缝构造（五），附加防水层＋遇水膨胀止水条。

● **节点② 地下室顶板变形缝防水构造**

国标图集《地下建筑防水构造》10J301，地下室顶板变形缝防水构造。

● **节点③ 地下室外墙与顶板转角卷材防水构造**

国标图集《地下建筑防水构造》10J301，种植顶板防水构造节点⑥。种植顶板部分需要更换做法，加强混凝土保护层需要用给出的图例。

● **节点④ 地下室底板变形缝防水构造**

《地下工程防水技术规范》GB 50108—2008 第 5.1.6 条：

5.1.6 变形缝的防水措施可根据工程开挖方法、防水等级，按本规范表 3.3.1-1、表 3.3.1-2 选用。变形缝的几种复合防水构造形式，见图 5.1.6-1～图 5.1.6-3。

国标图集《地下建筑防水构造》10J301，中埋式止水带和可拆卸式止水带并用底板防水构造节点①。按题目要求，变形缝上需加钢盖板。

作图选择题参考答案及解析：

（1）使用 A 型橡胶止水带的节点是：

[A] 节点①、节点②

[B] 节点①、节点④

[C] 节点①

[D] 节点④

【答案】C

【解析】可参考《地下工程防水技术规范》GB 50108—2008 第 3.3.1 条和第 4.1 条附图，也可以参考国标图集《地下建筑防水构造》10J301 第 43 页节点⑤和⑥。注意 A 型橡胶止水带为外贴式止水带；根据题目要求，节点②应采用中埋式止水带，节点④采用中埋式止水带和可拆卸式止水带；故应选 C。

(2) 使用 B 型橡胶止水带的节点是：

[A] 节点①、节点②

[B] 节点②、节点④

[C] 节点①

[D] 节点④

【答案】B

【解析】依据题目要求，节点②应采用中埋式止水带，节点④采用中埋式止水带和可拆卸式止水带。B 型橡胶止水带为中埋式止水带，故应选 B。

(3) 使用 C 型橡胶止水带的节点是：

[A] 节点①、节点④

[B] 节点②、节点④

[C] 节点②

[D] 节点④

【答案】D

【解析】可参考《地下工程防水技术规范》GB 50108—2008 附图 5.1.6-3，也可以参考国标图集《地下建筑防水构造》10J301 第 44 页节点②。注意 C 型橡胶止水带为可拆卸式（规范为 Ω 型），题目要求节点④采用中埋式止水带和可拆卸式止水带，故应选 D。

(4) 使用遇水膨胀止水条的节点是：

[A] 节点①、节点②

[B] 节点②、节点④

[C] 节点②

[D] 节点④

【答案】A

【解析】遇水膨胀止水条一般用于施工缝，所以有节点①的选项必选，故应选 A。

(5) 使用 φ20 橡胶条的节点是：

[A] 节点②、节点④   [B] 节点①

[C] 节点②   [D] 节点④

【答案】C

【解析】查阅规范与国标图集可知，防水层不能直接跨缝敷设；橡胶条填充在缝隙中，可起到保护防水层的作用，故应选C。

(6) 节点①中，设置止水带的正确位置是：

[A] 不需设   [B] 设在外墙迎水面

[C] 设在外墙背水面   [D] 设在外墙迎、背水面均可

【答案】B

【解析】止水带应设在外墙迎水面，故应选B。

(7) 节点③中，顶板转角处自外向内的正确防水构造层次是：

[A] 细石钢筋混凝土保护层、附加防水层、防水层

[B] 细石钢筋混凝土保护层、防水层、水泥砂浆找平层

[C] 细石钢筋混凝土保护层、隔离层、附加防水层、防水层、水泥砂浆找平层

[D] 细石钢筋混凝土保护层、隔离层、防水层、水泥砂浆找平层

【答案】C

【解析】这道题主要考核"隔离层"的位置，《地下工程防水技术规范》GB 50108—2008 第4.3.25条和第4.4.15条要求："防水层与保护层之间宜设置隔离层"。注意区分"附加防水层"和"防水层"，顶板转角处"附加防水层"在外侧，故应选C。

(8) 节点③中，侧墙靠顶板部位自外向内的正确防水构造层次为：

[A] 加气混凝土块保护层、防水层、水泥砂浆找平层

[B] 加气混凝土块保护层、附加防水层、防水层、水泥砂浆找平层

[C] 加气混凝土块保护层、隔离层、防水层

[D] 加气混凝土块保护层、水泥砂浆找平层

【答案】B

【解析】附加防水层、防水层、水泥砂浆找平层必选，隔离层是"宜"选，所以只能选择B。

(9) 使用扁钢的节点是：

[A] 节点①   [B] 节点②

[C] 节点③   [D] 节点④

【答案】D

【解析】扁钢用于可拆卸式止水带，故应选D。

(10) 应设置附加防水层的节点是：

[A] 节点①   [B] 节点①、节点③

[C] 节点②、节点③   [D] 节点②、节点④

【答案】C

【解析】按照题目要求，节点①应采用两道止水材料，不用绘制外墙的外防水构造；节点④采用中埋式止水带和可拆卸式止水带，不需绘制底板的外防水构造。故不能选含有节点①和④的选项，只能选择C。

七、2013年 轻钢龙骨石膏板隔墙

任务描述：

某8度抗震设防区多层办公楼层高3m，耐火等级为二级，采用轻钢龙骨石膏板内隔墙，其局部平面、剖面和4个未完成的构造节点如图29-2-66所示。按下列要求绘制完成构造节点。

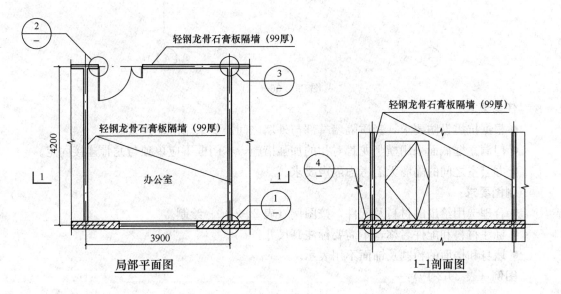

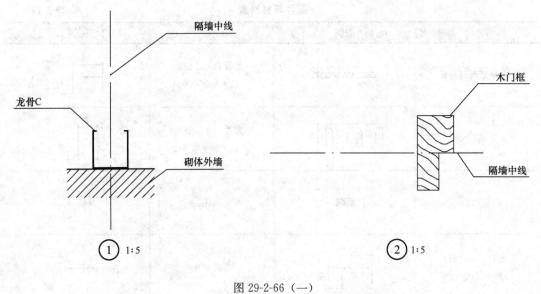

图 29-2-66（一）

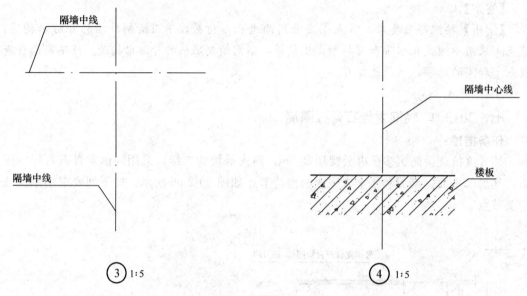

图 29-2-66（二）

任务要求：

● 根据抗震设防要求，轻质隔墙端部与外墙之间需要采用滑动连接。

● 门洞立框截面采用横竖龙骨对扣的加强措施，本门框不应单独与龙骨连接固定。

● 办公室之间的隔墙无需考虑隔声要求。

制图要求：

● 合理选用给出的材料及配件，按图例（表 29-2-19）绘制。

● 标注材料和配件名称，不需要标注其尺寸。

● 墙身和楼面的粉刷及饰面不用表示。

图例（表 29-2-19）：

配件与材料表

表 29-2-19

名称	图例	名称	图例
12 厚纸面石膏板		龙骨 B（U 型） 75×40×0.6	75 40
70 厚岩棉	70	龙骨 C（C 型） 48×50×0.6	48 50
嵌缝膏		金属包边	12 12
龙骨 A（C 型） 73.5×50×0.6	73.5 50	膨胀螺栓	

名称	图例	名称	图例
L25 自攻螺钉	25	木砖	70 / 40
L60 自攻螺钉	60	贴脸板	80 / 15

作图参考答案（图 29-2-67）：

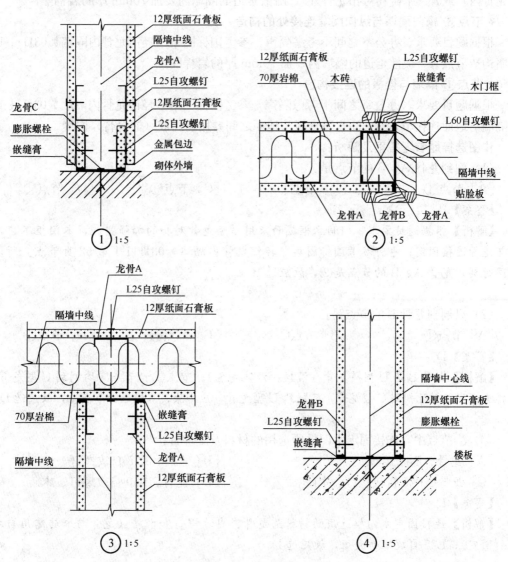

图 29-2-67　作图参考答案

参考图集:

国标图集《轻钢龙骨内隔墙》03J111-1,也可参考国标图集《轻钢龙骨石膏板隔墙、吊顶》07CJ03-1。

● **节点① 外墙与内隔墙的滑动连接构造**

根据题目的抗震设防要求,轻质隔墙端部与外墙之间需要采用滑动连接,参考国标图集《轻钢龙骨内隔墙》03J111-1,与墙柱滑动连接节点⑦。

● **节点② 隔墙与木门框的连接构造**

根据题目要求,木门洞立框截面采用横竖龙骨对扣的加强措施,木门框不应单独与龙骨连接固定,参考国标图集《轻钢龙骨内隔墙》03J111-1,门窗框连接节点⑫(木砖在对扣龙骨内)或⑭(木砖在对扣龙骨外)。疏散走道的隔墙内要加70mm厚的岩棉隔声。

● **节点③ 横向隔墙与纵向隔墙连接处的构造**

根据题目要求,办公室之间不考虑隔声,参考国标图集《轻钢龙骨内隔墙》03J111-1,内墙构造节点⑭。疏散走道的隔墙内要加70mm厚的岩棉隔声。

● **节点④ 隔墙与楼板的连接构造**

根据题目要求,办公室之间不考虑隔声,参考国标图集《轻钢龙骨内隔墙》03J111-1,内隔墙与地面连接节点⑬。注意石膏板与地面之间要用密封胶(嵌缝膏)嵌缝。

作图选择题参考答案及解析:

(1) 剖到龙骨A、B的节点是:

[A] 节点①　　　　[B] 节点②　　　　[C] 节点③　　　　[D] 节点④

【答案】B

【解析】根据题目要求,门洞立框截面采用横竖龙骨对扣的加强措施,木门框不应单独与龙骨连接固定;也可参考国标图集《轻钢龙骨内隔墙》03J111-1第52页节点。所以能同时剖到龙骨A、B的节点是②,故应选B。

(2) 只剖到龙骨B的节点是:

[A] 节点①　　　　[B] 节点②　　　　[C] 节点③　　　　[D] 节点④

【答案】D

【解析】龙骨B是U型横龙骨(沿顶、沿地龙骨);节点①和节点③均剖到C型龙骨,应排除;节点②既剖到C型龙骨,又剖到U型龙骨,应排除;只能选择节点④,故应选D。

(3) ②节点中,连接固定木门框所选用的材料及配件含:

[A] 龙骨、膨胀螺栓　　　　　　　　[B] 木砖、L25自攻螺钉

[C] 龙骨、L25自攻螺钉、木砖　　　[D] 龙骨、L60自攻螺钉、木砖

【答案】D

【解析】连接固定木门框选用的材料是龙骨、自攻螺钉和木砖(龙骨与木砖需用自攻螺钉固定);L25自攻螺钉太短,故应选D。

(4) ③节点剖到的龙骨是:

[A] 龙骨B、C　　　[B] 龙骨B、B　　　[C] 龙骨A、A　　　[D] 龙骨A、B

【答案】C

【解析】横、竖两道内隔墙厚度应该一致，其面板与 C 型竖龙骨用自攻螺钉连接，所以选龙骨 A。可参考国标图集《轻钢龙骨内隔墙》03J111-1 第 34 页节点，T 型内隔墙连接有多种方式。

(5) ④节点中，内隔墙与楼板的连接固定方式是：

[A] 龙骨 A 以膨胀螺栓固定于楼板上

[B] 龙骨 B 以膨胀螺栓固定于楼板上

[C] 龙骨 A 以 L60 自攻螺钉固定于楼板上

[D] 龙骨 B 以 L60 自攻螺钉固定于楼板上

【答案】B

【解析】龙骨 B 是 U 型横龙骨（沿顶、沿地龙骨），排除 A、C 选项。内隔墙与结构主体的连接可采用"膨胀螺栓"或"射钉"，"自攻螺钉"是用于固定面板和龙骨的，故应选 B。

(6) 出现双层石膏板叠合的节点是：

[A] ①   [B] ②   [C] ③   [D] ④

【答案】A

【解析】根据抗震设防要求，轻质隔墙端部与外墙之间需要采用滑动连接，所以出现双层石膏板叠合情况的是节点①。

(7) 岩棉用于哪组节点？

[A] ①、④   [B] ②、④   [C] ①、③   [D] ②、③

【答案】D

【解析】疏散走道隔墙的耐火极限为 1.00h，隔墙内需填充岩棉；题中的 4 个节点只有②和③位于疏散走道，故应选 D。

(8) 使用嵌缝膏和金属包边的节点是：

[A] ①   [B] ②   [C] ③   [D] ④

【答案】A

【解析】4 个节点都有嵌缝膏，关键问题是哪个节点需要"金属包边"。参考国标图集《轻钢龙骨内隔墙》03J111-1 第 54 页节点（墙体滑动连接），只有节点①需要"金属包边"，故应选 A。

(9) 贴脸板用于下面哪个节点？

[A] ①   [B] ②   [C] ③   [D] ④

【答案】B

【解析】木制贴脸板用于遮挡木门框与隔墙之间的缝隙，故应选 B。

(10) 各节点中，固定石膏板与龙骨的配件是：

[A] 金属包边　　　[B] 膨胀螺栓　　　[C] L25自攻螺钉　　[D] L60自攻螺钉

【答案】C

【解析】石膏板与龙骨连接需采用自攻螺钉，单层纸面石膏板的厚度是12mm，L25自攻螺钉的长度刚好够用，故应选C。

八、2014年 瓦屋面构造

任务描述：

下图（图29-2-68）为坡屋面构造节点，屋面坡度为30%，按任务要求和图例绘制完成4个构造节点详图。

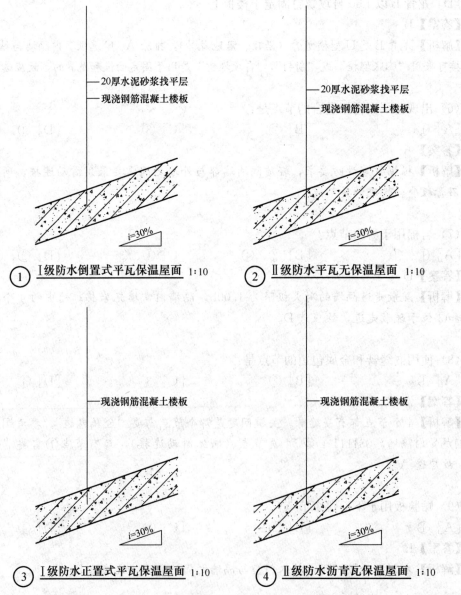

图 29-2-68

任务要求：

● 根据现行规范完成瓦屋面构造详图，要求做到最经济合理。

● 合理选用表 29-2-20 列出的材料及配件，按图例制图。

● 注明各节点的构造层次及各层次的厚度（保温层除外）。

● 每个节点至少绘制出一个完整瓦型，并准确绘制出瓦的搭接关系。

● 根据作图结果，先完成第 1 页上的作图选择题作答，再用 2B 铅笔填涂答题卡上对应题目的答案。

注：

● 防水垫层：设置在瓦材或金属板下面，起防水、防潮作用的构造层。

● 瓦材作为一道防水层。

● 本题正置式指不采用倒置式做法。

图例（表 29-2-20）：

配件与材料表

表 29-2-20

名称	图例	名称	图例
平瓦	350	合成高分子防水涂膜（防水层）	
沥青瓦	350	保温层	
木条 1（顺水条）	25 12	细石混凝土（持钉层）	
木条 2（挂瓦条）	25 35	20mm 厚水泥砂浆找平层	
自粘聚合物沥青防水卷材（防水垫层）		钢钉	

作图参考答案（图 29-2-69）：

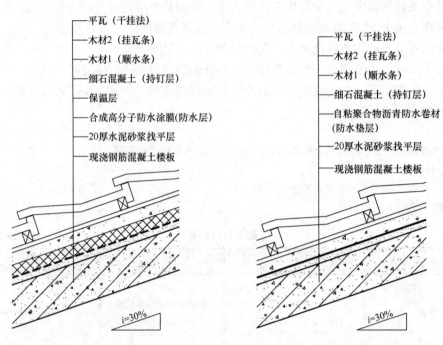

① <u>Ⅰ级防水倒置式平瓦保温屋面</u> 1:10

② <u>Ⅱ级防水平瓦无保温屋面</u> 1:10

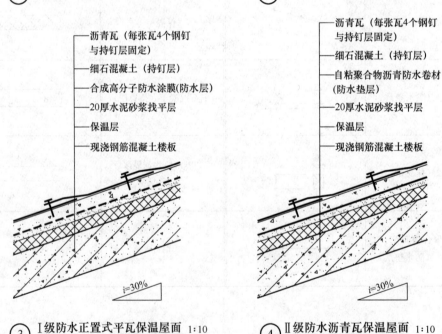

③ <u>Ⅰ级防水正置式平瓦保温屋面</u> 1:10

④ <u>Ⅱ级防水沥青瓦保温屋面</u> 1:10

图 29-2-69 作图参考答案

参考规范与图集：

根据《屋面工程技术规范》GB 50345—2012、《坡屋面工程技术规范》GB 50693—2011、《倒置式屋面工程技术规程》JGJ 230—2010，参考国标图集《坡屋面建筑构造》（一）09J202-1。

《屋面工程技术规范》GB 50345—2012：

3.0.2 屋面的基本构造层次宜符合表 3.0.2 的要求。设计人员可根据建筑物的性质、使用功能、气候条件等因素进行组合。

屋面的基本构造层次 表 3.0.2

屋面类型	基本构造层次（自上而下）
瓦屋面	块瓦、挂瓦条、顺水条、持钉层、防水层或防水垫层、保温层、结构层
	沥青瓦、持钉层、防水层或防水垫层、保温层、结构层

4.8.1 瓦屋面防水等级和防水做法应符合表 4.8.1 的规定。

瓦屋面防水等级和防水做法 表 4.8.1

防水等级	防水做法
I	瓦＋防水层
II	瓦＋防水垫层

注：防水层厚度应符合本规范第 4.5.5 条或第 4.5.6 条 II 级防水的规定。

《坡屋面工程技术规范》GB 50693—2011：

5.2.1 防水垫层在瓦屋面构造层次中的位置应符合下列规定：

2 防水垫层铺设在持钉层和保温隔热层之间（图 5.2.1-2），应在防水垫层上铺设配筋细石混凝土持钉层。

6.2.2 沥青瓦屋面应符合下列规定：

1 沥青瓦屋面为外保温隔热构造时，保温隔热层上应铺设防水垫层，且防水垫层上应做 35mm 厚配筋细石混凝土持钉层。构造层依次宜为沥青瓦、持钉层、防水垫层、保温隔热层、屋面板（图 5.2.1-2）；

2 屋面为内保温隔热构造时，构造层依次宜为沥青瓦、防水垫层、屋面板（图 5.2.1-1）；

3 防水垫层铺设在保温隔热层之下时，构造层应依次为沥青瓦、持钉层、保温隔热层、防水垫层、屋面板，构造做法应按本规范第 5.2.1 条中第 3 款的规定执行(图 5.2.1-3)。

7.2.1 块瓦屋面应符合下列规定：

1 保温隔热层上铺设细石混凝土保护层做持钉层时，防水垫层应铺设在持钉层上，构造层依次为块瓦、挂瓦条、顺水条、防水垫层、持钉层、保温隔热层、屋面板（图 7.2.1-1）。

注：防水垫层位置有不一致的地方，应按新规范执行。

《倒置式屋面工程技术规程》JGJ 230—2010：

2.0.1 倒置式屋面：将保温层设置在防水层之上的屋面。

- **节点① Ⅰ级防水倒置式平瓦保温屋面**

参考国标图集《坡屋面建筑构造》（一）09J202-1 平瓦屋面构造做法 Ka15。

- **节点② Ⅱ级防水平瓦无保温屋面**

参考国标图集《坡屋面建筑构造》（一）09J202-1 平瓦屋面构造做法 Ka17。

- **节点③ Ⅰ级防水正置式沥青瓦保温屋面**

参考国标图集《坡屋面建筑构造》（一）09J202-1 沥青瓦屋面构造做法 L7。

- **节点④ Ⅱ级防水沥青瓦保温屋面构造**

参考国标图集《坡屋面建筑构造》（一）09J202-1 沥青瓦屋面构造做法 L8。

注：图集中 L5、L6 与 L7、L8 的区别是防水垫层的上下层位置是相反的，因为位置相反，L7、L8 在保温层上增加了找平层。本题应依据新规范（2012 年版），同时参考老图集（2009 年版）的做法。

作图选择题参考答案及解析：

（1）木材 1 出现的节点有几个？

[A] 1　　　　　　　　　　　　　[B] 2

[C] 3　　　　　　　　　　　　　[D] 4

【答案】B

【解析】木材 1（顺水条）出现的节点是使用平瓦的，涉及平瓦的有节点①和②，共计 2 个；故应选 B。

（2）节点②中找平层上构造层是：

[A] 挂瓦条　　　　　　　　　　　[B] 防水垫层

[C] 防水层　　　　　　　　　　　[D] 持钉层

【答案】B

【解析】找平层上是防水垫层或防水层，"坡屋面采用沥青瓦、块瓦、波形瓦和一级设防的压型金属板时，应设置防水垫层"，故应选 B。

（3）自粘聚合物沥青防水卷材（防水垫层）出现在哪些节点中？

[A] ①、②、③、④　　　　　　　[B] ①、②

[C] ③、④　　　　　　　　　　　[D] ②、④

【答案】D

【解析】《屋面工程技术规范》GB 50345—2012 表 4.8.1 "二级防水采用瓦＋防水垫层"，故应选 D。

（4）合成高分子防水涂膜（防水层）的最小厚度是：

[A] 1.0mm　　　　　　　　　　　[B] 1.2mm

[C] 1.5mm　　　　　　　　　　　[D] 2.0mm

【答案】C

【解析】《坡屋面工程技术规范》GB 50693—2011 第 4.1.3 条规定：防水等级为一级设防的高分子类防水涂料厚度≥1.5mm；《屋面工程技术规范》GB 50345—2012 表 4.5.6 的要求也是≥1.5mm。故应选 C。

（5）合成高分子防水涂膜（防水层）出现在哪些节点中？

[A] ①、②

[B] ①、②、③、④

[C] ②、③

[D] ①、③

【答案】D

【解析】防水等级为一级的节点是①和③，故应选D。

（6）节点①中从下至上合理的构造顺序是：

[A] 防水层、保温层、持钉层

[B] 保温层、防水层、持钉层

[C] 保温层、防水垫层、防水层

[D] 防水层、保温层、防水垫层

【答案】A

【解析】节点①为倒置式屋面，防水层在保温层下，可以排除B、C；保温层上应该是持钉层，故应选A。

（7）节点③中从下至上合理的构造顺序是：

[A] 保温层、持钉层、防水层、找平层

[B] 保温层、找平层、防水层、持钉层

[C] 防水层、保温层、找平层、防水垫层

[D] 防水层、保温层、防水垫层、持钉层

【答案】B

【解析】节点③为正置式屋面，防水层在保温层上，找平层在保温层与防水层之间，故应选B。

（8）出现细石混凝土（持钉层）的节点有几个？

[A] 1

[B] 2

[C] 3

[D] 4

【答案】D

【解析】4个节点都需挂瓦，只是方式不同，都需要持钉层，故应选D。

（9）需要钢钉固定屋面瓦材的节点是：

[A] ①、②

[B] ①、③

[C] ③、④

[D] ②、④

【答案】C

【解析】《屋面工程技术规范》GB 50345—2012第4.8.15条规定"沥青瓦的固定方式应以钉为主、粘结为辅"，所以需要用钢钉固定屋面瓦材的是节点③和④，故应选C。

（10）节点④最靠近屋面板的构造层是：

[A] 保温层

[B] 防水垫层

[C] 防水层   [D] 持钉层

【答案】A

【解析】节点④为正置式屋面，结构层上是保温层，故应选 A。

注：1. 本题主要考核《屋面工程技术规范》GB 50345—2012 关于防水等级的概念。

4.8.1 瓦屋面防水等级和防水做法应符合表 4.8.1 的规定。

瓦屋面防水等级和防水做法

表 4.8.1

防水等级	防水做法
I	瓦+防水层
II	瓦+防水垫层

2.《坡屋面工程技术规范》GB 50693—2011、《坡屋面建筑构造（一）》09J202-1 对于防水等级为 I 级、II 级的坡屋面采用的都是瓦+防水垫层的做法。

九、2017 年 外墙外保温构造

任务描述：

下图（图 29-2-70）为多层建筑外墙外保温节点，保温材料的燃烧性能为 B_1 级。根据现行规范、国标图集以及任务要求和图例（表 29-2-21），按比例完成各节点的外保温系统构造。

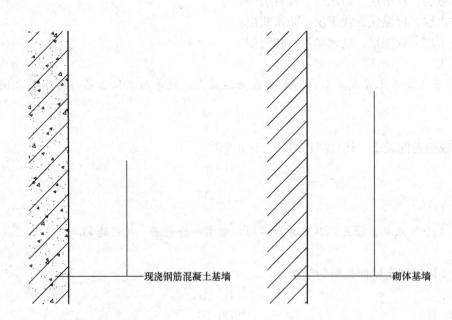

① 涂料饰面EPS板薄抹灰系统 1:10
（用于建筑首层）

② 涂料饰面胶粉EPS颗粒保温浆料系统 1:10

图 29-2-70（一）

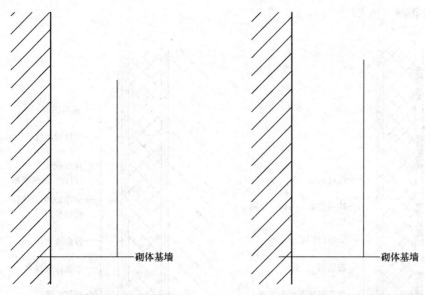

③ 面砖饰面胶粉EPS颗粒保温浆料系统 1:10   ④ 涂料饰面现场喷涂硬泡聚氨酯系统 1:10

图 29-2-70（二）

任务要求：

● 在各节点中绘制外保温系统的构造层，并标注材料的名称。

● 在需要设网格布的节点中标明网格布的层数。

● 保温层厚度按 50mm 绘制。

● 根据作图结果，先完成第 1 页上的作图选择题作答，再用 2B 铅笔填涂答题卡上对应题目的答案。

图例（表 29-2-21）：

配件与材料表　　　　　　　　　　　　　　　　表 29-2-21

名称	图例	名称	图例
水泥砂浆找平层		胶粉 EPS 颗粒保温浆料	
界面砂浆		EPS 板	(B₁级)
聚氨酯界面剂	————	硬泡聚氨酯	
涂料		热镀锌电焊网	〜〜〜
柔性耐水腻子		塑料锚栓	⊥————
胶粘剂	▬ — ▬ —	抹面胶浆	
网格布	– – – –	面砖、面砖粘结剂	▥▥▥

作图参考答案（图 29-2-71）：

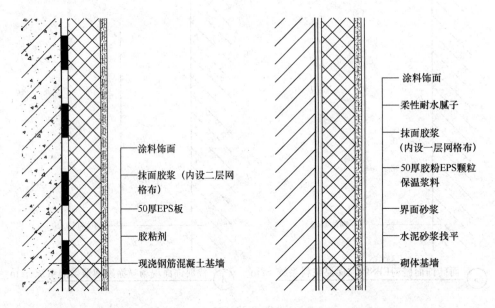

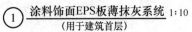

① 涂料饰面EPS板薄抹灰系统 1:10
（用于建筑首层）

② 涂料饰面胶粉EPS颗粒保温浆料系统 1:10

图①标注：
- 涂料饰面
- 抹面胶浆（内设二层网格布）
- 50厚EPS板
- 胶粘剂
- 现浇钢筋混凝土基墙

图②标注：
- 涂料饰面
- 柔性耐水腻子
- 抹面胶浆（内设一层网格布）
- 50厚胶粉EPS颗粒保温浆料
- 界面砂浆
- 水泥砂浆找平
- 砌体基墙

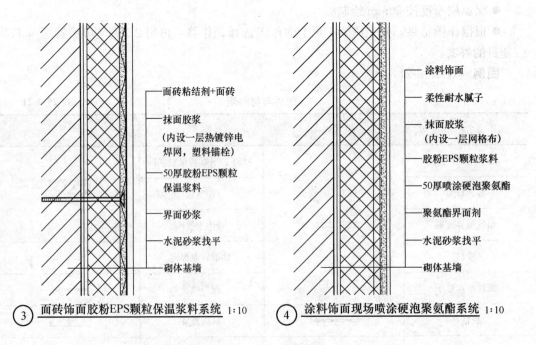

③ 面砖饰面胶粉EPS颗粒保温浆料系统 1:10

④ 涂料饰面现场喷涂硬泡聚氨酯系统 1:10

图③标注：
- 面砖粘结剂+面砖
- 抹面胶浆（内设一层热镀锌电焊网，塑料锚栓）
- 50厚胶粉EPS颗粒保温浆料
- 界面砂浆
- 水泥砂浆找平
- 砌体基墙

图④标注：
- 涂料饰面
- 柔性耐水腻子
- 抹面胶浆（内设一层网格布）
- 胶粉EPS颗粒浆料
- 50厚喷涂硬泡聚氨酯
- 聚氨酯界面剂
- 水泥砂浆找平
- 砌体基墙

图 29-2-71　作图参考答案

参考规范与图集：

根据《外墙外保温工程技术标准》JGJ 144—2019，参考国标图集《外墙外保温建筑构造》10J121、《全国民用建筑工程设计技术措施　建筑产品选用技术（建筑·装修）》（2009 年版）的 5.1 外墙保温部分的表 5.1.0。

《外墙外保温工程技术标准》JGJ 144—2019：

6.1.1 粘贴保温板薄抹灰外保温系统应由粘结层、保温层、抹面层和饰面层构成（图6.1.1）。粘结层材料应为胶粘剂；保温层材料可为 EPS 板、XPS 板和 PUR 板或 PIR 板；抹面层材料应为抹面胶浆，抹面胶浆中满铺玻纤网；饰面层可为涂料或饰面砂浆。

6.2.1 胶粉聚苯颗粒保温浆料外保温系统应由界面层、保温层、抹面层和饰面层构成（图 6.2.1）。界面层材料应为界面砂浆；保温层材料应为胶粉聚苯颗粒保温浆料，经现场拌合均匀后抹在基层墙体上；抹面层材料应为抹面胶浆，抹面胶浆中满铺玻纤网；饰面层可为涂料或饰面砂浆。

6.6.1 现场喷涂硬泡聚氨酯外保温系统应由界面层、现场喷涂硬泡聚氨酯保温层、界面砂浆层、找平层、抹面层和饰面层组成（图 6.6.1）。抹面层中应满铺玻纤网，饰面层可为涂料或饰面砂浆。

● **节点① 涂料饰面 EPS 板薄抹灰系统（用于建筑首层）**

图集《外墙外保温建筑构造》10J121，粘贴保温板外保温基本构造 A1 型；构造层依次为基层墙体、粘结层、保温层、抹面层、饰面层。

● **节点② 涂料饰面胶粉 EPS 颗粒保温浆料系统**

图集《外墙外保温建筑构造》10J121，胶粉 EPS 颗粒保温浆料外保温系统基本构造 B1 型；构造层依次为基层墙体（砌体墙需用水泥砂浆找平）、界面层、保温层、抹面层、饰面层（柔性耐水腻子＋涂料）。

● **节点③ 面砖饰面胶粉 EPS 颗粒保温浆料系统**

图集《外墙外保温建筑构造》10J121，胶粉 EPS 颗粒保温浆料外保温系统基本构造 B2 型；构造层依次为基层墙体（砌体墙需用水泥砂浆找平）、界面层、保温层、抹面层、饰面层（面砖粘结砂浆＋面砖＋勾缝料）。

● **节点④ 涂料饰面现场喷涂硬泡聚氨酯系统**

图集《外墙外保温建筑构造》10J121，现场喷涂硬泡聚氨酯外保温系统基本构造 F型，构造层依次为基层墙体、界面层、保温层、找平层、抹面层、饰面层（柔性耐水腻子＋涂料）。

作图选择题参考答案及解析：

（1）节点①中基墙与 EPS 保温板之间正确的构造材料是：

[A] 胶粘剂　　　　　　　　　　　　[B] 界面砂浆

[C] 水泥砂浆　　　　　　　　　　　[D] 抹面砂浆

【答案】A

【解析】根据《外墙外保温工程技术标准》JGJ 144—2019 第 6.1.1 条，粘结层材料应为胶粘剂；故应选 A。

若依据已被替代的《外墙外保温工程技术规程》JGJ 144—2004 第 6.1.1 条，EPS 板用胶粘剂固定在基层上，薄抹面层中满铺玻纤网；仍应选 A。

（2）节点①中正确的构造材料是：

[A] 不设网格布

[B] 设一层网格布，网格布紧靠 EPS 板

[C] 设一层网格布，网格布位于抹面胶浆内

[D] 设二层网格布，网格布位于抹面胶浆内

【答案】D

【解析】由上题的解析可以排除 A、B 两个选项，关键是勒脚部位设 1 层还是 2 层网格布。节点①是建筑首层，要保证抗裂，选择 2 层保险系数高些；也可以参考《外墙外保温建筑构造》10J121 第 A-1 页，抹面层（加强型增设 1 层耐碱玻纤网格布）；第 A-9 页节点③，首层增设 1 层玻纤网格布。

（3）节点②中基墙与胶粉 EPS 颗粒保温浆料之间正确的构造材料是：

[A] 界面砂浆

[B] 抹面胶浆

[C] 水泥砂浆找平，抹面胶浆

[D] 水泥砂浆找平，界面砂浆

【答案】D

【解析】根据《外墙外保温工程技术标准》JGJ 144—2019 第 6.2.1 条，胶粉聚苯颗粒保温浆料外保温系统应由界面层、保温层、抹面层和饰面层构成。界面层材料应为界面砂浆；因基层是砌体结构，所以需要找平层；故只能选择 D。

若依据已被替代的《外墙外保温工程技术规程》JGJ 144—2004 第 6.2.1 条，胶粉 EPS 颗粒保温浆料外墙外保温系统（以下简称保温浆料系统）应由界面层、胶粉 EPS 颗粒保温浆料保温层、抗裂砂浆薄抹面层和饰面层组成；因基层是砌体结构，所以需要找平层，仍应选 D。

（4）节点②中胶粉 EPS 颗粒保温浆料与涂料饰面之间正确的构造材料是：

[A] 网格布，柔性耐水腻子

[B] 抹面胶浆复合网格布，柔性耐水腻子

[C] 抹面胶浆，柔性耐水腻子复合网格布

[D] 抹面胶浆，柔性耐水腻子

【答案】B

【解析】根据《外墙外保温工程技术标准》JGJ 144—2019 第 6.2.1 条，胶粉聚苯颗粒保温浆料外保温系统应由界面层、保温层、抹面层和饰面层构成。图 29-2-71 中抹面层构造为抹面胶浆复合玻纤网格布。另参见《外墙外保温建筑构造》10J121 第 B-1 页，饰面层为柔性耐水腻子（工程设计有要求时）及涂料，故只能选 B。

若据已被替代的《外墙外保温工程技术规程》JGJ 144—2004 第 6.2.1 条，薄抹面层中应满铺玻纤网；所以玻纤网格布在抹面胶浆层内，故仍应选 B。

（5）节点③抹面胶浆应内设：

[A] 一层网格布

[B] 二层网格布

[C] 一层热镀锌电焊网

[D] 二层热镀锌电焊网

【答案】C

【解析】根据《外墙外保温建筑构造》10J121第B-1页，胶粉EPS颗粒保温浆料外保温系统，当采用涂料饰面时，抹面层中应满铺玻纤网；当采用砖饰面时，抹面层中应满铺热镀锌电焊网，并用锚栓与基层可靠固定，故应选C。

(6) 节点③中紧贴胶粉EPS颗粒保温浆料外侧正确的材料是：

[A] 网格布

[B] 抹面胶浆

[C] 界面砂浆

[D] 柔性耐水腻子

【答案】B

【解析】在保温层外侧是抹面层，根据《外墙外保温工程技术标准》JGJ 144—2019第6.2.1条，胶粉聚苯颗粒保温浆料外保温系统应由界面层、保温层、抹面层和饰面层构成。当采用砖饰面时，抹面（胶浆）层中应满铺热镀锌电焊网，并用锚栓与基层可靠固定，故应选B。

(7) 节点④中基墙与硬泡聚氨酯保温层之间正确的构造材料是：

[A] 界面砂浆

[B] 聚氨酯界面剂

[C] 水泥砂浆找平

[D] 水泥砂浆找平、聚氨酯界面剂

【答案】D

【解析】根据《外墙外保温工程技术标准》JGJ 144—2019第6.6.1条，现场喷涂硬泡聚氨酯外保温系统应由界面层、现场喷涂硬泡聚氨酯保温层……组成。另据《外墙外保温建筑构造》10J121第F-1页，基层是砌体结构时，应用水泥砂浆找平，界面层采用聚氨酯界面剂，故应选D。

注：当采用聚氨酯喷涂工艺时，基层墙体表面的界面层只有在必要时才使用。如基层墙体含水率较高，则使用防潮底漆等界面剂；如基层墙体洁净干燥，则不需要界面层。

(8) 节点④中硬泡聚氨酯保温层外侧正确的找平材料是：

[A] 抹面胶浆

[B] 柔性耐水腻子

[C] 胶粉EPS颗粒保温浆料

[D] 水泥砂浆

【答案】C

【解析】根据《外墙外保温工程技术标准》JGJ 144—2019第6.6.1条……现场喷涂

硬泡聚氨酯保温层、界面砂浆层、找平层……组成。喷涂聚硬泡氨酯表面的界面砂浆层必须是专用的，根据不同技术路线，可以采用界面砂浆或界面剂等专用材料。另据《外墙外保温建筑构造》10J121 第 F-1 页，保温层外是找平层，找平层为 20mm 厚胶粉 EPS 颗粒保温浆料。本题按新标准没有选项，按旧标准应选 C。

(9) 基墙表面必须采用水泥砂浆找平的节点数量是：

[A] 1   [B] 2

[C] 3   [D] 4

【答案】C

【解析】根据基层是砌体结构时应用水泥砂浆找平，基层墙体洁净干燥则不需要界面层的原则，节点②、③、④符合条件，故应选 C。

(10) 需要使用网格布的节点是：

[A] ①、②、③、④   [B] ②、③、④

[C] ①、③、④   [D] ①、②、④

【答案】D

【解析】根据《外墙外保温工程技术标准》JGJ 144—2019 第 6.1.1 条和《外墙外保温建筑构造》10J121，当采用涂料饰面时，抹面层中应满铺玻纤网；当采用砖饰面时，抹面层中应满铺热镀锌电焊网，并用锚栓与基层可靠固定。节点①、②、④为涂料面层，故应选 D。

十、2018 年 隔声构造

任务描述：

图 29-2-72 为某建筑室内隔声构造的 4 个剖面节点，根据现行规范及国标图集的要求，按提供的图例（表 29-2-22）绘制节点构造。

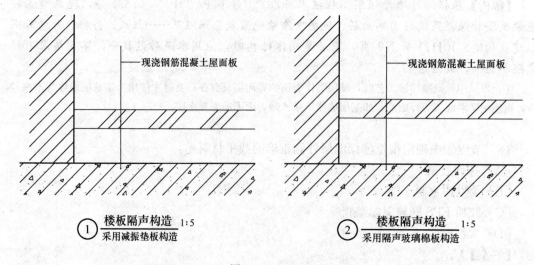

图 29-2-72（一）

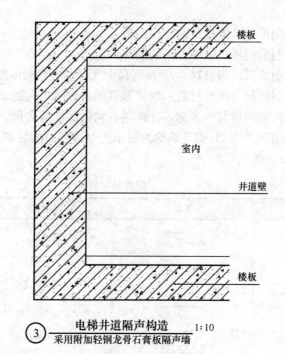

楼板

室内

电梯井道

井道壁

楼板

③ <u>电梯井道隔声构造</u> 1:10
采用附加轻钢龙骨石膏板隔声墙

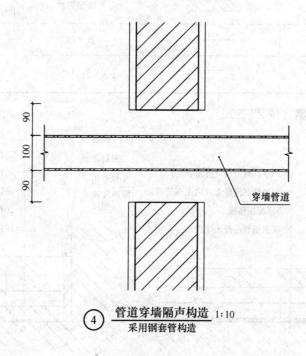

90

100

90

穿墙管道

④ <u>管道穿墙隔声构造</u> 1:10
采用钢套管构造

图 29-2-72（二）

任务要求：

- 节点①绘制采用减振垫板的隔声构造。
- 节点②绘制采用隔声玻璃棉板的隔声构造。
- 节点③绘制采用隔声材料、75系列轻钢龙骨和石膏板的组合隔声构造。
- 节点④绘制隔振（声）材料和镀锌套管的组合隔声构造（不设保温）。
- 注明所选配件与材料的名称，并标注各构造层次的名称。
- 根据作图结果，用2B铅笔填涂答题卡上对应题目的答案。

图例（表29-2-22）：

配件与材料表　　　　　　　　　　　　　　　　　　　**表 29-2-22**

名称	图例	名称	图例
40厚细石混凝土		玻璃棉（毡）	
钢筋网		75系列轻钢龙骨	75 / 50
水泥砂浆		镀锌钢套管长600	
5厚减振垫板			
10、20厚专用隔声玻璃棉板		膨胀螺栓	
高韧性PE膜		自攻螺丝	
12厚纸面石膏板		密封膏	■

作图参考答案（图29-2-73）：

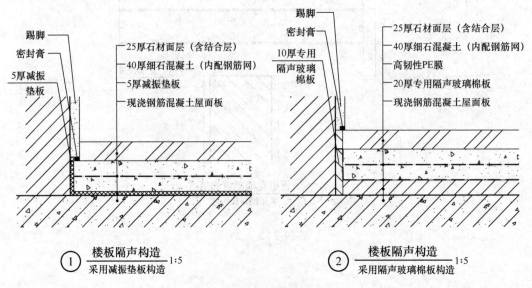

①　楼板隔声构造　1:5
　　采用减振垫板构造

　25厚石材面层（含结合层）
　40厚细石混凝土（内配钢筋网）
　5厚减振垫板
　现浇钢筋混凝土屋面板

踢脚
密封膏
5厚减振垫板

②　楼板隔声构造　1:5
　　采用隔声玻璃棉板构造

　25厚石材面层（含结合层）
　40厚细石混凝土（内配钢筋网）
　高韧性PE膜
　20厚专用隔声玻璃棉板
　现浇钢筋混凝土屋面板

踢脚
密封膏
10厚专用隔声玻璃棉板

图 29-2-73　作图参考答案（一）

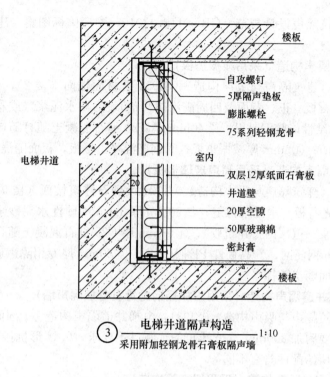

楼板

自攻螺钉
5厚隔声垫板
膨胀螺栓
75系列轻钢龙骨

电梯井道

室内

双层12厚纸面石膏板
井道壁
20厚空隙
50厚玻璃棉
密封膏

楼板

③ **电梯井道隔声构造** ——1:10
采用附加轻钢龙骨石膏板隔声墙

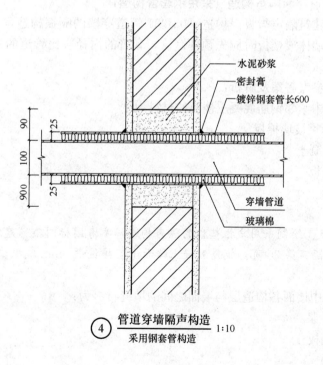

水泥砂浆
密封膏
镀锌钢套管长600

穿墙管道
玻璃棉

④ **管道穿墙隔声构造** ——1:10
采用钢套管构造

图 29-2-73　作图参考答案（二）

参考规范与图集：

根据《民用建筑隔声设计规范》GB 50118—2010，参考国标图集《建筑隔声与吸声构造》08J931。

● **节点① 楼板隔声构造（采用减振垫板）**

根据国标图集《建筑隔声与吸声构造》08J931 石材面楼面（楼2），构造层依次为：①铺 20mm 厚花岗石板（正、背面及四周满涂防污剂），灌稀水泥浆（或彩色水泥浆）擦缝；②5mm 厚高粘结性能胶泥粘贴；③40mm 厚 C20 细石混凝土随打随抹平，配筋（双向 $\phi4$，中距 150mm）；④5mm 厚减振垫板；⑤钢筋混凝土楼板，板面随浇随抹平。

● **节点② 楼板隔声构造（采用隔声玻璃棉板）**

根据国标图集《建筑隔声与吸声构造》08J931 大理石浮筑楼面（楼9），构造层依次为：①20mm 厚磨光石板，水泥浆擦缝；②30mm 厚 1：3 干硬性水泥砂浆结合层，表面撒水泥粉；③水泥浆一道（内掺建筑胶）；④40mm 厚 C25 细石混凝土随打随抹平，配双向 $\phi4$，中距 150mm 钢筋网；⑤高韧性 PE 膜一层；⑥ 20mm 厚专用隔声玻璃棉板；⑦钢筋混凝土楼板，板面随浇随抹平。

● **节点③ 电梯井道隔声构造（采用附加轻钢龙骨石膏板隔声墙）**

国标图集《建筑隔声与吸声构造》08J931，电梯井道隔声构造 1-1 剖面图。需注意的是：①顶板转角处要附加 200mm 宽玻纤布条，题目不要求；②U 形抗振卡背衬 5mm 厚减振垫板，与题目所给配件略有不同。

● **节点④ 管道穿墙隔声构造（采用钢套管构造）**

国标图集《建筑隔声与吸声构造》08J931 管道穿墙的隔振构造，节点①管道穿墙构造 A，管道穿过墙体或楼板时应先预埋套管，套管的内径应比管道的外径至少大 50mm，以便于填缝堵严。

作图选择题参考答案及解析：

（1）节点①中紧邻钢筋混凝土楼面的材料为：

[A] 专用隔声玻璃棉板

[B] 细石混凝土

[C] 减振垫板

[D] 玻璃棉

【答案】C

【解析】节点①绘制采用减振垫板的隔声构造，参考国标图集《建筑隔声与吸声构造》08J931，楼板的隔声第 30 页：钢筋混凝土楼面上直接铺设 5mm 减振垫板；故应选 C。

（2）节点①中楼面各构造层与墙面之间的填缝材料为：

[A] 水泥砂浆

[B] 减振垫板

[C] 密封膏

[D] 玻璃棉

【答案】B

【解析】四周与墙交界处，用同样的减振垫板将上部混凝土垫层及面层与墙体隔开，以保证良好的隔声效果；此竖向垫板高度为混凝土垫层加面层厚度，一般用建筑胶点粘于墙上；故应选 B。

(3) 节点②中高韧性 PE 膜的合理位置为：

[A] 细石混凝土与石材面层间

[B] 细石混凝土与专用隔声玻璃棉板间

[C] 钢筋混凝土楼板面与专用隔声玻璃棉板间

[D] 钢筋混凝土板面与减振垫板间

【答案】B

【解析】隔声玻璃棉板上铺设高韧性 PE 膜的作用是防止上层混凝土层施工时水泥浆渗入隔声玻璃棉板，故应选 B。

(4) 节点③中轻钢龙骨与楼板之间铺设的材料为：

[A] 密封膏

[B] 高韧性 PE 膜

[C] 减振垫板

[D] 隔声玻璃棉板

【答案】C

【解析】节点③轻钢龙骨与楼板之间应铺设 5mm 减振垫板。选项 A、B 的材料不是减振材料；选项 D 是 15mm 的隔声玻璃棉板，龙骨与结构的主体固定有问题；此外，还可参考国标图集《建筑隔声与吸声构造》08J931，楼板的隔声第 39 页。总之需从源头控制噪声的传递，故应选 C。

(5) 节点③中井道壁往右的合理构造顺序为：

[A] 轻钢龙骨、纸面石膏板

[B] 高韧性 PE 膜、轻钢龙骨、玻璃棉、纸面石膏板

[C] 空隙、轻钢龙骨、纸面石膏板

[D] 空隙、轻钢龙骨、玻璃棉、纸面石膏板

【答案】D

【解析】选项 A、B、C 中没有包含隔声材料——玻璃棉，故只能选 D。可参考国标图集《建筑隔声与吸声构造》08J931 第 40 页。

(6) 节点④中管道与镀锌钢套管之间的填充物为：

[A] 隔声玻璃棉板

[B] 玻璃棉

[C] 密封膏

[D] 减振垫板

【答案】B

【解析】管道与镀锌钢套管之间的填充物是玻璃棉，应注意区分玻璃棉与玻璃棉板；

可参考国标图集《建筑隔声与吸声构造》08J931第37页；答案是B。

(7) 节点④中镀锌钢套管的内径最少应为多少毫米：

[A] 120   [B] 130

[C] 140   [D] 150

【答案】D

【解析】可参考国标图集《建筑隔声与吸声构造》08J931第37页的注释，套管的内径要比管道的外径大50mm，节点④中管道外径为100mm，所以套管内径最少应为100＋50＝150mm；故应选D。

(8) 需要玻璃棉的节点为：

[A] ①、②   [B] ①、③

[C] ③、④   [D] ②、④

【答案】C

【解析】玻璃棉主要用于填充缝隙，注意区分玻璃棉与玻璃棉板；所以需要填充玻璃棉的是节点③和④，故应选C。

(9) 需要钢筋网的节点为：

[A] ①、②   [B] ①、③

[C] ③、④   [D] ②、④

【答案】A

【解析】厚度≥35mm的细石混凝土需加抗裂钢筋网，可参考国标图集《建筑隔声与吸声构造》08J931第30页。

(10) 需要减振垫板的节点为：

[A] ①、②   [B] ①、③

[C] ③、④   [D] ②、④

【答案】B

【解析】节点③是空隙用玻璃棉隔声和龙骨减振垫板隔声，节点①为减振垫板隔声；故应选B。

十一、2019年 平屋面构造

任务描述：

下图（图29-2-74）为某屋顶局部平面示意图；根据现行规范，按任务要求和图例（表29-2-23）绘制完成4个平屋面构造节点详图，要求做到经济合理。

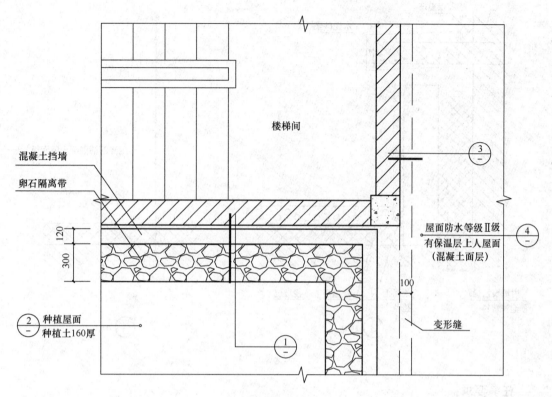

混凝土挡墙

卵石隔离带

120
300

② 种植屋面
  — 种植土160厚

① —

楼梯间

③ —

④ —

屋面防水等级Ⅱ级
有保温层上人屋面
（混凝土面层）

100

变形缝

屋顶局部平面示意图 1:30

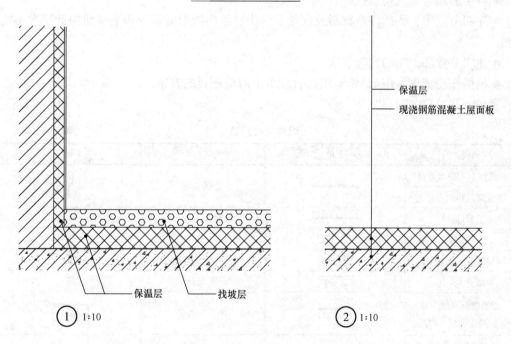

保温层   找坡层

① 1:10

保温层
现浇钢筋混凝土屋面板

② 1:10

图 29-2-74（一）

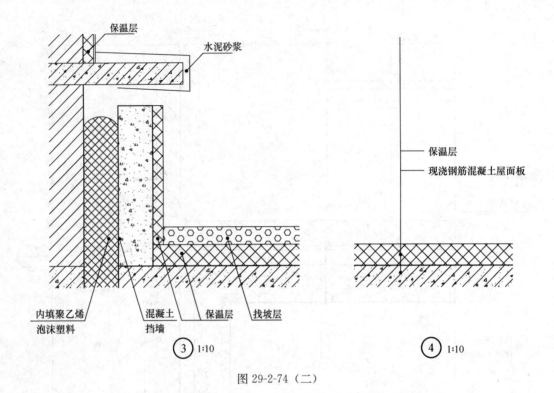

图 29-2-74（二）

任务要求：

● 各屋面均为建筑构造找坡。

● 注明节点①、③的构造材料及配件，图中已给出图形的部分和平屋面构造层次不需注明。

● 注明节点②、④的构造层次。

● 根据作图结果，用 2B 铅笔填涂答题卡上对应题目的答案。

图例（表 29-2-23）：

配件与材料表

表 29-2-23

名称	图例	名称	图例
4 厚改性沥青防水卷材		金属盖板	
耐根穿刺防水卷材			
土工布过滤层		金属压条	
排（蓄）水板 20 厚		水泥钉	
陶粒混凝土找坡层		聚乙烯泡沫塑料棒	
种植土 160 厚		密封膏	
配筋细石混凝土保护层兼面层 40 厚		卵石隔离带	
水泥砂浆隔离层		混凝土挡墙	
水泥砂浆找平层			
水泥砂浆保护层			

作图参考答案（图 29-2-75）：

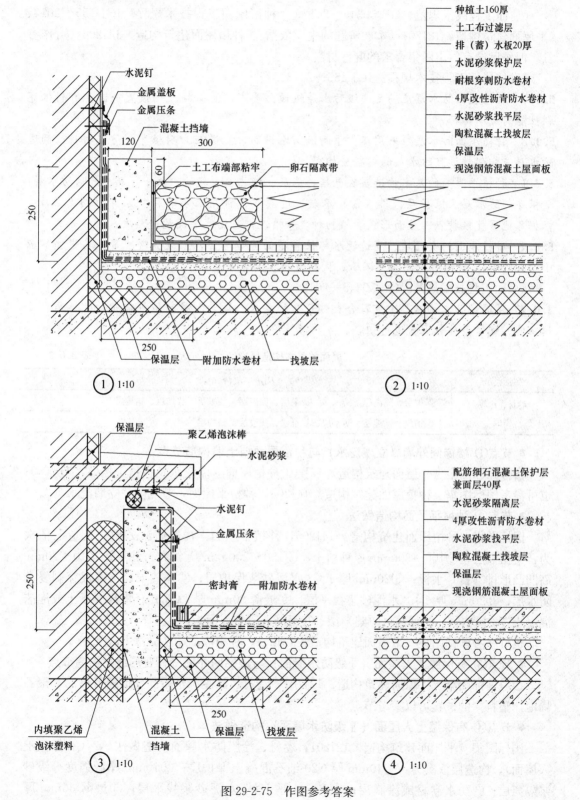

图 29-2-75　作图参考答案

参考规范与图集：

《屋面工程技术规范》GB 50345—2012、《种植屋面工程技术规程》JGJ 155－2013、《平屋面建筑构造》12J201（本题解题的主要依据）、《种植屋面建筑构造》14J206（可作参考，但题目没有给出图集要求的配件材料）。

《种植屋面工程技术规程》JGJ 155—2013：

5.1.7 种植屋面防水层应满足一级防水等级设防要求，且必须至少设置一道具有耐根穿刺性能的防水材料。

5.1.8 种植屋面防水层应采用不少于两道防水设防，上道应为耐根穿刺防水材料；两道防水层应相邻铺设且防水层的材料应相容。

5.2.1 种植平屋面的基本构造层次包括：基层、绝热层、找坡（找平）层、普通防水层、耐根穿刺防水层、保护层、排（蓄）水层、过滤层、种植土层和植被层等（图5.2.1）。根据各地区气候特点、屋面形式、植物种类等情况，可增减屋面构造层次。

5.8.1 种植屋面的女儿墙、周边泛水部位和屋面檐口部位，应设置缓冲带，其宽度不应小于300mm。缓冲带可结合卵石带、园路或排水沟等设置。

《屋面工程技术规范》GB 50345—2012：

3.0.2 屋面的基本构造层次宜符合表3.0.2的要求。设计人员可根据建筑物的性质、使用功能、气候条件等因素进行组合。

屋面的基本构造层次 表3.0.2

屋面类型	基本构造层次（自上而下）
卷材、涂膜屋面	保护层、隔离层、防水层、找平层、保温层、找平层、找坡层、结构层
	保护层、保温层、防水层、找平层、找坡层、结构层

● **节点① 楼梯间外墙（立墙泛水）与种植屋面挡土墙构造节点**

参考国标图集《平屋面建筑构造》12J201种植屋面立墙泛水及种植土挡墙，节点①；也可参考国标图集《种植屋面建筑构造》14J206，种植平屋面，节点①"立墙泛水一"。

● **节点② 种植平屋面构造做法**

国标图集《种植屋面建筑构造》14J206，种植平屋面，构造做法 ZW4，构造层依次为：①植被层；②100～300mm厚种植土；③150～200g/m² 无纺布过滤层；④10～20mm高凹凸形排（蓄）水板；⑤20mm厚1∶3水泥砂浆保护层；⑥隔离层；⑦耐根穿刺复合防水层；⑧20mm厚1∶3水泥砂浆找平层；⑨最薄30mm厚LC5.0轻集料混凝土或泡沫混凝土2‰找坡层；⑩保温（隔热）层；⑪钢筋混凝土屋面板。

也可参考国标图集《平屋面建筑构造》12J201，种植屋面构造做法 D2。

● **节点③ 有保温上人屋面（Ⅱ级防水屋面）与楼梯间外墙（有变形缝）构造节点**

参考国标图集《平屋面建筑构造》12J201，卷材、涂膜防水屋面变形缝节点⑥，聚乙烯泡沫塑料棒的位置可以参考节点⑤。

● **节点④ 有保温上人屋面（Ⅱ级防水屋面）构造做法**

国标图集《平屋面建筑构造》12J201，卷材、涂膜防水屋面构造做法 A2（有保温上人屋面），构造层依次为：①40mm厚C20细石混凝土保护层；②10mm厚低强度等级砂浆隔离层；③防水卷材或涂膜层；④20mm厚1∶3水泥砂浆找平层；⑤最薄30mm厚

LC5.0轻集料混凝土或泡沫混凝土2%找坡层；⑥保温层；⑦钢筋混凝土屋面板。

作图选择题参考答案及解析：

(1) 节点①中，混凝土挡墙和保温层之间防水卷材的总层数是：

[A] 1　　　　　　[B] 2　　　　　　[C] 3　　　　　　[D] 4

【答案】 C

【解析】《种植屋面工程技术规程》JGJ 155—2013 第 5.1.8 条："种植屋面防水层应采用不少于两道防水设防，上道应为耐根穿刺防水材料；两道防水层应相邻铺设且防水层的材料应相容"。转角部位应铺设附加防水层，所以防水卷材的总层数是 2＋1＝3 层，故应选 C。

(2) 节点①中，土工布过滤层铺设位置正确的是：

[A] 种植土和卵石隔离带之间　　　　　[B] 卵石隔离带和混凝土挡墙之间

[C] 墙体防水层和墙体保温层之间　　　[D] 墙体保温层和墙体之间

【答案】 B

【解析】 本题中"土工布"起到过滤和防止土流失的作用；同时，土工布的固定是解题的关键。能固定的地方只有混凝土挡墙了，故应选 B。

土工布的作用如下：

1. **过滤层**宜采用 200～400g/m² 的土工布，过滤层应沿种植土周边向上铺设至种植土高度；

2. 耐根穿刺防水层上应设置**保护层**，采用土工布或聚酯无纺布作保护层时，单位面积质量不应小于 300g/m²；

3. **隔离层**土工布应采用聚酯土工布，单位面积质量不应小于 200g/m²，卷材厚度不应小于 2mm。

可参考国标图集《平屋面建筑构造》12J201、《种植屋面建筑构造》14J206，注意在两本图集中，土工布的铺设位置是不同的。题目中没有给出《种植屋面建筑构造》14J206 所要求用于土工布固定的挡土板，所以只能采用《平屋面建筑构造》12J201 的构造做法。

(3) 节点②中按从下到上的顺序，构造顺序正确的是：

[A] 找平层、找坡层、耐根穿刺防水层、防水层

[B] 找坡层、找平层、耐根穿刺防水层、防水层

[C] 找平层、找坡层、防水层、耐根穿刺防水层

[D] 找坡层、找平层、防水层、耐根穿刺防水层

【答案】 D

【解析】 找平层的作用是在上面铺贴防水层，防水层与耐根穿刺防水层的顺序应该是防水层在下，故应选 D。详见国标图集《平屋面建筑构造》12J201 种植屋面构造做法 D3 页。

(4) 节点③中混凝土面层与墙体泛水的防水层之间应设：

[A] 聚乙烯泡沫塑料棒　　　　　　[B] 密封膏

[C] 砂浆隔离层 [D] 混凝土填缝

【答案】B

【解析】密封膏的作用就是填缝，混凝土面层与墙体泛水的防水层之间的缝隙应采用密封膏封堵，故应选 B。

(5) 节点③变形缝处，混凝土水平盖板下的水平缝隙处应设：

[A] 聚乙烯泡沫塑料棒 [B] 密封膏

[C] 砂浆隔离层 [D] 混凝土填缝

【答案】A

【解析】参见国标图集《平屋面建筑构造》12J201 种植屋面构造做法 D12 页，聚乙烯泡沫塑料棒的作用是将防水卷材在结构的缝隙中压实，嵌固紧密；故应选 A。注意第(4)、(5) 两题都应选用柔性材料嵌缝。

(6) 节点④中按从下到上的顺序，构造顺序正确的是：

[A] 找平层、找坡层、隔离层、防水层 [B] 隔离层、找坡层、找平层、防水层

[C] 找平层、找坡层、防水层、隔离层 [D] 找坡层、找平层、防水层、隔离层

【答案】D

【解析】本题的关键是隔离层的位置，如本章所述："隔离层是消除相邻两种材料之间粘结力、机械咬合力、化学反应等不利影响的构造层"。为防止防水层破坏，应在防水层与保护层之间设隔离层。详见《屋面工程技术规范》GB 50345—2012 表 3.0.2 屋面的基本构造层次。

(7) 设有附加卷材的节点有几个？

[A] 1 [B] 2 [C] 3 [D] 4

【答案】B

【解析】节点①、③为结构转折部位，都需要设附加防水层，故应选 B。

(8) 排（蓄）水板设置的正确位置是：

[A] 种植土和土工布之间 [B] 土工布过滤层和水泥砂浆保护层之间

[C] 水泥砂浆保护层和防水层之间 [D] 防水层和水泥砂浆找平层之间

【答案】B

【解析】参见第 (2) 题，种植土下是过滤层（土工布），排（蓄）水层在过滤层下；故应选 B。

(9) 金属盖板设置在几号节点图中？

[A] ① [B] ② [C] ③ [D] ④

【答案】A

【解析】金属盖板的位置在防水层的收头处；关键是节点①必须设，题目选项都是单项，故应选 A。这也暗示了节点③防水材料仅用金属压条钉上即可。

（10）应用金属压条的部位有几处？

[A] 0　　　　　　　　[B] 1　　　　　　　　[C] 2　　　　　　　　[D] 3

【答案】D

【解析】根据《屋面工程技术规范》GB 50345—2012 第 5.4.11 条，机械固定法铺贴卷材应符合下列规定：卷材防水层周边 800mm 范围内应满粘，卷材收头应采用金属压条钉压固定和密封处理。节点①有 1 处，节点③有 2 处，共计 3 处；故应选 D。

第三节　建　筑　结　构

一、试题分析与解题方法

（一）试题分析

一级注册建筑师考试的"建筑技术设计（作图）"科目，从 2006 年开始"建筑结构"改为第三题（共 4 道题）。选择题共 10 道，总分值为 20 分，分值有所降低（占总分值的 20％）。其绘图量及设计难度适中。

建筑结构作图题考核的内容可以概括为："建筑结构概念设计及结构构件的布置"。结构选型与概念设计在题目的任务描述、任务要求及图纸中已经给出，但仍需要补充、完善结构设计方案，并按合理的结构受力特点布置出符合题意及现行国家标准的结构方案。

历年考试的建筑结构类型有所重叠，但其房屋建筑类型不同，具体的结构设计任务要求不同（详见"2. 历年试题内容简述"）。虽然 2019 年考核了**构筑物**（过街天桥），但通常都是考核房屋建筑结构的"梁、板、柱、墙"等结构构件和"屋盖、楼盖"等结构部件及变形缝（伸缩缝、沉降缝、抗震缝）、后浇带的布置等。

注：房屋建筑以外的其他建筑物有时也称构筑物，是为某种使用目的而建造的、人们一般不直接在其内部进行生产和生活活动的工程实体或附属建筑设施。

1. 考试大纲的要求

建筑技术设计（作图题）：检验应试者在建筑技术方面的实践能力，对试题能做出符合要求的答案，包括：建筑剖面，结构选型与布置等，并符合法规规范。

建筑结构（知识题）：……了解混凝土结构、钢结构、砌体结构、木结构等结构的力学性能、使用范围、主要构造及结构概念设计……了解抗震设计的基本知识，以及各类结构形式在不同抗震烈度下的使用范围；了解一般建筑物、构筑物的构件设计与计算。

2. 历年试题内容简述

1998 年 砌体结构（砖混）幼儿园，要求布置梁、板（预制及现浇）、柱、墙，无抗震要求。

砖混结构：由砖、石、砌块砌体制成竖向承重构件，并与钢筋混凝土或预应力混凝土楼盖、屋盖所组成的房屋建筑结构。

1999 年 砌体结构（砖混）展览馆，要求布置梁、板（预制及现浇）、柱（钢筋混凝土柱、砖壁柱），无抗震要求。

2000 年 砌体结构（砖混）＋轻钢屋盖小型礼堂，要求布置梁（过梁、圈梁）、板（预制及现浇）、柱（钢筋混凝土柱、壁柱）、雨篷、钢结构屋面（钢屋架、支撑、檩条）。

2001 年 钢结构仓储式超市，要求布置斜钢梁、檩条、柱（承重钢排架柱、抗风钢柱、托檩小钢柱）、柱间支撑屋架、屋面水平支撑、屋面垂直支撑，无抗震要求。

2003 年 砌体结构（砖木）希望小学，要求布置梁（木斜梁、混凝土梁）、木屋架、檩条、挑檐木、砖墩、砖墙，无抗震要求。

注：砖木结构是由砖、石、砌块砌体制成竖向承重构件，并与木楼盖、木屋盖所组成的房屋建筑结构。

2004 年 多孔砖砌体结构住宅，要求布置钢筋混凝土圈梁、结构梁、过梁、构造柱、楼板，<u>7 度抗震设防区</u>。

2005 年 钢筋混凝土剪力墙结构住宅，要求布置钢筋混凝土连梁、独立柱、暗柱、暗柱要求设计的剪力墙墙肢、短肢剪力墙、钢筋混凝土墙，还要求标注墙上开洞位置（使刚度中心与质量中心尽可能重合），<u>7 度抗震设防区</u>。

2006 年 钢筋混凝土筒中筒结构高层办公楼，要求布置内外筒之间的梁、外筒梁（裙梁）、内筒连梁、柱、角柱、剪力墙，不考虑抗震要求。

2007 年 单层钢结构物流配送中心，要求布置屋面钢梁、钢托梁（支承其他承重钢梁和屋面钢梁的梁）、抗风柱、柱间支撑、水平支撑（屋盖）、刚性系杆（压杆）、柔性系杆（拉杆），无抗震要求。

2008 年 钢筋混凝土框架-剪力墙结构教学楼，要求布置剪力墙、防震缝、后浇带，<u>8 度抗震设防区</u>。

2009 年 砌体（砖混）结构办公楼加建，要求布置结构梁（隔墙上方的结构梁，不考虑圈梁和门窗过梁）、板（单向、双向）、结构柱、墙（砖墙、轻钢龙骨石膏板隔墙），非地震区。

2010 年 多层住宅平改坡屋面结构（钢筋混凝土平屋面改轻钢结构坡屋面），要求布置斜梁、立柱、水平支撑、垂直支撑、檩条，无抗震要求。

2011 年 钢筋混凝土框架结构独立住宅，要求布置主梁、次梁、悬挑梁、楼梯梁、楼板（标明普通楼板、单向板）、悬挑板、楼梯板、框架柱、不可见柱、楼梯柱，<u>7 度抗震设防区</u>。

2012 年 高层钢筋混凝土框架-剪力墙结构办公楼，要求完成主梁、次梁、井字梁、悬臂梁、边梁、板（结构降板）、剪力墙，示意施工后浇带的位置等的结构布置，题目不允许增加结构柱，<u>8 度抗震设防区</u>。

2013 年 钢筋混凝土框架结构多层办公楼，布置主梁、次梁、悬臂梁、板（结构降板）、结构框架柱，无抗震要求，但要求回答"哪个部位可能出现短柱（短柱不利于抗震）?"

2014 年 现浇钢筋混凝土框架结构小学教学楼，完成二层平面结构的抗震设计内容，要求布置钢筋混凝土水平系梁、框架柱、构造柱、防震缝、后浇带，<u>7 度抗震设防区</u>。

2017 年 在多层办公楼南向增建钢筋混凝土结构的会议中心（三层），布置结构梁（主梁、次梁）、板（结构降板）、结构柱（以数量最少为原则）、变形缝，<u>6 度抗震设防区</u>。

2018 年 现浇钢筋混凝土框架结构四层办公楼局部（楼梯结构布置），要求布置楼梯间的结构主梁、次梁、梯梁、梯柱，绘制楼梯剖面详图（楼板、楼梯踏步段和平台板），无抗震要求。

2019 年 自成结构体系的钢筋混凝土过街天桥（构筑物），布置结构梁（水平梁、悬挑梁、折梁、斜梁）、结构柱（天桥柱、楼梯柱），布置必要的变形缝，无抗震要求。

3. 试卷架构

（1）建筑结构的试卷架构如图 29-3-1 所示，分为选择题和试卷 2 个部分。

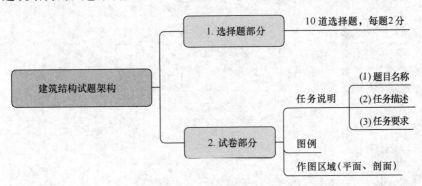

图 29-3-1　建筑结构试题架构

（2）建筑结构试题的选择题部分如图 29-3-2 所示，通常有 10 道小题，每道题分值为 2 分；并按题目要求，将答案填写到答题卡上。建筑结构试题的试卷部分如图 29-3-3 所示，大多数年份要求完成结构平面图。需要注意的是：建筑结构作图每年的任务要求不同，2019 年不需要布置首层平面；而 2018 年不但要布置各层平面，还要完成剖面详图。

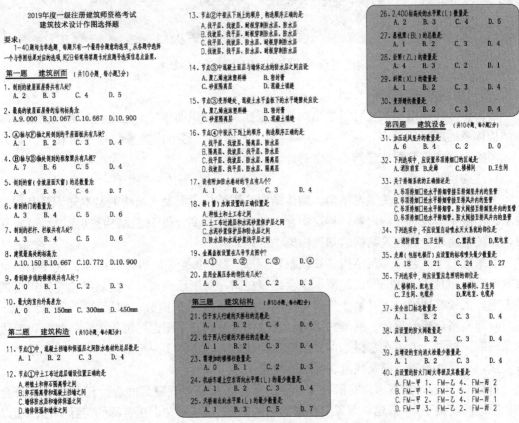

图 29-3-2　建筑结构试题的选择题部分

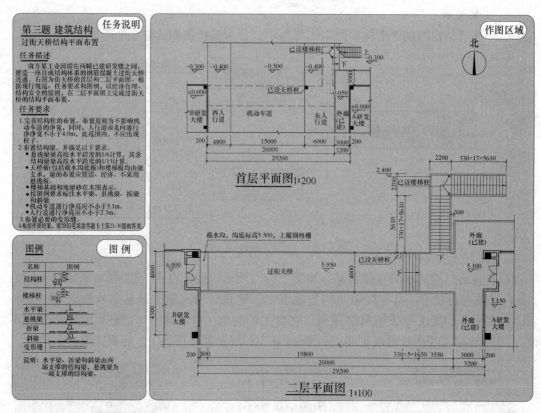

图 29-3-3　建筑结构试题的试卷部分

（二）解题方法与策略

由历年考题的结构类型可以看出此类试题涉及的知识面较广。但近些年考核钢筋混凝土结构体系的题目比较多；而涉及砌体结构、木结构、钢结构的考题则相对较少。近几年，国家大力推广装配式建筑，考生对此也应做必要了解。

1. 复习

考前复习需要重点关注木结构、砌体结构、钢结构、混凝土结构的基本知识及其规范要求，不限于本教材中的内容。建议结合本套教材《第2分册 建筑结构》（知识考试）复习，以便快速建立起建筑结构的知识构架。

如果这门考试与"建筑结构（知识题）"一起报考也是一个明智的选择。这样不但复习效率高，而且通过作图考试的概率也会相应提高。对于已经通过"建筑结构"知识考试的考生，也最好回顾一下《第2分册 建筑结构》相关章节的内容。如果工作不是特别忙，复习时间充裕，建议规范、图集（结构）及结构专业的施工图也尽可能多看一些，边看边加深理解。总之，考生在掌握基本力学原理的基础上，还需要一定量的工作经验积累与工程实践，并且熟悉现行国家规范、标准的规定。

自2018年起，出题方向有所改变。要求考生在充分理解题目的设计任务要求及符合力学原理的前提下，"搭建、布置出合理的结构方案"；这更贴近建筑师的实际工作。而以前的考题偏重考核是否符合规范要求，当然题目中也会明示或暗示规范的规定。总之，考前还要掌握一定的规范内容，但不能死记硬背，应充分理解规范为什么做这样的规定，结构构件所处的部位及适用条件是什么，要解决的实际问题是什么等。

注：其他参考书目：《一级注册建筑师考试建筑技术（作图）应试指南》（曹纬浚主编，"建筑构造部分"由樊振和编写）、《历年真题解析与模拟试卷 建筑技术设计（作图题）》（张艳锋、葛自刚编著）。

2. 练习

考前练习可分为"专项练习"与"全真模拟练习"，这两种练习是考前必须去做的。充分利用平时的碎片时间进行专项练习，如有历年真题，每次练习时间约 1 小时。考前 3 个月至少进行 3 次 6 小时全套考试题的练习。注意记录每道题的解题时间，以便于解决正式考试的时间分配问题。练习后需对照答案判卷评分。

建筑结构题的绘图量不大，做练习时可以只画草图（无需绘制正式墨线图）；从而将重点放在读懂和理解试题要求、分析结构的受力特点、熟悉考试规则等方面；画出符合题意的设计方案，选择出正确的答案。

3. 总结

整理平时的专项练习图纸，装订成册，便于考前复习。对全真模拟练习后的错误要分析原因，找到相应的规范条款，对照答案认真总结。必要时可以请教结构专业工程师。一定要学懂、学会、学通。建议参加考前辅导班或建立考试学习群，这样做不但能解决考生个人的实际问题，更有利于促使大家共同提高。

4. 应试策略

（1）绘图工具

"工欲善其事，必先利其器"，建议考前应事先准备好如下绘图工具：

绘图板（A2），无声及无文本编辑功能的计算器，三角板一套，圆规（建议使用圆模板），丁字尺（一字尺也可），比例尺（至少包含 1：2 和 1：5），建筑模板（依据个人习惯，也可徒手绘制），绘图笔一套（建议 0.3 和 0.5 一次性针管笔各两支笔，一用一备，考试时频繁换笔会影响绘图速度），铅笔（最好使用 0.5 或 0.7 的 2B 自动铅笔），橡皮，订书机，刀片（刮图），胶带纸，空白坐标纸等。**"草图纸"** 是否可以携带各地考试要求是不同的，但一定不得携带涂改液、涂改带等。参加一级注册建筑师"建筑技术设计"科目考试的应试人员还应携带 2B 铅笔（最好使用考试用自动铅笔）。

（2）时间分配

上节在时间分配方面已经有所表述，再次强调，这四道题的时间分配并不是很严格的，每年的考核内容都是变化的，拿到试卷后，先大致看一下有哪些内容，一般情况下按顺序每道题的时间分配是 2.5h（剖面）、1.5h（构造）、1.0h（结构）、1.0h（设备），这与每道题的分值也是对应的。建筑剖面这题的时间尽量控制在 2.5h，对于建筑结构题有两类，平面结构布置、平面＋剖面结构布置，这两类题的绘图量差不多，建议用时 1.0h。

（3）解题步骤

解题分为 5 个基本步骤，如图 29-3-4 所示，通过对题目的理解、分析和判断，根据题目的条件和线索、已知的图例、规范和原理，正确布置结构的构件与部件；尤其不能忽视选择题的内容，这里暗含解题线索。总体来看，建筑结构试题的绘图量不大，建议边画草图边做选择题，用时约为 1 小时。

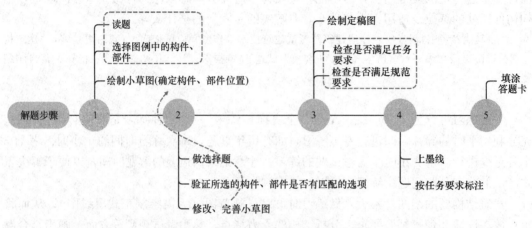

图 29-3-4 建筑结构试题解题步骤示意图

（4）得分条件

分析 2011 年的评分标准（表 29-3-1）所列，由此可以看出，评分标准依据选择题的考核点进行分值分配，每年的题目不同，扣分项是不同的，2011 年的考核重点在结构布置上，图例、数量、位置及材料标注要尽可能正确。

2011 年建筑结构题评分标准   表 29-3-1

题号		说　明
21	悬挑板	复核标注及数量是否正确，未绘出板轮廓线的不扣分
22	梯柱	复核位置、数量及表达图样
23	楼梯板	楼梯平台下至首层的梯板长度不作扣分点；选择正确，休息平台板作梯板表示的不扣分；梯板与平台板同时作梯板图例的不扣分；不按图例表示梯板的扣分
24	不可见柱	核查位置及表达图样
25	楼板布置	核查符合要求的楼板是否按题目要求表达编号及标高，选择正确，但标高只标注在主要楼板上不扣分
26	单向板	复核位置、标注是否符合要求，绘制正确但没标注 "DB" 的不扣分，与 25 题不同时扣分；答对且绘制正确，但在别处标注 "DB" 的扣分
27	悬挑梁	复核位置及标注是否符合要求，选择正确，①、③轴悬挑梁绘制正确，但在别处也标注 "XL" 的不扣分；没标注 "XL" 不扣分
28	梯梁及短柱	选项及绘制正确，但Ⓐ～③～⑤轴的梯梁没按题目要求标注，不扣分
29	变截面梁	复核梁的位置及两侧板标高是否正确，梁布置不完整的扣分，另加结构柱的扣分；将变截面梁标注成 "XL" 的，如在 27 题中已经扣分，则本题不扣分
30	主次梁判定	复核梁的布置是否完整，书房①轴上布置梁扣分

注：1. 楼板按要求标注编号正确即满足题目要求；

　　2. 楼板标高标注了正确数字即满足题目要求。

选择题正确、图示正确及标注正确才能得分，其中包括结构图例的选择，各结构组成部分的受力传递顺序及受力构件连接部分是否安全、可靠，结构缝、后浇带设置的位置是否正确,并符合标准与规范。

【注意】建筑师在日常工作中需依据现行《建筑结构制图标准》GB/T 50105 来绘图。但在考试中,为简化制图,题目图例中会给出简化的线型及构件;再次强调一定要按题目所给的图例、任务要求等完成绘图。

二、建筑结构与结构布置

1. 基本概念

结构是指能承受和传递作用并具有适当刚度的由各连接部件组合而成的整体,俗称承重骨架。**建筑结构**是指组成工业与民用建筑(包括基础在内)的承重体系,为房屋建筑结构的简称。对组成建筑结构的构件、部件,当其含义不致混淆时,亦可统称为结构。

(1)建筑结构单元:在房屋建筑结构中,由伸缩缝、沉降缝或防震缝隔开的区段。

(2)建筑结构的组成:建筑结构一般都是由"水平构件、竖直构件及基础"这 3 类结构构件组成。

(3)结构构件:在物理上可以区分出的部件,如柱、墙、梁、板、基础等。

(4)结构体系:结构中的所有承重构件及其共同工作的方式。

(5)结构选型:包括结构类别(房屋类别)和结构体系的选择。

(6)结构布置:在结构体系确定后,结合设计条件、国家标准或规范、现场施工条件等,进行结构总体布置,使建筑物具有良好的造型和合理的传力路线。

建筑结构的总体布置是指其对高度、平面、立面和体型等的选择。除应考虑到建筑使用功能和美学要求外,在结构上还应满足强度、刚度和稳定性等要求。地震区的建筑,在结构设计时,还应保证建筑物具有良好的抗震性能。考试中通常只要求布置结构构件、部件及变形缝、后浇带等。

2. 建筑结构的类型

(1)按主要建筑材料划分

1)木结构:原木结构、方木结构、胶合木结构。

2)砌体结构:砖砌体结构、砌块砌体结构、石砌体结构、配筋砌体结构。

3)钢结构:冷弯型钢结构、预应力钢结构。

4)混凝土结构:素混凝土结构、钢筋混凝土结构、预应力混凝土结构。

5)混合结构:在高层建筑中,由钢框架(框筒)、型钢混凝土框架(框筒)、钢管混凝土框架(框筒)与钢筋混凝土核心筒组成,并共同承受水平和竖向作用的结构;在多层房屋建筑中,该术语专指一般以砌体为主要承重构件和混凝土楼、屋盖(或木屋架屋盖、钢木屋架屋盖)等共同组成的结构。

注:组合结构是指同一截面或各杆件由两种或两种以上材料制成的结构。

(2)按结构形式划分

1)平板结构体系:一般有常规平板结构(板式结构、梁板式结构)、桁架与屋架结构、刚架与排架结构、空间网格结构(双层或多层网架、直线形立体桁架结构)、高层建筑结构(框架、剪力墙、框架-剪力墙、筒体、悬挂结构)。

2)曲面结构体系:一般有拱结构、空间网格结构(单层、双层或局部双层网壳、曲线形立体桁架结构)、索结构(悬索结构、斜拉结构、张弦结构、索穹顶)、薄壁空间结构

（薄壳、折板、幕结构）等。

注：**膜建筑**是 20 世纪中期发展起来的一种新型建筑形式。膜不是结构，是建筑的围护系统，而真正的结构是那些支承和固定膜的钢结构，膜建筑可分为充气膜建筑和张拉膜建筑。**幕结构**是由双曲面壳结构经转化而形成的结构形式，也称双向折板结构。

（3）按承载方式划分

1）墙承载结构：如砌体结构、砖木结构、剪力墙结构等。

2）柱结构：如框架结构、排架结构、刚架结构等。

3）特殊类型结构：这里指不能归入前两种类型的结构，如拱结构和大跨度空间结构等。

注：建筑结构的承载方式划分，参见：樊振和. 建筑结构体系及选型. 北京：中国建筑工业出版社，2011。

（4）按抗震规范的分类划分（图 29-3-5）

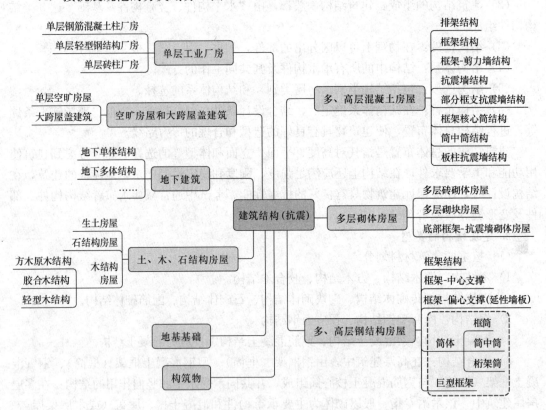

图 29-3-5　按抗震规范的分类示意图

注：图 29-3-5 是依据《建筑抗震设计规范》GB 50011—2010（2016 年版）、《构筑物抗震设计规范》GB 50191—2012、《地下结构抗震设计标准》GB/T 51336—2018 绘制。

3. 结构构件与部件

如前文所述，历年的试题题目中已对建、构筑物的"结构类别、结构体系"做了描述，并给出了图例列表和相关设计条件、任务要求。对于经常考到的结构构件与部件名称，我们还需要进一步理解与掌握，并了解其在不同结构体系中的作用以及布置要求、布置方式。

（1）**梁**：由支座支承的直线或曲线形构件，主要承受各种作用产生的弯矩和剪力，有时也承受扭矩。

1）主梁：将楼盖荷载传递到柱和墙上的梁。

2）次梁：将楼面荷载传递到主梁上的梁。

3）井字梁：由同一平面内相互正交或斜交的梁所组成的结构构件，又称交叉梁或格形梁。

4）过梁：设置在门窗或孔洞顶部，用以传递其上部荷载的梁。

5）托架（托梁）：支承中间屋架的桁架（梁）。

6）简支梁：一端为有轴向约束的铰支座，另一端为能轴向滚动的支座的梁。

7）悬臂梁：一端为不产生位移和转动的固定支座，另一端为自由端的梁。

8）两端固定梁：两端均为不产生位移和转动的固定支座的梁。

9）连续梁：具有三个或三个以上支座的梁。

10）叠合梁：截面由同一材料若干部分重叠而成为整体的梁。

11）圈梁：为加强结构整体性，提高变形能力，在砌体房屋的墙中或基础面上设置的水平约束构件，分为钢筋混凝土圈梁和钢筋砖圈梁。

12）系梁：将结构中的主要构件相互拉结，以增强结构整体性而不必计算的梁式构件，又称拉梁。

13）连梁：结构墙中较大洞口上、下方的墙体。

14）屋面檩条：将屋面板承受的荷载传递到屋面梁、屋架或承重墙上的梁式构件。

15）墙梁：由钢筋混凝土托梁和梁上计算高度范围内的砌体墙组成的组合构件。包括简支墙梁、连续墙梁和框支墙梁（参见《砌体结构设计规范》GB 50003—2011）。

16）挑梁：固定在砌体中的悬挑式钢筋混凝土梁。一般指房屋中的阳台挑梁、雨篷挑梁或外廊挑梁（参见《砌体结构设计规范》GB 50003—2011）。

注：考题中还出现过斜梁、折梁、变截面梁、洞口尺寸＞800mm 时设置的边梁、托墙梁、吊车梁等。

（2）**板**：由支座支承的平面尺寸大而厚度相对较小的平面构件，主要承受各种作用产生的弯矩和剪力。

1）屋面板：直接承受屋面荷载的板。

2）楼板：直接承受楼面荷载的板。

3）两边支承板：两边有支座反力的板。一般仅分析一个方向的内力和变形，也称单向板。

4）四边支承板：四边有支座反力的板。一般要分析两个方向的内力和变形，也称双向板。

注：1. 四边支承的板应按下列规定计算：

① 当长边与短边长度之比不大于 2.0 时，应按双向板计算；

② 当长边与短边长度之比大于 2.0，但小于 3.0 时，宜按双向板计算；

③ 当长边与短边长度之比不小于 3.0 时，宜按沿短边方向受力的单向板计算，并应沿长边方向布置构造钢筋。

2. 采用预制板时，规范有特殊要求。

（3）**柱**：竖向直线构件，主要承受各种作用产生的轴向压力，有时也承受弯矩、剪力或扭矩。

1）等截面柱：沿高度方向水平截面尺寸不变的柱。

2）变截面柱：沿高度方向水平截面尺寸变化的柱。

3）抗风柱：为承受风荷载而在房屋山墙处设置的柱。

4）摇摆柱：上、下端铰接的轴心受压构件。

5）短柱：柱净高与截面高度的比值为 3～4。

6）构造柱：为加强结构整体性，提高变形能力，在房屋中设置的钢筋混凝土竖向约束构件。

（4）**墙**：竖向平面或曲面构件，主要承受各种作用产生的中面内的力，有时也承受中面外的弯矩和剪力。

1）承重墙：直接承受外加作用和自重的墙体。

2）结构墙：主要承受侧向力或地震作用，并保持结构整体稳定的承重墙，又称剪力墙、抗震墙等。

3）非承重墙：主要起围挡或分隔空间作用，不承受自重以外的竖向荷载，结构设计中不作为受力构件考虑的墙体，也称自承重墙。

4）短肢剪力墙：截面厚度不大于 300mm、各肢截面高度与厚度之比的最大值大于 4 但不大于 8 的剪力墙。

5）带壁柱墙：墙长度方向隔一定距离将墙体局部加厚，形成的带垛墙体。

注：1. 短肢抗震墙是指墙肢截面高度与宽度之比为 5～8 的抗震墙，一般抗震墙指墙肢截面高度与宽度之比大于 8 的抗震墙。

2. 剪力墙端部设置的边缘约束构件包括暗柱、端柱、翼墙和转角墙。

3. 规范要求对壁柱间墙或带构造柱墙的高厚比进行验算，是为了保证壁柱间墙和带构造柱墙的局部稳定。

4. 抗震墙两端和洞口两侧应设置边缘构件，边缘构件包括暗柱、端柱和翼墙。

（5）**桁架**：由若干杆件构成的一种平面或空间的格架式结构或构件，各杆件主要承受各种作用产生的轴向力，有时也承受节点弯矩和剪力。

（6）**框架**：由梁和柱连接构成的一种平面或空间、单层或多层的结构。

（7）**排架**：由梁或桁架和柱铰接而成的单层框架。

（8）**刚架**：由梁和柱刚接构成的框架，也称刚构。

（9）**屋盖**：在房屋顶部，用以承受各种屋面作用的屋面板、檩条、屋面梁或屋架及支撑系统组成的部件或以拱、网架、薄壳和悬索等大跨空间构件与支撑边缘构件所组成的部件的总称。分平屋盖、坡屋盖、拱形屋盖等。

（10）**屋盖支撑系统**：保证屋盖整体稳定并传递纵横向水平力而在屋架间设置的各种连系杆件的总称。如横向水平支撑、纵向水平支撑、竖向支撑、系杆等。

（11）**楼盖**：在房屋楼层间，用以承受各种楼面作用的楼板、次梁和主梁等所组成的部件总称。

（12）**抗震支撑**：在工程结构中，用以承担水平地震作用并加强结构整体稳定性的支撑系统，分为竖向支撑和水平支撑。

（13）**柱间支撑**：为保证建筑结构整体稳定、提高侧向刚度并传递纵向水平力，而在相邻两柱之间设置的连系杆件。

（14）**楼梯**：由包括踏步板、栏杆的梯段和平台组成的沟通上下不同楼面的斜向部件，分板式楼梯、梁式楼梯、悬挑楼梯和螺旋楼梯等。

注：楼梯的结构构件包括梯梁、梯板、平台板和梯柱。

4. 结构缝的类型与工程措施

结构设计时，通过设置结构缝将结构分割为若干相对独立的单元。结构缝包括伸缝、缩缝、沉降缝、防震缝、构造缝、防连续倒塌的分割缝等。

不同类型的结构缝是为消除下列不利因素的影响而设置：混凝土收缩、温度变化引起的胀缩变形；基础不均匀沉降；刚度及质量突变；局部应力集中；结构防震；防止连续倒塌等。除永久性的结构缝以外，还应考虑设置施工接槎、后浇带、控制缝等临时性的缝，以消除某些暂时性的不利影响。用于伸缩的变形缝宜少设，可根据不同的工程结构类别、工程地质情况，采用后浇带、加强带、诱导缝等替代措施。

（1）**伸缩缝**：为减轻材料胀缩变形对建筑物的不利影响，而在建筑物中预先设置的间隙。

（2）**沉降缝**：为减轻或消除地基不均匀变形对建筑物的不利影响，而在建筑物中预先设置的间隙。

（3）**防震缝**：为减轻或防止由地震作用引起相邻结构单元之间的碰撞，而预先设置的间隙。

（4）**施工缝**：由于施工技术和施工组织等原因，不能连续将混凝土结构整体浇筑完成，而在混凝土结构中形成的施工间断缝。

（5）**后浇带**：防止混凝土结构由于温度、收缩和地基不均匀沉降而产生裂缝，现浇混凝土结构施工过程中设置的预留施工间断带。

注：设置后浇带可适当增大伸缩缝间距，但不能代替伸缩缝。

（6）**加强带**：工程界使用的一种新的方法，它是在原规定的伸缩缝间距上，留出 1m 左右的距离。浇筑混凝土时，缝间和其他地方同时浇筑，但缝间浇筑掺有膨胀剂的补偿收缩混凝土。采用补偿收缩混凝土时，底板后浇带的最大间距可延长至 60m；超过 60m 时，可用膨胀加强带代替后浇带，加强带宽度宜为 1～2m。

5. 规范与图集列表

建筑结构试题涉及的常用规范、国标图集如表 29-3-2 所示。

规范、国标图集   表 29-3-2

序号	规范、图集名称	编号
1	《混凝土结构设计规范》	GB 50010—2010（2015 年版）
2	《高层建筑混凝土结构技术规程》	JGJ 3—2010
3	《砌体结构设计规范》	GB 50003—2011
4	《木结构设计标准》	GB 50005—2017
5	《钢结构设计标准》	GB 50017—2017
6	《建筑地基基础设计规范》	GB 50007—2011

序号	规范、图集名称	编号
7	《建筑抗震设计规范》	GB 50011—2010(2016 年版)
8	《构筑物抗震设计规范》	GB 50191—2012
9	《地下结构抗震设计标准》	GB/T 51336—2018
10	《混凝土结构施工图平面整体表示方法制图规则和构造详图(现浇混凝土板式楼梯)》	16G101-2
11	《门式刚架轻型房屋钢结构技术规范》图示	15G108-6
12	《单层工业厂房设计示例(一)》	09SG117-1

6. 结构施工图

结构专业施工图纸(钢筋混凝土结构)通常有以下几个部分:图纸目录、结构设计总说明、通用节点图(基础做法示意图、诱导缝节点图、屋面节点图、檐口节点构造图、女儿墙节点构造图等)、各层柱及墙体平面布置图、各层柱及边缘构件配筋图、各层结构模板平面图、各层梁配筋平面图、板配筋平面图、楼梯详图、剪力墙(抗震墙)详图等。

注:结构平面图应包括各层结构平面图及屋面结构平面图,详见《建筑工程设计文件编制深度规定》(2016 年 11 月)。

下面将分 6 个部分列出一些需要了解的规范条文。在学习过程中一定要注意区分规范所适用的条件,部分过细的数值不需要记忆;应注意结合往年的考题及工程实践,充分理解规范的要求。

(一) 混凝土房屋

1. 概述

混凝土结构是以混凝土为主制成的结构,包括素混凝土结构、钢筋混凝土结构和预应力混凝土结构等。混凝土结构的平、立面布置宜规则;各部分的质量和刚度宜均匀、连续;结构传力途径应简捷、明确;竖向构件宜连续贯通、对齐;连接部位的承载力应保证被连接构件之间的传力性能;当混凝土构件与其他材料构件连接时,应采取可靠的措施。

(1) 结构构件的基本规定

《混凝土结构设计规范》GB 50010—2010 (2015 年版) 节选:

9.1.1 混凝土板按下列原则进行计算:

1 两对边支承的板应按单向板计算。

2 四边支承的板应按下列规定计算:

1) 当长边与短边长度之比不大于 2.0 时,应按双向板计算;

2) 当长边与短边长度之比大于 2.0,但小于 3.0 时,宜按双向板计算;

3) 当长边与短边长度之比不小于 3.0 时,宜按沿短边方向受力的单向板计算,并应沿长边方向布置构造钢筋。

9.1.2 现浇混凝土板的尺寸宜符合下列规定:

1 板的跨厚比:钢筋混凝土单向板不大于 30,双向板不大于 40;无梁支承的有柱帽板不大于 35,无梁支承的无柱帽板不大于 30。预应力板可适当增加;当板的荷载、跨度较大时宜适当减小。

2 现浇钢筋混凝土板的厚度不应小于表 9.1.2 规定的数值。

现浇钢筋混凝土板的最小厚度（mm） 表 9.1.2

板 的 类 别		最小厚度
单向板	屋面板	60
	民用建筑楼板	60
	工业建筑楼板	70
	行车道下的楼板	80
双向板		80
密肋楼盖	面板	50
	肋高	250
悬臂板（根部）	悬臂长度不大于 500mm	60
	悬臂长度 1200mm	100
无梁楼板		150
现浇空心楼盖		200

9.4.1 竖向构件截面长边、短边（厚度）比值大于 4 时，宜按墙的要求进行设计。

支撑预制楼（屋面）板的墙，其厚度不宜小于 140mm；对剪力墙结构尚不宜小于层高的 1/25，对框架-剪力墙结构尚不宜小于层高的 1/20。

当采用预制板时，支承墙的厚度应满足墙内竖向钢筋贯通的要求。

《混凝土结构设计规范》GB 50010—2010（2015 年版）中对梁的要求主要是在配筋方面。技术作图考题中还未出现过考核钢筋的锚固、钢筋的连接、纵向受力钢筋的最小配筋率等构造方面的内容。其他有关梁、柱、梁柱节点及牛腿、墙、叠合构件、装配式结构、预埋件及连接件、预应力混凝土结构构件等内容，可参见本套教材第 2 分册的相关章节；因往年的考试中没出现过，故本节不再详述。

有关梁、柱的截面尺寸要求，详见下文所述基本抗震构造措施和高层混凝土结构设计部分。

（2）混凝土保护层

混凝土保护层的作用是防止钢筋的锈腐，其最小厚度与构件所处的环境、设计使用年限、构件的种类、混凝土的强度有关；此外，还应注意"构件中受力钢筋的保护层厚度不应小于钢筋的公称直径"。

（3）现浇板式楼梯

国标图集《混凝土结构施工图平面整体表示方法制图规则和构造详图（现浇混凝土板式楼梯）》16G101-2 的楼梯类型（AT、BT、CT、ET、FT、GT）与是否有抗震构造措施、是否参与结构整体抗震计算、主体结构的类型（剪力墙、砌体、框架、框剪结构），以及各类型梯板的截面形状有关；现以 ATc 型现浇混凝土板式楼梯为例（图 29-3-6）。

注：

1. ATc 型板式楼梯有抗震构造措施，适用于框架结构、框剪结构中框的部分，参与结构整体抗震计算。

2. AT 型梯板全部由踏步构成，梯板的两端分别以（低端和高端）梯梁为支座。

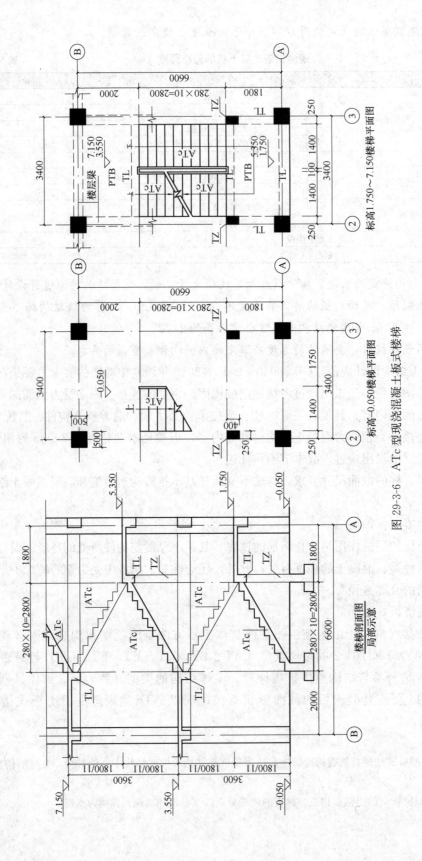

图 29-3-6 ATc 型现浇混凝土板式楼梯

标高 1.750～7.150 楼梯平面图

标高 -0.050 楼梯平面图

楼梯剖面图
局部示意

2. 伸缩缝设置要求

《混凝土结构设计规范》GB 50010—2010（2015 年版）节选：

8.1.1 钢筋混凝土结构伸缩缝的最大间距可按表 8.1.1 确定。

钢筋混凝土结构伸缩缝最大间距（m）　　　　　　　　表 8.1.1

结构类别		室内或土中	露 天
排架结构	装配式	100	70
框架结构	装配式	75	50
	现浇式	55	35
剪力墙结构	装配式	65	40
	现浇式	45	30
挡土墙、地下室墙壁等类结构	装配式	40	30
	现浇式	30	20

8.1.4 当设置伸缩缝时，框架、排架结构的双柱基础可不断开。

3. 高层混凝土结构基本规定

高层建筑是指 10 层及 10 层以上或房屋高度大于 28m 的住宅建筑和房屋高度大于 24m 的其他高层民用建筑。高层建筑混凝土结构可采用框架、剪力墙、框架-剪力墙、板柱-剪力墙和筒体结构等结构体系。

《高层建筑混凝土结构技术规程》JGJ 3—2010 节选：

3.4.1 在高层建筑的一个独立结构单元内，结构平面形状宜简单、规则，质量、刚度和承载力分布宜均匀。不应采用严重不规则的平面布置。

3.4.8 楼板开大洞削弱后，宜采取下列措施：

1 加厚洞口附近楼板，提高楼板的配筋率，采用双层双向配筋；

2 洞口边缘设置边梁、暗梁；

3 在楼板洞口角部集中配置斜向钢筋。

3.4.11 抗震设计时，伸缩缝、沉降缝的宽度均应符合本规程第 3.4.10 条关于防震缝宽度的要求。

3.4.12 高层建筑结构伸缩缝的最大间距宜符合表 3.4.12 的规定。

伸缩缝的最大间距　　　　　　　　表 3.4.12

结构体系	施工方法	最大间距（m）
框架结构	现浇	55
剪力墙结构	现浇	45

注：1. 框架-剪力墙的伸缩缝间距可根据结构的具体布置情况取表中框架结构与剪力墙结构之间的数值；
　　2. 当屋面无保温或隔热措施、混凝土的收缩较大或室内结构因施工外露时间较长时，伸缩缝间距应适当减小；
　　3. 位于气候干燥地区、夏季炎热且暴雨频繁地区的结构，伸缩缝的间距宜适当减小。

3.4.13 当采用有效的构造措施和施工措施减小温度和混凝土收缩对结构的影响时，可适当放宽伸缩缝的间距。这些措施可包括但不限于下列方面：

1 顶层、底层、山墙和纵墙端开间等受温度变化影响较大的部位提高配筋率；

2 顶层加强保温隔热措施，外墙设置外保温层；

3 每30～40m间距留出施工后浇带，带宽800～1000mm，钢筋采用搭接接头，后浇带混凝土宜在45d后浇筑。

【注意】设置后浇带可适当增大伸缩缝间距，但不能代替伸缩缝。施工后浇带的作用在于减小混凝土的收缩应力，并不直接减小使用阶段的温度应力。所以通过后浇带的板、墙钢筋宜断开搭接，以便两部分的混凝土各自自由收缩；梁主筋断开问题较多，可不断开。后浇带应从受力影响小的部位通过（如梁、板1/3跨度处，连梁跨中等部位），不必在同一截面上，可曲折而行，只要将建筑物分开为两段即可。

4. 框架结构设计

6.1.1 框架结构应设计成双向梁柱抗侧力体系。主体结构除个别部位外，不应采用铰接。

6.1.2 抗震设计的框架结构不应采用单跨框架。

6.1.3 框架结构的填充墙及隔墙宜选用轻质墙体。抗震设计时，框架结构如采用砌体填充墙，其布置应符合下列规定：

1 避免形成上、下层刚度变化过大。

2 避免形成短柱。

3 减少因抗侧刚度偏心而造成的结构扭转。

6.1.5 抗震设计时，砌体填充墙及隔墙应具有自身稳定性，并应符合下列规定：

1 墙长大于5m时，墙顶与梁（板）宜有钢筋拉结；墙长大于8m或层高的2倍时，宜设置间距不大于4m的钢筋混凝土构造柱；墙高超过4m时，墙体半高处（或门洞上皮）宜设置与柱连接且沿墙全长贯通的钢筋混凝土水平系梁。

2 楼梯间采用砌体填充墙时，应设置间距不大于层高且不大于4m的钢筋混凝土构造柱，并应采用钢丝网砂浆面层加强。

6.3.1 框架结构的主梁截面高度可按计算跨度的1/10～1/18确定；梁净跨与截面高度之比不宜小于4。梁的截面宽度不宜小于梁截面高度的1/4，也不宜小于200mm。

6.4.1 柱截面尺寸宜符合下列规定：

1 矩形截面柱的边长，非抗震设计时不宜小于250mm，抗震设计时，四级不宜小于300mm，一、二、三级时不宜小于400mm；圆柱直径，非抗震和四级抗震设计时不宜小于350mm，一、二、三级时不宜小于450mm。

2 柱剪跨比宜大于2。

3 柱截面高宽比不宜大于3。

注：柱净高与截面高度的比值为3～4的称为短柱。

5. 剪力墙结构设计

7.1.2 剪力墙不宜过长，较长剪力墙宜设置跨高比较大的连梁将其分成长度较均匀的若干墙段，各墙段的高度与墙段长度之比不宜小于3，墙段长度不宜大于8m。

7.1.3 跨高比小于5的连梁应按本章的有关规定设计，跨高比不小于5的连梁宜按框架梁设计。

7.2.1 剪力墙的截面厚度应符合下列规定：

1 应符合本规程附录D的墙体稳定验算要求。

2 一、二级剪力墙：底部加强部位不应小于200mm，其他部位不应小于160mm，一字形独立剪力墙底部加强部位不应小于220mm，其他部位不应小于180mm。

3 三、四级剪力墙：不应小于160mm，一字形独立剪力墙的底部加强部位尚不应小于180mm。

4 非抗震设计时不应小于160mm。

5 剪力墙井筒中，分隔电梯井或管道井的墙肢截面厚度可适当减小，但不宜小于160mm。

7.2.2 抗震设计时，短肢剪力墙的设计应符合下列规定：

1 短肢剪力墙截面厚度除应符合本规程第7.2.1条的要求外，底部加强部位尚不应小于200mm，其他部位尚不应小于180mm。

注：短肢剪力墙是指截面厚度不大于300mm、各肢截面高度与厚度之比的最大值大于4但不大于8的剪力墙。

6. 框架-剪力墙结构设计

8.1.5 框架-剪力墙结构应设计成双向抗侧力体系；抗震设计时，结构两主轴方向均应布置剪力墙。

8.1.7 框架-剪力墙结构中剪力墙的布置宜符合下列规定：

1 剪力墙宜均匀布置在建筑物的周边附近、楼梯间、电梯间、平面形状变化及恒载较大的部位，剪力墙间距不宜过大；

2 平面形状凹凸较大时，宜在凸出部分的端部附近布置剪力墙；

3 纵、横剪力墙宜组成L形、T形和〔形等形式；

4 单片剪力墙底部承担的水平剪力不应超过结构底部总水平剪力的30%；

5 剪力墙宜贯通建筑物的全高，宜避免刚度突变；剪力墙开洞时，洞口宜上下对齐；

6 楼、电梯间等竖井宜尽量与靠近的抗侧力结构结合布置；

7 抗震设计时，剪力墙的布置宜使结构各主轴方向的侧向刚度接近。

8.1.8 长矩形平面或平面有一部分较长的建筑中，其剪力墙的布置尚宜符合下列规定：

1 横向剪力墙沿长方向的间距宜满足表8.1.8的要求，当这些剪力墙之间的楼盖有较大开洞时，剪力墙的间距应适当减小；

2 纵向剪力墙不宜集中布置在房屋的两尽端。

剪力墙间距（m） 表8.1.8

楼盖形式	非抗震设计（取较小值）	抗震设防烈度		
		6度、7度（取较小值）	8度（取较小值）	9度（取较小值）
现浇	5.0B, 60	4.0B, 50	3.0B, 40	2.0B, 30
装配整体	3.5B, 50	3.0B, 40	2.5B, 30	—

注：1. 表中B为剪力墙之间的楼盖宽度（m）；

2. 装配整体式楼盖的现浇层应符合本规程第3.6.2条的有关规定；

3. 现浇层厚度大于60mm的叠合楼板可作为现浇板考虑；

4. 当房屋端部未布置剪力墙时，第一片剪力墙与房屋端部的距离，不宜大于表中剪力墙间距的1/2。

8.2.2 带边框剪力墙的构造应符合下列规定：

1 带边框剪力墙的截面厚度应符合本规程附录D的墙体稳定计算要求，且应符合下列规定：

1）抗震设计时，一、二级剪力墙的底部加强部位不应小于 200mm；

2）除本款 1）项以外的其他情况下不应小于 160mm。

7. 筒体结构设计

适用于钢筋混凝土框架-核心筒结构和筒中筒结构，其他类型的筒体结构可参照使用。

9.1.5 核心筒或内筒的外墙与外框柱间的中距，非抗震设计大于 15m、抗震设计大于 12m 时，宜采取增设内柱等措施。

9.1.7 筒体结构核心筒或内筒设计应符合下列规定：

1 墙肢宜均匀、对称布置；

2 筒体角部附近不宜开洞，当不可避免时，筒角内壁至洞口的距离不应小于 500mm 和开洞墙截面厚度的较大值；

3 筒体墙应按本规程附录 D 验算墙体稳定，且外墙厚度不应小于 200mm，内墙厚度不应小于 160mm，必要时可设置扶壁柱或扶壁墙。

9.1.10 楼盖主梁不宜搁置在核心筒或内筒的连梁上。

9.2 框架-核心筒结构

9.2.3 框架-核心筒结构的周边柱间必须设置框架梁。

9.3 筒 中 筒 结 构

9.3.5 外框筒应符合下列规定：

1 柱距不宜大于 4m，框筒柱的截面长边应沿筒壁方向布置，必要时可采用 T 形截面；

2 洞口面积不宜大于墙面面积的 60%，洞口高宽比宜与层高和柱距之比值相近；

3 外框筒梁的截面高度可取柱净距的 1/4；

4 角柱截面面积可取中柱的 1～2 倍。

12.2.3 高层建筑地下室不宜设置变形缝。当地下室长度超过伸缩缝最大间距时，可考虑利用混凝土后期强度，降低水泥用量；也可每隔 30～40m 设置贯通顶板、底部及墙板的施工后浇带。后浇带可设置在柱距三等分的中间范围内以及剪力墙附近，其方向宜与梁正交，沿竖向应在结构同跨内；底板及外墙的后浇带宜增设附加防水层。

对于"复杂高层建筑结构与混合结构"的设计不是在短短 1 小时的考试时间内所能完成的，故本书不再列入。

复杂高层建筑结构——包括带转换层的结构、带加强层的结构、错层结构、连体结构，以及竖向体型收进、悬挑结构；各类复杂高层建筑结构均属不规则结构。

混合结构——由外围钢框架或型钢混凝土、钢管混凝土框架与钢筋混凝土核心筒所组成的框架-核心筒结构，以及由外围钢框筒或型钢混凝土、钢管混凝土框筒与钢筋混凝土核心筒所组成的筒中筒结构。

8. 抗震设计

《建筑抗震设计规范》GB 50011—2010（2016 年版）节选：

6.1.4 钢筋混凝土房屋需要设置防震缝时，应符合下列规定：

1 防震缝宽度应分别符合下列要求：

1）框架结构（包括设置少量抗震墙的框架结构）房屋的防震缝宽度，当高度不超过 15m 时不应小于 100mm；高度超过 15m 时，6 度、7 度、8 度和 9 度分别每增加高度 5m、4m、3m 和 2m，宜加宽 20mm；

  2）框架-抗震墙结构房屋的防震缝宽度不应小于本款 1）项规定数值的 70%，抗震墙结构房屋的防震缝宽度不应小于本款 1）项规定数值的 50%；且均不宜小于 100mm；

  3）防震缝两侧结构类型不同时，宜按需要较宽防震缝的结构类型和较低房屋高度确定缝宽。

  2 8、9 度框架结构房屋防震缝两侧结构层高相差较大时，防震缝两侧框架柱的箍筋应沿房屋全高加密，并可根据需要在缝两侧沿房屋全高各设置不少于两道垂直于防震缝的抗撞墙。抗撞墙的布置宜避免加大扭转效应，其长度可不大于 1/2 层高，抗震等级可同框架结构；框架构件的内力应按设置和不设置抗撞墙两种计算模型的不利情况取值。

6.1.6 框架-抗震墙、板柱-抗震墙结构以及框支层中，抗震墙之间无大洞口的楼、屋盖的长宽比，不宜超过表 6.1.6 的规定；超过时，应计入楼盖平面内变形的影响。

抗震墙之间楼屋盖的长宽比   表 6.1.6

楼、屋盖类型		设 防 烈 度			
		6	7	8	9
框架-抗震墙结构	现浇或叠合楼、屋盖	4	4	3	2
	装配整体式楼、屋盖	3	3	2	不宜采用
板柱-抗震墙结构的现浇楼、屋盖		3	3	2	—
框支层的现浇楼、屋盖		2.5	2.5	2	—

6.1.7 采用装配整体式楼、屋盖时，应采取措施保证楼、屋盖的整体性及其与抗震墙的可靠连接。装配整体式楼、屋盖采用配筋现浇面层加强时，其厚度不应小于 50mm。

  注：**抗震墙**是指结构抗侧力体系中的钢筋混凝土剪力墙，不包括只承担重力荷载的混凝土墙。

6.3 框架的基本抗震构造措施

6.3.1 梁的截面尺寸，宜符合下列各项要求：

  1 截面宽度不宜小于 200mm；

  2 截面高宽比不宜大于 4；

  3 净跨与截面高度之比不宜小于 4。

6.4 抗震墙结构的基本抗震构造措施

6.4.1 抗震墙的厚度，一、二级不应小于 160mm 且不宜小于层高或无支长度的 1/20，三、四级不应小于 140mm 且不宜小于层高或无支长度的 1/25；无端柱或翼墙时，一、二级不宜小于层高或无支长度的 1/16，三、四级不宜小于层高或无支长度的 1/20。

  底部加强部位的墙厚，一、二级不应小于 200mm 且不宜小于层高或无支长度的 1/16，三、四级不应小于 160mm 且不宜小于层高或无支长度的 1/20；无端柱或翼墙时，一、二级不宜小于层高或无支长度的 1/12，三、四级不宜小于层高或无支长度的 1/16。

6.5 框架-抗震墙结构的基本抗震构造措施

6.5.1 框架-抗震墙结构的抗震墙厚度和边框设置，应符合下列要求：

  1 抗震墙的厚度不应小于 160mm 且不宜小于层高或无支长度的 1/20，底部加强部位的抗震墙厚度不应小于 200mm 且不宜小于层高或无支长度的 1/16。

2 有端柱时，墙体在楼盖处宜设置暗梁，暗梁的截面高度不宜小于墙厚和 400mm 的较大值；端柱截面宜与同层框架柱相同，并应满足本规范第 6.3 节对框架柱的要求；抗震墙底部加强部位的端柱和紧靠抗震墙洞口的端柱宜按柱箍筋加密区的要求沿全高加密箍筋。

6.6 板柱-抗震墙结构抗震设计要求

6.6.1 板柱-抗震墙结构的抗震墙，其抗震构造措施应符合本节规定，尚应符合本规范第 6.5 节的有关规定；柱（包括抗震墙端柱）和梁的抗震构造措施应符合本规范第 6.3 节的有关规定。

6.6.2 板柱-抗震墙的结构布置，尚应符合下列要求：

1 抗震墙厚度不应小于 180mm，且不宜小于层高或无支长度的 1/20；房屋高度大于 12m 时，墙厚不应小于 200mm。

2 房屋的周边应采用有梁框架，楼、电梯洞口周边宜设置边框梁。

3 8 度时宜采用有托板或柱帽的板柱节点，托板或柱帽根部的厚度（包括板厚）不宜小于柱纵筋直径的 16 倍，托板或柱帽的边长不宜小于 4 倍板厚和柱截面对应边长之和。

4 房屋的地下一层顶板，宜采用梁板结构。

6.7 筒体结构抗震设计要求

6.7.1 框架-核心筒结构应符合下列要求：

1 核心筒与框架之间的楼盖宜采用梁板体系；部分楼层采用平板体系时应有加强措施。

6.7.2 框架-核心筒结构的核心筒、筒中筒结构的内筒，其抗震墙除应符合本规范第 6.4 节的有关规定外，尚应符合下列要求：

1 抗震墙的厚度、竖向和横向分布钢筋应符合本规范第 6.5 节的规定；筒体底部加强部位及相邻上一层，当侧向刚度无突变时不宜改变墙体厚度。

2 框架-核心筒结构一、二级筒体角部的边缘构件宜按下列要求加强：底部加强部位，约束边缘构件范围内宜全部采用箍筋，且约束边缘构件沿墙肢的长度宜取墙肢截面高度的 1/4，底部加强部位以上的全高范围内宜按转角墙的要求设置约束边缘构件。

3 内筒的门洞不宜靠近转角。

6.7.3 楼面大梁不宜支承在内筒连梁上。楼面大梁与内筒或核心筒墙体平面外连接时，应符合本规范第 6.5.3 条的规定。

6.7.4 一、二级核心筒和内筒中跨高比不大于 2 的连梁，当梁截面宽度不小于 400mm 时，可采用交叉暗柱配筋，并应设置普通箍筋；截面宽度小于 400mm 但不小于 200mm 时，除配置普通箍筋外，可另增设斜向交叉构造钢筋。

（二）砌体房屋

1. 概述

（1）砌体结构房屋是指同一房屋结构体系中，采用两种或两种以上不同材料组成的承重结构体系。

（2）砖砌体结构是指由钢筋混凝土楼（屋）盖和砖墙承重的结构体系（亦称砖混结构）。

（3）砌体结构一般是指采用钢筋混凝土楼（屋）盖和用砖或其他块体（如：混凝土砌

块）砌筑的承重墙组成的结构体系。

（4）过去曾有过用木楼（屋）盖与砖墙承重的结构体系，被称为砖木结构，现在已较少采用（2003 年试题曾考到砖木结构）。

2. 砖砌体房屋的墙体布置方案

（1）横墙承重方案

受力特点：楼层的荷载通过板、梁传至横墙；横墙作为主要承重竖向构件，纵墙仅起围护、分隔、自承重及形成整体的作用。

优点：横墙较密，房屋横向刚度较大，整体刚度好；外纵墙不是承重墙，立面处理比较方便，可以开设较大的门窗洞口；抗震性能较好。

缺点：横墙间距较密，房间布置的灵活性差。

适用：宿舍、住宅等居住类建筑。

（2）纵墙承重方案

受力特点：楼层荷载通过板传给梁，再由梁传给纵墙。这时纵墙是主要承重墙；横墙只承受小部分荷载，横墙的设置主要为了满足房屋刚度和整体性的需要，其间距比较大。

优点：房屋的空间可以较大，平面布置比较灵活。

缺点：房屋的刚度较差，纵墙受力集中，纵墙较厚或需加壁柱。

适用：教学楼、实验室、办公楼、医院等。

（3）纵横墙承重方案

根据房间的开间和进深要求，有时需采取纵横墙同时承重的方案。横墙的间距比纵墙承重方案小。所以房屋的横向刚度比纵墙承重方案有所提高。

（4）内框架承重方案

砌体结构房屋抗震设计的适用范围，随国家经济的发展而不断改变。1989 年版《建筑抗震设计规范》删去了"底部内框架砖房"的结构形式；2001 年版规范删去了"混凝土中型砌块"和"粉煤灰中型砌块"的规定，并将"内框架砖房"限制于多排柱内框架；2010 年版规范，考虑到"内框架砖房"已很少使用且抗震性能较差，取消了相关内容。

（5）预制、现浇混凝土板

由于预制混凝土楼、屋盖普遍存在裂缝，许多地区采用了现浇混凝土楼板。早期的考题会在题目中明确预制板的长、宽尺寸和局部采用现浇板（悬挑板，异形楼板等）的设置条件，考生只需要按题目要求布置即可。

3. 构造要求

《砌体结构设计规范》GB 50003—2011 节选：

6.1.1 墙、柱的高厚比应按下式验算：

$$\beta = H_0/h \leqslant \mu_1\mu_2[\beta]$$

式中 H_0——墙、柱的计算高度；

      h——墙厚或矩形柱与 H_0 相对应的边长；

      μ_1——自承重墙允许高厚比的修正系数；

      μ_2——有门窗洞口墙允许高厚比的修正系数：

      $[\beta]$——墙、柱的允许高厚比，应按表 6.1.1 采用。

注：配筋砌块砌体结构墙的 $[\beta]$ 值为 30，柱的 $[\beta]$ 值为 21；无筋砌体的值略小。带壁柱墙和带构造柱墙的高厚比验算，应按第 6.1.2 条的规定进行。

6.2.1 预制钢筋混凝土板在混凝土圈梁上的支承长度不应小于 80mm，板端伸出的钢筋应与圈梁可靠连接，且同时浇筑；预制钢筋混凝土板在墙上的支承长度不应小于 100mm，并应按下列方法进行连接：

    1 板支承于内墙时，板端钢筋伸出长度不应小于 70mm，且与支座处沿墙配置的纵筋绑扎，用强度等级不应低于 C25 的混凝土浇筑成板带；

    2 板支承于外墙时，板端钢筋伸出长度不应小于 100mm，且与支座处沿墙配置的纵筋绑扎，并用强度等级不应低于 C25 的混凝土浇筑成板带；

    3 预制钢筋混凝土板与现浇板对接时，预制板端钢筋应伸入现浇板中进行连接后，再浇筑现浇板。

6.2.5 承重的独立砖柱截面尺寸不应小于 240mm×370mm。毛石墙的厚度不宜小于 350mm，毛料石柱较小边长不宜小于 400mm。

    注：当有振动荷载时，墙、柱不宜采用毛石砌体。

6.2.6 支承在墙、柱上的吊车梁、屋架及跨度大于或等于下列数值的预制梁的端部，应采用锚固件与墙、柱上的垫块锚固：

    1 对砖砌体为 9m；

    2 对砌块和料石砌体为 7.2m。

6.2.7 跨度大于 6m 的屋架和跨度大于下列数值的梁，应在支承处砌体上设置混凝土或钢筋混凝土垫块；当墙中设有圈梁时，垫块与圈梁宜浇成整体。

    1 对砖砌体为 4.8m；

    2 对砌块和料石砌体为 4.2m；

    3 对毛石砌体为 3.9m。

6.2.8 当梁跨度大于或等于下列数值时，其支承处宜加设壁柱，或采取其他加强措施：

    1 对 240mm 厚的砖墙为 6m；对 180mm 厚的砖墙为 4.8m；

    2 对砌块、料石墙为 4.8m。

6.2.9 山墙处的壁柱或构造柱宜砌至山墙顶部，且屋面构件应与山墙可靠拉结。

    注：1. 2001 年考过壁柱、锚固件、混凝土或钢筋混凝土垫块没有考过。

    2. 当圈梁被门窗洞口截断时，应在洞口上部增设相同截面的附加圈梁。附加圈梁与圈梁的搭接长度不应小于其中到中垂直间距的 2 倍，且不得小于 1m；其他圈梁、过梁、墙梁及挑梁的构造要求详见规范第 7 章。

    4. 伸缩缝设置要求

6.5.1 在正常使用条件下，应在墙体中设置伸缩缝。伸缩缝应设在因温度和收缩变形引起应力集中、砌体产生裂缝可能性最大处。伸缩缝的间距可按表 6.5.1 采用。

砌体房屋伸缩缝的最大间距（m） 表 6.5.1

屋盖或楼盖类别		间距
整体式或装配整体式钢筋混凝土结构	有保温层或隔热层的屋盖、楼盖	50
	无保温层或隔热层的屋盖	40

屋盖或楼盖类别		间距
装配式无檩体系 钢筋混凝土结构	有保温层或隔热层的屋盖、楼盖	60
	无保温层或隔热层的屋盖	50
装配式有檩体系 钢筋混凝土结构	有保温层或隔热层的屋盖	75
	无保温层或隔热层的屋盖	60
瓦材屋盖、木屋盖或楼盖、轻钢屋盖		100

注：1. 对烧结普通砖、烧结多孔砖、配筋砌块砌体房屋，取表中数值；对石砌体、蒸压灰砂普通砖、蒸压粉煤灰普通砖、混凝土砌块、混凝土普通砖和混凝土多孔砖房屋，取表中数值乘以 0.8 的系数；当墙体有可靠外保温措施时，其间距可取表中数值；

2. 在钢筋混凝土屋面上挂瓦的屋盖应按钢筋混凝土屋盖采用；

3. 层高大于 5m 的烧结普通砖、烧结多孔砖，配筋砌块砌体结构单层房屋，其伸缩缝间距可按表中数值乘以 1.3；

4. 温差较大且变化频繁地区和严寒地区不采暖的房屋及构筑物墙体的伸缩缝的最大间距，应按表中数值予以适当减小；

5. 墙体的伸缩缝应与结构的其他变形缝相重合，缝宽度应满足各种变形缝的变形要求；在进行立面处理时，必须保证缝隙的变形作用。

5. 抗震设计

《建筑抗震设计规范》GB 50011—2010（2016 年版）节选：

7.1.5 房屋抗震横墙的间距，不应超过表 7.1.5 的要求：

房屋抗震横墙的间距（m）　　　　表 7.1.5

房屋类别		烈　度			
		6	7	8	9
多层砌体房屋	现浇或装配整体式钢筋混凝土楼、屋盖	15	15	11	7
	装配式钢筋混凝土楼、屋盖	11	11	9	4
	木屋盖	9	9	4	—
底部框架-抗震墙砌体房屋	上部各层	同多层砌体房屋			—
	底层或底部两层	18	15	11	—

注：1. 多层砌体房屋的顶层，除木屋盖外的最大横墙间距应允许适当放宽，但应采取相应加强措施；

2. 多孔砖抗震横墙厚度为 190mm 时，最大横墙间距应比表中数值减少 3m。

7.1.7 多层砌体房屋的建筑布置和结构体系，应符合下列要求：

1 应优先采用横墙承重或纵横墙共同承重的结构体系。不应采用砌体墙和混凝土墙混合承重的结构体系。

2 纵横向砌体抗震墙的布置应符合下列要求：

1）宜均匀对称，沿平面内宜对齐，沿竖向应上下连续；且纵横向墙体的数量不宜相差过大；

2）平面轮廓凹凸尺寸，不应超过典型尺寸的 50%；当超过典型尺寸的 25% 时，房屋转角处应采取加强措施；

3）楼板局部大洞口的尺寸不宜超过楼板宽度的 30%，且不应在墙体两侧同时开洞；

4）房屋错层的楼板高差超过 500mm 时，应按两层计算；错层部位的墙体应采取加强措施；

    5）同一轴线上的窗间墙宽度宜均匀；在满足本规范第7.1.6条要求的前提下，墙面洞口的立面面积，6、7度时不宜大于墙面总面积的55％，8、9度时不宜大于50％；

    6）在房屋宽度方向的中部应设置内纵墙，其累计长度不宜小于房屋总长度的60％（高宽比大于4的墙段不计入）。

  3 房屋有下列情况之一时宜设置防震缝，缝两侧均应设置墙体，缝宽应根据烈度和房屋高度确定，可采用70～100mm：

    1）房屋立面高差在6m以上；

    2）房屋有错层，且楼板高差大于层高的1/4；

    3）各部分结构刚度、质量截然不同。

  4 楼梯间不宜设置在房屋的尽端或转角处。

  5 不应在房屋转角处设置转角窗。

  6 横墙较少、跨度较大的房屋，宜采用现浇钢筋混凝土楼、屋盖。

7.3　多层砖砌体房屋抗震构造措施

7.3.1 各类多层砖砌体房屋，应按下列要求设置现浇钢筋混凝土构造柱（以下简称构造柱）：

  1 构造柱设置部位，一般情况下应符合表7.3.1的要求。

  2 外廊式和单面走廊式的多层房屋，应根据房屋增加一层的层数，按表7.3.1的要求设置构造柱，且单面走廊两侧的纵墙均应按外墙处理。

  3 横墙较少的房屋，应根据房屋增加一层的层数，按表7.3.1的要求设置构造柱。当横墙较少的房屋为外廊式或单面走廊式时，应按本条2款要求设置构造柱；但6度不超过四层、7度不超过三层和8度不超过二层时，应按增加二层的层数对待。

  4 各层横墙很少的房屋，应按增加二层的层数设置构造柱。

  5 采用蒸压灰砂砖和蒸压粉煤灰砖的砌体房屋，当砌体的抗剪强度仅达到普通黏土砖砌体的70％时，应根据增加一层的层数按本条1～4款要求设置构造柱；但6度不超过四层、7度不超过三层和8度不超过二层时，应按增加二层的层数对待。

多层砖砌体房屋构造柱设置要求　　　　　　　　　　　　　表7.3.1

房屋层数				设　置　部　位	
6度	7度	8度	9度		
四、五	三、四	二、三		楼、电梯间四角，楼梯斜梯段上下端对应的墙体处； 外墙四角和对应转角； 错层部位横墙与外纵墙交接处； 大房间内外墙交接处； 较大洞口两侧	隔12m或单元横墙与外纵墙交接处； 楼梯间对应的另一侧内横墙与外纵墙交接处
六	五	四	二		隔开间横墙（轴线）与外墙交接处； 山墙与内纵墙交接处
七	≥六	≥五	≥三		内墙（轴线）与外墙交接处； 内墙的局部较小墙垛处； 内纵墙与横墙（轴线）交接处

注：较大洞口，内墙指不小于2.1m的洞口；外墙在内外墙交接处已设置构造柱时应允许适当放宽，但洞侧墙体应加强。

7.3.2 多层砖砌体房屋的构造柱应符合下列构造要求：

1 构造柱最小截面可采用 180mm×240mm（墙厚 190mm 时为 180mm×190mm）房屋。

2 构造柱与圈梁连接处，构造柱的纵筋应在圈梁纵筋内侧穿过，保证构造柱纵筋上下贯通。

3 构造柱可不单独设置基础，但应伸入室外地面下 500mm，或与埋深小于 500mm 的基础圈梁相连。

4 房屋高度和层数接近本规范表 7.1.2 的限值时，纵、横墙内构造柱间距尚应符合下列要求：

1）横墙内的构造柱间距不宜大于层高的二倍；下部 1/3 楼层的构造柱间距适当减小；
2）当外纵墙开间大于 3.9m 时，应另设加强措施。内纵墙的构造柱间距不宜大于 4.2m。

7.3.3 多层砖砌体房屋的现浇钢筋混凝土圈梁设置应符合下列要求：

1 装配式钢筋混凝土楼、屋盖或木屋盖的砖房，应按表 7.3.3 的要求设置圈梁；纵墙承重时，抗震横墙上的圈梁间距应比表内要求适当加密。

2 现浇或装配整体式钢筋混凝土楼、屋盖与墙体有可靠连接的房屋，应允许不另设圈梁，但楼板沿抗震墙体周边均应加强配筋并应与相应的构造柱钢筋可靠连接。

多层砖砌体房屋现浇钢筋混凝土圈梁设置要求　　　　表 7.3.3

墙　类	烈　度		
	6、7	8	9
外墙和内纵墙	屋盖处及每层楼盖处	屋盖处及每层楼盖处	屋盖处及每层楼盖处
内横墙	同上； 屋盖处间距不应大于 4.5m； 楼盖处间距不应大于 7.2m； 构造柱对应部位	同上； 各层所有横墙，且间距 不应大于 4.5m； 构造柱对应部位	同上； 各层所有横墙

注：多层砌块房屋抗震构造措施（略）。

（三）木结构房屋

1. 概述

木结构主要有方木原木结构、胶合木结构、轻型木结构三种。《木结构设计标准》GB 50005—2017 增加了正交胶合木结构；这种结构在国际上已有一定的使用经验，而且可以建造多层木结构建筑，是目前国际上木结构建筑技术先进国家广泛采用的建筑结构形式之一。新标准适用于建筑工程中方木原木结构、胶合木结构和轻型木结构的设计。

这种类型的题目只在 2003 年考过；采用木屋盖的砖墙承重结构（砌体结构），考核的重点在于木屋盖的布置。

2. 基本术语

《木结构设计标准》GB 50005—2017 节选：

2.1.1 木结构

采用以木材为主制作的构件承重的结构。

2.1.2 原木

伐倒的树干经打枝和造材加工而成的木段。

2.1.4 方木

直角锯切且宽厚比小于3的锯材。又称方材。

2.1.14 正交层板胶合木

以厚度为15~45mm的层板相互叠层正交组坯后胶合而成的木制品。也称正交胶合木。

2.1.26 轻型木结构

用规格材、木基结构板或石膏板制作的木构架墙体、楼板和屋盖系统构成的建筑结构。

2.1.27 胶合木结构

承重构件主要采用胶合木制作的建筑结构。也称层板胶合木结构。

2.1.32 正交胶合木结构

墙体、楼面板和屋面板等承重构件采用正交胶合木制作的建筑结构。其结构形式主要为箱形结构或板式结构。

3. 结构构件的基本规定

7.2 梁 和 柱

7.2.1 当木梁的两端由墙或梁支承时，应按两端简支的受弯构件计算，柱应按两端铰接计算。

7.2.2 矩形木柱截面尺寸不宜小于 100mm×100mm，且不应小于柱支承的构件截面宽度。

7.4 楼盖及屋盖

7.4.1 木屋面木基层宜由挂瓦条、屋面板、椽条、檩条等构件组成。设计时应根据所用屋面防水材料、房屋使用要求和当地气象条件，选用不同的木基层的组成形式。

7.5 桁 架

7.5.1 采用方木原木制作木桁架时，选型可根据具体条件确定，并宜采用静定的结构体系。当桁架跨度较大或使用湿材时，应采用钢木桁架；对跨度较大的三角形原木桁架，宜采用不等节间的桁架形式。

7.5.2 当木桁架采用木檩条时，桁架间距不宜大于4m；当采用钢木檩条或胶合木檩条时，桁架间距不宜大于6m。

7.5.3 桁架中央高度与跨度之比不应小于表7.5.3规定的最小高跨比。

桁架最小高跨比 表 7.5.3

序 号	桁 架 类 型	h/l
1	三角形木桁架	1/5
2	三角形钢木桁架；平行弦木桁架；弧形、多边形和梯形木桁架	1/6
3	弧形、多边形和梯形钢木桁架	1/7

注：h为桁架中央高度；l为桁架跨度。

7.7 支 撑

7.7.1 在施工和使用期间，应设置保证结构空间稳定的支撑，并应设置防止桁架侧倾、保证受压弦杆侧向稳定和能够传递纵向水平力的支撑构件，以及应采取保证支撑系统正常工作的锚固措施。

7.7.2 上弦横向支撑的设置应符合下列规定：

1 当采用上弦横向支撑，房屋端部为山墙时，应在端部第二开间内设置上弦横向支撑（图7.7.2）；

2 当房屋端部为轻型挡风板时，应在端开间内设置上弦横向支撑；

3 当房屋纵向很长时，对于冷摊瓦屋面或跨度大的房屋，上弦横向支撑应沿纵向每20～30m设置一道；

4 上弦横向支撑的斜杆当采用圆钢，应设有调整松紧的装置。

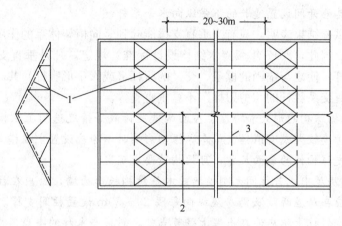

图7.7.2 上弦横向支撑
1—上弦横向支撑；2—参加支撑工作的檩条；3—屋架关于支撑的作用

支撑是保证平面结构空间稳定的一项措施，各种支撑的作用和效果因支撑的形式、构造和外力特点而异。根据试验实测和工程实践经验表明：

（1）垂直支撑能有效防止屋架侧倾，并有助于保持屋盖的整体性；因而也有助于保证屋盖刚度可靠地发挥作用，而不致遭到不应有的削弱。

注：垂直支撑系指在两榀屋架的上、下弦间设置交叉腹杆（或人字形腹杆），并在下弦平面设置纵向水平杆，用螺栓连接，与上部锚固的檩条构成一个稳定的桁架体系。

（2）上弦横向支撑在参与支撑工作的檩条与屋架有可靠锚固的条件下，能起到空间桁架的作用。

（3）下弦横向支撑对承受下弦平面的纵向水平力比较直接有效。

综上所述，说明任何一种支撑系统都不是保证屋盖空间稳定的唯一措施，但在"各得其所"的条件下，又都是重要而有效的措施。因此，在工程实践中，应从房屋的具体构造情况出发，考虑各种支撑的受力特点，合理地加以选用。而在复杂的情况下，还应把不同支撑系统配合起来使用，使之共同发挥各自应有的作用。

7.7.3 下列部位均应设置垂直支撑：

1 梯形屋架的支座竖杆处；

2 下弦低于支座的下沉式屋架的折点处；

3 设有悬挂吊车的吊轨处；

4 杆系拱、框架结构的受压部位处；

5 大跨度梁的支座处。

7.7.4 垂直支撑的设置应符合下列规定：

1 应根据屋架跨度尺寸的大小，沿跨度方向设置一道或两道；

2 除设有吊车的结构外，可仅在无山墙的房屋两端第一开间，或有山墙的房屋两端第二开间内设置，但均应在其他开间设置通长的水平系杆；

3 设有吊车的结构应沿房屋纵向间隔设置，并在垂直支撑的下端设置通长的屋架下弦纵向水平系杆；

4 对上弦设置横向支撑的屋盖，当加设垂直支撑时，可仅在有上弦横向支撑的开间中设置，但应在其他开间设置通长的下弦纵向水平系杆。

工程实测与试验结果表明，只有当垂直支撑能起到竖向桁架体系的作用时，才能得到应有的传力效果。因此，2017 年版《木结构设计标准》规定，凡是垂直支撑均应加设通长的纵向水平系杆，使之与锚固的檩条、交叉的腹杆（或人字形腹杆）共同构成一个不变的桁架体系。仅有交叉腹杆的"剪刀撑"不算垂直支撑。

7.7.5 屋盖应根据结构的形式和跨度、屋面构造及荷载等情况选用上弦横向支撑或垂直支撑。但当房屋跨度较大或有锻锤、吊车等振动影响时，除应设置上弦横向支撑外，尚应设置垂直支撑。支撑构件的截面尺寸，可按构造要求确定。

7.7.6 木柱承重房屋中，若柱间无刚性墙或木基结构板剪力墙，除应在柱顶设置通长的水平系杆外，尚应在房屋两端及沿房屋纵向每隔 20～30m 设置柱间支撑。木柱和桁架之间应设抗风斜撑，斜撑上端应连在桁架上弦节点处，斜撑与木柱的夹角不应小于 30°。

7.7.7 对于下列情况的非开敞式房屋，可不设置支撑：

1 有密铺屋面板和山墙，且跨度不大于 9m 时；

2 房屋为四坡顶，且半屋架与主屋架有可靠连接时；

3 屋盖两端与其他刚度较大的建筑物相连时；但对于房屋纵向很长的情况，此时应沿纵向每隔 20～30m 设置一道支撑。

4. 抗震设计

《木结构设计标准》GB 50005—2017 节选：

4.2.3 木结构建筑的结构体系应符合下列规定：

1 平面布置宜简单、规则，减少偏心。楼层平面宜连续，不宜有较大凹凸或开洞。

2 竖向布置宜规则、均匀，不宜有过大的外挑和内收。结构的侧向刚度沿竖向自下而上宜均匀变化，竖向抗侧力构件宜上下对齐，并应可靠连接。

3 结构薄弱部位应采取措施提高抗震能力。当建筑物平面形状复杂、各部分高度差异大或楼层荷载相差较大时，可设置防震缝；防震缝两侧的上部结构应完全分离，防震缝的最小宽度不应小于 100mm。

4 当有挑檐时，挑檐与主体结构应具有良好的连接。

《建筑抗震设计规范》GB 50011—2010（2016 年版）节选：

9.3.9 ……木屋盖的支撑布置，宜符合表 9.3.9 的要求，支撑与屋架或天窗架应采用螺栓连接；木天窗架的边柱，宜采用通长木夹板或铁板并通过螺栓加强边柱与屋架上弦的连接。

木屋盖的支撑布置 表 9.3.9

支 撑 名 称		烈　　度		
		6、7	8	
		各类屋盖	满铺望板	稀铺望板或无望板
屋架支撑	上弦横向支撑	同非抗震设计		屋架跨度大于 6m 时，房屋单元两端第二开间及每隔 20m 设一道
屋架支撑	下弦横向支撑	同非抗震设计		
	跨中竖向支撑	同非抗震设计		
天窗架支撑	天窗两侧竖向支撑	同非抗震设计	不宜设置天窗	
	上弦横向支撑			

11.1.2 木楼、屋盖房屋应在下列部位采取拉结措施：

1 两端开间屋架和中间隔开间屋架应设置竖向剪刀撑；

2 在屋檐高度处应设置纵向通长水平系杆，系杆应采用墙揽与各道横墙连接或与木梁、屋架下弦连接牢固；纵向水平系杆端部宜采用木夹板对接，墙揽可采用方木、角铁等材料；

3 山墙、山尖墙应采用墙揽与木屋架、木构架或檩条拉结；

4 内隔墙墙顶应与梁或屋架下弦拉结。

11.3.1 本节适用于 6~9 度的穿斗木构架、木柱木屋架和木柱木梁等房屋。

11.3.2 木结构房屋不应采用木柱与砖柱或砖墙等混合承重；山墙应设置端屋架（木梁），不得采用硬山搁檩。

11.3.5 木屋架屋盖的支撑布置，应符合本规范第 9.3 节有关规定的要求，但房屋两端的屋架支撑，应设置在端开间。

11.3.6 木柱木屋架和木柱木梁房屋应在木柱与屋架（或梁）间设置斜撑；横隔墙较多的居住房屋应在非抗震隔墙内设斜撑；斜撑宜采用木夹板，并应通到屋架的上弦。

11.3.7 穿斗木构架房屋的横向和纵向均应在木柱的上、下柱端和楼层下部设置穿枋，并应在每一纵向柱列间设置 1~2 道剪刀撑或斜撑。

（四）钢结构房屋

1. 概述

常用建筑结构体系有单层钢结构、多高层钢结构、大跨度钢结构体系。对于厂房结构，排架和门式刚架是常用的横向抗侧力体系，对应的纵向抗侧力体系一般采用柱间支撑结构。当条件受限时，纵向抗侧力体系也可采用框架结构。当采用框架作为横向抗侧力体系时，纵向抗侧力体系通常采用框架结构（包括有支撑和无支撑情况）。因此为简便起见，将单层钢结构归纳为由横向抗侧力体系和纵向抗侧力体系组成的结构体系。

轻型钢结构建筑和普通钢结构建筑没有严格的定义；一般来说，轻型钢结构建筑是指采用薄壁构件、轻型屋盖和轻型围护结构的钢结构建筑。除了轻型钢结构以外的钢结构建筑，统称为普通钢结构建筑。混合形式是指排架、框架和门式刚架的组合形式，常见的混合形式见图 29-3-7 所示。

2001 年、2007 年都考了轻型钢结构建筑，2010 年考了轻钢屋盖。

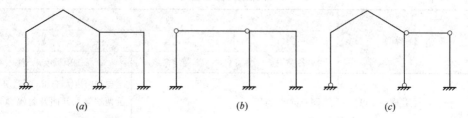

图 29-3-7　混合形式

(*a*) 门式刚架和框架；(*b*) 排架和框架；(*c*) 门式刚架和排架

2. 钢结构布置方案

《钢结构设计标准》GB 50017—2017 节选：

3.2.2 钢结构的布置应符合下列规定：

1 应具备竖向和水平荷载传递途径；

2 应具有刚度和承载力、结构整体稳定性和构件稳定性；

3 应具有冗余度，避免因部分结构或构件破坏导致整个结构体系丧失承载能力；

4 隔墙、外围护等宜采用轻质材料。

A.1　单 层 钢 结 构

A.1.1 单层钢结构可采用框架、支撑结构。厂房主要由横向、纵向抗侧力体系组成，其中横向抗侧力体系可采用框架结构，纵向抗侧力体系宜采用中心支撑体系，也可采用框架结构。

A.1.2 每个结构单元均应形成稳定的空间结构体系。

A.1.3 柱间支撑的间距应根据建筑的纵向柱距、受力情况和安装条件确定。当房屋高度相对于柱间距较大时，柱间支撑宜分层设置。

A.1.4 屋面板、檩条和屋盖承重结构之间应有可靠连接，一般应设置完整的屋面支撑系统。

A.2　多 高 层 钢 结 构

A.2.1 按抗侧力结构的特点，多高层钢结构常用的结构体系可按表 A.2.1 分类。

多高层钢结构常用体系　　　　　　　　　　表 A.2.1

结构体系		支撑、墙体和筒形式
框架		
支撑结构	中心支撑	普通钢支撑，屈曲约束支撑
框架-支撑	中心支撑	普通钢支撑，屈曲约束支撑
	偏心支撑	普通钢支撑
框架-剪力墙板		钢板墙，延性墙板
筒体结构	筒体	普通桁架筒
	框架-筒体	密柱深梁筒
	筒中筒	斜交网格筒
	束筒	剪力墙板筒

结构体系		支撑、墙体和筒形式
巨型结构	巨型框架	—
	巨型框架-支撑	

注：为增加结构刚度，高层钢结构可设置伸臂桁架或环带桁架。伸臂桁架设置处宜同时设置环带桁架，伸臂桁架应贯穿整个楼层，伸臂桁架与环带桁架构件的尺度应与相连构件的尺度相协调。

A.2.2 结构布置应符合下列原则：

1 建筑平面宜简单、规则，结构平面布置宜对称，水平荷载的合力作用线宜接近抗侧力结构的刚度中心；高层钢结构两个主轴方向动力特性宜相近；

2 结构竖向体型宜规则、均匀，竖向布置宜使侧向刚度和受剪承载力沿竖向均匀变化；

3 高层建筑不应采用单跨框架结构，多层建筑不宜采用单跨框架结构；

4 高层钢结构宜选用风压和横风向振动效应较小的建筑体型，并应考虑相邻高层建筑对风荷载的影响；

5 支撑布置平面上宜均匀、分散，沿竖向宜连续布置，设置地下室时，支撑应延伸至基础或在地下室相应位置设置剪力墙；支撑无法连续时应适当增加错开支撑并加强错开支撑之间的上下楼层水平刚度。

A.3 大跨度钢结构（略）

3. 门式刚架轻型房屋钢结构

《门式刚架轻型房屋钢结构技术规范》GB 51022—2015 节选：

5.1 结 构 形 式

5.1.1 在门式刚架轻型房屋钢结构体系中，屋盖宜采用压型钢板屋面板和冷弯薄壁型钢檩条，主刚架可采用变截面实腹刚架，外墙宜采用压型钢板墙面板和冷弯薄壁型钢墙梁。主刚架斜梁下翼缘和刚架柱内翼缘平面外的稳定性，应由隅撑保证。主刚架间的交叉支撑可采用张紧的圆钢、钢索或型钢等。

5.1.2 门式刚架分为单跨（图 5.1.2*a*）、双跨（图 5.1.2*b*）、多跨（图 5.1.2*c*）刚架以及

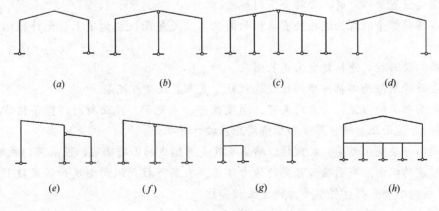

图 5.1.2 门式刚架形式示例

（*a*）单跨刚架；（*b*）双跨刚架；（*c*）多跨刚架；（*d*）带挑檐刚架；（*e*）带毗屋刚架；
（*f*）单坡刚架；（*g*）纵向带夹层刚架；（*h*）端跨带夹层刚架

带挑檐的（图 5.1.2d）和带毗屋的（图 5.1.2e）刚架等形式。多跨刚架中间柱与斜梁的连接可采用铰接。多跨刚架宜采用双坡或单坡屋盖（图 5.1.2f），也可采用由多个双坡屋盖组成的多跨刚架形式。

当设置夹层时，夹层可沿纵向设置（图 5.1.2g）或在横向端跨设置（图 5.1.2h）。夹层与柱的连接可采用刚性连接或铰接。

5.2 结 构 布 置

5.2.1 门式刚架轻型房屋钢结构的尺寸应符合下列规定：

1 门式刚架的跨度，应取横向刚架柱轴线间的距离。

2 门式刚架的高度，应取室外地面至柱轴线与斜梁轴线交点的高度。高度应根据使用要求的室内净高确定，有吊车的厂房应根据轨顶标高和吊车净空要求确定。

3 柱的轴线可取通过柱下端（较小端）中心的竖向轴线。斜梁的轴线可取通过变截面梁段最小端中心与斜梁上表面平行的轴线。

4 门式刚架轻型房屋的檐口高度，应取室外地面至房屋外侧檩条上缘的高度。门式刚架轻型房屋的最大高度，应取室外地面至屋盖顶部檩条上缘的高度。门式刚架轻型房屋的宽度，应取房屋侧墙墙梁外皮之间的距离。门式刚架轻型房屋的长度，应取两端山墙墙梁外皮之间的距离。

5.2.2 门式刚架的单跨跨度宜为 12～48m。当有根据时，可采用更大跨度。当边柱宽度不等时，其外侧应对齐。门式刚架的间距，即柱网轴线在纵向的距离宜为 6～9m，挑檐长度可根据使用要求确定，宜为 0.5～1.2m，其上翼缘坡度宜与斜梁坡度相同。

5.2.3 门式刚架轻型房屋的屋面坡度宜取 1/8～1/20，在雨水较多的地区宜取其中的较大值。

5.2.4 门式刚架轻型房屋钢结构的温度区段长度，应符合下列规定：

1 纵向温度区段不宜大于 300m；

2 横向温度区段不宜大于 150m，当横向温度区段大于 150m 时，应考虑温度的影响；

3 当有可靠依据时，温度区段长度可适当加大。

5.2.5 需要设置伸缩缝时，应符合下列规定：

1 在搭接檩条的螺栓连接处宜采用长圆孔，该处屋面板在构造上应允许胀缩或设置双柱；

2 吊车梁与柱的连接处宜采用长圆孔。

5.2.6 在多跨刚架局部抽掉中间柱或边柱处，宜布置托梁或托架。

5.2.7 屋面檩条的布置，应考虑天窗、通风屋脊、采光带、屋面材料、檩条供货规格等因素的影响。屋面压型钢板厚度和檩条间距应按计算确定。

5.2.8 山墙可设置由斜梁、抗风柱、墙梁及其支撑组成的山墙墙架，或采用门式刚架。

5.2.9 房屋的纵向应有明确、可靠的传力体系。当某一柱列纵向刚度和强度较弱时，应通过房屋横向水平支撑，将水平力传递至相邻柱列。

8 支 撑 系 统 设 计

8.1 一 般 规 定

8.1.1 每个温度区段、结构单元或分期建设的区段、结构单元应设置独立的支撑系统，与刚架结构一同构成独立的空间稳定体系。施工安装阶段，结构临时支撑的设置尚应符合本规范第 14 章的相关规定。

8.1.2 柱间支撑与屋盖横向支撑宜设置在同一开间。

8.2 柱 间 支 撑 系 统

8.2.1 柱间支撑应设在侧墙柱列，当房屋宽度大于 60m 时，在内柱列宜设置柱间支撑。当有吊车时，每个吊车跨两侧柱列均应设置吊车柱间支撑。

8.2.2 同一柱列不宜混用刚度差异大的支撑形式。在同一柱列设置的柱间支撑共同承担该柱列的水平荷载，水平荷载应按各支撑的刚度进行分配。

8.2.3 柱间支撑采用的形式宜为：门式框架、圆钢或钢索交叉支撑、型钢交叉支撑、方管或圆管人字支撑等。当有吊车时，吊车牛腿以下交叉支撑应选用型钢交叉支撑。

8.2.4 当房屋高度大于柱间距 2 倍时，柱间支撑宜分层设置。当沿柱高有质量集中点、吊车牛腿或低屋面连接点处应设置相应支撑点。

8.2.5 柱间支撑的设置应根据房屋纵向柱距、受力情况和温度区段等条件确定。当无吊车时，柱间支撑间距宜取 30～45m，端部柱间支撑宜设置在房屋端部第一或第二开间。当有吊车时，吊车牛腿下部支撑宜设置在温度区段中部，当温度区段较长时，宜设置在三分点内，且支撑间距不应大于 50m。牛腿上部支撑设置原则与无吊车时的柱间支撑设置相同。

8.2.6 柱间支撑的设计，应按支承于柱脚基础上的竖向悬臂桁架计算；对于圆钢或钢索交叉支撑应按拉杆设计，型钢可按拉杆设计，支撑中的刚性系杆应按压杆设计。

8.3 屋面横向和纵向支撑系统

8.3.1 屋面端部横向支撑应布置在房屋端部和温度区段第一或第二开间，当布置在第二开间时应在房屋端部第一开间抗风柱顶部对应位置布置刚性系杆。

8.3.2 屋面支撑形式可选用圆钢或钢索交叉支撑；当屋面斜梁承受悬挂吊车荷载时，屋面横向支撑应选用型钢交叉支撑。屋面横向交叉支撑节点布置应与抗风柱相对应，并应在屋面梁转折处布置节点。

8.3.3 屋面横向支撑应按支承于柱间支撑柱顶水平桁架设计；圆钢或钢索应按拉杆设计，型钢可按拉杆设计，刚性系杆应按压杆设计。

8.3.4 对设有带驾驶室且起重量大于 15t 桥式吊车的跨间，应在屋盖边缘设置纵向支撑；在有抽柱的柱列，沿托架长度应设置纵向支撑。

8.4 隔 撑 设 计

8.4.1 当实腹式门式刚架的梁、柱翼缘受压时，应在受压翼缘侧布置隔撑与檩条或墙梁相连接。

9.1 实腹式檩条设计

9.1.1 檩条宜采用实腹式构件，也可采用桁架式构件；跨度大于 9m 的简支檩条宜采用桁架式构件。

4. 伸缩缝

《钢结构设计标准》GB 50017—2017 节选：

3.3.5 在结构的设计过程中，当考虑温度变化的影响时，温度的变化范围可根据地点、环境、结构类型及使用功能等实际情况确定。当单层房屋和露天结构的温度区段长度不超过表 3.3.5 的数值时，一般情况下可不考虑温度应力和温度变形的影响。单层房屋和露天结构伸缩缝设置宜符合下列规定：

1 围护结构可根据具体情况参照有关规范单独设置伸缩缝；

2 无桥式起重机房屋的柱间支撑和有桥式起重机房屋吊车梁或吊车桁架以下的柱间支撑，宜对称布置于温度区段中部，当不对称布置时，上述柱间支撑的中点（两道柱间支撑时为两柱间支撑的中点）至温度区段端部的距离不宜大于表 3.3.5 纵向温度区段长度的 60%；

3 当横向为多跨高低屋面时，表 3.3.5 中横向温度区段长度值可适当增加；

4 当有充分依据或可靠措施时，表 3.3.5 中数字可予以增减。

温度区段长度值（m）   表 3.3.5

结构情况	纵向温度区段（垂直屋架或构架跨度方向）	横向温度区段（沿屋架或构架跨度方向）	
		柱顶为刚接	柱顶为铰接
采暖房屋和非采暖地区的房屋	220	120	150
热车间和采暖地区的非采暖房屋	180	100	125
露天结构	120	—	
围护构件为金属压型钢板的房屋	250	150	

5. 抗震设计

8.1.4 钢结构房屋需要设置防震缝时，缝宽应不小于相应钢筋混凝土结构房屋的 1.5 倍。

8.1.8 钢结构房屋的楼盖应符合下列要求：

1 宜采用压型钢板现浇钢筋混凝土组合楼板或钢筋混凝土楼板，并应与钢梁有可靠连接。

2 对 6、7 度时不超过 50m 的钢结构，尚可采用装配整体式钢筋混凝土楼板，也可采用装配式楼板或其他轻型楼盖；但应将楼板预埋件与钢梁焊接，或采取其他保证楼盖整体性的措施。

3 对转换层楼盖或楼板有大洞口等情况，必要时可设置水平支撑。

（五）单层工业厂房

单层工业厂房的结构形式有：单层钢筋混凝土柱厂房、单层钢结构厂房、单层砖柱厂房三类。

厂房轻型屋面有：平行弦钢屋架、梯形钢屋架、三角形钢屋架等。

厂房的支撑是连接屋架、柱等构件，使其构成厂房空间整体，保证整体刚性和结构几何稳定性的重要组成部分。

抗震支撑是指在工程结构中用以承担水平地震作用，加强结构整体稳定性的支撑系统，分为**水平支撑**和**竖向支撑**（又称垂直支撑）。抗震支撑布置在单层厂房的抗震设计中极其重要；如果支撑布置不当，不仅会影响厂房的正常使用，甚至可能引起工程结构的破坏。在实际工程中，既要按规范要求设置，也要经过计算。

单层厂房的支撑体系包括"屋盖支撑"和"柱间支撑"两部分。屋盖支撑包括上、下弦横向水平支撑，纵向水平支撑，竖向（垂直）支撑和纵向水平系杆。通常，每一温度伸缩缝区段或分期建设的工程，应分别设置完整的支撑系统。如图集与规范不一致，应按规范的要求设置。

以往的考题中考核过单层钢结构的屋盖构件连接、横向水平支撑、纵向水平支撑、山墙抗风柱及柱间支撑布置。对屋盖支撑、柱间支撑的抗震构造措施应作重点了解。规范对不同屋架形式的支撑要求是不同的，对于有檩屋盖、无檩屋盖的要求也不同，考生应注意区分。

《建筑抗震设计规范》GB 50011—2010（2016年版）节选：

1. 单层钢筋混凝土柱厂房

9.1.1 本节主要适用于装配式单层钢筋混凝土柱厂房，其结构布置应符合下列要求：

1 多跨厂房宜等高和等长，高低跨厂房不宜采用一端开口的结构布置。

2 厂房的贴建房屋和构筑物，不宜布置在厂房角部和紧邻防震缝处。

3 厂房体型复杂或有贴建的房屋和构筑物时，宜设防震缝；在厂房纵横跨交接处、大柱网厂房或不设柱间支撑的厂房，防震缝宽度可采用100～150mm，其他情况可采用50～90mm。

9.1.3 厂房屋架的设置，应符合下列要求：

1 厂房宜采用钢屋架或重心较低的预应力混凝土、钢筋混凝土屋架。

2 跨度不大于15m时，可采用钢筋混凝土屋面梁。

3 跨度大于24m，或8度Ⅲ、Ⅳ类场地和9度时，应优先采用钢屋架。

4 柱距为12m时，可采用预应力混凝土托架（梁）；当采用钢屋架时，亦可采用钢托架（梁）。

9.1.15 有檩屋盖构件的连接及支撑布置，应符合下列要求：

1 檩条应与混凝土屋架（屋面梁）焊牢，并应有足够的支承长度。

2 双脊檩应在跨度1/3处相互拉结。

3 压型钢板应与檩条可靠连接，瓦楞铁、石棉瓦等应与檩条拉结。

4 支撑布置宜符合表9.1.15的要求。

有檩屋盖的支撑布置　　　　　　　　　　　　　　表 9.1.15

支撑名称		烈 度		
		6、7	8	9
屋架支撑	上弦横向支撑	单元端开间各设一道	单元端开间及单元长度大于66m的柱间支撑开间各设一道；天窗开洞范围的两端各增设局部的支撑一道	单元端开间及单元长度大于42m的柱间支撑开间各设一道；天窗开洞范围的两端各增设局部的上弦横向支撑一道
	下弦横向支撑	同非抗震设计		
	跨中竖向支撑			
	端部竖向支撑	屋架端部高度大于900mm时，单元端开间及柱间支撑开间各设一道		

支撑名称		烈　度		
		6、7	8	9
天窗架支撑	上弦横向支撑	单元天窗端开间各设一道	单元天窗端开间及每隔30m各设一道	单元天窗端开间及每隔18m各设一道
	两侧竖向支撑	单元天窗端开间及每隔36m各设一道		

注：上表"同非抗震设计"是指非抗震区支撑的布置，其具体规定详见国标或地方标图集的总说明部分，本节下同。

9.1.17 屋盖支撑尚应符合下列要求：

1 天窗开洞范围内，在屋架脊点处应设上弦通长水平压杆；8度Ⅲ、Ⅳ类场地和9度时，梯形屋架端部上节点应沿厂房纵向设置通长水平压杆。

2 屋架跨中竖向支撑在跨度方向的间距，6～8度时不大于15m，9度时不大于12m；当仅在跨中设一道时，应设在跨中屋架屋脊处；当设两道时，应在跨度方向均匀布置。

3 屋架上、下弦通长水平系杆与竖向支撑宜配合设置。

4 柱距不小于12m且屋架间距6m的厂房，托架（梁）区段及其相邻开间应设下弦纵向水平支撑。

5 屋盖支撑杆件宜用型钢。

9.1.23 厂房柱间支撑的设置和构造，应符合下列要求：

1 厂房柱间支撑的布置，应符合下列规定：

1) 一般情况下，应在厂房单元中部设置上、下柱间支撑，且下柱支撑应与上柱支撑配套设置；

2) 有起重机或8度和9度时，宜在厂房单元两端增设上柱支撑；

3) 厂房单元较长或8度Ⅲ、Ⅳ类场地和9度时，可在厂房单元中部1/3区段内设置两道柱间支撑。

2 柱间支撑应采用型钢，支撑形式宜采用交叉式，其斜杆与水平面的交角不宜大于55度。

2. 单层钢结构厂房

9.2.2 厂房的结构体系应符合下列要求：

1 厂房的横向抗侧力体系，可采用刚接框架、铰接框架、门式刚架或其他结构体系。厂房的纵向抗侧力体系，8、9度应采用柱间支撑；6、7度宜采用柱间支撑，也可采用刚接框架。

9.2.12 厂房的屋盖支撑，应符合下列要求：

1 无檩屋盖的支撑布置，宜符合表9.2.12-1的要求。

2 有檩屋盖的支撑布置，宜符合表9.2.12-2的要求。

3 当轻型屋盖采用实腹屋面梁、柱刚性连接的刚架体系时，屋盖水平支撑可布置在屋面梁的上翼缘平面。屋面梁下翼缘应设置隔撑侧向支承，隔撑的另一端可与屋面檩条连接。屋盖横向支撑、纵向天窗架支撑的布置可参照表9.2.12的要求。

4 屋盖纵向水平支撑的布置，尚应符合下列规定：

　　1）当采用托架支承屋盖横梁的屋盖结构时，应沿厂房单元全长设置纵向水平支撑；

　　2）对于高低跨厂房，在低跨屋盖横梁端部支承处，应沿屋盖全长设置纵向水平支撑；

　　3）纵向柱列局部柱间采用托架支承屋盖横梁时，应沿托架的柱间及向其两侧至少各延伸一个柱间设置屋盖纵向水平支撑；

　　4）当设置沿结构单元全长的纵向水平支撑时，应与横向水平支撑形成封闭的水平支撑体系。多跨厂房屋盖纵向水平支撑的间距不宜超过两跨，不得超过三跨；高跨和低跨宜按各自的标高组成相对独立的封闭支撑体系。

5 支撑杆宜采用型钢；设置交叉支撑时，支撑杆的长细比限值可取350。

无檩屋盖的支撑系统布置　　　　　　　　　　　　表 9.2.12-1

支撑名称			烈　　　度		
			6、7	8	9
屋架支撑	上、下弦横向支撑		屋架跨度小于18m时同非抗震设计；屋架跨度不小于18m时，在厂房单元端开间各设一道	厂房单元端开间及上弦支撑开间各设一道；天窗开洞范围的两端各增设局部上弦支撑一道；当屋架端部支承在屋架上弦时，其下弦横向支撑同非抗震设计	
	上弦通长水平系杆		同非抗震设计	在屋脊处、天窗架竖向支撑处、横向支撑节点处和屋架两端处设置	
	下弦通长水平系杆			屋架竖向支撑节点处设置；当屋架与柱刚接时，在屋架端节间处按控制下弦平面外长细比不大于150设置	
	竖向支撑	屋架跨度小于30m		厂房单元两端开间及上柱支撑各开间屋架端部各设一道	同 8 度，且每隔42m在屋架端部设置
		屋架跨度大于等于30m		厂房单元的端开间，屋架1/3跨度处和上柱支撑开间内的屋架端部设置，并与上、下弦横向支撑相对应	同 8 度，且每隔36m在屋架端部设置
纵向天窗架支撑	上弦横向支撑		天窗架单元两端开间各设一道	天窗架单元端开间及柱间支撑开间各设一道	
	竖向支撑	跨中	跨度不小于12m时设置，其道数与两侧相同	跨度不小于9m时设置，其道数与两侧相同	
		两侧	天窗架单元端开间及每隔36m设置	天窗架单元端开间及每隔30m设置	天窗架单元端开间及每隔24m设置

表 9.2.12-2

支撑名称		烈 度		
		6、7	8	9
屋架支撑	上弦横向支撑	厂房单元端开间及每隔60m各设一道	厂房单元端开间及上柱柱间支撑开间各设一道	同8度,且天窗开洞范围的两端各增设局部上弦横向支撑一道
	下弦横向支撑	同非抗震设计;当屋架端部支承在屋架下弦时,同上弦横向支撑		
	跨中竖向支撑	同非抗震设计		屋架跨度大于等于30m时,跨中增设一道
	两侧竖向支撑	屋架端部高度大于900mm时,厂房单元端开间及柱间支撑开间各设一道		
	下弦通长水平系杆	同非抗震设计	屋架两端和屋架竖向支撑处设置;与柱刚接时,屋架端节间处按控制下弦平面外长细比不大于150设置	
纵向天窗架支撑	上弦横向支撑	天窗架单元两端开间各设一道	天窗架单元两端开间及每隔54m各设一道	天窗架单元两端开间及每隔48m各设一道
	两侧竖向支撑	天窗架单元端开间及每隔42m各设一道	天窗架单元端开间及每隔36m各设一道	天窗架单元端开间及每隔24m各设一道

9.2.15 柱间支撑应符合下列要求:

1 厂房单元的各纵向柱列,应在厂房单元中部布置一道下柱柱间支撑;当7度厂房单元长度大于120m(采用轻型围护材料时为150m)、8度和9度厂房单元大于90m(采用轻型围护材料时为120m)时,应在厂房单元1/3区段内各布置一道下柱支撑;当柱距数不超过5个且厂房长度小于60m时,亦可在厂房单元的两端布置下柱支撑。上柱柱间支撑应布置在厂房单元两端和具有下柱支撑的柱间。

2 柱间支撑宜采用X形支撑,条件限制时也可采用V形、Λ形及其他形式的支撑。X形支撑斜杆与水平面的夹角、支撑斜杆交叉点的节点板厚度,应符合本规范第9.1节的规定。

3. 单层砖柱厂房(略)

4. 设计示例

《单层工业厂房设计示例(一)》09SG117-1国标图集分为重屋盖和轻屋盖2个示例。其中屋架上弦支撑(因图幅较小,SC—上弦支撑文字未注明)、下弦系杆及纵向柱列柱间支撑,考生需加以了解掌握,如图29-3-8所示。

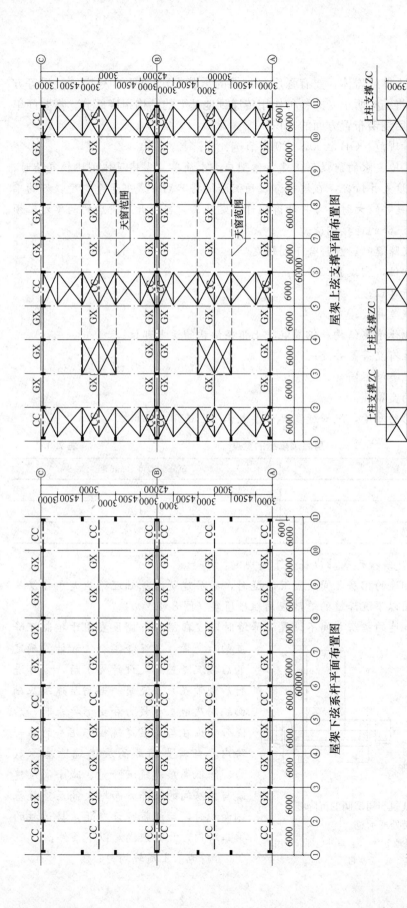

屋架上弦支撑平面布置图

屋架下弦系杆平面布置图

上柱支撑ZC

上柱支撑ZC   上柱支撑ZC

下柱支撑ZC

车间各纵向柱列柱间支撑布置图

图29-3-8 单层工业厂房设计示例

注：
1. 屋架上弦支撑构件及其与屋架连接详图见图集《预应力混凝土折线形屋架》（预应力钢筋为钢绞线，跨度18~30m）》04G415-1。
2. 本图构件代号：ZC—柱间支撑、SC—竖向(垂直)支撑、GX—上弦支撑、CC—竖向(垂直)支撑、GX—刚性系杆。
3. 建筑图详见《单层工业厂房设计示例（一）》09SG117-1。

423

（六）地基基础

地基是支承基础的土体或岩体，要有强度（足够的承载力）、变形、稳定、抗浮等方面的能力要求。基础是将结构所承受的各种作用传递到地基上的结构组成部分。需要简单了解一些有关**沉降缝**和**后浇带**布置方面的知识。

《建筑地基基础设计规范》GB 50007—2011 节选：

7.3.1 在满足使用和其他要求的前提下，建筑体型应力求简单。当建筑体型比较复杂时，宜根据其平面形状和高度差异情况，在适当部位用沉降缝将其划分成若干个刚度较好的单元；当高度差异或荷载差异较大时，可将两者隔开一定距离，当拉开距离后的两单元必须连接时，应采用能自由沉降的连接构造。

7.3.2 当建筑物设置沉降缝时，应符合下列规定：

1 建筑物的下列部位，宜设置沉降缝：

1）建筑平面的转折部位；

2）高度差异或荷载差异处；

3）长高比过大的砌体承重结构或钢筋混凝土框架结构的适当部位；

4）地基土的压缩性有显著差异处；

5）建筑结构或基础类型不同处；

6）分期建造房屋的交界处。

2 沉降缝应有足够的宽度，沉降缝宽度可按表 7.3.2 选用。

房屋沉降缝的宽度　　　　　　　　　　　　表 7.3.2

房屋层数	沉降缝宽度（mm）
二～三	50～80
四～五	80～120
五层以上	不小于 120

8.4.20 带裙房的高层建筑筏形基础应符合下列规定：

1 当高层建筑与相连的裙房之间设置沉降缝时，高层建筑的基础埋深应大于裙房基础的埋深至少 2m。地面以下沉降缝的缝隙应用粗砂填实（图 8.4.20a）。

2 当高层建筑与相连的裙房之间不设置沉降缝时，宜在裙房一侧设置用于控制沉降差的后浇带，当沉降实测值和计算确定的后期沉降差满足设计要求后，方可进行后浇带混凝土浇筑。当高层建筑基础面积满足地基承载力和变形要求时，后浇带宜设在与高层建筑相邻裙房的第一跨内。当需要满足高层建筑地基承载力、降低高层建筑沉降量、减小高层建筑与裙房间的沉降差而增大高层建筑基础面积时，后浇带可设在距主楼边柱的第二跨内，此时应满足以下条件：

1）地基土质较均匀；

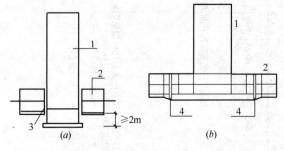

图 8.4.20a　高层建筑与裙房间的沉降缝、
后浇带处理示意

1—高层建筑；2—裙房及地下室；3—室外地坪以下用
粗砂填实；4—后浇带

2）裙房结构刚度较好且基础上的地下室和裙房结构层数不少于两层；

3）后浇带一侧与主楼连接的裙房基础底板厚度与高层建筑的基础底板厚度相同（图 8.4.20*b*）。

3 当高层建筑与相连的裙房之间不设沉降缝和后浇带时，高层建筑及与其紧邻一跨裙房的筏板应采用相同厚度，裙房筏板的厚度宜从第二跨裙房开始逐渐变化，应同时满足主、裙楼基础整体性和基础板的变形要求；应进行地基变形和基础内力的验算，验算时应分析地基与结构间变形的相互影响，并采取有效措施防止产生有不利影响的差异沉降。

《高层建筑混凝土结构技术规程》JGJ 3—2010 节选：

12.2.3 高层建筑地下室不宜设置变形缝。当地下室长度超过伸缩缝最大间距时，可考虑利用混凝土后期强度，降低水泥用量；也可每隔 30～40m 设置贯通顶板、底部及墙板的施工后浇带。后浇带可设置在柱距三等分的中间范围内以及剪力墙附近，其方向宜与梁正交，沿竖向应在结构同跨内；底板及外墙的后浇带宜增设附加防水层；后浇带封闭时间宜滞后 45d 以上，其混凝土强度等级宜提高一级，并宜采用无收缩混凝土，低温入模。

《地下工程防水技术规范》GB 50108—2008 节选：

5.2.1 后浇带宜用于不允许留设变形缝的工程部位。

5.2.2 后浇带应在其两侧混凝土龄期达到 42d 后再施工；高层建筑的后浇带施工应按规定时间进行。

5.2.3 后浇带应采用补偿收缩混凝土浇筑，其抗渗和抗压强度等级不应低于两侧混凝土。

5.2.4 后浇带应设在受力和变形较小的部位，其间距和位置应按结构设计要求确定，宽度宜为 700～1000mm。

5.2.5 后浇带两侧可做成平直缝或阶梯缝，其防水构造形式宜采用图 5.2.5-1～图 5.2.5-3。

三、结构制图标准

《建筑结构制图标准》GB/T 50105—2010 节选：

2.0.3 建筑结构专业制图应选用表 2.0.3 所示的图线。

图　线　　　　　　　　　　　　　　　　　　　　表 2.0.3

名　称		线　型	线宽	一　般　用　途
实线	粗		*b*	螺栓、钢筋线、结构平面图中的单线结构构件线，钢木支撑及系杆线，图名下横线、剖切线
	中粗		0.7*b*	结构平面图及详图中剖到或可见的墙身轮廓线、基础轮廓线、钢、木结构轮廓线、钢筋线
	中		0.5*b*	结构平面图及详图中剖到或可见的墙身轮廓线、基础轮廓线、可见的钢筋混凝土构件轮廓线、钢筋线
	细		0.25*b*	标注引出线、标高符号线、索引符号线、尺寸线

名 称		线 型	线宽	一 般 用 途
虚线	粗	‑ ‑ ‑ ‑ ‑	b	不可见的钢筋线、螺栓线、结构平面图中不可见的单线结构构件线及钢、木支撑线
	中粗	‑ ‑ ‑ ‑ ‑	0.7b	结构平面图中的不可见构件、墙身轮廓线及不可见钢、木结构构件线、不可见的钢筋线
	中	‑ ‑ ‑ ‑ ‑	0.5b	结构平面图中的不可见构件、墙身轮廓线及不可见钢、木结构构件线、不可见的钢筋线
	细	‑ ‑ ‑ ‑ ‑	0.25b	基础平面图中的管沟轮廓线、不可见的钢筋混凝土构件轮廓线
单点长画线	粗	▬ ‑ ▪ ‑ ▬	b	柱间支撑、垂直支撑、设备基础轴线图中的中心线
	细	‑ ‑ ▪ ‑ ‑	0.25b	定位轴线、对称线、中心线、重心线
双点长画线	粗	▬ ‑ ▪▪ ‑ ▬	b	预应力钢筋线
	细	‑ ‑ ▪▪ ‑ ‑	0.25b	原有结构轮廓线
折断线		‑‑‑/\‑‑‑	0.25b	断开界线
波浪线		～～～	0.25b	断开界线

2.0.4 在同一张图纸中，相同比例的各图样，应选用相同的线宽组。

附录 A 常用构件代号

序号	名称	代号	序号	名称	代号	序号	名称	代号
1	板	B	19	圈梁	QL	37	承台	CT
2	屋面板	WB	20	过梁	GL	38	设备基础	SJ
3	空心板	KB	21	连系梁	LL	39	桩	ZH
4	槽形板	CB	22	基础梁	JL	40	挡土墙	DQ
5	折板	ZB	23	楼梯梁	TL	41	地沟	DG
6	密肋板	MB	24	框架梁	KL	42	柱间支撑	ZC
7	楼梯板	TB	25	框支梁	KZL	43	垂直支撑	CC
8	盖板或沟盖板	GB	26	屋面框架梁	WKL	44	水平支撑	SC
9	挡雨板或檐口板	YB	27	檩条	LT	45	梯	T
10	吊车安全走道板	DB	28	屋架	WJ	46	雨篷	YP
11	墙板	QB	29	托架	TJ	47	阳台	YT
12	天沟板	TGB	30	天窗架	CJ	48	梁垫	LD
13	梁	L	31	框架	KJ	49	预埋件	M—
14	屋面梁	WL	32	刚架	GJ	50	天窗端壁	TD
15	吊车梁	DL	33	支架	ZJ	51	钢筋网	W
16	单轨吊车梁	DDL	34	柱	Z	52	钢筋骨架	G
17	轨道连接	DGL	35	框架柱	KZ	53	基础	J
18	车挡	CD	36	构造柱	GZ	54	暗柱	AZ

注：1. 预制混凝土构件、现浇混凝土构件、钢构件和木构件，一般可以采用本附录中的构件代号。在绘图中，除混凝土构件可以不注明材料代号外，其他材料的构件可在构件代号前加注材料代号，并在图纸中加以说明。

　　2. 预应力混凝土构件的代号，应在构件代号前加注"Y"，如 Y-DL 表示预应力混凝土吊车梁。

四、2010 年 平改坡屋面结构

任务描述：

图 29-3-9 为某多层住宅的平屋面，拟改为坡屋面（图 29-3-10），结构自下而上采用卧梁（图 29-3-11）、立柱、斜梁、檩条支承方式，屋顶平面图已给出屋面改造所需的卧梁和坡屋面交线。要求按照经济合理的原则完成结构布置。

任务要求：

● 卧梁上布置立柱，立柱间距根据斜梁支承点要求不大于 2600mm。

● 立柱上支承斜梁（外墙上部由卧梁支承斜梁，无须立柱），斜梁不得悬臂或弯折。

● 斜梁上搁置檩条，檩条跨长（支承间距）不大于 3600mm，檩条水平间距不大于 800mm。

● 屋面水平支撑设置于端部第二或第三开间，立柱垂直支撑设置于端部第二及第三开间。

作图要求：

● 在屋顶平面图上，用所提供的图例画出坡屋面的立柱、斜梁、檩条、水平支撑和垂直支撑。

图例（表 29-3-3）：

图例 表 29-3-3

名称	图例	材料	名称	图例	材料
立柱	○	钢管	水平支撑	 ✕	角钢
斜梁	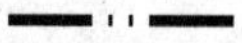 ▬ " ▬	工字钢	垂直支撑	▬ ▬	角钢
檩条	 ———	角钢			

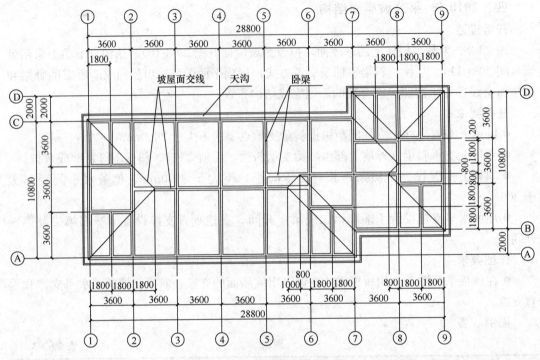

图 29-3-9 屋顶平面图 1：300

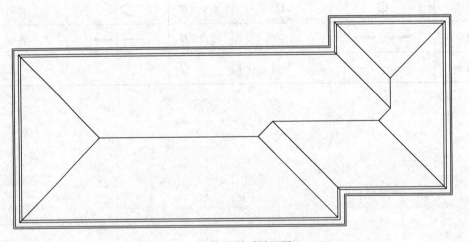

图 29-3-10 改造后屋顶平面图 1：150

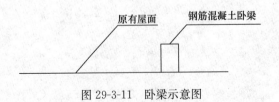

图 29-3-11 卧梁示意图

三维模型示意图（图 29-3-12）：

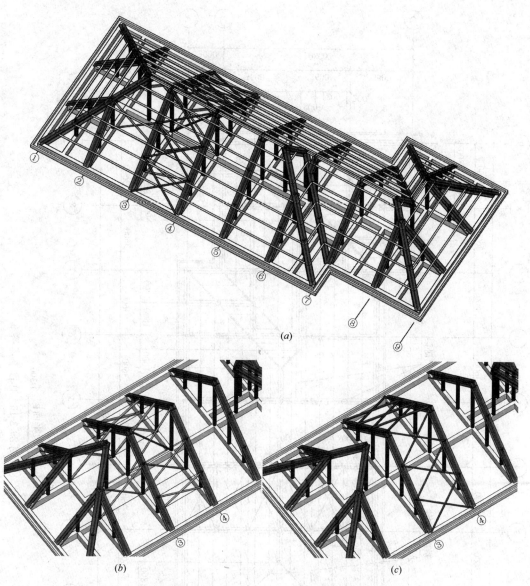

图 29-3-12 平改坡屋面结构布置示意图
(a) 屋面结构布置图；(b) 垂直支撑；(c) 水平支撑

作图参考答案（图 29-3-13）：

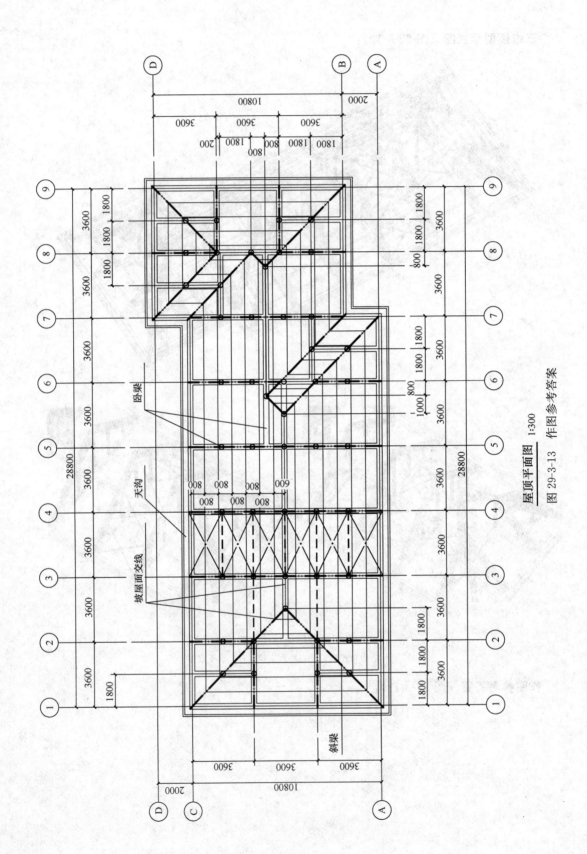

屋顶平面图 1:300

图 29-3-13   作图参考答案

卧梁

天沟

坡屋面交线

斜梁

430

选择题参考答案及解析：

解题提示：

● 先看结构自下而上采用卧梁、立柱、斜梁、檩条支承方式，"卧梁"布置已经完成，轴线尺寸基本都是3.6m。解题的关键在"斜梁"的布置，斜梁上受檩条跨度（3.6m）的限制，下受立柱间距（2.6m）限制。

● 选择斜梁作为突破口，先完成斜脊、天沟及轴线上的斜梁布置，再布置几个小屋面的斜梁。注意⑥轴天沟与斜脊之间的小屋面上容易多画中间的一小段斜梁，参见图29-3-13。

● 立柱布置，注意⑤～⑦轴的立柱及⑧轴上的立柱容易布置错误（易受题目要求"立柱最少"的影响，应在北侧⑧轴两侧分别布置两根斜梁而不设柱）。

● 支撑布置，横向水平支撑比较容易，只能在第三开间布置，竖向（垂直）支撑通常与水平支撑在同一跨内。

● 由檐檩开始布置檩条（间距0.8m），注意脊檩可以是2根。

● 做选择题的同时检查是否满足题目要求。

(1) 在⑥～⑦轴间（两轴本身除外），立柱的最少数量为：

[A] 1 　　　　[B] 2 　　　　[C] 3 　　　　[D] 4

【答案】B

【解析】在⑥～⑦轴间有天沟和斜脊处的2根斜梁，斜梁与卧梁平面投影相交处可设立柱，共2根。立柱的间距是$\sqrt{2}\times1.8\approx2.545\text{m}\leq2.6\text{m}$，符合题目要求。

【说明】设在斜脊与天沟处，轴间其他地方设立柱扣分。

(2) 在⑦～⑧轴间（两轴本身除外），立柱的最少数量为：

[A] 1 　　　　[B] 2 　　　　[C] 3 　　　　[D] 4

【答案】C

【解析】在⑦～⑧轴间（两轴本身除外）有4根斜梁，在靠近①轴下方斜脊和天沟处的斜梁中部各有1根立柱（1+1），中部与屋脊相交的2根斜脊交点处有1根立柱，共有2+1=3根立柱；立柱间距与第（1）题一致。

【说明】应设在斜脊、天沟、屋脊相交处，轴间其他地方设立柱扣分。

(3) 在⑧轴上的立柱最少数量为：

[A] 4 　　　　[B] 5 　　　　[C] 6 　　　　[D] 7

【答案】B

【解析】在⑧轴上下两根斜梁的中部和端部各有2根立柱，天沟端部（与⑧轴相交处）有1根立柱，共有2+2+1=5根立柱；立柱间距均符合要求。

【说明】立柱设在⑧轴和①轴上扣分。

(4) 在①～②轴间（不含两轴本身），最少有几段斜梁（两支点为一段）？

[A] 8 　　　　[B] 10 　　　　[C] 12 　　　　[D] 14

【答案】A

【解析】在①～②轴间（不含两轴本身）斜脊处有斜梁2根，因檩条跨度不能超3.6m，所以Ⓐ～Ⓒ轴间要分为3跨（3.6m×3＝10.8m），加斜梁2根，按照两支点为一段，共有(2＋2)×2＝8段斜梁。

【说明】斜脊梁和3600mm处斜梁绘制正确，轴间其他地方多画斜梁扣分。

(5) 在②～③轴间（不含两轴本身），最少有几段斜梁（两支点为一段）？

[A] 0   [B] 2

[C] 4   [D] 6

【答案】B

【解析】在②～③轴间（不含两轴本身）只有斜脊与屋脊相交处的2段斜梁。

【说明】为两斜脊与屋脊相交的两段斜梁。

(6) 在⑦～⑧轴间（不含两轴本身），最少有几段斜梁（两支点为一段）？

[A] 4   [B] 5

[C] 6   [D] 7

【答案】D

【解析】⑦轴与Ⓓ轴相交处斜脊有1根斜梁（2段）、下方天沟处有一根斜梁（2段），中部与屋脊相交处有2条斜脊下设斜梁（2段），共有2＋2＋2＝6段斜梁。

【说明】斜脊、天沟处斜梁绘制正确，其他地方多画斜梁扣分。

(7) 在①～②轴间，若Ⓐ、Ⓒ轴和①轴上的檩条不计入，则最少有几根檩条（两支点为一根）？

[A] 18   [B] 19

[C] 20   [D] 21

【答案】C

【解析】檩条水平间距≤800mm，①～②轴间的距离是3.6m，可分配4跨，不算轴线上的，共有4×3＝12根檩条（南北方向）；东西方向檩条与南北方向檩条必须在斜梁上相交，在①～②轴间Ⓐ轴上方有4根，在①～②轴间Ⓒ轴下方有4根；共有檩条12＋4＋4＝20根。

【说明】两条斜脊处各8根，中间卧梁间4根。

(8) 在④～⑤轴间，若Ⓐ、Ⓒ轴上的檩条不计入，则最少有几根檩条（两支点为一根）？

[A] 11～12   [B] 13～14

[C] 15～16   [D] 17～18

【答案】B

【解析】由Ⓐ轴的檐檩（不算）开始，向上可排6～7根檩条；同理，由Ⓒ轴开始，向下可排6～7根檩条。其中，脊檩至少有1根，也可以是2根，所以是13～14根。

【说明】屋脊处檩条画1根或2根均正确。

(9) 水平支撑的最合理位置在：

[A] ②～③轴间   [B] ③～④轴间

[C] ⑥～⑦轴间   [D] ⑦～⑧轴间

【答案】B

【解析】题目要求"屋面水平支撑设置于端部、第二或第三开间"，建筑端部为双坡屋顶，只有第三开间屋面比较完整，所以水平支撑可布置在③～④轴间。

【说明】轴间位置正确，单坡一个支撑或其他轴间多画不扣分；支撑不在立柱间和双坡一个支撑扣分。

(10) 垂直支撑的最合理位置在：

[A] ②～③轴间   [B] ④～⑤轴间

[C] ②～④轴间   [D] ③～⑤轴间

【答案】C

【解析】题目要求"立柱垂直支撑设置于端部第二及第三开间"，因为水平支撑位于第三开间，所以按题目要求可以直接选择C。垂直支撑能有效地防止屋架的侧倾，并有助于保持屋盖的整体性；垂直支撑与水平支撑位于一个开间内能形成一个完整的空间抗侧力体系，故应位于③～④轴间，第二开间有条件的也可以设置。

注：垂直支撑系指在两榀屋架的上、下弦间设置交叉腹杆（或人字腹杆），并在下弦平面设置纵向水平系杆，用螺栓连接，与上部锚固的檩条构成一个稳定的桁架体系。

【说明】轴间位置正确，画在Ⓐ～Ⓒ轴范围的立柱间（不含两轴本身）均属正确。

注：以上"说明"部分为2010年的评分说明。

五、2011年 住宅结构布置

任务描述：

下图（图29-3-14、图29-3-15）为抗震设防7度地区某独立住宅建筑的一层、二层平面图，建筑采用钢筋混凝土框架结构，要求完成二层楼板及楼梯的结构布置，设计应合理。

任务要求：

按照以下所提供的图例及标注（表29-3-4），在图29-3-15上完成以下内容：

● 结构主、次梁布置：要求主梁均由图中的结构柱支承，所有墙体荷载由主、次梁传递。一层外墙门、窗、洞口的顶部标高高于2.400m时，其上部应用结构梁封堵。

● 楼板结构布置：楼板平面形状均应为矩形；且一层车库、门厅的⑤～⑥轴间、卧室、客厅及餐厅的顶板应为完整平板，中间不允许设梁。

● 楼梯结构布置：采用直板式楼梯，在必要的位置可布置楼梯柱与楼梯梁。

● 按第1页的要求填涂第1页选择题和答题卡。

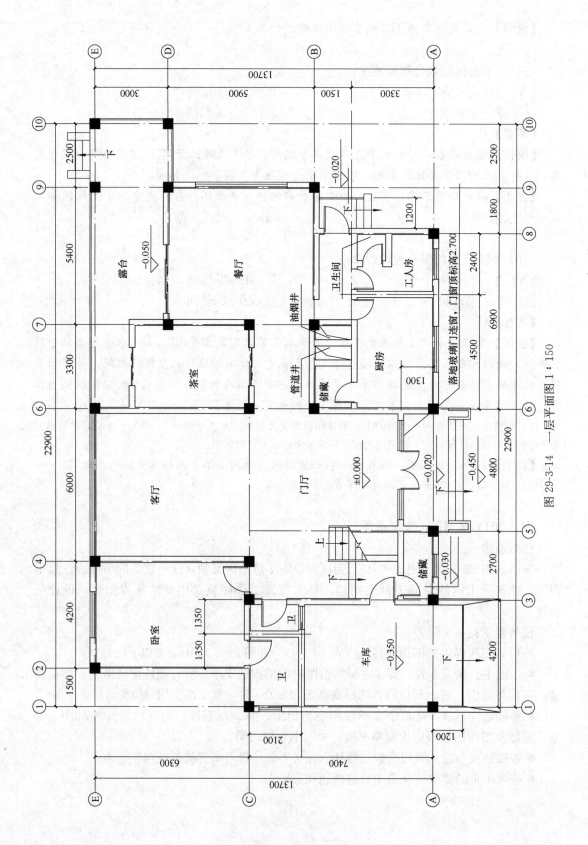

图 29-3-14 一层平面图 1:150

露台

餐厅

茶室

客厅

门厅

卧室

卫生间

工人房

油烟井

管道井

储藏

厨房

储藏

车库

卫

卫

落地玻璃门连窗，门窗顶标高2.700

-0.050

-0.020

1200

±0.000

-0.020

-0.450

-0.030

-0.350

1300

2500

2500

1800

2400

6900

4500

5400

3300

6000

4200

1500

22900

22900

4800

2700

4200

3000

5900

1500

3300

13700

2100

740

1200

6300

13700

1350

1350

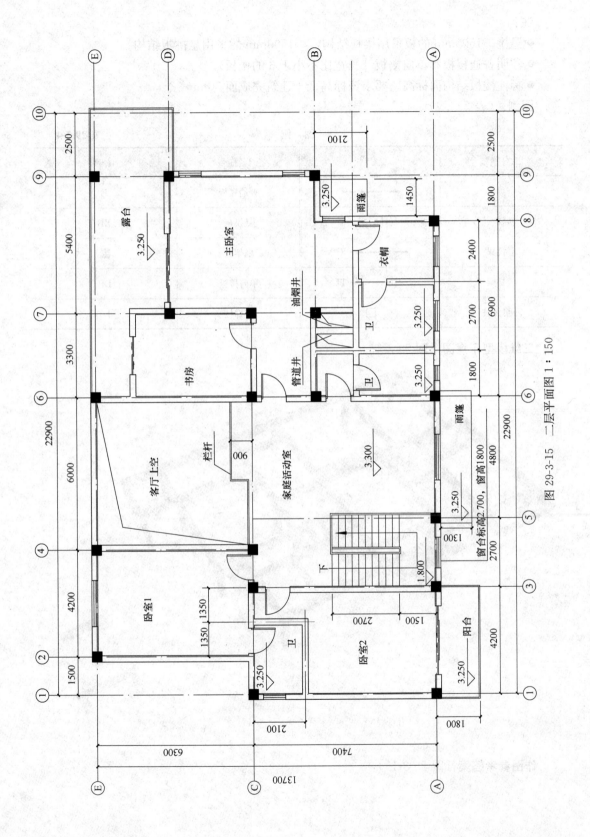

图 29-3-15 二层平面图 1：150

435

注：

● 悬挑＞1500mm 的板采用梁板结构，≤1500mm 的采用悬挑板结构。

● 注明普通楼板和单向楼板（长宽比不小于 3 的楼板）。

● 标注楼板结构面标高，要求该标高低于建筑完成面 50mm。

图例：（表 29-3-4）

图　例

表 **29-3-4**

名称	图例	名称	图例
梁	▬— —▬	普通楼板	B
楼梯板	⊠	悬挑板	XB
悬挑梁	▬—·—·— XL	框架柱	■
楼梯梁	▬—·—·— TL	单向楼板	DB
不可见柱	▨	楼梯柱	▨ TZ

三维模型示意图（图 29-3-16）：

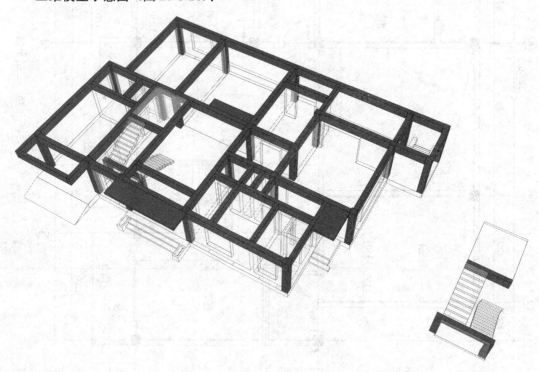

图 29-3-16

作图参考答案（图 29-3-17）：

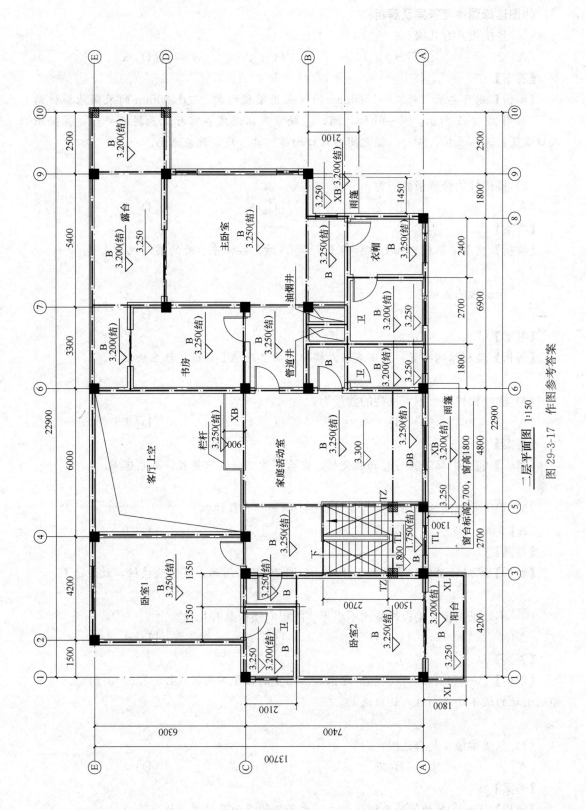

二层平面图 1:150

图 29-3-17　作图参考答案

437

作图选择题参考答案及解析：

(1) 悬桃板共有几块？

[A] 2   [B] 3   [C] 4   [D] 5

【答案】B

【解析】题目要求"悬挑>1500mm 的板采用梁板结构，≤1500mm 的采用悬挑板结构"，如图 29-3-17 所示：⑤~⑥轴之间，ⓒ轴家庭活动室在客厅上悬挑的平台，Ⓐ轴出入口雨篷；⑧~⑨轴、Ⓐ~Ⓑ轴之间出入口雨篷。共 3 块，故应选 B。

(2) 楼梯柱的合理根数应为：

[A] 1   [B] 2   [C] 3   [D] 4

【答案】B

【解析】需要 2 根楼梯柱支撑标高 1.750m（结）楼梯平台处的梁，故应选 B。

(3) 楼梯板的数量为：

[A] 0   [B] 1   [C] 2   [D] 3

【答案】C

【解析】楼梯结构布置：采用直板式楼梯，共 2 跑 AT 梯板，故应选 C。

(4) 除楼梯柱外，不可见柱的数量为：

[A] 0   [B] 2   [C] 4   [D] 6

【答案】B

【解析】⑩~Ⓓ轴及⑩~Ⓔ轴相交处、露台下方 2 根不可见柱，故应选 B。

(5) ①~⑥轴间结构面标高为 3.250m 的楼板共有几块？

[A] 3   [B] 5   [C] 7   [D] 9

【答案】C

【解析】家庭活动室的悬挑板不计入，如图 29-3-17 所示，共 7 块楼板，故应选 C。

(6) 不计悬挑板，楼板长宽比不小于 3 的单向楼板共有几块？

[A] 4   [B] 3   [C] 2   [D] 1

【答案】D

【解析】⑤~⑥轴之间，Ⓐ轴附近家庭活动室的板是单向板（4.8/1.5＝3.2），注意衣帽间附近的板不是单向板，故应选 D。

(7) 悬挑梁最少共有几根？

[A] 2   [B] 3   [C] 4   [D] 5

【答案】A

【解析】①~③轴的Ⓐ轴南侧阳台左、右两侧的梁为悬挑梁，故应选 A。

（8）下列哪道轴线上最有可能出现短柱（柱净高 H/截面高度区 $h \leqslant 4$ 的结构柱为短柱，短柱不利于抗震)？

[A] Ⓐ轴　　　[B] Ⓑ轴　　　[C] Ⓒ轴　　　[D] Ⓓ轴

【答案】A

【解析】③～⑤轴的 A 轴处，楼梯平台板南侧可能出现短柱，故应选 A。

（9）下列哪道轴线上因楼板高差有变化而需布置变截面梁？

[A] ④轴　　　[B] ⑤轴　　　[C] ⑥轴　　　[D] ⑦轴

【答案】D

【解析】平面图中存在不同标高处在⑦轴上，Ⓓ～Ⓔ轴之间，梁顶标高分别为 3.200m 与 3.250m，这根梁是变截面的，故应选 D。

（10）①～⑦轴间只存在主梁的部位是：

[A] Ⓐ～Ⓑ轴　　　[B] Ⓑ～Ⓒ轴　　　[C] Ⓒ～Ⓓ轴　　　[D] Ⓓ～Ⓔ轴

【答案】C

【解析】Ⓐ～Ⓒ轴间有很多次梁（板→次梁→主梁），可排除 A、B 选项；⑥～⑦轴、Ⓓ～Ⓔ轴的梁是次梁，可排除 D 选项；故本题应选 C。

六、2012 年　办公楼结构构件布置

任务描述：

下图（图 29-3-18）为抗震设防 8 度地区某高层办公楼的十七层建筑平面，采用现浇钢筋混凝土框架-剪力墙结构。

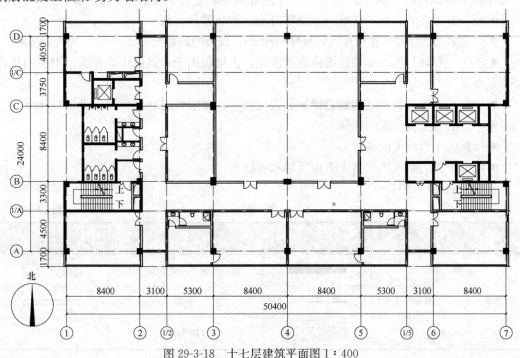

图 29-3-18　十七层建筑平面图 1：400

图 29-3-19 为十七层结构平面布置图，结构板、柱、主梁等均已布置完成，不允许增加结构柱。剪力墙和次梁已布置完成了一部分。

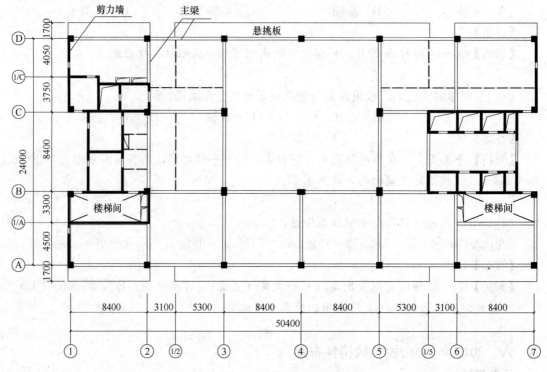

图 29-3-19　十七层结构平面图 1∶400

任务要求：

用以下所提供的图例（表 29-3-5），按照规范要求完成下列结构布置内容：

● 完善剪力墙的布置，使剪力墙刚度对称、均衡并且合理。

● 完成多功能厅井式楼盖布置，板厚 100mm，以板的跨高比 1/25～1/30 为控制原则。

● 在②～⑥轴与Ⓐ～Ⓑ轴区域内布置次梁，次梁仅用于承载砌体墙和满足卫生间楼面降板的要求。

● 完成悬挑部分梁板结构的悬臂梁和边梁布置，要求板的悬挑长度小于 1500mm。

● 示意需要结构降板的区域。

● 示意施工后浇带的位置。

● 按第 1 页的要求填涂第 1 页选择题和答题卡。

图例（表 29-3-5）：

图　例 　　　　　　　　　　　　　　　　　　　　　　　　表 29-3-5

名称	图例	名称	图例
剪力墙	▬▬▬	施工后浇带	▨▨▨
井式梁、次梁、悬臂梁、边梁	— · — · —	主梁	═══
结构降板	▩▩▩	砌体墙	

三维模型示意图（图 29-3-20）：

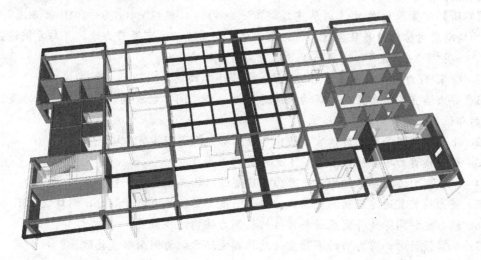

图 29-3-20

作图参考答案（图 29-3-21）：

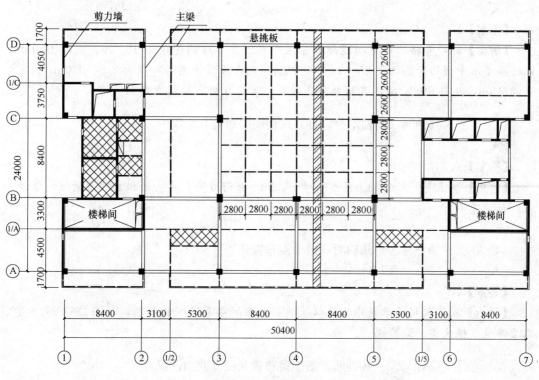

十七层结构平面图 1:400

图 29-3-21　作图参考答案

作图选择题参考答案及解析：

（1）在Ⓑ轴以南需再布置几道剪力墙？

［A］0　　　　　　　［B］1　　　　　　　［C］3　　　　　　　［D］6

【答案】C

【解析】布置原则参见《高层建筑混凝土结构技术规程》JGJ 3—2010 第 8.1.7 条，使剪力墙刚度对称均衡并且合理。因此右侧楼梯间周边应该布置剪力墙，并与左侧楼梯间对称，如图 29-3-21 所示；需再布置 3 道剪力墙，故应选 C。

8.1.7 框架-剪力墙结构中剪力墙的布置宜符合下列规定：

1 剪力墙宜均匀布置在建筑物的周边附近、楼梯间、电梯间、平面形状变化及恒载较大的部位，剪力墙间距不宜过大；

2 平面形状凹凸较大时，宜在凸出部分的端部附近布置剪力墙；

3 纵、横剪力墙宜组成 L 形、T 形和〔形等形式；

4 单片剪力墙底部承担的水平剪力不应超过结构底部总水平剪力的 30%；

5 剪力墙宜贯通建筑物的全高，宜避免刚度突变；剪力墙开洞时，洞口宜上下对齐；

6 楼、电梯间等竖井宜尽量与靠近的抗侧力结构结合布置；

7 抗震设计时，剪力墙的布置宜使结构各主轴方向的侧向刚度接近。

(2) 在③～⑤轴间（两轴本身除外），南北向需布置几根梁？

[A] 3 　　　　　[B] 5 　　　　　[C] 7 　　　　　[D] 9

【答案】B

【解析】此题考核的是多功能厅井字梁布置。主体结构跨度为 16.8m，板厚 100mm，以任务要求中板的跨高比 1/25～1/30 的控制原则，换算为梁的跨度为 2.5～3.0m，2.8×6＝16.8m，正好 6 跨；减去两根轴线上的梁，共计 5 根，故答案是 B。

(3) 在Ⓑ～Ⓘ轴间（两轴本身除外）东西向需布置几根梁？

[A] 5 　　　　　[B] 7 　　　　　[C] 9 　　　　　[D] 11

【答案】A

【解析】同上题，2.6×3＋2.8×3＝16.2m，正好 6 跨；减去两根轴线上的梁，共计 5 根，故应选 A。

(4) 在②～③轴与Ⓐ～Ⓑ轴间，最少需布置几根次梁？

[A] 3 　　　　　[B] 4 　　　　　[C] 6 　　　　　[D] 7

【答案】A

【解析】次梁仅用于承载砌体墙以及满足卫生间楼面降板的要求，如图 29-3-21 所示，需要布置 3 根次梁，故应选 A。

(5) 在②～⑥轴与Ⓐ～Ⓑ轴间，最少需布置几根南北向次梁？

[A] 0 　　　　　[B] 1 　　　　　[C] 2 　　　　　[D] 3

【答案】C

【解析】如图 29-3-21 所示，左侧卫生间的左边梁与右侧卫生间的右边梁，共计 2 根，故应选 C。

(6) Ⓐ轴以南最少需布置几根悬臂梁？

[A] 7 　　　　[B] 8 　　　　[C] 9 　　　　[D] 10

【答案】C

【解析】如图 29-3-21 所示，共计 9 根悬臂梁；注意不能把悬臂梁南侧的边梁计入；故应选 C。

(7) 悬挑部分沿东西向应布置几根边梁（连续多跨梁为一根梁）？

[A] 6 　　　　[B] 7 　　　　[C] 8 　　　　[D] 9

【答案】A

【解析】如图 29-3-21 所示，南北各 3 根，共计 6 根，故应选 A。

(8) 结构降板的块数为：

[A] 2 　　　　[B] 4 　　　　[C] 5 　　　　[D] 6

【答案】D

【解析】①～②轴与⑧～ⓒ轴的卫生间有 4 块板，⑧轴南侧的 2 个卫生间各有 1 块板，共计 6 块板，故应选 D。

(9) 施工后浇带的最合理位置位于：

[A] ⑧轴～ⓒ轴　　[B] ⓒ轴～Ⓓ轴　　[C] ①轴～③轴　　[D] ③轴～⑤轴

【答案】D

【解析】参见《高层建筑混凝土结构技术规程》JGJ 3—2010 第 12.2.3 条，后浇带位于④轴的左右两侧均可，故应选 D。

12.2.3 高层建筑地下室不宜设置变形缝。当地下室长度超过伸缩缝最大间距时，可考虑利用混凝土后期强度，降低水泥用量；也可每隔 30～40m 设置贯通顶板、底部及墙板的施工后浇带。后浇带可设置在柱距三等分的中间范围内以及剪力墙附近，其方向宜与梁正交，沿竖向应在结构同跨内。

(10) 施工后浇带在相邻两柱间最合理的位置为：

[A] 1/2 柱跨处 　　　　　　　　[B] 1/3 柱跨处
[C] 支座边 　　　　　　　　　　[D] 任意位置均可

【答案】B

【解析】参见上题，后浇带可设置在柱距三等分的中间范围内以及剪力墙附近，故应选 B。

七、2013 年 结构构件布置

任务描述：

图 29-3-22～图 29-3-24 为某钢筋混凝土框架结构多层办公楼一层、二层平面及三层局部平面图。在经济合理、保证建筑空间完整的前提下，按照以下条件、任务要求及图例（表 29-3-6），完成相关结构构件布置。

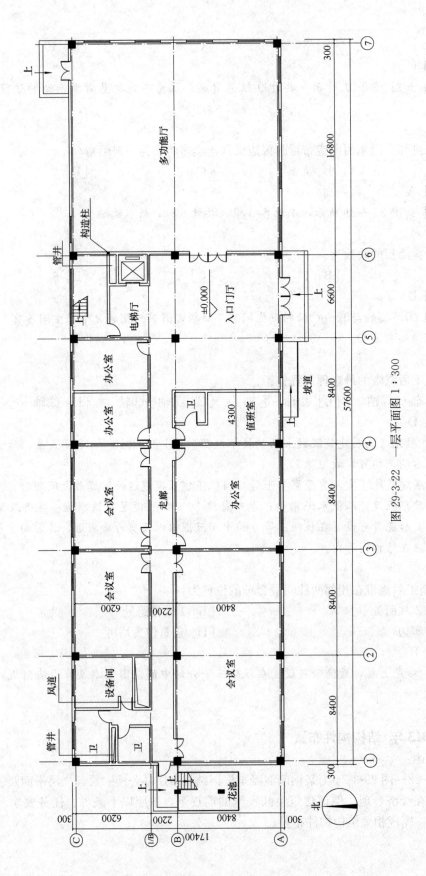

图 29-3-22 一层平面图 1：300

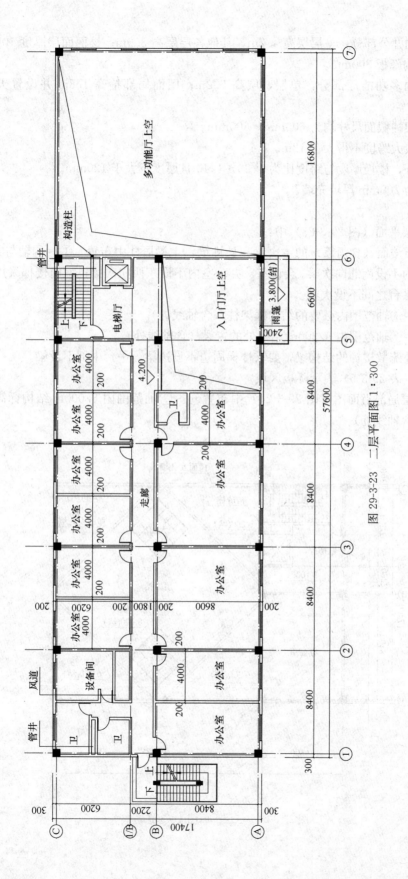

图 29-3-23　二层平面图 1：300

445

● ①～⑥轴办公部分：一层层高 4.2m，其他各层层高 3.9m；楼面面层厚度 100mm，卫生间区域结构降板 300mm。

● ⑥～⑦轴多功能厅部分：单层，层高 6.2m；屋面局部抬高 1.8m 并设置天窗和侧窗。

● 结构框架柱截面尺寸均为 600mm×600mm。

● 结构梁最大跨度不得大于 12m。

● 除楼板外，楼板厚度与跨度比为 1/30～1/40 且厚度不大于 120mm。

● 墙体均为 200mm 厚填充墙。

任务要求：

（1）在二层平面（图 29-3-23）中：

● 布置二层楼面（含雨篷）的主次梁和悬挑梁，主梁居柱中布置，①～⑤轴与⑧～⑩轴间走廊范围内不设南北向次梁，会议室、办公室内不设东西向次梁；室内楼梯采用折板做法，楼梯与平台之间不设次梁。

● 布置⑥～⑦轴范围内必要的结构框架柱（含轴线处）。

● 布置⑥～⑦轴范围内 6.200m 结构处的主梁（含轴线处）。

● 布置室外疏散楼梯的结构梁，要求楼梯周边不设边梁，平台中部不设梁。

● 按图例（表 29-3-6）表示降板区域。

（2）在三层局部平面图（图 29-3-24）中布置⑥～⑦轴范围内 8.000m 结构标高处的主梁、次梁（含轴线处）。

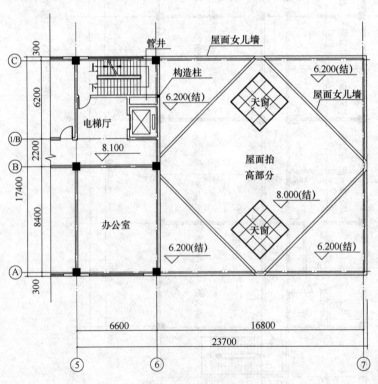

图 29-3-24　三层平面图 1∶300

图例（表 29-3-6）：

图　例 表 **29-3-6**

名称	图例
主梁	▬ ▬·▬·▬
次梁、悬臂梁	▬ ▬ ▬ ▬ ▬
结构框架柱	■
降板区域	⬚

三维模型示意图（图 29-3-25、图 29-3-26）：

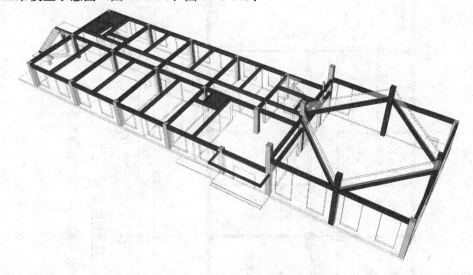

图 29-3-25　二层结构布置示意图

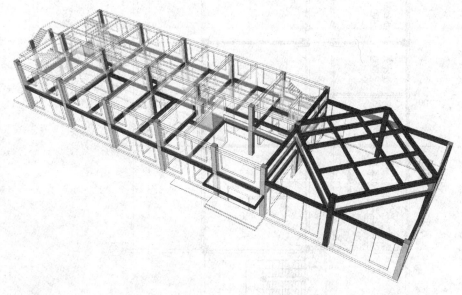

图 29-3-26　三层结构布置示意图

作图参考答案（图 29-3-27、图 29-3-28）：

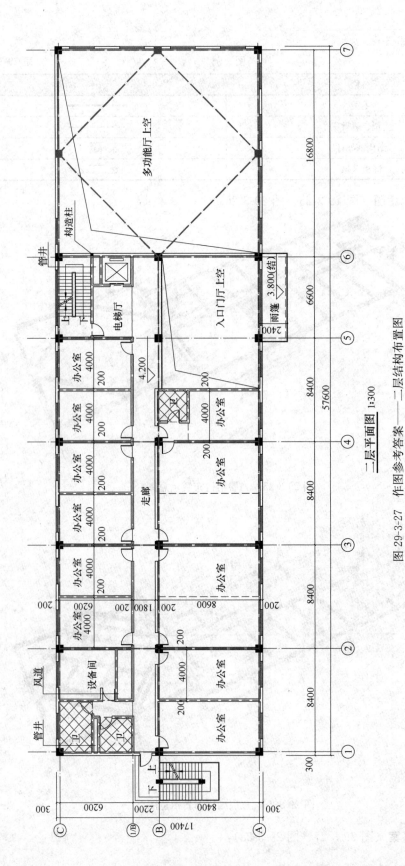

二层平面图 1:300

作图参考答案——二层结构布置图

图 29-3-27

448

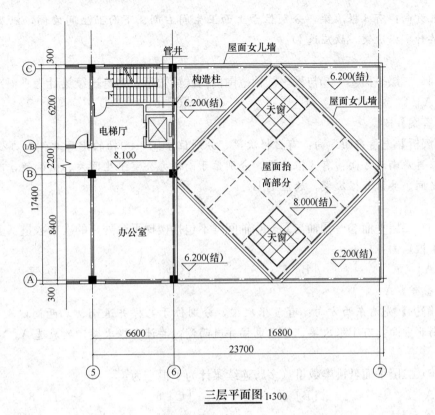

三层平面图 1:300

图 29-3-28　作图参考答案——三层结构布置图

作图选择题参考答案及解析：

(1) 二层平面⑥～⑦轴间（含轴线处）需增设的结构框架柱根数为：

[A] 1　　　　　　[B] 2　　　　　　[C] 3　　　　　　[D] 4

【答案】C

【解析】依据：1. 题目规定"结构梁最大跨度不得大于12m"；2. 三层局部平面图的屋面抬高部分；3.⑥～⑦轴间跨度为 16.80m；由这 3 个条件可以确定需在多功能厅的三面外墙中部增设柱子，如图 29-3-26 所示，故应选C。

(2) 二层平面①～⑤轴与Ⓐ～Ⓑ轴范围内的主梁数量（多跨连续梁计为 1 根）为：

[A] 6　　　　　　[B] 7　　　　　　[C] 8　　　　　　[D] 9

【答案】A

【解析】东西方向Ⓐ、Ⓑ轴上各有一根多跨连续梁；Ⓐ～Ⓑ轴范围内①、②、③、④轴上各有一根主梁，共计 6 根，故应选 A。

(3) 二层平面①～②轴与Ⓐ～Ⓒ轴范围内的次梁数量（多跨连续梁计为 1 根）为：

[A] 4　　　　　　[B] 5　　　　　　[C] 6　　　　　　[D] 7

【答案】D

【解析】先看东西方向：有 4 根次梁，分别位于卫生间与设备间管井上、下两侧；再看南北方向：有3根次梁，分别位于上面卫生间右侧、下面卫生间右侧，以及办公室之间。共计7根次梁，故应选D。

(4) 二层平面④～⑤与Ⓐ～Ⓒ轴范围内的次梁数量（多跨连续梁计为1根）为：

[A] 4　　　　　[B] 5　　　　　[C] 6　　　　　[D] 7

【答案】B

【解析】先看东西方向：有2根次梁，分别位于④～⑤轴的走廊北侧和办公室卫生间南侧；再看南北方向：有3根次梁，分别位于南侧办公室卫生间左、右两侧，以及北侧办公室之间。共计5根次梁，故应选B。

(5) 二层平面⑤～⑥轴与Ⓑ～Ⓒ轴间（不包括楼梯平台处）的次梁数量（多跨连续梁计为1根）为：

[A] 4　　　　　[B] 5　　　　　[C] 6　　　　　[D] 7

【答案】A

【解析】先看东西方向：有3根次梁，分别位于电梯井道南、北两侧以及楼梯南侧；再看南北方向：有1根次梁，位于电梯井道西侧；共计4根次梁，故应选A。

(6) 二层平面悬挑梁数量（多跨连续梁计为1根）为：

[A] 2　　　　　[B] 4　　　　　[C] 6　　　　　[D] 8

【答案】B

【解析】西侧楼梯上、下梯板处有2根悬挑梁，南侧阳台左、右各有1根悬挑梁，共计4根悬挑梁，故应选B。

(7) ⑥～⑦轴间（含轴线处）6.200m和8.000m结构标高处的主梁数量（多跨连续梁计为1根）为：

[A] 11　　　　　[B] 12　　　　　[C] 13　　　　　[D] 14

【答案】C

【解析】标高6.200m处有主梁8根：分别是⑥、⑦、Ⓐ、Ⓑ轴上4根，屋面抬高部分的周边4根；标高8.000m处有主梁5根：分别是⑥轴上1根，屋面抬高部分的周边4根；共计13根主梁，故应选C。

(8) ⑥～⑦轴间（含轴线处）8.000m结构标高处的次梁数量（多跨连续梁计为1根）为：

[A] 2　　　　　[B] 4　　　　　[C] 6　　　　　[D] 8

【答案】B

【解析】屋面抬高部分的周边有4根主梁，与其连接的井字梁是4根次梁，故应选B。

(9) 下列哪个部位可能出现短柱（柱净高 H/截面高度 h 小于等于4的结构柱为短柱，短柱不利于抗震）？

[A] ①轴　　　　[B] ②轴　　　　[C] ⑤轴　　　　[D] ⑥轴

【答案】D

【解析】题目中的条件是：柱的截面尺寸为 600mm×600mm，短柱的条件为 $H \leqslant 4h$，因此 $H \leqslant 2.40m$；如图 29-3-28 所示，⑥轴上的柱较短，$8.00-6.20=1.8m$，故应选 D。

（10）Ⓐ~Ⓒ轴间二层楼板的降板数量为：

[A] 2 块　　　　[B] 3 块　　　　[C] 4 块　　　　[D] 5 块

【答案】B

【解析】如图 29-3-27 所示，有 3 个卫生间需要降板，故应选 B。

八、2014 年　结构构件布置

任务描述：

南方某小学教学楼建于 7 度抗震设防区，采用现浇钢筋混凝土框架结构，图 29-3-29 为其二层平面。根据现行规范、任务条件、任务要求和图例（表 29-3-7），按照技术经济合理的原则，在图上完成二层平面结构的抗震设计内容。

任务条件：

● 建筑层数与层高：

　Ⓐ-Ⓒ轴：2 层，首层层高为 4.5m，二层层高为 7.2m；

　Ⓓ-Ⓕ轴：3 层，各层层高均为 4.5m。

● 框架柱截面尺寸均为 600mm× 600mm。

● 框架梁高为跨度的 1/10，且Ⓓ~Ⓕ轴间框架梁高度不应大于 900mm。

● 填充墙为砌体，墙厚 200mm。

● 建筑门洞高度均为 2500mm，双扇门洞宽 1500mm，单扇门宽度 1000mm。

● 除注明外，外窗高度均为 2600mm，窗台高度 1000mm。

任务要求：

● 完善框架柱布置，使框架结构体系满足小学抗震设防乙类的要求。

● 布置防震缝，使本建筑形成两个平面及竖向均规则的抗侧力结构单元。

● 布置后浇带，不再设置除防震缝外的变形缝。

● 布置水平系梁：Ⓐ~Ⓒ轴间（不包括Ⓒ轴），在墙高超过 4.0m 的填充墙半高位置或宽度大于 2000mm 的窗洞顶处布置截面为 200mm×300mm 的钢筋混凝土水平系梁（梁高应满足为跨度 1/20 的要求）。

● 布置构造柱：Ⓐ~Ⓒ轴间（不包括Ⓒ轴），在水平系梁两端无法支撑于结构柱的位置，长度超过 600mm 的墙体自由端①以及墙体交接处，布置 200mm×200mm 的构造柱，构造柱的布置应满足水平系梁的梁高要求。

● 根据作图结果，先完成第 1 页上作图选择题的作答，再用 2B 铅笔填涂答题卡上对应题目的答案。

---

① 高度超过 2000mm 的墙体洞口两端墙均视为自由端。

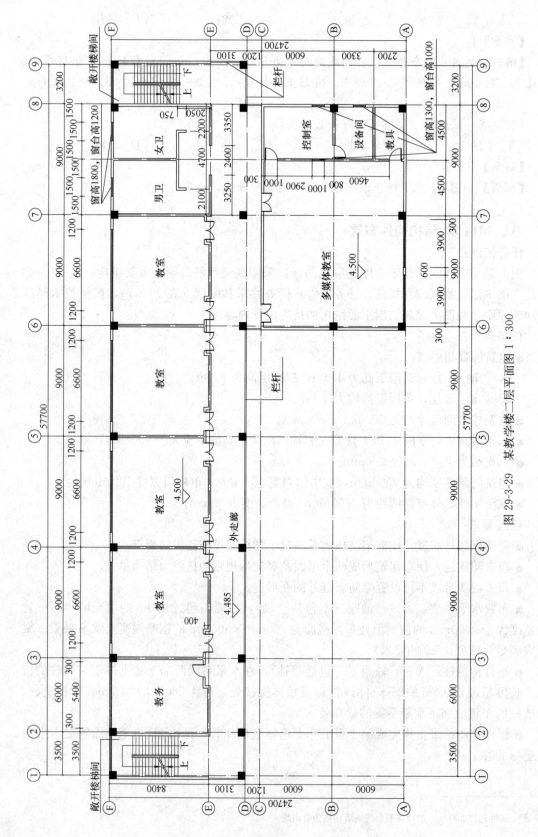

图 29-3-29 某教学楼二层平面图 1 : 300

图例（表 29-3-7）：

图 例

表 29-3-7

名称	图例
结构柱、构造柱	■
后浇带	▨
水平系梁	—·—·—
防震缝	═══

三维模型示意（图 29-3-30）：

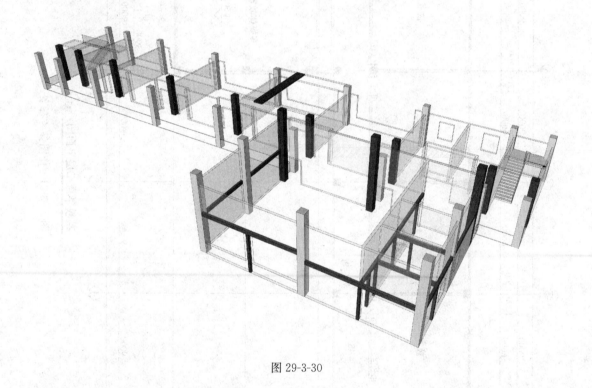

图 29-3-30

作图参考答案（图 29-3-31）：

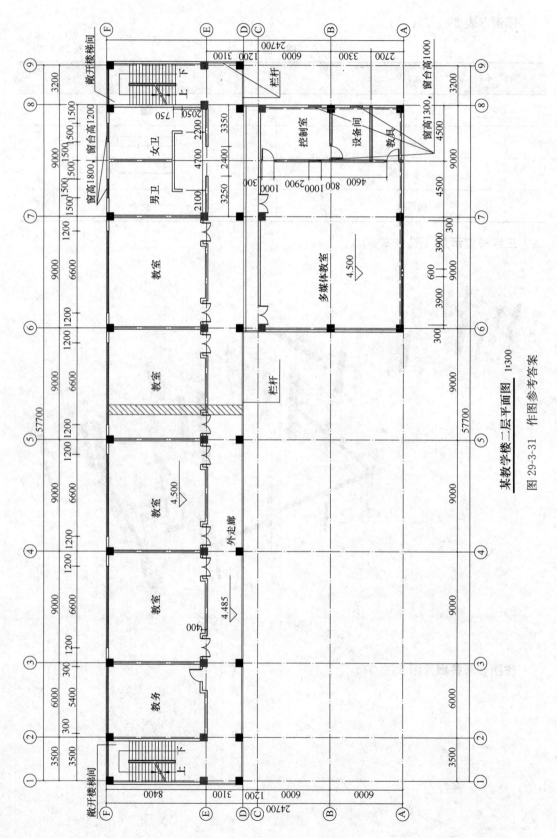

某教学楼二层平面图 1:300

图 29-3-31 作图参考答案

454

作图选择题参考答案及解析：

(1) 需添加框架柱的部位是：

[A] Ⓐ轴和Ⓒ轴   [B] Ⓑ轴和Ⓓ轴

[C] Ⓒ轴和Ⓔ轴   [D] Ⓓ轴和Ⓕ轴

【答案】C

【解析】题目要求："框架梁高为跨度的 $1/10$，且Ⓓ～Ⓕ轴框架梁高度不应大于 900mm"，Ⓓ～Ⓕ间距为 $11.6m > 9.0m$；防震缝两侧应该脱开并设双柱；另外规范要求如下所述，故应该在Ⓒ、Ⓔ轴加柱，答案是 C。

《建筑抗震设计规范》GB 50011—2010（2016 年版）节选：

6.1.5 框架结构和框架-抗震墙结构中，框架和抗震墙均应双向设置，柱中线与抗震墙中线、梁中线与柱中线之间偏心距大于柱宽的 $1/4$ 时，应计入偏心的影响。

甲、乙类建筑以及高度大于 24m 的丙类建筑，不应采用单跨框架结构；高度不大于 24m 的丙类建筑不宜采用单跨框架结构。

《建筑工程抗震设防分类标准》GB 50223—2008 节选：

6.0.8 教育建筑中，幼儿园、小学、中学的教学用房以及学生宿舍和食堂，抗震设防类别应不低于重点设防类。

(2) Ⓐ～Ⓓ轴间，需要增加的框架柱数量是：

[A] 2 根   [B] 3 根   [C] 4 根   [D] 5 根

【答案】B

【解析】如图 29-3-31 所示，C 轴有 3 根柱，故应选 B。

(3) Ⓓ～Ⓕ轴间，需要增加的框架柱数量是：

[A] 7 根   [B] 8 根   [C] 9 根   [D] 10 根

【答案】C

【解析】如图 29-3-31 所示，E 轴与①～⑨轴相交处均应设柱，共有 9 根柱，故应选 C。

(4) 防震缝的道数应为：

[A] 1   [B] 2   [C] 3   [D] 4

【答案】A

【解析】题目任务要求"布置防震缝，使本建筑形成两个平面及竖向均规则的抗侧力结构单元"，两个单元之间有 1 道防震缝，故应选 A。

(5) 防震缝的设置位置正确的是：

[A] ⑤～⑥轴间靠近⑥轴   [B] ⑥～⑦轴间靠近⑥轴

[C] Ⓒ～Ⓓ轴间靠近Ⓓ轴   [D] Ⓒ～Ⓓ轴间靠近Ⓒ轴

【答案】C

【解析】如图 29-3-31 所示，防震缝位于Ⓒ～Ⓓ轴，应靠近Ⓓ轴，以便于多媒体室的疏散门开启；故应选 C。

(6) 后浇带的设置位置正确的是：

[A] ①～③轴间靠近轴线 　　　　　[B] ②～④轴间靠近轴线

[C] ④～⑥轴间靠近轴线 　　　　　[D] ⑥～⑧轴间靠近轴线

【答案】C

【解析】《高层建筑混凝土结构技术规程》JGJ 3—2010 第 12.2.3 条的规定如下；后浇带位于⑤轴的左右两侧均可，靠近轴线，不在跨中，故应选 C。

12.2.3 高层建筑地下室不宜设置变形缝。当地下室长度超过伸缩缝最大间距时，可考虑利用混凝土后期强度，降低水泥用量；也可每隔 30～40m 设置贯通顶板、底部及墙板的施工后浇带。后浇带可设置在柱距三等分的中间范围内以及剪力墙附近，其方向宜与梁正交，沿竖向应在结构同跨内。

(7) 南北向的水平系梁数量是（以直线连续且梁顶标高相同为 1 根计算）：

[A] 3 根 　　　　[B] 5 根 　　　　[C] 7 根 　　　　[D] 9 根

【答案】A

【解析】题目要求"布置水平系梁：Ⓐ～Ⓒ轴间（不包括Ⓒ轴），在墙高超过 4.0m 的填充墙半高位置或宽度大于 2000mm 的窗洞顶处布置截面为 200mm×300mm 的钢筋混凝土水平系梁（梁高应满足为跨度 1/20 的要求）"。南侧多媒体室及其附属用房的层高为 4.5m，填充墙内应布置水平系梁，分别位于⑥轴和⑧轴；同时多媒体教室与其附属房间的隔墙也应加水平系梁；南北向的水平系梁共计 3 根；故应选 A。

(8) 东西向的水平系梁数量是（以直线连续且梁顶标高相同为 1 根计算）：

[A] 6 根 　　　　[B] 5 根 　　　　[C] 4 根 　　　　[D] 3 根

【答案】D

【解析】Ⓒ轴不要求布置；控制室、设备间、教具间有两道隔墙，应布置 2 根水平系梁；Ⓐ轴也应布置水平系梁；东西向的水平系梁共计 3 根，故应选 D。

(9) ⑥～⑦轴间（包括轴线）构造柱的最少数量是：

[A] 0 根 　　　　[B] 1 根 　　　　[C] 2 根 　　　　[D] 3 根

【答案】B

【解析】⑥～⑦轴（包括轴线）间，构造柱应布置在Ⓐ轴——多媒体教室的窗间。同第 (7) 题，水平系梁的适用跨度为 300mm×20＝6000mm，⑥～⑦轴跨度为 9m，故应布置 1 根构造柱；答案是 B。

(10) ⑦～⑧轴间（包括轴线）构造柱的数量是：

[A] 4 根 　　　　[B] 5 根 　　　　[C] 6 根 　　　　[D] 7 根

【答案】D

【解析】题目要求"布置构造柱：Ⓐ～Ⓒ轴间（不包括Ⓒ轴），在水平系梁两端无法支撑于结构柱的位置，长度超过 600mm 的墙体自由端（高度超过 2000mm 的墙体洞口两端墙均视为自由端）以及墙体交接处，布置 200mm×200mm 的构造柱，构造柱的布置应满足水平系梁梁高的要求"。如图 29-3-31 所示，多媒体教室右侧隔墙有 5 根构造柱（ⓒ轴不要求布置）；设备间与控制室的门边有 1 根，教具间北侧隔墙与⑧轴外墙处有 1 根，共计 7 根，故应选 D。

九、2017 年 结构构件布置

任务描述：

下图（图 29-3-32）阴影部分为抗震设防烈度 6 度地区的既有多层办公楼局部，现需在其南向增建三层钢筋混凝土结构的会议中心。

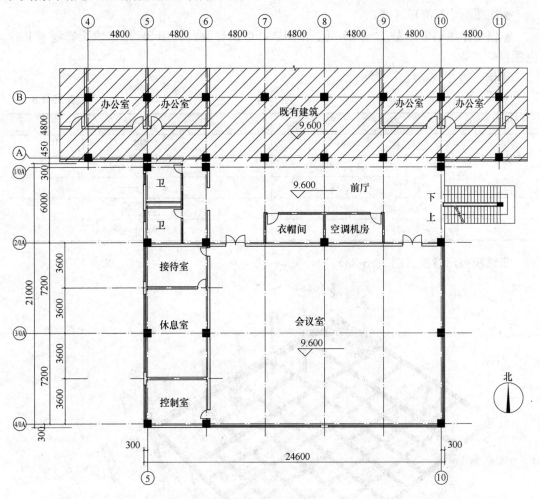

图 29-3-32 三层平面图 1：300

在经济合理的前提下，按照设计条件、任务要求及图例（表 29-3-8），在图上完成增建建筑三层楼面的结构布置。

设计条件：

● 会议中心二、三层平面布局相同，层高均为 4.8m。

● 会议中心墙体均为砌体墙，应由结构梁支承。

● 会议中心结构梁均采用普通钢筋混凝土梁，梁高不大于 800mm，正交布置。

● 会议室内结构梁间距控制在 2000～3000mm，且双向相等。

● 室外楼梯梯段及周边不设结构梁，楼梯平台中间不设结构梁。

● 卫生间需结构降板 300mm，以满足同层排水要求。

任务要求：

● 以数量最少的原则补充布置必要的结构柱。

● 布置结构主、次梁。

● 布置变形缝。

● 布置室外楼梯的结构梁。

● 按图例绘制降板区域。

● 根据作图结果，先完成第 1 页上作图选择题的作答，再用 2B 铅笔填涂答题卡上对应题目的答案。

图例（表 29-3-8）：

图　例　　　　　　　　　　　　　　　　　　　　表 29-3-8

名　称		图　例
结构柱		■
结构梁	主梁	—　·—　·—
	次梁	—　—　—　—
降板区域		▨
变形缝		═══

三维模型示意图（图 29-3-33）：

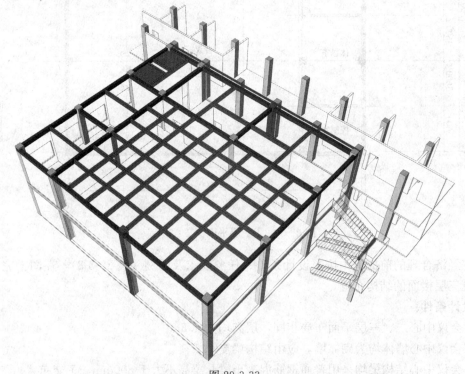

图 29-3-33

作图参考答案（图 29-3-34）：

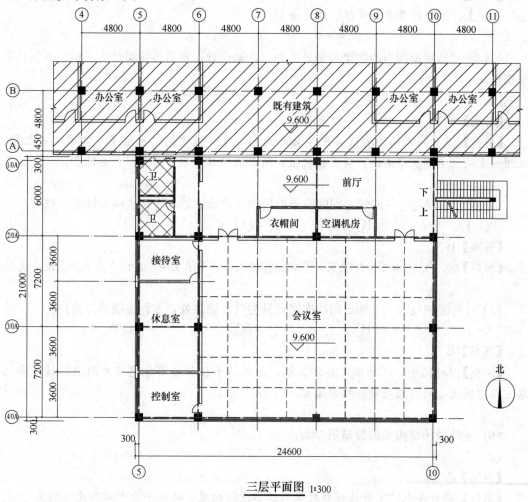

三层平面图 1:300

图 29-3-34　作图参考答案

作图选择题参考答案及解析：

（1）需补充设置的结构柱数量最少为：

[A] 2　　　　　　[B] 4　　　　　　[C] 6　　　　　　[D] 8

【答案】A

【解析】结构主梁的高度为 800mm，如梁高与跨度的关系为 1/12 时，梁的跨度为 9.6m；条件图中"会议室南侧与前厅北侧的跨度均 19.2m"，应分别加 1 根结构柱，故应选 A。

注：《高层建筑混凝土结构技术规程》JGJ 3—2010 第 6.3.1 条，框架结构的主梁截面高度可按计算跨度的 1/10～1/18 确定。

（2）②/0A～⑩/0A 轴范围内的主梁数量为（含轴线处，多跨连续梁计为 1 根，不包括室外楼梯）：

[A] 4　　　　　　[B] 5　　　　　　[C] 6　　　　　　[D] 7

【答案】C

【解析】南北 2 根连续梁，分别位于⑩Ⓐ、⑳Ⓐ轴上；东西 4 根连续梁，分别位于⑤、⑥、⑧、⑩轴上。主梁数量共计 6 根，故应选 C。

(3) ⑳Ⓐ～⑩Ⓐ轴范围内的次梁数量最少为（含轴线处，多跨连续梁计为 1 根，不包括室外楼梯）：

[A] 3　　　　　[B] 4　　　　　[C] 5　　　　　[D] 6

【答案】D

【解析】卫生间右侧隔墙及其中部管井两侧，有 3 根次梁；衣帽间与空调机房北侧、衣帽间左侧、空调机房右侧，有 3 根次梁；所以次梁数量最少为 6 根，应选 D。

(4) ⑳Ⓐ～⑩Ⓐ轴与⑤～⑥轴之间的主梁数量为（含轴线处，多跨连续梁计为 1 根）：

[A] 4　　　　　[B] 5　　　　　[C] 6　　　　　[D] 7

【答案】B

【解析】⑳Ⓐ、⑳Ⓐ、⑩Ⓐ轴有 3 根主梁，⑤轴、⑥轴上各有 1 根主梁，共计 5 根主梁；故应选 B。

(5) ⑳Ⓐ～⑩Ⓐ轴与⑤～⑥轴之间的次梁数量为（含轴线处，多跨连续梁计为1根）：

[A] 1　　　　　[B] 2　　　　　[C] 3　　　　　[D] 4

【答案】B

【解析】如图 29-3-34 所示，共计 2 根，分别位于接待室与休息室之间的隔墙处和休息室与控制室之间的隔墙处；故应选 B。

(6) 室外楼梯结构梁的数量最少为：

[A] 1　　　　　[B] 3　　　　　[C] 5　　　　　[D] 7

【答案】A

【解析】题目要求"室外楼梯梯段及周边不设结构梁，楼梯平台中间不设结构梁"。故只能在梯柱、梯板与平台板之间设悬挑梁 1 根，故应选 A。

(7) ⑥～⑩轴与⑳Ⓐ～⑩Ⓐ轴之间（不含⑥、⑩、⑳Ⓐ、⑩Ⓐ轴线处）南北方向的结构梁数量为（多跨连续梁计为 1 根）：

[A] 5　　　　　[B] 6　　　　　[C] 7　　　　　[D] 8

【答案】C

【解析】题目要求"会议室内结构梁间距控制在 2000～3000mm，且双向相等"。会议室长宽为 19.2m×14.4m，井字梁为 2.4m×2.4m，南北向 6 格，东西向为 8 格（中间共有 7 根次梁），故应选 C。

(8) ⑥～⑩轴⑳Ⓐ～⑩Ⓐ与轴之间（不含⑥、⑩、⑳Ⓐ、⑩Ⓐ轴线处），东西方向的结构梁数量（多跨连续梁计为 1 根）：

[A] 5　　　　　[B] 6　　　　　[C] 7　　　　　[D] 8

【答案】A

【解析】参见第（7）题解析，南北向6格，中间共有次梁5根，故应选A。

（9）需设置变形缝的数量为：

[A] 0   [B] 1   [C] 2   [D] 3

【答案】B

【解析】既有办公楼和增建会议中心之间（双柱）需设变形缝一道，故应选B。

（10）需要降板的楼板数量最少为：

[A] 1   [B] 2   [C] 3   [D] 4

【答案】B

【解析】题目要求"卫生间需结构降板300mm，以满足同层排水要求"，未提前室是否需要降板（前室也未设门），图29-3-32中前室也未布置卫生设备（可对比2012年、2013年题目）。在实际工程中，前室可通过建筑防水构造措施解决少量水渍问题。此外，题目要求降板的楼板数量最少，所以需要降板的楼板数量最少为2块，故应选B。

十、2018年 楼梯结构布置

任务描述：

图29-3-35为某四层办公楼的建筑局部平面图，以及未完成的标高－0.050m以上楼梯结构1-1剖面详图（图29-3-36）。采用现浇钢筋混凝土框架结构；玻璃幕墙通高；楼梯踏步段为板式，其两端均以梯梁为支座；楼梯中间的平台板与框架柱连接，其两端均以梯梁为支座。剖面详图（图29-3-36）已给出楼梯踏步段位置，按照规范要求和经济合理原则完成结构布置。

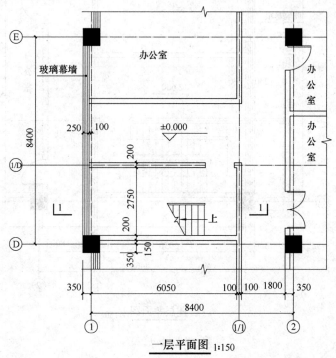

一层平面图 1:150

图 29-3-35（一）

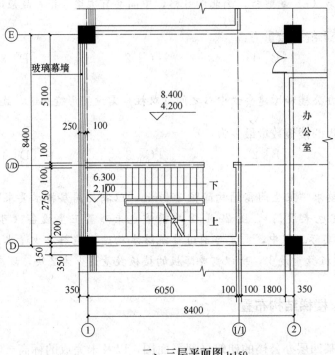

玻璃幕墙

8.400
4.200 ▽

办公室

6.300
2.100 ▽

下

上

二、三层平面图 1:150

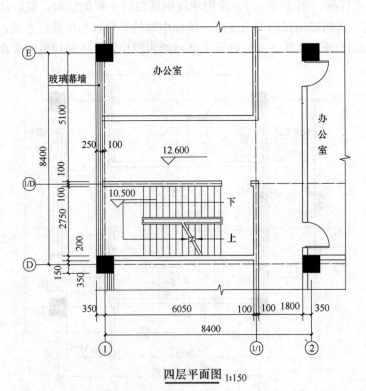

玻璃幕墙

办公室

办公室

12.600 ▽

10.500 ▽

下

上

四层平面图 1:150

图 29-3-35（二）

任务要求：

● 在各层平面的楼梯间，楼梯结构 1-1 剖面详图（图 29-3-36）上，完成以下任务：

● 布置楼梯间的结构主梁和结构次梁，梁截面尺寸分别为 350mm×700mm，300mm×600mm，非主梁上的砌体墙由次梁支承。

● 布置梯梁和梯柱，梁截面尺寸为 200mm×400mm，柱截面尺寸为 450mm×200mm。

● 绘出剖到的楼板、楼梯踏步段和平台板。各层楼板厚 150mm，其楼面构造厚度为 50mm；平台板厚 100mm，其楼面构造厚度为 30mm。

● 结构剖面详图仅绘制结构构件。

● 在剖面详图上，标注各层楼板和中间的平台板标高，并补全尺寸线上的尺寸。

● 在剖面详图上，以"TL"标注梯梁，"TZ"标注梯柱，"PTB"标注平台板。

● 根据作图结果，用 2B 铅笔填涂答题卡上作图选择题的答案。

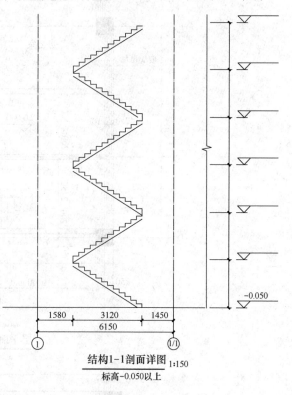

结构1-1剖面详图 1:150
标高-0.050以上

图 29-3-36

图例（表 29-3-9）：

图　例　　　　　　　　　　　　　　　　表 29-3-9

名　称	图　例
主　梁	▬▪▬▪▬
次　梁	▬ ▬ ▬ ▬
梯　梁	▬ ▬ ▬ ▬ ▬
梯　柱	■

三维模型示意（图 29-3-37）：

图 29-3-37

作图参考答案（图 29-3-38、图 29-3-39）：

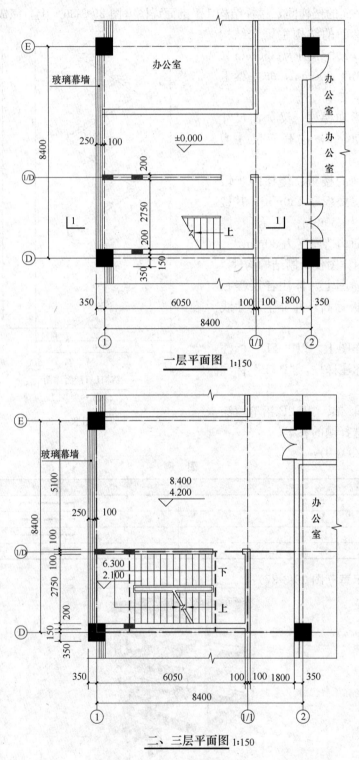

一层平面图 1:150

二、三层平面图 1:150

图 29-3-38　结构布置图（一）

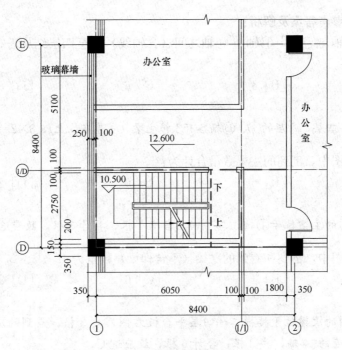

四层平面图 1:150

图 29-3-38　结构布置图（二）

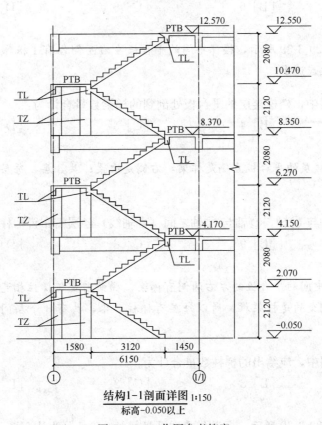

结构1-1剖面详图 1:150
标高-0.050以上

图 29-3-39　作图参考答案

作图选择题参考答案及解析:

(1) 平面①轴与⑭轴,⑪轴与⑩轴之间(含轴线)二至四层结构需布置主梁的数量合计为:

[A] 3 　　　　[B] 4 　　　　[C] 6 　　　　[D] 8

【答案】C

【解析】二~四层,每层的①、⑪轴各有1根主梁(支座在柱上),3×2=6,故应选C。

(2) 剖面详图中,剖到的主梁数量合计为:

[A] 3 　　　　[B] 6 　　　　[C] 0 　　　　[D] 2

【答案】A

【解析】剖到的主梁位于①轴,二~四层各有1根,共计3根,故应选A。

(3) 剖面详图中,剖到和看到的次梁(不含梯梁)数量为:

[A] 3 　　　　[B] 4 　　　　[C] 6 　　　　[D] 8

【答案】C

【解析】剖到的次梁位于楼梯二~四层平台板右侧,共3根;看到的次梁位于这3层与剖到的次梁相连的⑩轴,共3根;合计6根,故应选C。

(4) 剖面详图中,楼梯中间的平台板处剖到的梯梁数量合计为:

[A] 3 　　　　[B] 6 　　　　[C] 9 　　　　[D] 8

【答案】B

【解析】如图29-3-39所示,楼梯中间的平台板左右两侧各有1根梯梁;3层,每层2根,共计6根,故应选B。

(5) 剖面详图中,楼梯楼层的平台板处剖到的梯梁数量合计为:

[A] 6 　　　　[B] 4 　　　　[C] 3 　　　　[D] 2

【答案】C

【解析】楼梯楼层的平台板左侧是梯梁,右侧是次梁;共3层,每层1根,共计3根,故应选C。

(6) 平面①轴与⑭轴,⑪轴与⑩轴之间(含轴线)各层需布置梯柱的数量合计为:

[A] 12 　　　　[B] 9 　　　　[C] 8 　　　　[D] 6

【答案】B

【解析】楼梯中间的平台板的左右两侧有梯梁,梯梁需要与梯柱相连,共需4根柱子。其中①轴与⑪轴相交的是框架柱,所以每层有梯柱3根,共有3个层间平台板,3根×3=9根,故应选B。

(7) 剖面详图中,应绘出的梯柱数量合计为:

[A] 4 　　　　[B] 8 　　　　[C] 3 　　　　[D] 6

【答案】D

【解析】如图29-3-39所示,每层能看到2根梯柱,3层,共计6根,故应选D。

(8) 剖面详图中，剖到的楼梯踏步段数量为：

[A] 3   [B] 4   [C] 5   [D] 6

【答案】A

【解析】一～三层分别剖到通往楼梯中间平台板的踏步段，如图 29-3-39 所示，共计 3 段，故应选 A。

(9) 剖面详图中，剖到的平台板数量合计为：

[A] 7   [B] 6   [C] 4   [D] 3

【答案】B

【解析】楼梯中间的平台板有 3 块，二～四层每层各有 1 块与该层楼板连接的平台板，共计 6 块；故应选 B。

(10) 四层平面图中，①轴右侧中间的平台板结构标高为：

[A] 10.400   [B] 10.450   [C] 10.470   [D] 10.500

【答案】C

【解析】题目要求"各层楼板厚 150mm，其楼面构造厚度为 50mm；平台板厚 100mm，其楼面构造厚度为 30mm"。①轴右侧中间的平台板结构标高为 10.500m，10.500−0.030＝10.470m，故应选 C。

十一、2019 年 过街天桥结构平面布置

任务描述：

南方某工业园需在两幢已建研发楼之间，建造一座自成结构体系的钢筋混凝土过街天桥连通。下图（图 29-3-40、图 29-3-41）为过街天桥的首层和二层平面图，根据现行规范、任务要求和图例（表 29-3-10），按照经济合理、结构安全的原则，在二层平面图上完成过街天桥的结构平面布置。

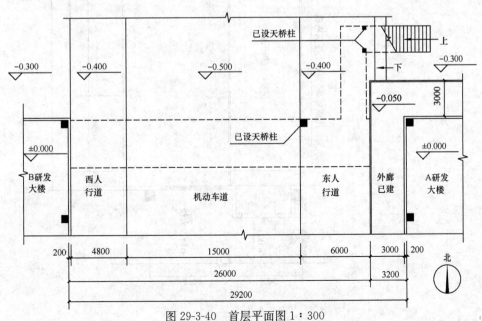

图 29-3-40　首层平面图 1：300

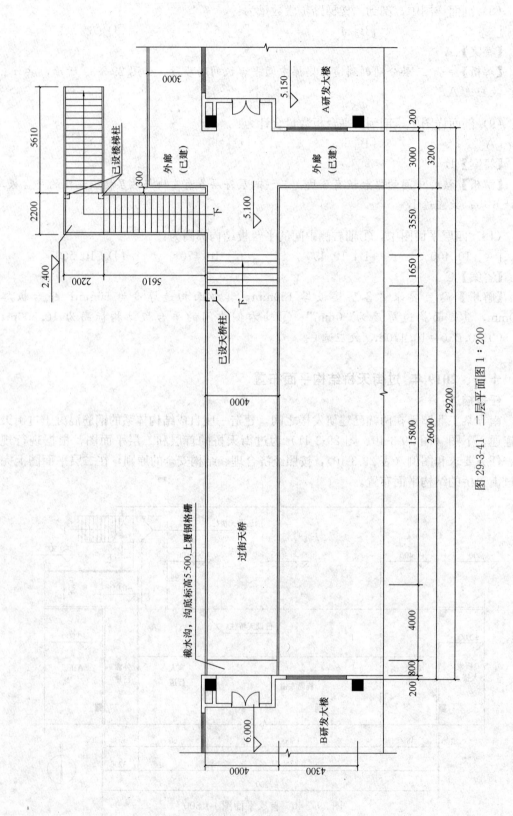

图 29-3-41 二层平面图 1∶200

外廊（已建）

已设楼梯柱

已设天桥柱

A研发大楼

外廊（已建）

过街天桥

截水沟，沟底标高5.500，上覆钢格栅

B研发大楼

5.150

5.100

5.610

2.400

2200

2200

300

3000

3000

3200

3550

1650

4000

15800

26000

29200

4000

800

4300

4000

6.000

200

200

任务要求：

（1）完善结构柱的布置，布置原则为不影响机动车道的净宽；同时，人行道南北向通行净宽不小于 4.0m，此范围内不应出现柱子。

（2）布置结构梁，并满足以下要求：

● 悬挑梁梁高按水平跨度的 1/6 计算，其余结构梁梁高按水平跨度的 1/15 计算。

● 天桥板（包括截水沟底板）和楼梯板均由梁支承、梁的布置应简洁、经济，不采用悬挑板。

● 楼梯基础和地梁不在本图表示。

● 按图例要求标注水平梁、悬挑梁、折梁和斜梁。

● 机动车道通行净高应不小于 5.1m。

● 人行道通行净高应不小于 2.3m。

● 布置必要的变形缝。

（3）根据作图结果，用 2B 铅笔填涂答题卡上作图选择题的答案。

图例（表 29-3-10）：

图 例 表 29-3-10

名　称	图　例	名　称	图　例
天桥柱	600 × 600	水平梁	L
		挑梁	BL
楼梯柱	300 × 300	折梁	ZL
		斜梁	XL
		变形缝	═══

三维模型示意图（图 29-3-42）：

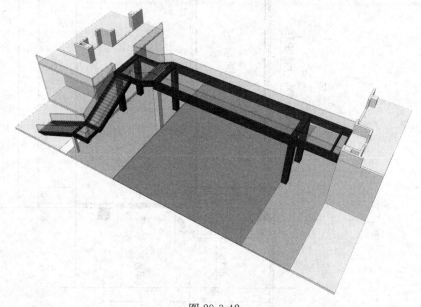

图 29-3-42

作图参考答案（图 29-3-43）：

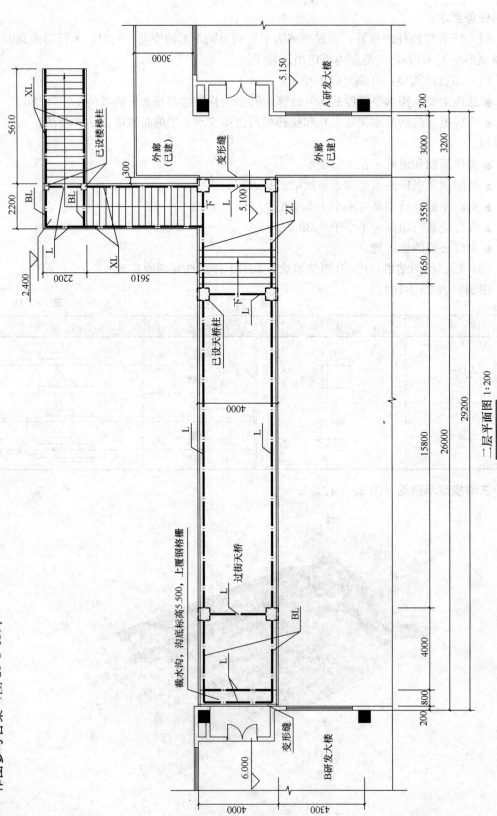

图 29-3-43 作图参考答案

470

作图选择题参考答案及解析：

（1）位于东人行道的天桥柱的总数是：

[A] 1   [B] 2   [C] 4   [D] 6

【答案】C

【解析】东人行道边北侧已设天桥柱 1 根，按结构沿 X、Y 两个主轴双向受力更稳定的原则，在已设天桥柱南加 1 根柱。新建天桥与已建外廊之间需用变形缝隔开；天桥本身可以通过"挑梁"与已有建筑相连，但考虑此段梁跨度已经达 5.2m，同时还需承受北侧楼梯踏步板的竖向荷载；故增加 2 根天桥柱，不采用悬挑方式。所以 1＋1＋2＝4，故应选 C。

（2）位于西人行道的天桥柱的总数是：

[A] 1   [B] 2   [C] 3   [D] 4

【答案】B

【解析】西侧人行道边与东侧人行道边对称，设天桥柱 2 根，选择 B。

（3）需增加的楼梯柱数量是：

[A] 0   [B] 1   [C] 2   [D] 3

【答案】A

【解析】"布置原则为不影响机动车道的净宽；同时，人行道南北向通行净宽不小于 4.0m，此范围内不应出现柱子"；人行道宽 4.0m，天桥柱宽度 0.6m，楼梯宽 2.2m。所以在 6.0m 的范围内不能再设楼梯柱，故应选 A。

（4）机动车道上空东西向水平梁（L）的最少数量是：

[A] 1   [B] 2   [C] 3   [D] 4

【答案】B

【解析】南北各需设置一根连接东西天桥柱的水平梁（L），故应选 B。

（5）天桥南北向水平梁（L）的最少数量是：

[A] 1   [B] 3   [C] 5   [D] 7

【答案】C

【解析】天桥有柱位置的南北向水平梁（L）必须设（共 3 根）；西侧悬挑梁的边梁应设（共 1 根）；天桥西端题目要求截水沟底板用梁支承（加 1 根），以保证平面内的稳定；3＋1＋1＝5，故应选 C。

（6）2.400m 标高处的水平梁（L）的数量是：

[A] 2   [B] 3   [C] 4   [D] 5

【答案】A

【解析】楼梯中间平台板（标高 2.400m）的东西两侧各有 1 根；其中 1 根是悬挑梁的封边梁，另 1 根是梯柱之间的水平梁；南北两侧有 2 根挑梁，故应选 A。

（7）悬挑梁（BL）的总数是：

[A] 1   [B] 2   [C] 3   [D] 4

【答案】D

【解析】楼梯中间平台处2根，天桥与B研发大楼之间有2根，故应选D。

（8）折梁（ZL）的数量是：

[A] 4   [B] 3   [C] 2   [D] 1

【答案】C

【解析】折梁位于天桥标高5.100m与6.000m高差的台阶处，南北各1根，故应选C。

（9）斜梁（XL）的数量是：

[A] 1   [B] 2   [C] 3   [D] 4

【答案】D

【解析】东侧楼梯的第1梯板、第2梯板两侧各有1根斜梁，2×2＝4根，故应选D。

（10）变形缝的数量是：

[A] 1   [B] 2   [C] 3   [D] 4

【答案】B

【解析】首先，题目并未明确变形缝的种类，有可能是抗震缝、伸缩缝或沉降缝；其次，无论是哪一种缝，通常主体建筑与附属建筑、既有建筑与新建建筑的连接处，均应设置变形缝；故本题应选B。

第四节 建 筑 设 备

一、要点综述

（一）概述

1. 考试大纲要求及历年试题命题分析

建筑技术设计（作图题）的建筑设备部分大纲仅写了"机电设备及管道系统"这一句，没有进一步的说明，故只能从历年真题中去寻求更多的相关线索，历年真题及其所涉及的专业详见表29-4-1。

建筑技术设计（作图）设备试题命题分析   表 29-4-1

年份	题目类型	涉及专业
2003 年	超高层办公大楼走廊及核心筒消防系统布置	消防
2004 年	多层住宅楼卫生间给排水和电气布置	给排水、电气
2005 年	高校教学楼阶梯教室全空气系统空调平面布置图	空调
2006 年	24 层高级公寓标准层核心筒及走廊消防设施布置	消防
2007 年	二类高层宾馆局部空调通风及消防系统布置	消防
2008 年	高层住宅单元平面空调及电气布置	空调、电气
2009 年	一类高层地下室消防设施布置	消防

年份	题目类型	涉及专业
2010 年	二类高层办公楼中庭及回廊消防设施布置	消防
2011 年	旅馆标准层客房管线综合布置	给排水、空调、电气管线综合
2012 年	超高层办公楼标准层核心筒消防设施布置	消防
2013 年	超高层办公楼标准层消防设施布置	消防
2014 年	二类高层办公楼（9 层）顶层空调通风及消防系统布置	消防
2017 年	2 层社区中心空调系统及送排风系统布置	空调
2018 年	高层医院住院楼双床病房设备设施布置	电气
2019 年	高层办公楼标准层消防设施布置	消防

仔细查看此表，可以发现一个明显的规律，在考试大纲修改后（2002 年以后）的 15 次考试中，技术作图的建筑设备部分有 9 次考的是消防系统，尤其是高层建筑的消防系统，这是复习可以把握的第一个规律，至于其原因不得不从建筑的系统性说起。

2. 建筑设备的系统特性

以系统的视角来看，建筑是个复合系统，与人体的 8 大系统相类似。建筑的空间系统（建筑）相当于人体的肌肉系统，承载系统（结构）与人体骨骼系统相类似，设备电气系统中的给排水系统、电气系统及通风系统（设备、电气）就可以类比为人体的循环系统、神经系统及呼吸系统。建筑的系统性在技术作图的考试中体现得最为充分，建筑与结构系统有较为单一的内容核心（空间与承载），而设备电气系统的内容则较为繁多。

建筑设备、电气所涉及的内容广泛。建筑设备系统包括：给水系统、排水系统、供暖系统、通风系统、空调系统，与消防相关的防烟系统、排烟系统、消火栓系统、自动喷水灭火系统。建筑电气系统包括一般照明系统、与消防相关的应急照明系统及火灾自动报警系统。

概括地说，建筑设备、电气的内容可以用"水暖通空调电＋消防"几个字来表达，当然它们并不是并列关系，水暖通空调电为纵向的专业系统，而消防及绿色节能是横向的复合系统，可以用图解作更直观的表达（图 29-4-1）。横向系统需要各专业的密切配合来实现。之所以技术作图考试喜欢考横向系统，如高层消防系统及吊顶内的管线综合，是由于这才是作为注册建筑师在执业过程中所要把握的核心要点，自然也成为了考核的重点。

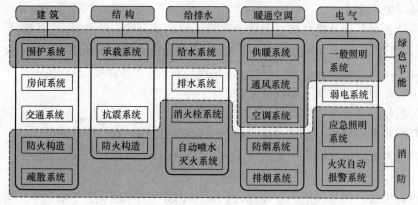

图 29-4-1　建筑复合系统

每个系统都有其核心要素及系统特性，核心要素的特性决定着系统的构成方式及其特点，建筑设备系统也不例外。如给水排水系统的核心要素是液体的水，给水系统是水质较好的水，为了将水提供到各个给水点，就需要提供一定的压力（高位水箱或水泵），因而给水管道内是有压流，是只出不进的独立系统。而排水系统的核心要素是水质较差的污水、废水和雨水，由于水质差，就需要水封对排水管道进行密闭，以免污染环境；利用"水往低处流"的特性，排水管道内的介质为重力流，需要保持适当的排水坡度；为保证管道内的压力稳定（压力不稳会破坏水封），需要设置通气管；可以看到所有这些技术措施都源自于系统核心要素的特性。

采暖系统的核心介质是热水或蒸汽，管道内为有压流，是封闭的循环系统；通风空调系统的核心介质是空气，其中通风为独立系统，是空调的低级阶段，正常通风主要解决换气问题，事故通风解决污染物排除和高温空气的排出。空调是通风的高级阶段，要调节空气的四度（温度、相对湿度、气流速度、空气洁净度）；电气系统的核心介质是电与信号，其传输线路及连接控制方式都有其独特之处。因而只有把握系统的核心，掌握系统特性、组成及其运作方式才能从根本上对相关要点进行掌握。

建筑设备试题涉及的重要标准、规范如表29-4-2所示。

设计规范、标准、技术规程列表 表 29-4-2

专业	规范名称	编号
消防	《建筑设计防火规范》	GB 50016—2014（2018年版）
	《火灾自动报警系统设计规范》	GB 50116—2013
	《建筑防烟排烟系统技术标准》	GB 51251—2017
	《消防给水及消火栓系统技术规范》	GB 50974—2014
	《自动喷水灭火系统设计规范》	GB 50084—2017
给水排水	《建筑给水排水设计标准》	GB 50015—2019
暖通空调	《民用建筑供暖通风与空气调节设计规范》	GB 50736—2012
建筑电气	《民用建筑电气设计标准》	GB 51348—2019
	《住宅建筑电气设计规范》	JGJ 242—2011
	《建筑照明设计标准》	GB 50034—2013

3. 设备系统的复合

建筑内的各个系统是复合在一起的，建筑系统的复合性指的是每个系统既要保证各自专业系统的合理性，符合相应的规范、标准及技术规程要求（专业合理性），又要与其他系统相综合，比如协调设备占空、延伸及隐蔽的问题（空间合理性）。至于消防更是一个紧急状态下的综合联动系统（系统联动性）。

系统关系较为多元，主要有以下几类：

（1）匹配关系：如给水系统与排水系统一般成对出现，有一定的流量关系；送风系统与排风系统通常成对出现，有一定的流量关系，通风口与排风口的位置是室内气流组织的关键。

（2）矛盾关系：如吊顶中的管线综合，通常电缆桥架不应设置于水管正下方；设备管道系统的延伸要求与消防设施系统防蔓延的分隔要求相矛盾，因而需要防火阀、防火门及管井内的防火分隔板等技术措施。

（3）联动关系：这类关系在消防系统中最为常见，将在后文详述。

（4）协调关系：如住宅许多管线敷设于墙内或地面垫层中；在吊顶内的管线布置中，水管在下，风管在上，以便于水管的维修等。

这些关系较为复杂细碎，但逻辑相对简单，需要结合试题及相关专业要点综述作全面掌握。

（二）给水排水系统

给水排水系统（除与消防相关的消火栓系统及自动喷水灭火系统）在技术作图的考试中极少出现，2003年后的考试中仅2004年考过一次；不过作为一类设备系统，复习时还是要大致了解一下相关要点。

建筑给水排水系统是整个城市水系统中重要的一个分支，具体的衔接关系见图29-4-2。

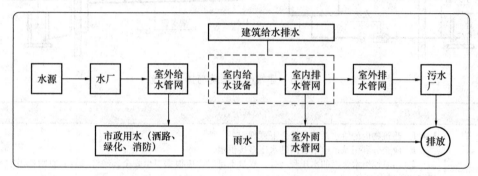

图 29-4-2　给水排水系统图示

建筑给水排水系统的内容依据的规范是《建筑给水排水设计规范》GB 50015—2019，下列表格中若有编号均为规范的条文编号（表中的粗体字为强制性条文）。

给水排水系统	
概念	给水系统的功能就是将来自城镇供水管网（或自备水源）的水输送到室内的各种配水龙头、生产机组和消防设备等用水点，并满足各用水点对水质、水量、水压、水温的要求； 排水系统是将建筑内的用水设备、卫生器具和车间生产设备产生的污（废）水，以及屋面上的雨雪水加以收集后，通过室内排水管道及时顺畅地排至室外排水管网中去（图29-4-3）
组成	室内给水系统主要包括引入管（管上设水表、闸门、放水口）、给水管、给水附件（给水管路上的闸门、止回阀等）
	建筑内部的排水系统一般由卫生器具或生产设备的受水器、排水管道、清通设施、通气管道、污废水的提升设备和局部处理构筑物组成
分类	室内给水系统按照供水对象及其要求可以分为生活给水系统、生产给水系统、消防给水系统，3种系统可独立设置，也可以考虑经济、技术和安全等方面条件，组成不同的联合给水系统，如生活—生产给水系统、生活—消防给水系统、生产—消防给水系统、生活—生产消防给水系统等
	排水系统分为生活污（废）水排水系统、工业污（废）水排水系统及雨雪水排水系统

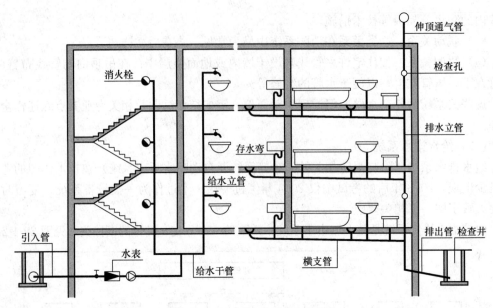

消火栓

伸顶通气管

检查孔

排水立管

存水弯

给水立管

引入管

水表

给水干管

横支管

排出管 检查井

图 29-4-3　建筑给水系统与排水系统

给水系统要点	
系统选择	**3.4.1** 建筑物内的给水系统应符合下列规定： 　**1** 应充分利用城镇给水管网的水压直接供水； 　**2** 当城镇给水管网的水压和（或）水量不足时，应根据卫生安全、经济节能的原则选用贮水调节和加压供水方式； 　**3** 当城镇给水管网水压不足，采用叠压供水系统时，应经当地供水行政主管部门及供水部门批准认可； 　**4** 给水系统的分区应根据建筑物用途、层数、使用要求、材料设备性能、维护管理、节约供水、能耗等因素综合确定； 　**5** 不同使用性质或计费的给水系统，应在引入管后分成各自独立的给水管网； **3.4.2** 卫生器具给水配件承受的最大工作压力，不得大于 0.60MPa； **3.4.5** 住宅入户管供水压力不应大于 0.35MPa，非住宅类居住建筑入户管供水压力不宜大于 0.35MPa； **3.4.6** 建筑高度不超过 100m 的建筑的生活给水系统，宜采用垂直分区并联供水或分区减压的供水方式；建筑高度超过 100m 的建筑，宜采用垂直串联供水方式
管道布置	**3.6.1** 室内生活给水管道可布置成枝状管网； **3.6.2** 室内给水管道布置应符合下列规定： 　**1** 不得穿越变配电房、电梯机房、通信机房、大中型计算机房、计算机网络中心、音像库房等遇水会损坏设备或引发事故的房间； 　**2** 不得在生产设备、配电柜上方通过； 　**3** 不得妨碍生产操作、交通运输和建筑物的使用； **3.6.3** 室内给水管道不得布置在遇水会引起燃烧、爆炸的原料、产品和设备的上面
附件	**3.5.4** 室内给水管道的下列部位应设置阀门： 　**1** 从给水干管上接出的支管起端； 　**2** 入户管、水表前和各分支立管； 　**3** 室内给水管道向住户、公用卫生间等接出的配水管起端； 　**4** 水池（箱）、加压泵房、水加热器、减压阀、倒流防止器等处应按安装要求配置； **3.5.16** 建筑物水表的设置位置应符合下列规定： 　**1** 建筑物的引入管、住宅的入户管； 　**2** 公用建筑物内按用途和管理要求需计量水量的水管； 　**3** 根据水平衡测试的要求进行分级计量的管段； 　**4** 根据分区计量管理需计量的管段

排水系统要点	
存水弯	4.3.10 下列设施与生活污水管道或其他可能产生有害气体的排水管道连接时，必须在排水口以下设存水弯： 1 构造内无存水弯的卫生器具或无水封的地漏； 2 其他设备的排水口或排水沟的排水口
管道	4.4.2 排水管道不得穿越下列场所： 1 卧室、客房、病房和宿舍等人员居住的房间； 2 生活饮用水池（箱）上方； 3 遇水会引起燃烧、爆炸的原料、产品和设备的上面； 4 食堂厨房和饮食业厨房的主副食操作、烹调和备餐的上方； 4.4.3 住宅厨房间的废水不得与卫生间的污水合用一根立管； 4.6.2 生活排水管道应按下列规定设置检查口： 3 检查口中心高度距操作地面宜为 1.0m，并应高于该层卫生器具上边缘 0.15m；当排水立管设有 H 管时，检查口应设置在 H 管件的上边； 4.6.3 排水管道上应按下列规定设置清扫口
通气管	4.7.2 生活排水管道的立管顶端应设置伸顶通气管； 4.7.6 通气立管不得接纳器具污水、废水和雨水，不得与风道和烟道连接
附件	4.3.11 水封装置的水封深度不得小于 50mm，严禁采用活动机械活瓣替代水封，严禁采用钟式结构地漏
小型生活污水处理	4.9.1 职工食堂和营业餐厅的含油脂污水，应经除油装置后方许排入室外污水管道； 4.10.13 化粪池与地下取水构筑物的净距不得小于 30m

间接排水	
定义	4.4.12 条文说明：间接排水系指卫生设备或容器排出管与排水管道不直接连接，这样卫生器具或容器与排水管道系统不但有存水弯阻隔气体，而且还有一段空气间隙；在存水弯水封可能被破坏的情况下，卫生设备或容器与排水管道也不至于连通，污浊气体亦不会进入设备或容器；采取这类安全卫生措施，主要针对贮存饮用水、饮料和食品等卫生要求高的设备或容器的排水
范围	4.4.12 下列构筑物和设备的排水管与生活排水管道系统应采取间接排水的方式： 1 生活饮用水贮水箱（池）的泄水管和溢流管； 2 开水器、热水器排水； 3 医疗灭菌消毒设备的排水； 4 蒸发式冷却器、空调设备冷凝水的排水； 5 贮存食品或饮料的冷藏库房的地面排水和冷风机溶霜水盘的排水
要求	4.4.13 设备间接排水宜排入邻近的洗涤盆、地漏；当无条件时，可设置排水明沟、排水漏斗或容器；间接排水的漏斗或容器不得产生溅水、溢流，并应布置在容易检查、清洁的位置
历年考点	2014 年真题冷凝水引至拖布池，空气断流，间接排放

（三）采暖系统

采暖系统在建筑技术设计作图考试中极少出现，2003 年后的考试就未出现过。可能是由于采暖是北方建筑的设备系统，对于这种全国性的考试，考题涉及此类系统有失公允，因而被选择性忽视。不过作为一类设备系统，最好还是大致了解一下相关要点。

建筑采暖系统的内容依据的规范是《民用建筑供暖通风与空气调节设计规范》GB 50736—2012，下列表格中若有编号均为规范的条文编号。

采暖系统设置地区、室温要求及平衡要求	
概念	**2.0.3** 供暖：用人工方法通过消耗一定能源向室内供给热量，使室内保持生活或工作所需温度的技术、装备、服务的总称；供暖系统由热媒制备（热源）、热媒输送和热媒利用（散热设备）三个主要部分组成； **2.0.4** 集中供暖：热源和散热设备分别设置，用热媒管道相连接，由热源向多个热用户供给热量的供暖系统，又称为集中供暖系统； **2.0.5** 值班供暖：在非工作时间或中断使用的时间内，为使建筑物保持最低室温要求而设置的供暖

设置地区	**5.1.2** 累年日平均温度稳定低于或等于 5℃ 的日数大于或等于 90 天的地区，应设置供暖设施，并宜采用集中供暖；
	5.1.3 符合下列条件之一的地区，宜设置供暖设施；其中幼儿园、养老院、中小学校、医疗机构等建筑宜采用集中供暖：
	  1 累年日平均温度稳定低于或等于 5℃ 的日数为 60～89d；
	  2 累年日平均温度稳定低于或等于 5℃ 的日数不足 60d，但累年日平均温度稳定低于或等于 8℃ 的日数大于或等于 75d

室温要求	**3.0.1** 供暖室内设计温度应符合下列规定：
	  1 严寒和寒冷地区主要房间应采用 18～24℃；
	  2 夏热冬冷地区主要房间宜采用 16～22℃；
	  3 设置值班供暖房间不应低于 5℃

平衡要求	**5.1.6** 居住建筑的集中供暖系统应按连续供暖进行设计； **5.1.10** 建筑物的热水供暖系统应按设备、管道及部件所能承受的最低工作压力和水力平衡要求进行竖向分区设置； **5.1.11** 条件许可时，建筑物的集中供暖系统宜分南北向设置环路

采暖系统分类	
系统循环动力	重力循环系统、机械循环系统
供回水方式	单管系统、双管系统（图 29-4-4）
	上供下回、上供上回、下供下回、下供上回、中供式
管道敷设方式	垂直式系统、水平式系统
热媒温度	低温水供暖系统、高温水供暖系统

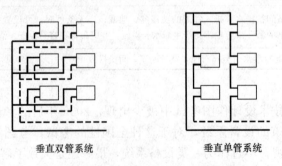

图 29-4-4 垂直双管系统与垂直单管系统

散热器供暖		
热媒	**5.3.1** 散热器供暖系统应采用热水作为热媒；散热器集中供暖系统宜按 75℃/50℃ 连续供暖进行设计，且供水温度不宜大于 85℃，供回水温差不宜小于 20℃	
系统选择	**5.3.2** 居住建筑室内供暖系统的制式宜采用垂直双管系统或共用立管的分户独立循环双管系统，也可采用垂直单管跨越式系统；公共建筑供暖系统宜采用双管系统，也可采用单管跨越式系统	
相关要点	**5.3.3** 既有建筑的室内垂直单管顺流式系统应改成垂直双管系统或垂直单管跨越式系统，不宜改造为分户独立循环系统； **5.3.4** 垂直单管跨越式系统的楼层层数不宜超过 6 层，水平单管跨越式系统的散热器组数不宜超过 6 组	

注：垂直单管系统（串联系统）存在垂直失调问题，不适合居住建筑，且无法计量；双管系统（并联系统）可分户计量，分室调节。

系统组成及其要点		
立管	共用立管和入户装置宜设于管道间内，管道间宜设于户外公共空间； **5.3.5** 管道有冻结危险的场所，散热器的供暖立管或支管应单独设置	
散热器	**5.3.7** 布置散热器时，应符合下列规定： **1** 散热器宜安装在外墙窗台下，当安装或布置管道有困难时，也可靠内墙安装； **2** 两道外门之间的门斗内，不应设置散热器； **3** 楼梯间的散热器，应分配在底层或按一定比例分配在下部各层	
热量表	**5.10.1** 集中供暖的新建建筑和既有建筑节能改造必须设置热量计量装置，并具备室温调控功能；用于热量结算的热量计量装置必须采用热量表； **5.10.3-2** 热量表的流量传感器的安装位置应符合仪表安装要求，且宜安装在回水管上	
过滤器	应布置于热量表的进口处	
温控阀	**5.10.4** 新建和改扩建散热器室内供暖系统，应设置散热器恒温控制阀或其他自动温度控制阀进行室温调控；散热器恒温控制阀的选用和设置应符合下列规定： **1** 当室内供暖系统为垂直或水平双管系统时，应在每组散热器的供水支管上安装高阻恒温控制阀；超过 5 层的垂直双管系统宜采用有预设阻力调节功能的恒温控制阀； **2** 单管跨越式系统应采用低阻力两通恒温控制阀或三通恒温控制阀； **3** 当散热器有罩时，应采用温包外置式恒温控制阀	

注：1. 热量表由流量传感器、一对温度传感器及积算仪组成。
2. 供暖回水管的水温较供水管的低，流量传感器安装在回水管上所处环境温度也较低，有利于延长电池寿命和改善仪表使用工况（条文说明第 5.10.3 条）。
3. 系统组成详见图 29-4-5。

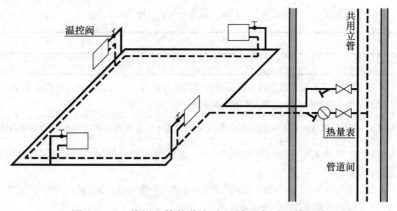

图 29-4-5　共用立管的分户独立循环水平双管系统

（四）通风空调系统

通风系统在技术作图的考试中时有出现，在 2011 年、2014 年及 2017 年的考题里均有所涉及。通风系统作为独立系统，是空调的低级阶段，主要解决换气问题，事故通风解决污染物排除和高温空气的排出。通风的部位主要有住宅中的厨房、卫生间通风，地下车库（人防）通风及设备用房通风；尤其是需要负压的空间都要排风，如卫生间、车库及危险品库房等。

通风空调系统的要点内容依据的规范是《供暖通风与空气调节术语标准》GB/T 50155—2015、《民用建筑供暖通风与空气调节设计规范》GB 50736—2012，下列表格中若有编号均为规范的条文编号。

通风系统要点	
系统选择	6.1.3　应首先考虑采用自然通风消除建筑物余热、余湿和进行室内污染物浓度控制；对于室外空气污染和噪声污染严重的地区，不宜采用自然通风；当自然通风不能满足要求时，应采用机械通风，或自然通风和机械通风结合的复合通风
厨房卫生间通风	厨房、厕所、盥洗室和浴室等，宜采用自然通风；当利用自然通风不能满足室内卫生要求时，应采用机械通风
设备机房通风	6.3.7-3　柴油发电机房宜设置独立的送、排风系统；其送风量应为排风量与发电机组燃烧所需的空气量之和； 6.3.7-4　变配电室宜设置独立的送、排风系统；设在地下的变配电室送风气流宜从高低压配电区流向变压器区，从变压器区排至室外；排风温度不宜高于 40℃；当通风无法保障变配电室设备工作要求时，宜设置空调降温系统
风管	6.6.1　通风、空调系统的风管，宜采用圆形、扁圆形或长、短边之比不宜大于 4 的矩形截面； 6.6.15　当风管内设有电加热器时，电加热器前后各 800mm 范围内的风管和穿过设有火源等容易起火房间的风管及其保温材料均应采用不燃材料
防雨百叶	外墙通风口设置防雨百叶
历年考点	2017 年的真题：卫生间设置排气扇，以保持卫生间的负压状态，并在外墙通风口设置防雨百叶； 2017 年的真题：配电间内风井设置进风阀，内隔墙设嵌墙排气扇进行通风； 2018 年的真题：卫生间通风口的位置，通常安装在坐便器的上方

空调系统的概念与分类	
概念	5.3.1　空气调节系统：以空调为目的而对空气进行处理、输送、分配，并控制其参数的所有设备、管道及附件、仪器仪表的总和，简称空调系统
分类	5.3.5　全空气系统：空调房间的热湿负荷全部由集中设备处理过的空气负担的空调系统
	5.3.10　空气-水系统：空调房间的热湿负荷，由处理过的空气和水与房间直接换热而共同负担的空调系统；
	5.3.11　风机盘管加新风系统：以风机盘管机组作为各房间的末端装置，同时用经过集中处理的新风满足各房间新风需求量的空气-水系统

	空调系统的概念与分类
分类	5.3.18 水系统：以水为工质向空调区域提供冷热量的系统（图 29-4-6）； 5.3.14 风机盘管空调系统：以风机盘管机组作为各房间末端装置的全水空调系统
	5.3.23 多联机空调（热泵）系统：一台（组）空气（水）源制冷或热泵机组配置多台室内机，通过改变制冷剂流量适应各房间负荷变化的直接膨胀式空调系统（装置）

注：1. 空调：是为了满足生产、生活需要，改善劳动卫生条件，用人工的方法实现对某一房间或空间的温度、湿度、洁净度和空气流动速度等进行调节与控制，并提供足够新鲜空气。

2. 上述分类是基本按照介质的不同来分的。全空气系统大空间常用；水系统除了无新风的风机盘管系统，还有辐射板空调系统、常规采暖系统；多联机空调（热泵）系统为制冷剂系统，即冷热负荷直接由制冷系统的制冷剂来承担，局部式空调系统就属此类，如家用空调器（分体机）、VRV 机组、冷库冷藏系统等。

3. 建筑技术设计（作图）考试设备试题最常考到的是空调系统的末端设备，如风机盘管空调系统的水管系统及全空气空调系统送回风口的布置等。

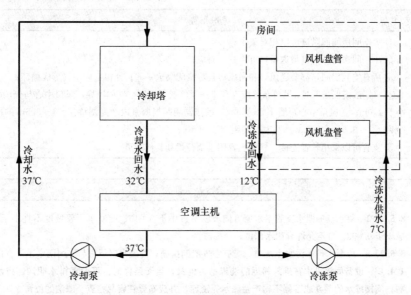

图 29-4-6 空调水系统示意图

	风机盘管系统
简介	风机盘管式空调系统由一个或多个风机盘管机组和冷热源供应系统组成；风机盘管机组由风机、盘管和过滤器组成，它作为空调系统的末端装置，分散地装设在各个空调房间内，可独立地对空气进行处理，而空气处理所需的冷热水则由空调机房集中制备，通过供水系统提供给各个风机盘管机组； 一个风机盘管可以满足 15～30m² 的室内面积
组成	两口三管制：送风口、回风口，供水管＋回水管＋凝结水管
安装方式	通常为卧式暗装，有下送上回式和侧送下回式； 更详细的内容可参见国标图集《风机盘管安装图集》01K403； 风机盘管一个送风口对应一个回风口；一般对齐布置，尽量远离； 送风口尽量布置在冷、热负荷较大处（外窗附近）； 新风送风口尽量单独布置，或接在风机盘管送风口附近

风机盘管系统	
优点	① 噪声较小，适用于旅馆的客房； ② 具有个别控制的优越性；可分区进行调节，容易控制； ③ 风机盘管本身的体型小，布置和安装较为方便
缺点	① 由于机组设置在室内，需要与建筑及其他工种进行有效的配合； ② 机组相对分散，其维修的工作量较大； ③ 需解决好新风的问题；风机静压小，不能使用高性能的过滤器，使得室内空气的洁净度不高
历年考点	2011年真题：风机盘管加新风系统，水管连接及新风管的布置； 2014年真题：风机盘管加新风系统，水管连接及新风管；新风经新风支管送至办公室、会议室新风口或风机盘管送风管； 2017年真题：新风经新风支管送至风机盘管送风管处

风口布置	
要点	① 大空间房间回风口可以相对集中； ② 小空间房间回风口与送风口可以一一对应； ③ 所有空调房间，都要送风口和回风口且尽间隔远一些；使得室内空气形成循环； ④ 采用散流器送风时，风口布置应有利于送风气流对周围空气的诱导，风口中心与侧墙的距离不宜小于1.0m；送风口中心距墙1.2～2.0m；散流器间距根据室内净高调整：2.4～3.6m的净高时，间距为2.4～3.6m；3～5m净高时，间距为3～6m； ⑤ 支管可以采用软管连接，软管主要用于绕开梁和其他管道

空调系统冷凝水排放	
冷凝水排放	**8.5.23-2** 凝水盘的泄水支管沿水流方向坡度不宜小于0.010；冷凝水干管坡度不宜小于0.005，不应小于0.003，且不允许有积水部位； **8.5.23-5** 冷凝水排入污水系统时，应有空气隔断措施；冷凝水管不得与室内雨水系统直接连接； **4.4.13** 设备间接排水宜排入邻近的洗涤盆、地漏；当无条件时，可设置排水明沟、排水漏斗或容器；间接排水的漏斗或容器不得产生溅水、溢流，并应布置在容易检查、清洁的位置
历年考点	2011年真题：冷凝水引到走廊吊顶的冷凝水主管排走； 2014年真题：冷凝水引至拖布池，空气断流，间接排放

注：部分要点依据的是《建筑给水排水设计规范》GB 50015—2003（2009年版），表格中的编号均为规范的条文编号。

通风空调系统防火阀设置	
防火阀位置	**9.3.11** 通风、空气调节系统的风管在下列部位应设置公称动作温度为**70℃**的防火阀： **1** 穿越防火分区处； **2** 穿越通风、空气调节机房的房间隔墙和楼板处； **3** 穿越重要或火灾危险性大的场所的房间隔墙和楼板处； **4** 穿越防火分隔处的变形缝两侧； **5** 竖向风管与每层水平风管交接处的水平管段上； 注：当建筑内每个防火分区的通风、空气调节系统均独立设置时，水平风管与竖向总管的交接处可不设置防火阀

通风空调系统防火阀设置	
历年考点	2012 年真题：在与新风机房水平风管交接的竖向管井、新风机房的房间隔墙处设置了防火阀；
	2017 年真题：风管在穿越新风机房隔墙处设置了防火阀；
	2019 年真题：设置排烟防火阀 2 个，卫生间内设置排风防火阀 1 个

（五）电气系统

建筑电气系统（除与消防相关的应急照明系统及火灾自动报警系统）在建筑技术设计作图考试中极少出现，2003 年后的考试中仅 2018 年考过一次。不过作为一类设备系统，复习时还是要大致了解一下相关要点。

建筑电气系统包括供配电系统、建筑照明系统及其他电气系统。建筑照明系统又可分为一般照明系统及应急照明系统。其他电气系统包括火灾自动报警系统、安防系统、建筑防雷等。下面只简略地介绍一下供配电系统及一般照明系统，与消防有关的电气系统将单独介绍。

与这部分设计要点相关的规范有《民用建筑电气设计标准》GB 51348—2019、《住宅建筑电气设计规范》JGJ 242—2011、《建筑照明设计标准》GB 50034—2013。

1. 供配电系统

电力系统是由发电厂、电力线路、变配电所和电能用户等环节组成的电能生产与消费系统。它的功能是将自然界的一次能源，通过发电动力装置转化成电能，再经输电、变电和配电将电能供应到用户；具体过程详见电力系统图示（图 29-4-7）。

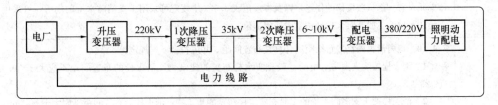

图 29-4-7　电力系统图示

2. 一般照明系统

照明方式分为：一般照明、分区一般照明、局部照明、混合照明。

技术作图题考的是电气平面布置图或吊顶平面图。一般照明系统主要包括灯具、开关及其线路的布置与敷设，用电设备（主要是插座）及其线路的布置与敷设；相关要点如下：

一般照明系统	
线路走向	照明电源线路走向一般为变配电室—竖向管井—配电间—各个用电房间
灯具布置	照明方式分为一般照明、分区一般照明、局部照明、混合照明
	需均匀布置以保证照明均匀度，尤其是在画吊顶平面图时，应首先确定灯具位置
插座布置	与用电器具位置有关，其布置数量在《住宅设计规范》中有相应的规定；不过考试题目条件会给出设置数量，无需记忆
线路连接	开关的控制关系，灯具、插座要形成独立的回路，空调插座也要形成独立的回路
历年考点	2018 年真题：病房照明布置为混合照明，筒灯为床头局部照明，病人自控且靠近病床；荧光灯为普通照明，在病房公共区域集中控制；卫生间照明使用筒灯，并在适当位置设置开关进行控制

注：开关的描述通常为"几联几控"，"联"指的是按键，"控"指的是能否分几个地方去控制。如三联单控开关是指在一个开关面板上，有三个按键，可以分别控制三个不同的地方的电源或者是电灯，但是只能在这一个地方单独控制，不能在两个不同的地方进行控制。

(六) 消防系统

消防系统作为专业综合的横向系统，向来是技术作图考试的重点，因而这部分需要单独介绍。消防系统涉及与水有关的消火栓系统、自动喷水灭火系统；与通风有关的防烟系统、排烟系统；与电气有关的应急照明系统及火灾自动报警系统等。

1. 消火栓系统

消火栓系统的内容依据 2 本规范，《建筑设计防火规范》GB 50016—2014（2018 年版）及《消防给水及消火栓系统技术规范》GB 50974—2014，下列表格中的编号均为规范的条文编号。

室内消火栓设置要点		
	7.4.3	应设置在易于取用之处，设置室内消火栓的建筑，包括设备层在内的各层均应设置消火栓
	7.4.5	消防电梯前室应设置室内消火栓，并应计入消火栓使用数量
设置位置	7.4.7	建筑室内消火栓的设置位置应满足火灾扑救要求，并应符合下列规定： 　1　室内消火栓应设置在楼梯间及其休息平台和前室、走道等明显易于取用，以及便于火灾扑救的位置； 　2　住宅的室内消火栓宜设置在楼梯间及其休息平台； 　3　汽车库内消火栓的设置不应影响汽车的通行和车位的设置，并应确保消火栓的开启； 　4　同一楼梯间及其附近不同层设置的消火栓，其平面位置宜相同
设置要求	7.4.6	室内消火栓的布置应满足同一平面有 2 支消防水枪的 2 股充实水柱同时达到任何部位的要求，但建筑高度小于或等于 24.0m 且体积小于或等于 5000m³ 的多层仓库、建筑高度小于或等于 54m 且每单元设置一部疏散楼梯的住宅，以及本规范表 3.5.2 中规定可采用 1 支消防水枪的场所，可采用 1 支消防水枪的 1 股充实水柱到达室内任何部位
设置间距	7.4.10	室内消火栓宜按直线距离计算其布置间距，并应符合下列规定： 　1　消火栓按 2 支消防水枪的 2 股充实水柱布置的建筑物，消火栓的布置间距不应大于 30.0m（图 29-4-8）； 　2　消火栓按 1 支消防水枪的 1 股充实水柱布置的建筑物，消火栓的布置间距不应大于 50.0m
历年考点		2010 年真题：在回廊及消防合用前室内需设置消火栓； 2012 年真题：在消防合用前室内需补设消火栓； 2013 年真题：在走廊及消防合用前室内需设置消火栓

注：消火栓应尽量布置在给排水竖井附近。

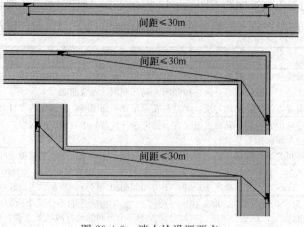

图 29-4-8　消火栓设置要点

2. 自动喷水灭火系统

自动喷水灭火系统的内容依据 2 本规范，《建筑设计防火规范》GB 50016—2014（2018 年版）及《自动喷水灭火系统设计规范》GB 50084—2017，下列表格中的编号均为规范的条文编号。

	自动喷水灭火系统
概念	**2.1.1** 自动喷水灭火系统：由洒水喷头、报警阀组、水流报警装置（水流指示器或压力开关）等组件，以及管道、供水设施等组成，能在发生火灾时喷水的自动灭火系统（图 29-4-9）
设置场所	**8.3.3** 除本规范另有规定和不宜用水保护或灭火的场所外，下列高层民用建筑或场所应设置自动灭火系统，并宜采用自动喷水灭火系统： 　　**1** 一类高层公共建筑（除游泳池、溜冰场外）及其地下、半地下室； 　　**2** 二类高层公共建筑及其地下、半地下室的公共活动用房、走道、办公室和旅馆的客房、可燃物品库房、自动扶梯底部； 　　**3** 高层民用建筑内的歌舞娱乐放映游艺场所； 　　**4** 建筑高度大于 100m 的住宅建筑 **8.3.4** 除本规范另有规定和不适用水保护或灭火的场所外，下列单、多层民用建筑或场所应设置自动灭火系统，并宜采用自动喷水灭火系统： 　　**1** 特等、甲等剧场，超过 1500 个座位的其他等级的剧场，超过 2000 个座位的会堂或礼堂，超过 3000 个座位的体育馆，超过 5000 人的体育场的室内人员休息室与器材间等； 　　**2** 任一层建筑面积大于 1500m² 或总建筑面积大于 3000m² 的展览、商店、餐饮和旅馆建筑以及医院中同样建筑规模的病房楼、门诊楼和手术部； 　　**3** 设置送回风道（管）的集中空气调节系统且总建筑面积大于 3000m² 的办公建筑等；游艺场所（除游泳场所外）； 　　**4** 藏书量超过 50 万册的图书馆； 　　**5** 大、中型幼儿园，总建筑面积大于 500m² 的老年人建筑； 　　**6** 总建筑面积大于 500m² 的地下或半地下商店； 　　**7** 设置在地下或半地下或地上四层及以上楼层的歌舞娱乐放映游艺场所（除游泳场所外），设置在首层、二层和三层且任一层建筑面积大于 300m² 的地上歌舞娱乐放映游艺场所（除游泳场所外）
喷淋头设置要点	中危险级Ⅰ级（客房、办公等高层，影剧院、中小商业等公建）： 直立型、下垂型喷头（常规喷头）之间的间距应小于等于 3.6m，且不应小于 2.4m；喷淋头与端墙之间的间距应小于等于 1.8m； 边墙型标准覆盖面积洒水喷头最间距 3.0m；单排喷头最大保护跨度 3.0m，双排喷头的最大保护跨度 6.0m；边墙型扩展覆盖喷头最大间距可达 4.0m；喷头最大保护跨度可达 6.0m
	中危险级Ⅱ级（汽车库、大型商业等）： 常规喷头之间的间距应小于等于 3.4m，且不应小于 2.4m；喷淋头与端墙之间的间距应小于等于 1.7m； 中危险级每根配水支管控制的标准喷头数不应超过 8 个
历年考点	2010 年真题：为二类高层，在通道、回廊、空调机房、物业管理办公室布置了喷淋头； 2012 年真题：除配电间不宜用水扑救可不设自动喷水灭火系统外，前室、合用前室、服务间、新风机房、卫生间、残疾人厕所（任务要求中已排除办公室、走廊、电梯厅和楼梯间）应设自动喷水灭火系统； 2014 年真题：为二类高层，在走廊、办公室、新风机房及前室布置喷淋头； 2019 年真题：走廊、卫生间及前室布置喷淋头

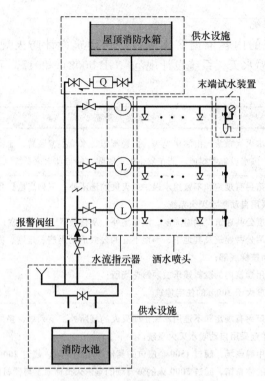

图 29-4-9 自动喷水灭火系统图

3. 防排烟系统

防排烟系统的内容依据 2 本规范，《建筑设计防火规范》GB 50016—2014（2018 年版）及《建筑防烟排烟系统技术标准》GB 51251—2017，下列表格中的编号均为规范的条文编号。

防烟的概念、分类及其设置场所	
概念与分类	**2.1.1** 通过采用自然通风方式，防止火灾烟气在楼梯间、前室、避难层（间）等空间内积聚，或通过采用机械加压送风方式阻止火灾烟气侵入楼梯间、前室、避难层（间）等空间的系统，防烟系统分为自然通风系统和机械加压送风系统
设置场所	**8.5.1** 建筑的下列场所或部位应设置防烟设施： **1** 防烟楼梯间及其前室； **2** 消防电梯间前室或合用前室； **3** 避难走道的前室、避难层（间）； 建筑高度不大于 50m 的公共建筑、厂房、仓库和建筑高度不大于 100m 的住宅建筑，当其防烟楼梯间的前室或合用前室符合下列条件之一时，楼梯间可不设置防烟系统： **1** 前室或合用前室采用敞开的阳台、凹廊； **2** 前室或合用前室具有不同朝向的可开启外窗，且可开启外窗的面积满足自然排烟口的面积要求
	3.1.5 防烟楼梯间及其前室的机械加压送风系统的设置应符合下列规定： **1** 建筑高度小于或等于 50m 的公共建筑、工业建筑和建筑高度小于或等于 100m 的住宅建筑，当采用独立前室且其仅有一个门与走道或房间相通时，可仅在楼梯间设置机械加压送风系统；当独立前室有多个门时，楼梯间、独立前室应分别独立设置机械加压送风系统； **2** 当采用合用前室时，楼梯间、合用前室应分别独立设置机械加压送风系统； **3** 当采用剪刀楼梯时，其两个楼梯间及其前室的机械加压送风系统应分别独立设置
历年考点	2010 年真题：防烟楼梯间、消防电梯间前室或合用前室设置了防烟； 2013 年真题：防烟楼梯间、消防电梯间前室或合用前室设置了防烟； 2019 年真题：走廊需设置 2 个排烟口

排烟的概念、分类及其设置场所	
概念与分类	**2.1.2** 采用自然排烟或机械排烟的方式，将房间、走道等空间的火灾烟气排至建筑物外的系统，分为自然排烟系统和机械排烟系统
设置场所	**8.5.3** 民用建筑的下列场所或部位应设置排烟设施： 　　**1** 设置在一、二、三层且房间建筑面积大于 100m² 的歌舞娱乐放映游艺场所，设置在四层及以上楼层、地下或半地下的歌舞娱乐放映游艺场所； 　　**2** 中庭； 　　**3** 共建筑内建筑面积大于 100m² 且经常有人停留的地上房间； 　　**4** 共建筑内建筑面积大于 300m² 且可燃物较多的地上房间； 　　**5** 建筑内长度大于 20m 的疏散走道 **8.5.4** 地下或半地下建筑（室）、地上建筑内的无窗房间，当总建筑面积大于 200m² 或一个房间建筑面积大于 50m²，且经常有人停留或可燃物较多时，应设置排烟设施
自然排烟的条件	**4.3.2** 防烟分区内自然排烟窗（口）的面积、数量、位置应按本标准第 4.6.3 条规定经计算确定，且防烟分区内任一点与最近的自然排烟窗（口）之间的水平距离不应大于 30m； **4.6.3-3** 当公共建筑仅需在走道或回廊设置排烟时，其机械排烟量不应小于 13000m³/h，或在走道两端（侧）均设置面积不小于 2m² 的自然排烟窗（口）且两侧自然排烟窗（口）的距离不应小于走道长度的 2/3
历年考点	2010 年真题：中庭顶部设置机械排烟； 2012 年真题：走廊自然排烟条件不具备，因而采用机械排烟； 2013 年真题：超过 100m² 的办公室及长度大于 20m 的内走道设置排烟； 2014 年真题：在超过 100m² 的会议室及长度大于 20m 的内走道设置排烟口

排烟口及排烟防火阀设置要点	
排烟口位置	**4.4.12** 排烟口的设置应使防烟分区内任一点与最近的排烟口之间的水平距离不应大于 30m； 　　**5** 排烟口的设置宜使烟流方向与人员疏散方向相反，排烟口与附近安全出口相邻边缘之间的水平距离不应小于 1.5m
排烟防火阀动作温度	**5.2.2** 排烟风机、补风机的控制方式应符合下列规定： 　　**5** 排烟防火阀在 280℃ 时应自行关闭，并应连锁关闭排烟风机和补风机
排烟防火阀设置部位	排烟管道穿过排烟机房，每支排烟支管上（以一个防烟分区为单位）应设防火阀（图 29-4-10）
历年考点	2013 年真题：在排烟支管上设置防火阀； 2019 年真题：由于走廊过长，需设置 2 个排烟口

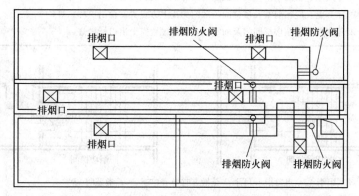

图 29-4-10　排烟管道在排烟支管上设排烟防火阀平面图

4. 应急照明系统及疏散指示标志

消防应急照明和疏散指示系统：为人员疏散和发生火灾时仍需工作的场所提供照明和疏散指示的系统。应急照明系统包括疏散照明和备用照明。供人员疏散，并为消防人员撤离火灾现场的场所应设置疏散指示照明和疏散通道照明；供消防作业及救援人员继续工作的场所，应设置备用照明。

相关要点在《建筑设计防火规范》GB50016—2014（2018 年版）、《消防应急照明和疏散指示系统技术标准》GB 51309—2018 中有详细的规定：

	疏散照明及备用照明的设置位置
疏散照明设置位置	10.3.1　除建筑高度小于 27m 的住宅建筑外，民用建筑、厂房和丙类仓库的下列部位应设置疏散照明： 　　1　封闭楼梯间、防烟楼梯间及其前室、消防电梯间的前室或合用前室、避难走道、避难层（间）； 　　2　观众厅、展览厅、多功能厅和建筑面积大于 200m² 的营业厅、餐厅、演播室等人员密集的场所； 　　3　建筑面积大于 100m² 的地下或半地下公共活动场所； 　　4　公共建筑内的疏散走道； 　　5　人员密集的厂房内的生产场所及疏散走道
备用照明设置位置	10.3.3　消防控制室、消防水泵房、自备发电机房、配电室、防排烟机房以及发生火灾时仍需正常工作的消防设备房应设置备用照明；其作业面的最低照度不应低于正常照明的照度
历年考点	2013 年真题：应在走廊、前室、楼梯间设置疏散照明，配电间设置备用照明； 2019 年真题：应在走廊、前室、楼梯间设置疏散照明，配电间设置备用照明

	疏散指示标志的设置
位置	10.3.5　公共建筑、建筑高度大于 54m 的住宅建筑、高层厂房（库房）和甲、乙、丙类单、多层厂房，应设置灯光疏散指示标志，并应符合下列规定： 　　1　应设置在安全出口和人员密集的场所的疏散门的正上方； 　　2　应设置在疏散走道及其转角处距地面高度 1.0m 以下的墙面或地面上；灯光疏散指示标志的间距不应大于 20m；对于袋形走道，不应大于 10m；在走道转角区，不应大于 1.0m（图 29-4-11、图 29-4-12）
历年考点	2010 年真题：在前室及楼梯间疏散门的正上方设置安全出口标志灯； 2012 年真题：应在前室及楼梯间疏散门的正上方设置安全出口标志灯； 2019 年真题：应在楼梯间门及前室门正上方设置安全出口标志灯

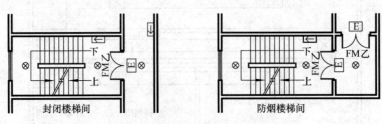

图例：安全出口指示 E　疏散方向指示 ⇨　疏散照明 ⊗

图 29-4-11　楼梯间的疏散照明及疏散指示标志的设置

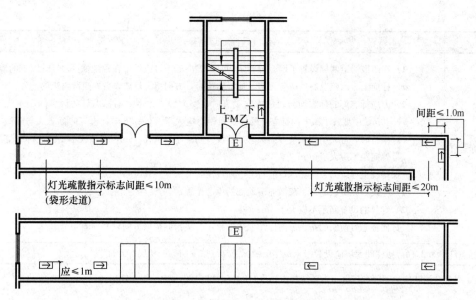

图 29-4-12　疏散走道设置疏散指示标志要点图示

标志灯设置细节	
位置	**3.2.7**　标志灯应设在醒目位置，应保证人员在疏散路径的任何位置、在人员密集场所的任何位置都能看到标志灯
出口标志灯	**3.2.8**　出口标志灯的设置应符合下列规定： 　**1**　应设置在敞开楼梯间、封闭楼梯间、防烟楼梯间、防烟楼梯间前室入口的上方； 　**2**　地下或半地下建筑（室）与地上建筑共用楼梯间时，应设置在地下或半地下楼梯通向地面层疏散门的上方； 　**3**　应设置在室外疏散楼梯出口的上方； 　**4**　应设置在直通室外疏散门的上方； 　**5**　在首层采用扩大的封闭楼梯间或防烟楼梯间时，应设置在通向楼梯间疏散门的上方； 　**6**　应设置在直通上人屋面、平台、天桥、连廊出口的上方； 　**7**　地下或半地下建筑（室）采用直通室外的竖向梯疏散时，应设置在竖向梯开口的上方； 　**8**　需要借用相邻防火分区疏散的防火分区中，应设置在通向被借用防火分区甲级防火门的上方； 　**9**　应设置在步行街两侧商铺通向步行街疏散门的上方； 　**10**　应设置在避难层、避难间、避难走道防烟前室、避难走道入口的上方； 　**11**　应设置在观众厅、展览厅、多功能厅和建筑面积大于 400m² 的营业厅、餐厅、演播厅等人员密集场所疏散门的上方
方向标志灯	**3.2.9**　方向标志灯的设置应符合下列规定： 　**1**　有围护结构的疏散走道、楼梯应符合下列规定： 　　1）应设置在走道、楼梯两侧距地面、梯面高度 1m 以下的墙面、柱面上； 　　2）当安全出口或疏散门在疏散走道侧边时，应在疏散走道上方增设指向安全出口或疏散门的方向标志灯； 　　3）方向标志灯的标志面与疏散方向垂直时，灯具的设置间距不应大于 20m；方向标志灯的标志面与疏散方向平行时，灯具的设置间距不应大于 10m； 　**2**　展览厅、商店、候车（船）室、民航候机厅、营业厅等开敞空间场所的疏散通道应符合下列规定：

标志灯设置细节	
方向标志灯	1）当疏散通道两侧设置了墙、柱等结构时，方向标志灯应设置在距地面高度1m以下的墙面、柱面上；当疏散通道两侧无墙、柱等结构时，方向标志灯应设置在疏散通道的上方； 2）方向标志灯的标志面与疏散方向垂直时，特大型或大型方向标志灯的设置间距不应大于30m，中型或小型方向标志灯的设置间距不应大于20m；方向标志灯的标志面与疏散方向平行时，特大型或大型方向标志灯的设置间距不应大于15m，中型或小型方向标志灯的设置间距不应大于10m； 3　保持视觉连续的方向标志灯应符合下列规定： 1）应设置在疏散走道、疏散通道地面的中心位置； 2）灯具的设置间距不应大于3m； 4　方向标志灯箭头的指示方向应按照疏散指示方案指向疏散方向，并导向安全出口
楼层标志灯	**3.2.10**　楼梯间每层应设置指示该楼层的标志灯（以下简称"楼层标志灯"）

注：引自《消防应急照明和疏散指示系统技术标准》GB 51309—2018中的相关规定。

5. 火灾自动报警系统

火灾自动报警系统的内容依据2本规范，《建筑设计防火规范》GB 50016—2014（2018年版）及《火灾自动报警系统设计规范》GB 50116—2013。下列表格中的编号均为规范的条文编号。

火灾探测器的设置与布局	
设置要点	**6.2.2-1**　探测区域的每个房间应至少设置一只火灾探测器
	6.2.3-1　当梁突出顶棚的高度小于200mm时，可不计梁对探测器保护面积的影响
	6.2.4　在宽度小于3m的内走道顶棚上设置点型探测器时，宜居中布置；感温火灾探测器的安装间距不应超过10m；感烟火灾探测器的安装间距不应超过15m；探测器至端墙的距离，不应大于探测器安装间距的1/2
	6.2.5　点型探测器至墙壁、梁边的水平距离，不应小于0.5m； **6.2.6**　点型探测器周围0.5m内，不应有遮挡物； **6.2.8**　点型探测器至空调送风口边的水平距离不应小于1.5m，并宜接近回风口安装；探测器至多孔送风顶棚孔口的水平距离不应小于0.5m
设置部位	**3.3.3**　下列场所应单独划分探测区域： **1**　敞开或封闭楼梯间、防烟楼梯间； **2**　防烟楼梯间前室、消防电梯前室、消防电梯与防烟楼梯间合用的前室、走道、坡道； **3**　电气管道井、通信管道井、电缆隧道； **4**　建筑物闷顶、夹层
	这部分的相关内容在《火灾自动报警系统设计规范》的附录D中： **D.0.1**　火灾探测器可设置在下列部位： **9**　办公楼的办公室、会议室、档案室； **21**　消防电梯、防烟楼梯的前室及合用前室、走道、门厅、楼梯间； **22**　可燃物品库房、空调机房、配电室（间）、变压器室、自备发电机房、电梯机房

	火灾探测器的设置与布局
历年考点	2010年真题：中庭回廊设置烟感； 2012年真题：在服务间、新风机房、合用前室、前室、配电间一、配电间二6个房间设置烟感（题目要求办公室、走廊、电梯厅和楼梯间除外）； 2013年真题：在除办公空间外的走廊、楼梯间前室、设备机房设置烟感；走廊烟感间距小于10m； 2018年真题：在病房中内走道及房间各设置一个火灾探测器

注：1. 卫生间不需要设置；

2. 疏散楼梯间（开敞、封闭、防烟）应设至少一个感烟探测器，且应设于楼层平台处；

3. 超高层建筑中的物业、清洁等服务用房应布置火灾自动报警系统；一类、二类高层的普通类型建筑物业、清洁等服务用房不需布置火灾自动报警系统。

6. 防火门设置要点

防火门设置的内容依据2本规范，《建筑设计防火规范》GB 50016—2014（2018年版）及《消防给水及消火栓系统技术规范》GB 50974—2014，下列表格中的编号均为规范的条文编号。

		防火门等级
甲级	通风机房、空调机房、变配电室	**6.2.7** 通风、空气调节机房和变配电室开向建筑内的门应采用甲级防火门
	锅炉房、变压器房	**5.4.12-3** 锅炉房、变压器室等与其他部位之间应采用耐火极限不低于2.00h的防火隔墙和1.50h的不燃性楼板分隔；在隔墙和楼板上不应开设洞口，确需在隔墙上设置门、窗时，应采用甲级防火门、窗
	柴油发电机房及储油间	**5.4.13** 布置在民用建筑内的柴油发电机房应符合下列规定： 3 应采用耐火极限不低于2.00h的防火隔墙和1.50h的不燃性楼板与其他部位分隔，门应采用甲级防火门； 4 机房内设置储油间时，其总储量不应大于1m³，储油间应采用耐火极限不低于3.00h的防火隔墙与发电机间分隔；确需在防火隔墙上开门时，应设置甲级防火门
	消防水泵房	**5.5.12-3** 附设在建筑物内的消防水泵房，应采用耐火极限不低于2.00h的隔墙和1.50h的楼板与其他部位隔开，其疏散门应直通安全出口，且开向疏散走道的门应采用甲级防火门
	防火墙上的门	**6.1.5** 防火墙上不应开设门、窗、洞口；确需开设时，应设置不可开启或火灾时能自动关闭的甲级防火门、窗
	消防电梯机房门	**7.3.6** 消防电梯井、机房与相邻电梯井、机房之间应设置耐火极限不低于2.00h的防火隔墙，隔墙上的门应采用甲级防火门
乙级	封闭楼梯间	**6.4.2-3** 高层建筑、人员密集的公共建筑、人员密集的多层丙类厂房、甲、乙类厂房，其封闭楼梯间的门应采用乙级防火门，并应向疏散方向开启；其他建筑，可采用双向弹簧门； **6.4.2-4** 楼梯间的首层可将走道和门厅等包括在楼梯间内形成扩大的封闭楼梯间，但应采用乙级防火门等与其他走道和房间分隔

	防火门等级	
乙级	防烟前室、合用前室、防烟楼梯间	**6.4.3** 防烟楼梯间应符合下列规定： **4** 疏散走道通向前室以及前室通向楼梯间的门应采用乙级防火门； **6** 楼梯间的首层可将走道和门厅等包括在楼梯间前室内形成扩大的前室，但应采用乙级防火门等与其他走道和房间分隔
	消防控制室、灭火设备室	**6.2.7** 消防控制室和其他设备房开向建筑内的门应采用乙级防火门
	歌舞娱乐放映游艺场所	**5.4.9** 歌舞厅、录像厅、夜总会、卡拉OK厅（含具有卡拉OK功能的餐厅）、游艺厅（含电子游艺厅）、桑拿浴室（不包括洗浴部分）、网吧等歌舞娱乐放映游艺场所（不含剧场、电影院）的布置应符合下列规定： **6** 厅、室之间及与建筑的其他部位之间，应采用耐火极限不低于**2.00h**的防火隔墙和**1.00h**的不燃性楼板分隔；设置在厅、室墙上的门和该场所与建筑内其他部位相通的门均应采用乙级防火门
	公共厨房、附设在住宅建筑内的机动车库、民用建筑内的附属库房	**6.2.3** 建筑内的下列部位应采用耐火极限不低于**2.00h**的防火隔墙与其他部位分隔，墙上的门、窗应采用乙级防火门、窗，确有困难时，可采用防火卷帘： **4** 民用建筑内的附属库房，剧场后台的辅助用房； **5** 除居住建筑中套内的厨房外，宿舍、公寓建筑中的公共厨房和其他建筑内的厨房； **6** 附设在住宅建筑内的机动车库
丙级	管道井门	**6.2.9-2** 电缆井、管道井、排烟道、排气道、垃圾道等竖向井道，应分别独立设置；井壁的耐火极限不应低于**1.00h**，井壁上的检查门应采用丙级防火门
	历年考点	2010年真题：防火卷帘、防火门的设置； 2012年真题：防火门的设置； 2013年真题：防火门的设置； 2019年真题：防火门的设置

二、2010年 高层建筑中庭消防设计

任务描述：

某中庭高度超过32m的二类高层办公建筑的局部平面及剖面如图29-4-13、图29-4-14所示，回廊与中庭之间不设防火分隔，中庭叠加面积超过4000m²，图示范围内所有墙体均为非防火墙，中庭顶部设采光天窗。按照现行国家规范要求和设施最经济的原则在平面图上作出该部分消防平面布置图。

任务要求：

正确选择图例，并在平面图中⑥～⑧轴与Ⓓ～Ⓗ轴范围内布置下列内容：

● 防排烟部分：

1）在应设加压送风的部位绘制出竖井及送风口（要求每层设置加压送风口，每个竖井面积不小于0.5m²）。

2）示意中庭顶部排烟设施。

● 灭火系统部分：

1）布置自动喷水灭火系统的消防水喷淋头。

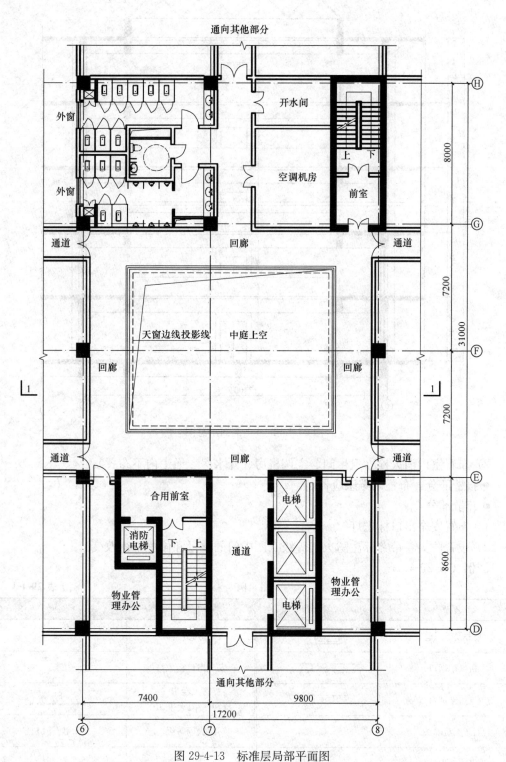

通向其他部分

外窗

外窗

通道

回廊

通道

开水间

空调机房

前室

上　下

中庭上空

天窗边线投影线

回廊

回廊

回廊

通道

合用前室

消防
电梯

下　上

通道

电梯

电梯

物业管
理办公

物业管
理办公

通道

通向其他部分

H

G

F

E

D

8000

7200

7200

8600

31000

7400

9800

17200

6

7

8

图 29-4-13　标准层局部平面图

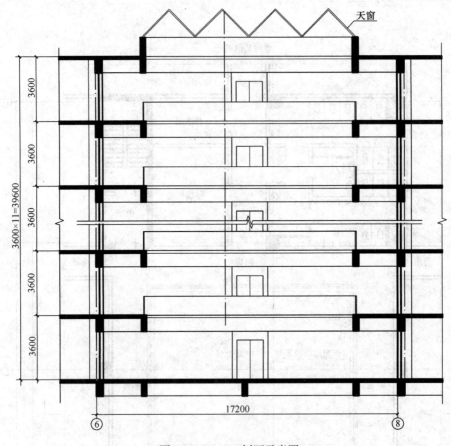

图 29-4-14 1-1 剖面示意图

2）布置室内消火栓（卫生间、空调机房、开水房、通道内不布置）。

● 报警部分：布置烟雾感应器。

● 疏散部分：

1）布置安全出口标志灯。

2）设置防火卷帘并标注防火门等级（图中门的数量和位置不得改变）。

图例（表 29-4-3）

图 例   表 29-4-3

名称	图例	名称	图例
竖井及送风管		烟雾感应器	⊗
机械排烟口		安全出口标志灯	⊙
自然排烟口		防火卷帘 （耐火极限大于 3h）	FJ
消防水喷淋头	○	防火门等级	FM甲、FM乙
室内消火栓			

注：图例所示设施可能不全部采用。

作图参考答案（图 29-4-15）：

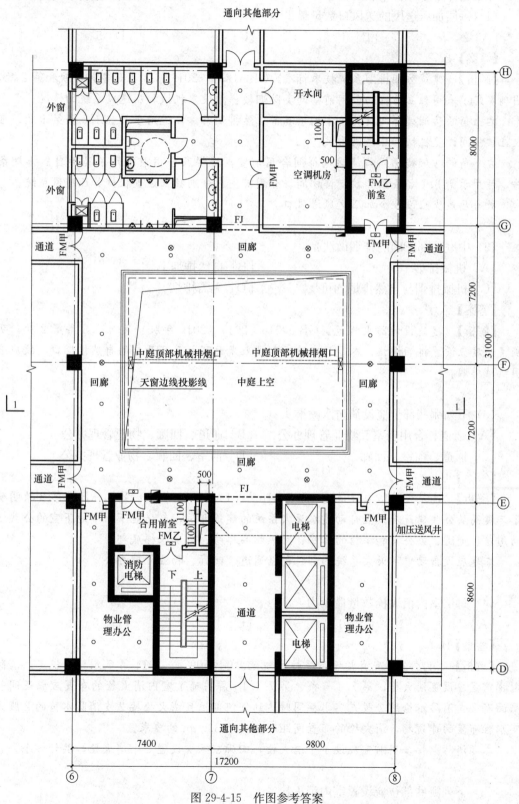

图 29-4-15 作图参考答案

作图选择题参考答案及解析:

(1) 每层加压送风的送风口数量最少为:

[A] 2　　　　　[B] 3　　　　　[C] 4　　　　　[D] 5

【答案】B

【解析】《建筑防烟排烟系统技术标准》GB 51251—2017 第 3.1.5 条第 1 款和第 2 款,明确界定了采用独立前室和合用前室两类防烟楼梯间设置机械加压送风系统的情况。

右上角的防烟楼梯间及其前室均不具备自然排烟条件,适用于第 3.1.5 条第 1 款,可仅在楼梯间设置机械加压送风系统。

左下角的防烟楼梯间与消防电梯间合用前室,楼梯及合用前室均不具备自然排烟条件,适用于第 3.1.5 条第 2 款,楼梯间、合用前室应分别独立设置机械加压送风系统。

故每层最少应设 3 个加压送风送风口。

(2) 中庭顶部正确的排烟做法是:

[A] 机械排烟　　　　　　　　　　　[B] 自然排烟

[C] 机械排烟与自然排烟均可　　　　[D] 无需排烟

【答案】A

【解析】《建筑设计防火规范》GB 50016—2014(2018 年版)第 8.5.3 条第 2 款,明确了中庭应设置排烟设施。本题中中庭顶部设采光天窗,无可开启的自然排烟口,故应采用机械排烟。

(3) 下列哪些部位应设消防水喷淋头?

[A] 通道、合用前室、物业管理办公　　[B] 通道、回廊、物业管理办公

[C] 通道、前室、回廊　　　　　　　　[D] 前室、回廊、物业管理办公

【答案】B

【解析】《建筑设计防火规范》GB 50016—2014(2018 年版)第 8.5.3 条第 2 款明确了二类高层公共建筑应设置自动喷水灭火系统的建筑部位,包括地下、半地下室的公共活动用房、走道、办公室和旅馆的客房、可燃物品库房、自动扶梯底部。

本题应设自动喷水灭火系统的部位包括通道、回廊、物业管理办公室。

(4) 每层室内消火栓数量最少为:

[A] 2　　　　　[B] 3　　　　　[C] 4　　　　　[D] 5

【答案】B

【解析】《消防给水及消火栓系统技术规范》GB 50974—2014 第 7.4.5 条规定,消防电梯前室应设置消火栓;第 7.4.6 条、第 7.4.10 条明确了室内消火栓的布置应满足同一平面有 2 支消防水枪的 2 股充实水柱同时达到任何部位且消火栓按 2 支消防水枪的 2 股充实水柱布置的建筑物,消火栓的布置间距不应大于 30.0m 的要求。

本题消防电梯合用前室应设 1 个消火栓,回廊应至少设置 2 个消火栓,共计 3 个。

(5) 下列哪些部位应设置室内消火栓?

[A] 合用前室、回廊　　　　　　　　[B] 前室、回廊

[C] 回廊、楼梯间　　　　　　　　　[D] 合用前室、物业管理办公室

【答案】A

【解析】《消防给水及消火栓系统技术规范》GB 50974—2014 第 7.4.7 条，明确了室内消火栓应设置在楼梯间及其休息平台和前室、走道等明显易于取用，以及便于火灾扑救的位置。根据第（4）题，该建筑每层应设置 3 个室内消火栓，分别应设置在回廊接近楼梯前室的部位和合用前室内。

(6) 每层设置防火卷帘的数量为：

[A] 0　　　　　　[B] 1　　　　　　[C] 2　　　　　　[D] 3

【答案】C

【解析】《建筑设计防火规范》GB 50016—2014（2018 年版）第 5.3.1 条、5.3.2 条，明确了建筑内设置中庭时，其防火分区的建筑面积应按上、下层相连通的建筑面积叠加计算；当叠加计算后的建筑面积大于本规范第 5.3.1 条的规定时，应符合下列规定：

1　与周围连通空间应进行防火分隔：采用防火隔墙时，其耐火极限不应低于 1.00h；采用防火玻璃墙时，其耐火隔热性和耐火完整性不应低于 1.00h。采用耐火完整性不低于 1.00h 的非隔热性防火玻璃墙时，应设置自动喷水灭火系统进行保护；采用防火卷帘时，其耐火极限不应低于 3.00h，并应符合本规范第 6.5.3 条的规定；与中庭相连通的门、窗，应采用火灾时能自行关闭的甲级防火门、窗；

2　高层建筑内的中庭回廊应设置自动喷水灭火系统和火灾自动报警系统；

3　中庭应设置排烟设施；

4　中庭内不应布置可燃物。

本题中庭叠加面积超过 4000m², 超过二类高层每个防火分区的最大面积为 3000m²（高层民用建筑每个防火分区的最大面积为 1500m²，建筑内设置自动灭火系统时，最大防火分区面积可增加 1.0 倍）的要求，故中庭在每层通向电梯厅及卫生间处应各设 1 个防火卷帘（这两处若设置防火门，会影响平时的使用），共计 2 个，与两侧防火分区隔开。

(7) 每层回廊四周防火门的数量为：

[A] 2　　　　　　[B] 4　　　　　　[C] 6　　　　　　[D] 8

【答案】D

【解析】依据《建筑设计防火规范》GB 50016—2014（2018 年版）第 5.3.2 条第 1 款，中庭部位要与其他防火分区分离。本题与中庭回廊相连通的门、窗，均应采用火灾时能自行关闭的甲级防火门、窗。前室门（1 个）、合用前室门（1 个）、通道门（4 个）、物业管理办公房间门（2 个），共计 8 个。

(8) 每层甲级防火门的数量为：

[A] 9　　　　　　[B] 2　　　　　　[C] 3　　　　　　[D] 4

【答案】A

【解析】《建筑设计防火规范》GB 50016—2014（2018 年版）第 6.2.7 条，明确了空

调机房开向建筑内的门应采用甲级防火门，再加上第（7）题的 8 个甲级防火门，故每层甲级防火门的数量共计 9 个。

（9）下列哪个部位必须设置烟雾感应器？

[A] 物业管理办公室   [B] 空调机房

[C] 通道   [D] 回廊

【答案】D

【解析】依据《建筑设计防火规范》GB 50016—2014（2018 年版）第 5.3.2.2 款，建筑内设置中庭时，其防火分区的建筑面积应按上、下层相连通的建筑面积叠加计算；当叠加计算后的建筑面积大于本规范第 5.3.1 条的规定时，高层建筑内的中庭回廊应设置自动喷水灭火系统和火灾自动报警系统。本题中庭叠加面积超过 4000m²，大于第 5.3.1 条规定的高层民用建筑每个防火分区面积的最大值，故回廊必须设置烟雾感应器。

（10）每层共需几个安全出口标志灯？

[A] 2   [B] 4   [C] 6   [D] 8

【答案】B

【解析】《消防应急照明和疏散指示系统技术标准》GB 51309—2018 第 3.2.8.1 款，明确了出口标志灯应设置在敞开楼梯间、封闭楼梯间、防烟楼梯间、防烟楼梯间前室入口的上方。依据该规定，本题应在前室入口（1 处）、合用前室入口（1 处）以及封闭楼梯间入口（2 处），设置安全出口指示灯，共需设 4 个。

三、2011 年 管线综合布置

任务描述：

图 29-4-16 为某旅馆单面公共走廊、客房内门廊的局部吊顶平面图，客房采用常规卧式风机盘管加新风的供冷空调系统，要求在 1-1 剖面图（图 29-4-17）中按照提供的图例（表 29-4-4）进行合理的管线综合布置。

任务要求：

● 在 1-1 剖面图（图 29-4-17）单面公共走廊吊顶内按比例布置新风主风管、走廊排烟风管、电缆桥架、喷淋水主管、冷冻供水主管、冷凝水主管，并标注前述设备名称、间距。

● 在 1-1 剖面图（图 29-4-17）客房内门廊吊顶内按比例布置新风支风管、风机盘管送风管、冷冻供水支管、冷凝水支管；表示前述设备与公共走廊吊顶内设备以及客房送风口的连接关系，并标注名称。

● 按第 1 页的要求填涂第 1 页选择题和答题卡。

布置要求：

● 风管、电缆桥架、结构构件、吊顶下皮相互之间的最小净距为 100mm。

● 水管主管应集中排列；水管主管之间、水管主管与风管、电缆桥架、结构构件之间的最小净距为 50mm。

● 所有风管、水管、电缆桥架均不得穿过结构构件。

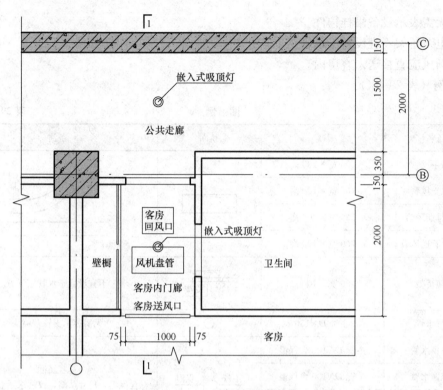

图 29-4-16 局部吊顶平面图

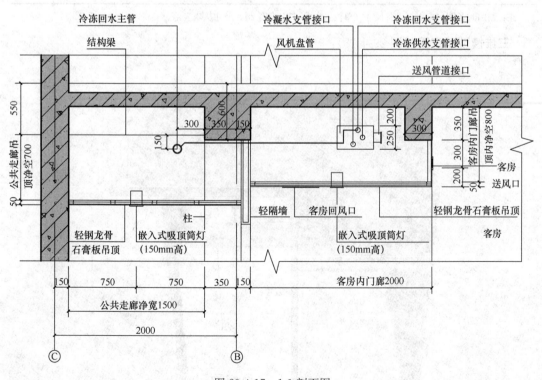

图 29-4-17 1-1 剖面图

- 无需表示设备吊挂构件。
- 电缆桥架不宜设置于水管正下方。
- 新风应直接送入客房内。

图例（表 29-4-4）：

图　例

表 29-4-4

设备名称	编号	断面	备注
新风主风管	800 宽×200 高		立面
新风支风管	100 宽×100 高		
走廊排烟风管	500 宽×200 高		
风机盘管送风管	700 宽×100 高		
电缆桥架	350 宽×100 高	50 支架	不宜设置于水管正下方
喷淋水管	主管 *DN*150	○	无需表示支管及喷头
冷冻供水管	主管 *DN*100 含保温	主管 ◎ 保温	支管立面 含保温，尺寸从略，仅要求示意绘制
冷冻回水管	主管 *DN*100 含保温		
冷凝水管	主管 *DN*50 含保温		

注：制图时各图例应根据设备尺寸（单位：mm）按比例绘制，尺寸从略表示。

三维模型示意图（图 29-4-18）：

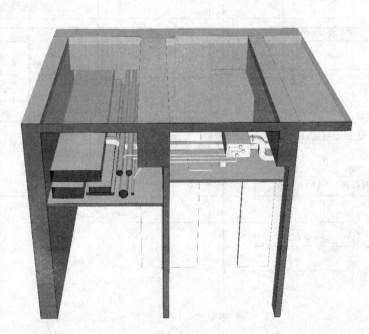

图 29-4-18

作图参考答案（图 29-4-19、图 29-4-20）：

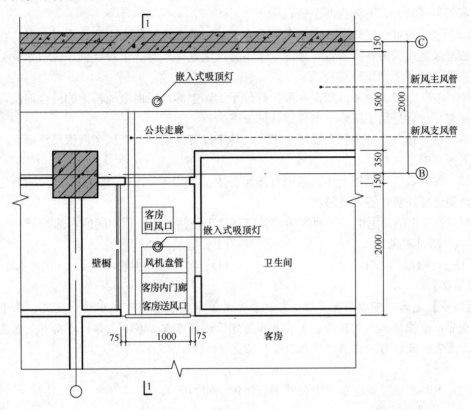

图 29-4-19 新风管布置平面图

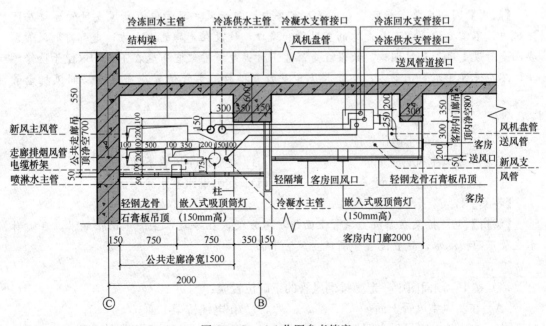

图 29-4-20 1-1 作图参考答案

（1）分区：在走廊吊顶中布置管线，首先要将吊顶空间进行分区，比如水平分为左、中、右三个区，上、下分为两个区；

（2）水管布置：已知冷冻回水主管在右上区，那么冷冻供水主管应靠近布置，在右上区；右下区是相关的各类水管，如冷凝水主管（因是排水管，位置要低于风机盘管）、喷淋水主管（以利于设置喷头）；

（3）电气布置：由于已知走廊吸顶灯位于走廊中部，因而电缆桥架的最合理位置为中下区，避开水管且易于维修（电气维修的概率高）；

（4）风管布置：排烟管布置于左下区，易于设置排烟口，新风主风管尺寸最大，占据了左上区与中上区；

（5）图面表达：依据上述布置进行图面表达。

作图选择题参考答案及解析：

（1）在1-1剖面图中，下列哪项设备应布置于公共走廊吊顶空间的右部？

[A] 新风主风管　　　　　　　　　　[B] 电缆桥架

[C] 走廊排烟风管　　　　　　　　　[D] 各种水管主管

【答案】D

【解析】走廊只有右侧有房间，各种水管主管布置于右侧可减少管线交叉，便于连接风机盘管；冷冻供水主管和回水主管是压力流管线，可布置在右上部；冷凝水是靠重力流排放，主管位置应布置在房间风机盘管下方。

（2）下列哪项设备应布置于公共走廊吊顶空间的上部？

[A] 新风主风管　　　　　　　　　　[B] 走廊排烟风管

[C] 电缆桥架　　　　　　　　　　　[D] 冷凝水主管

【答案】A

【解析】因题目要求新风应直接送入客房内，即新风主风管仅有新风支风管连接房间送风口，不需要设通向下面走廊的支风管和风口，故设在走廊的左上方；走廊排烟风管需要向走廊设支风管和排烟口，故设在走廊左下方；电缆桥架宜布置在下方，以便于检修维护，不应设置于水管正下方；冷凝水是靠重力流排放，主管位置应布置在房间风机盘管下方。

（3）电缆桥架的正确位置应：

[A] 在新风主风管上面　　　　　　　[B] 在新风主风管下面

[C] 在冷凝水主管下面　　　　　　　[D] 在喷淋水主水管下面

【答案】B

【解析】电缆桥架在新风主风管上面维护不方便，在冷凝水主管下面怕漏水，在喷淋水主管下面怕漏水，故宜设置于新风主风管下面。

（4）在1-1剖面图中，走廊排烟风管的正确位置应：

[A] 在新风主风管上面　　　　　　　[B] 在电缆桥架上面

[C] 在公共走廊吊顶空间的上部　　　[D] 在公共走廊吊顶空间的左部

【答案】D

【解析】走廊排烟风管在新风主风管、电缆桥架上面，向下连接支风管和排排烟口不方便；在公共走廊吊顶空间的上部，则会造成下部空间的浪费；在公共走廊吊顶空间的左部靠下部位置则不影响其他专业；故应选D。

(5) 下列水管主管哪项应布置于公共走廊吊顶空间的上部？

[A] 喷淋水主管、冷冻回水主管　　　　[B] 冷冻供水主管、冷冻回水主管
[C] 冷冻回水主管、冷凝水主管　　　　[D] 冷冻供水主管、喷淋水主管

【答案】B

【解析】图29-4-17中已有冷冻回水主管布置在上面，冷冻供水主管应和回水主管集中布置；冷凝水靠重力流排放，其主管位置应布置在吊顶空间下部；喷淋水主管在吊顶空间下部易于连接喷头，故此题选B。

(6) 以下哪项设备不需要通过支管与客房内门廊吊顶内的设备连通？

[A] 冷冻供水主管　　　　　　　　　　[B] 冷冻回水主管
[C] 冷凝水主管　　　　　　　　　　　[D] 走廊排烟风管

【答案】D

【解析】走廊排烟风管用于走廊部分的排烟，客房不需要排烟，故应选D。

(7) 下列新风支风管的布置哪个是错误的？

[A] 连接客房回风口　　　　　　　　　[B] 连接客房送风口
[C] 穿过客房内门廊吊顶空间　　　　　[D] 连接新风主风管

【答案】A

【解析】新风支管穿过客房内门廊吊顶空间连接新风主管和客房送风口（图29-4-19），为房间提供新风，故选项A符合题意。

(8) 下列客房送风口的连接哪个是正确的？

[A] 通过送风管连接客房回风口　　　　[B] 通过送风管连接公共走廊吊顶空间
[C] 直接连接客房内门廊吊顶空间　　　[D] 通过送风管连接风机盘管

【答案】D

【解析】客房送风口送的是风机盘管的风及新风，故选D。

(9) 以下关于冷凝水主管标高的描述哪个是正确的？

[A] 应高于冷凝水支管标高　　　　　　[B] 应低于冷凝水支管标高
[C] 与冷凝水支管标高无关　　　　　　[D] 应高于风机盘管顶标高

【答案】B

【解析】冷凝水靠重力来排水，属于无压排水，冷凝水主管标高只有低于冷凝水支管标高，才能排到主管中，故应选B。

（10）以下关于设备标高的描述哪个是错误的？

[A] 冷冻供水的主管标高与支管标高无关

[B] 冷冻回水的主管标高与支管标高无关

[C] 冷冻回水主管标高与风机盘管冷冻回水支管接口标高的关系不大

[D] 冷冻供水主管标高必须高于风机盘管冷冻供水支管接口标高

【答案】D

【解析】冷冻供回水主管属于有压水管，主管标高和支管标高无关，冷冻供水主管标高不一定高于风机盘管冷冻供水支管接口标高，故选 D。

评分标准（表 29-4-5）：

	2011 年建筑技术设计（作图）设备试题评分标准	表 29-4-5

题号		说明
1	水主管线	仅符合右侧布置即可，不考虑上下位置；任一管线不在右侧扣分
2	新风主管道	在吊顶空间左上方以外的位置均扣分
3	电缆桥架	在吊顶上方、左下方均扣分；与排烟管道垂直排列扣分
4	排烟管道	在吊顶上方、右下方均扣分；与电缆桥架垂直排列扣分
5	冷冻供水主管	在吊顶空间右上方，其余位置扣分；右上方布置喷淋扣分
6	供水、冷凝主管连接	未与风机盘管连接扣分；排烟、喷淋连接客房扣分
7	新风支管	连接风机盘管不扣分；连接回风口扣分；与其他设备空间重合扣分
8	送风口	未绘制连接送风管道扣分
9	冷凝水排放坡度	冷凝水主管高于冷凝水支管任一处标高扣分
10	冷冻供回水标高	供水主管绘制在吊顶空间内任何标高均可

注：1. 任何管道穿柱均扣除相应题分数；

2. 设备未标注名称且难以通过图形、连接关系进行判断的扣除相应题分数；

3. 走廊设备如布置正确、绘制比例准确，间距未标注或个别尺寸与要求不符不扣分；

4. 在任务指定空间内绘制设施不扣分；

5. 同一错误不重复扣分；同一设施不同错误扣分。

四、2012 年 消防设施布置

任务描述：

某超高层办公楼高区标准层的面积为 1950m²，图 29-4-21 为其局部平面，已布置有部分消防设施。根据现行规范、任务要求和图例（表 29-4-6），完成其余消防设施的布置。

任务要求：

● 布置新风管的防火阀。

● 布置烟感报警器和自动喷水灭火喷淋头（办公室、走廊、电梯厅和楼梯间除外）。

● 在未满足要求的建筑核心筒部位补设消火栓。

● 布置安全出口标志灯。

● 布置走廊排烟口。

● 标注防火门及其防火等级。

● 按第 1 页的要求填涂第 1 页作图选择题和答题卡。

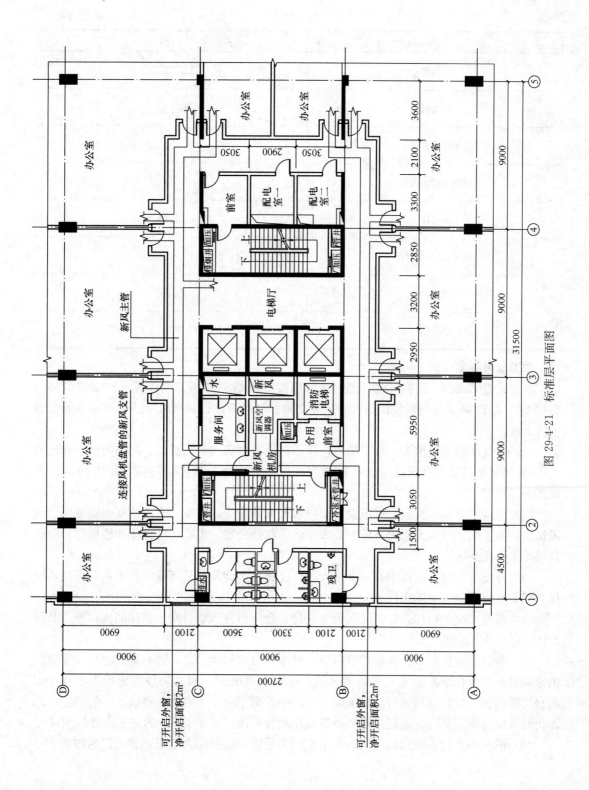

图 29-4-21　标准层平面图

办公室

办公室　办公室

办公室

前室　配电室一　配电室二

电梯厅

新风主管

服务间　新风空调器　消防电梯　合用前室

新风机房

办公室

办公室

办公室

办公室

连接风机盘管的新风支管

残卫

办公室

3050　2900　3050

3600　2100　3300　2850　3200　2950　5950　3050　1500

9000　9000　9000

31500

6900　2100　3600　3300　2100　2100　6900

9000　9000　9000

27000

4500

⑤　④　③　②　①

Ⓓ　Ⓒ　Ⓑ　Ⓐ

可开启外窗，净开启面积2m²

可开启外窗，净开启面积2m²

505

图例（表 29-4-6）：

图　例 表 **29-4-6**

名称	图例
新风管	⊏─────⊐
防火阀	⊠
烟感报警器	⊗
自动喷水灭火喷淋头	○
消火栓	◰
安全出口标志灯	▭○▭
排烟口	▥
防火门	FM甲、FM乙、FM丙

作图参考答案（图 29-4-22）：

（1）设置防火阀：依据规范《民用建筑供暖通风与空气调节设计规范》GB 50736—2012 的 9.3.11 条，在与新风机房水平风管交接的竖向管井、新风机房的房间隔墙处设置了防火阀。

（2）布置烟感与喷淋头：对于烟感，除了在设备机房（新风机房、配电间一、配电间二）、楼梯间及其前室（题目要求除楼梯间外）设置烟感报警器，还应在服务间需设置烟感。

除配电间不宜用水扑救，可不设自动喷水灭火系统外，前室、合用前室、服务间、新风机房、卫生间、残疾人厕所（任务要求中已排除办公室、走廊、电梯厅和楼梯间）应设自动喷水灭火系统。

（3）补设消火栓：走廊中有 4 个消火栓，已满足走廊及办公区域的要求，只有消防电梯合用前室应补设 1 个消火栓。

（4）布置安全出口标志灯：应在前室入口、合用前室入口、两个楼梯间入口处，共计 4 个安全出口指示灯。

（5）布置走廊排烟口：本题走廊有窗，且净开启面积为 2m²，但不满足规范《建筑防烟排烟系统技术标准》第 4.6.3 条第 3 款，即在走道两端（侧）均设置面积不小于 2m² 的自然排烟窗（口）且两侧自然排烟窗（口）的距离不应小于走道长度的 2/3 的规定。因而仍需机械排烟，并应在靠近排烟竖井处且距离安全出口大于 1.5m 的地方设置排烟口。

（6）设置防火门：新风机房门、配电室门为甲级，疏散门为乙级，管井门为丙级。

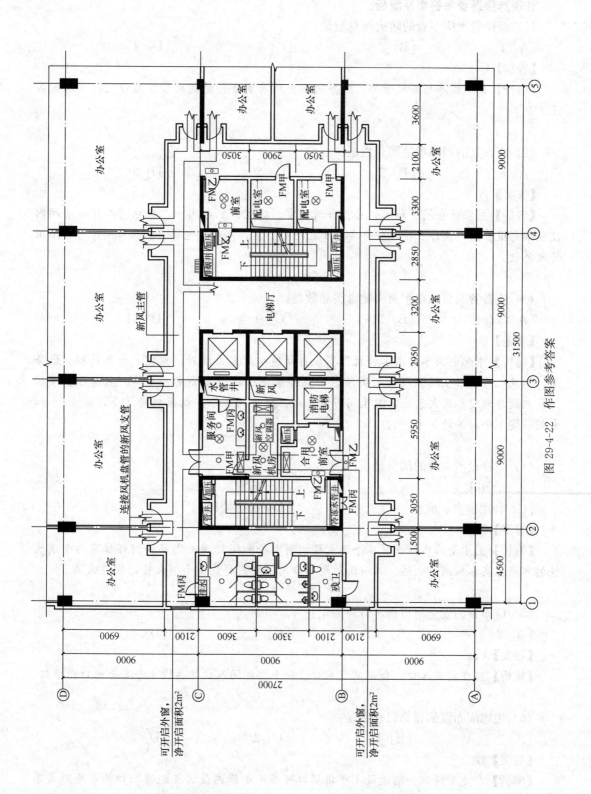

图 29-4-22 作图参考答案

507

作图选择题参考答案及解析：

(1) 新风管上应布置的防火阀总数是：

[A] 1　　　　　　[B] 2　　　　　　[C] 3　　　　　　[D] 4

【答案】C

【解析】新风机房与新风管井、服务间及合用前室连接的新风管上应设置防火阀，共计 3 个。

(2) 应布置的烟感报警器总数是：

[A] 6　　　　　　[B] 7　　　　　　[C] 8　　　　　　[D] 9

【答案】A

【解析】应在服务间、新风机房、合用前室、前室、配电间一、配电间二 6 个房间内设置烟感报警器，共计 6 个，任务要求中已把办公室、走廊、电梯井和楼梯间除外，不用计入总数。

(3) 应布置的自动喷水灭火喷淋头总数是：

[A] 5　　　　　　[B] 7　　　　　　[C] 9　　　　　　[D] 11

【答案】C

【解析】除配电间不宜用水扑救可不设自动喷水灭火系统外，前室、合用前室、服务间、新风机房、卫生间、残疾人厕所（任务要求中已排除办公室、走廊、电梯厅和楼梯间）应设自动喷水灭火系统，卫生间布置 3 个，服务间 2 个，新风机房 2 个，前室 1 个，合用前室 1 个，共计 9 个。

(4) 应补设消火栓的部位是：

[A] 合用前室　　　　　　　　　　[B] 前室
[C] 合用前室、前室　　　　　　　[D] 疏散楼梯

【答案】A

【解析】图中走廊已经设置 4 个消火栓，消火栓的间距满足同层任何部位有两个消火栓的水枪充实水柱同时到达。只有消防电梯合用前室应补设 1 个消火栓，故应选 A。

(5) 应布置的安全出口指示灯总数是：

[A] 2　　　　　　[B] 3　　　　　　[C] 4　　　　　　[D] 5

【答案】C

【解析】应在前室入口、合用前室入口、两个楼梯间入口处共设 4 个安全出口指示灯。

(6) 走廊应布置的排烟口总数是：

[A] 0　　　　　　[B] 1　　　　　　[C] 2　　　　　　[D] 3

【答案】B

【解析】在走廊排烟井附近设 1 个排烟口可满足走廊内最远点距排烟口的水平距离不应超过 30m。

（7）甲级防火门的总数是：

[A] 3　　　　　　　[B] 4　　　　　　　[C] 5　　　　　　　[D] 6

【答案】A

【解析】配电室一、配电室二、新风机房通向建筑内的门应设甲级防火门，共计 3 个。

（8）乙级防火门的总数是：

[A] 2　　　　　　　　　　　　　[B] 4

[C] 6　　　　　　　　　　　　　[D] 8

【答案】B

【解析】通向前室、合用前室、两个防烟楼梯间的门需设乙级防火门，共计 4 个。

（9）丙级防火门的总数是：

[A] 0　　　　　　　　　　　　　[B] 1

[C] 2　　　　　　　　　　　　　[D] 3

【答案】D

【解析】排水井、水管井、冷冻水管井需设丙级防火门，共计 3 个。

（10）不设置自动喷水灭火喷淋头的房间是：

[A] 服务间　　　　　　　　　　　[B] 合用前室

[C] 卫生间　　　　　　　　　　　[D] 配电间一、配电间二

【答案】D

【解析】配电间为不宜用水扑救的部位，不应设置自动喷水灭火喷淋头。

五、2013 年 消防设施布置

任务描述：

某超高层办公楼标准层的面积为 2000m²，图 29-4-23 为其标准层平面图，外墙窗为固定窗。根据现行消防设计规范规定和任务要求，以经济合理为原则，选用表 29-4-7 提供的消防设施图例，完成消防设施的布置。

任务要求：

● 消防排烟：由排烟竖井引出排烟总管，从排烟总管分别接排烟支管到需要设置机械排烟的部位；画出排烟百叶口，在需要的部位设置排烟阀。

● 正压送风：在需要设置正压送风的部位画出正压送风竖井，每个竖井的面积不小于 0.5m²。

● 消防报警：除办公空间外，在其他需要的空间布置火灾探测器。

● 应急照明：布置应急照明灯。

● 消火栓：除办公空间外，在其他需要的空间布置室内消火栓。

● 防火门：选用、布置不同等级的防火门。

● 根据作图结果，先完成第一页上作图选择题的作答，再用 2B 铅笔填涂答题卡上对应题目的答案。

图例（表 29-4-7）：

图　例

表 29-4-7

名称	图例	名称	图例
排烟总管		火灾探测器	⊗
排烟支管		应急照明灯	○
排烟百叶风口		室内消火栓	
排烟防火阀	⊠	防火门	FM甲、FM乙、FM丙
正压送风井			

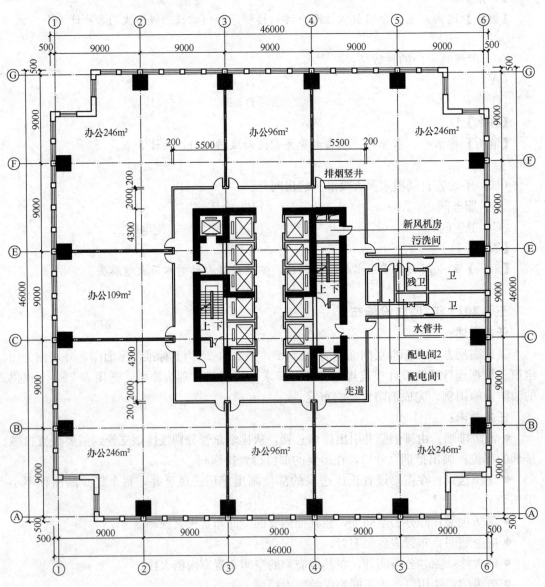

图 29-4-23　标准层平面图

510

作图参考答案（图 29-4-24）：

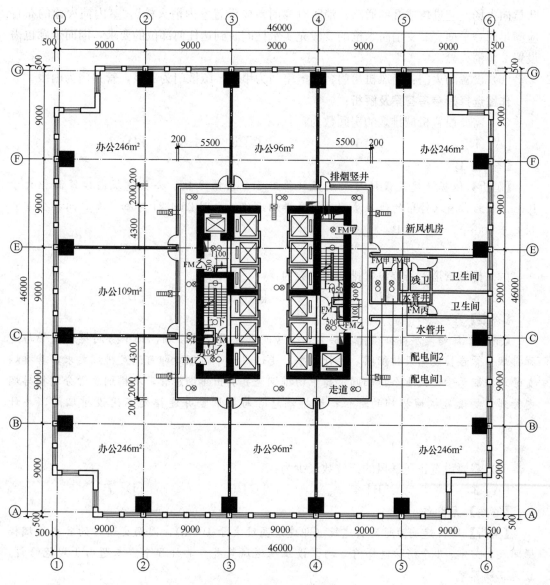

图 29-4-24 作图参考答案

（1）消防排烟：超过 100m² 的办公室及长度大于 20m 的内走道设置排烟，将排烟支管引至需要排烟的部位，并在排烟支管上设置防火阀。

（2）正压送风：题目所给建筑为超高层建筑，因而其交通核的 2 个防烟楼梯间及其前室、1 个消防电梯前室均需设正压送风竖井，共计 5 个。

（3）消防报警：除办公空间外，走廊、楼梯间及其前室、设备机房应设置感烟探测器；走廊的感烟探测器间距应小于 10m。

（4）应急照明：应在走廊、前室、楼梯间设置疏散照明；在配电间设置备用照明。

（5）消火栓设置：依据《消防给水及消火栓系统技术规范》GB 50974—2014 条文说

明第 7.4.5 条："消防电梯前室是消防队员进入室内扑救火灾的进攻桥头堡，为方便消防队员向火场发起进攻或开辟通路，消防电梯前室应设置室内消火栓"。室内消火栓的布置应满足同一平面有 2 支消防水枪的 2 股充实水柱同时到达任何部位的要求，因而走廊也需设置 2 个消火栓。

(6) 设置防火门：新风机房门、配电室门为甲级，疏散门为乙级，管井门为丙级。

作图选择题参考答案及解析：

(1) 需要设置机械排烟的房间数为：

[A] 4   [B] 5   [C] 6   [D] 7

【答案】B

【解析】依据《建筑设计防火规范》第 8.5.3 条第 3 款，公共建筑内建筑面积大于 100m^2 且经常有人停留的地上房间应设置排烟设施。由图 29-4-21 可知，有 5 间办公室面积大于 100m^2，故应选 B。

(2) 排烟管道上需要设置排烟阀个数为：

[A] 6   [B] 7   [C] 8   [D] 9

【答案】A

【解析】该超高层办公楼标准层有 5 个房间需要设机械排烟，每个房间排烟支管与走廊排烟总管连接处需设排烟阀，共计 5 个；走道设一个排烟口即可满足排烟要求，其排烟支管与排烟总管处设 1 个排烟阀。题中由排烟竖井引出排烟总管，从排烟总管分别接排烟支管到需要设置机械排烟的部位；故排烟总管与排烟竖井连接处不用设排烟阀，共计 6 个。

(3) 需要设置正压送风的部位数最少为：

[A] 3   [B] 4   [C] 6   [D] 7

【答案】无答案

【解析】题目建筑为超高层建筑（即建筑高度大于 100m），因而交通核的 2 个防烟楼梯间及其前室、1 个消防电梯前室均需设正压送风竖井，共计 5 个。本题由于规范修订，故无正确答案。

(4) 除办公空间外，需要设置火灾探测器的部位是：

[A] 走道、合用前室、前室、配电间、新风机房

[B] 走道、合用前室、前室、配电间、卫生间

[C] 合用前室、前室、新风机房、卫生间

[D] 走道、合用前室、前室、配电间、清洁间

【答案】A

【解析】超高层建筑除游泳池、溜冰场、卫生间外，其余空间均应设火灾自动报警系统。故标准层除办公空间外，走道、合用前室、前室、配电间、新风机房需要设置火灾探测器。

(5) 需要设置应急照明灯的部位数为:

[A] 4　　　　　　[B] 6　　　　　　[C] 8　　　　　　[D] 10

【答案】C

【解析】需要设置应急照明灯的部位为:两个防烟楼梯间、防烟楼梯间独立前室、防烟楼梯间和消防电梯间合用前室、消防电梯间前室、走道、配电间1、配电间2,共计8处。

(6) 除走道外,需要设置应急照明灯数量为:

[A] 6　　　　　　[B] 7　　　　　　[C] 9　　　　　　[D] 10

【答案】B

【解析】除走道外,需设置应急照明灯的部位有7处;每个部位至少需要布置1个应急照明灯,共计7个。

(7) 下列均需要设置室内消火栓的部位是:

[A] 合用前室、消防电梯前室、走道

[B] 合用前室、配电室、走道

[C] 消防电梯前室、配电间、楼梯前室

[D] 消防电梯前室、楼梯前室、合用前室

【答案】A

【解析】依据《消防给水及消火栓系统技术规范》GB 50974—2014第7.4.5条的规定,消防电梯前室应设置室内消火栓,并应计入消火栓使用数量。

室内消火栓的布置应满足同一平面有2支消防水枪的2股充实水柱同时到达任何部位的要求。因而走廊也需设置消火栓,故应选A。

(8) 除走道外,需要设置室内消火栓的个数为:

[A] 1　　　　　　[B] 2　　　　　　[C] 3　　　　　　[D] 4

【答案】B

【解析】除走道外,需要设置2个室内消火栓,分别设于合用前室和消防电梯前室处。

(9) 需要设置防火门总数为:

[A] 7　　　　　　[B] 8　　　　　　[C] 9　　　　　　[D] 10

【答案】C

【解析】新风机房、配电间1、配电间2设甲级防火门,共计3樘;前室、合用前室及楼梯间的门设乙级防火门,共计5樘;水管井设丙级防火门,共计1樘;总计9樘,故应选C。

(10) 防火门的等级和数量为:

[A] FM甲,4;FM乙,4;FM丙,1

[B] FM甲,4;FM乙,4;FM丙,2

[C] FM 甲, 3; FM 乙, 4; FM 丙, 2

[D] FM 甲, 3; FM 乙, 5; FM 丙, 1

【答案】D

【解析】解析同第 (9) 题。

六、2014 年 空调通风及消防系统布置

任务描述：

图 29-4-25～图 29-4-28 为某 9 层二类高层办公楼的顶层局部平面图 (同一部位)。根据现行规范、任务条件、任务要求和图例 (表 29-4-8), 以技术经济合理为原则, 完成空调通风及消防系统平面布置。

任务条件：

● 建筑层高均为 4.0m, 各樘外窗可开启面积均为 1.0m²。

● 中庭 6～9 层通高, 为独立防火分区, 以特级防火卷帘与其他区域分隔。

● 办公室、会议室采用风机盘管加新风系统。

● 走廊仅提供新风。

● 自动喷水灭火系统采用标准喷头。

任务要求：

在指定平面图的①～⑤轴范围内完成以下布置：

● 平面图 1：布置会议室风机盘管的空调水管系统。

● 平面图 2：布置排风管和排风口；布置新风管和新风口；新风由新风机房提供。

● 平面图 3：补充布置排烟管、排烟口和室内消火栓。

● 平面图 4：布置标准喷头。

● 根据作图结果, 先完成第 1 页上作图选择题的作答, 再用 2B 铅笔填涂答题卡上对应题目的答案。

图例 (表 29-4-8)：

图 例   表 29-4-8

名称	图例	名称	图例
空调供水管	——————	排风口	▢
空调回水管	—·——·——	排烟口	⊠
冷凝水管	— — —	防火阀	⌀
新风干 (支) 管/排风管、排烟管	⊔	标准喷头	◯
新风口	⊠	室内消火栓	◢

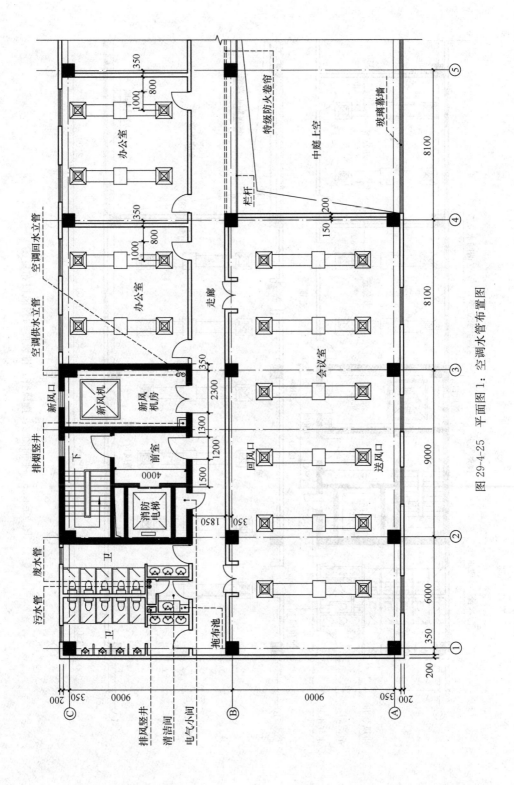

图 29-4-25 平面图 1：空调水管布置图

515

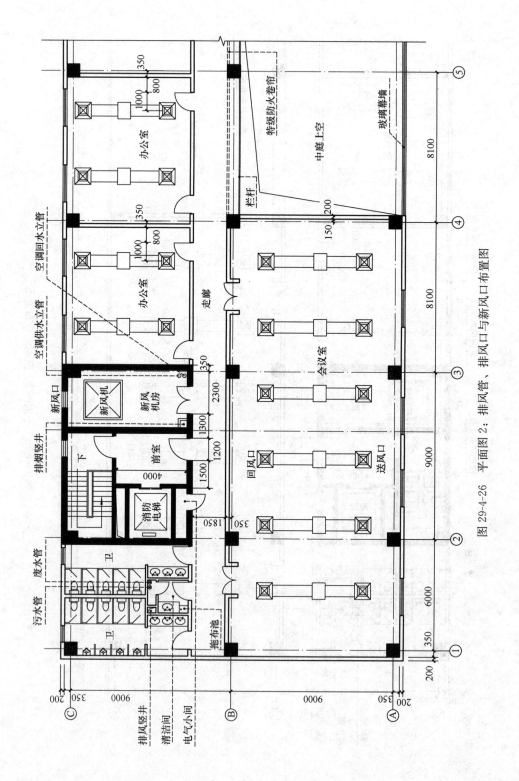

图 29-4-26 平面图 2：排风管、排风口与新风口布置图

516

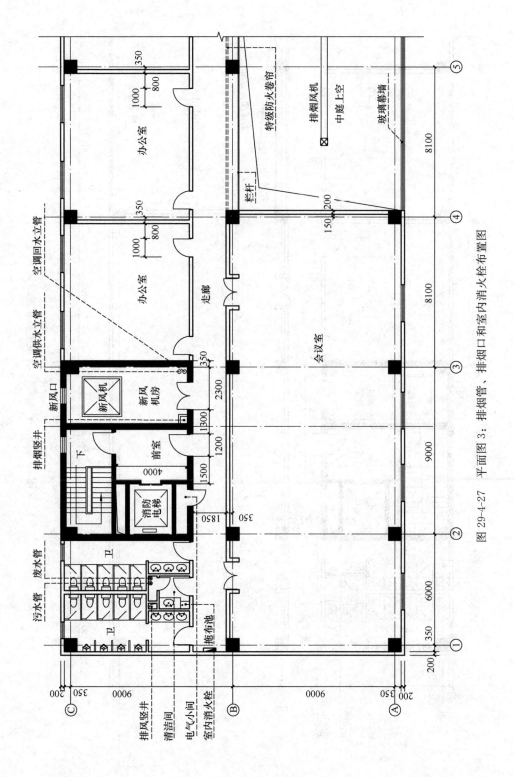

图 29-4-27　平面图 3：排烟管、排烟口和室内消火栓布置图

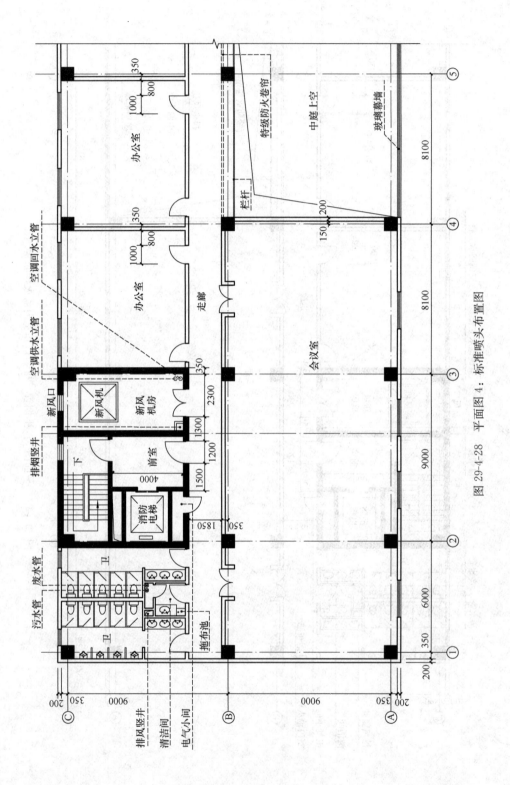

图 29-4-28 平面图 4：标准喷头布置图

作图参考答案（图 29-4-29～图 29-4-32）：

（1）平面图 1：布置会议室风机盘管的空调水管系统。

从新风机房中的空调水立管引出，在走廊吊顶内布置空调水主管，并以支管连接风机盘管；冷凝水由支管排至走廊吊顶内的冷凝水主管，就近排入拖布池。

（2）平面图 2：布置排风管和排风口，布置新风管和新风口。

卫生间设置排风管及排风口，排风管连接至风井；新风由新风机房提供，从新风机房引出新风主管，在走廊布置新风主管，并将支管引至各办公室及会议室。

（3）平面图 3：补充布置排烟管、排烟口及室内消火栓。

在超过 100m² 的会议室及长度大于 20m 的内走道设置排烟口；在走廊及消防合用前室补设室内消火栓。

（4）平面图 4：布置标准喷头。

中危险级 I 级（高层办公）标准喷头间距应≤3.6m，但宜≥2.4m；喷头与墙间距应≤1.8m。

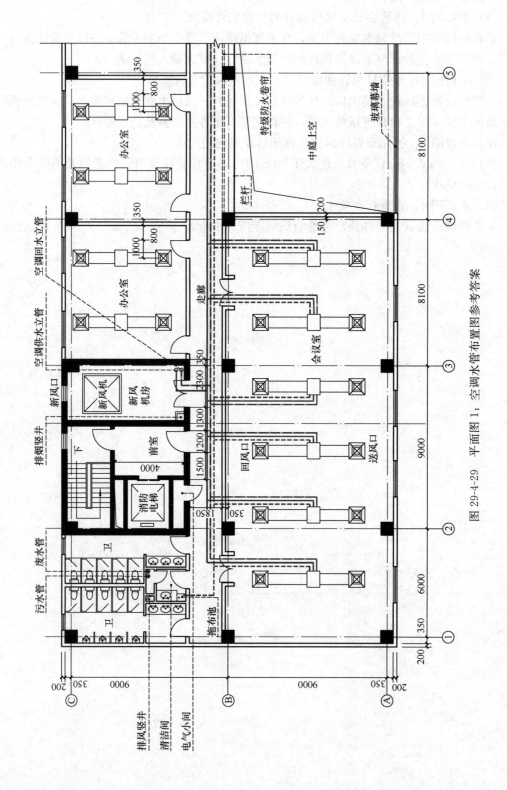

图 29-4-29　平面图 1：空调水管布置图参考答案

520

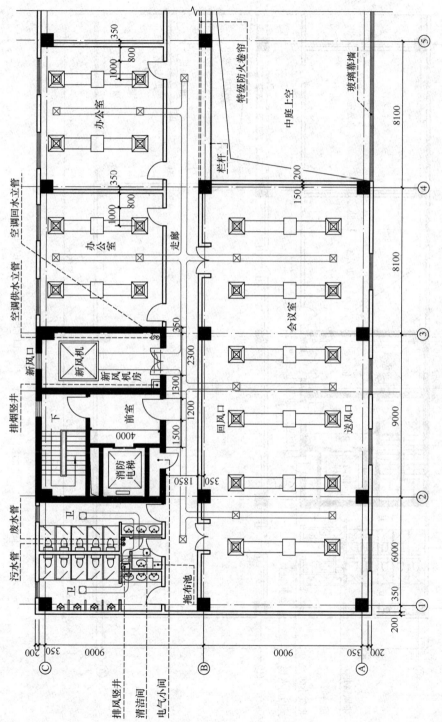

图 29-4-30　平面图 2：排风管、排风口与新风口布置图参考答案

521

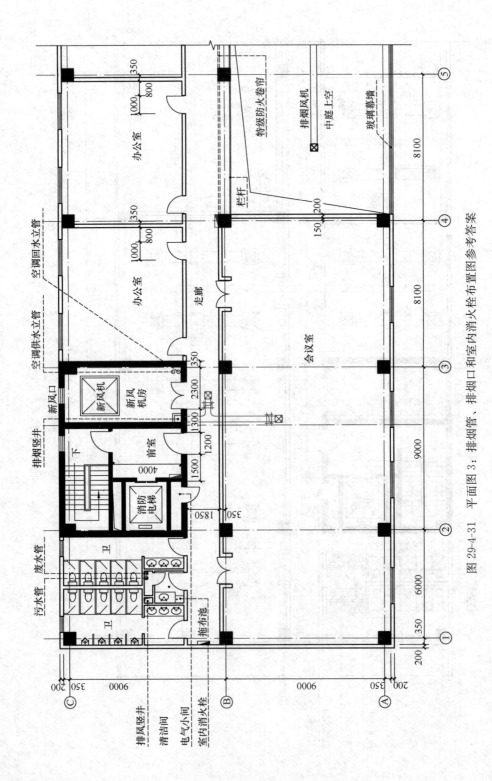

图 29-4-31　平面图图 3：排烟管、排烟口和室内消火栓布置图参考答案

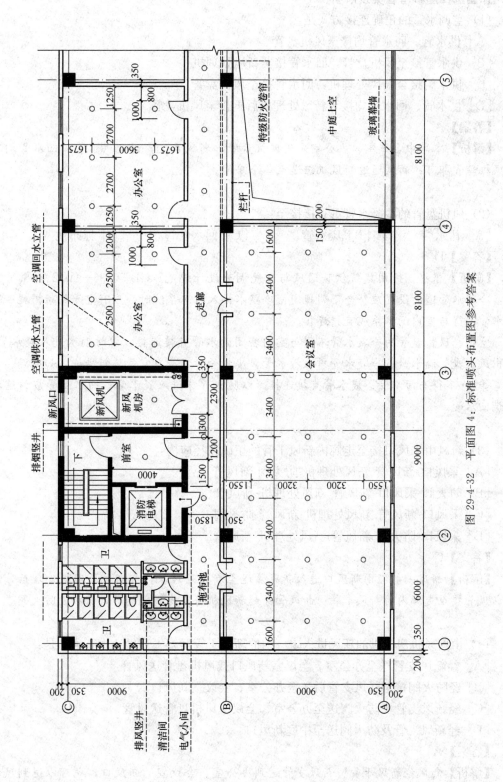

图 29-4-32 平面图图 4：标准喷头布置图参考答案

作图选择题参考答案及解析：

（1）空调水管的正确连接方式是：

[A] 供水管、回水管均接至风机盘管

[B] 供水管接至风机盘管，回水管接至新风处理机

[C] 供水管接至新风处理机，回水管接至风机盘管

[D] 供水管、回水管均接至新风处理机后再接至风机盘管

【答案】A

【解析】本题中会议室、办公室采用风机盘管加新风系统，因此供水管、回水管均接至风机盘管即可；新风通过新风机组送至各个房间。

（2）风机盘管的冷凝水管可直接接至：

[A] 污水管　　　　[B] 废水管　　　　[C] 回水立管　　　　[D] 拖布池

【答案】D

【解析】根据《民用建筑供暖通风与空气调节设计规范》GB 50736—2012 第 8.5.23 条：冷凝水管道的设置应符合下列规定：冷凝水排入污水系统时，应有空气隔断措施；冷凝水管不得与室内雨水系统直接连接。

空调、风机盘管的冷凝水管不得与室内密闭雨水管直接连接，以防雨水进入凝水管，溢出风机盘管滴水盘；冷凝水管排入污水管、废水管时，应有空气隔断措施（如地漏、存水弯等），不得与污水管、废水管直接连接，以防止异味进入凝水管；回水立管应该连接空调回水管。

（3）新风由采风口接至走廊内新风干管的正确路径应为：

[A] 采风口-新风管-新风处理机-防火阀-新风管

[B] 防火阀-采风口-新风管-新风处理机-新风管

[C] 采风口-新风管-新风处理机-新风管-防火阀

[D] 采风口-防火阀-新风管-新风处理机-新风管

【答案】C

【解析】新风一般经由新风口进入新风管送至新风处理机，经新风处理机处理后，通过新风管接至走廊内的新风干管；新风管穿越新风机房与走廊隔墙时，需加设防火阀。

（4）由新风机房提供的新风进入走廊内的新风干管后，下列做法中正确的是：

[A] 经新风支管送至办公室、会议室新风口或风机盘管送风管

[B] 经防火阀接至新风支管后送至办公室、会议室新风口

[C] 经新风支管及防火阀送至办公室、会议室风机盘管送风管

[D] 经新风支管及防火阀送至中庭新风口

【答案】A

【解析】新风经新风干管、新风支管送到办公室、会议室的新风口，也可以送到风机盘管的送风管再送到办公室、会议室。

(5) 应设置排风系统的区域是:

[A] 卫生间和前室 [B] 清洁间和楼梯间

[C] 前室和楼梯间 [D] 卫生间和清洁间

【答案】D

【解析】根据《民用建筑供暖通风与空气调节设计规范》GB 50736—2012 第 6.3.6 条:公共卫生间和浴室通风应符合下列规定:1. 公共卫生间应设置机械排风系统。公共浴室宜设气窗;无条件设气窗时,应设独立的机械排风系统。应采取措施保证浴室、卫生间对更衣室以及其他公共区域的负压。

本题中卫生间和清洁间需要设排风系统,以保证其相对于其他区域的负压。

(6) 应设置排烟口的区域是:

[A] 仅走廊 [B] 走廊和会议室

[C] 走廊和前室 [D] 前室和会议室

【答案】B

【解析】《建筑设计防火规范》GB 50016—2014(2018 年版)第 8.5.3 条:民用建筑的下列场所或部位应设置排烟设施:3 公共建筑内建筑面积大于 $100m^2$ 且经常有人停留的地上房间;5 建筑内长度大于 20m 的疏散走道。依据上述两条,走廊和会议室应各设 1 个排烟口。

(7) 排烟口的正确做法是:

[A] 直接安装在排烟竖井侧墙上 [B] 经排烟管接至排烟竖井

[C] 经排烟管、防火阀接至排烟竖井 [D] 经防火阀、排烟管接至排烟竖井

【答案】D

【解析】在排烟支管上应设有当烟气温度超过 280° 时能自行关闭的排烟防火阀,故连接排烟口的排烟支管上应设排烟防火阀,排烟管与排烟竖井之间要不用设防烟阀。

(8) ①～⑤轴范围内应增设的室内消火栓数量最少是:

[A] 1 个 [B] 2 个 [C] 3 个 [D] 4 个

【答案】B

【解析】前室应设置 1 个消火栓、走道应设置 2 个消火栓,共计 3 个消火栓,图中走廊已布置 1 个室内消火栓,故最少需要增设 2 个消火栓。

(9) ①～⑤轴与Ⓐ-Ⓑ轴范围内应设置的标准喷头数量最少是:

[A] 18 个 [B] 21 个 [C] 24 个 [D] 27 个

【答案】B

【解析】依据《自动喷水灭火系统设计规范》GB 50084—2017 第 7 章喷头布置,常规喷头之间的间距应≤3.6m,但宜≥2.4m;喷淋头与端墙之间的间距应≤1.8m。会议室最少布置 21 个。

（10）Ⓑ～Ⓒ轴范围内应设置自动喷水灭火系统的区域是：

[A] 仅走廊 　　　　　　　　　　　　[B] 走廊和办公室
[C] 走廊、办公室和前室 　　　　　　 [D] 走廊、办公室、前室和新风机房

【答案】D

【解析】依据《建筑设计防火规范》GB 50016—2014 第 8.3.3 条第 2 款：二类高层公共建筑及其地下、半地下室的公共活动用房、走道、办公室和旅馆的客房、可燃物品库房、自动扶梯底部应设置自动灭火系统，并宜采用自动喷水灭火系统。因此走廊、办公室、前室（虽然规范里没有明确说明，但是实际工程中前室都设置自动喷淋系统）、新风机房应设置自动喷淋系统。

七、2017 年　空调系统及送排风系统布置

任务描述：

图 29-4-33 为南方某二层社区中心的首层局部平面，室内除配电间外，均设置吊顶，空调采用多联机系统。根据现行规范、任务要求和图例（表 29-4-9），合理完善此部分空调送排风系统的布置。

任务要求：

● 布置新风支管，对应连接每台室内机。

● 布置水平冷媒管，在冷媒管井内布置冷媒竖管，满足新风系统和室内空调系统的不同热工工况。

● 布置配电间的排风扇和进风阀；完善卫生间的排风系统。

● 布置防火阀和风管消声器。

● 布置风管防雨百叶。

● 根据作图结果，先完成第 1 页上作图选择题的作答，再用 2B 铅笔填涂答题卡上对应题目的答案。

图例（表 29-4-9）：

图　例　　　　　　　　　　　　　　　　　　　　　　表 29-4-9

名称	图例	名称	图例
风管支管	══╪150	室内进风阀	↓
冷媒竖管（一组）	○		
水平冷媒管（一组）	——	风管消声器	900 / 600
新风调节阀	▭		
吊顶排风扇	300×300		
防火阀	⊠	嵌墙排风扇（带百叶）	∞ ↓
风管防雨百叶	▨▨▨		

注：冷媒管一送一回为一组。

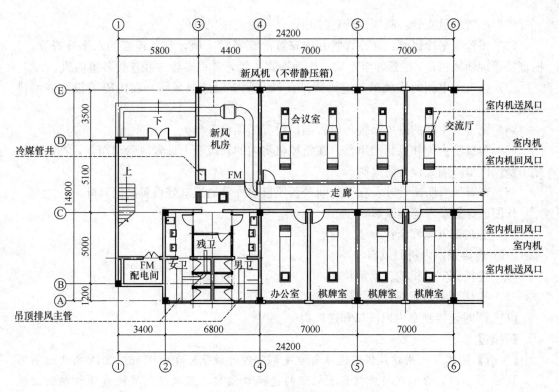

图 29-4-33 首层局部平面图

作图参考答案（图 29-4-34）：

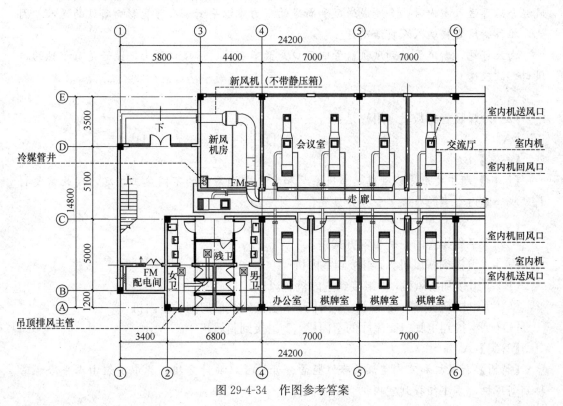

图 29-4-34 作图参考答案

（1）布置新风支管：新风支管连接到每台室内机送风口处。

（2）布置水平冷媒管：在冷媒管井内布置冷媒竖管 2 根，与其连接的水平冷媒管，1 根直接连接新风机；1 根延伸至走廊，作为冷媒主管，并以支管并联连接各室内机。

（3）布置配电间的排风扇和进风阀：在风井侧壁设置进风阀，在内隔墙设置嵌墙排风扇。

（4）完善卫生间的排风系统：风管端口设置吊顶排气扇。

（5）布置防火阀和风管消声器：在新风机房内的新风管上设置风管消声器，在新风管穿出新风机房隔墙处设置防火阀。

（6）布置风管防雨百叶：在卫生间及新风机房外墙通风口处设置防雨百叶。

作图选择题参考答案及解析：

（1）空调新风支管应：

[A] 连接到室内机回风口

[B] 连接到室内机的任何部位

[C] 连接到室内机靠近送风侧

[D] 同时连接到室内回风口和送风口

【答案】C

【解析】依据《民用建筑供暖通风与空气调节设计规范》GB 50736—2012 条文说明第 7.3.10 条第 1 款：当新风与风机盘管机组的进风口相接，或只送到风机盘管机组的回风吊顶处时，将会影响室内的通风；同时，当风机盘管机组的风机停止运行时，新风有可能从带有过滤器的回风口处吹出，不利于室内空气质量的保证。另外，新风和风机盘管的送风混合后再送入室内时，会造成送风和新风的压力难以平衡，有可能影响新风的送入。因此，推荐新风直接送入人员活动区。

由此可见，新风管接到风机盘管回风口是最不利的，送风口其次，最好是有单独的送风口，故应选 C。

（2）冷媒竖管的数量（组）是：

[A] 1   [B] 2   [C] 3   [D] 4

【答案】B

【解析】题中要求冷媒管满足新风系统和室内空调系统的不同热工工况，因此需要将新风机和室内空调的冷媒竖管分开设置，共计 2 组。

（3）水平冷媒管的正确布置方式是：

[A] 1 组接到新风机，1 组接到室内机

[B] 1 组接到新风机，1 组接到室内机送风口

[C] 1 组接到走廊、交流厅的室内机，1 组接到其他房间的室内机

[D] 1 组接到走廊、交流厅的室内机，1 组接到新风机

【答案】A

【解析】新风机和室内空调的冷媒竖管分开设置，共计 2 组；其中 1 组由水平冷媒管接到新风机，另 1 组接到室内机。

（4）新风调节阀的数量是：

[A] 7   [B] 8   [C] 9   [D] 10

【答案】C

【解析】共有9个室内机，故新风调节阀共计9个。

（5）吊顶排风扇布置在：

[A] 男、女厕和新风机房   [B] 无障碍厕所和配电间

[C] 配电间和新风机房   [D] 男、女厕和无障碍厕所

【答案】D

【解析】男、女厕和无障碍厕所需要设排风扇，以保持其负压状态。

（6）嵌墙排风扇最少有几处：

[A] 4   [B] 3   [C] 2   [D] 1

【答案】D

【解析】配电间无吊顶，故需要设置嵌墙排风扇，最少应设1处。

（7）室内进风阀的数量是：

[A] 1   [B] 2   [C] 3   [D] 4

【答案】A

【解析】进风阀起到防火的作用，同时调节新风风量。题目任务要求布置配电间的进风阀，配电间左侧有风井，室内进风阀可设于风井的内墙上；且建筑位于南方，新风机进风口可不设置；故选A。

（8）消声器必须布置在：

[A] 走廊的新风主管上

[B] 新风机房内的新风主管上

[C] 厕所的天花排风主管上

[D] 室内机的新风支管上

【答案】B

【解析】消声器需要设置在新风机房内的新风主管上。

（9）防火阀的数量是：

[A] 1   [B] 2   [C] 3   [D] 4

【答案】A

【解析】根据《建筑设计防火规范》GB 50016—2014（2018年版）第9.3.11条第2款：穿越通风、空气调节机房的房间隔墙和楼板处需要设置防火阀，共计1处，故选A。

（10）风管防雨百叶的数量是：

[A] 1   [B] 2   [C] 3   [D] 4

【答案】C

【解析】新风机进风口处、男、女卫生间排风主管出口处需要设置风管防雨百叶，共计3处。

八、2018年 设备设施布置

任务描述：

图29-4-35为某高层医院住院楼的一间双床病房平面图，房间内除卫生间外均不设吊顶。根据现行规范、功能和任务要求，在经济合理的原则下，使用所提供的图例（表29-4-10），完成病房内的电气设施布置。

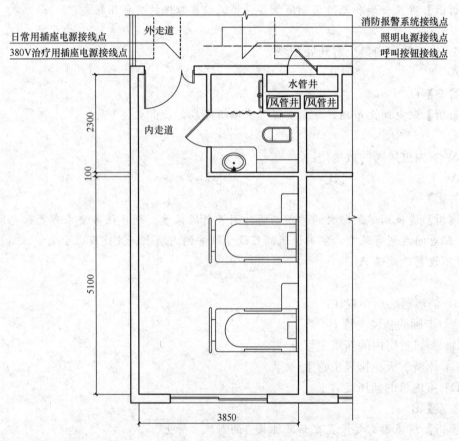

图 29-4-35　双床病房平面图

任务要求：

● 布置荧光灯、筒灯、夜灯、开关及排风扇。每张病床配备1盏筒灯和1盏荧光灯，筒灯为床头局部照明，病人自控，应靠近病床；荧光灯为普通照明，应在病房公共区域集中控制。卫生间照明使用筒灯。

● 每张病床应配备一个380V治疗用插座和一个日常用插座。治疗用插座与病床的水平距离大于1.0m；日常用插座应靠近病床，两者互不干扰。

● 布置火灾探测器。

- 布置呼叫按钮。
- 根据作图结果，用 2B 铅笔填图答题卡上作图选择题的答案。

图例（表 29-4-10）：

图　例

表 29-4-10

名称	图例	名称	图例
荧光灯	▭	电源插座	Ψ
筒灯	○	火灾探测器	⊡
夜灯	Z	呼叫按钮	⊙
天花排风扇	⊠	照明电源线	——————
三联单控开关（用于病房）	⟍●	插座电源线	------------
双联单控开关（用于卫生间）	⟍●	呼叫系统进线	
单联单控开关（用于床头）	⟍●	消防报警系统进线	— — — — —

作图参考答案（图 29-4-36）：

（1）布置一般照明：布置病房的普通照明（荧光灯）、局部照明（筒灯、夜灯），以及

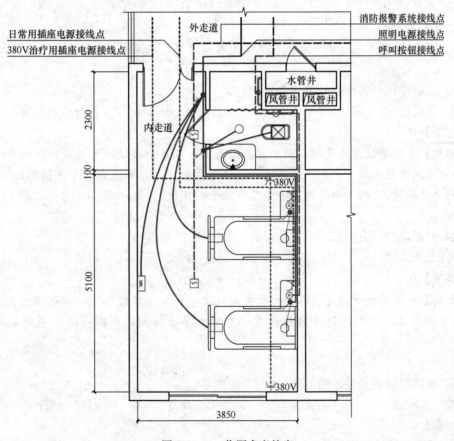

图 29-4-36　作图参考答案

卫生间照明（筒灯），并在适当位置设置合适的开关类型进行控制。

（2）布置插座：依据题目要求在适当位置设置治疗用插座和一个日常用插座，且水平距离大于 1.0m。

（3）布置火灾探测器：依据《火灾自动报警系统设计规范》GB 50116—2013 第 6.2.3 条第 1 款，当梁突出顶棚的高度小于 200mm 时，可不计梁对探测器保护面积的影响。病房开间为 3850mm，一般情况下卫生间内隔墙处梁高应为 400mm，因而需要在内走道及病房内设置 2 个火灾探测器。

（4）布置呼叫按钮：在每个病床的床头及卫生间设置呼叫按钮。

作图选择题参考答案及解析：

（1）需设置的灯具总数量最少为：

[A] 4　　　　　[B] 5　　　　　[C] 6　　　　　[D] 7

【答案】C

【解析】每张病床配备 1 盏筒灯和 1 盏荧光灯，2 张病床，需设 4 盏灯；病房内设 1 盏夜灯；卫生间设 1 盏筒灯；总计需设至少 6 盏灯。

（2）卫生间电气开关设置的正确位置为：

[A] 内走道　　　　　　　　　[B] 外走道

[C] 卫生间内　　　　　　　　[D] 任意位置均可

【答案】A

【解析】卫生间电气开关一般设在卫生间入口外侧，方便控制，故在内走道较为合适。

（3）三联单控开关控制的电气数量为：

[A] 2　　　　　[B] 3　　　　　[C] 4　　　　　[D] 5

【答案】B

【解析】三联单控开关是指在一个开关面板上，有 3 个按键，可以分别控制 3 个不同地方的电源或者是电灯，但是只能在这一个地方单独控制，不能在两个不同的地方控制。"联"指的是按键，"控"指的是能否分几个地方去控制。

（4）双联单控开关控制的电气数量为：

[A] 2　　　　　[B] 3　　　　　[C] 4　　　　　[D] 5

【答案】A

【解析】双联单控开关是指在一个开关面板上，有 2 个按键，可以分别控制 2 个不同地方的电源或者是电灯，但是只能在这一个地方单独控制，不能在两个不同的地方去控制。

（5）单联单控开关控制的电气为：

[A] 排风扇　　　[B] 荧光灯　　　[C] 筒灯　　　[D] 夜灯

【答案】C

【解析】筒灯为病床处的局部照明，应使用单联单控开关控制。

(6) 电源插座合计数量最少为：

[A] 2 　　　　　[B] 3 　　　　　[C] 4 　　　　　[D] 5

【答案】C

【解析】题中基本明确了两种插座，每张病床应配备 1 个 380V 治疗用插座和 1 个日常用插座；卫生间没有强制性要求，故合计最少应设 4 个插座。

(7) 病房内火灾探测器数量最少为：

[A] 0 　　　　　[B] 1 　　　　　[C] 2 　　　　　[D] 3

【答案】C

【解析】房间和内走道各设 1 个，共计 2 个。

(8) 呼叫按钮数量最少为：

[A] 4 　　　　　[B] 3 　　　　　[C] 2 　　　　　[D] 1

【答案】B

【解析】2 张病床每个床头设 1 个，卫生间设 1 个，共计 3 个。

(9) 呼叫按钮的正确位置为：

[A] 病房门口处及内走道　　　　　[B] 病房床头处及内走道

[C] 病房门口处及卫生间　　　　　[D] 病房床头处及卫生间

【答案】D

【解析】解析详见第（8）题。

(10) 排风扇的数量和位置为：

[A] 2，病房顶棚　　　　　[B] 1，病房外墙

[C] 2，风管井壁　　　　　[D] 1，卫生间吊顶

【答案】D

【解析】卫生间需要设置排风扇，一般设在蹲位上方，1 个即可。

九、2019 年 消防设施设计

任务描述：

图 29-4-37 为某高层办公楼标准层核心筒及走廊局部平面图，为一类高层建筑。根据现行规范、任务条件、任务要求和本题图例（表 29-4-11），按照经济合理的原则，在图中完成核心筒及走廊的相关消防设施设计。

任务条件：

● 每个加压送风竖井面积不应小于 1.5m²。

● 本区域排烟竖井面积合计不应小于 2.0m²。

● 图 29-4-37 中所示竖井平面均已隐含其内部的金属竖管，金属竖管无须绘制。

● 根据现行规范要求，图 29-4-37 中的公共区域至少应设置 2 个吊顶排烟口。

● 自动喷水灭火系统采用标准喷头。

任务要求：

● 利用图中现有井道确定并注明加压送风竖井；布置风口。

● 利用图中现有井道确定并注明排烟竖井；布置水平排烟管和吊顶排烟口。

● 布置防火阀。

● 在符合规范的前提下，按最少数量的方式布置标准喷头。

● 完善室内消火栓布置。

● 布置应急照明、安全出口标志。

● 布置防火门及其耐火等级：FM－甲、乙、丙。

● 根据作图结果，用 2B 铅笔填涂答题卡上作图选择题的答案。

图例（表 29-4-11）：

图　例　　　　　　　　　　　　　　　　　　　　表 **29-4-11**

名称	图例
送风口	
排烟口	
标准喷头	
应急照明	
安全出口标志	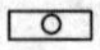
水平风管	
防火阀	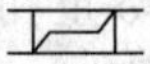
消火栓	

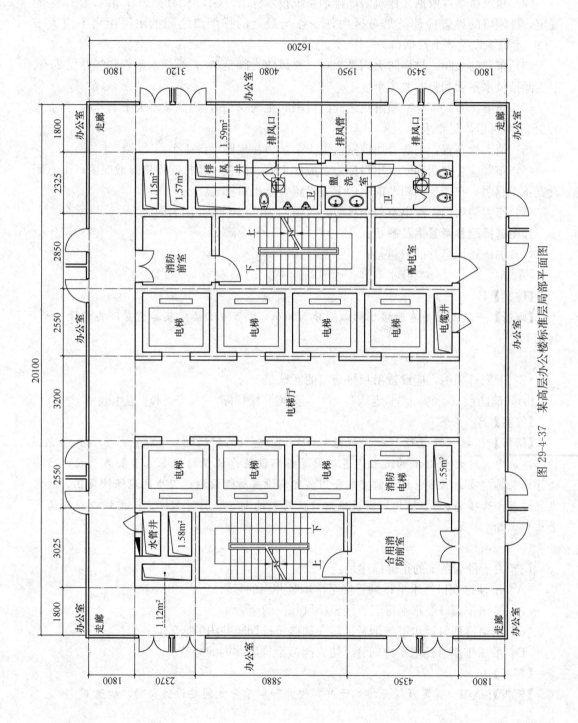

图 29-4-37　某高层办公楼标准层局部平面图

535

作图参考答案 (图 29-4-38):

(1) 加压送风:一类高层前室和楼梯间必须分别加压,共计 4 个。

(2) 建筑排烟:依据《建筑防烟排烟系统技术标准》GB 51251—2017 第 4.4.12 条的规定,排烟口的设置应使防烟分区内任一点与最近的排烟口之间的水平距离不应大于 30m。走廊需设置 2 个排烟口。

(3) 布置防火阀:排烟防火阀是 280°,排风防火阀是 70°,排烟水平管和竖井要 2 个,卫生间排风水平管和竖井要 1 个。

(4) 喷淋头布置:标准喷淋头之间的极限间距为 3.6m,距离墙不大于 1.8m,算下来最少 21 个可以满足要求。

(5) 消火栓布置:消防合用前室设置 1 个,另在走廊增设 1 个。

(6) 布置应急照明和安全出口标志:应在走廊、前室、楼梯间设置疏散照明;配电间设置备用照明;在楼梯间门及前室门上方设置安全出口标志。

(7) 布置防火门:配电室门为甲级,疏散门为乙级,管井门为丙级。

作图选择题参考答案及解析:

(1) 加压送风竖井的数量是:

[A] 6　　　　　　[B] 4　　　　　　[C] 2　　　　　　[D] 0

【答案】B

【解析】一类高层前室和楼梯间必须分别加压,2 套防烟楼梯及其前室,共需设 4 个,故选 B。

(2) 下列选项中,应设置吊顶排烟口的区域是:

[A] 消防前室　　　[B] 走廊　　　　[C] 楼梯间　　　[D] 卫生间

【答案】B

【解析】根据《建筑设计防火规范》GB 50016—2014 (2018 年版) 第 8.5.3 条第 5 款,建筑内长度大于 20m 的疏散走道应设置排烟设施;又根据第 8.5.1 条第 1 款,防烟楼梯间及其前室、消防电梯间前室或合用前室需设置防烟设施;卫生间应保持负压,故需设置排风;选项 A、C、D 均不需设排烟口,故应选 B (绘图时需注意:排烟口应距离安全出口 1.5m 以上)。

(3) 关于排烟系统的正确描述是:

[A] 吊顶排烟口经水平排烟管接至排烟竖井内的竖管

[B] 吊顶排烟口经水平排烟管接至排风井内的竖管

[C] 吊顶排烟口经水平排烟管、防火阀接至排烟竖井内的竖管

[D] 吊顶排烟口径水平排烟管、防火阀接至排风井内的竖管

【答案】C

【解析】排烟口肯定是接至排烟竖井,竖井和水平管之间要设防火阀,故选 C。

(4) 下列选项中,不应设置自动喷水灭火系统的部位是:

[A] 消防前室　　　[B] 卫生间　　　[C] 盥洗室　　　[D] 配电室

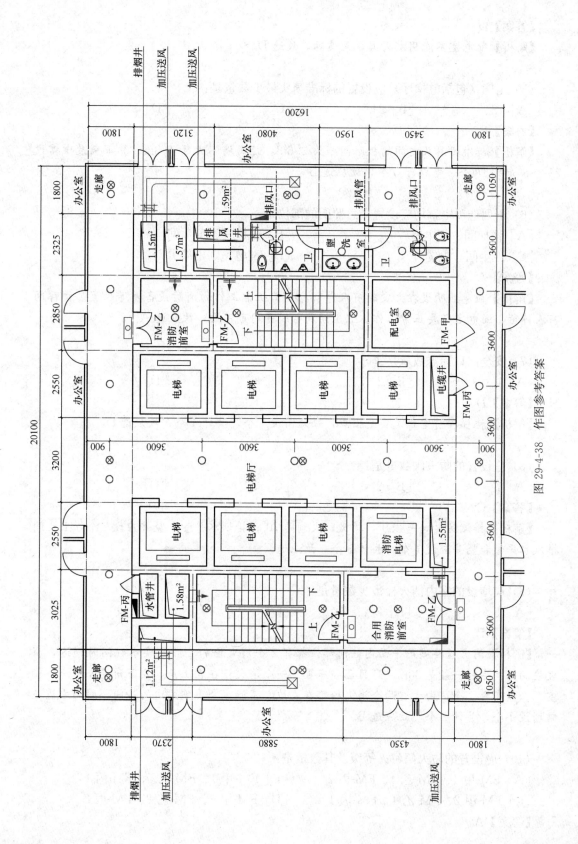

图 29-4-38 作图参考答案

【答案】D

【解析】配电室不能用水灭火，无喷淋，故选D。

(5) 走廊（包括电梯厅）应设置的标准喷头最少数量是：

[A] 18   [B] 21   [C] 24   [D] 27

【答案】B

【解析】标准喷淋头之间的极限间距为3.6m，距离墙不大于1.8m，算下来最少需设21个；走廊18个、电梯厅3个，故应选B。

(6) 下列选项中，均应设置应急照明的部位是：

[A] 楼梯间、配电室   [B] 楼梯间、卫生间
[C] 卫生间、电缆井   [D] 配电室、电缆井

【答案】A

【解析】应急照明设在火灾时有人停留，仍需正常工作的消防设备房等位置。楼梯间有人停留，配电室需要正常工作。卫生间及电缆井均可不设，故应选A。

(7) 安全出口标志数量是：

[A] 1   [B] 2   [C] 3   [D] 4

【答案】D

【解析】楼梯和前室都是安全出口，每处需设1个，共计4个，故应选D。

(8) 应设置的防火阀数量是：

[A] 1   [B] 2   [C] 3   [D] 4

【答案】C

【解析】排烟防火阀是280°，排风防火阀是70°；排烟水平管和竖井应设2个，卫生间排风水平管和竖井应设1个，共计3个，故应选C。

(9) 应增设的室内消火栓最少数量是：

[A] 1   [B] 2   [C] 3   [D] 4

【答案】B

【解析】消火栓要满足平面内任何部位都有2个消火栓的2股充实水柱同时到达，消火栓的保护半径一般是30m。题目已经布置了一个消火栓在左上角，左下角是合用消防前室，必须布置1个，由于这两个消火栓都在左边，不能完全覆盖右边的房间，因而右边还需增设1个，共计2个，故应选B。

(10) 应设置的防火门耐火等级及其数量是：

[A] FM-甲 1、FM-乙 4、FM-丙 2   [B] FM-甲 1、FM-乙 5、FM-丙 1
[C] FM-甲 2、FM-乙 4、FM-丙 1   [D] FM-甲 3、FM-乙 2、FM-丙 2

【答案】A

【解析】楼梯间防火门为乙级，管井防火门为丙级，配电间防火门为甲级，故应选 A。

十、2020 年 住宅给水排水平面设计

任务描述：

图 29-4-39 为南方某多层住宅的某层平面图，按照现行建筑规范、任务要求和图例，完成其中的给水排水平面设计。

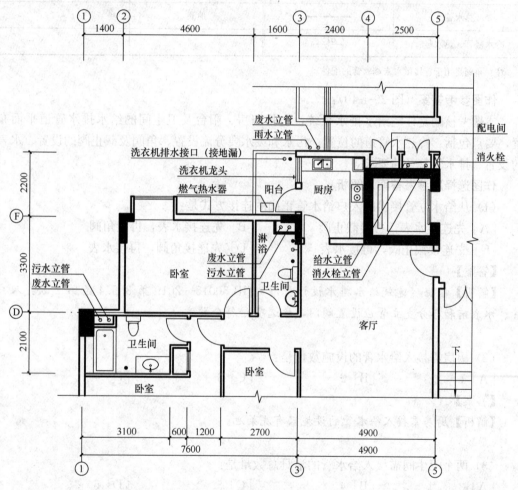

图 29-4-39 住宅给水排水局部平面图

任务要求：

● 布置给水平面，入户给水管应从最短的路径进入户内，接至用水设施的给水管可以穿墙。

● 布置排水平面，多个设施同排于一根排水立管时，应采用主-次管的排水形式。

● 布置热水给水平面。

● 布置燃气热水器冷、热水竖管，并以文字标注。

● 布置消火栓给水。

图例（表 29-4-12）

名称	图例	名称	图例
给水管	——————	截止阀	⊕
D100 排水管	_ _ _D100_ _ _	水表	◣
D75 排水管	_ _ _D75_ _ _	角阀	△
热水管	—·—·—·—	地漏	●
冷水竖管、热水竖管	↗ d15		

注：角阀是用于连接供水末端软管的配件。

作图参考答案（图 29-4-40）：

本题考核的是住宅给水排水系统，包括厨房、阳台及卫生间的给水排水管道平面布置，要点包括：冷热水管道的位置、污水和废水要分流设置、角阀及截止阀的设置、水表的设置、排水管管径的要求等。

作图选择题参考答案及解析：

（1）从给水立管接出的入户给水管正确的连接方式是：

[A] 先连接水表，再接截止阀　　　　[B] 先连接水表，再接角阀

[C] 先连接截止阀，再接水表　　　　[D] 先连接角阀，再接水表

【答案】C

【解析】根据《建筑给水排水设计标准》GB 50015—2019 第 3.5.4 条第 2 款：入户管、水表前和各分支立管应设置阀门，故选项 C 符合题意。

（2）厨房需接入给水管的设施数量是：

[A] 1　　　　　　[B] 2　　　　　　[C] 3　　　　　　[D] 4

【答案】A

【解析】厨房需接入给水管的设施只有洗菜池。

（3）两个卫生间需接入给水管的洁具总数量是：

[A] 3　　　　　　[B] 4　　　　　　[C] 5　　　　　　[D] 6

【答案】D

【解析】两个卫生间需接入给水管的洁具包括：淋浴 1 个、浴缸 1 个、洗手盆 2 个、坐便器 2 个，共计 6 个。

（4）两个卫生间需接入热水管的洁具总数量是：

[A] 4　　　　　　[B] 5　　　　　　[C] 6　　　　　　[D] 7

【答案】C

【解析】两个卫生间需接入热水管的洁具包括：淋浴 1 个、浴缸 1 个、洗手盆 2 个，共计 4 个。

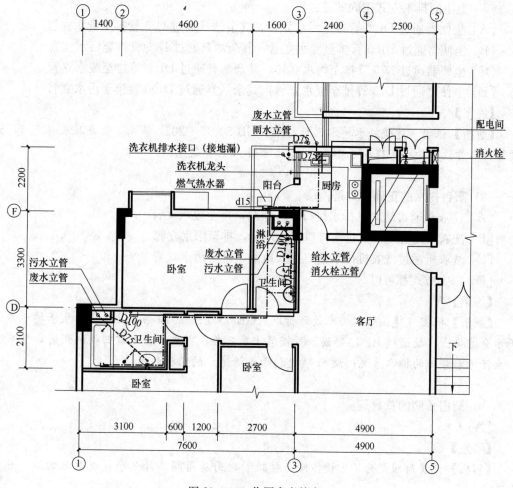

图 29-4-40 作图参考答案

(5) 以面向龙头的方向而言，热水管接入的方式是：

[A] 卫生洁具为左侧，厨房设施为右侧

[B] 卫生洁具为右侧，厨房设施为左侧

[C] 所有用水设施均为左侧

[D] 所有用水设施均为右侧

【答案】C

【解析】根据《建筑给水排水设计标准》GB 50015—2019 第 3.6.21 条，室内冷、热水管上、下平行敷设时，冷水管应在热水管下方。卫生器具的冷水连接管，应在热水连接管的右侧；故选项 C 符合题意。

(6) 热水器冷、热水竖管的合计数量是：

[A] 1   [B] 2   [C] 3   [D] 4

【答案】B

【解析】热水器冷、热水竖管各 1 根。

(7) 卫生间排水方式正确的是：

[A] 坐便器通过 D100 管排至污水立管，其余洁具通过 D75 管排至废水立管

[B] 坐便器通过 D100 管排至废水立管，其余洁具通过 D75 管排至污水立管

[C] 坐便器通过 D75 管排至污水立管，其余洁具通过 D100 管排至废水立管

[D] 坐便器通过 D75 管排至废水立管，其余洁具通过 D100 管排至污水立管

【答案】A

【解析】根据《建筑给水排水设计标准》GB 50015—2019 第 4.5.8 条及表 4.5.1，大便器排水管最小管径不得小于 100mm；故选项 A 符合题意。

(8) 阳台排水的正确方式是：

[A] 洗衣机通过洗衣机排水接口接入地漏，排至废水立管

[B] 洗衣机通过洗衣机排水接口接入地漏，排至雨水立管

[C] 洗衣机通过洗衣机排水接口接入地漏，排至污水立管

[D] 以上方式都可以

【答案】A

【解析】根据《建筑给水排水设计标准》GB 50015—2019 第 4.2.1 条，生活排水应与雨水分流排出；故选项 B、D 错误。另据第 4.2.2 条，当生活废水需回收利用时，宜采用与生活污水分流的排水系统；故 A 项更利于生活废水的回收利用。

(9) 厨房角阀的总数是：

[A] 0   [B] 1   [C] 2   [D] 3

【答案】C

【解析】设置角阀是为了方便检修与接软管，厨房角阀共计 2 个：洗菜池的冷、热水各 1 个。

(10) 消火栓连接消火栓立管的正确方式是：

[A] 通过截止阀连接   [B] 直接连接

[C] 通过水表连接   [D] 通过角阀连接

【答案】B

【解析】消火栓与消火栓立管的连接方式为直接连接，连接到水平支管上不需要安装阀门，阀门均设在立管上。

第三十章　场地设计（作图）

第一节　场地设计作图概述

我国自 1996 年在全国实行注册建筑师执业考试制度以来，场地设计（作图）一直是必考科目之一。由于"场地设计"在我国建筑设计领域是一个新概念，同时我国建筑设计人员大多缺乏场地设计方面的工程实践，多年来这门考试的通过率一直较低。为了顺利通过考试，考生必须在掌握场地设计必要知识的同时，掌握作图考试的特殊规律和应试技巧。

在本章中，我们收录了 2005～2018 年的考试真题，深入解析，阐述正确的解题思路，并附参考答案。

（一）考试大纲要求

我国现行的一级注册建筑师执业资格考试大纲是 2002 年修订的，从 2003 年开始执行。其中对"场地设计"作图考试的要求摘录如下：

检验应试者场地设计的综合设计与实践能力，包括：场地分析、竖向设计、管道综合、停车场、道路、广场、绿化布置等，并符合法规规范。

（二）试题构成

根据考试大纲要求，本科目的试题题型可分为场地分析、场地剖面、停车场布置（"室外停车场"）、场地地形、绿化布置、管线布置 6 类单项作图题（只考查某一方面设计作图能力的试题）和场地综合作图题（"场地设计"，考查场地总平面布置的设计及作图能力的试题）。

2005～2017 年，场地设计作图考试每年都是 5 道试题。前 4 题为单项作图题，每题 18 分，共 72 分；最后 1 题为场地综合作图题，因考查应试者的综合设计能力，故分值最高，28 分。

按考试组织者的最初规定，每年的单项作图题应在大纲开列的 6 类题型中选取 4 类；然而自 2005 年以来，绿化和管线布置从未考过，每年都只考场地分析、场地剖面、停车场布置和场地地形这 4 类题型。

2018 年考试题型又作了如下调整：单项作图题减少为 3 道，没有停车场布置；考试作图时间仍为 3.5h；前三题每题 20 分，第四题 40 分。估计考试大纲再次修订前，这样的命题模式将沿用下去；但单项作图题是否不再考停车场布置尚无定论。

（三）应试须知

（1）场地设计作图考试时间是 3.5 小时。

（2）试题用红色字迹印在 A2 硫酸纸上，要求考生用墨线笔和尺规作图；按试题规定的比例，直接在 A2 硫酸纸上作图。一般不可徒手绘图，不得使用改正液，画错了只能用刀片刮改。

（3）每道作图题均附若干选择题，这些问题正是该题的主要考核点。要求考生根据作图结果在试卷上用绘图笔作答并用 2B 铅笔填涂机读卡，作图、选答、涂卡三项缺一不可。评分时先用计算机核对答题卡，选择题基本及格了才有资格进入人工阅卷。

（4）对于单项作图题，答题时可不按试题顺序，而是根据考生个人的知识掌握情况，按照先易后难的顺序作答；又因为本科目的考查以能否达到及格线为通过标准，遇到个别难题时，不宜过于纠结，可适当放弃，以保证其他会做的题目能尽可能多拿分，甚至拿满分。最后一题综合作图题分值最高，应尽量作答，不要轻易放弃，否则及格的可能性就很小了。

最后，需要说明的是，我国注册建筑师执业资格考试严格实行"考教分离"的原则，教材编写者不可能进入考场，直接接触每年的实际考题，也没有机会参加阅卷。通过广大考生间接获得的试题信息和评分标准往往是支离破碎、模糊不清的；需要我们花工夫拼接、考证，才能尽可能贴近真实情况。我们这样做了，也不能保证所有的信息完全准确；因此教材中的错误与不实之处在所难免。对于书中试题，大家可以权当"模拟试题"来用，也肯定会对应试有所帮助。每道作图试题所附选择题，反映了该题的考核重点，从中可以大体把握评分规律；而抓住了考核重点和评分规律，离考试过关也就不远了。

第二节 场 地 分 析

一、"场地分析"考点归纳及应试要领

1. 考点归纳

（1）正确理解和遵守城市规划管理对建设用地的各种限制性规定。分清用地红线和建筑红线的概念，在确定最大可建范围时首先要满足城市规划管理的"退线"和"退界"要求，即最大可建范围的边界线要从城市道路红线和相邻用地边界线后退规定的距离。这就是城市规划管理所谓的建筑红线或建筑控制线的概念。

（2）在场地内画出高层、非高层建筑或有、无日照要求的建筑的最大可建范围并标注主要定位尺寸。

（3）计算不同类型建筑的最大可建范围平面面积并进行比较。

（4）满足日照间距要求

当场地北侧存在有日照要求的已建居住类或中小学校教室类建筑，以及场地南侧已建建筑可能对场地内新建、有日照要求（居住类、中小学校教室类）的建筑产生日照遮挡时，最大可建范围应按《民用建筑设计通则》规定，后退必要的日照间距；不同地区日照条件不同，试题中会给出当地的日照间距系数。

日照间距为日照间距系数乘以遮挡建筑的高度。在考试中，作矩形退让即可，不必考虑在有效日照时间内太阳方位角的变化对节约日照间距用地的有利影响；但应注意排除前后两栋建筑所处地段的地面高差影响；当被遮挡建筑的底部存在不需要日照的部分（如商业）时，应从需要日照部分的底部高度计算日照间距。

（5）满足防火等其他间距要求

防火、卫生防护、文物建筑及树木保护间距对可建范围的影响，在转角处一般可按圆弧形划定范围，计算面积时不要遗漏弧形面积；如果题目没有特别提出要求，一般无需考

虑相邻建筑的视线、噪声干扰以及采光通风的间距问题。

（6）满足机动车出入口的视距要求

在机动车出入口附近划定最大可建范围时，要按《车库建筑设计规范》对汽车出口的视线安全要求，让出120°视角范围。

（7）注意：最大可建范围是个纯粹理论上的概念，和实际工程是两回事。按照理论分析的结果，即使可建范围内显然无法用于建筑的零星地块也不应丢弃不顾。同时，实际工程中两栋建筑的山墙之间常有按照城市规划或场地布置要求扩大间距的情况，例如山墙之间有车道通过时，车道宽度加上路边到建筑外墙的最小距离往往超过最小防火间距，这在本题的解答过程中是不需要考虑的。

2. 应试要领

（1）"场地分析"是建设项目前期策划阶段的重要工作内容之一。其主要工作目标是对建设用地的可利用价值进行评估。具体操作是在用地总平面图上画出各种可能建造的建筑类型的最大可建范围；然后加以比较，以供项目决策参考。

（2）最大可建范围首先受到城市规划管理的限制，必须满足城市规划对建筑"退红线"的要求。也就是说，最大可建范围的边缘要从用地红线或城市道路红线后退到建筑红线（建筑控制线）以内。试题会给出明确的退线距离要求。在规则的矩形用地上画最大可建范围的轮廓，作地界的平行线即可，因此转角轮廓一般都是阳角。2013年试题的用地范围因受绿化水泵房影响，呈不规则形状，有一处凹进的阴角；在用地阴角处退界，按道理转角应该抹圆。

（3）其次，最大可建范围要受防火间距的限制。对于用地周边已建的建筑物，最大可建范围要按防火规范的规定，退让出防火间距。要根据新、老建筑的耐火等级、是否是高层建筑来决定防火间距。试题中一般都按一、二级耐火等级设定。两座非高层建筑的防火间距为6m；高层建筑的裙房部分可按非高层建筑考虑；非高层建筑与高层建筑的防火间距为9m；两座高层建筑的防火间距为13m。在已建房屋阳角附近的最大可建范围边界是半径等于防火间距的圆弧。

二、2005年试题及解析

单位：m

设计条件：

● 某用地如图30-2-1所示，要求在用地上绘出两种建筑的可建范围进行比较，一为3层住宅，10m高；二为10层住宅，30m高。

● 规划要求：

（1）建筑退用地红线≥5m。

（2）建筑距古城墙：高度≤10m者，不小于30m；高度>10m者，不小于45m。

（3）建筑距碑亭：高度≤10m者，不小于12m；高度>10m者，不小于20m。

（4）该地区日照间距系数为1.2。

● 耐火等级：已建住宅为二级，碑亭为三级，拟建住宅为二级。

● 需满足日照和防火规范要求。

任务要求：

● 绘出 3 层住宅的最大可建范围（用 ▨ 表示）。

● 绘出 10 层住宅的最大可建范围（用 ▧ 表示）。

● 按设计条件注出相关尺寸。

● 根据作图，在下列单选题中选择一个正确答案，并将其字母涂黑，例如 ■… [B]… [C]… [D]…。同时，在答题卡"选择题"内将对应题号的对应字母用 2B 铅笔涂黑，二者必须一致。

(1) 10 层可建范围与用地 DE 段的间距为：（6 分）

　　[A] 5.0m　　　　[B] 6.0m　　　　[C] 9.0m　　　　[D] 13.0m

(2) 3 层可建范围与用地 DE 段的间距为：（6 分）

　　[A] 5.0m　　　　[B] 6.0m　　　　[C] 9.0m　　　　[D] 13.0m

(3) 3 层可建范围与 10 层可建范围的面积差约为：（6 分）

　　[A] 2064m²　　　[B] 2138m²　　　[C] 2248m²　　　[D] 2184m²

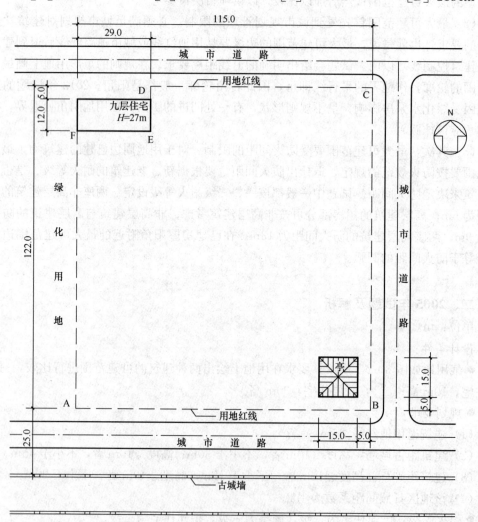

图 30-2-1　总平面图

[参考答案]（图 30-2-2）

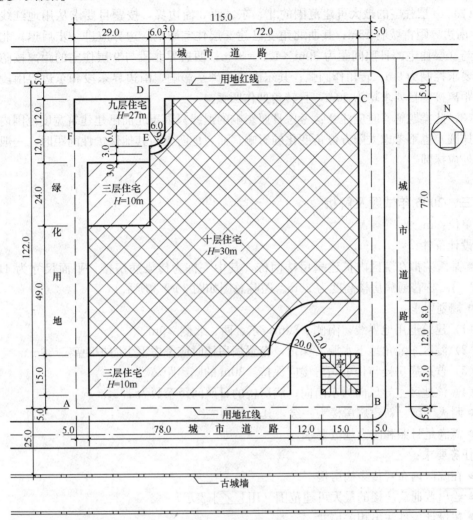

图 30-2-2　作图参考答案

（1）10 层可建范围与用地 DE 段的间距为：（6分）

　　[A] 5.0m　　　　　[B] 6.0m　　　　　[■] 9.0m　　　　　[D] 13.0m

（2）3 层可建范围与用地 DE 段的间距为：（6分）

　　[A] 5.0m　　　　　[■] 6.0m　　　　　[C] 9.0m　　　　　[D] 13.0m

（3）3 层可建范围与 10 层可建范围的面积差约为：（6分）

　　[A] 2064m²　　　　[■] 2138m²　　　　[C] 2248m²　　　　[D] 2184m²

[提示]

（1）3 层住宅最大可建范围的 4 条边界，按题目要求从用地红线后退 5m；其西北角受已建 9 层住宅的影响，其边界应进一步后退；北边界西段与 9 层住宅的日照间距为 10m×1.2＝12m；西边界北段与 9 层住宅的距离按防火间距的要求控制为 6m，转角作圆弧处理；其东南角受碑亭影响，南边界东段和东边界南段与碑亭的距离按题目要求均为 12m，且转角处作圆弧处理；南边界退线后与古城墙距离恰为 30m，满足要求。

（2）10 层住宅的最大可建范围的北、东、西 3 面边界，按题目要求从用地红线后退 5m，南边界距古城墙 45m；其西北角受已建 9 层住宅影响，边界应进一步后退；北边界西段与 9 层住宅的日照间距为 30m×1.2＝36m；西边界北段与 9 层住宅的距离按防火间距的要求控制为 9m，转角作圆弧；其东南角受碑亭影响，南边界东段和东边界南段与碑亭的距离按题目要求均为 20m，且转角处作圆弧。

（3）此类题解答时应注意：考虑日照影响的退线只限于北面已建建筑宽度范围内，转角不抹圆，也不考虑太阳方位角变化的影响；而考虑防火与其他保护性间距时，一般边界转角处应抹圆。

三、2006 年试题及解析

单位：m

设计条件：

● 某医院拟在院区内扩建病房楼两栋，其中一栋为传染病房楼，平面尺寸为 41m× 20m；另一栋普通病房楼高度为 26m。医院总图如图 30-2-3 所示。

● 规划要求：

（1）建筑退用地界线，南侧≥30m；东、西、北侧≥9m。

（2）院区东北角地下水源需保留，布置病房楼时应考虑卫生防护距离≥30m。

（3）普通病房楼与传染病房楼应保持≥30m 的隔离距离。

（4）该地区主导风向为东南向；病房楼的日照间距系数为 1.5。

● 耐火等级：新建病房楼为一级，其余均为二级。

● 需满足日照和防火规范要求。

任务要求：

● 在院区内布置传染病房楼。

● 绘出普通病房楼的最大可建范围（用 ▨ 表示）。

● 按设计条件注出相关尺寸。

● 根据作图，在下列单选题中选择一个正确答案，并将其字母涂黑，例如 [■] … [B]… [C]… [D]…。同时，在答题卡"选择题"内将对应题号的对应字母用 2B 铅笔涂黑，二者必须一致。

（1）传染病房楼应布置在：（6 分）

    [A] 用地东南角   [B] 用地西北角

    [C] 沿东面城市道路   [D] 沿西面城市道路

（2）普通病房楼可建范围沿南面城市干道的地段长度为：（6 分）

    [A] 18m   [B] 24m

    [C] 36m   [D] 48m

（3）普通病房楼最大可建范围的面积为：（6 分）

    [A] 5940m²   [B] 9851m²

    [C] 12450m²   [D] 13552m²

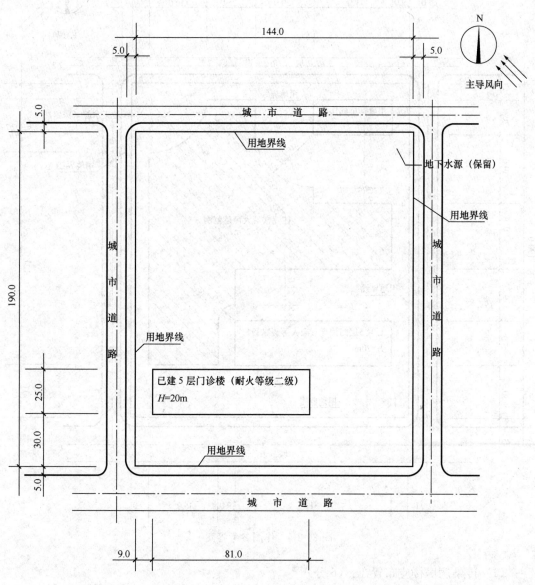

图 30-2-3　总平面图

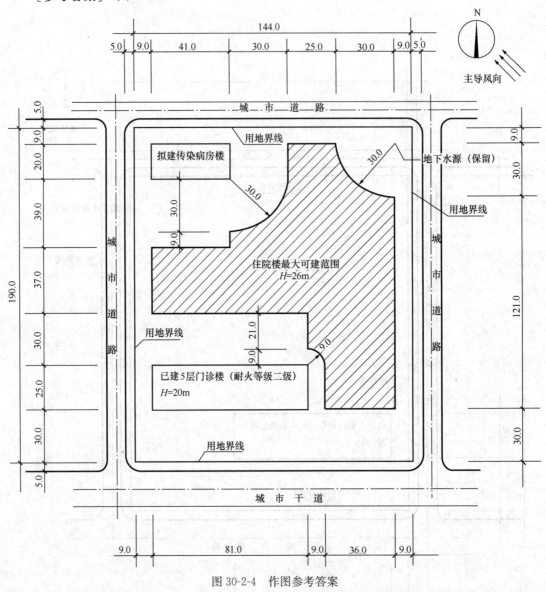

图 30-2-4　作图参考答案

（1）传染病房楼应布置在：（6分）

　　[A] 用地东南角　　　　　　　　　　[■] 用地西北角

　　[C] 沿东面城市道路　　　　　　　　[D] 沿西面城市道路

（2）普通病房楼可建范围沿南面城市干道的地段长度为：（6分）

　　[A] 18m　　　　　　[B] 24m　　　　　　[■] 36m　　　　　　[D] 48m

（3）普通病房楼最大可建范围的面积为：（6分）

　　[A] 5940m²　　　　[■] 9851m²　　　　[C] 12450m²　　　　[D] 13552m²

[提示]

（1）首先将传染病房楼放在处于下风向的西北角，并从西、北用地界线各后退 9m。

（2）住院楼的最大可建范围在满足题目的退线要求后，再减去：①西北角对拟建传染病房的日照与卫生防疫间距的必要退让；②西南角对已建5层门诊楼所需的日照和防火间距的退让；③东北角对地下水源卫生防护距离的必要退让。

（3）西北角可建边界的划定：北边界西段，在传染病房楼宽度范围内满足日照间距26m×1.5＝39m，边界转角为直角；西边界北段，按防疫要求与传染病房楼距离30m，转角作圆弧。

（4）西南角可建边界的划定：南边界西段，在门诊楼宽度范围内满足日照间距20m×1.5＝30m，边界转角为直角；西边界南段与门诊楼的防火间距为9m，转角作圆弧。

（5）东北角以水源点为圆心，切去以30m为半径的1/4圆。

四、2007年试题及解析

单位：m

设计条件：

● 某住宅建设用地范围及周边现状如图30-2-5所示。

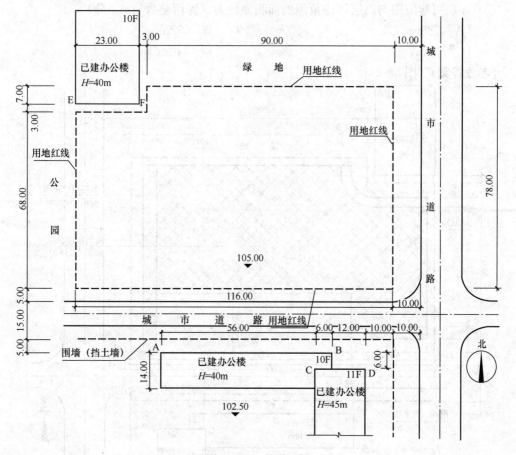

图30-2-5　总平面图

● 建设用地的场地设计标高为105.00，道路南侧已建办公楼的场地标高为102.50。

● 建筑退用地红线：临城市道路多层退5.00m，高层退10.00m，其他均退3.00m。

- 应满足日照及消防规范要求。
- 该地区日照间距系数为 1.2。

任务要求：

- 按设计条件绘出多层住宅（耐火等级二级）的最大可建范围（用 ▨ 表示）；绘出高层住宅的最大可建范围（用 ▨ 表示）。
- 标注相关尺寸。
- 根据作图，在下列单选题中选择一个正确答案并将其字母涂黑（例如 ▰ ×××），同时在答题卡"选择题"内将对应号的对应字母用 2B 铅笔涂黑，二者选项必须一致。

(1) 用地南侧已建办公楼 CD 段与其北侧高层可建范围的间距为：（8分）

　[A] 30.00m　　　　　　　　　[B] 45.00m
　[C] 51.00m　　　　　　　　　[D] 54.60m

(2) 用地北侧已建办公楼 EF 段与其南侧高层可建范围的间距为：（6分）

　[A] 6.00m　　　　　　　　　　[B] 9.00m
　[C] 10.00m　　　　　　　　　[D] 13.00m

(3) 多层可建范围与高层可建范围的面积差约为（保留整数）：（4分）

　[A] 585m²　　　　　　　　　　[B] 652m²
　[C] 660m²　　　　　　　　　　[D] 840m²

[参考答案]（图 30-2-6）

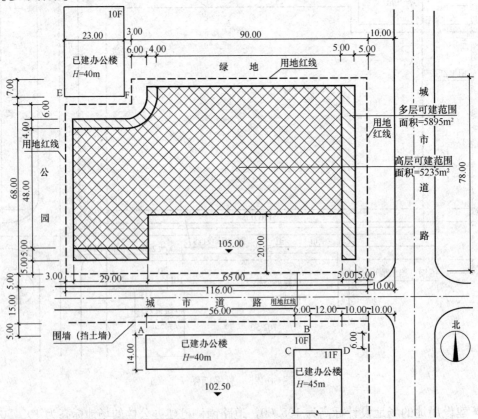

图 30-2-6　作图参考答案

（1）用地南侧已建办公楼 CD 段与其北侧高层可建范围的间距为：（8 分）

　　[A] 30.00m　　　　　　　　　　　　[B] 45.00m

　　[■] 51.00m　　　　　　　　　　　　[D] 54.60m

（2）用地北侧已建办公楼 EF 段与其南侧高层可建范围的间距为：（6 分）

　　[A] 6.00m　　　　　　　　　　　　[B] 9.00m

　　[C] 10.00m　　　　　　　　　　　　[■] 13.00m

（3）多层可建范围与高层可建范围的面积差约为（保留整数）：（4 分）

　　[A] 585m²　　　　　　　　　　　　[B] 652m²

　　[■] 660m²　　　　　　　　　　　　[D] 840m²

[提示]

（1）多层住宅的最大可建范围首先考虑规划退线要求，即东、南边界从用地红线后退 5m，西、北后退 3m；然后再减去对西北角已建办公建筑以及对南侧已有建筑的退让部分：①西北角两个方向均与高层办公建筑保持 9m 的防火间距，转角呈圆弧形。②南侧边界在已有建筑的宽度范围内退出必要的日照间距，转角为直角；计算日照间距时要考虑路南建筑基地比路北基地低 2.5m，路南建筑的计算高度要减去 2.5m。

（2）高层住宅的最大可建范围首先考虑规划退线要求，即东、南边界从用地红线后退 10m，西、北边界后退 3m；然后再减去对西北角已建办公建筑以及对南侧已有建筑的退让部分：①西北角两个方向均与高层办公建筑保持 13m 的防火间距，转角呈圆弧形；②南侧边界按日照间距后退的距离与多层相同。

五、2008 年试题及解析

单位：m

设计条件：

● 用地红线及周围已建建筑见图 30-2-7，要求在用地上绘出高层办公楼和高层住宅的最大可建范围。

● 规划要求：

（1）建筑退用地红线：除高层办公楼后退南用地红线≥8m 外，其他均后退≥3m。

（2）当地住宅日照间距系数为 1.2。

（3）设计应符合国家相关的规范。

● 已建和拟建建筑的耐火等级均为二级。

任务要求：

● 在用地红线内进行高层办公楼和高层住宅的可建范围用地分析：

（1）绘出高层办公楼的最大可建范围（用 ▨ 表示）并注出相关尺寸。

（2）绘出高层住宅的最大可建范围（用 ▨ 表示）并注出相关尺寸。

● 根据作图，在下列单题中选择一个正确答案并将其字母涂黑（例如 [■] ×××），同时在答题卡"选择题"内将对应题号的对应字母用 2B 铅笔涂黑，二者选项必须一致。

（1）④号住宅楼与高层办公楼最大可建范围最近的距离为：（5 分）

　　[A] 6.00m　　　　[B] 7.0mm　　　　[C] 9.00m　　　　[D] 13.00m

（2）已建建筑 A 点与北向高层住宅最大可建范围最近的距离为：（4 分）

[A] 3.00m   [B] 5.00m   [C] 8.00m   [D] 15.00m

（3）已建建筑 B 点与正北向高层住宅最大可建范围最近的距离为：（4 分）

[A] 8.00m   [B] 18.00m   [C] 40.80m   [D] 46.00m

（4）高层办公楼最大可建范围与高层住宅最大可建范围面积差为：（5 分）

[A] 21m²   [B] 891m²   [C] 912m²   [D] 933m²

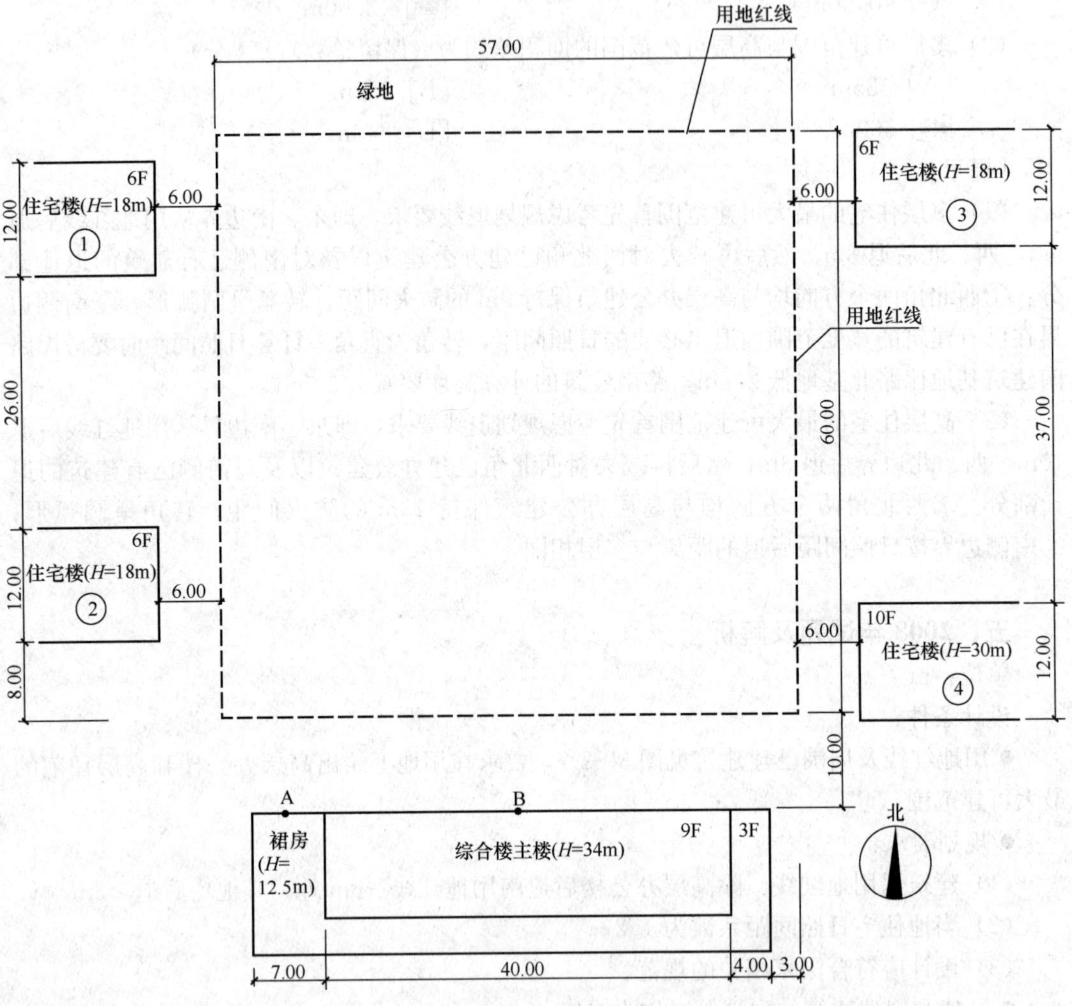

图 30-2-7　总平面图

[参考答案]（图 30-2-8）

（1）④号住宅楼与高层办公楼最大可建范围最近的距离为：（5 分）

[A] 6.00m   [B] 7.0mm   [C] 9.00m   [■] 13.00m

（2）已建建筑 A 点与北向高层住宅最大可建范围最近的距离为：（4 分）

[A] 3.00m   [B] 5.00m   [C] 8.00m   [■] 15.00m

（3）已建建筑 B 点与正北向高层住宅最大可建范围最近的距离为：（4 分）

[A] 8.00m   [B] 18.00m   [■] 40.80m   [D] 46.00m

（4）高层办公楼最大可建范围与高层住宅最大可建范围面积差为：（5 分）

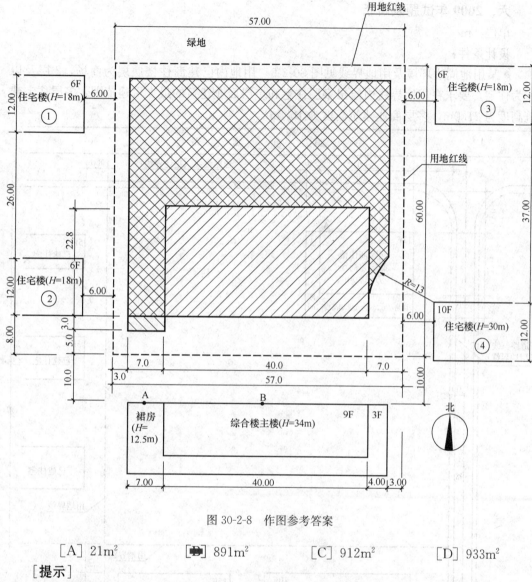

图 30-2-8　作图参考答案

[A] 21m² 　　　　[B] 891m² 　　　　[C] 912m² 　　　　[D] 933m²

[提示]

（1）高层住宅的最大可建范围首先考虑规划退线要求，即东、西、北各后退 3m；南边界则按日照间距要求，距离南侧已建建筑西段为 12.5m×1.2＝15m，中段为 34.0m×1.2＝40.8m，东段受高层建筑防火间距控制，应以已建 4 号高层住宅西北墙角为圆心，作半径为 13m 的圆弧，切去一部分可建范围。

（2）高层办公楼的最大可建范围考虑规划退线要求，即东、西、北边界从用地红线各后退 3m；南面后退 8m，东南角再减去与 4 号高层住宅防火间距 13m 的面积，这块面积的北端和高层住宅可建范围一样，也是半径为 13m 的弧形。

（3）场地周边的已建 6 层住宅与两类高层建筑最大可建范围的边界都能满足 9m 的防火间距要求，不必再增加退线距离。

（4）两类高层建筑的最大可建范围之差为图中大、小两块矩形面积之差。即：22.8m×40m－7m×3m＝891m²。

六、2009 年试题及解析

单位：m

设计条件：

● 某用地周边环境及用地界线见图 30-2-9，用地内已建商住楼底层为商场，2 层及以上为住宅。要求在用地界线内绘出多层住宅和多层商业建筑的最大可建范围。多层住宅建筑高度为 21.0m，多层商业建筑高度为 16.5m。

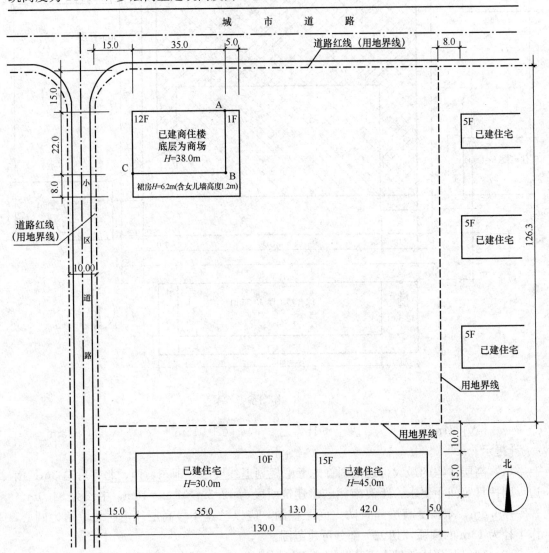

图 30-2-9　总平面图

● 规划要求：建筑退道路红线≥8m，退其他用地界线≥5m。

● 当地住宅日照间距系数为 1.2。

● 已建建筑和拟建建筑的耐火等级均为 2 级。

任务要求：

● 绘出多层住宅建筑的最大可建范围（用 ▨ 表示），并标注相关尺寸。

● 绘出多层商业建筑的最大可建范围（用 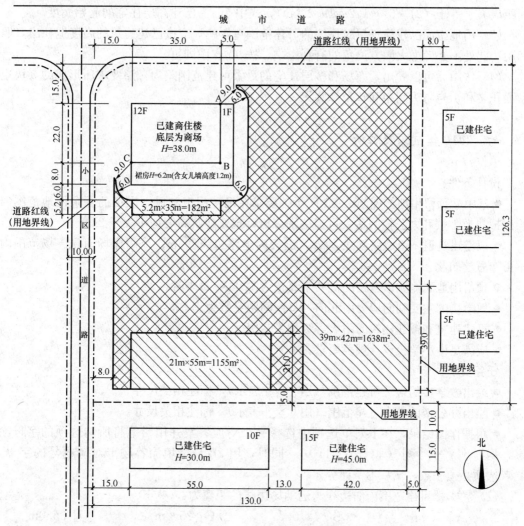 表示），并标注相关尺寸。

● 根据作图结果，在下列单选题中选择一个对应答案并用铅笔将所选选项的字母涂黑，例如 ［A］… ■ … ［C］… ［D］…。同时，用 2B 铅笔填涂答题卡对应题号的字母，二者选项必须一致，缺一不予评分。

(1) 多层商业建筑可建范围与用地东侧已建住宅的间距为：（4 分）

　　［A］6.0m　　　　　［B］13.0m　　　　　［C］14.0m　　　　　［D］18.0m

(2) 商住楼 AB 段与多层住宅建筑可建范围的间距为：（4 分）

　　［A］6.0m　　　　　［B］9.0m　　　　　［C］11.0m　　　　　［D］14.0m

(3) 商住楼 CB 段与多层住宅建筑可建范围的间距为：（4 分）

　　［A］14.0m　　　　　［B］18.0m　　　　　［C］19.2m　　　　　［D］25.2m

(4) 多层商业建筑可建范围与多层住宅建筑可建范围的面积差约为：（6 分）

　　［A］2947m²　　　　　［B］2975m²　　　　　［C］3112m²　　　　　［D］3185m²

[**参考答案**]（图 30-2-10）

图 30-2-10　作图参考答案

557

（1）多层商业建筑可建范围与用地东侧已建住宅的间距为：（4分）

  [A] 6.0m   [■] 13.0m   [C] 14.0m   [D] 18.0m

（2）商住楼 AB 段与多层住宅建筑可建范围的间距为：（4分）

  [A] 6.0m   [B] 9.0m   [■] 11.0m   [D] 14.0m

（3）商住楼 CB 段与多层住宅建筑可建范围的间距为：（4分）

  [A] 14.0m   [B] 18.0m   [■] 19.2m   [D] 25.2m

（4）多层商业建筑可建范围与多层住宅建筑可建范围的面积差约为：（6分）

  [A] 2947m^2 [■] 2975m^2 [C] 3112m^2 [D] 3185m^2

[提示]

（1）首先画出规划退线后的用地范围。

（2）再考虑用地内已建带底商的高层住宅的影响：①防火间距要求，对裙房退让 6m，对高层住宅退让 9m（高层主体与非高层外墙的最小防火间距），最大可建范围在已建房屋转角处应抹圆角；②日照要求，商场对高层住宅无影响，多层住宅与已建高层住宅的日照间距应大于等于（21-5）×1.2=19.2（m），式中 5m 为已建高层住宅的起始高度。

（3）用地南面已建建筑只对住宅的可建范围有影响，应按已建建筑的高度退让出日照间距；此处不必考虑太阳方位角的有利影响，按 90°作图即可。

（4）作图后可以看出，商场和多层住宅的最大可建范围差为日照要求所形成的 3 块矩形面积之和，与防火间距和转角抹圆无关。

七、2010 年试题及解析

单位：m

设计条件：

● 某中学预留用地如图 30-2-11 所示，要求在已建门卫和风雨操场的剩余用地范围内绘出拟建教学楼和办公楼的最大可建范围分析；拟建建筑高度均不大于 24m。

● 拟建建筑退城市道路红线≥8m，退校内道路边线≥5m；风雨操场南侧广场范围内不可布置建筑物。

● 预留用地北侧城市道路的机动车流量为 170 辆/每小时。

● 教学楼的主要朝向应为南北向，日照间距系数为 1.5。

● 已建建筑和拟建建筑的耐火等级均为二级。

● 应满足中小学校设计规范要求。

任务要求：

● 绘出教学楼的最大可建范围（用 ▨ 表示），标注相关尺寸。

● 绘出办公楼的最大可建范围（用 ▨ 表示），标注相关尺寸。

● 根据作图结果，在下列单选题中选择一个对应答案并用铅笔将所选选项的字母涂黑，例如 [A]… [■]… [C]… [D]…。同时，用 2B 铅笔填涂答题卡对应题号的字母，二者选项必须一致，缺一不予评分。

（1）教学楼可建范围南向边线与运动场边线的距离为：（4分）

  [A] 7.0m   [B] 12.0m   [C] 25.0m   [D] 35.0m

（2）办公楼可建范围边线与风雨操场的最小间距为：（4分）

| [A] 6.0m | [B] 9.0m | [C] 13.0m | [D] 25.0m |

（3）教学楼可建范围北向边线与北侧城市道路红线的距离为：（4分）

| [A] 8.0m | [B] 25.0m | [C] 50.0m | [D] 80.0m |

（4）教学楼可建范围与办公楼可建范围的面积差约为：（6分）

| [A] 2100m² | [B] 2254m² | [C] 8112m² | [D] 8350m² |

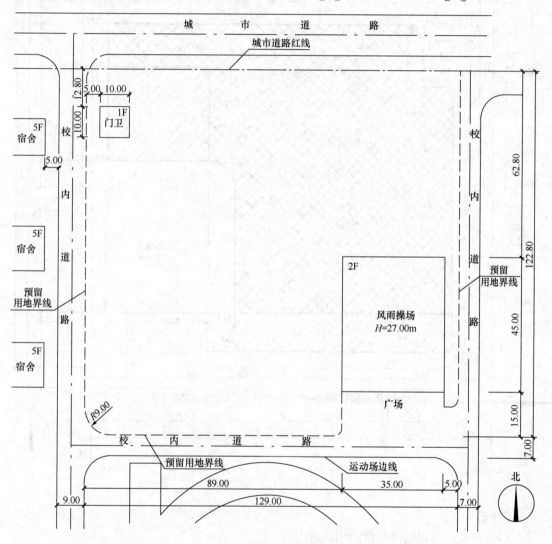

图 30-2-11　总平面图

[参考答案]（图 30-2-12）

（1）教学楼可建范围南向边线与运动场边线的距离为：（4分）

| [A] 7.0m | [B] 12.0m | [■] 25.0m | [D] 35.0m |

（2）办公楼可建范围边线与风雨操场的最小间距为：（4分）

| [A] 6.0m | [■] 9.0m | [C] 13.0m | [D] 25.0m |

（3）教学楼可建范围北向边线与北侧城市道路红线的距离为：（4分）

| [■] 8.0m | [B] 25.0m | [C] 50.0m | [D] 80.0m |

559

（4）教学楼可建范围与办公楼可建范围的面积差约为：（6分）

[A] 2100m² [B] 2254m² [C] 8112m² [D] 8350m²

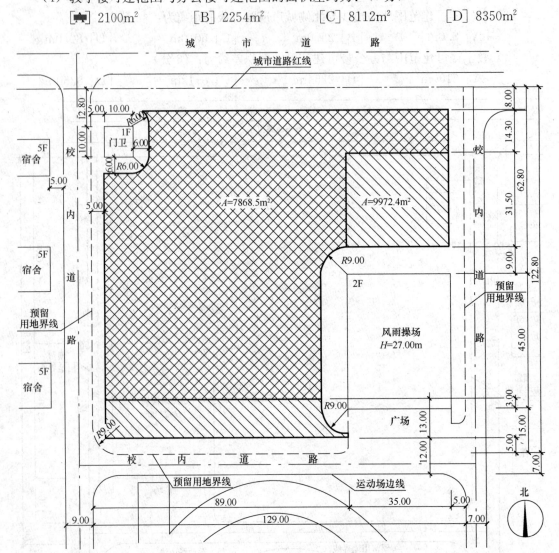

图 30-2-12 作图参考答案

[提示]

（1）首先画出规划退线后的用地范围。

（2）再考虑用地西北角已建门卫的影响：防火间距要求教学楼和办公楼都应退让6m，最大可建范围在门卫东侧两个墙角处都应抹圆角。

（3）考虑用地东南已建风雨操场的影响：①由于风雨操场是高度超过24m的二层建筑，防火间距要求教学楼和办公楼都应退让9m，最大可建范围在风雨操场西侧两个墙角处都应抹圆角；②教学楼的日照要求，应按已建风雨操场的高度退让出日照间距 $1.5 \times 27m = 40.5m$。

（4）按现行《中小学校设计规范》GB 50099 考虑环境噪声对教学楼可建范围的影响：南侧边界应从室外运动场边缘后退25m；北侧城市道路车流量较小，不构成噪声干扰；东侧风雨操场不是室外运动场,对教室也不构成噪声干扰。

(5) 试题明确规定风雨操场南侧广场范围内不得布置建筑,应将办公楼可建范围切去东南角的窄条部分。这一小部分异形平面面积计算比较复杂,答题时不必精确计算出来。试题要求估算两种最大可建范围的差值,小块异形面积可以忽略不计,不至于影响正确答案的选择。

八、2011 年试题及解析

单位:m

设计条件:

● 某居住小区建设用地地形平坦,用地内拟建高层住宅,用地范围及现状如图 30-2-13 所示。

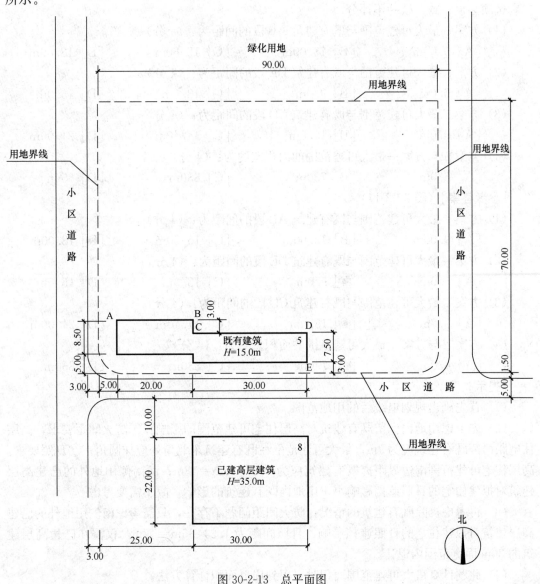

图 30-2-13 总平面图

- 建筑的最大可建范围退用地界线≥5.00m。
- 当地的住宅日照间距系数为1.2。
- 既有建筑和拟建建筑的耐火等级均为二级。

任务要求：

- 进行以下两种方案的最大可建范围分析：

方案一：保留用地范围内的既有建筑；

方案二：拆除用地范围内的既有建筑。

- 画出方案一的最大可建范围（用 ⊘⊘⊘ 表示），标注相关尺寸。
- 画出方案二的最大可建范围（用 ⊗⊗⊗ 表示），标注相关尺寸。
- 根据作图结果，在下列单选题中选择一个对应答案并用铅笔将所选选项的字母涂黑，例如［A］… ［■］… ［C］… ［D］…。同时，用2B铅笔填涂答题卡对应题号的字母，二者选项必须一致，缺一不评分。

（1）方案一最大可建范围与既有建筑AB段的间距为：（4分）

　　　　［A］9.00m　　　　　［B］13.00m　　　　　［C］15.50m　　　　　［D］18.00m

（2）方案一最大可建范围与既有建筑DE段的间距为：（4分）

　　　　［A］6.0m　　　　　［B］9.0m　　　　　［C］13.0m　　　　　［D］15.0m

（3）方案二最大可建范围与既有建筑CD段的间距为：（4分）

　　　　［A］9.0m　　　　　［B］15.0m　　　　　［C］14.40m　　　　　［D］21.00m

（4）方案二与方案一最大可建范围的面积差约为：（4分）

　　　　［A］630m　　　　　［B］730m　　　　　［C］830m　　　　　［D］850m

［参考答案］（图30-2-14）

（1）方案一最大可建范围与既有建筑AB段的间距为：（4分）

　　　　［A］9.00m　　　　　［B］13.00m　　　　　［C］15.50m　　　　　［■］18.00m

（2）方案一最大可建范围与既有建筑DE段的间距为：（4分）

　　　　［A］6.0m　　　　　［■］9.0m　　　　　［C］13.0m　　　　　［D］15.0m

（3）方案二最大可建范围与既有建筑CD段的间距为：（4分）

　　　　［A］9.0m　　　　　［■］15.0m　　　　　［C］14.40m　　　　　［D］21.00m

（4）方案二与方案一最大可建范围的面积差约为：（4分）

　　　　［A］630m　　　　　［■］730m　　　　　［C］830m　　　　　［D］850m

［提示］

（1）首先画出规划退线后的用地范围。

（2）先考虑用地内保留既有建筑对高层住宅可建范围的影响：①防火间距要求，高层住宅距西侧既有建筑应为9m，最大可建范围在既有建筑东北角处应抹圆角；②日照要求，高层住宅可建范围南边界距离既有建筑应为1.2×15m=18m；而南侧用地外的已建高层建筑对拟建住宅的日照遮挡影响小于用地内既有建筑的影响，故不需要考虑。

（3）再考虑拆除既有建筑的情况：防火间距问题不存在，只需考虑南侧用地外的已建高层建筑对拟建住宅的日照遮挡影响，日照间距为1.2×35m=42m，仅需在已建高层建筑的30m面宽范围内退让。

（4）此题计算最大可建范围面积时要用到扇形面积计算方法。

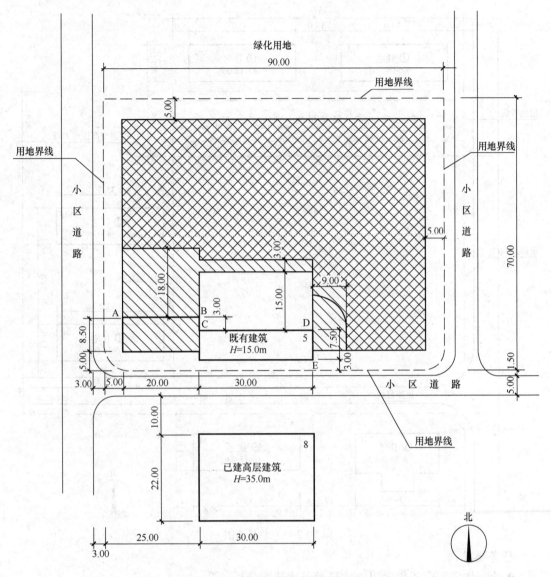

图 30-2-14 作图参考答案

九、2012 年试题及解析

单位：m

设计条件：

● 某建设用地内拟建由住宅和商业裙房组成的商住楼，用地范围如图 30-2-15 所示。

● 用地内有 35kV 架空高压电力线路穿过，其走廊宽度 12m。

● 拟建商住楼的建筑层数 9 层，高度为 30.4m，其中商业裙房的建筑层数为 2 层，高度为 10m。

● 多、高层住宅均应满足日照间距控制要求，当地的住宅日照间距系数为 1.5。

● 规划要求拟建多层建筑后退道路红线和用地界线≥5m，高层建筑后退道路红线和用地界线≥8m。

● 拟建建筑的防火等级不低于二级。

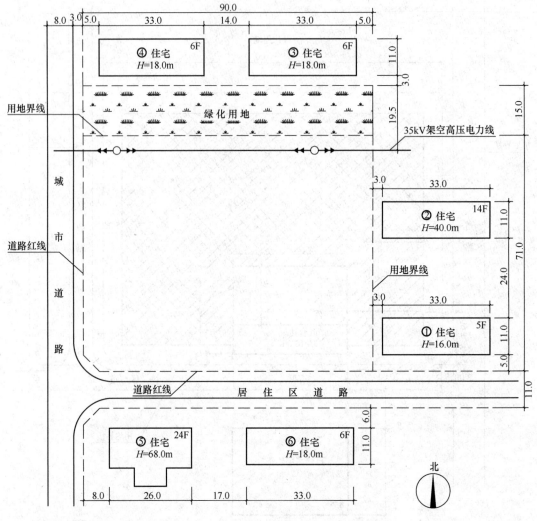

图 30-2-15　总平面图

任务要求：

- 绘制住宅与商业裙房用地的最大可建范围分析；
- 绘出拟建住宅的最大可建范围（用 ▨ 表示），标注相关尺寸；
- 绘出拟建商业裙房的最大可建范围（用 ▨ 表示），标注相关尺寸；
- 绘出架空高压电力线路走廊，标注相关尺寸；
- 根据作图结果，在下列单选题中选择一个答案并用绘图笔将其填写在括号（　　）
内，同时用 2B 铅笔填涂答题卡对应题号的答案，二者答案必须一致，缺一不予评分。

（1）北侧已建④号住宅南面外墙与拟建商业裙房最大可建范围线的间距为：（5分）

[A] 18.00m　　　　[B] 22.50m　　　　[C] 28.50m　　　　[D] 34.50m

答案：（　　）

（2）北侧已建③号住宅南面外墙与拟建住宅最大可建范围线的间距为：（4分）

[A] 22.80m　　　　[B] 28.81m　　　　[C] 34.36m　　　　[D] 45.60m

答案：（　　）

(3) 东侧已建②号住宅西面外墙与拟建住宅最大可建范围线的间距为：（5分）

  [A] 6m   [B] 8m   [C] 9m   [D] 13m

  答案：（ ）

(4) 南侧已建⑥号住宅北面外墙与拟建住宅最大可建范围线的间距为：（4分）

  [A] 22m   [B] 25m   [C] 27m   [D] 30m

  答案：（ ）

[参考答案]（图 30-2-16）

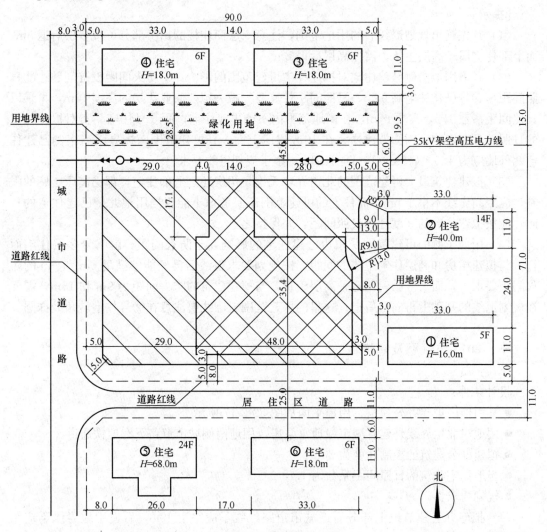

图 30-2-16 作图参考答案

(1) 北侧已建④号住宅南面外墙与拟建商业裙房最大可建范围线的间距为：（5分）

  [A] 18.00m   [B] 22.50m   [C] 28.50m   [D] 34.50m

  答案：（ C ）

(2) 北侧已建③号住宅南面外墙与拟建住宅最大可建范围线的间距为：（4分）

  [A] 22.80m   [B] 28.81m   [C] 34.36m   [D] 45.60m

答案：（ D ）

（3）东侧已建②号住宅西面外墙与拟建住宅最大可建范围线的间距为：（5分）

[A] 6m   [B] 8m   [C] 9m   [D] 13m

答案：（ D ）

（4）南侧已建⑥号住宅北面外墙与拟建住宅最大可建范围线的间距为：（4分）

[A] 22m   [B] 25m   [C] 27m   [D] 30m

答案：（ B ）

[提示]

（1）首先画出规划退线后的用地范围，注意9层商住楼的裙房部分可按多层后退5m；而上部住宅属于高层主体，需按高层后退8m。

（2）考虑用地南侧已建住宅对拟建住宅可建范围的影响：①防火间距没有问题；②日照间距：⑤号已建住宅高68m，日照间距计算要先减去拟建商业裙房的高度10m，再乘以日照间距系数1.5，需要87m，在用地范围内不能再建住宅；而⑥号住宅其实对拟建住宅的日照并没有影响，因为拟建住宅在10m裙房上面，其可建范围南边界距离南侧已建住宅北外墙应为1.5×（18m－10m）＝12m，小于规划退线要求。

（3）拟建建筑最大可建范围的北边界，无论是裙房还是上部住宅，都受高压走廊的限制，应距高压线不小于6m；而住宅的可建范围还要考虑不能遮挡用地北侧已建住宅的日照，应按拟建住宅的高度计算日照间距，并保持之。

（4）用地东侧的可建范围受东边已建住宅的影响在于防火间距。就①号多层住宅而言，与拟建裙房和高层住宅主体的间距，按规划要求退线后已经能够满足6m和9m的防火间距要求了；而②号已建住宅是高层建筑，与拟建建筑的防火间距为9m和13m，需要在规划退线的基础上再向西后退；这里的可建范围轮廓线要注意在②号住宅转角处抹圆。

十、2013 年试题及解析

单位：m

设计条件：

● 某用地内拟建办公建筑，用地平面如图 30-2-17 所示。

● 用地东北角界线外建有城市绿地水泵房，用地南侧城市道路下有地铁通道。

● 拟建办公建筑的控制高度为 30m。

● 当地住宅建筑的日照间距系数为 1.5。

● 规划要求：

（1）拟建办公建筑地上部分后退城市道路红线不应小于 10m，后退用地界线不应小于 5m。

（2）拟建办公建筑地下部分后退城市道路红线，用地界线不应小于 3m，后退地铁通道控制线不应小于 16m。

● 拟建办公建筑和用地界线外建筑的耐火等级均为二级。

任务要求：

● 绘出拟建办公建筑地上部分最大可建范围（用 ▨ 表示）。

● 绘出拟建办公建筑地下部分最大可建范围（用 ▨ 表示），标注相关尺寸。

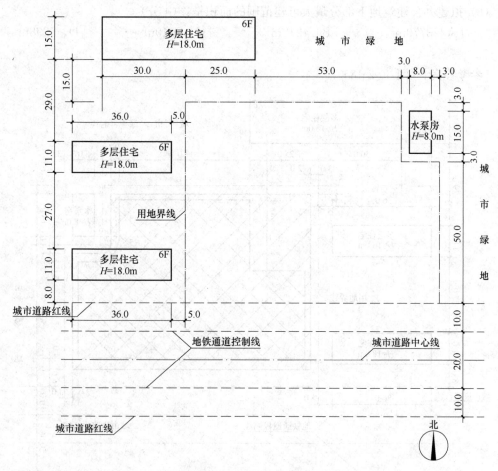

图 30-2-17　总平面图

● 下列单选题每题只有一个最符合题意的选项。从各题中选择一个与作图结果对应的选项，用黑色绘图笔将选项对应的字母填写在括号中；同时，用 2B 铅笔将答题卡对应题号选项信息点涂黑；二者必须一致，缺项不予评分。

(1) 拟建办公建筑地下部分最大可建范围南边线与城市道路北侧红线的间距为：(3 分)

　　[A] 6.00m　　　　[B] 10.00m　　　　[C] 16.00m　　　　[D] 20.00m

　　答案：(　　)

(2) 拟建地下部分最大可建范围西边线与西侧住宅的间距为：(3 分)

　　[A] 5.00m　　　　[B] 8.00m　　　　[C] 10.00m　　　　[D] 13.00m

　　答案：(　　)

(3) 拟建办公建筑地上部分最大可建范围线与城市绿地水泵房的间距为：(4 分)

　　[A] 3.00m　　　　[B] 6.00m　　　　[C] 9.00m　　　　[D] 13.00m

　　答案：(　　)

(4) 拟建办公建筑地上部分最大可建范围线与北侧住宅的间距为：(4 分)

　　[A] 15.00m　　　　[B] 18.00m　　　　[C] 25.00m　　　　[D] 45.00m

　　答案：(　　)

（5）拟建办公建筑地下部分最大可建范围的面积是：（4分）

[A] 3779m²   [B] 4279m²   [C] 5040m²   [D] 5298m²

答案：（　　）

[参考答案]（图30-2-18）

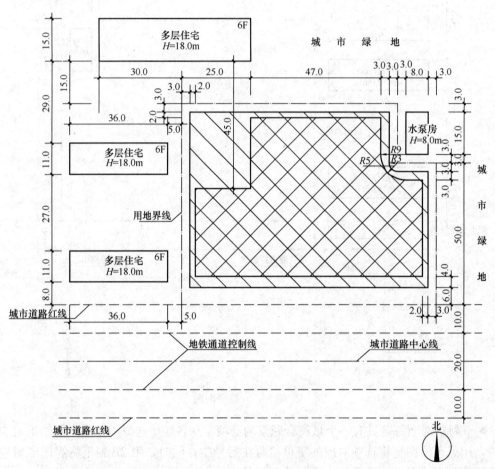

图30-2-18　作图参考答案

（1）拟建办公建筑地下部分最大可建范围南边线与城市道路北侧红线的间距为：（3分）

[A] 6.00m   [B] 10.00m   [C] 16.00m   [D] 20.00m

答案：（ A ）

（2）拟建地下部分最大可建范围西边线与西侧住宅的间距为：（3分）

[A] 5.00m   [B] 8.00m   [C] 10.00m   [D] 13.00m

答案：（ B ）

（3）拟建办公建筑地上部分最大可建范围线与城市绿地水泵房的间距为：（4分）

[A] 3.00m   [B] 6.00m   [C] 9.00m   [D] 13.00m

答案：（ C ）

（4）拟建办公建筑地上部分最大可建范围线与北侧住宅的间距为：（4分）

[A] 15.00m   [B] 18.00m   [C] 25.00m   [D] 45.00m

答案：（ D ）

（5）拟建办公建筑地下部分最大可建范围的面积是：（4分）

   [A] 3779m²   [B] 4279m²   [C] 5040m²   [D] 5298m²

答案：（ C ）

[提示]

应该说，与往年场地分析题相比，这道题难度并不大。特别之处在于增加了地下部分的可建范围确定，相应地出现了可建范围与地铁通道控制线间距的考虑。此外用地附近的城市绿地水泵房影响也是新问题。其实这些新问题我认为并没有什么悬疑之处。无论地上、地下，按规划要求退界即可。用地形状因水泵房影响而不规则，出现一个阴角，应当如何退界需要讨论。地上高层建筑与水泵房的防火间距可按 9m 确定，城市绿地水泵房不是工业厂房，民用建筑里也是有的。

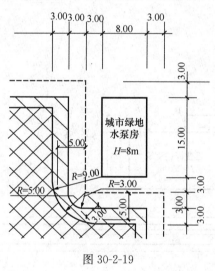

图 30-2-19

关于最大可建范围从相邻用地边界后退，也就是规划要求的"退界"做法，此题的解答有争议。争议的焦点在于邻近水泵房的用地转角处，最大可建范围的轮廓是否应当像防火间距那样抹圆。我认为，一般退界都是作用地边界的平行线，退界结果，转角处自然呈直角状。此题要求作出用地阴角处退界后的最大可建范围，是不常见的问题。按原理，转角处作圆弧才符合面积最大的题目要求。计算可建范围面积时，考虑了那块圆弧部分，结果与出题人预设的正确答案完全一致。阳角处就没有这个问题了。图 30-2-19 是用地阴角处最大可建范围的精确结果。请注意，地下最大可建范围在阴角处是一个 3m 半径的 1/4 圆弧；而地上最大可建范围在阴角处是在 9m 防火间距圆弧的基础上，再用 5m 退界圆弧修正的结果。

十一、2014 年试题及解析

单位：m

设计条件：

● 某建设用地内拟建高层住宅和多层商业建筑，建设用地地势平坦，用地范围现状如图 30-2-20 所示。

● 规划要求：

（1）拟建建筑后退用地界线不小于 5.00m。

（2）拟建建筑后退河道边线不小于 20.00m。

（3）拟建建筑后退道路红线：多层不小于 5.00m，高层不小于 10.00m。

● 该地区的住宅建筑的日照间距系数为 1.5。

● 已建建筑和拟建建筑的耐火等级均为二级。

任务要求：

● 绘出拟建高层住宅的最大可建范围（用 ▨ 表示），标注相关尺寸。

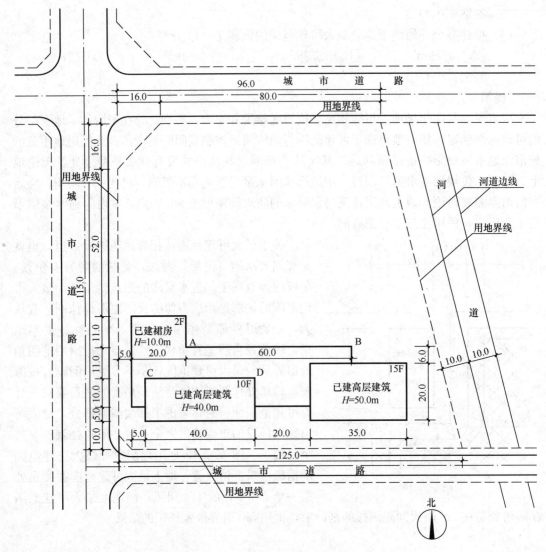

图 30-2-20　总平面图

● 绘出拟建多层商业建筑的最大可建范围（用 ▨▨▨ 表示），标注相关尺寸。

● 下列单选题每题只有一个最符合题意的选项。从各题中选择一个与作图结果对应的选项，用黑色墨水笔将选项对应的字母填写在括号中；同时用 2B 铅笔将答题卡对应题号选项信息点涂黑；二者必须一致，缺项不予评分。

（1）拟建高层住宅最大可建范围与已建裙房 AB 段的间距为：（4 分）

　　[A] 9.00m　　　　[B] 13.00m　　　　[C] 15.00m　　　　[D] 49.00m

　　答案：（　　）

（2）拟建多层商业建筑最大可建范围与已建高层建筑 CD 段的间距为：（4 分）

　　[A] 9.00m　　　　[B] 12.00m　　　　[C] 13.00m　　　　[D] 17.00m

　　答案：（　　）

（3）拟建多层商业建筑最大可建范围线与东侧用地界线的间距为：（4 分）

[A] 5.00m　　　　[B] 9.40m　　　　[C] 10.00m　　　　[D] 15.00m

答案：（　　　）

（4）拟建高层住宅最大可建范围的面积约为：（6分）

　　[A] 1560m² 　　　[B] 1830m² 　　　[C] 2240m² 　　　[D] 3110m²

答案：（　　　）

[参考答案]（图30-2-21）

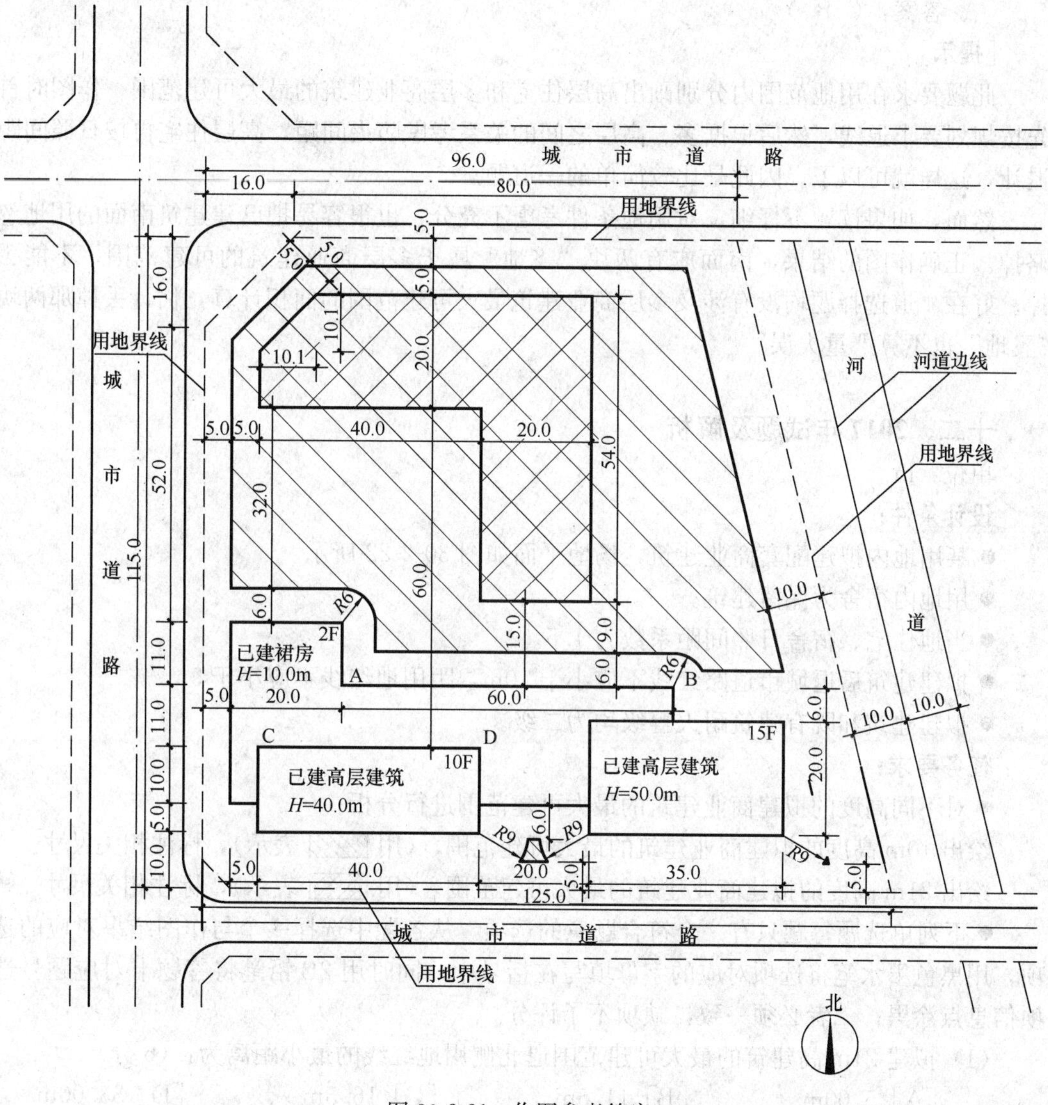

图30-2-21　作图参考答案

（1）拟建高层住宅最大可建范围与已建裙房 AB 段的间距为：（4分）

　　[A] 9.00m 　　　[B] 13.00m 　　　[C] 15.00m 　　　[D] 49.00m

答案：（ C ）

（2）拟建多层商业建筑最大可建范围与已建高层建筑 CD 段的间距为：（4分）

　　[A] 9.00m 　　　[B] 12.00m 　　　[C] 13.00m 　　　[D] 17.00m

答案：（ D ）

（3）拟建多层商业建筑最大可建范围线与东侧用地界线的间距为：（4分）

　　[A] 5.00m　　　　[B] 9.40m　　　　[C] 10.00m　　　　[D] 15.00m

答案：（ C ）

（4）拟建高层住宅最大可建范围的面积约为：（6分）

　　[A] 1560m²　　　　[B] 1830m²　　　　[C] 2240m²　　　　[D] 3110m²

答案：（ B ）

[提示]

此题要求在用地范围内分别画出高层住宅和多层商业建筑的最大可建范围。作图时首先按规划要求退线，然后根据多、高层之间的关系考虑防火间距，高层住宅再按日照间距退让，这样就可以了。因此是比较简单的一道题。

然而，如果读题不仔细，对用地条件考虑不充分，也很容易把已建建筑南面的用地忽略掉。正确作图的结果，南面应有两块"飞地"属于多层商业建筑的可建范围，不能丢掉。好在4道选择题均没有涉及多层商业建筑最大可建范围的面积计算，估计丢掉那两块"飞地"也不算严重失误。

十二、2017年试题及解析

单位：m

设计条件：

● 某用地内拟建配套商业建筑，场地平面如图30-2-22所示。

● 用地内宿舍为保留建筑。

● 当地住宅、宿舍日照间距系数为1.5。

● 拟建建筑后退城市道路红线不应小于10m，距用地红线不应小于5m。

● 拟建建筑和既有建筑耐火等级均为二级。

任务要求：

● 对不同高度的拟建商业建筑的最大可建范围进行分析；

绘出10m高度的拟建商业建筑的最大可建范围，（用 ▨ 表示），标注相关尺寸。

绘出21m高度的拟建商业建筑的最大可建范围，（用 ▨ 表示），标注相关尺寸。

● 下列单选题每题只有一个符合题意的选项。从各题中选择一个与作图结果对应的选项，用黑色墨水笔将选项对应的字母填写在括号中；同时用2B铅笔将答题卡对应题号选项信息点涂黑；二者必须一致，缺项不予评分。

（1）拟建21m高建筑的最大可建范围退北侧用地红线的最小距离为：（6分）

　　[A] 5.00m　　　　[B] 11.5m　　　　[C] 16.5m　　　　[D] 33.00m

答案：（　）

（2）拟建10m高建筑的最大可建范围线与东侧1号住宅山墙的间距为：（4分）

　　[A] 5.00m　　　　[B] 6.00m　　　　[C] 11.00m　　　　[D] 13.00m

答案：（　）

（3）拟建21m高建筑的最大可建范围线与用地内宿舍（保留建筑）西山墙的间距为：

　　（4分）

[A] 5.00m   [B] 6.00m   [C] 9.00m   [D] 13.00m

答案：（   ）

（4）拟建10m高建筑最大可建范围与拟建21m高建筑最大可建范围的面积差为：（4分）

[A] 1095m²   [B] 1152m²   [C] 1470m²   [D] 1477m²

答案：（   ）

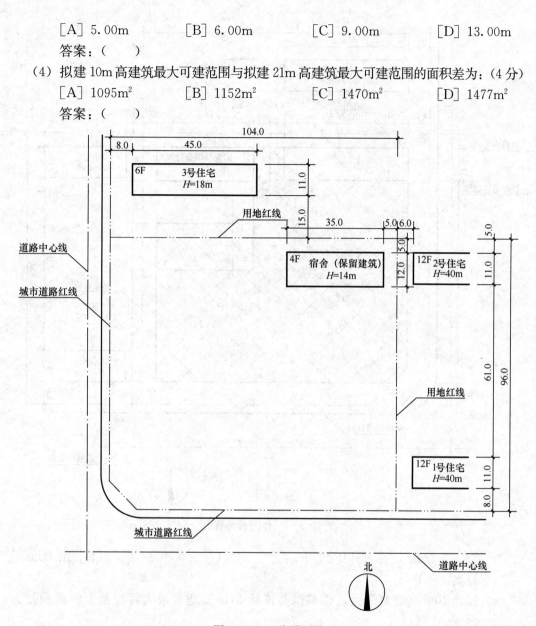

图 30-2-22 总平面图

[参考答案]（图 30-2-23）

（1）拟建21m高建筑的最大可建范围退北侧用地红线的最小距离为：（6分）

[A] 5.00m   [B] 11.5m   [C] 16.5m   [D] 33.00m

答案：（ C ）

（2）拟建10m高建筑的最大可建范围线与东侧1号住宅山墙的间距为：（4分）

[A] 5.00m   [B] 6.00m   [C] 11.00m   [D] 13.00m

答案：（ C ）

（3）拟建21m高建筑的最大可建范围线与用地内宿舍（保留建筑）西山墙的间距为：
（4分）

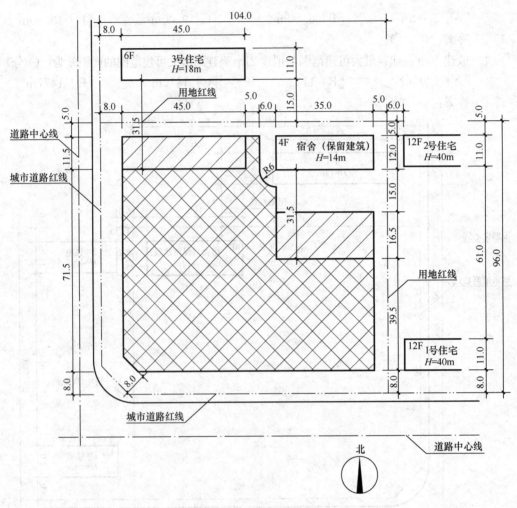

图 30-2-23 作图参考答案

[A] 5.00m   [B] 6.00m   [C] 9.00m   [D] 13.00m

答案：（ B ）

（4）拟建 10m 高建筑最大可建范围与拟建 21m 高建筑最大可建范围的面积差为：（4 分）

[A] 1095m²   [B] 1152m²   [C] 1470m²   [D] 1477m²

答案：（ A ）

[提示]

此题最大可建范围按规划退线要求执行，并对用地内、外保留及原有住宅建筑按日照与防火间距的要求退让即可，并无任何悬念。

十三、2018 年试题及解析

单位：m

设计条件：

● 某用地内拟建高层住宅建筑，场地平面如图 30-2-24 所示。

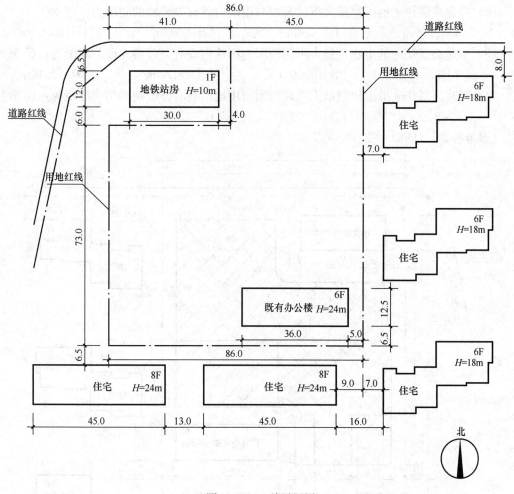

图 30-2-24　总平面图

- 用地内既有办公楼用于物业管理用房，用地北面为城市道路和商业用地。
- 当地住宅建筑的日照间距系数为 1.2。
- 拟建地上建筑、地下室后退城市道路红线不应小于 8m，退用地红线不应小于 5m。
- 拟建建筑地下室退相邻建筑不应小于 6m。
- 拟建建筑耐火等级为一级，既有建筑的耐火等级均为二级。
- 应符合国家现行有关规范的规定。

任务要求：

- 对拟建高层住宅地上建筑、地下室的最大可建范围进行分析。

绘出拟建高层住宅地上建筑的最大可建范围（用 ▨ 表示），标注相关尺寸。

绘出拟建高层住宅地下室的最大可建范围（用 ▨ 表示），标注相关尺寸。

- 下列单选题每题只有一个最符合题意的选项，从各题中选择一个与作图结果对应的选项，用 2B 铅笔将答题卡对应题号选项信息点涂黑。

（1）拟建高层住宅地上建筑最大可建范围与地铁站房南面的间距为：（4 分）

　　[A] 5.00m　　　　[B] 9.00m　　　　[C] 11.00m　　　　[D] 13.00m

（2）拟建高层住宅地下室最大可建范围与用地内既有办公楼的间距为：（6分）

    ［A］5.00m   ［B］6.00m   ［C］8.00m   ［D］10.00m

（3）拟建高层住宅地上建筑最大可建范围与用地内既有办公楼北面的间距为：（5分）

    ［A］6.00m   ［B］9.00m   ［C］28.80m   ［D］32.44m

（4）拟建高层住宅地上建筑最大可建范围与用地内既有办公楼的防火间距为：（5分）

    ［A］6.00m   ［B］9.00m   ［C］13.00m   ［D］18.00m

［参考答案］（图30-2-25）

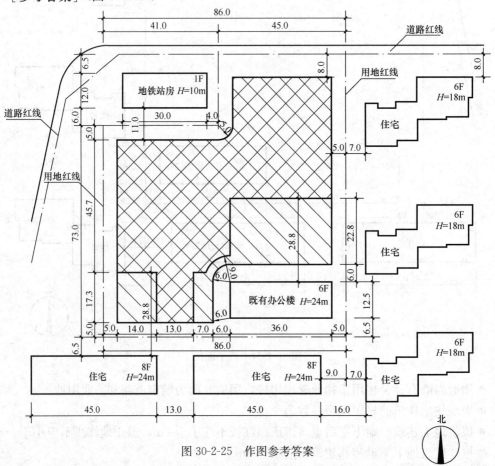

图30-2-25　作图参考答案

（1）拟建高层住宅地上建筑最大可建范围与地铁站房南面的间距为：（4分）

    ［A］5.00m   ［B］9.00m   ［■］11.00m   ［D］13.00m

（2）拟建高层住宅地下室最大可建范围与用地内既有办公楼的间距为：（6分）

    ［A］5.00m   ［■］6.00m   ［C］8.00m   ［D］10.00m

（3）拟建高层住宅地上建筑最大可建范围与用地内既有办公楼北面的间距为：（5分）

    ［A］6.00m   ［B］9.00m   ［■］28.80m   ［D］32.44m

（4）拟建高层住宅地上建筑最大可建范围与用地内既有办公楼的防火间距为：（5分）

    ［A］6.00m   ［■］9.00m   ［C］13.00m   ［D］18.00m

    注：2018年场地作图考试不要求在试卷上用墨线笔标注选择题答案选项，只需用2B铅笔填涂机读卡选项信息。

（1）此题的新颖之处在于要求绘出地下部分的最大可建范围，只需按规划管理规定执行即可。

（2）地上高层住宅建筑的最大可建范围按日照与防火间距要求退让，注意既有办公楼高度为24m，属于非高层建筑，与高层住宅地上部分的最小防火间距应为9m，而不是13m。

十四、2019年试题及解析

单位：m

设计条件：

● 某用地内拟建建筑高度为30.00m的住宅建筑，用地平面如图30-2-26所示。

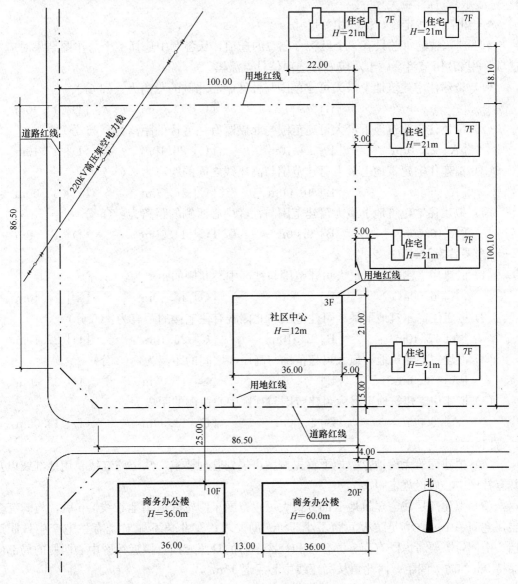

图 30-2-26 总平面图

- 用地西北角有一条高压架空电力线穿过，高压线走廊宽度为30.00m。
- 拟建建筑地上、地下后退道路红线不应小于8.00m，后退用地红线不应小于5.00m。
- 拟建建筑后退既有社区中心不应小于5.00m。
- 当地住宅的日照间距系数为1.20。
- 拟建建筑及既有建筑的耐火等级均为二级。
- 应满足国家现行规范要求。

任务要求：

- 对拟建住宅地上、地下的最大可建范围进行分析；绘出拟建住宅建筑地上的最大可建范围（用 ▨ 表示），标注相关尺寸。绘出拟建住宅建筑地下的最大可建范围（用 ▨ 表示），标注相关尺寸。
- 绘出高压线走廊，标注相关尺寸。
- 下列单选题每题只有一个最符合题意的选项，从各题中选择一个与作图结果对应的选项。用2B铅笔将答题卡对应题号选项信息点涂黑。

(1) 拟建住宅建筑地上最大可建范围与社区中心北侧的距离为：（6分）

[A] 6.00m   [B] 9.00m   [C] 13.00m   [D] 14.40m

(2) 拟建住宅建筑地下最大可建范围与北侧既有住宅楼的距离为：（6分）

[A] 23.10m   [B] 24.10m   [C] 26.10m   [D] 27.10m

(3) 拟建住宅建筑地上最大可建范围与高压线之间的距离为：（3分）

[A] 5.00m   [B] 10.00m   [C] 15.00m   [D] 30.00m

(4) 拟建住宅建筑地上最大可建范围与社区中心西侧的距离为：（5分）

[A] 6.00m   [B] 9.00m   [C] 11.00m   [D] 13.00m

[参考答案]（图30-2-27）

(1) 拟建住宅建筑地上最大可建范围与社区中心北侧的距离为：（6分）

[A] 6.00m   [B] 9.00m   [C] 13.00m   [■] 14.40m

(2) 拟建住宅建筑地下最大可建范围与北侧既有住宅楼的距离为：（6分）

[■] 23.10m   [B] 24.10m   [C] 26.10m   [D] 27.10m

(3) 拟建住宅建筑地上最大可建范围与高压线之间的距离为：（3分）

[A] 5.00m   [B] 10.00m   [■] 15.00m   [D] 30.00m

(4) 拟建住宅建筑地上最大可建范围与社区中心西侧的距离为：（5分）

[A] 6.00m   [■] 9.00m   [C] 11.00m   [D] 13.00m

[提示]

(1) 拟建建筑无论地上、地下首先按城市规划管理要求，从道路红线、用地红线以及既有社区中心后退规定距离。

(2) 拟建高层住宅建筑地上部分最大可建范围东侧轮廓退用地红线5m后，与既有多层住宅间距10m，满足防火间距不小于9m的要求；东北角不能对既有住宅产生日照遮挡；南侧轮廓要考虑既有商务办公楼和社区中心的日照遮挡；接近社区中心西侧的局部应保持9m的防火间距；西北角从高压线中心后退15m。

(3) 拟建高层住宅地下部分最大可建范围只需满足规划退线要求，而不必考虑日照、

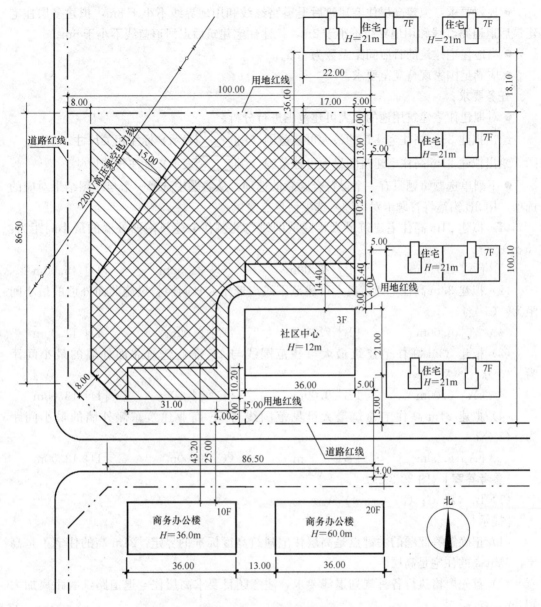

图 30-2-27　作图参考答案

防火及架空高压线的影响。

（4）高压走廊对拟建建筑物最大可建范围的限制仅限于地面以上部分，地下部分不受影响。

十五、2020 年试题及解析

单位：m

设计条件：

● 某建设用地内拟建建筑高度为 33m 和 21m 的住宅建筑，用地平面及既有建筑如图 30-2-28 所示。

● 规划要求：拟建高层住宅建筑后退道路红线和用地界线不小于8m，拟建多层住宅建筑后退道路红线和用地界线不小于3m，拟建住宅建筑后退河道蓝线不小于6m。

● 当地住宅建筑的日照间距系数为1.5。

● 应满足国家现行规范要求。

任务要求：

● 对拟建住宅建筑用地的最大可建范围进行分析。

绘出拟建33m高住宅建筑的最大可建范围（用 ▨ 表示）标注相关尺寸。

绘出拟建21m高住宅建筑的最大可建范围（用 ▨ 表示）标注相关尺寸。

● 下列单选题每题只有一个最符合题意的选项，从各题中选择一个与作图结果对应的选项，用2B铅笔将答题卡对应题号选项信息点涂黑。

（1）拟建21m高住宅建筑最大可建范围线与北侧住宅建筑南面外墙的最小间距为：（5分）

     [A] 27.00m   [B] 28.00m   [C] 31.50m   [D] 45.00m

（2）拟建33m高住宅建筑最大可建范围线与老年人日间照料设施北面外墙的最小间距为：（5分）

     [A] 6.00m   [B] 7.50m   [C] 9.00m   [D] 11.00m

（3）拟建33m高住宅建筑最大可建范围线与1F商业建筑北面外墙的最小间距为：（5分）

     [A] 6.00m   [B] 9.00m   [C] 11.00m   [D] 13.00m

（4）拟建21m高住宅建筑最大可见范围线与5F商业建筑东侧外墙的最小间距为：（5分）

     [A] 6.00m   [B] 7.00m   [C] 9.00m   [D] 13.00m

[**参考答案**]（图30-2-29）

（1）B；（2）C；（3）C；（4）A。

[**提示**]

（1）正确解答此题的关键点是高层住宅建筑高度标准的界定：21m高的住宅不是高层，33m高的住宅是高层。

（2）首先严格执行各种规划退线要求，注意题目要求高层住宅退道路红线距离加大到8m。

（3）注意防火间距要执行6m和9m两个标准，即两座非高层建筑之间的最小防火间距为6m，高层与非高层建筑之间的最小防火间距为9m。

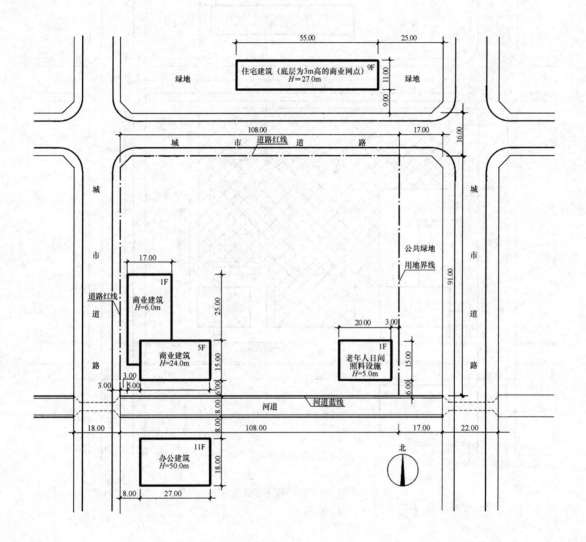

图 30-2-28　总平面图

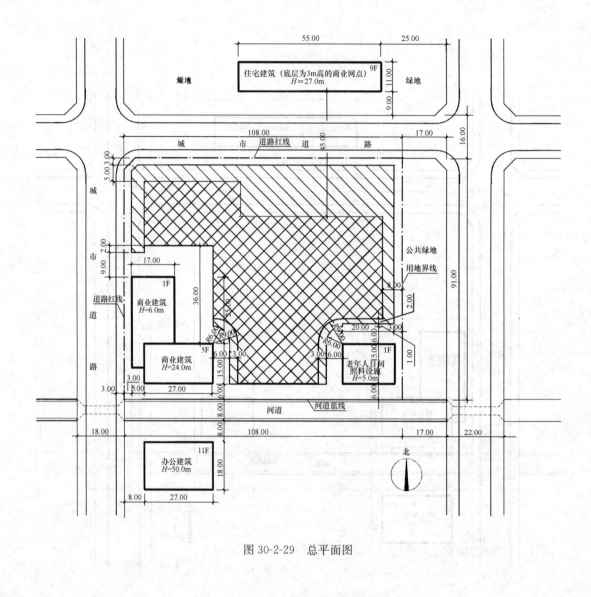

图 30-2-29 总平面图

第三节 场 地 剖 面

一、"场地剖面"考点归纳及应试要领

1. 考点归纳

（1）在场地剖面上画出高层及非高层建筑的最大可建范围并标注重要的定位尺寸。剖面可建范围的边界，在建筑外墙处一律作垂直线；顶部轮廓与"场地分析"类似，一般不考虑实际建造的可行性，只需用直线绘出。

（2）在场地剖面上布置建筑物，有时要求在满足防火和日照要求的前提下，对布置方案作出优选。

（3）试题中常见的规范问题主要是防火和日照间距规定，要求考生做到概念清楚、数据准确。决定防火间距时，必须搞清楚高层建筑的界定标准。公共建筑高度超过 24m 的才属于高层，小于等于 24m 的不属于高层建筑。此外，单层公共建筑超过 24m 也不属于高层。住宅建筑过去规定 10 层及以上属于高层，新规范改为高度超过 27m 的属于高层，小于等于 27m 的住宅不是高层。同时，要注意把底部附设商业服务网点的住宅和商住楼明确区分开来。住宅底部商业空间面积超过 300m²，或层数超过两层时就算商住楼，属于公共建筑范畴。

（4）与"场地分析"试题一样，如果题目没有特别提出，最大可建范围分析一般不考虑相邻建筑的视线、噪声干扰和自然采光间距问题。

2. 应试要领

（1）场地剖面问题实际上是在剖面关系上对场地的空间条件进行分析。场地剖面试题一般有两种题型，一种是要求在剖面上画出最大可建范围，这与场地的平面分析类似；另一类是要求在剖面上进行场地布置，需要考虑建、构筑物的合理间距以及前后次序，常常要求得出用地最省的布置方案。有的试题还结合地形处理，要求考虑土方量和护坡、挡土墙的设置。剖面上的最大可建范围和建筑布置问题同样要满足规划退线要求，并以考虑日照和防火为主。也可能有卫生防护和文物保护问题，有时甚至还有景观视线问题。

（2）剖面上的最大可建范围问题，一般假定新、老建筑都是南北朝向且相互平行的通长板式建筑。可建范围的边界线在高度上应作垂直线，不可考虑外墙向南倾斜，因为南面外墙向南斜出虽然可以增加剖面面积，却遮挡了本身的建筑日照，不符合日照间距的计算原则。在顶部常常因日照或视线关系形成斜线。作图时一般不考虑建筑楼层关系而作台阶状处理，因为与平面上的最大可建范围一样，这只是一个理论上的范围，和实际建造的可行性无关。由于试题有可能要求计算可建范围的面积，边界形状对计算结果的影响是很明显的，这一点也应当注意。2012 年的场地剖面题规定了拟建建筑的层高，并明确要求做成平屋面，还要计算楼层剖面面积。这时剖面可建范围的顶部边界就要画成符合规定层高的阶梯状了。

（3）在剖面上布置建、构筑物，考虑它们的间距时，要求符合规范规定。而规范数据一般在题目中不给提示，往往也正是考点所在。所以正确解题就需要对《民用建筑设计通则》《城市居住区规划设计标准》和有关建筑设计防火规范规定中的常用数据有比较清楚的了解。

二、2005 年试题及解析

单位：m

设计条件：

● 某场地断面如图 30-3-1 所示，南侧为已建 10 层住宅楼，北侧为已建 4 层办公楼。拟在两已建建筑间建一栋建筑物。拟建建筑物的剖面如图 30-3-2 所示。

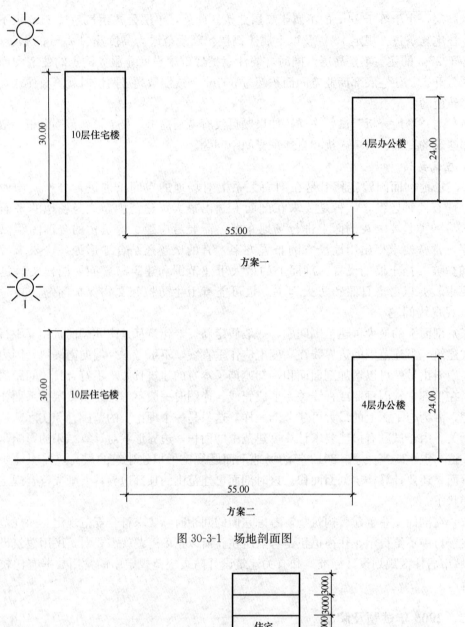

方案一

方案二

图 30-3-1　场地剖面图

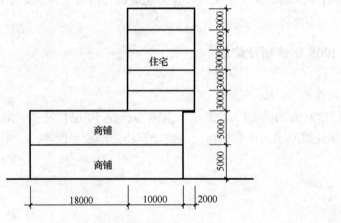

图 30-3-2　拟建建筑物剖面示意图

- 已建及拟建建筑均为等长的条形建筑物，其方位均为正南正北，耐火等级为二级。
- 拟建建筑一至二层为商场，三至七层为住宅。
- 当地的日照间距系数为1.5。
- 要求在满足日照和防火的条件下，在场地断面上布置拟建建筑物。

任务要求：

- 在场地断面上分别绘出两种布置方案：

方案一为拟建建筑距南侧住宅最近的方案；

方案二为拟建建筑距南侧住宅最远的方案。

- 标出拟建建筑物与已建建筑之间的相关间距。
- 根据作图，在下列单选题中选择一个正确答案，并将其字母涂黑，（例如■ 单 ×× ×），同时在答题卡"选择题"内将对应题号的对应字母用2B铅笔涂黑，二者必须一致。

（1）方案一中拟建建筑物的商场与南侧10层住宅楼的间距为：（6分）

    [A] 6.0m   [B] 9.0m   [C] 12.0m   [D] 13.0m

（2）方案二中拟建建筑物的商场与南侧10层住宅楼的间距为：（6分）

    [A] 13.0m   [B] 16.0m   [C] 18.0m   [D] 25.0m

[**参考答案**]（图30-3-3）

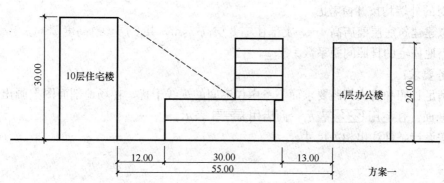

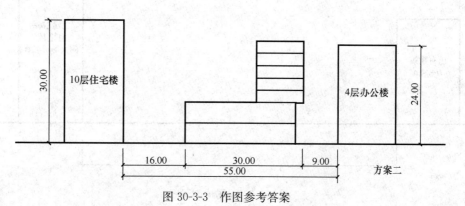

图30-3-3　作图参考答案

（1）方案一中拟建建筑物的商场与南侧 10 层住宅楼的间距为：（6 分）

[A] 6.0m　　　　[B] 9.0m　　　　[■] 12.0m　　　　[D] 13.0m

（2）方案二中拟建建筑物的商场与南侧 10 层住宅楼的间距为：（6 分）

[A] 13.0m　　　　[■] 16.0m　　　　[C] 18.0m　　　　[D] 25.0m

[提示]

（1）方案一：拟建建筑距南侧 10 层住宅最近位置应由两座建筑住宅部分的日照间距决定，为：（30m−10m）×1.5＝30m；即两座建筑的最近距离为 30m−18m＝12m。

（2）方案二：拟建建筑距南侧 10 层住宅最远位置应由拟建建筑与北侧 4 层办公楼可能的最近距离决定。拟建建筑高 25m，属于高层建筑。其悬挑的住宅部分外墙面距离 4 层办公楼外墙应满足 9m 防火间距的要求。此时，拟建建筑与南侧住宅楼的距离最远，为：55m−9m−30m＝16m。

三、2006 年试题及解析

单位：m

设计条件：

● 某场地断面如图 30-3-4 所示，南侧为一 24m 高的建筑，北侧为一 20 层住宅楼。

● 拟在两座已建建筑之间建一座带底层商店的商住楼。

● 已建及拟建建筑均为等长的条形建筑物，其方位均为正南正北；耐火等级为二级。建筑相对的外墙均按开窗考虑。

● 拟建建筑底层商店高 4m，上部住宅 8 层高 24m，共 9 层，总高度 28m。

● 当地住宅的日照间距系数为 1.2。

任务要求：

● 满足日照和防火间距要求而不考虑住宅间的视线干扰，在场地剖面图上画出最大可建范围断面，住宅用 表示，商店用 ▤▤▤ 表示。

● 按设计条件注出相关尺寸。

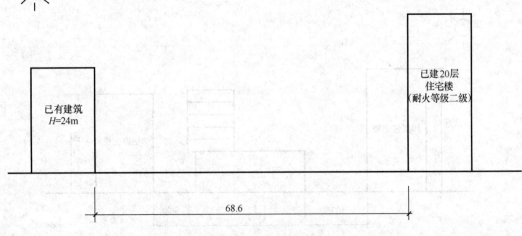

图 30-3-4　场地剖面图

● 根据作图，在下列单选题中选择一个正确答案，并将其字母涂黑（例如[■]××
×），同时在答题卡"选择题"内将对应题号的对应字母用 2B 铅笔涂黑，二者必须一致。

(1) 拟建商住楼与其北面已有住宅相对外墙面间最小距离为：（6分）

[A] 6m　　　　　[B] 9m　　　　　[C] 13m　　　　　[D] 18m

(2) 拟建商住楼与其南面已有建筑相对外墙间最小距离为：（6分）

[A] 18m　　　　　[B] 24m　　　　　[C] 36m　　　　　[D] 48m

(3) 拟建底层商店与其北面已有住宅相对外墙面间最小距离为：（6分）

[A] 6m　　　　　[B] 9m　　　　　[C] 13m　　　　　[D] 18m

[参考答案]（图 30-3-5）

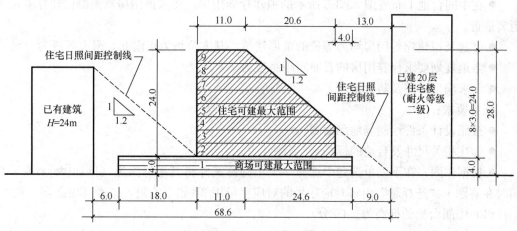

图 30-3-5　作图参考答案

(1) 拟建商住楼与其北面已有住宅相对外墙面间最小距离为：（6分）

[A] 6m　　　　　[B] 9m　　　　　[■] 13m　　　　　[D] 18m

(2) 拟建商住楼与其南面已有建筑相对外墙间最小距离为：（6分）

[A] 18m　　　　　[■] 24m　　　　　[C] 36m　　　　　[D] 48m

(3) 拟建底层商店与其北面已有住宅相对外墙面间最小距离为：（6分）

[A] 6m　　　　　[■] 9m　　　　　[C] 13m　　　　　[D] 18m

[提示]

(1) 底层商店的最大可建范围按高层建筑的裙房考虑，南侧距已有非高层建筑的防火间距可为 6m；北侧距高层住宅的防火间距应为 9m。

(2) 二层以上的住宅部分最大可建范围，南侧距已有建筑的日照间距为：（24m－4m）×1.2＝24m；北侧距高层住宅按防火间距最小应为 13m；进而考虑日照要求，拟建住宅部分还应在剖面上作"北退台"处理，即应当从北面高层住宅楼墙脚向南作 1/1.2 斜线，切去会对高层住宅产生日照遮挡的部分。

(3) 题目要求画出剖面的最大可建范围，拟建高层住宅部分的北上方切角应画成斜直线，而不必按楼层做成阶梯状。

（4）按现行《民用建筑设计通则》要求，布置住宅建筑时除应考虑防火和日照外，还有视线干扰问题也要考虑。但考试中为简化答案，常对此不作要求。

（5）此题南侧已有建筑高 24m，可按非高层建筑考虑防火间距；超过 24m 时才按高层考虑。

四、2007 年试题及解析

单位：m

设计条件：

● 某疗养院场地剖面如图 30-3-6 所示，场地南高北低，南北两侧均为已建疗养用房。

● 将场地整理成图 30-3-7 所示的三级水平台地（地面排水坡度忽略不计），要求土方平衡且土方工程量最小。

● 在中间台地上布置图 30-3-8 所示的拟建疗养用房，要求该用房离南侧已建疗养用房距离最近。

● 已建及拟建疗养用房均为等长的条形建筑，其方位均为正南北，耐火等级为二级。

● 当地规划要求疗养用房的日照间距系数为 2.0。

● 要求满足日照及防火要求。

任务要求：

● 按照设计条件绘制场地剖面图。

● 标注相关尺寸及台地的标高。

● 根据作图，在下列单选题中选择一个正确答案并将其字母涂黑（例如 [■]×××），同时在答题卡"选择题"内将对应题号的对应字母用 2B 铅笔涂黑，二者选项必须一致。

（1）中间台地的标高为：（6 分）

　　[A] 51.00　　　　[B] 52.00　　　　[C] 53.00　　　　[D] 53.50

（2）拟建疗养用房与南侧已建疗养用房的最小间距为：（6 分）

　　[A] 16.00m　　　[B] 17.00m　　　[C] 18.00m　　　[D] 23.00m

（3）北侧已建疗养用房与中间台地挡土墙的间距为：（6 分）

　　[A] 5.00m　　　　[B] 10.00m　　　[C] 15.00m　　　[D] 20.00m

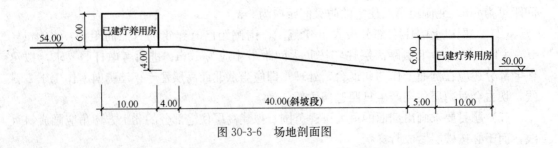

图 30-3-6　场地剖面图

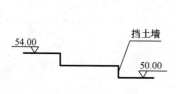

图 30-3-7　水平台地剖面图

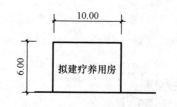

图 30-3-8　拟建建筑剖面示意图

[参考答案]（图 30-3-9）

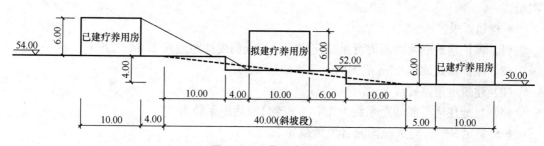

图 30-3-9　作图参考答案

（1）中间台地的标高为：（6 分）

　　[A] 51.00　　　　[■] 52.00　　　　[C] 53.00　　　　[D] 53.50

（2）拟建疗养用房与南侧已建疗养用房的最小间距为：（6 分）

　　[A] 16.00m　　　[B] 17.00m　　　[■] 18.00m　　　[D] 23.00m

（3）北侧已建疗养用房与中间台地挡土墙的间距为：（6 分）

　　[A] 5.00m　　　　[B] 10.00m　　　[■] 15.00m　　　[D] 20.00m

[提示]

（1）首先确定拟平整台地的位置和标高。为使土方平衡且填、挖量最小，台地的标高应为原有场地标高的平均值，即 52.00m；平整段与南北平台距离相等且平整宽度为原有斜坡段宽度的一半。

（2）拟建疗养用房定位：题目要求拟建房尽量靠南布置，考虑到南挡土墙的日照遮挡，拟建房应从挡土墙向北退 2.00m×2.0＝4.00m。

五、2008 年试题及解析

单位：m

设计条件：

● 某场地断面如图 30-3-10 所示，建筑用地南侧为保护建筑群，北侧为城市道路，城市道路北侧为学校教学楼。

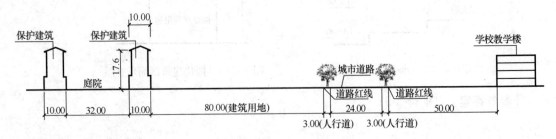

图 30-3-10　场地剖面图

● 拟建建筑一层为商店，层高为 5.6m；二层及二层以上为住宅。

● 已建及拟建建筑均为等长的条形建筑物，其方位均为正南北向，耐火等级均为二级。

● 规划要求：

(1) 保护建筑庭院内不得看见拟建建筑（视线高度按距地面 1.6m 考虑）。

(2) 保护建筑周边 12m 范围内，不得建造建筑。

(3) 建筑退道路红线 8m。

(4) 当地住宅日照间距系数为 1.5；学校日照间距系数为 2。

● 应满足日照、防火及国家有关规范要求。

任务要求：

● 根据上述条件在场地剖面上绘出拟建建筑剖面的最大可建范围。

● 标注拟建建筑与已建建筑之间的相关尺寸。

● 根据作图，在下列单选题中选择一个正确答案并将其字母涂黑（例如■×××），同时在答题卡"选择题"内将对应题号的对应字母用 2B 铅笔涂黑，二者选项必须一致。

(1) 拟建建筑和保护建筑最近的距离为：(4 分)

    [A] 12m   [B] 13m   [C] 15m   [D] 18m

(2) 拟建住宅部分和保护建筑最近的距离为：(5 分)

    [A] 13m   [B] 16m   [C] 18m   [D] 26.4m

(3) 离保护建筑 18m 处，建筑可建的最大高度为：(4 分)

    [A] 24m   [B] 28.6m   [C] 31.6m   [D] 51.6m

(4) 拟建建筑最北端的最大高度为：(5 分)

    [A] 22m   [B] 24m   [C] 40m   [D] 44m

[参考答案]（图 30-3-11）

(1) 拟建建筑和保护建筑最近的距离为：(4 分)

    [■] 12m   [B] 13m   [C] 15m   [D] 18m

(2) 拟建住宅部分和保护建筑最近的距离为：(5 分)

    [A] 13m   [B] 16m   [■] 18m   [D] 26.4m

(3) 离保护建筑 18m 处，建筑可建的最大高度为：(4 分)

    [A] 24m   [B] 28.6m   [■] 31.6m   [D] 51.6m

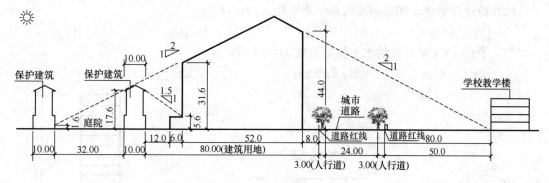

图 30-3-11　作图参考答案

(4) 拟建建筑最北端的最大高度为：(5 分)

　　[A] 22m　　　　　[B] 24m　　　　　[C] 40m　　　　　[■] 44m

[提示]

(1) 商住楼裙房距南侧保护建筑按题目要求为 12m，但其上部住宅与保护建筑的距离应按住宅的日照间距计算，为：(17.6m－5.6m)×1.5＝18m。

(2) 商住楼北墙的最大允许高度应按教学楼的日照间距计算，为：88m×0.5＝44m。

(3) 商住楼剖面最大可建范围的上部应为尖顶状。尖顶的南坡控制在保护建筑院内 1.6m 高视点不可见的范围内，所以其坡度应≤1/2；尖顶的北坡按教学楼日照要求，坡度也应≤1/2。

六、2009 年试题及解析

单位：m

设计条件：

● 某小区局部场地剖面如图 30-3-12 所示，在原商业建筑北侧由南向北依次拟建 1 栋住宅楼、消防车道和围墙。住宅楼剖面见图 30-3-13，消防车道距住宅楼 5m，围墙高 3m、厚 0.3m。

● 原商业建筑南侧高程为 25.00m 的平台宽度由原来的 7m 扩至 14m；平台扩展后，建坡度为 1∶1 的护坡与原斜坡相接。

● 当地住宅建筑的日照间距系数为 2，原有及拟建建筑的耐火等级均为二级。

● 要求拟建项目用地最小。

● 满足国家消防及居住区规划设计规范的有关要求。

任务要求：

● 根据上述条件绘出拟建住宅楼、消防车道、围墙、扩展平台和 1∶1 护坡。

● 标注相关的尺寸。

● 根据作图结果，在下列单选题中选择一个对应答案，并用铅笔将所选选项的字母涂黑（例如 [A]… [■]… [C]… [D]…），同时用 2B 铅笔填涂答题卡对应题号的字母，二者选项必须一致，缺一不予评分。

(1) 拟建住宅楼和原商业建筑的最小间距为：(6 分)

　　[A] 6m　　　　　[B] 9m　　　　　[C] 13m　　　　　[D] 18m

（2）拟建住宅楼北侧和围墙的最小水平距离为：（6分）

　　[A] 9.00m　　　　[B] 9.50m　　　　[C] 10.00m　　　　[D] 10.50m

（3）平台 1∶1 护坡段的水平投影长度为：（6分）

　　[A] 6.00m　　　　[B] 7.00m　　　　[C] 9.00m　　　　[D] 14.00m

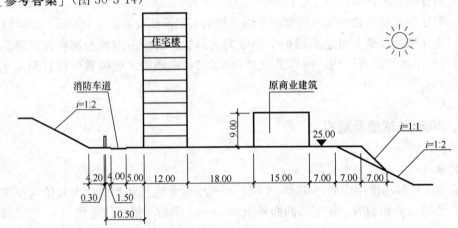

图 30-3-12　场地剖面图　　　　　　　图 30-3-13　住宅楼剖面
　　　　　　　　　　　　　　　　　　　　　　　　　示意图

[参考答案]（图 30-3-14）

图 30-3-14　作图参考答案

（1）拟建住宅楼和原商业建筑的最小间距为：（6分）

　　[A] 6m　　　　[B] 9m　　　　[C] 13m　　　　[■] 18m

（2）拟建住宅楼北侧和围墙的最小水平距离为：（6分）

　　[A] 9.00m　　　　[B] 9.50m　　　　[C] 10.00m　　　　[■] 10.50m

（3）平台 1∶1 护坡段的水平投影长度为：（6分）

　　[A] 6.00m　　　　[■] 7.00m　　　　[C] 9.00m　　　　[D] 14.00m

[提示]

（1）按《城市居住区规划设计规范》规定，消防车道边缘至围墙面不小于 1.5m，至高层住宅为 5m，所以高层住宅至围墙面为 10.50m。

（2）《建筑设计防火规范》规定消防车道宽度不小于 4m。

（3）商业楼距高层住宅按日照间距计算，应为 9m×2.0＝18.0m。

（4）商业楼南面用地向南扩展后做 1∶1 的护坡，与原有地形 1∶2 的坡面相接；作图可知新建护坡的水平投影长度为7m。

七、2010 年试题及解析

单位：m

设计条件：

● 场地剖面如图 30-3-15 所示。

● 拟在保护建筑与古树之间建一配套用房，要求配套用房与保护建筑的间距最小；拟在古树与城市道路之间建会所、9 层住宅楼、11 层住宅楼各一栋，要求建筑布局紧凑，使拟建建筑物与古树及与城市道路的距离尽可能大。

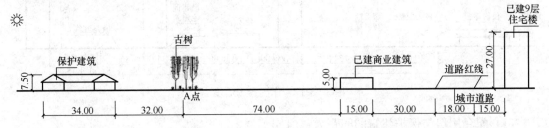

图 30-3-15　场地剖面图

● 建筑物均为条形建筑，正南向布局。拟建建筑物的剖面及尺寸示意见图 30-3-16。

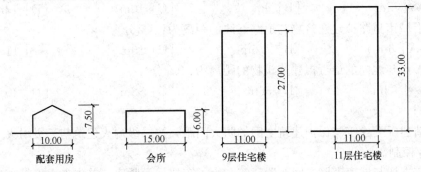

图 30-3-16　拟建建筑物剖面示意图

● 保护建筑的耐火等级为三级，其他已建、拟建建筑均为二级。

● 当地居住建筑的日照间距系数为 1.5。

● 应满足国家有关规范的要求。

任务要求：

● 根据设计条件在场地剖面图上绘出拟建建筑物。

● 标注各建筑物之间及建筑物与 A 点、城市道路红线之间的距离。

● 根据作图结果，在下列单选题中选择一个对应答案并用铅笔将所选选项的字母涂黑，例如 [A]… [█]… [C]… [D]…。同时，用 2B 铅笔填涂答题卡对应题号的字母，二者选项必须一致，缺一不予评分。

（1）配套用房与保护建筑的间距为：（4分）

　　[A] 6m　　　　　　[B] 7m　　　　　　[C] 8m　　　　　　[D] 9m

（2）已建商业建筑与拟建会所的间距为：（4分）

　　[A] 6m　　　　　[B] 9m　　　　　[C] 10m　　　　　[D] 13m

（3）沿城市道路拟建建筑物与道路红线的距离为：（5分）

　　[A] 6m　　　　　[B] 7.5m　　　　　[C] 10m　　　　　[D] 11.5m

（4）A点与北向的最近拟建建筑物的距离为：（5分）

　　[A] 33m　　　　　[B] 36m　　　　　[C] 38m　　　　　[D] 40m

[参考答案]（图30-3-17）

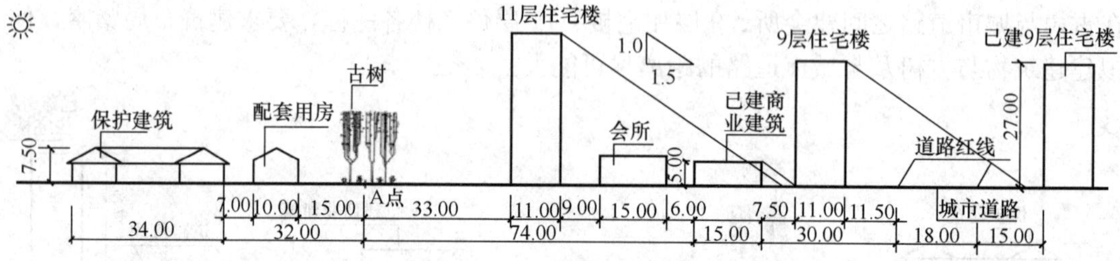

图30-3-17　作图参考答案

（1）配套用房与保护建筑的间距为：（4分）

　　[A] 6m　　　　　[■] 7m　　　　　[C] 8m　　　　　[D] 9m

（2）已建商业建筑与拟建会所的间距为：（4分）

　　[■] 6m　　　　　[B] 9m　　　　　[C] 10m　　　　　[D] 13m

（3）沿城市道路拟建建筑物与道路红线的距离为：（5分）

　　[A] 6m　　　　　[B] 7.5m　　　　　[C] 10m　　　　　[■] 11.5m

（4）A点与北向的最近拟建建筑物的距离为：（5分）

　　[■] 33m　　　　　[B] 36m　　　　　[C] 38m　　　　　[D] 40m

[提示]

（1）新建配套建筑与保护建筑之间的防火间距，按二级耐火建筑与三级耐火建筑的最小距离7m控制。

（2）在古树与城市道路之间布置建筑，为了布局尽量紧凑，首先考虑将较高的住宅放在已建商业建筑北部。但是这样做，在保证其与商业建筑的日照间距后，又会造成对路北已建住宅的日照遮挡，故不可行；只好把它换成较低一栋住宅。较低住宅与已建商业建筑的间距按日照间距控制，为 $1.5 \times 5m = 7.5m$；既可以满足题目"与城市道路尽量远"的要求，又不会对路北住宅造成日照遮挡。

（3）剩下的两栋建筑放在已建商业建筑的南面；首先，决定较高住宅楼的定位，以不遮挡较低住宅楼的日照为准，二者间距应不小于 $1.5 \times 33m = 49.5m$；然后，把没有日照要求的会馆放在较高住宅楼的阴影里；这就是最紧凑的布置方案。不过还要进一步考虑会馆建筑与两旁建筑的防火间距。底层会馆和商业之间的间距6m，与高层住宅之间应不小于9m。

八、2011年试题及解析

单位：m

设计条件：

● 沿正南北走向的场地剖面如图30-3-18所示。

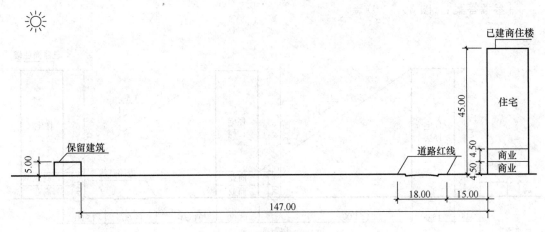

图 30-3-18　场地剖面图

● 在保留建筑与已建商住楼之间的场地上拟建住宅楼、商住楼各一栋,其剖面及局部尺寸示意见图 30-3-19。

● 商住楼一、二层商业层高为 4.50m;住宅层高均为 3.00m。

● 规划要求该地段建筑限高为 45.00m,拟建建筑后退道路红线不小于 15.00m。

● 保留、已建、拟建建筑均为条形建筑,且南北向布置;耐火等级多层为二级,高层为一级。

● 当地住宅建筑的日照间距系数为 1.5。

● 应满足国家有关规范要求。

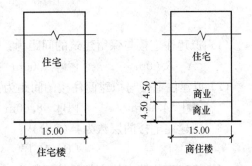

图 30-3-19　拟建建筑剖面示意图

任务要求:

● 根据设计条件在场地剖面图上绘出拟建建筑物,要求拟建建筑的建设规模最大。

● 标注各建筑物之间及建筑物与道路之间的距离,标注建筑层数及高度。

● 根据作图结果,在下列单选题中选择一个对应答案并用铅笔将所选选项的字母涂黑(例如 [A]… ■… [C]… [D]…),同时用 2B 铅笔填涂答题卡对应题号的字母。二者选项必须一致,缺一不评分。

(1) 拟建住宅楼与保留建筑的间距为:(4分)

　　[A] 6.00m　　　　[B] 9.00m　　　　[C] 13.00m　　　　[D] 15.00m

(2) 拟建住宅楼与拟建商住楼的间距为:(4分)

　　[A] 54.00m　　　[B] 58.00m　　　[C] 60.00m　　　　[D] 67.50m

(3) 拟建住宅楼的层数为:(5分)

　　[A] 12 层　　　　[B] 13 层　　　　[C] 14 层　　　　　[D] 15 层

(4) 拟建商住楼中住宅部分的层数为:(5分)

　　[A] 7 层　　　　　[B] 10 层　　　　[C] 12 层　　　　　[D] 14 层

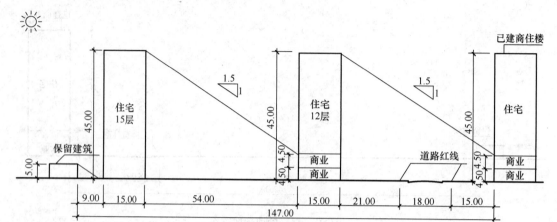

图 30-3-20　作图参考答案

（1）拟建住宅楼与保留建筑的间距为：（4分）

　　[A] 6.00m　　　[■] 9.00m　　　[C] 13.00m　　　[D] 15.00m

（2）拟建住宅楼与拟建商住楼的间距为：（4分）

　　[■] 54.00m　　[B] 58.00m　　　[C] 60.00m　　　[D] 67.50m

（3）拟建住宅楼的层数为：（5分）

　　[A] 12层　　　[B] 13层　　　　[C] 14层　　　　[■] 15层

（4）拟建商住楼中住宅部分的层数为：（5分）

　　[A] 7层　　　　[B] 10层　　　　[■] 12层　　　　[D] 14层

[提示]

（1）此题布置方案只有两种：商住楼在南或在北，需要考虑哪种方案的住宅层数可以安排得最多。两种布置方案拟建建筑与南北已建建筑的间距要求都一样。南面由防火间距控制，高层建筑与低层保留建筑间距不小于9m；北面由日照间距控制，都不能小于拟建建筑高度的1.5倍。

（2）商住楼在南还是普通住宅楼在南，布置起来何者更为有利？普通住宅在南的话，它和商住楼之间的日照间距用地显然比较小，因为用于计算日照间距的房屋高度可减去两层底商的高度9m。在用地既定的条件下，这样布置所盖住宅就多一些；反过来，如果商住楼在南，两座拟建建筑的日照间距计算高度就不能减少9m，因此布置的住宅就少一些。

九、2012 年试题及解析

单位：m

设计条件：

● 某场地沿正南北向的剖面如图 30-3-21 所示。

● 在城市道路与已建 10 层商住楼之间拟建一幢各层层高均为 4.5m、平屋面（室内外高差及女儿墙高度不计）的商业建筑。

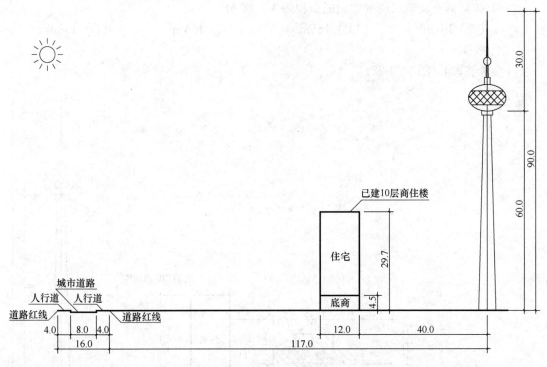

图 30-3-21　场地剖面图

● 拟建商业建筑与已建 10 层商住楼均为条形建筑，正南北向布置，耐火等级均为二级。

● 规划要求拟建商业建筑后退道路红线不小于 15m，在人行道视点高度 1.5m 处可看到观光塔上部不少于塔高的 1/3（以塔身中心线为准）。

● 当地住宅建筑日照间距系数为 1.5。

● 应满足国家有关规范要求。

任务要求：

● 根据设计条件在场地剖面图上绘出拟建商业建筑的剖面最大可建范围（用╱╱表示），标注拟建商业建筑与已建 10 层商住楼的间距。

● 根据作图结果，在下列单选题中选择一个答案并用绘图笔将其填写在括号（）内，同时用 2B 铅笔填涂答题卡对应题号的答案；二者答案必须一致，缺一不予评分。

（1）拟建商业建筑与已建 10 层商住楼的间距为：（4 分）

　　[A] 6m　　　　　　[B] 9m　　　　　　[C] 10m　　　　　　[D] 13m

　　答案：（　　　）

（2）拟建商业建筑的层数为：（4 分）

　　[A] 2 层　　　　　　[B] 3 层　　　　　　[C] 4 层　　　　　　[D] 5 层

　　答案：（　　　）

（3）拟建商业建筑一层剖切面的面积约为：（5 分）

　　[A] 167m²　　　　　　[B] 185m²　　　　　　[C] 195m²　　　　　　[D] 198m²

　　答案：（　　　）

(4) 拟建商业建筑二层剖切面的面积约为：（5分）

　　　[A] 167m²　　　　　[B] 185m²　　　　　[C] 195m²　　　　　[D] 198m²

　　答案：（　　　）

[参考答案]（图30-3-22）

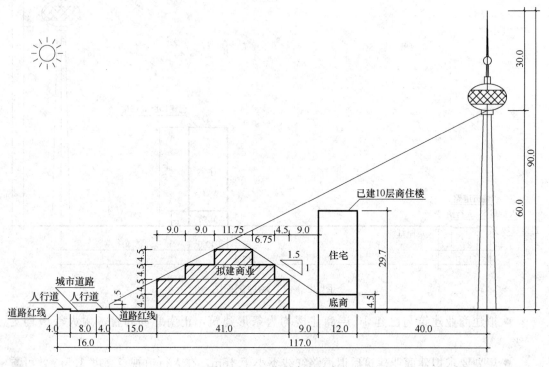

图30-3-22　作图参考答案

(1) 拟建商业建筑与已建10层商住楼的间距为：（4分）

　　　[A] 6m　　　　　[B] 9m　　　　　[C] 10m　　　　　[D] 13m

(2) 拟建商业建筑的层数为：（4分）

　　　[A] 2层　　　　　[B] 3层　　　　　[C] 4层　　　　　[D] 5层

(3) 拟建商业建筑一层剖切面的面积为：（5分）

　　　[A] 167m²　　　　　[B] 185m²　　　　　[C] 195m²　　　　　[D] 198m²

(4) 拟建商业建筑二层剖切面的面积为：（5分）

　　　[A] 167m²　　　　　[B] 185m²　　　　　[C] 195m²　　　　　[D] 198m²

[提示]

(1) 考虑从用地南侧城市道路的人行道上至少能看到观光塔60m以上的塔顶部分，可以从人行道北边缘1.5m高的视点连线到观光塔60m高点。此连线就是拟建商业楼剖面最大可建范围的边缘线。

(2) 再考虑拟建商业楼对北侧已建商住楼的日照遮挡问题。从已建商住楼南侧外墙4.5m高处，即住宅部分的高度起始点向南作1：1.5斜线，这也是一条拟建商业楼剖面最大可建范围的边缘线。

（3）城市规划要求拟建建筑后退道路红线 15m，拟建商业楼与北侧已建高层商住楼的防火间距不小于 9m；这两项条件决定了拟建商业楼剖面最大可建范围的南、北边界。

（4）按题目要求，依据 4.5m 层高、平屋面的条件，画出拟建商业楼剖面最大可建范围的楼层数。从作图结果可知，最大可建 4 层，1、2 层剖面宽度相同。

十、2013 年试题及解析

单位：m

设计条件：

● 某丘陵地区养老院的场地剖面如图 30-3-23 所示。场地两侧为已建 11 层老年公寓楼，其中一、二层为活动用房；场地北侧为已建 5 层老年公寓楼，其中一层为停车库。

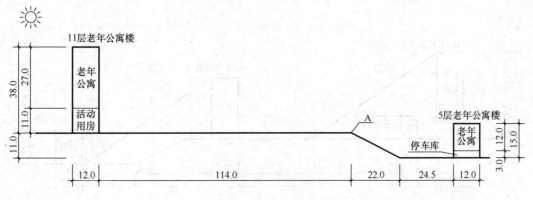

图 30-3-23　场地剖面图

● 在上述两栋建筑中拟建 2 层服务楼、9 层老年公寓楼各一幢（图 30-3-24），并在同一台地上设置一块室外集中场地。

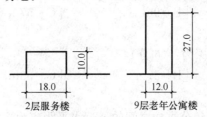

图 30-3-24　拟建建筑剖面示意图

● 规划要求建筑物退场地变坡点 A 不小于 12m，当地老年公寓日照间距系数为 1.5。

● 已建及拟建建筑均为正南北方向布置；耐火等级均为二级。

● 应满足国家有关规范要求。

任务要求：

● 在场地剖面上绘出拟建建筑，使室外集中场地最大且日照条件最优。

● 标注拟建建筑与已建建筑之间的相关尺寸。

● 下列单选题每题只有一个最符合题意的选项，从各题中选择一个与作图结果对应的选项，用黑色绘图笔将选项对应的字母填写在括号中；同时用 2B 铅笔将答题卡对应题号选项信息点涂黑。二者答案必须一致，缺一不予评分。

（1）拟建建筑与已建 11 层老年公寓之间的最近距离为：（6 分）

  [A] 6m   [B] 9m   [C] 57m   [D] 63m

  答案：（ ）

（2）室外集中场地的进深为：（6 分）

  [A] 45m   [B] 57m   [C] 63m   [D] 67.5m

  答案：（ ）

（3）拟建建筑与 5 层老年公寓楼之间的最近水平距离为：（6 分）

  [A] 36m   [B] 54m   [C] 58.5m   [D] 91.5m

  答案：（ ）

[参考答案]（图 30-3-25）

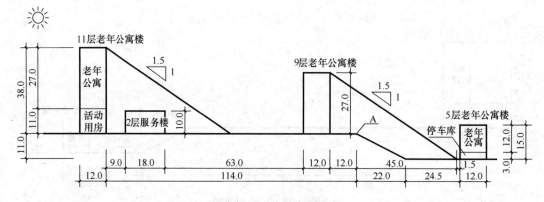

图 30-3-25 作图参考答案

（1）拟建建筑与已建 11 层老年公寓之间的最近距离为：（6 分）

  [A] 6m   [B] 9m   [C] 57m   [D] 63m

  答案：（ B ）

（2）室外集中场地的进深为：（6 分）

  [A] 45m   [B] 57m   [C] 63m   [D] 67.5m

  答案：（ C ）

（3）拟建建筑与 5 层老年公寓楼之间的最近水平距离为：（6 分）

  [A] 36m   [B] 54m   [C] 58.5m   [D] 91.5m

  答案：（ C ）

[提示]

（1）和历年场地剖面试题一样，本题的主要考点仍然是日照和防火间距。题目要求在两栋已有建筑之间建 9 层公寓楼和 2 层服务楼各一栋，并在同一台地上设置一块室外集中场地，"使室外场地最大且日照条件最优"。题目的这句话有点令人费解，但却是正确解题的关键。在用地总进深 114m 的台地上布置两栋建筑，可以有两种摆法。公寓楼在南，服务楼在北，且二者尽量往北靠，新、老公寓楼之间可以留出 66m 的室外场地；减去 11 层公寓的阴影长度 57m，其中不受日照遮挡的部分只有 9m。参考答案采用另一种方案，公寓楼在北，服务楼在南，两栋新建筑间的最大间距可做到 63m，虽然比前一方案少3m，但其中不受日照遮挡的部分有 33m。符合"日照条件最优"的要求，所以是正确答案。

（2）已建 11 层公寓楼与 2 层服务楼最小间距按多层与高层之间防火间距 9m 控制。9层公寓楼的定位有两个限制条件：一是规划退线，距 A 点 12m；二是不能遮挡北面已建公寓楼的日照。分析结果，满足 12m 的退线要求，日照即不成问题。按前一种方案布置，2 层服务楼与 9 层公寓楼的防火间距按多层与多层考虑，6m 即可，所以室外场地稍大，但日照条件不是最优。

十一、2014 年试题及解析

单位：m

设计条件：

● 某医院用地内有一栋保留建筑，用地北侧有一栋三层老年公寓，场地剖面如图 30-3-26 所示。

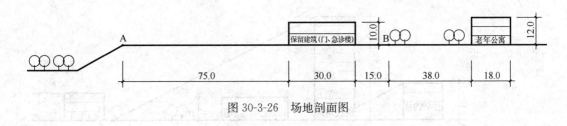

图 30-3-26　场地剖面图

● 拟在医院用地内 AB 点之间进行改建、扩建。保留建筑改建为门、急诊楼，拟建一栋贵宾病房楼，一栋普通病房楼（底层作为医技用房，二层及以上作为普通病房）。

● 贵宾病房楼为 4 层，建筑层高均为 4m，总高度 16m；普通病房楼底层层高 5.5m，二层及以上建筑层高均为 4m，层数通过作图决定（拟建建筑剖面见图 30-3-27）。

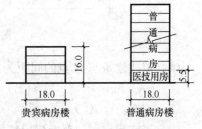

图 30-3-27　拟建建筑剖面示意图

● 拟建建筑高度计算均不考虑女儿墙高度及室内外高差，建筑顶部不设置退台。

● 建筑物退界，多层建筑退场地变坡点 A 不小于 5m，高层建筑退场地变坡点 A 不小于 8m。

● 病房建筑、老年公寓建筑的日照间距系数为 2.0，保留建筑及拟建建筑均为条形建筑且正南北向布置，耐火等级均为二级。

● 应满足国家有关规范要求。

任务要求：

● 在场地剖面上绘出贵宾病房楼及普通病房楼的位置，使两栋病房楼间距最大且普通病房楼层数最多。

● 标注拟建建筑与已建建筑之间的相关尺寸。

● 下列单选题每题只有一个最符合题意的选项，从各题中选择一个与作图结果对应的选项，用黑色绘图笔将选项对应的字母填写在括号中；同时用2B铅笔将答题卡对应题号选项信息点涂黑。二者必须一致，缺项不予评分。

（1）拟建建筑与A点的间距为：（6分）

　　[A] 5m　　　　　[B] 6m　　　　　[C] 7m　　　　　[D] 8m

　　答案：（　　）

（2）贵宾病房楼与普通病房楼的间距为：（6分）

　　[A] 20m　　　　[B] 23m　　　　[C] 25m　　　　[D] 29m

　　答案：（　　）

（3）普通病房楼的高度为：（6分）

　　[A] 42.5m　　　[B] 45.5m　　　[C] 49.5m　　　[D] 53.5m

　　答案：（　　）

[参考答案]（图30-3-28）

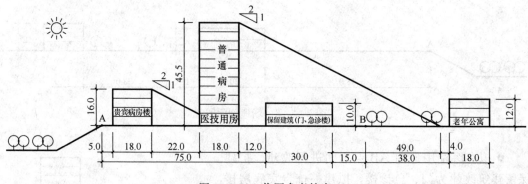

图 30-3-28　作图参考答案

（1）拟建建筑与A点的间距为：（6分）

　　[A] 5m　　　　　[B] 6m　　　　　[C] 7m　　　　　[D] 8m

　　答案：（ A ）

（2）贵宾病房楼与普通病房楼的间距为：（6分）

　　[A] 20m　　　　[B] 23m　　　　[C] 25m　　　　[D] 29m

　　答案：（ C ）

（3）普通病房楼的高度为：（6分）

　　[A] 42.5m　　　[B] 45.5m　　　[C] 49.5m　　　[D] 53.5m

　　答案：（ B ）

[提示]

（1）本题主要考点仍然是日照和防火间距。首先正确确定两栋病房楼在剖面上的布置。为了用地紧凑合理，应将日照阴影较短的4层贵宾病房楼尽量靠南，距A点5m即可；普通病房楼当属高层建筑，与保留建筑改建的门、急诊楼的距离按 9m 防火间距控制；再经确认贵宾病房楼对普通病房没有产生日照遮挡，就可定位。

（2）最后考虑普通病房楼的层数和高度，以不遮挡北面老年公寓的日照为准，最高可建 11 层、45.5m。

（3）据网传消息，此题评分时认定两栋病房楼的间距 22m 是正确答案。其理由是《综合医院建筑设计规范》规定病房楼间距不宜小于 12m。试题出得不严谨，因而以上解答是有争议的。

十二、2017 年试题及解析

单位：m

设计条件：

● 某建设用地沿正南北方向的场地剖面如图 30-3-29 所示。

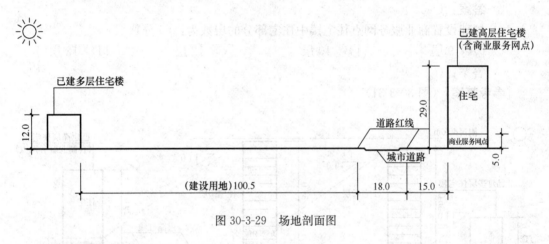

图 30-3-29　场地剖面图

● 在建设用地上拟建住宅楼两栋，其中一栋住宅楼的一、二层设置商业服务网点（商业服务网点的层高为 4.5m）。

住宅楼中各层住宅的层高为 3.0m，剖面示意如图 30-3-30 所示。

● 规划要求：拟建建筑的限高为 40.00m，设置商业服务网点的住宅楼应沿城市道路布置，并后退道路红线不小于 18.00m。

● 已建、拟建建筑均为条形建筑，正南北向布置，耐火等级均为二级。

● 当地住宅建筑的日照间距系数为 1.5（图 30-3-29 的室内外高差及女儿墙高度不计）。

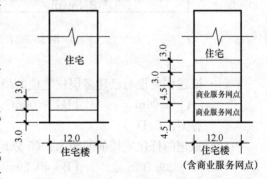

图 30-3-30　拟建住宅楼剖面示意图

● 应满足国家有关规范的要求。

任务要求：

● 根据设计条件在场地剖面上绘出拟建建筑物，使各拟建建筑的建设规模（面积）最大。

● 标注各建筑物之间及建筑物与道路红线的距离，标注建筑层数及高度。

● 下列单选题每题只有一个符合题意的选项。从各题中选择一个与作图结果对应的选项，用黑色墨水笔将选项对应的字母填写在括号中；同时用 2B 铅笔将答题卡对应题号选项信息点涂黑。二者必须一致，缺项不予评分。

(1) 拟建住宅楼与已建多层住宅楼的最小间距为：（3分）

　　[A] 6.00m　　　　　[B] 9.00m　　　　　[C] 10.00m　　　　　[D] 18.00m

　　答案：（　　　）

(2) 拟建两栋住宅楼的间距为：（5分）

　　[A] 39.50m　　　　[B] 40.50m　　　　[C] 41.50m　　　　[D] 42.50m

　　答案：（　　　）

(3) 拟建非设置商业服务网点住宅楼的层数为：（5分）

　　[A] 11层　　　　　[B] 12层　　　　　[C] 13层　　　　　[D] 14层

　　答案：（　　　）

(4) 拟建设置商业服务网点住宅楼中住宅部分的层数为：（5分）

　　[A] 9层　　　　　　[B] 10层　　　　　[C] 12层　　　　　[D] 13层

　　答案：（　　　）

[参考答案]（图 30-3-31）

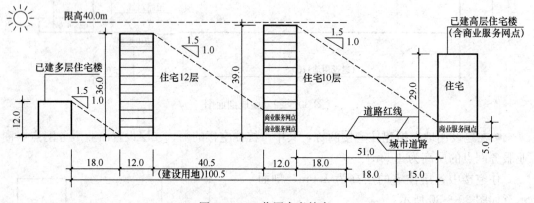

图 30-3-31　作图参考答案

(1) 拟建住宅楼与已建多层住宅楼的最小间距为：（3分）

　　[A] 6.00m　　　　　[B] 9.00m　　　　　[C] 10.00m　　　　　[D] 18.00m

　　答案：（　D　）

(2) 拟建两栋住宅楼的间距为：（5分）

　　[A] 39.50m　　　　[B] 40.50m　　　　[C] 41.50m　　　　[D] 42.50m

　　答案：（　B　）

(3) 拟建非设置商业服务网点住宅楼的层数为：（5分）

　　[A] 11层　　　　　[B] 12层　　　　　[C] 13层　　　　　[D] 14层

　　答案：（　B　）

(4) 拟建设置商业服务网点住宅楼中住宅部分的层数为：（5分）

[A] 9层　　　　　[B] 10层　　　　　[C] 12层　　　　　[D] 13层

答案：（ B ）

[提示]

正确决定两栋住宅楼的南、北定位关系是解题关键。底部带两层商业服务网点的住宅放在北边，由于其下部9m不需要日照，因而可以减少日照间距用地，使剖面布置更紧凑。再检查此栋住宅与北侧道路红线的距离及对路北已有住宅的日照间距，均满足规划要求即为正确答案。

十三、2018年试题及解析

单位：m

设计条件：

● 场地剖面 A-B-C-D 如图 30-3-32 所示。

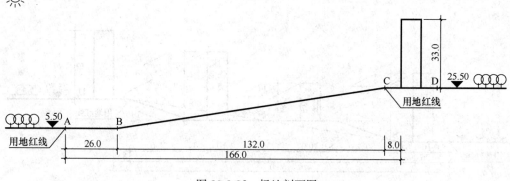

图 30-3-32　场地剖面图

● 已知场地 A-B 段地面标高为 5.50m，C-D 段地坪标高为 25.50m；其中 C-D 之间有已建住宅楼一栋。

● 拟在场地 B-C 之间平整出一段台地，台地与 A-B、C-D 地坪均用坡度为 1：3（$\frac{1}{3}$）的斜坡连接。

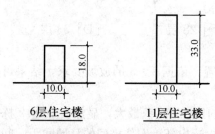

图 30-3-33　拟建住宅楼剖面示意图

● 拟在场地 A-C 范围内布置住宅楼，住宅楼的层高为 3m，层数可为 6 层或 11 层，高度分别为 18m、33m（图 30-3-33）。

● 要求住宅楼与台地坡顶线、坡底线、用地红线（A、C）的间距均不小于 8m。

● 拟建、已建建筑均为条形建筑，正南北向布置，耐火等级不低于二级。

● 当地住宅建筑的日照间距系数为 2.0（作图时建筑室内外高差及女儿墙高度不计）。

● 应符合国家有关规范要求。

任务要求：

● 绘制平整后的场地剖面图，要求土方平衡，并标注台地标高。

● 在平整后的场地剖面上绘制拟建住宅楼，要求建筑面积最大，并标注住宅楼的层数、高度及楼间距等相关尺寸。

● 下列单选题每题只有一个最符合题意的选项，从各题中选择一个与作图结果对应的选项，用2B铅笔将答题卡对应题号选项信息点涂黑。

（1）场地平整后中间台地的标高为：（5分）

　　　[A] 10.00m　　　　[B] 10.50m　　　　[C] 15.50m　　　　[D] 36.00m

（2）平整场地需要挖方的截面面积为：（5分）

　　　[A] 120m²　　　　[B] 180m²　　　　[C] 330m²　　　　[D] 10m²

（3）场地剖面中拟建住宅楼的层数之和为：（10分）

　　　[A] 18层　　　　[B] 23层　　　　[C] 28层　　　　[D] 33层

[参考答案]（图30-3-34）

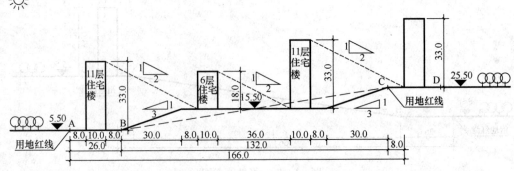

图30-3-34　作图参考答案

（1）场地平整后中间台地的标高为：（5分）

　　　[A] 10.00m　　　　[B] 10.50m　　　　[■] 15.50m　　　　[D] 36.00m

（2）平整场地需要挖方的截面面积为：（5分）

　　　[A] 120m²　　　　[B] 180m²　　　　[■] 330m²　　　　[D] 10m²

（3）场地剖面中拟建住宅楼的层数之和为：（10分）

　　　[A] 18层　　　　[B] 23层　　　　[■] 28层　　　　[D] 33层

[提示]

（1）解题第一步是正确决定需要平整出的台地位置。依据1：3的放坡要求，结果可以简单做出来，土方工程量也可相应算出。

（2）在平整后的场地上可以布置3栋住宅，为使住宅总面积最大，显然宜放进2栋11层和1栋6层；按照住宅距台地边缘8m的限定，再让出新、旧住宅间的日照间距，问题便可圆满解决。

十四、2019年试题及解析

单位：m

606

设计条件：

●场地剖面 A-B-C-D-E 如图 30-3-35 所示。

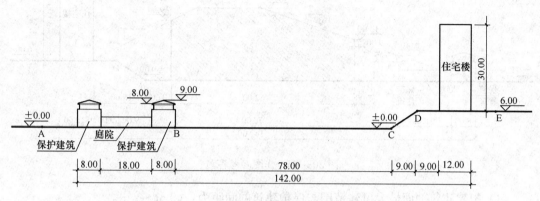

图 30-3-35　场地剖面图

● 场地 A-B 段内有一组保护建筑，耐火等级为三级，地坪标高为±0.00m。

● 场地 D-E 段内有一栋既有住宅楼，耐火等级为二级，地坪标高为 6.00m。

● 在 B-C 段内拟建多层公共建筑，耐火等级为二级。

● 规划要求在保护建筑庭院内，距地面 2.00m 高范围内不应看到拟建建筑；拟建建筑与保护建筑间距不应小于 5.00m，距 C 点不应小于 9.00m。

● 当地住宅建筑的日照间距系数为 2.0。

● 应满足国家现行规范要求。

任务要求：

● 绘制拟建建筑的剖面最大可建范围（用斜线表示▨▨▨）。

● 标注拟建建筑剖面最大可建范围各顶点标高及相关尺寸。

● 标注拟建建筑剖面最大可建范围与周边建筑的间距。

● 下列单选题每题只有一个最符合题意的选项，从各题中选择一个与作图结果对应的选项，用 2B 铅笔将答题卡对应题号选项信息点涂黑。

（1）拟建建筑剖面最大可建范围与保护建筑的间距为：（3 分）

　　[A] 5.00m　　　　[B] 6.00m　　　　[C] 7.00m　　　　[D] 9.00m

（2）拟建建筑剖面最大可建范围距保护建筑最近的顶点标高为：（4 分）

　　[A] 12.67　　　　[B] 13.00　　　　[C] 13.67　　　　[D] 15.00

（3）拟建建筑剖面最大可建范围最高的顶点标高为：（6 分）

　　[A] 23.99　　　　[B] 24.00　　　　[C] 26.99　　　　[D] 27.00

（4）拟建建筑剖面最大可建范围距既有住宅楼最近的顶点标高为：（7 分）

　　[A] 13.50　　　　[B] 15.00　　　　[C] 19.50　　　　[D] 24.00

[参考答案]（图 30-3-36）

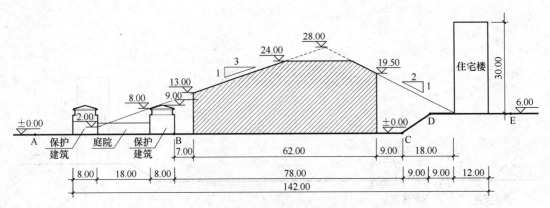

图 30-3-36　作图参考答案

（1）拟建建筑剖面最大可建范围与保护建筑的间距为：（3分）

[A] 5.00m　　　[B] 6.00m　　　[■] 7.00m　　　[D] 9.00m

（2）拟建建筑剖面最大可建范围距保护建筑最近的顶点标高为：（4分）

[A] 12.67　　　[■] 13.00　　　[C] 13.67　　　[D] 15.00

（3）拟建建筑剖面最大可建范围最高的顶点标高为：（6分）

[A] 23.99　　　[■] 24.00　　　[C] 26.99　　　[D] 27.00

（4）拟建建筑剖面最大可建范围距既有住宅楼最近的顶点标高为：（7分）

[A] 13.50　　　[B] 15.00　　　[■] 19.50　　　[D] 24.00

[提示]

（1）拟建建筑剖面最大可建范围的南边缘与三级耐火等级的保护建筑北墙应保持7.0m最小防火间距；北边缘按题目要求退C点9.00m。

（2）以保护建筑庭院的北墙根向上2.00m处为视点，向北越过保护建筑檐口作视觉控制线，构成拟建建筑最大可建范围的南部高度边界。

（3）为保证既有住宅的日照条件，需从住宅南墙根按当地日照间距系数作日照控制线，以限制拟建建筑剖面最大可建范围北部的高度。

（4）以上作图步骤构成的图形范围原则上即为拟建建筑的剖面最大可建范围，但考虑到此图形的最高点已超过非高层建筑的临界高度，而拟建公共建筑最大可建范围的南边界与保护建筑的防火间距是按非高层建筑标准确定的，再对照作图选择题（3）关于可建范围顶点高度的4个选项，似乎只有24.00m是正确答案。

然而此题的命题与解答在这一点上存在争议。按现行防火规范规定，建筑屋面为坡屋面时，建筑高度应为建筑室外设计地面至其檐口与屋脊的平均高度。此题正确作图最大可建范围的顶点处标高为28.00m，北边缘高为19.50m，平均值为23.75m，并未超出非高层公共建筑的高度限值。因此，正确答案的图形尖顶部分无需切去，拟建建筑剖面最大可建范围最高的顶点标高为28.00m才应是正确答案。然而4个备选答案中没有此数。估计出题人没有考虑周全。

十五、2020 年试题及解析

单位：m

设计条件：

● 场地剖面如图 30-3-37 所示。

● 场地内有两栋既有建筑，一栋为会所，另一栋为住宅楼。

● 在用地 A-B 段内拟建建筑高度为 24.00m 或 27.00m 的住宅楼，其中沿城市道路的住宅楼设置两层商业网点。住宅及商业网点的层高均为 3.00m，见图 30-3-38。

● 规划要求拟建建筑后退用地界线和道路红线均不小于 10.00m。

● 当地住宅建筑的日照间距系数为 2.0。

● 拟建建筑与既有建筑耐火等级均为二级。

● 应满足国家现行规范要求。

任务要求：

● 在用地 A-B 段内布置拟建建筑，要求其总层数最多，且设置商业网点的住宅楼与会所的间距最小。

● 标注拟建建筑的高度及相关尺寸。

● 下列单选题每题只有一个最符合题意的选项，从各题中选择一个与作图结果对应的选项，用 2B 铅笔将答题卡对应题号选项信息点涂黑。

(1) 拟建建筑的总层数为：(4 分)

　　[A] 18 层　　　　　[B] 24 层　　　　　[C] 25 层　　　　　[D] 27 层

(2) 会所与其南侧最近拟建建筑的距离为：(4 分)

　　[A] 6.00m　　　　[B] 9.00m　　　　　[C] 10.00m　　　　[D] 13.00m

(3) 会所北侧拟建建筑为：(6 分)

　　[A] 住宅楼 1　　　[B] 住宅楼 2　　　　[C] 住宅楼 3　　　 [D] 住宅楼 4

(4) 会所与其北侧建筑的最小距离为：(6 分)

　　[A] 6.00m　　　　[B] 7.00m　　　　　[C] 9.00m　　　　 [D] 10.00m

[参考答案]（图 30-3-39）

(1) C；(2) B；(3) D；(4) B。

[提示]

(1) 此题正确解答需要搞清楚的一个关键概念是：高度等于 27m 的住宅是否算高层建筑。如按现行防火规范规定，住宅高度大于 27m 才是高层，等于 27m 则为非高层。

(2) 本题场地剖面布置中的建筑间距由防火和日照间距控制。用地内拟建建筑均为非高层，故防火间距一律为 6m；日照间距分别为 54m 和 48m。

(3) 按用地南北宽度，考虑日照只能放下 3 栋住宅。为了尽量多建层数，可将一栋 27m 带底商住宅放在用地北侧，按其与会所间距最小的规划要求，如按防火间距控制则 6m 即可，但南边两栋住宅日照间距将不够，需增加到 7m 才行。其与路北的既有住宅之间无日照遮挡问题，此外其底部两层商业无日照遮挡问题，可减少南面拟建住宅的日照间距。

(4) 用地南部余下的住宅用地可建范围为满足日照间距要求，只能放下两栋 24m 高住宅，均不带底商。

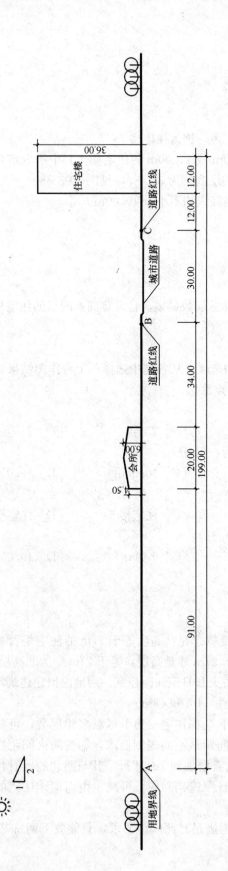

图 30-3-37　场地剖面图

图 30-3-38　拟建建筑剖面示意图

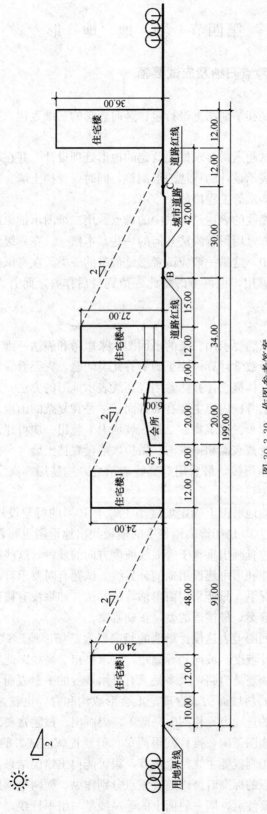

图 30-3-39 作图参考答案

第四节 场 地 地 形

一、"场地地形"考点归纳及应试要领

1. 考点归纳

（1）场地地形作图是在平面图上进行包含竖向概念的三维表达。竖向概念一般用等高线和标高表示。

（2）场地地形作图试题通常要求按照既定的地形处理设计，并在场地地形图上进行表达，即用等高线及标高表示设计的场地地形调整，同时设置挡土墙、护坡或自然放坡，并采用雨水排除、集水、挡水等工程措施。

（3）地形处理和等高线的表达是考试中的难点。用二维图示抽象地表达三维地形，是地形作图最为复杂的地方，用得着画法几何的一些基本概念。在一级注册建筑师场地作图考试的 6 类单项作图题中，这是一般应试者感觉最难的一类。在考试实战中，如果应试者能力所限或感觉时间不够用，也可考虑将此题留到最后作答，而着力于其他题目的完满解答。

2. 应试要领

（1）场地地形作图试题要求用二维的平面图示来思考和表达三维立体的场地地形处理问题，解答通常需要进行数学计算。要正确解答此类问题，先要看懂地形图，最好能在头脑中建立起具体地形的立体概念，并熟悉用等高线表示地形的方法。

（2）场地地形试题的考核内容主要有 3 方面：一是在复杂的山地地形上区别可建设用地的范围，并在其上合理布置建筑物。二是在坡地上平整出一块可建设用地，具体工程措施包括挖方、填方、设置截水沟和排水沟、做护坡或设置挡土墙、平整场地等。处理后的场地地形要和原有地形相衔接，最后用等高线表示之。三是用等高线方法表示设计的场地、道路、广场的竖向关系。

（3）用截距法在山地地形图上确定坡度小于等于 10% 的可建设用地范围，考试作图时可用简单的办法，即以 10 倍于等高距长度的模板找出地形图上每两条等高线距离等于模板长度的位置，在此位置画出垂直于等高线坡度方向的线段，这些线段和等高线共同构成的界线就是可建设用地和不可建设用地的分界线。试题有时要求算出可建设用地的平面面积，在地形复杂的情况下，只能采用简单估算的办法。如果没有搞错的话，用估算的面积数对照供选择的 4 个答案，最接近的就是正确答案。

（4）用等高线在平面图上表达设计场地的竖向概念是场地地形试题中常见的考核点。试题一般给出场地的设计坡度、坡向和等高距，要求画出等高线。此类试题中的设计场地地面，无论广场、停车场还是道路，大多是只有排水坡度的平整表面。根据雨水排除的需要，地面常由两个以上的斜坡面构成，理论上会形成沟和脊，也就是这些斜面之间的交线，位于等高线转折点的连线上，作图时一般不需要画出。试题常要求在作图的基础上推算指定点的标高。只要作图正确，推算就很简单。但要提醒应试者的是，一定要先作图，再根据作图结果推算。否则仅凭主观感觉推算，很可能得出错误结果。道路路面有横坡还有纵坡，推算某一具体点的标高时可以通过该点分别作纵、横两个辅助剖面图，竖向关系就清楚了。画等高线时要注意，同一斜面上的等高线是一组平行线，等高线间距用等高距

除以坡度算出。

二、2005 年试题及解析

单位：m

设计条件：

● 某广场道路平面如图 30-4-1 所示。

● 广场南北向及东西向坡度均为 1％，E、F 点的标高均为 85.00。

● 道路纵坡为 1.5％，横坡为 2.5％。

● 设计要求广场及与广场相接道路路面（道路中心线以北）的排水均排向 A、B 点。
道路纵、横坡度不变，广场面与道路面在广场范围内为无高差连接。

任务要求：

● 根据上述设计条件在场地平面道路中心线以北的场地内完成下列任务：

● 画出等高距为 0.15m 且通过 85.00m 高程的设计等高线（用实线——表示），并注
明其与 AE、EF、FB 及与道路中心线交点的标高。

● 标出 C 点与通过 A 点道路等高线和道路中心线交点间的距离。

● 根据作图，在下列单选题中选择一个正确答案，并将其字母涂黑，（例如[■] ××
×），同时在答题卡"选择题"内将对应题号的对应字母用 2B 铅笔涂黑，二者必须一致。

（1）C 点的标高为：（4 分）

　　[A] 85.20　　　　　　[B] 85.45　　　　　　[C] 85.75　　　　　　[D] 86.50

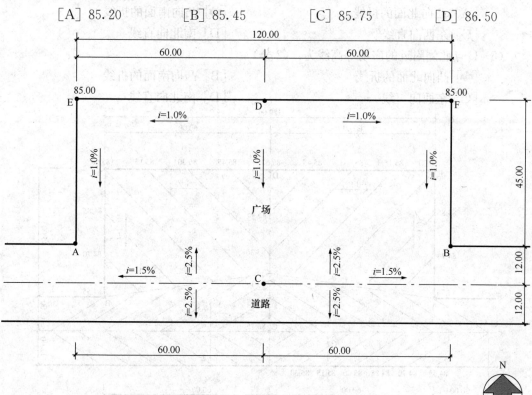

图 30-4-1　场地地形平面图

（2）D 点的标高为：（4 分）

　　[A] 84.00　　　　　[B] 85.25　　　　　[C] 85.40　　　　　[D] 85.60

（3）C 点与通过 A 的道路等高线和道路中心线交点间的距离为：（4 分）

　　[A] 50.00m　　　　[B] 60.00m　　　　[C] 70.00m　　　　[D] 80.00m

（4）D 点附近的等高线为：（2 分）

　　[A] 凸向北面的折线　　　　　　　　[B] 凸向南面的折线

　　[C] 东西向直线　　　　　　　　　　[D] 南北向直线

（5）C 点北侧附近的广场等高线为：（2 分）

　　[A] 凸向北面的折线　　　　　　　　[B] 凸向南面的折线

　　[C] 东西向直线　　　　　　　　　　[D] 南北向直线

[参考答案]（图 30-4-2）

（1）C 点的标高为：（4 分）

　　[A] 85.20　　　　　[B] 85.45　　　　　[■] 85.75　　　　　[D] 86.50

（2）D 点的标高为：（4 分）

　　[A] 84.00　　　　　[B] 85.25　　　　　[C] 85.40　　　　　[■] 85.60

（3）C 点与通过 A 的道路等高线和道路中心线交点间的距离为：（4 分）

　　[A] 50.00m　　　　[B] 60.00m　　　　[C] 70.00m　　　　[■] 80.00m

（4）D 点附近的等高线为：（2 分）

　　[A] 凸向北面的折线　　　　　　　　[■] 凸向南面的折线

　　[C] 东西向直线　　　　　　　　　　[D] 南北向直线

（5）C 点北侧附近的广场等高线为：（2 分）

　　[■] 凸向北面的折线　　　　　　　　[B] 凸向南面的折线

　　[C] 东西向直线　　　　　　　　　　[D] 南北向直线

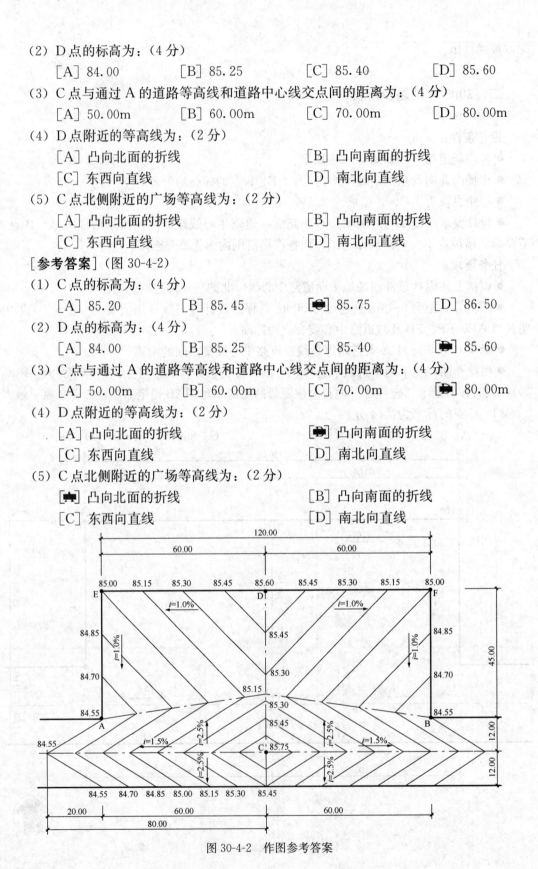

图 30-4-2　作图参考答案

[提示]

（1）先画广场的等高线：广场通过 85.00 的等高线应为 45°斜线；AE 边长 45m，按 1‰坡度计算 A 点标高为 84.55，AE 间应有 84.85 和 84.70 两条等高线通过；DE 边长 60m，按 1‰坡度计算 D 点标高为 85.60，DE 间应有 85.15、85.30、85.45 三条等高线通过；广场等高线以 CD 为对称轴左、右对称。

（2）再画道路的等高线：通过 A 点的道路等高线应为一条斜率为 1.5/2.5 的斜线，并以道路中心线为对称轴两边对称；C 点以东的道路等高线均按通过 A 点的等高线逐一复制，自西向东间距 10m，并以 CD 为对称轴左、右对称。

（3）同高程的广场与道路等高线在交会点相连接。

（4）依据正确作图可知，通过 A 点的等高线与道路中心线的交点距离 C 点 80m，其间高差 1.20m，C 点标高即可算出。

三、2006 年试题及解析

单位：m

设计条件：

● 在一自然坡地平整一块场地，在填方部分场地内设挡土墙，在挖方部分场地外按 1/1 坡度放出护坡。假设场地内不考虑地面排水坡度，设计标高为 50.00m。场地地形见图 30-4-3，图中等高线的等高距为 1.00m。

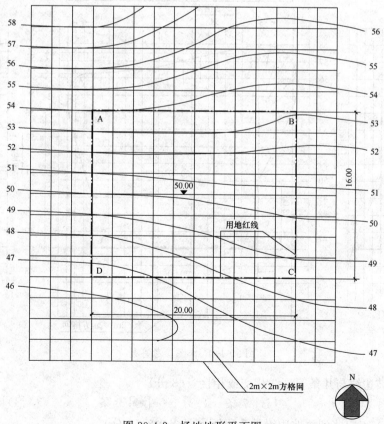

图 30-4-3　场地地形平面图

615

任务要求:

● 在场地平面图上画出挡土墙和护坡,并标注各段挡土墙的长度。要求画出护坡与自然地形坡面交线(即护坡边缘线)的大致位置与走向。

● 根据作图,在下列单选题中选择一个正确答案,并将其字母涂黑(例如[🚗] ×××),在答题卡"选择题"内将对应题号的对应字母用2B铅笔涂黑,二者必须一致。

(1)护坡边线与几条等高线相交或相接?(3分)

　　[A] 5条　　　　　　[B] 7条　　　　　　[C] 9条　　　　　　[D] 11条

(2)从A点向北到放坡边缘的水平距离是多少?(3分)

　　[A] 2.00m　　　　　[B] 4.00m　　　　　[C] 6.00m　　　　　[D] 8.00m

(3)AD边上的挡土墙长度为:(5分)

　　[A] 2.00m　　　　　[B] 3.50m　　　　　[C] 6.25m　　　　　[D] 8.00m

(4)BC边上的挡土墙长度为:(5分)

　　[A] 6.00m　　　　　[B] 7.50m　　　　　[C] 3.50m　　　　　[D] 8.50m

[参考答案](图30-4-4)

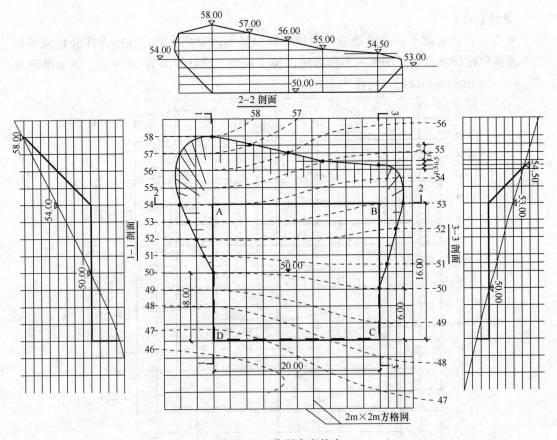

图30-4-4　作图参考答案

(1)护坡边线与几条等高线相交或相接?(3分)

　　[A] 5条　　　　　　[B] 7条　　　　　　[🔲] 9条　　　　　　[D] 11条

(2)从A点向北到放坡边缘的水平距离是多少?(3分)

[A] 2.00m　　　　[B] 4.00m　　　　[C] 6.00m　　　　[■■] 8.00m

(3) AD 边上的挡土墙长度为：(5分)

[A] 2.00m　　　　[B] 3.50m　　　　[C] 6.25m　　　　[■■] 8.00m

(4) BC 边上的挡土墙长度为：(5分)

[■■] 6.00m　　　　[B] 7.50m　　　　[C] 3.50m　　　　[D] 8.50m

[提示]

(1) 作通过 A 点南北向和东西向两个辅助剖面，可以得到两个方向从 A 点按 1/1 放坡后的边缘点，其中一点在 A 点北 8m 处，另一点在 A 点西 4m 处。

(2) 用同样的方法可以确定 B 点向北和向东放坡后的两个边缘点，一点在 B 点北 4.5m 处，另一点在 B 点东 3m 处。

(3) 场地东、西两边与 50.00 等高线的交点应当是护坡线和挡土墙的起止点或转换点。

(4) 从护坡线起点逐一连接 A 点和 B 点放坡后的 4 个边缘点最后到护坡线终点，可画出护坡边缘线的大致形状。护坡边缘线转角处应为弧线。

四、2007 年试题及解析

单位：m

设计条件：

● 场地平面见图 30-4-5。

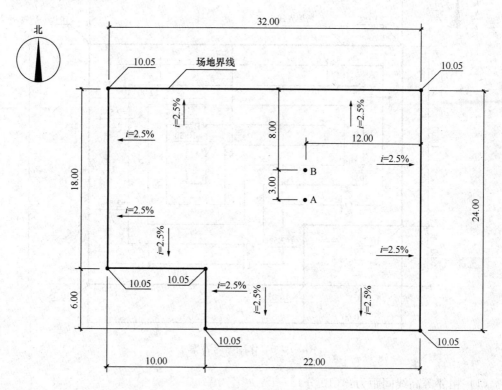

图 30-4-5　场地地形平面图

● 场地平整要求：

(1) 场地周边设计标高均为 10.05，不得变动。

(2) 场地地面排水坡度均为 2.5%，雨水排向周边（图 30-4-5）。

任务要求：

● 根据设计条件，从 10.05 标高开始绘制等高距为 0.05m 的设计等高线平面图，并标注等高线标高。

● 标注 A、B 两点的标高。

● 根据作图，在下列单选题中选择一个正确答案并将其字母涂黑（例如 [█] ×××），同时在答题卡"选择题"内将对应题号的对应字母用 2B 铅笔涂黑，二者选项必须一致。

(1) 相邻等高线间距为：（10 分）

　　[A] 1.50m 　　　　[B] 2.00m 　　　　[C] 2.25m 　　　　[D] 2.50m

(2) A 点的标高为：（4 分）

　　[A] 10.20 　　　　[B] 10.25 　　　　[C] 10.30 　　　　[D] 10.35

(3) B 点的标高为：（4 分）

　　[A] 10.15 　　　　[B] 10.20 　　　　[C] 10.25 　　　　[D] 10.35

[**参考答案**]（图 30-4-6）

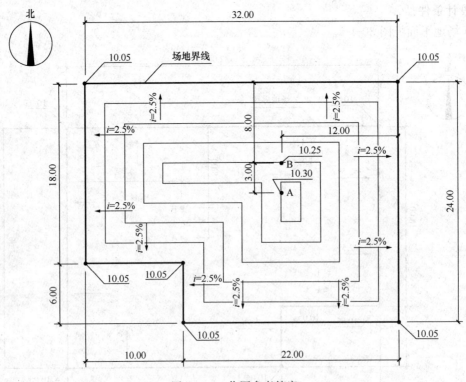

图 30-4-6　作图参考答案

(1) 相邻等高线间距为：（10 分）

　　[A] 1.50m 　　　　[█] 2.00m 　　　　[C] 2.25m 　　　　[D] 2.50m

(2) A 点的标高为：（4分）

  [A] 10.20   [B] 10.25   [●] 10.30   [D] 10.35

(3) B 点的标高为：（4分）

  [A] 10.15   [B] 10.20   [●] 10.25   [D] 10.35

[提示]

（1）2.5‰坡度下，地面每2.00m升高0.05m，故等高距为0.05m的等高线距离为2.00m。

（2）从场地周边向内作间距为2.00m的一系列平行线并按相同标高闭合，即可作出场地等高线。

（3）场地排水坡完成后，理论上的"脊"和"沟"在作图时不必画出。

五、2008 年试题及解析

单位：m

设计条件：

● 某建设用地场地平面如图30-4-7所示。

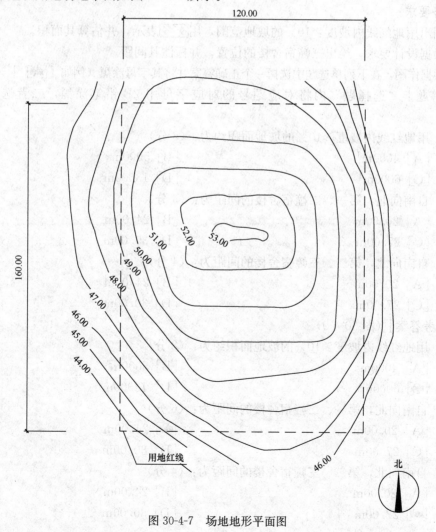

图 30-4-7 场地地形平面图

● 在用地红线范围内布置三幢相同的宿舍楼，宿舍楼平面尺寸及高度见图30-4-8。

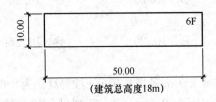

图30-4-8 宿舍楼示意图

● 设计要求如下：

(1) 宿舍楼布置在坡度<10％的坡地上，正南北向布置。

(2) 自南向北第一幢宿舍楼距南侧用地红线40m。

(3) 依据土方量最小的原则确定建筑室外场地高程。

(4) 宿舍楼的间距应满足日照要求（日照间距系数为1.5）并选用最小值。

任务要求：

● 画出用地红线内坡度≥10％的坡地范围，用▨表示，并估算其面积。

● 根据设计要求，绘出三幢宿舍楼的位置，并标注其间距。

● 根据作图，在下列单选题中选择一个正确答案并将其字母涂黑（例如 [■] ×××），同时在答题卡"选择题"内将对应题号的对应字母用2B铅笔涂黑，二者选项必须一致。

(1) 用地红线内坡度≥10％的坡地面积约为：（8分）

    [A] 4000m²   [B] 5000m²

    [C] 6000m²   [D] 13000m²

(2) 自南向北，第一、二幢宿舍楼的间距为：（6分）

    [A] 20.00m   [B] 24.00m

    [C] 27.00m   [D] 30.00m

(3) 自南向北，第二、三幢宿舍楼的间距为：（4分）

    [A] 20.00m   [B] 24.00m

    [C] 27.00m   [D] 30.00m

[**参考答案**]（图30-4-9）

(1) 用地红线内坡度≥10％的坡地面积约为：（8分）

    [A] 4000m²   [B] 5000m²

    [■] 6000m²   [D] 13000m²

(2) 自南向北，第一、二幢宿舍楼的间距为：（6分）

    [A] 20.00m   [■] 24.00m

    [C] 27.00m   [D] 30.00m

(3) 自南向北，第二、三幢宿舍楼的间距为：（4分）

    [A] 20.00m   [B] 24.00m

    [■] 27.00m   [D] 30.00m

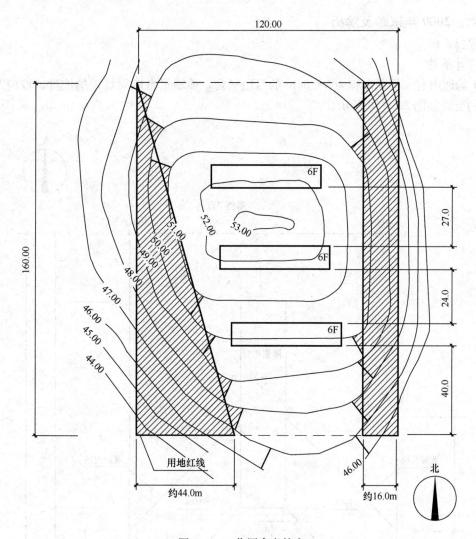

图 30-4-9　作图参考答案

[提示]

（1）首先确定坡度小于 10％的可建设用地范围。可以用一个 10m 长的线段模板找出用地范围内各等高线距离等于 10m 的位置，这些线段界定出等高线距离小于 10m 的部分，坡度大于 10％，为不可建设用地。根据作图结果可以看出，用地东西两侧的地段不可用，其面积可以大致按 1 个直角三角形和 1 个矩形估算，约为 6000m²。

（2）3 栋住宅南北向布置，第一栋距南边界 40m，正好位于 50m 等高线上。

（3）第二栋住宅按日照要求，应与第一栋住宅距离 27m；但由于地面上升，间距可以减少。根据作图可知，第二栋住宅将随地面升高 2m，日照间距可减为 24m，正好位于 52m 等高线上。

（4）第三栋住宅按日照要求，与第二栋住宅间距 27m，同样位于 52m 等高线上，日照间距不需要增减。

六、2009 年试题及解析

单位：m

设计条件：

● 场地内有一顶面高程为 98.50m 的雕塑平台，雕塑平台四周场地的坡度、坡向及各坡面的交线如图 30-4-10 所示。

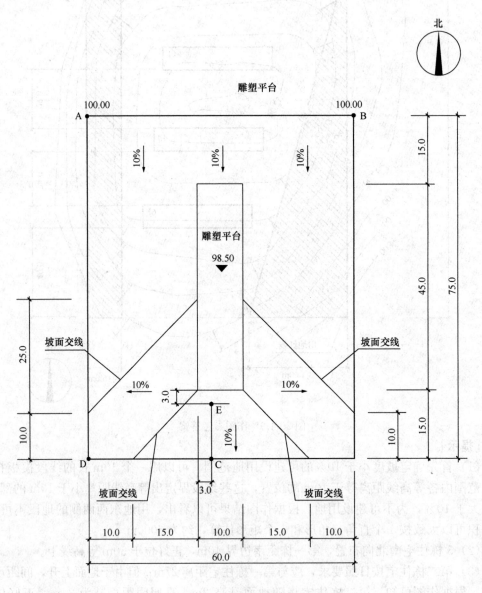

图 30-4-10　场地地形平面图

● 已知 A、B 点的高程为 100.00m。

任务要求：

● 根据上述条件，绘制场地从高程 100.00m 起等高距为 0.50m 的等高线，并标注各等高线及 C、D、E 点的高程。

● 根据作图结果，在下列单选题中选择一个对应答案，并用铅笔将所选选项的字母涂黑（例如 [■] ··· [B] ··· [C] ··· [D] ···），同时用 2B 铅笔填涂答题卡对应题号的字母，二者必须一致，缺一不予评分。

(1) 等高线的水平间距为：（6分）

　　[A] 5.00m　　　　[B] 10.00m　　　　[C] 15.00m　　　　[D] 20.00m

(2) C 点的高程为：（4分）

　　[A] 93.50　　　　[B] 94.00　　　　[C] 94.50　　　　[D] 95.00

(3) D 点的高程为：（4分）

　　[A] 93.50　　　　[B] 94.00　　　　[C] 94.50　　　　[D] 95.00

(4) E 点的高程为：（4分）

　　[A] 94.20　　　　[B] 95.20　　　　[C] 95.70　　　　[D] 98.20

[参考答案]（图 30-4-11）

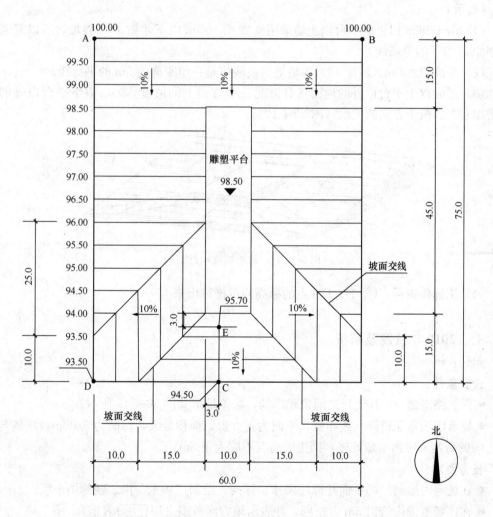

图 30-4-11　作图参考答案

623

(1) 等高线的水平间距为：（6分）

　　[■] 5.00m　　　　　　　　　　[B] 10.00m

　　[C] 15.00m　　　　　　　　　　[D] 20.00m

(2) C点的高程为：（4分）

　　[A] 93.50　　　　　　　　　　 [B] 94.00

　　[■] 94.50　　　　　　　　　　 [D] 95.00

(3) D点的高程为：（4分）

　　[■] 93.50　　　　　　　　　　 [B] 94.00

　　[C] 94.50　　　　　　　　　　 [D] 95.00

(4) E点的高程为：（4分）

　　[A] 94.20　　　　　　　　　　 [B] 95.20

　　[■] 95.70　　　　　　　　　　 [D] 98.20

[提示]

(1) 由于96m以上的平台挡土墙采用垂直式，96m以下才做10％斜坡，所以只需要处理96m以下的等高线。

(2) 等高距0.5m、坡度10％的坡地等高线应是一组距离为5m的平行线。

(3) 96m以上平台以外的地面只有南北一个方向上的坡度，96m以下平台以外的地面增加东、西两个方向的坡度（图30-4-12）。

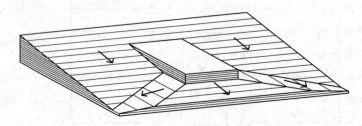

图30-4-12　地面坡度示意图

(4) 正确作图后，C、D、E 3点的标高便可推算出来。

七、2010年试题及解析

单位：m

设计条件：

● 湖滨路南侧A、B土丘之间拟建广场，场地地形如图30-4-13所示。

● 要求广场紧靠道路红线布置，平面为正方形，面积最大，标高为5.00m；广场与场地之间的高差采用挡土墙处理，挡土墙高度不应大于3m。

任务要求：

● 在场地内绘制广场平面并标注尺寸、标高，绘制广场东、南、西侧挡土墙。

● 在广场范围内绘出5m方格网，并表示填方区范围（用▨表示）。

● 根据作图结果，在下列单选题中选择一个对应答案并用铅笔将所选选项的字母涂黑，例如 [A]… [■]… [C]… [D]…。同时，用2B铅笔填涂答题卡对应题号的字母，

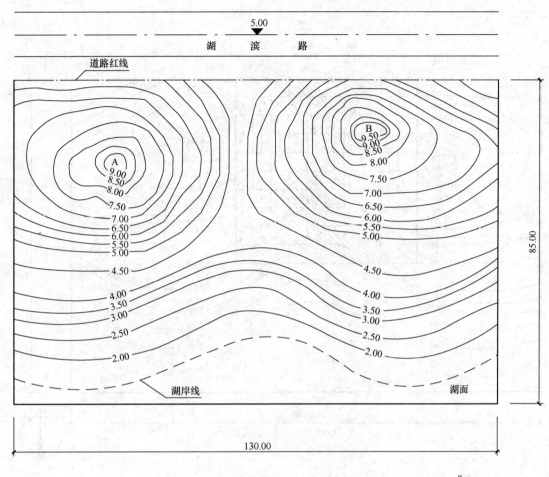

5.00

湖 滨 路

道路红线

A
9.00
8.50
8.00
7.50
7.00
6.50
6.00
5.50
5.00
4.50
4.00
3.50
3.00
2.50
2.00

B
9.50
9.00
8.50
8.00
7.50
7.00
6.50
6.00
5.50
5.00
4.50
4.00
3.50
3.00
2.50
2.00

湖岸线

湖面

85.00

130.00

北

图 30-4-13 场地地形平面图

二者选项必须一致，缺一不予评分。

(1) 广场平面尺寸为：（5分）

    [A] 30m×30m   [B] 40m×40m

    [C] 50m×50m   [D] 60m×60m

(2) 广场与 A 土丘间挖方区范围挡土墙长度约为：（4分）

    [A] 45m   [B] 50m   [C] 55m   [D] 60m

(3) 广场南侧挡土墙的最大高度为：（4分）

    [A] 1.0m   [B] 2.0m   [C] 2.5m   [D] 3.0m

(4) 广场填方区面积约为：（5分）

    [A] 650~750m²   [B] 1100~1200m²   [C] 1800~1900m²   [D] 2300~2400m²

[参考答案]（图 30-4-14）

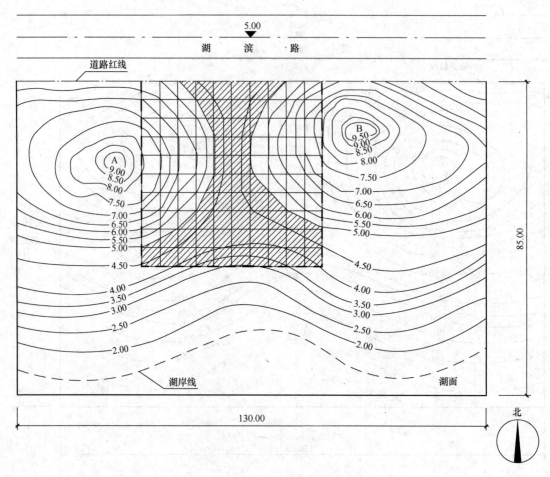

图 30-4-14　作图参考答案

(1) 广场平面尺寸为:(5分)

　　[A] 30m×30m　　　[B] 40m×40m　　　[■] 50m×50m　　　[D] 60m×60m

(2) 广场与 A 土丘间挖方区范围挡土墙长度约为:(4分)

　　[■] 45m　　　　　[B] 50m　　　　　[C] 55m　　　　　[D] 60m

(3) 广场南侧挡土墙的最大高度为:(4分)

　　[A] 1.0m　　　　　[■] 2.0m　　　　　[C] 2.5m　　　　　[D] 3.0m

(4) 广场填方区面积约为:(5分)

　　[A] 650~750m²　　　　　　　　　　[■] 1100~1200m²

　　[C] 1800~1900m²　　　　　　　　　[D] 2300~2400m²

[提示]

(1) 在 A、B 两个小山头中间开辟一块紧邻道路、高程为 5m 的正方形广场,就需要切掉两侧一部分山体,将土石方填入山谷中;广场宽度越大,土石方工程量越大,两侧开挖后需要做的挡土墙也就越高。题目规定挡土墙高度不超过 3m,故最多开发到两侧山头自然等高线 8m 处为止。广场两侧开挖后所做的挡土墙高度随山地地形变化,最高处和 8m 等高线相接,高度为 3m。

（2）A、B两山头的8m等高线平行于道路方向的距离按比例量得为50m，所以广场的最大宽度是50m。

八、2011年试题及解析

单位：m

设计条件：

● 某坡地上已平整出三块台地，如图30-4-15所示。

● 每块台地高于相邻坡地，台地与相邻坡地的最小高差为0.15m。

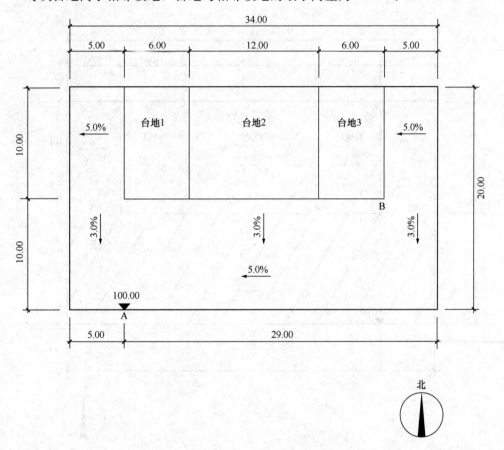

图30-4-15 场地地形平面图

任务要求：

● 画出等高距为0.15m，并通过A点的坡地等高线，标注各等高线高程。

● 标注三块台地及坡地上B点的标高。

● 根据作图结果，在下列单选题中选择一个对应答案并用铅笔将所选选项的字母涂黑，例如 [A]… [■]… [C]… [D]…。同时，用2B铅笔填涂答题卡对应题号的字母，二者选项必须一致，缺一不予评分。

（1）坡地上B点的标高为：（4分）

    [A] 101.20m   [B] 101.50m   [C] 101.65m   [D] 101.95m

(2) 台地 1 与台地 2 的高差：（4 分）

　　[A] 0.15m　　　　[B] 0.45m　　　　[C] 0.60m　　　　[D] 0.90m

(3) 台地 2 与相邻坡地的最大高差为：（4 分）

　　[A] 0.15m　　　　[B] 0.75m　　　　[C] 0.90m　　　　[D] 1.05m

(4) 台地 3 的标高为：（4 分）

　　[A] 101.50m　　　[B] 101.65m　　　[C] 101.80m　　　[D] 101.95m

[参考答案]（图 30-4-16）

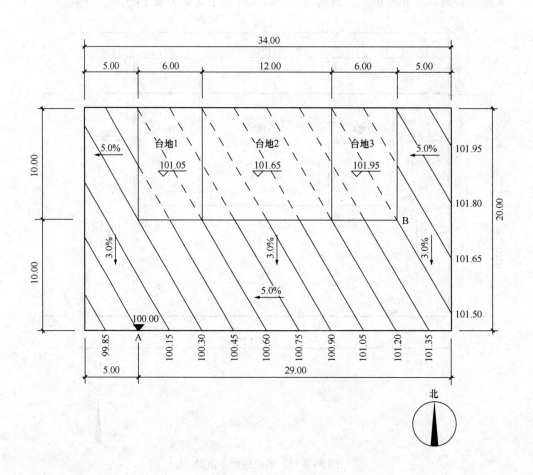

图 30-4-16　作图参考答案

(1) 坡地上 B 点的标高为：（4 分）

　　[A] 101.20m　　　[■] 101.50m　　　[C] 101.65m　　　[D] 101.95m

(2) 台地 1 与台地 2 的高差：（4 分）

　　[A] 0.15m　　　　[B] 0.45m　　　　[■] 0.60m　　　　[D] 0.90m

(3) 台地 2 与相邻坡地的最大高差为：（4 分）

　　[A] 0.15m　　　　[B] 0.75m　　　　[C] 0.90m　　　　[■] 1.05m

(4) 台地 3 的标高为：（4 分）

      [A] 101.50m   [B] 101.65m   [C] 101.80m   [■] 101.95m

[提示]

（1）过 A 点向上作斜率为 3/5 的斜线就得到一条场地等高线。以 A 为原点，在场地南边线上量出相距 3m 的各点，这些点的地面高差为 3m×5‰＝0.15m，这是题目规定的等高距。通过这些点作平行于过 A 点等高线的平行线，场地东北部的等高线可用等间距继续画出，最后完成场地全部等高线绘制。

（2）如果作图正确，台地 4 个角点均有等高线通过，从而可以推算出台地 4 个角点处的场地标高，B 点场地标高即为 101.50m。

（3）三块台地地面和坡地地面高差最小处应当在每块台地的东北角，这三个台地角点均有等高线通过，这三条等高线的高程分别加 0.15m 就是三块台地的地面标高。

（4）由于此题的设计条件不够明确，三块台地紧贴用地北边缘，用地以北的相邻地形没有表述，导致不少人不考虑北面相邻用地的存在，不知道那正是坡地地面雨水可能侵入台地的外部环境条件。题目要求每块台地均高于相邻坡地，台地至少比相邻坡地高出 0.15m，正确做法是将台地面标高比其东北角坡地地面标高高出 0.15m。有人以台地东南角坡地地面标高为准提高 0.15m，显然定低了 0.30m，故不能防止东北方向相邻坡地的地面雨水侵入。

九、2012 年试题及解析

单位：m

设计条件：

● 某坡地上拟建三栋住宅楼及一层地下车库，其平面布局，场地出入口处 A、B 点标高，场地等高线及高程如图 30-4-17 所示。

● 用地范围内建筑周边设置环形车行道，车行道距用地界线不小于 5m，车行道宽度为 4m，转弯半径为 8m。除南侧车行道不考虑道路纵向坡度外，其余车行道纵坡坡度不大于 5.0%。南侧车行道外 3m 处设置挡土墙，挡土墙顶标高与该车行道标高一致（不考虑道路横坡），建筑外场地均做自然放坡。不考虑除道路外场地的竖向设计。

● 地下车库底板标高与车库出入口相邻车行道标高一致。

● 要求地下车库填方区土方量最小。

任务要求：

● 绘制环形车行道，并标注车行道各控制点标高、道路坡度、坡向及相关尺寸。

● 绘制挡土墙并标注挡土墙顶标高。

● 用 ▨ 绘出地下车库填方区范围，并标注地下车库出入口位置。

● 根据作图结果，在下列单选题中选择一个答案并用绘图笔将其填写在括号内，同时用 2B 铅笔填涂答题卡对应题号的答案；二者答案必须一致，缺一不予评分。

（1）地下车库出入口位置及标高分别为：（5 分）

      [A] 南侧，92.00m   [B] 南侧，92.50m

      [C] 东、西侧，93.00m   [D] 东、西侧，93.50m

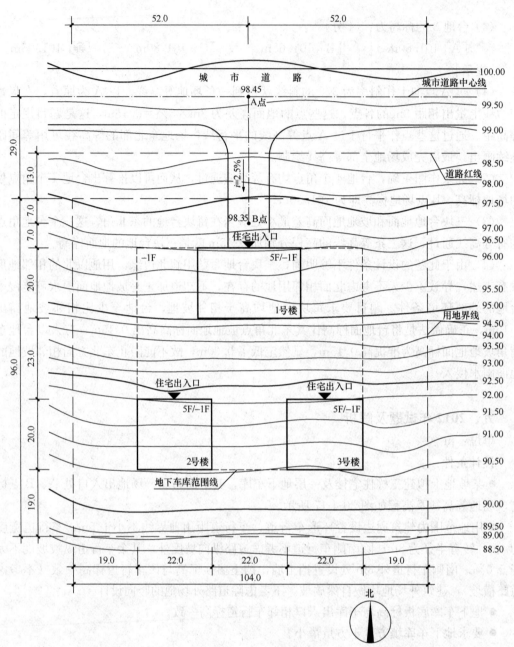

图 30-4-17 场地地形平面图

答案:（　　）

（2）地下车库范围填方区面积大约为：（5分）

　　[A] 500m² 　　　[B] 1300m² 　　　[C] 1600m² 　　　[D] 4100m²

答案:（　　）

（3）南侧挡土墙高度为：（4分）

　　[A] 1.5m 　　　[B] 2.0m 　　　[C] 2.5m 　　　[D] 3.0m

答案:（　　）

（4）地下车库开挖最大深度为：（4分）

　　[A] 3.00m　　　　　[B] 3.50m　　　　　[C] 4.00m　　　　　[D] 4.50m

　　答案：（　　）

[参考答案]（图 30-4-18）

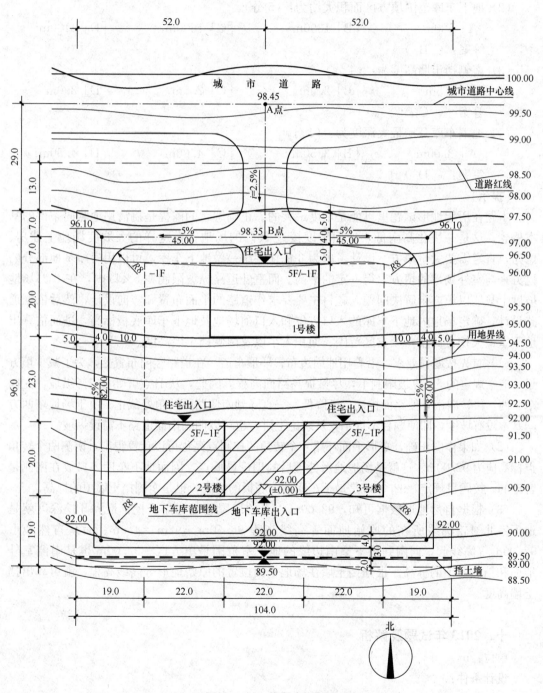

图 30-4-18　作图参考答案

（1）地下车库出入口位置及标高分别为：（5分）

[A] 南侧，92.00m　　　　　　　　　[B] 南侧，92.50m

[C] 东、西侧，93.00m　　　　　　　[D] 东、西侧，93.50m

答案：（ A ）

（2）地下车库范围填方区面积大约为：（5分）

[A] 500m²　　　　[B] 1300m²　　　　[C] 1600m²　　　　[D] 4100m²

答案：（ B ）

（3）南侧挡土墙高度为：（4分）

[A] 1.5m　　　　[B] 2.0m　　　　[C] 2.5m　　　　[D] 3.0m

答案：（ C ）

（4）地下车库开挖最大深度为：（4分）

[A] 3.00m　　　　[B] 3.50m　　　　[C] 4.00m　　　　[D] 4.50m

答案：（ D ）

[提示]

本题在历年地形试题里可能是难度最大的。正确解题的前提是搞清用地竖向条件的基本概念。这是一块北高南低，地面坡度接近10%的场地。在这样的大坡度场地上建房、修路，肯定需要大量填方。设计考虑为3栋住宅统一做地下车库，可以用房屋基地部分的挖方来与室外场地的填方取得一定的平衡。而室外道路纵坡限制在5%以内，在10%场地坡度上只能以填方来解决问题。题目主要要求作道路的平面布置和竖向设计，然后依据道路设计，确定场地内地下车库的入口方位和入口前场地及地下车库底板标高，进而估算出地下室最大挖方高度，填方区范围、面积大小以及南侧挡土墙高度。

（1）首先按题目要求，沿着用地周边布置环形车道。在道路竖向布置上，为了减少填方量，应在规定的5%纵坡限制下，尽量提高路面高程。因此，从B点开始按5%纵坡，先向东、西，再转向南，使路面标高逐渐降低，一直降到南侧路面转角处截止。由于场地东西方向基本没有坡度，即使题目不提示，从理论上讲，也可以明确南面道路不需设纵坡。

（2）如果作图正确，矩形平面环路4个转角的控制点高程可以计算得出，南侧两个转角点标高应为92.00m。这就是场地地形处理后的理论最低点，因而地下车库入口放在南侧是合理的。按题目规定，92.00m是地下车库结构底板的标高，也是南侧挡土墙顶的标高。

（3）根据自然地形数据可知，92.00m以上的房屋地基均需开挖，最大开挖深度就是地下室北侧轮廓线所在的原始地面等高线高程96.50m－92m＝4.5m。而从自然地形92.00m等高线起，向南到地下室南边缘的地下室范围是填方区。92.00m也是南侧室外地面和挡土墙顶的标高。根据挡土墙在场地平面位置的原始地形等高线高程，就可算出挡土墙高度。

十、2013年试题及解析

单位：m

设计条件：

● 某城市广场及其紧邻的城市道路如图30-4-19所示。

● 广场南北向及东西向排水坡度均为1.0%，A、B两点高程为101.60。

● 人行道纵向坡度为 1.0%（无横披），人行道路面与广场面之间为无高差连接。

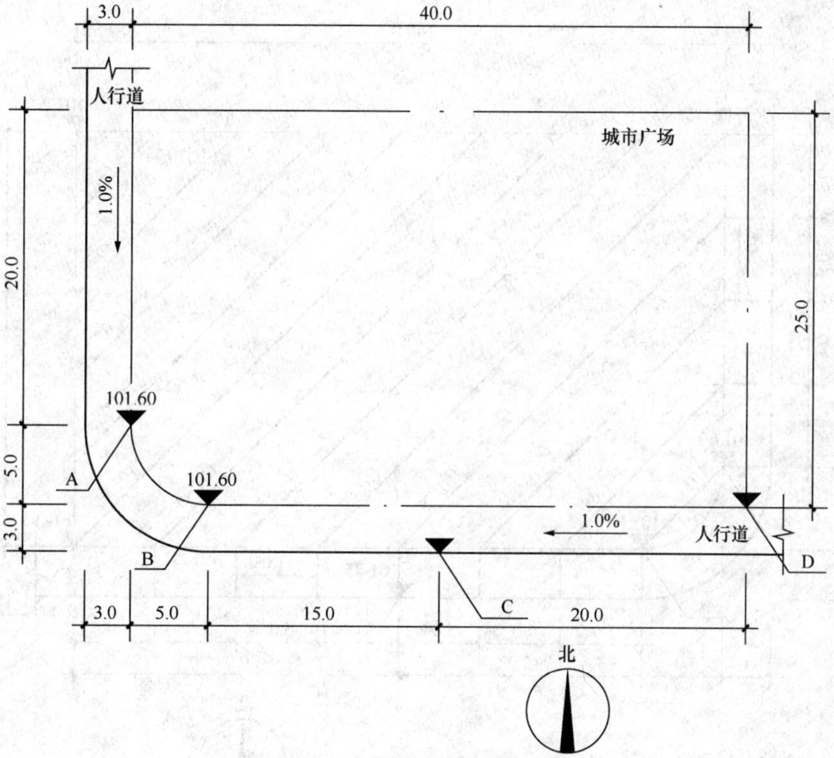

图 30-4-19　场地地形平面图

任务要求：

● 绘出经过 A、B 两点，等高距为 0.05m 的人行道及城市广场的等高线。

● 标注 C 点、D 点及城市广场最高点的高程。

● 绘出城市广场的坡向并标注坡度。

● 下列单选题每题只有一个最符合题意的选项，从各题中选择一个与作图结果对应的选项，用黑色绘图笔将选项对应的字母填写在括号中；同时用 2B 铅笔将答题卡对应题号的选项信息点涂黑。二者必须一致，缺项不予评分。

(1) C 点的场地高程为：(5 分)

　　[A] 101.60m　　　[B] 101.70m　　　[C] 101.75m　　　[D] 101.80m

　　答案：(　　　)

(2) D 点的场地高程为：(5 分)

　　[A] 101.90m　　　[B] 101.95m　　　[C] 102.00m　　　[D] 102.05m

　　答案：(　　　)

(3) 城市广场的坡度为：(4 分)

　　[A] 0　　　　　　[B] 1.0%　　　　　[C] 1.4%　　　　　[D] 2.0%

　　答案：(　　　)

(4) 城市广场最高点的高程为：(4 分)

　　[A] 101.80m　　　[B] 101.95m　　　[C] 102.15m　　　[D] 102.20m

　　答案：(　　　)

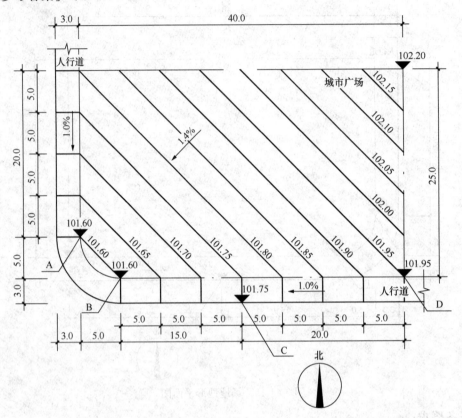

图30-4-20　作图参考答案

（1）C点的场地高程为：（5分）
　　[A] 101.60m　　　[B] 101.70m　　　[C] 101.75m　　　[D] 101.80m
　　答案：（ C ）

（2）D点的场地高程为：（5分）
　　[A] 101.90m　　　[B] 101.95m　　　[C] 102.00m　　　[D] 102.05m
　　答案：（ B ）

（3）城市广场的坡度为：（4分）
　　[A] 0　　　　　　[B] 1.0%　　　　　[C] 1.4%　　　　　[D] 2.0%
　　答案：（ C ）

（4）城市广场最高点的高程为：（4分）
　　[A] 101.80m　　　[B] 101.95m　　　[C] 102.15m　　　[D] 102.20m
　　答案：（ D ）

[提示]

本题解题的关键在于看清题目对场地地面排水竖向概念的表述并能正确理解。题目仅仅标注了纵、横两个方向的人行道纵坡为1%，并说广场与人行道之间"无高差连接"。按照总图竖向的常规表示方法，应理解为广场地面在南北与东西两个方向上都有1%的排水坡度，因而广场地面最高点在东北角，最低点在西南角，地面雨水的排水方向呈45°斜

634

向，坡度应为 1.4%。而广场外侧的人行道只设 1% 的纵坡，没有横坡。这当然是出题人的假设，实际工程一般不会这样做。

(1) 分别通过 A、B 两点绘制人行道的地面等高线；应是两组垂直于道路边缘、间距 5m 的平行线。

(2) 作广场地面的等高线。只需将人行道相同高程的等高线连接起来即可。由作图可知，这是一组呈 45° 倾斜的平行线。广场地面排水的坡度方向垂直于等高线，其坡度为 1.4%，可经计算得出；广场东北角最高点的高程也可以推算出来。

十一、2014 年试题及解析

单位：m

设计条件：

● 某坡地上拟建多层住宅，建筑、道路及场地地形如图 30-4-21 所示。

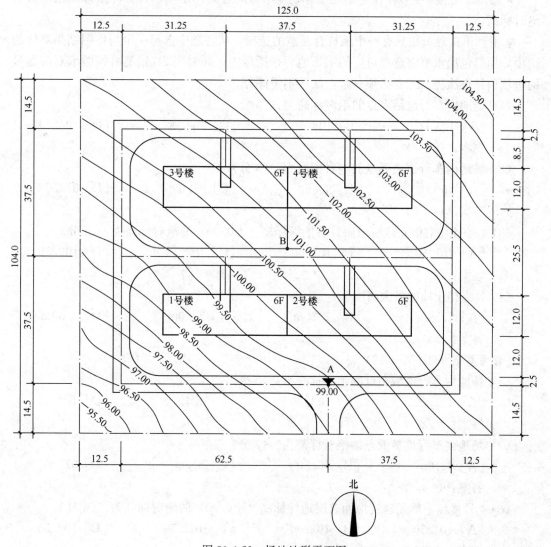

图 30-4-21　场地地形平面图

● 住宅均为 6 层，高度均为 18.00m；当地日照间距系数为 1.5。

● 每个住宅单元均建在各自高程的场地平台上，单元场地平台之间高差需采用挡土墙处理，场地平台、住宅单元入口引路与道路交叉点取相同标高，建筑室内外高差为 0.30m。

● 车行道坡度为 4.0%，本题不考虑场地与道路的排水关系。

● 场地竖向设计应顺应自然地形。

任务要求：

● 依据 A 点标注道路控制点标高及控制点间道路的坡向、坡度、坡长。

$$\left[\text{图例：} \frac{i\,(\text{坡度})}{l\,(\text{坡长})} \longrightarrow (\text{坡向})\right]$$

● 标注每个住宅单元建筑地面首层地坪标高（±0.00）的绝对标高。

● 绘制 3 号楼、4 号楼住宅单元室外场地平台周边的挡土墙，并标注室外场地平台的绝对标高。

● 下列单选题每题只有一个最符合题意的选项，从各题中选择一个与作图结果对应的选项，用黑色墨水笔将选项对应的字母填写在括号中；同时用 2B 铅笔将答题卡对应题号的选项信息点涂黑。二者必须一致，缺项不予评分。

(1) 场地内车行道最高点的绝对标高为：（3 分）

　　[A] 103.00　　　[B] 103.50　　　[C] 104.00　　　[D] 104.50

　　答案：（　　）

(2) 场地内车行道最低点的绝对标高为：（3 分）

　　[A] 96.00　　　[B] 96.50　　　[C] 97.00　　　[D] 97.50

　　答案：（　　）

(3) 4 号楼住宅单元建筑地面首层地坪标高（±0.00）的绝对标高为：（6 分）

　　[A] 101.50　　　[B] 102.00　　　[C] 102.50　　　[D] 102.55

　　答案：（　　）

(4) B 点挡土墙的最大高度为：（4 分）

　　[A] 1.50m　　　[B] 2.25m　　　[C] 3.00m　　　[D] 4.50m

　　答案：（　　）

[参考答案]（图 30-4-22）

(1) 场地内车行道最高点的绝对标高为：（3 分）

　　[A] 103.00　　　[B] 103.50　　　[C] 104.00　　　[D] 104.50

　　答案：（ B ）

(2) 场地内车行道最低点的绝对标高为：（3 分）

　　[A] 96.00　　　[B] 96.50　　　[C] 97.00　　　[D] 97.50

　　答案：（ B ）

(3) 4 号楼住宅单元建筑地面首层地坪标高（±0.00）的绝对标高为：（6 分）

　　[A] 101.50　　　[B] 102.00　　　[C] 102.50　　　[D] 102.55

　　答案：（ D ）

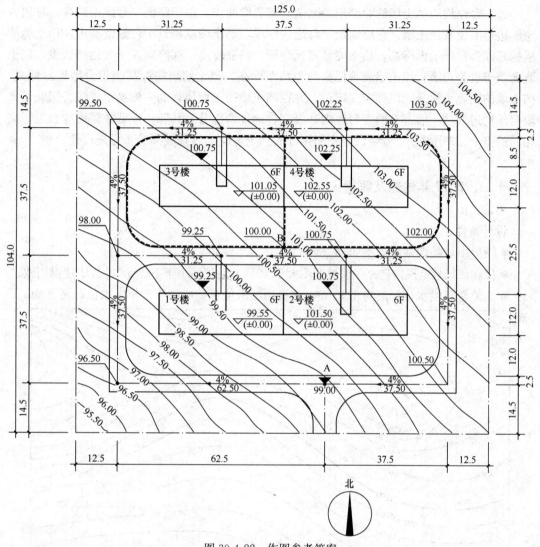

图 30-4-22 作图参考答案

（4）B 点挡土墙的最大高度为：（4 分）

　　[A] 1.50m　　　　[B] 2.25m　　　　[C] 3.00m　　　　[D] 4.50m

　　答案：（　B　）

[提示]

　　本题的前提条件是，在一块东北高、西南低的自然坡地上已顺势修出了道路系统以及道路所围合成的 4 块供建造住宅单元的平台。已知道路坡度均为 4%，要求依据给定点 A 的高程，计算并标注道路各控制点的标高。再根据每个住宅单元不同的宅前引路引入点的道路标高，确定台地标高及住宅室内地坪标高。此外，题目明确单元场地平台之间以及台地和道路之间设挡土墙，要求绘制 3 号楼、4 号楼住宅单元室外场地平台周边的挡土墙，并算出指定位置 B 点挡土墙的最大高度。

　　（1）看清场地东北高、西南低的整体竖向关系，道路路面坡向就是明确的。道路各控制点标高可按坡长和坡度简单算出，然后据以推算各台地高程及住宅室内地坪的绝对标高。

（2）台地周边挡土墙的绘制稍显复杂。首先要明确，由于路面与台地不同高，每块台地周边均需设置挡土墙。在路面低于台地的区段，挡土墙应砌筑于台地范围内，挡土墙墙顶标高即为台地地面标高，挡土墙墙底标高即为路面标高；在路面高于台地的区段，挡土墙砌筑于道路边缘，挡土墙墙顶标高则为路面标高，挡土墙墙底标高则为台地地面标高。挡土墙的正确画法是，以细实线定位，并在挡土墙与土壤接触的一侧画粗虚线。因此，每块台地周边的挡土墙都有画在台地内和画在台地外两部分，其起止点就在路面与台地标高相同的点上。3号楼、4号楼台地相邻接处的挡土墙应当画在较高的4号楼台地一侧。

十二、2017 年试题及解析

单位：m

设计条件：

● 湖岸山坡场地地形如图 30-4-23 所示。

● 拟在该场地范围内选择一块坡度不大于 10%，面积不小于 1000m² 的集中建设用地。

● 当地常年洪水位标高为 110.50，建设用地最低标高应高于常年洪水位标高 0.5m。

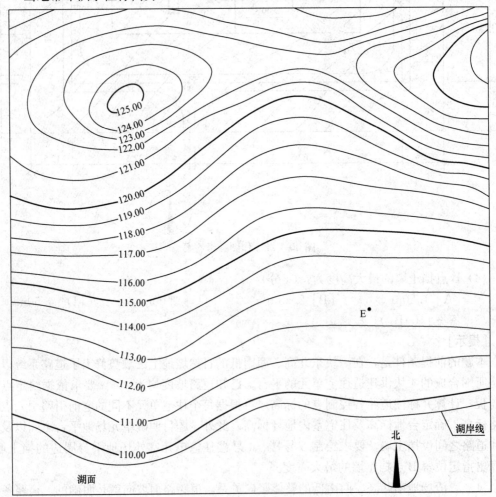

图 30-4-23　场地地形平面图

任务要求：

● 绘制出所选择建设用地的最大范围，用 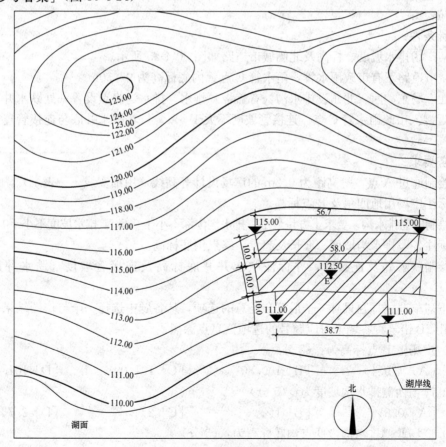 表示。

● 标注所选择建设用地的最高和最低处标高。

● 标注山坡场地中 E 点的标高。

● 下列单选题每题只有一个符合题意的选项。从各题中选择一个与作图结果对应的选项，用黑色墨水笔将选项对应的字母填写在括号中；同时用 2B 铅笔将答题卡对应题号的选项信息点涂黑。二者必须一致，缺项不予评分。

（1）建设用地的面积为：（8分）

　　[A] 1000~1400m² 　　　　　　　　　　[B] 1400~1800m²

　　[C] 1800~2200m² 　　　　　　　　　　[D] 2200~2600m²

　　答案：（　　　）

（2）建设用地的最大高度为：（6分）

　　[A] 2.0m 　　　　[B] 3.0m 　　　　[C] 4.0m 　　　　[D] 5.0m

　　答案：（　　　）

（3）图中 E 点的标高为：（4分）

　　[A] 112.00 　　　　[B] 112.10 　　　　[C] 112.50 　　　　[D] 113.00

　　答案：（　　　）

［参考答案］（图 30-4-24）

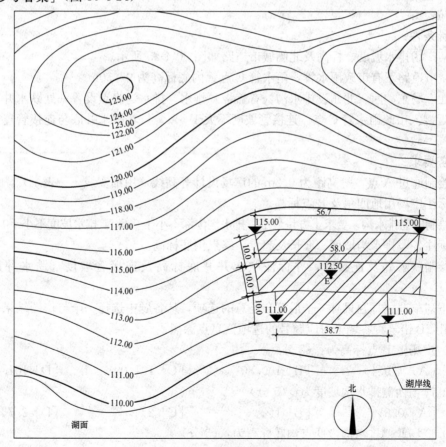

图 30-4-24　作图参考答案

639

（1）建设用地的面积为：（8分）

　　[A] 1000～1400m²　　　　　　　　　[B] 1400～1800m²

　　[C] 1800～2200m²　　　　　　　　　[D] 2200～2600m²

　　答案：（ B ）

（2）建设用地的最大高度为：（6分）

　　[A] 2.0m　　　　[B] 3.0m　　　　[C] 4.0m　　　　[D] 5.0m

　　答案：（ B ）

（3）图中E点的标高为：（4分）

　　[A] 112.00　　　[B] 112.10　　　[C] 112.50　　　[D] 113.00

　　答案：（ C ）

[提示]

（1）首先，用"截距法"找出每两条相邻等高线的水平距离，正好等于10m的位置，这些位置就是地面坡度小于等于10%地段的东西两侧边缘。

（2）再根据题目所给洪水位标高，确定近水边缘在111.00m等高线位置。

（3）E点其实就是提示选择场地的中央位置。

十三、2018年试题及解析

单位：m

设计条件：

● 某广场排水坡度、标高及北侧城市道路如图30-4-25所示。

● 城市道路下有市政雨水管，雨水管C点管内底标高为97.30m。

● 在广场东、西、北侧设排水沟（有盖板）排水。排水沟终点设置一处跌水井，用连接管就近接入市政雨水管C点。连接管坡度不大于5%。广场跌水井底与连接管连接处管底的标高一致。

任务要求：

● 绘制通过A点，等高距为0.2m的广场设计等高线（用细实线——表示）。

● 标注广场用地四角及B点标高。

● 绘制广场排水沟，要求土方量最小。排水沟沟深不小于0.5m，排水坡度不小于0.5%。

● 标注各段排水沟坡度、坡长及起点、终点沟底标高。

● 绘制跌水井及连接管，并标注跌水井井底标高及连接管坡度（跌水井用 ○ 表示）。

● 下列单选题每题只有一个最符合题意的选项，从各题中选择一个与作图结果对应的选项，用2B铅笔将答题卡对应题号的选项信息点涂黑。

（1）广场上B点标高为：（5分）

　　[A] 100.40　　　[B] 100.80　　　[C] 101.00　　　[D] 101.40

（2）广场西侧排水沟坡度为：（5分）

　　[A] 0.5%　　　　[B] 1%　　　　　[C] 2%　　　　　[D] 2.7%

（3）广场北侧排水沟最低点沟底标高为：（5分）

　　[A] 97.30　　　　[B] 97.40　　　　[C] 97.80　　　　[D] 99.00

（4）跌水井井底标高为：（5分）

    [A] 97.40   [B] 97.80   [C] 98.50   [D] 99.50

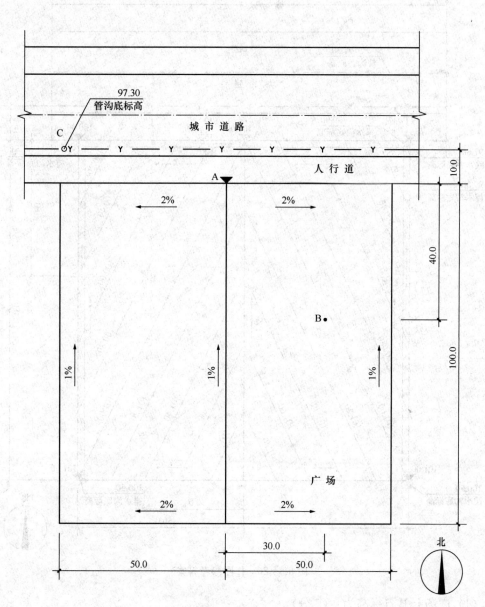

图 30-4-25 场地地形平面图

[参考答案]（图 30-4-26）

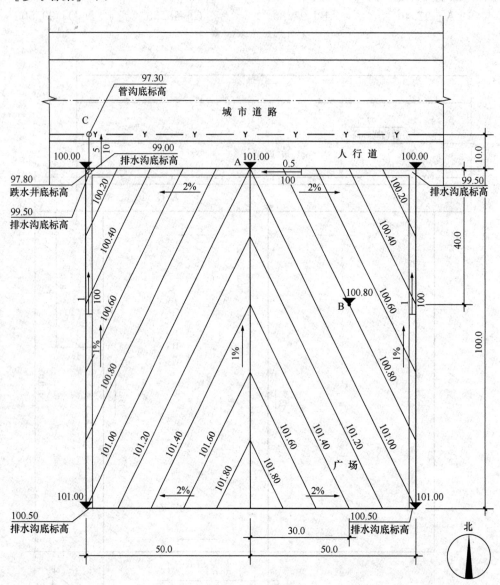

图 30-4-26　作图参考答案

（1）广场上 B 点标高为:（5 分）

　　[A] 100.40　　　[■] 100.80　　　[C] 101.00　　　[D] 101.40

（2）广场西侧排水沟坡度为:（5 分）

　　[A] 0.5%　　　[■] 1%　　　[C] 2%　　　[D] 2.7%

（3）广场北侧排水沟最低点沟底标高为:（5 分）

　　[A] 97.30　　　[B] 97.40　　　[C] 97.80　　　[■] 99.00

（4）跌水井井底标高为:（5 分）

　　[A] 97.40　　　[■] 97.80　　　[C] 98.50　　　[D] 99.50

[提示]

(1) 根据已知地形处理条件画出场地内的等高线，是正确解题的第一步。注意整个场地是南高北低，同时南北向中轴线应形成一条分水线，使地面雨水分别向东北和西北方向流去。场地地面由两块对称的斜面构成，等高线应当是两组等间距的平行线，斜率是1∶2。作图时先在场地边缘确定每条等高线通过的点位，再将场地相邻边缘上等高的点连接即可。根据正确作图结果可知B点高程。场地四个角点的标高同样可知。

(2) 根据题目所给的设计条件，场地地面坡度方向可以确定，场地排水沟应布置在东、西、北3个方向的场地边缘。按照挖沟土方量最小和坡度不小于5％、深度不小于0.5m的要求，东西两侧沟底坡度应与广场地面坡度一致，北侧沟底坡度可取5％。沟内雨水在广场西北角汇集于跌水井，最后通过连接管导入市政雨水管。

(3) 注意《总图制图标准》对排水沟坡度和坡长标注方法的规定。

十四、2019 年试题及解析

单位：m

设计条件：

● 道路及其东侧地形见图 30-4-27 所示，道路纵坡坡向如图所示，坡度为 3.0％（横坡不计），道路上 A 点标高为 101.20m。

● 拟在道路东侧平整出三块场地（Ⅰ、Ⅱ、Ⅲ），要求三块场地分别与道路上 B、C、D 点标高一致。

● 平整出的三块场地范围内（不含西侧）高差大于等于 1.00m 时采用挡土墙处理。

任务要求：

● 标注平整后三块场地的标高。

● 绘制场地范围内高度大于等于 1.00m 的挡土墙（用 —▮— 表示），并标注标高。（墙顶标高/墙底标高）

● 绘制场地填方区的范围（用 ▨ 表示）。

● 下列单选题每题只有一个最符合题意的选项，从各题中选择一个与作图结果对应的选项，用 2B 铅笔将答题卡对应题号选项信息点涂黑。

(1) 平整后场地Ⅰ的标高为：（4分）

　　[A] 100.00　　　　[B] 100.50　　　　[C] 101.00　　　　[D] 101.50

(2) 平整后场地Ⅱ与场地Ⅲ之间的高差为：（4分）

　　[A] 0.50m　　　　[B] 1.00m　　　　[C] 1.50m　　　　[D] 2.00m

(3) 平整后填方区挡土墙的最大高度为：（6分）

　　[A] 1.00m　　　　[B] 1.50m　　　　[C] 2.00m　　　　[D] 2.50m

(4) 平整后挖方区挡土墙的最大高度为：（6分）

　　[A] 0.50m　　　　[B] 1.00m　　　　[C] 1.50m　　　　[D] 2.00m

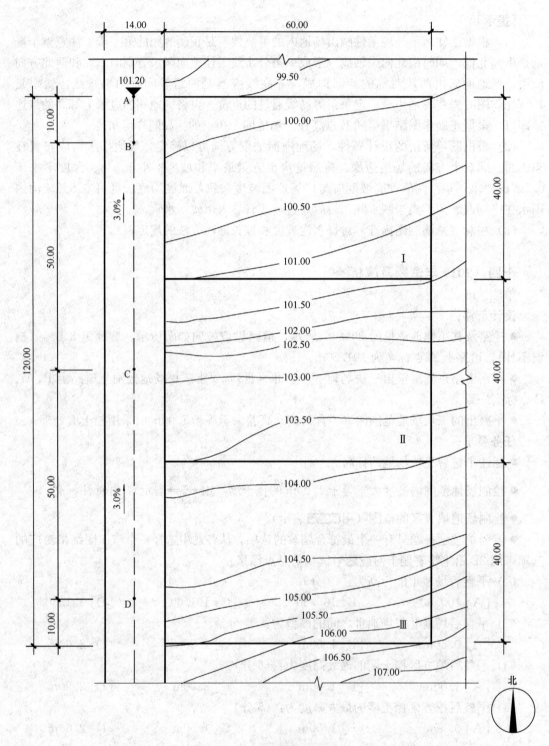

图 30-4-27　场地地形平面图

[**参考答案**]（图 30-4-28）

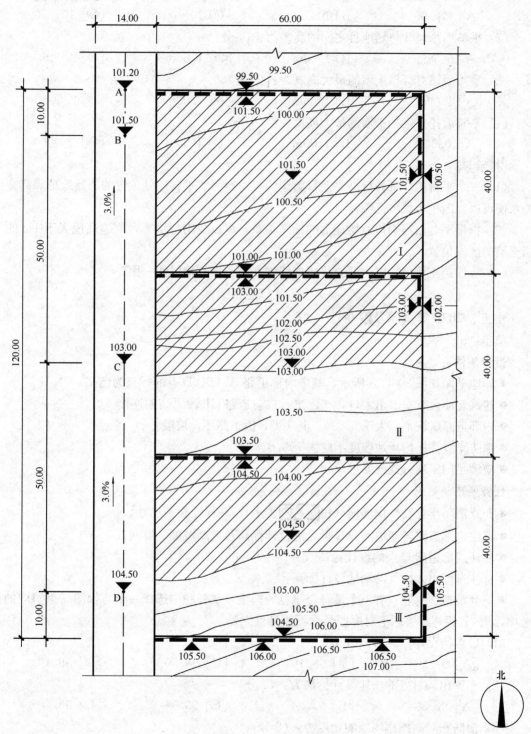

图 30-4-28　作图参考答案

（1）平整后场地 I 的标高为：（4分）

　　[A] 100.00　　　　[B] 100.50　　　　[C] 101.00　　　　[■] 101.50

（2）平整后场地 II 与场地 III 之间的高差为：（4分）

　　[A] 0.50m　　　　[B] 1.00m　　　　[■] 1.50m　　　　[D] 2.00m

（3）平整后填方区挡土墙的最大高度为：（6分）

　　[A] 1.00m　　　　[B] 1.50m　　　　[■] 2.00m　　　　[D] 2.50m

（4）平整后挖方区挡土墙的最大高度为：（6分）

　　[A] 0.50m　　　　[B] 1.00m　　　　[C] 1.50m　　　　[■] 2.00m

[提示]

（1）三个平台的位置和标高是题目给定的，对照每块平台所处位置的原始地形等高线关系便可以判断挖、填方范围。

（2）根据平台面与周边原始地形的标高关系，可以找出每块平台周边高度大于1m的挡土墙的区段位置。

（3）标注挡土墙位置时，注意将粗虚线画在与土壤相接触的一面。

十五、2020年试题及解析

单位：m

设计条件：

● 场地平面如图 30-4-29 所示，其中内部道路 A、B、D 点的标高为已知。

● 建筑北面设有车库出入口，车库出入口与道路 GF 段无高差连接。

● 内部道路纵坡不应大于 5.0%，其中 GF 段道路不设坡度。

● 消防车登高操作场地坡度不应大于 3.0%。

● 应满足国家现行规范要求。

任务要求：

● 布置消防车登高操作场地（用 ▨ 表示），并标注相关尺寸。

● 标注内部道路各变坡点、转折点的设计标高及道路坡度、坡向。

● 标注内部道路 C 点的设计标高。

● 标注车库出入口处的场地设计标高。

● 下列单选题每题只有一个最符合题意的选项，从各题中选择一个与作图结果对应的选项，用 2B 铅笔将答题卡对应题号选项信息点涂黑。

（1）C 点的设计标高为：（4分）

　　[A] 97.60　　　　[B] 98.10　　　　[C] 98.50　　　　[D] 99.10

（2）车库出入口处的场地设计标高为：（4分）

　　[A] 92.80　　　　[B] 93.34　　　　[C] 93.54　　　　[D] 93.70

（3）消防车登高操作场地的长度为：（8分）

　　[A] 15.00m　　　　[B] 30.00m　　　　[C] 45.00m　　　　[D] 60.00m

（4）E 点的设计标高为：（4分）

　　[A] 95.80　　　　[B] 96.90　　　　[C] 97.80　　　　[D] 98.30

[参考答案]（图 30-4-30）

（1）C；（10）D；（3）D；（4）B。

[提示]

（1）场地内道路最高点在东南角，最低点在西北角，可依此判断路面排水方向。

（2）DE 段采用最大允许坡度 5%，坡降 3.5m，故 E 点标高可知。

（3）再看 DB 段，两点高差 3.8m，先将中间 60m 路段按 3%坡度下降 1.8m，其余前后两路段各下降 1.0m，坡度仍为 5%。

（4）高层建筑消防车登高操作场地按规范要求，应至少沿建筑的一条长边布置，且宽度不小于 10m。

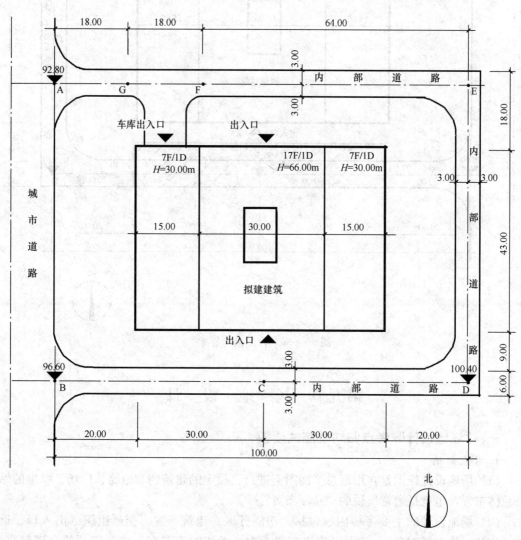

图 30-4-29　场地地形图

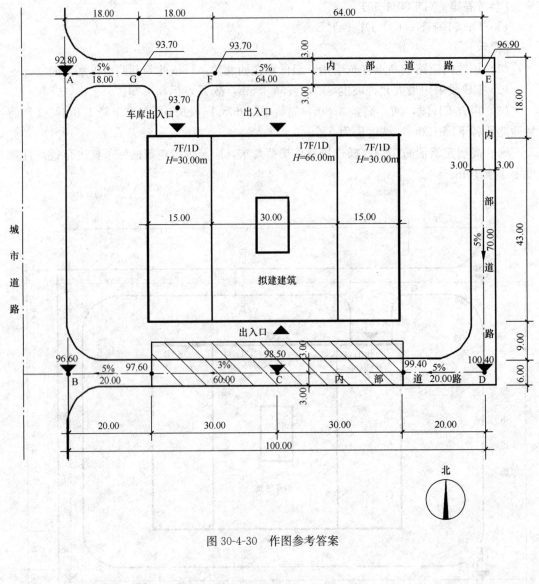

图 30-4-30 作图参考答案

第五节 场 地 设 计

一、"场地设计"考点归纳及应试要领

1. 考点归纳

（1）场地设计作图是在用地总平面图上进行已设定的建筑物和道路、广场、绿地的综合总体布置，也就是通常所说的"总图布置"。

（2）场地设计的主要考核内容包括：功能分区、建筑布置、交通组织（出入口、道路、广场、停车场布置），其中以建筑布置为主。考核的重点在于功能问题的合理解决，多数试题只要求考虑平面布置。偶尔也会涉及地形和竖向问题，以及环境空间的景观效果。

（3）场地设计一般都要求首先考虑功能分区，即按照建筑不同的功能性质，进行分区布置；功能性质相同或接近的相对集中，不同或差异大的分开布置，其至需要相互隔离。常用的分区方法有主从分区、内外分区、动静分区、洁污分区、工作与生活分区等。各分区之间还应按使用功能的流程先后进行布局和衔接。

（4）建筑场地设计除按功能不同分区布置外，每座建筑的总图定位首先要满足城市规划的退线要求，再进一步考虑建筑形态与环境空间的协调、日照与朝向、自然通风、防火安全、卫生防护、噪声隔离等重要的功能问题。解题时一般可将题目给出的各栋建筑平面分散布置，用地紧张时只要功能上相互无碍，也可以联合布置。

（5）场地出入口布置也是考核的一个主要方面。要根据工程项目的功能需要、对外交通联系的频繁程度、安全疏散、城市规划管理限制、周边环境的影响等因素，作适当考虑。

2. 应试要领

（1）建筑布置

建筑布置是"场地设计"题的主要考核点。按照题目给定的建筑单体平面合理布局，不可自行改变建筑平面的形状和尺寸；有时允许旋转，但要考虑朝向适宜与否；建筑布置应争取良好朝向。

居住建筑、学校教学楼、宿舍以及医院的病房楼等有日照要求的建筑，与其南面的建筑应保持日照间距。无日照要求时，也至少要满足防火间距。教学楼有防噪声干扰的要求；两栋教学楼长边相对时，要保持 25m 以上的距离，教学楼长边距离室外运动场边缘也要保持这个距离。此外，传染病房有卫生防疫要求；水源有卫生防护距离要求；文物建筑和大树要退让规定的保护范围等，建筑布置时都应予以考虑。此类问题有些会在题目里明确规定，有些是对应试者规范掌握程度的测试。

（2）交通组织

道路、广场、停车场的总体布局是在建筑布局完成后第二位的任务。虽然其重要性不及建筑布置，但也有一定分量，应当尽量去做。主要是解决建筑的可通达性和消防车道布置的问题；应做到每栋建筑都有车道可通达。此外，广场、停车场的面积一定要满足题目要求。从近年的考题要求看，道路布置主要指的是车道布置，不必考虑人车分流问题。

（3）景观视线

有些题目在空间布局和景观视线方面设置了考核点。例如城市干道景观、标志性建筑的重点布置，视觉走廊、轴线、对位关系等。但这些不会成为考核重点，毕竟注册考试是以实用、安全为合格标准设定的。

（4）注意：总图方位、建筑朝向问题不可忽视。题目如果在指北针旁画有主导风向箭头，就一定有防污染、防寒或通风问题需要在布置建筑物时考虑。一般民用建筑的总图设计都要求将唯一的污染源（食堂厨房）布置在最下风向的位置。

（5）从原则上讲，场地设计题属于主观题，应该允许有多种合格答案，不应设置唯一正确的所谓"标答"。只要正确解决了主要考核点的问题，就应该获得通过。所以应试时不必花时间捉摸出题人的"标准答案"。不过从近几年"标准化试题"的出题趋势看，出题人似乎有尽量通过设置各种限制条件，把答案搞成唯一解的趋势，解题时也要注意。这里有一个答题技巧，就是解题时结合选择题所给的 4 个选项，4 个选项里没有的方案，肯定是不对的。

（6）解题策略

前面说到，单项作图题中如遇到难题，可以暂时避开，不要耽误时间；而场地设计题则应尽量去做，因为它分值高，失去这一题就不大可能及格了。只要大体上进行了布置，或多或少都能得些分。所以答题时不要按题目顺序答题，应绕过前面的难题，多留时间给最后一道场地设计题，才是明智之举。

在绘图时，应尽量把题目明确要求的和重点考核的（特别是选择题里问到的）定位尺寸与面积标注清楚。

二、2005 年试题及解析

单位：m

设计条件：

●某城市拟建一体育运动中心，其用地及周边环境如图 30-5-1 所示，建设内容包括：

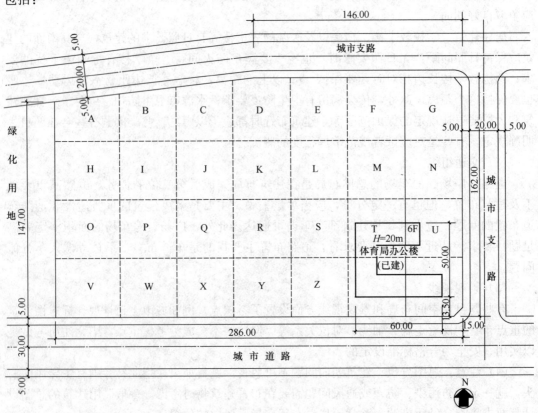

图 30-5-1

（1）建筑物：①5000 座体育馆一座；②训练馆一座；③运动员公寓二栋；④运动员餐厅一栋。各建筑平面形状及尺寸见图 30-5-2。

（2）场地：①体育馆主入口前广场面积 4000m²；②集中停车场面积 4000m²；③4.5m×11m 电视转播车停车位 4 个；④自行车停车面积 1200m²；⑤贵宾停车面积

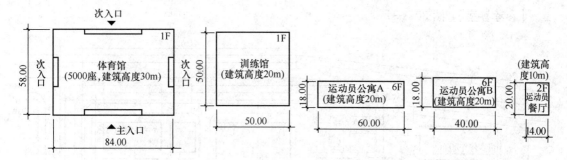

图 30-5-2　拟建建筑物平面示意图

800m²；⑥4m×13m 运动员专用大客车停车位 5 个。

● 规划及设计要求：

(1) 建筑物退南侧用地红线≥20m，退其他方向用地红线≥15m。

(2) 体育馆主入口应面对主要道路设置。

(3) 训练馆与体育馆、训练馆与运动员公寓之间应有便捷的联系。

(4) 考虑建筑布置与城市周边环境的关系。

(5) 当地的日照间距系数为 1.2。

(6) 运动员餐厅仅对内营业，运动员公寓与餐厅间可用连廊连接（自行设置）。

(7) 体育馆周边 18m 范围内不得设置建筑物及停车场。

(8) 已建体育局办公楼需保留。

● 设计应符合国家有关规范。

任务要求：

● 根据设计条件绘制总平面图。画出建筑物、场地、道路等，注明建筑物及场地名称。

● 标出停车场面积。画出电视转播车车位及运动员专用大客车车位。

● 标明用地上的观众、停车场、办公、运动员等对外的出入口，并用▲表示。

● 标注满足日照、防火等要求的相关尺寸。

● 各建筑物的形状及尺寸不得变动，不可旋转。

● 根据作图，在下列单选题中选择一个正确答案，并用铅笔将所选选项对应的字母涂黑，例如[A]… [■]… [C]… [D]。同时，用 2B 铅笔填涂答题卡"选择题"内对应题号的对应字母。二者必须一致，缺一不予评分。

(1) 根据作图，体育馆布置于下述哪组地块内？[4 分]

　　[A] J-K-L-Q-R-S　　　　　　　　　[B] H-I-J-O-P-Q

　　[C] I-J-K-P-Q-R　　　　　　　　　[D] C-D-E-J-K-L

(2) 根据作图，训练馆布置于下述哪组地块内？[3 分]

　　[A] A-B-C-H-I-J　　　　　　　　　[B] H-I-O-P-V-W

　　[C] E-F-G-L-M-N　　　　　　　　　[D] D-E-K-L-R-S

(3) 根据作图，运动员公寓布置于下述哪组地块内？[3 分]

　　[A] A-B-C-H-I-J　　　　　　　　　[B] K-L-R-S-Y-Z

　　[C] E-F-G-L-M-N　　　　　　　　　[D] H-I-O-P-V-W

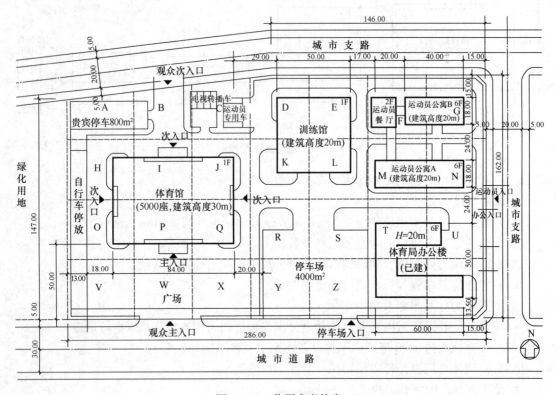

图 30-5-3　作图参考答案

（1）根据作图，体育馆布置于下述哪组地块内？［4 分］

　　　　[A] J-K-L-Q-R-S 　　　　　　　　[■] H-I-J-O-P-Q

　　　　[C] I-J-K-P-Q-R 　　　　　　　　[D] C-D-E-J-K-L

（2）根据作图，训练馆布置于下述哪组地块内？［3 分］

　　　　[A] A-B-C-H-I-J 　　　　　　　　[B] H-I-O-P-V-W

　　　　[C] E-F-G-L-M-N 　　　　　　　　[■] D-E-K-L-R-S

（3）根据作图，运动员公寓布置于下述哪组地块内？［3 分］

　　　　[A] A-B-C-H-I-J 　　　　　　　　[B] K-L-R-S-Y-Z

　　　　[■] E-F-G-L-M-N 　　　　　　　　[D] H-I-O-P-V-W

［提示］

（1）建筑布置：体育馆在西，生活区在东北角，训练馆在中间。生活区在东北角，既可充分利用小面积地块，又可与办公楼共同构成内部活动区，功能分区明确。训练馆在体育馆和生活区之间，符合功能流线要求。

（2）出入口布置：观众主入口向南，开向城市主路，次入口向北，紧急疏散用；内部生活、办公入口向东，内外有别；观众车流入口向南专用，可实现人车分流；贵宾车可由北面次入口进入。

（3）观众停车场放在南侧，紧邻城市主路，方便使用，避免车流过多穿行；仅从使用功能关系看，训练馆和观众停车场的位置可以对换，但从选择题（2）训练馆可能的 4 个地块选项中可知，[D]是唯一正确的选项。出题人的意思就是训练馆在北，停车场在南。2005年场地作图考试第一次把"标准化试题"应用于场地设计题，应试者留意选择题的题目及选项，往往会对解题有所帮助。

三、2006年试题及解析

单位：m

设计条件：

● 某城市拟建养老院，其用地及周边环境如图30-5-4所示。

● 用地四周为城市道路，用地东侧为社区文化中心，西侧为别墅区，南侧为公共绿化带，北侧为住宅区。

● 用地内有三棵古树，西南角有一条地下管线。

● 拟建设内容包括：

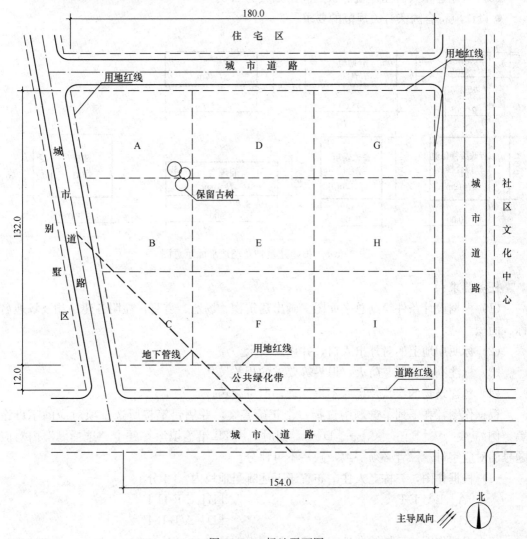

图 30-5-4 场地平面图

(1) 建筑物：①住宅型 3 栋；②介助型 1 栋；③介护型 1 栋；④自理型 1 栋；⑤餐饮娱乐综合楼 1 栋；⑥行政接待保健综合楼 1 栋；并要求将介助、介护等与行政接待保健综合楼等用 2 层连廊连接；餐饮娱乐与社区文化中心的功能互补。

(2) 场地：①设置主入口广场，面积不小于 1800m²；②设置机动车停车场，面积不小于 600m²。

各建筑、场地平面形状及尺寸见图 30-5-5。

● 规划及设计要求：

(1) 建筑物应后退各侧用地红线≥12m。

(2) 用地西南角有一条地下管线通过，距管线中心线 10m 范围内不能布置建筑物，可以布置绿化、活动场地或停车场。

(3) 用地南侧为公共绿化带，要求后退绿化带 17m。

(4) 场地内有三棵古树需保留。

(5) 当地老年人居住建筑的日照间距系数为 2.5。

● 设计应符合国家有关规范的要求。

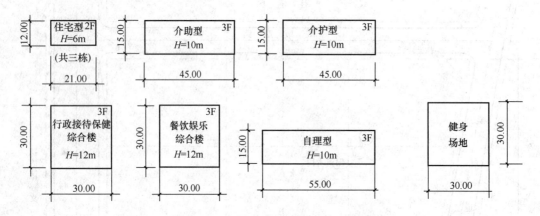

图 30-5-5 拟建建筑物及场地平面示意图

任务要求：

(1) 根据设计条件绘制总平面图。画出建筑物、场地、道路，注明各建筑物及场地名称、面积。

(2) 标明用地上的对外出入口，并用▲表示。

(3) 标注满足日照、防火、退界等要求的相关尺寸。

(4) 各建筑物的形状及尺寸不得变动，但可旋转。

根据作图，在下列单选题中选择一个正确答案，并用铅笔将所选选项对应的字母涂黑，例如[▇]…[B]…[C]…[D]…。同时，用 2B 铅笔填涂答题卡"选择题"内对应题号的对应字母。二者必须一致，缺一不可评分。

(1) 根据作图，三栋老人住宅布置于下述哪组地块内？[4 分]

    [A] B-C-E-F   [B] E-F-H-I

    [C] F-G-H-I   [D] A-B-D-E

(2) 根据作图，两栋综合楼布置于下述哪组地块内？[3 分]

[A] B-C-E-F　　　　　　　　　　　　　[B] F-G-H-I

[C] E-G-H-I　　　　　　　　　　　　　[D] A-D-G-H

(3) 根据作图，三栋老年公寓布置于下述哪组地块内？[3分]

　　[A] C-E-F-I　　　　　　　　　　　　[B] E-G-H-I

　　[C] D-E-F-H　　　　　　　　　　　　[D] A-B-C-E

[参考答案]（图 30-5-6）

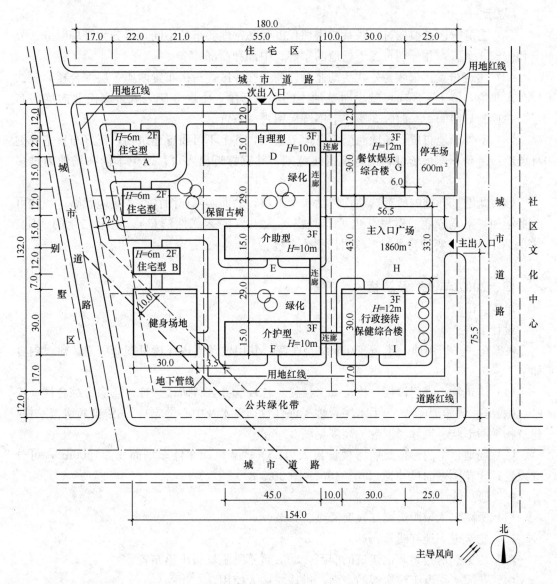

图 30-5-6　作图参考答案

(1) 根据作图，三栋老人住宅布置于下述哪组地块内？[4分]

　　[A] B-C-E-F　　　　　　　　　　　　[B] E-F-H-I

　　[C] F-G-H-I　　　　　　　　　　　　[🐞] A-B-D-E

(2) 根据作图，两栋综合楼布置于下述哪组地块内？[3分]

    [A] B-C-E-F   [B] F-G-H-I

    [■] E-G-H-I   [D] A-D-G-H

(3) 根据作图，三栋老年公寓布置于下述哪组结块内？[3分]

    [A] C-E-F-I   [B] E-G-H-I

    [■] D-E-F-H   [D] A-B-C-E

[提示]

(1) 功能分区：根据对外联系的密切程度和私密性要求的不同，可分为管理服务、公寓和住宅3个区，并分别布置于场地的东部、中部和西部。

(2) 建筑布置：东区为公共活动兼对外商业服务区，沿街布置两座3层综合楼，餐饮放在东北角，位于下风向可减少对基地内的环境污染；中区3座老人公寓南北向均匀布置，并控制日照间距；西区3座住宅围绕保留古树布置。

(3) 室外场地布置：场地西南角有地下管线，其上不可布置建筑物，正好布置室外健身场地；机动车停车场可利用建筑退线范围，并宜靠近出入口，避免车辆在场地内过多穿行。

(4) 此题选择题的所有选项均包括4个地块，然而实际作图往往3块地就够了，这可能是增加答案宽容度的意思（也可能是出题人设置的迷惑性信息）。但第二题的[B]、[C]两个选项其实是均可的，题目出得不严谨。

四、2007年试题及解析

单位：m

设计条件：

● 拟在一平坦用地上建一300床综合医院，其用地及周边环境见图30-5-7，建设内容如下：

(1) 建筑物：①门诊楼一栋；②医技楼一栋；③办公科研楼一栋；④病房综合楼一栋（包括病房、营养厨房）；⑤手术综合楼一栋（包括手术及中心供应）；⑥传染病房楼一栋。建筑物平面形状、尺寸、层数、高度见图30-5-8。

(2) 场地：①门诊楼及病房楼设出入口广场；②机动车停车场面积≥1500m²，可分散设置；③花园平面尺寸为50m×40m（图30-5-8）。

● 规划及设计要求：

(1) 医院出入口距道路红线交叉点≥40m。

(2) 建筑退用地红线≥5m。

(3) 传染病房楼与其他建筑的间距≥30m且不得临城市干道布置。

(4) 花园必须设于病房楼的南面，供住院病人使用。

(5) 建筑物全部正南北向布置。

(6) 按需设置连廊，连廊宽5m。

(7) 必须保留用地中原有古树。

(8) 建筑物及花园的平面尺寸、形状不得变动。

● 设计需符合国家有关规范。

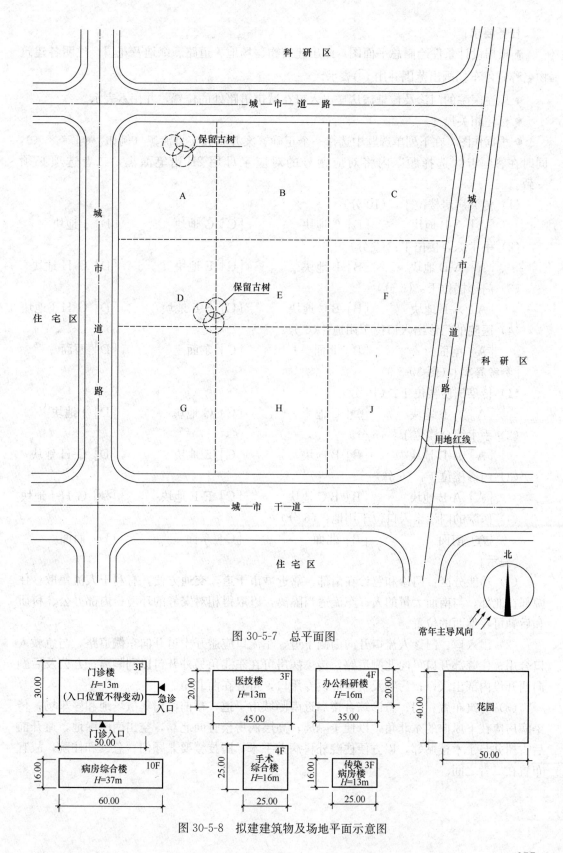

图 30-5-7　总平面图

图 30-5-8　拟建建筑物及场地平面示意图

任务要求：

● 根据设计条件绘制总平面图，画出建筑物、场地、道路、绿地及花园；注明各建筑物名称；停车场画出范围并用 Ⓟ 表示。

● 标注医院的门诊及传染病房楼出入口在城市道路处的位置，并用▲表示。

● 标注相关尺寸。

● 根据作图，在下列单选题中选择一个正确答案并将其字母涂黑（例如 [━] ×××），同时在答题卡"选择题"内将对应题号的对应字母用 2B 铅笔涂黑，二者选项必须一致。

（1）传染病房楼位于：（10分）

    [A] A-B 地块   [B] C 地块   [C] G 地块   [D] J 地块

（2）手术综合楼位于：（6分）

    [A] A-D 地块   [B] B 地块   [C] E 地块   [D] G-H 地块

（3）门诊楼位于：（6分）

    [A] A-B 地块   [B] B-C 地块   [C] E-F 地块   [D] G-H-J 地块

（4）医院的门诊出入口位于用地：（6分）

    [A] 南面   [B] 北面   [C] 东面   [D] 西面

[参考答案]（图 30-5-9）

（1）传染病房楼位于：（10分）

    [A] A-B 地块   [━] C 地块   [C] G 地块   [D] J 地块

（2）手术综合楼位于：（6分）

    [A] A-D 地块   [━] B 地块   [C] E 地块   [D] G-H 地块

（3）门诊楼位于：（6分）

    [A] A-B 地块   [B] B-C 地块   [C] E-F 地块   [━] G-H-J 地块

（4）医院的门诊出入口位于用地：（6分）

    [━] 南面   [B] 北面   [C] 东面   [D] 西面

[提示]

（1）功能分区：门诊和急诊在南部，靠近城市干道，交通方便，有利于人流集散；住院部在北部，与南面大量的人、车流适当隔离，以取得相对安静的环境；内部办公、科研和后勤可在偏西的位置。

（2）出入口：门诊人流口开向南侧干道，车流口应避开干道开向东侧道路，与急救入口合用；住院部开口可向北侧道路，传染病房可在东北角另外开口以利隔离；办公及后勤向西开设内部出入口；污物及尸体应设专用口，可开在西北角。

（3）建筑布置：门、急诊综合楼靠近南侧城市干道，楼前留出集散场地和停车场；传染病房应在下风向的东北角，以便于隔离；高层病房楼宜向北靠，空出南侧绿地，避开前后古树并与手术楼贴邻，以方便住院外科病人手术；医技楼要兼顾门、急诊和住院，故宜布置在二者之间。

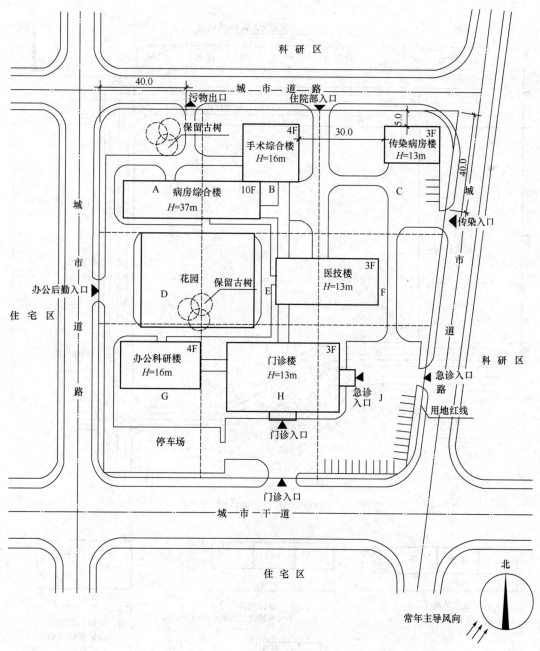

图 30-5-9　作图参考答案

五、2008 年试题及解析

单位：m

设计条件：

● 某居住用地及周边环境见图 30-5-10 所示，用地面积 1.8hm²。

● 用地内拟布置住宅若干幢及会所一幢，住宅应在 A、B、C、D 型中选用。各建筑平面形状、尺寸、高度、面积见图 30-5-11。

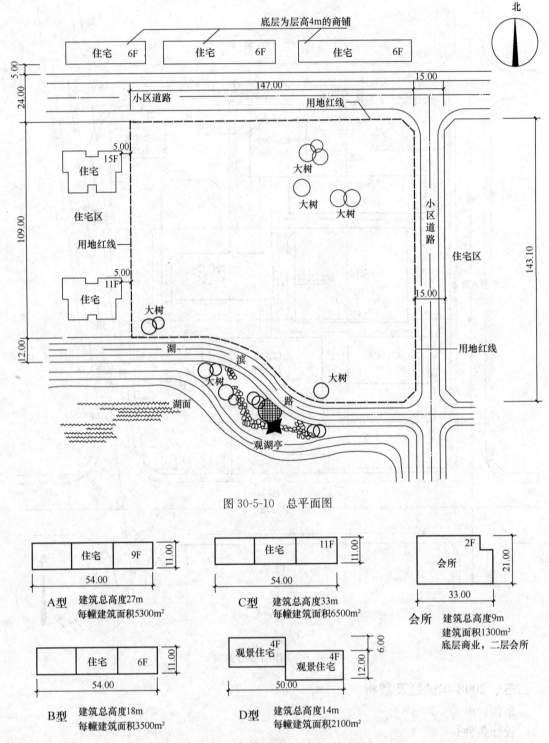

图 30-5-10　总平面图

图 30-5-11　拟建建筑物平面示意图

A型　建筑总高度27m
　　　每幢建筑面积5300m²

C型　建筑总高度33m
　　　每幢建筑面积6500m²

会所　建筑总高度9m
　　　建筑面积1300m²
　　　底层商业，二层会所

B型　建筑总高度18m
　　　每幢建筑面积3500m²

D型　建筑总高度14m
　　　每幢建筑面积2100m²

● 建筑物应正南北向布置，D 型住宅不得少于两幢并应临湖滨路，会所应临街并靠近小区主出入口。

● 规划要求：

(1) 该地块容积率≤2.0。

(2) 建筑物退用地红线：沿湖滨路≥10m，其他均≥5m。

(3) 应设置面积≥1000m² 的集中绿地，保留场地中的大树。

(4) 当地住宅的日照间距系数为 1.3。

(5) 沿用地北侧道路的住宅底层应为商铺，商铺层高 4.00m（建筑总高度相应增加 1m）。

● 设计应符合国家有关规范要求。

任务要求：

● 布置满足设计条件、容积率最大的小区设计方案。

● 绘制总平面图，画出建筑物、道路、绿地，注明各建筑物名称。

● 注明小区主出入口，并用▲表示。

● 标注满足日照、防火、退界等要求的相关尺寸。

● 各建筑物平面形状不得变动、旋转，平面尺寸及层数不得改变。

● 根据作图，在下列单选题中选择一个正确答案并将其字母涂黑（例如 [■] ××
×），同时在答题卡"选择题"内将对应题号的对应字母用 2B 铅笔涂黑，二者必须一致。

(1) 容积率为：(12 分)

　　[A] 1.73　　　　　　[B] 1.68　　　　　　[C] 1.52　　　　　　[D] 1.45

(2) 十一层住宅的设计幢数为：(4 分)

　　[A] 1 幢　　　　　　[B] 2 幢　　　　　　[C] 3 幢　　　　　　[D] 4 幢

(3) 会所位于用地的：(6 分)

　　[A] 东南角　　　　　[B] 东北角　　　　　[C] 西南角　　　　　[D] 西北角

(4) 小区主出入口位于用地的：(4 分)

　　[A] 东侧　　　　　　[B] 西侧　　　　　　[C] 南侧　　　　　　[D] 北侧

(5) 沿用地北侧道路的住宅与北侧用地红线的距离为：(2 分)

　　[A] 5.00～5.90m　　　　　　　　　　[B] 8.70～9.60m

　　[C] 10.00～10.90m　　　　　　　　　[D] 15.20～16.10m

[参考答案] (图 30-5-12)

(1) 容积率为：(12 分)

　　[A] 1.73　　　　　　[B] 1.68　　　　　　[■] 1.52　　　　　　[D] 1.45

(2) 十一层住宅的设计幢数为：(4 分)

　　[A] 1 幢　　　　　　[■] 2 幢　　　　　　[C] 3 幢　　　　　　[D] 4 幢

(3) 会所位于用地的：(6 分)

　　[A] 东南角　　　　　[■] 东北角　　　　　[C] 西南角　　　　　[D] 西北角

(4) 小区主出入口位于用地的：(4 分)

　　[A] 东侧　　　　　　[B] 西侧　　　　　　[C] 南侧　　　　　　[■] 北侧

(5) 沿用地北侧道路的住宅与北侧用地红线的距离为：(2 分)

　　[A] 5.00～5.90m　　　　　　　　　　[B] 8.70～9.60m

　　[■] 10.00～10.90m　　　　　　　　　[D] 15.20～16.10m

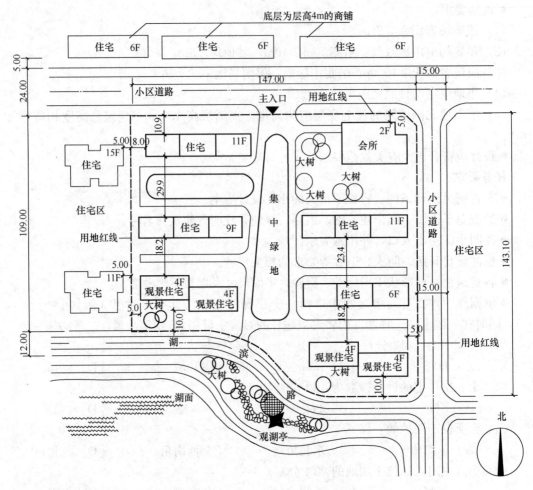

图 30-5-12　作图参考答案

[提示]

（1）住宅按南低北高原则布置，11 层住宅尽量靠北布置两栋，可获得最大容积率。注意西北角一栋 11 层住宅前后日照间距的计算：与北面已建住宅的间距，由于二者都有 4m 高的底层商店，间距应按 10 层 30m 高计算，应为 39m；与南面 9 层住宅的间距，南面住宅的计算高度应减去 4m，即按 23m 计，应为 29.9m。

（2）观景住宅 2 幢按题目提示，沿南边界布置。

（3）会所放在东北角，其形态和红线切角相协调，并且与北入口靠近，位置得体。

（4）建筑分为东、西两列靠边布置，让出中心集中绿地。

（5）小区主入口在北，与小区主要道路相接；次入口在南，与湖滨路连通。

六、2009 年试题及解析

单位：m

设计条件：

● 某居住区拟配建 24 班中学一所，其用地及周边环境如图 30-5-13 所示。东侧城市道

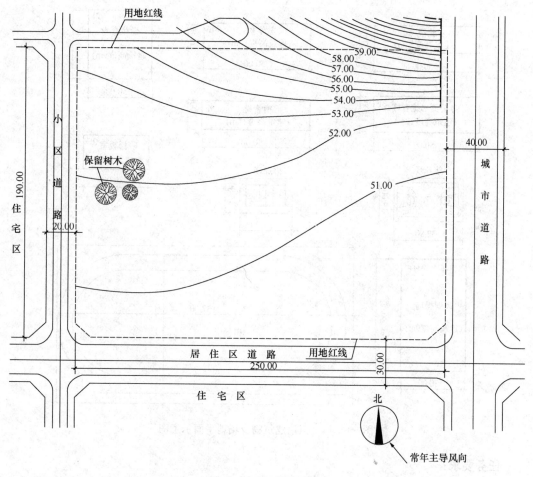

图 30-5-13　总平面图

路机动车流量为 300 辆/h，建设内容包括：

(1) 建筑物：①教学楼 2 栋；②实验楼 1 栋；③办公图书综合楼 1 栋；④阶梯教室 1 栋；⑤风雨操场 1 栋；⑥宿舍楼 2 栋；⑦学生食堂 1 栋。建筑物形状、尺寸及高度见图 30-5-14。

(2) 场地：①主入口广场，面积≥2000m²；②70m×137m 田径场 1 个；③自行车停车场，面积 500m²；④蓝（排）球场按规范要求设置。

● 规划及设计要求：

(1) 建筑物退用地红线≥10m。

(2) 在用地内坡度小于 10% 的区域布置建筑物和场地。

(3) 当地居住建筑日照间距系数为 1.3，教学楼日照间距系数为 1.5。

(4) 保留树木的树冠范围不得布置建筑物及场地。

(5) 教学区建筑物间需布置连廊，连廊宽度 5m。

(6) 各建筑物正南北向布置。

(7) 应考虑周边环境，符合国家有关规范要求。

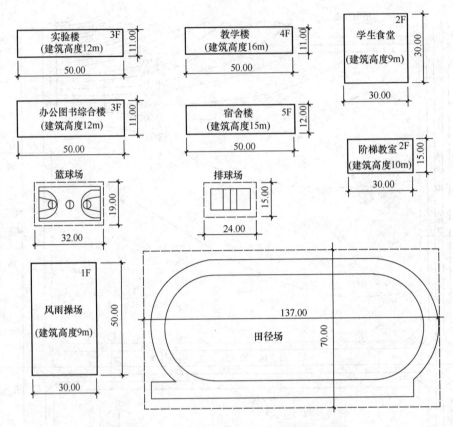

图 30-5-14 拟建建筑物及场地平面示意图

任务要求:

● 根据设计条件绘制总平面图,画出建筑物、场地并注明其名称,画出道路及绿化。

● 注明学校主、次出入口位置,并用▲表示。

● 标注满足规划、规范要求的相关尺寸,标注主入口广场面积及自行车停车场面积。

● 建筑物形状及尺寸不得变动。

● 根据作图结果,在下列单选题中选择一个对应答案,并用铅笔将所选选项的字母涂黑,例如[A]… ▆… [C]… [D]…。同时,用 2B 铅笔填涂答题卡对应题号的字母,二者必须一致,缺一不予评分。

(1) 教学区布置在用地的:(13分)

    [A] 东南部   [B] 东北部   [C] 西南部   [D] 西北部

(2) 学生生活区布置在用地的:(5分)

    [A] 东南部   [B] 东北部   [C] 西南部   [D] 西北部

(3) 田径场布置在用地的:(5分)

    [A] 东南部   [B] 东北部   [C] 西南部   [D] 西北部

(4) 学校主入口由何处进入?(5分)

    [A] 北侧尽端路   [B] 西侧小区道路

    [C] 南侧居住区道路   [D] 东侧城市道路

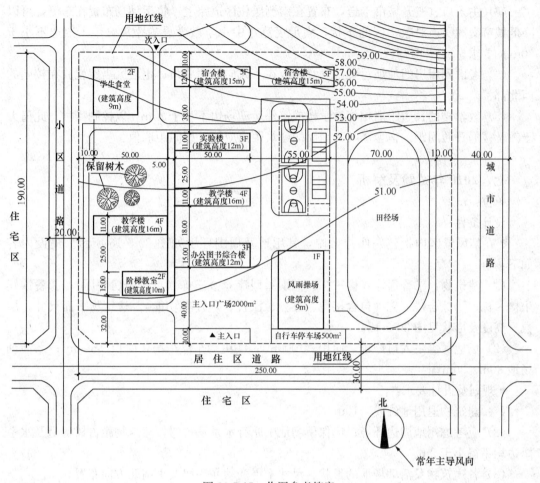

图 30-5-15 作图参考答案

(1) 教学区布置在用地的：（13 分）

　　[A] 东南部　　　　[B] 东北部　　　　[■] 西南部　　　　[D] 西北部

(2) 学生生活区布置在用地的：（5 分）

　　[A] 东南部　　　　[B] 东北部　　　　[C] 西南部　　　　[■] 西北部

(3) 田径场布置在用地的：（5 分）

　　[■] 东南部　　　　[B] 东北部　　　　[C] 西南部　　　　[D] 西北部

(4) 学校主入口由何处进入？（5 分）

　　[A] 北侧尽端路　　　　　　　　　　　　[B] 西侧小区道路

　　[■] 南侧居住区道路　　　　　　　　　　[D] 东侧城市道路

[提示]

(1) 注意室外运动场长轴应取南北向，故室外运动场应旋转 90°；建筑物除风雨操场外，要争取好朝向而不应旋转。篮、排球场数量按《中小学校设计规范》要求，平均每 6 班设一个，至少设 4 个。

(2) 南北朝向的可布置宽度 230m，适宜作成 4 个 50m 左右的纵列。24 班学校篮、排球场地不应少于 4 个。

（3）主入口宜避开城市干道，布置在南侧居住区道路上；将运动场布置在东侧，可以降低城市交通噪声对教学区的干扰，满足规范对中小学教学设施距离城市干道边不小于80m 的要求。

（4）考虑到厨房的油烟污染，食堂应放在下风向的西北角；生活区当然就放在校园的西北部了。

（5）教学楼的长边距离相邻教学楼或室外运动场边不小于 25m，以控制噪声；此值大于教学楼的日照间距。宿舍楼与其南面的建筑距离应按日照间距取值。

七、2010 年试题及解析

单位：m

设计条件：

● 在某风景区内拟建一座疗养院，其用地及周围环境如图 30-5-16 所示。建设内容如下：

（1）建筑物：①普通疗养楼三栋；②别墅型疗养楼三栋（自设厨房餐厅）；③餐饮娱乐楼一栋；④综合楼一栋（包含接待、办公、医技、理疗等功能）。建筑物平面尺寸、层数、高度及形状见图 30-5-17。

（2）场地：①主入口广场，面积≥1000m²；②机动车停车场，面积≥600m²；③活动场地 30m×30m。

● 规划及设计要求：

（1）建筑物退用地红线≥10m。

（2）应考虑用地周边环境；应保留场地中原有水系及古树，建筑物距古树树冠及水系岸边均不得小于 2m。

（3）各建筑物及活动场地的形状、尺寸不得变动并一律按正南北方向布置。

（4）疗养楼日照间距系数为 2.0。

（5）普通疗养楼、综合楼、餐饮娱乐楼之间需设一层通廊（或廊桥）连接，通廊宽度为 4m，高度为 3m。

（6）设计需符合国家有关规范。

任务要求：

● 根据设计条件绘制总平面图，画出建筑物、场地、道路、绿化，注明各建筑物及场地名称。

● 标注主入口广场和机动车停车场的面积。

● 标注疗养院的出入口，并用▲表示。

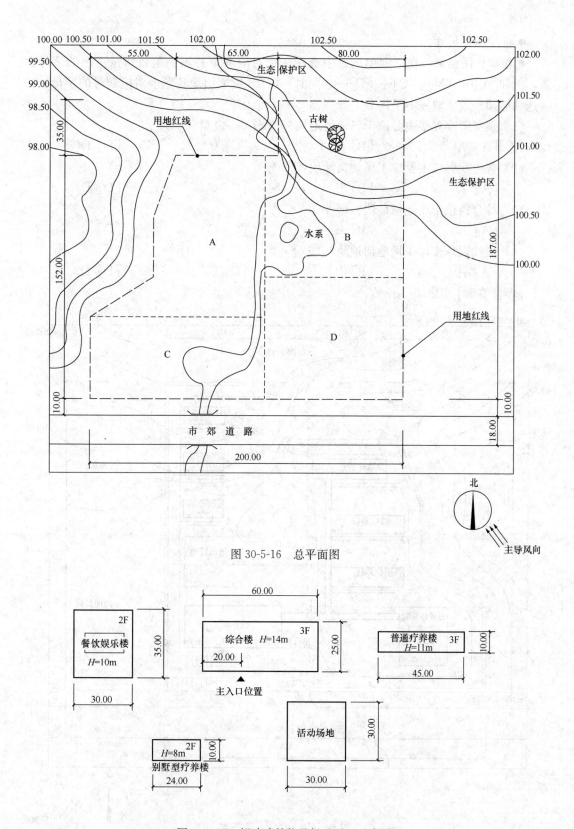

图 30-5-16 总平面图

图 30-5-17 拟建建筑物及场地平面示意图

● 标注相关尺寸。

● 根据作图结果，在下列单选题中选择一个对应答案并用铅笔将所选选项的字母涂黑，例如[A]… [■]… [C]… [D]…。同时，用 2B 铅笔填涂答题卡对应题号的字母。二者选项必须一致，缺一不予评分。

(1) 别墅型疗养楼主要位于场地何地块？（8分）

    [A] A   [B] B   [C] C   [D] D

(2) 普通疗养楼主要位于场地何地块？（8分）

    [A] A   [B] B   [C] C   [D] D

(3) 综合楼位于场地何地块？（6分）

    [A] A   [B] B   [C] C   [D] D

(4) 餐饮娱乐楼位于场地何地块？（6分）

    [A] A   [B] B   [C] C   [D] D

[参考答案]（图 30-5-18）

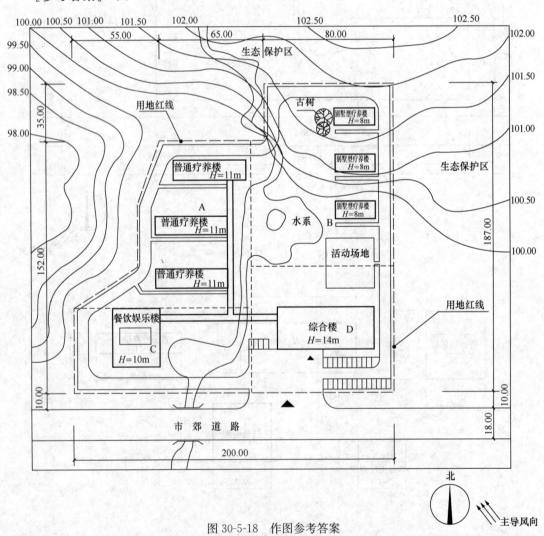

图 30-5-18　作图参考答案

(1) 别墅型疗养楼主要位于场地何地块？（8分）

　　[A] A　　　　　　[■] B　　　　　　[C] C　　　　　　[D] D

(2) 普通疗养楼主要位于场地何地块？（8分）

　　[■] A　　　　　　[B] B　　　　　　[C] C　　　　　　[D] D

(3) 综合楼位于场地何地块？（6分）

　　[A] A　　　　　　[B] B　　　　　　[C] C　　　　　　[■] D

(4) 餐饮娱乐楼位于场地何地块？（6分）

　　[A] A　　　　　　[B] B　　　　　　[■] C　　　　　　[D] D

[提示]

(1) 本题主要考查在用地地形条件比较复杂的情况下，总图布置的合理功能分区问题。从题目所提的4个选择题可以看出4个考核点是疗养院4组不同功能的建筑在总平面4个区域如何合理安排的问题。

(2) 首先将对外接待、公共活动部分与生活居住部分分开。公共部分应靠近公路和基地出入口，放在南面C、D两区；生活居住部分退到北面A、B两区。

(3) 3栋普通疗养楼体形较大，布置不灵活，可先就位，放在A区较合适；别墅型疗养楼放在B区坡地上没有问题，周围环境还更好；餐饮服务楼的厨房应尽量放在下风向（注意指北针旁的主导风向提示），所以应放在西面的C区；综合楼和场地出入口就在D区了。

(4) 本答案将车行道布置在用地周边，让出中间大部分场地作为步行区，以保障疗养者的户外活动安全。

八、2011年试题及解析

单位：m

设计条件：

某企业拟在厂区西侧扩建科研办公生活区，用地及周边环境如图30-5-19所示。

● 拟建内容包括：

(1) 建筑物：①行政办公楼一栋；②科研实验楼三栋；③宿舍楼三栋；④会议中心一栋；⑤食堂一栋。

(2) 场地：①行政广场，面积5000m²；②为行政办公楼及会议中心配建机动车停车场，面积≥1800m²；③篮球场三个及食堂后院一处。建筑物平面形状、尺寸、高度及篮球场形状、尺寸见图30-5-20。

● 规划及设计要求：

(1) 建筑物后退城市干道道路红线≥20m，后退城市支路道路红线≥15m，后退用地界线10m。

(2) 当地宿舍和住宅的建筑日照间距系数为1.5，科研实验楼建筑间距系数为1.0。

(3) 科研实验楼在首层设连廊，连廊宽6m。

(4) 保留树木树冠的投影范围内不得布置建筑物及场地；沿城市道路交叉口位置宜设置绿化。

(5) 各建筑物均为正南北向布置，平面形状及尺寸不得变动。

(6) 防火要求：①厂房的火灾危险性分类为甲类、耐火等级为二级；②拟建高层建筑

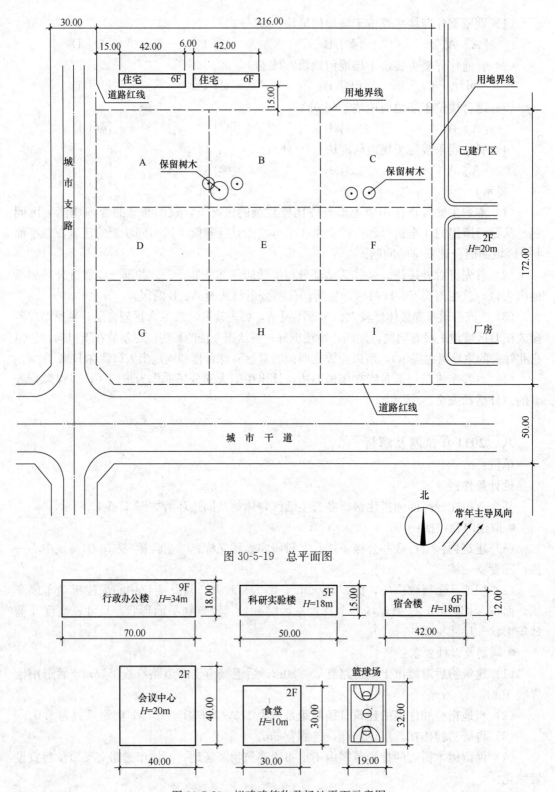

图 30-5-19 总平面图

图 30-5-20 拟建建筑物及场地平面示意图

耐火等级为一级，拟建多层建筑耐火等级为二级。

任务要求：

● 根据设计条件绘制总平面图，画出建筑物、场地并注明其名称，画出道路及绿化。

● 标出扩建区主、次出入口，并用▲表示。

● 标注满足规划、规范要求的相关尺寸，标注行政广场面积及停车场面积。

● 根据作图结果，在下列单选题中选择一个对应答案并用铅笔将所选选项的字母涂黑，例如 [■] … [B]… [C]… [D]…。同时，用2B铅笔填涂答题卡对应题号的字母，二者选项必须一致，缺一不评分。

(1) 行政办公楼位于：（10分）

　　[A] A-B 地块　　　　[B] D-G 地块　　　　[C] E-H 地块　　　　[D] F-I 地块

(2) 科研实验楼位于：（8分）

　　[A] A-B 地块　　　　[B] D-G 地块　　　　[C] E-H 地块　　　　[D] F-I 地块

(3) 宿舍楼位于：（5分）

　　[A] A-B-D 地块　　　[B] A-B-C 地块　　　[C] A-D-G 地块　　　[D] C-F-I 地块

(4) 食堂位于：（5分）

　　[A] A 地块　　　　　[B] B 地块　　　　　[C] C 地块　　　　　[D] D 地块

[**参考答案**]（图 30-5-21）

(1) 行政办公楼位于：（10分）

　　[A] A-B 地块　　　　[B] D-G 地块　　　　[■] E-H 地块　　　　[D] F-I 地块

(2) 科研实验楼位于：（8分）

　　[A] A-B 地块　　　　[B] D-G 地块　　　　[C] E-H 地块　　　　[■] F-I 地块

(3) 宿舍楼位于：（5分）

　　[■] A-B-D 地块　　　[B] A-B-C 地块　　　[C] A-D-G 地块　　　[D] C-F-I 地块

(4) 食堂位于：（5分）

　　[A] A 地块　　　　　[B] B 地块　　　　　[■] C 地块　　　　　[D] D 地块

[**提示**]

(1) 本题是一个工厂厂前区布置问题，要求合理布置办公、科研、宿舍、食堂这4个功能部分，并与工厂生产区有一定关系。

(2) 鉴于用地北面已有两栋住宅，考虑生活区集中布置，宿舍、食堂宜放北面。食堂有油烟污染，应放在最下风向，可定位于 C 地块；3 栋宿舍楼便在 A-B-D 地块，注意和已有住宅保持 27m 日照间距。

(3) 科研实验楼应与生产厂房密切结合，故应放在东边；行政办公楼、会议中心与广场、停车场组合设置，相应靠西布局。

(4) 场地中部结合保留树木布置球场比较合适。

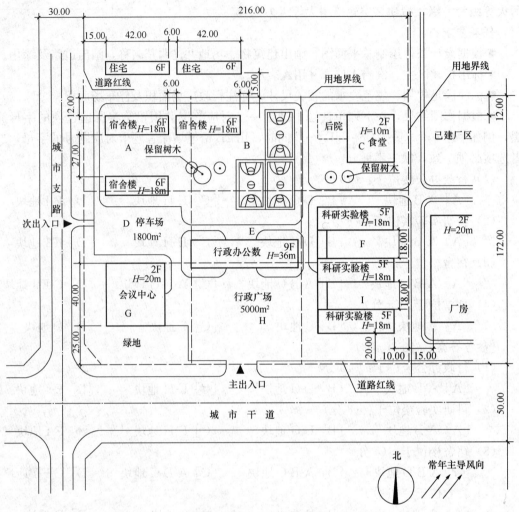

图 30-5-21　作图参考答案

九、2012 年试题及解析

单位：m

设计条件：

某新区拟建行政中心，用地及周边环境如图 30-5-22 所示。

● 拟建内容包括：

（1）建筑物：①管委会行政办公楼一栋；②研究中心一栋；③会议中心一栋；④档案楼一栋；⑤职工食堂一栋；⑥市民办事大厅一栋；⑦规划展览馆一栋。建筑物平面形状及尺寸见图 30-5-23。

（2）场地：①市民广场，面积≥6000m²；②机动车停车场，面积≥1000m²；③规划展览馆室外展场，面积≥800m²。

● 规划及设计要求：

（1）建筑物后退城市道路红线≥20m；后退用地界线≥15m。

（2）当地住宅建筑日照间距系数为 1.5。

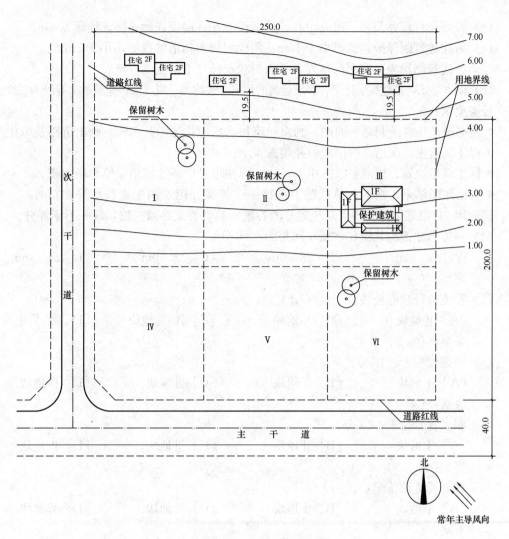

图 30-5-22 总平面图

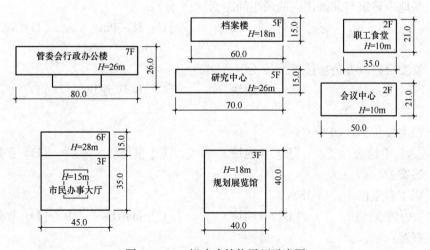

图 30-5-23 拟建建筑物平面示意图

(3) 管委会行政办公楼、研究中心、档案楼需在首层设连廊连接，连廊宽 6m。

(4) 新建建筑距保护建筑不小于 15m；距保留树木树冠的投影不小于 5m。

(5) 各建筑物均为正南北向布置，平面形状及尺寸不得变动、旋转。

(6) 防火要求：拟建高层建筑、多层建筑的耐火等级均为一级，保护建筑耐火等级为三级。

任务要求：

● 根据设计条件绘制总平面图，画出建筑物、场地并注明其名称，画出道路及绿化。

● 标注场地主、次出入口位置，并用▲表示。

● 标注满足规划、规范要求的相关尺寸，标注市民广场及机动车停车场面积。

● 根据作图结果，在下列单选题中选择一个答案并用绘图笔将其填写在括号（　　　　）

内，同时用 2B 铅笔填涂答题卡对应题号的答案。二者答案必须一致，缺一不予评分。

(1) 基地内建筑与北侧住宅最小间距为：(6 分)

    [A] 37.50m   [B] 38.00m   [C] 38.50m   [D] 39.00m

    答案：(　　　)

(2) 管委会行政办公楼位于：(6 分)

    [A] Ⅱ地块   [B] Ⅴ地块   [C] Ⅳ-Ⅴ地块   [D] Ⅴ-Ⅵ地块

    答案：(　　　)

(3) 档案楼位于：(6 分)

    [A] Ⅰ地块   [B] Ⅱ地块   [C] Ⅲ地块   [D] Ⅳ地块

    答案：(　　　)

(4) 职工食堂位于：(4 分)

    [A] Ⅰ地块   [B] Ⅱ地块   [C] Ⅲ地块   [D] Ⅳ地块

    答案：(　　　)

(5) 规划展览馆位于：(6 分)

    [A] Ⅰ地块   [B] Ⅳ地块   [C] Ⅴ地块   [D] Ⅵ地块

    答案：(　　　)

[参考答案]（图 30-5-24）

(1) 基地内建筑与北侧住宅的最小间距为：(6 分)

    [A] 37.50m   [B] 38.00m   [C] 38.50m   [D] 39.00m

    答案：(A)

(2) 管委会行政办公楼位于：(6 分)

    [A] Ⅱ地块   [B] Ⅴ地块   [C] Ⅳ-Ⅴ地块   [D] Ⅴ-Ⅳ地块

    答案：(A)

(3) 档案楼位于：(6 分)

    [A] Ⅰ地块   [B] Ⅱ地块   [C] Ⅲ地块   [D] Ⅳ地块

    答案：(C)

(4) 职工食堂位于：(4 分)

    [A] Ⅰ地块   [B] Ⅱ地块   [C] Ⅲ地块   [D] Ⅳ地块

    答案：(A)

(5) 规划展览馆位于：(6 分)

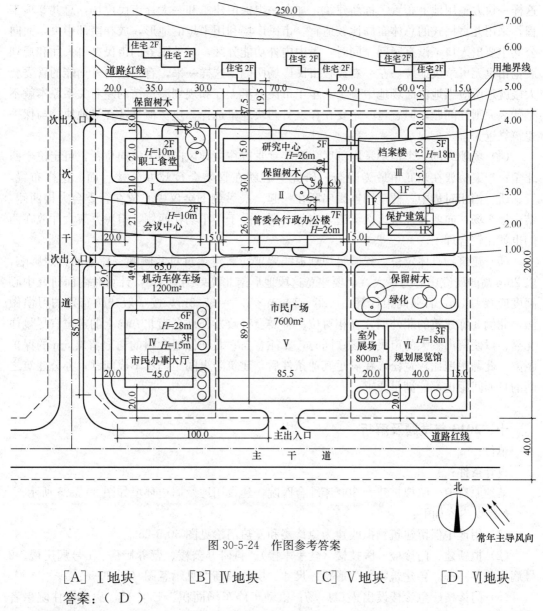

图 30-5-24 作图参考答案

[A] Ⅰ地块   [B] Ⅳ地块   [C] Ⅴ地块   [D] Ⅵ地块

答案：（ D ）

[提示]

（1）本题是一个城市的市民中心布置问题。要求在满足规划退线、保护一处文物建筑、保留3组大树的前提下，合理布置为市民服务的市民办事大厅、规划展览馆以及管委会办公大楼、会议中心、研究中心、档案楼、职工食堂等7栋建筑。其中，市民办事大厅、管委会行政办公楼和研究中心高度超过24m，是3栋高层建筑。

（2）用地周边影响建筑布置的设计条件有：南面是城市主干道，西面是次干道，北面有一排已建住宅。因此，场地主要出入口也就是市民公共出入口宜开向南侧主干道，且以步行为主；次干道上可开次要出入口，以供内部使用。车流量较大的停车场出入口也宜开向城市次干道。此外，在用地北部布置建筑物时要避免对已建住宅产生日照遮挡。

（3）用地南部地势平坦，北部为缓坡地，均适于布置建筑。稍加留意就可以发现，在这样一块方整用地上布置7栋新建筑，加上一组保留建筑和一大片市民广场，总共9项工程，采用九宫格式的总体布局比较适宜。市民广场利用平坦的地形，放在南部中央，面向公共主要出入口，没有疑问。同时，考虑内外功能分区，对外服务的市民办事大厅和规划展览馆也无可争议地一左一右放在市民广场两侧。这样一来，有一定对外功能的管委会大楼就理所应当地位居场地中央了。至于市民办事大厅和规划展览馆的左右关系原本就不是什么原则性问题，但题目一定要在Ⅳ、Ⅵ两块地里选择一块。似乎选在Ⅵ地块，与保护建筑靠近为宜。

（4）场地北部3个地块是内部区。职工食堂应在主导风向的下风向位置，可定位于西北角；档案楼放在东北角最为隐蔽；研究中心就在管委会行政办公楼后面。这样布置，管、研、档相对集中，便于用连廊串联在一起。最后剩下会议中心放在管委会大楼西侧，结合停车场，向西通往城市次干道，出入方便。由于停车场在西侧，市民办事大厅放在西侧也就比较合理了。

（5）建筑物具体定位，先满足规划退线要求。新建建筑对北侧既有住宅的日照影响，以26m高的研究中心为最大，但要注意这段地形南北高差约有1m，计算时南面研究中心高度应减去1m。日照间距计算：（26－1）m×1.5＝37.5m。按一般建筑布置的习惯做法，北侧3栋建筑的北外墙宜互相对位。管委会行政办公楼在南北方向上的定位宜尽量往北靠，以便留出较大的市民广场；同时，要注意与它北面保留大树的树冠留出5m的保护距离。此题用地比较宽松，在满足其他条件后，建筑防火间距仍然不成问题；办公建筑之间的日照间距也都能满足要求。

十、2013年试题及解析

单位：m

设计条件：

某地原有卫生院拟扩建为300床综合医院，建设用地及周边环境如图30-5-25所示。

● 建设内容如下：

（1）用地中保留建筑物拟改建为急诊楼和发热门诊见图30-5-25。

（2）拟新建：门诊楼、医技楼（含手术楼）、科研办公楼、营养厨房、1号病房楼、2号病房楼各一栋。各建筑物平面形状、尺寸、层数及高度见示意图（图30-5-26）。

（3）门诊楼、急诊楼设出入口广场；机动车停车场面积≥1500m²，病房楼住院患者室外活动场地≥3000m²。

● 规划及设计要求：

（1）医院出入口中心线距道路中心线交叉点的距离≥60m，建筑后退红线≥10m。

（2）新建建筑物均正南北向布置，病房楼的日照间距系数为2.0。

（3）医技楼应与门诊楼、急诊楼、科研办公楼、病房楼之间设置连廊，连廊宽6m。

（4）新建建筑物与保留树木树冠的间距≥5m。

（5）建筑物的平面形状、尺寸不得变动，建筑耐火等级均为二级。

任务要求：

● 根据设计条件绘制总平面图，画出建筑物、场地并标注其名称，画出道路及绿化。

● 标注门诊住院出入口、急诊出入口、后勤污物出入口的位置，并用▲表示。

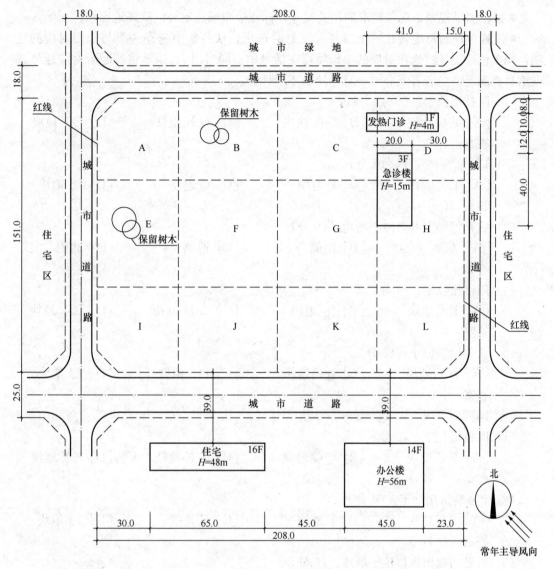

图 30-5-25 总平面图

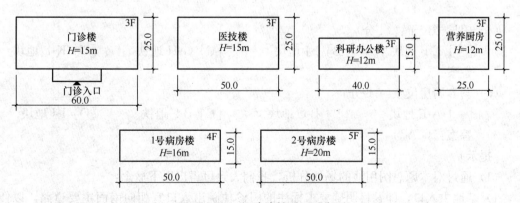

图 30-5-26 拟建建筑平面示意图

● 标注满足规划、规范要求的相关尺寸，标注停车场、室外活动场地面积。

● 下列单选题每题只有一个最符合题意的选项，从各题中选择一个与作图对应的选项，用黑色绘图笔将选项对应的字母填写在括号中；同时用2B铅笔将答题卡对应题号选项信息点涂黑。二者答案必须一致，缺项不予评分。

(1) 医技楼位于：(6分)

    [A] F-G地块   [B] C-G地块   [C] G-K地铁   [D] E-F地块

    答案：(   )

(2) 1号病房楼位于：(6分)

    [A] E-F地块   [B] F地块   [C] G地铁   [D] I-J地块

    答案：(   )

(3) 后勤污物出入口位于场地：(6分)

    [A] 东侧   [B] 南侧   [C] 西侧   [D] 北侧

    答案：(   )

(4) 门诊楼位于：(4分)

    [A] E-F地块   [B] I-J地块   [C] G-H地铁   [D] K-L地块

    答案：(   )

(5) 营养厨房位于：(6分)

    [A] A-E地块   [B] B-C地块   [C] B-F地铁   [D] I-J地块

    答案：(   )

[参考答案] (图30-5-27)

(1) 医技楼位于：(6分)

    [A] F-G地块   [B] C-G地块   [C] G-K地铁   [D] E-F地块

    答案：(B)

(2) 1号病房楼位于：(6分)

    [A] E-F地块   [B] F地块   [C] G地铁   [D] I-J地块

    答案：(B)

(3) 后勤污物出入口位于场地：(6分)

    [A] 东侧   [B] 南侧   [C] 西侧   [D] 北侧

    答案：(D)

(4) 门诊楼位于：(4分)

    [A] E-F地块   [B] I-J地块   [C] G-H地铁   [D] K-L地块

    答案：(C)

(5) 营养厨房位于：(6分)

    [A] A-E地块   [B] B-C地块   [C] B-F地铁   [D] I-J地块

    答案：(A)

[提示]

(1) 通过对本题总图用地的场地分析，我们大致可得出以下概念：

1) 基地主入口，即题目明确要求标注的门诊住院出入口宜朝向南面主要道路，以便利用城市交通组织人流，并以步行为主；门诊及住院楼宜靠近主入口布置；题目另一个明

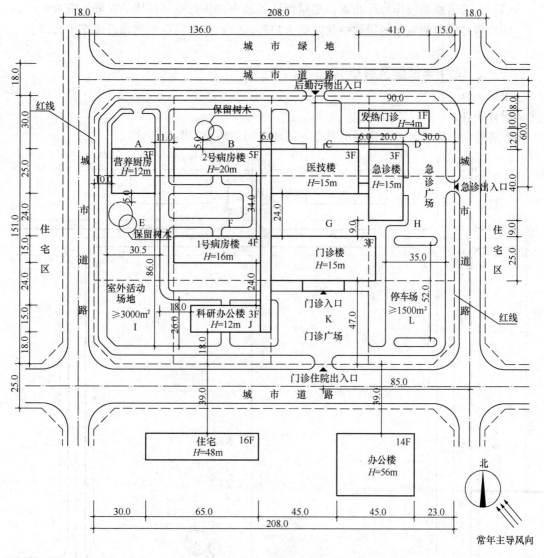

图 30-5-27　作图参考答案

确要求标注的急诊出入口则应迁就急诊楼的既定位置，开向东侧道路，以车流为主。题目要求的后勤污物出口宜面对北侧城市绿地。

2）病房楼应避开南面已有建筑的日照遮挡。用地东南角基地外的已建高层办公楼的阴影区深度为112m，故用地东部不可能布置病房楼，如果用地中部布置门诊部，两栋病房楼只能一南一北放在用地西部。

（2）题目要求医技楼要与其他各楼采用连廊联系，这就决定了其布局的核心地位；营养厨房按考试惯例，应放在下风向的用地西北角，接近后勤出入口；科研办公楼的布置不是主要考核点，可以灵活安排。

（3）两座病房楼一前一后按日照间距布置。

（4）主要建筑物的具体定位，宜参照选择题的所给选项，排除不可能的布局方案，按最合理的地块确定。

（5）主要道路系统作外环布置，尽量保证场地中部步行空间环境的安静、安全。

（6）病房楼西侧宽敞的绿地供住院病人户外活动；停车场在东侧靠近汽车出入口。

十一、2014 年试题及解析

单位：m

设计条件：

● 某陶瓷厂拟建艺术陶瓷展示中心，用地及周边环境如图 30-5-28。

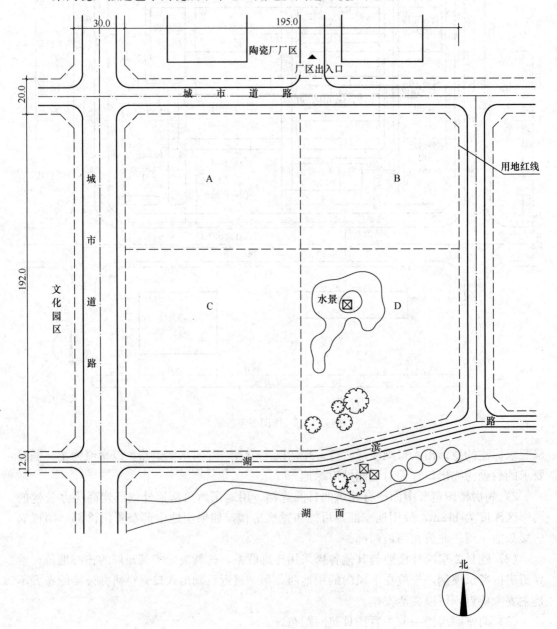

图 30-5-28 总平面图

● 建设内容如下：

（1）建筑物：展厅、观众服务楼、毛坯制作工坊、手绘雕刻工坊、烧制工坊、成品库房一栋；工艺师工作室三栋；各建筑物平面形状、尺寸及层数见图 30-5-29。

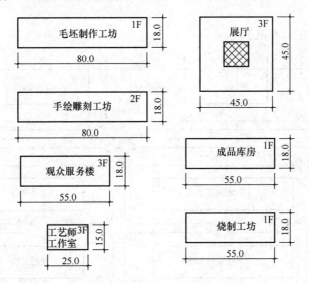

图 30-5-29　拟建建筑物平面示意图

（2）场地：观众集散广场（面积≥1000m²），停车场（面积≥1000m²）各一处。

● 规划要求：建筑物后退用地红线不小于 10m，保留用地内的水系及树木。

● 毛坯制作用材料由陶瓷厂供应；陶瓷制作工艺流程为：毛坯制作—手绘雕刻—烧制—成品；观众参观流程为：展厅—手绘雕刻工坊—烧制工坊—工艺师工作室—观众服务楼。

● 建筑物平面尺寸及形状不得变动，且均应按正南北朝向布置。

● 拟建建筑均按民用建筑设计，耐火等级均为二级。

任务要求：

● 根据设计条件绘制总平面图，画出建筑物、场地并注明其名称，布置道路及绿化。

● 标注观众出入口及货运出入口在城市道路处的位置，并用▲表示。

● 标注满足规划、规范要求的相关尺寸，标注观众集散广场及停车场面积。

● 下列单选题每题只有一个最符合题意的选项，从各题中选择一个与作图结果对应的选项，用黑色墨水笔将选项对应的字母填写在括号中；同时用 2B 铅笔将答题卡对应题号的选项信息点涂黑。二者必须一致，缺项不予评分。

（1）展厅位于：（8 分）

　　[A] A 地块　　　　[B] B 地块　　　　[C] C 地块　　　　[D] D 地块

　　答案：（　　）

（2）工艺师工作室位于：（8 分）

　　[A] A 地块　　　　[B] B 地块　　　　[C] C 地块　　　　[D] D 地块

　　答案：（　　）

（3）货运出入口位于建设用地的：（6 分）

　　[A] 南侧　　　　　[B] 东侧　　　　　[C] 西侧　　　　　[D] 北侧

答案：（　　）

（4）观众服务楼位于：（6分）

[A] A 地块　　　　[B] B 地块　　　　[C] C 地块　　　　[D] D 地块

答案：（　　）

[**参考答案**]（图 30-5-30）

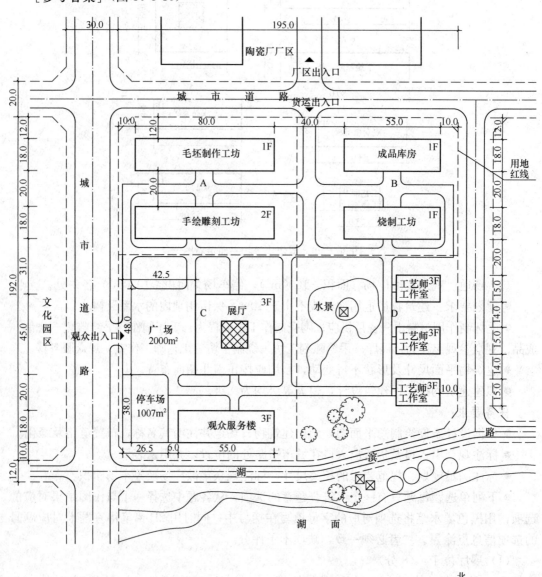

图 30-5-30　作图参考答案

（1）展厅位于：（8分）

[A] A 地块　　　　[B] B 地块　　　　[C] C 地块　　　　[D] D 地块

答案：（ C ）

    （2）工艺师工作室位于：（8分）

        [A] A 地块   [B] B 地块   [C] C 地块   [D] D 地块

        答案：（ D ）

    （3）货运出入口位于建设用地的：（6分）

        [A] 南侧   [B] 东侧   [C] 西侧   [D] 北侧

        答案：（ D ）

    （4）观众服务楼位于：（6分）

        [A] A 地块   [B] B 地块   [C] C 地块   [D] D 地块

        答案：（ C ）

[提示]

（1）首先根据用地周边的城市环境条件确定基地主、次出入口方位。显然，观众的主要出入口开向西侧城市主要道路，而内部使用的次要出入口与物流结合，开向北侧次要道路，正对原料来源的厂区大门。

（2）建筑与室外场地按功能性质分区布置：作为公众参观流线起点和终点的集散广场肯定应位于 C 区，靠近主要出入口处，主展厅、观众服务楼和停车场则围绕广场布置；陶瓷制作的工坊和成品库放在北面的 A、B 两区，与陶瓷工厂靠近；余下的 3 栋工艺师工作室放在 D 区相对幽静的环境中，应属"得其所哉"。应当说，解答这道题没有什么悬疑，这是近年来场地布置试题中相对简单的一道。

（3）此题对建筑控制线退后用地红线 10m 的要求，在场地东南角有一点微妙之处。那里的红线有一个抹角，题目没给出具体尺寸；布置工艺师工作室时，稍不注意，很容易造成最南边一栋的墙角超出建筑控制线，就有可能被扣分。此类作图细节，考试时应尽可能照顾到，这是顺利过关的保证。

十二、2017 年试题及解析

单位：m

设计条件：

● 某养老院建筑用地及周边环境如图 30-5-31 所示。用地内保留建筑拟改建为厨房、洗衣房、职工用房等管理服务用房。

● 用地内新建：

（1）建筑物：①综合楼（内含办公、医疗、活动室等）一栋；②餐厅（内含公共餐厅兼多功能厅、茶室等）一栋；③居住楼（自理）二栋；④居住楼（介助、介护）一栋；⑤连廊（宽度 4m，按需设置）。各建筑物平面尺寸、形状、高度及层数见图 30-5-32。

（2）场地：①主入口广场＞1000m²；②种植园一个＞3000m²；③活动场地一个＞1100m²；④门球场一个（尺寸如图 30-5-32 所示）；⑤停车场一处（＞40 辆，车位 3m×6m）。

● 规划要求：

（1）建筑物后退用地红线不应小于 15m。

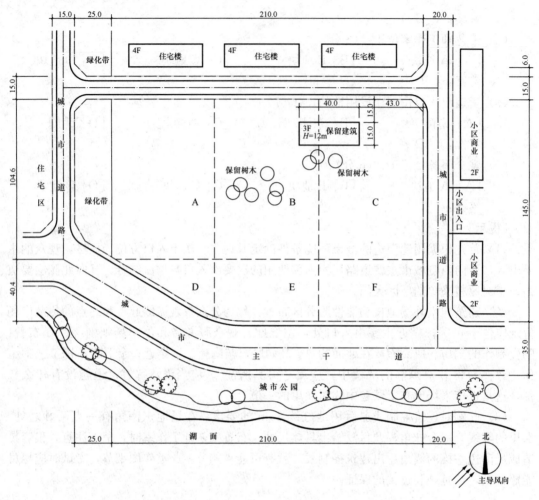

图 30-5-31　总平面图

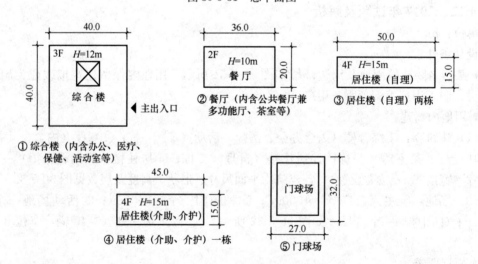

图 30-5-32　拟建建筑物及场地平面示意图

（2）门球场和活动场地距离用地红线不应小于 5m，距离建筑物不应小于 18m。

（3）居住建筑日照间距系数为 2.0。

（4）居住楼（介助、介护）应与综合楼联系密切。

● 建筑物平面尺寸及形状不得变动，且均应按正南北朝向布置。

● 各建筑物耐火等级均为二级，应满足国家相关规范要求。

任务要求：

● 依据设计条件绘制总平面图，画出建筑物、场地并标注名称，画出道路及绿化。

● 注明各建筑场地的出入口及后勤出入口的位置并用"▲"表示。

● 标注满足规划、规范要求的相关尺寸，注明主入口广场、种植园、活动场地的面积及停车位数量。

● 下列单选题每题只有一个符合题意的选项，从各题中选择一个与作图结果对应的选项，用黑色墨水笔将选项对应的字母填写在括号中；同时用 2B 铅笔将答题卡对应题号选项信息点涂黑。二者必须一致，缺项不予评分。

（1）养老院主出入口位于场地：（10 分）

　　　[A] 东侧　　　　　[B] 西侧　　　　　[C] 南侧　　　　　[D] 北侧

　　　答案：（　　）

（2）居住楼（自理）位于：（6 分）

　　　[A] A 地块　　　　[B] B 地块　　　　[C] E 地块　　　　[D] F 地块

　　　答案：（　　）

（3）居住楼（介助、介护）位于：（6 分）

　　　[A] A 地块　　　　[B] B 地块　　　　[C] E 地块　　　　[D] F 地块

　　　答案：（　　）

（4）停车场位于：（6 分）

　　　[A] A 地块　　　　[B] C 地块　　　　[C] D 地块　　　　[D] F 地块

　　　答案：（　　）

[**参考答案**]（图 30-5-33）

（1）养老院主出入口位于场地：（10 分）

　　　[A] 东侧　　　　　[B] 西侧　　　　　[C] 南侧　　　　　[D] 北侧

　　　答案：（ A ）

（2）居住楼（自理）位于：（6 分）

　　　[A] A 地块　　　　[B] B 地块　　　　[C] E 地块　　　　[D] F 地块

　　　答案：（ A ）

（3）居住楼（介助、介护）位于：（6 分）

　　　[A] A 地块　　　　[B] B 地块　　　　[C] E 地块　　　　[D] F 地块

　　　答案：（ B ）

（4）停车场位于：（6 分）

　　　[A] A 地块　　　　[B] C 地块　　　　[C] D 地块　　　　[D] F 地块

　　　答案：（ B ）

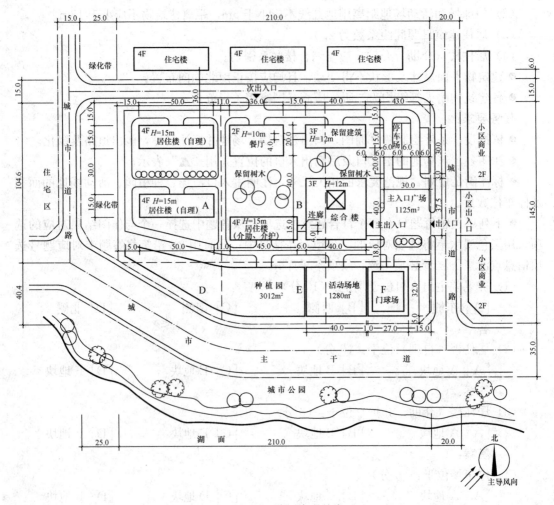

图 30-5-33　作图参考答案

[提示]

(1) 首先确定场地主、次出入口的方位。为保证行动不便的老人的出行安全，养老院主出入口不宜开在城市主干道上。东侧城市道路路东有居住小区入口及小区商业，显然提示养老院主出入口宜向东开；次出入口开向北侧，主要供内部后勤管理使用。

(2) 主出入口确定后，综合楼及主入口广场、停车场在场地东部靠近主入口布置即可。

(3) 居住楼靠西布置便成定局。其中介助、介护老人的居住楼应靠近综合楼，以方便联系。

(4) 餐厅靠北布置，以便于保留建筑中的厨房为其供餐。

(5) 车行道沿建筑群外侧周边环形布置，可为老人在场地中部提供良好的步行环境。

(6) 用地西南角地形不规整，用于种植园比较合适。

686

十三、2018 年试题及解析

单位：m

设计条件：

● 某体育中心拟在二期用地建设体育学校，用地周边环境如图 30-5-34 所示。用地内保留建筑拟改建为食堂。

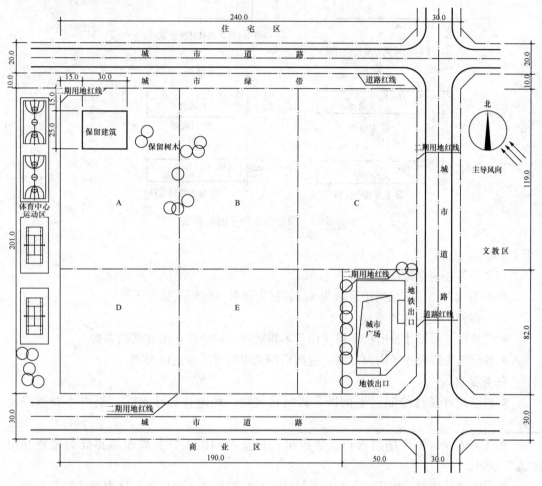

图 30-5-34 总平面图

● 用地内拟建：

(1) 建筑物：①体育馆（应兼顾对社会开放）；②训练馆（应兼顾对社会开放）；③图书馆综合楼；④实验楼；⑤教学楼（二栋）；⑥行政楼；⑦宿舍楼（二栋）；⑧连廊（宽6m，用于连接图书馆综合楼、教学楼、实验楼）。各建筑平面尺寸、形状、高度及层数见图 30-5-35。

(2) 场地：①学校主入口广场≥2000m²；②体育馆主广场≥2000m²；③停车场≥1500m²（兼顾体育馆对社会开放时停车）。

● 规划要求：

(1) 体育馆和训练馆后退用地红线不应小于 20m，其他建筑后退用地红线不应小

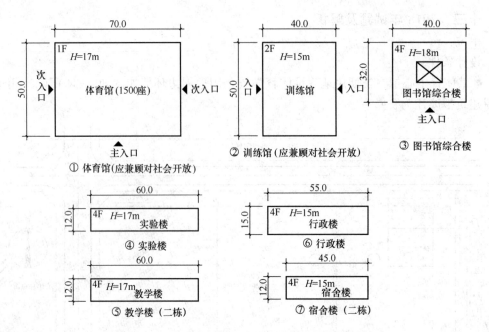

图 30-5-35　拟建建筑物平面示意图

于 15m。

（2）停车场退用地红线不应小于 5m。

（3）当地教学楼日照间距系数为 1.4，宿舍楼日照间距系数为 1.3。

（4）保留用地中的树木。

● 建筑物平面尺寸及形状不得变动且不得旋转，均应按正南北朝向布置。

● 各建筑物耐火等级均为二级，应满足国家现行有关规范的要求。

任务要求：

● 根据设计条件绘制总平面图，画出建筑物、场地并标注名称，画出主要道路及绿化。

● 注明体育馆主广场出入口、学校出入口及后勤出入口在城市道路处的位置并用"▲"表示。

● 标注满足规划、规范要求的相关尺寸，标注学校主入口广场、体育馆主广场、停车场的面积。

● 下列单选题每题只有一个最符合题意的选项，从各题中选择一个与作图结果对应的选项，用 2B 铅笔将答题卡对应题号选项信息点涂黑。

（1）学校主出入口位于场地：（8 分）

　　[A] 东侧　　　　　[B] 西侧　　　　　[C] 南侧　　　　　[D] 北侧

（2）体育馆位于：（8 分）

　　[A] A-B 地块　　　[B] B-C 地块　　　[C] D-E 地块　　　[D] A-D 地块

（3）教学楼位于：（8 分）

　　[A] A 地块　　　　[B] B 地块　　　　[C] C 地块　　　　[D] E 地块

（4）宿舍楼位于场地：（8 分）

688

[A] A 地块 [B] B 地块 [C] C 地块 [D] D 地块

（5）后勤出入口位于：（4分）

[A] 东侧 [B] 西侧 [C] 南侧 [D] 北侧

（6）停车场位于：（4分）

[A] B 地块 [B] C 地块 [C] D 地块 [D] E 地块

[参考答案]（图 30-5-36）

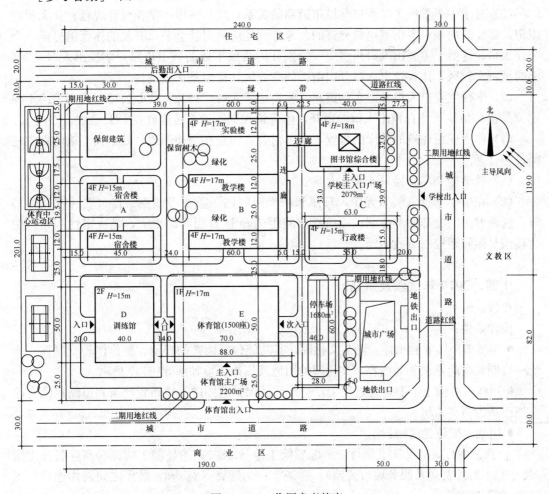

图 30-5-36 作图参考答案

（1）学校主出入口位于场地：（8分）

[■] 东侧 [B] 西侧 [C] 南侧 [D] 北侧

（2）体育馆位于：（8分）

[A] A-B 地块 [B] B-C 地块 [■] D-E 地块 [D] A-D 地块

（3）教学楼位于：（8分）

[A] A 地块 [■] B 地块 [C] C 地块 [D] E 地块

（4）宿舍楼位于场地：（8分）

[■] A 地块 [B] B 地块 [C] C 地块 [D] D 地块

689

（5）后勤出入口位于：（4分）

    ［A］东侧   ［B］西侧   ［C］南侧   ［■］北侧

（6）停车场位于：（4分）

    ［A］B地块   ［B］C地块   ［C］D地块   ［■］E地块

［提示］

（1）从6道选择题可知，此题考核重点是场地出入口方位和建筑布置的合理分区。

（2）对于中等学校主出入口与城市道路的关系，现行《中小学校设计规范》并无明确限定，即使开向城市主干道也是允许的。考虑到还应为对社会公众开放的体育馆另设一个公众入口，这两个主要出入口当然应该分别开向两条主要的城市道路。学校出入口向东，面向城市文教区，体育馆出入口开向南面的商业区，应当是正确选择。

（3）学校主要出入口开向东侧道路，就决定了入口广场和行政办公楼与图书馆的正确定位是在C地块；体育馆出入口向南开，体育馆和训练馆当然应放在D-E地块。

（4）作为保留建筑的餐厅的位置决定了宿舍宜布置在场地西边，处于训练馆与食堂之间最为合理。

（5）教学楼和实验楼只能放在B区。

（6）在中小学校总图布置中，日照和防噪声问题是重要考核点。在布置两栋教学楼时，这两方面问题都要考虑到；而防噪声间距25m比日照间距更大，是决定性因素。宿舍楼按日照间距控制不成问题。

十四、2019年试题及解析

单位：m

设计条件：

● 某城市公园北侧拟建一陶艺文化园，其功能包括陶艺的展示、制作体验（制坯—彩绘—烧制）及商业服务等内容。文化园的用地及周边环境如图30-5-37所示。

● 用地内的陶土窑旧址为近代工业遗产，其保护范围内不得布置建筑和道路；既有建筑拟改造为制坯工坊。

● 用地内拟建建筑物：

① 陶艺展厅一；②陶艺展厅二；③彩绘工坊（2栋）；④烧制工坊；⑤商业服务用房（便于独立对外营业及服务城市公园）；⑥茶室；⑦连廊（宽6m，展厅之间需加连廊，工坊之间需加连廊）。

各建筑平面尺寸、形状、高度及层数见图30-5-38所示。

● 场地要求：

① 主入口广场≥1500m²；②停车场（1处）≥1000m²。

● 规划要求：

（1）建筑物后退用地红线不应小于15.0m。

（2）停车场后退用地红线不应小于5.0m。

（3）场地出入口不得穿越城市绿带。

（4）保留用地中的水系。

● 建筑物均应按正南北朝向布置，平面尺寸及形状不得变动及旋转。

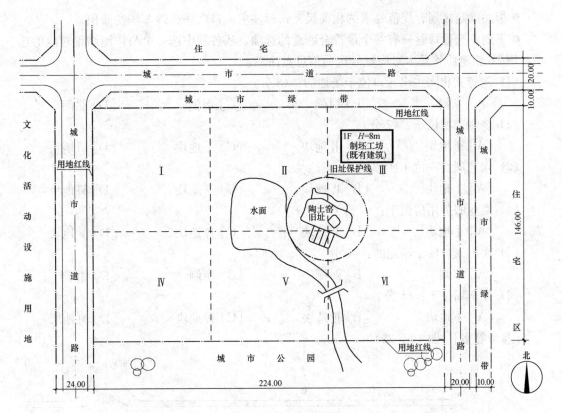

图 30-5-37 总平面图

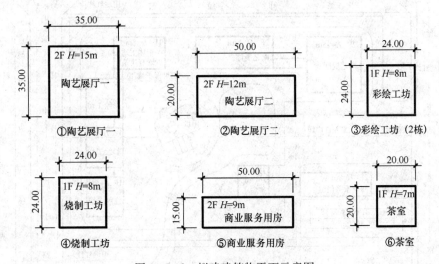

图 30-5-38 拟建建筑物平面示意图

● 各建筑物耐火等级均为二级。

● 应满足国家现行规范要求。

任务要求:

● 根据设计条件绘制总平面图,画出建筑物、场地、道路及绿地并标注名称。

● 注明场地主、次出入口在城市道路处的位置并用"▲"表示。

● 标注满足规划、规范要求的相关尺寸；标注主入口广场、停车场的面积。

● 下列单选题每题只有一个最符合题意的选项，从各题中选一个与作图结果对应的选项，用2B铅笔将答题卡对应题号选项信息点涂黑。

（1）陶瓷文化园主出入口位于场地的：（8分）

　　[A] 东侧　　　　　　[B] 西侧　　　　　　[C] 南侧　　　　　　[D] 北侧

（2）烧制工坊位于：（7分）

　　[A] Ⅰ地块　　　　　[B] Ⅱ地块　　　　　[C] Ⅴ地块　　　　　[D] Ⅵ地块

（3）陶艺展厅一位于：（7分）

　　[A] Ⅰ地块　　　　　[B] Ⅳ地块　　　　　[C] Ⅴ地块　　　　　[D] Ⅵ地块

（4）商业服务用房位于：（7分）

　　[A] Ⅰ地块　　　　　[B] Ⅱ地块　　　　　[C] Ⅳ地块　　　　　[D] Ⅴ地块

（5）次出入口位于场地的：（6分）

　　[A] 东侧　　　　　　[B] 西侧　　　　　　[C] 南侧　　　　　　[D] 北侧

（6）停车场位于：（5分）

　　[A] Ⅰ地块　　　　　[B] Ⅲ地块　　　　　[C] Ⅳ地块　　　　　[D] Ⅵ地块

[参考答案]（图30-5-39）

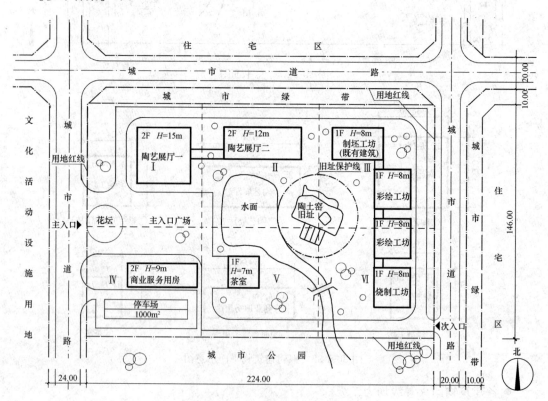

图 30-5-39　作图参考答案

（1）陶瓷文化园主出入口位于场地的：（8分）

　　[A] 东侧　　　　　■ 西侧　　　　　[C] 南侧　　　　　[D] 北侧

(2) 烧制工坊位于：（7分）

　　[A] Ⅰ地块　　　　[B] Ⅱ地块　　　　[C] Ⅴ地块　　　　[■] Ⅵ地块

(3) 陶艺展厅一位于：（7分）

　　[■] Ⅰ地块　　　　[B] Ⅳ地块　　　　[C] Ⅴ地块　　　　[D] Ⅵ地块

(4) 商业服务用房位于：（7分）

　　[A] Ⅰ地块　　　　[B] Ⅱ地块　　　　[■] Ⅳ地块　　　　[D] Ⅴ地块

(5) 次出入口位于场地的：（6分）

　　[■] 东侧　　　　　[B] 西侧　　　　　[C] 南侧　　　　　[D] 北侧

(6) 停车场位于：（5分）

　　[A] Ⅰ地块　　　　[B] Ⅲ地块　　　　[■] Ⅳ地块　　　　[D] Ⅵ地块

[提示]

(1) 总图场地主入口设于西侧，面向文化活动设施用地为妥。主入口广场相应置于用地西部居中，与陶土窑旧址隔湖正对。北面城市绿带规定不得穿越，故次入口只能向东开。

(2) 主入口广场南北两侧宜分别布置商业服务用房和陶艺展厅一。展厅二在用地北侧顺势向东延伸，与既有制坯工坊衔接，以形成进一步的展览流线。

(3) 从制坯工坊开始，由北向南沿用地东侧按制作流程布置几座陶艺工坊，到南端的烧制工坊结束。

(4) 车道宜沿用地外围布置，留出用地中间大片完整的步行区，以利于创造舒适宜人的室外景观环境。

(5) 停车场可在Ⅰ、Ⅳ地块选择，考虑到车辆出入口不宜离城市道路红线交叉点太近，选择Ⅳ地块似乎更合适些。

十五、2020年试题及解析

单位：m

设计条件：

● 某市拟建一康复医院，用地周边环境如图 30-5-40 所示。

● 拟建建筑物：

①门诊医技楼；②住院楼（一）；③住院楼（二）；④康复楼（一）；⑤康复楼（二）；⑥营养厨房及餐厅；⑦连廊（宽 6m，按需设置）。各建筑物平面尺寸、形状、高度及层数见图 30-5-41。

● 拟建场地：

①主入口广场≥13000m²；②室外康复场地≥1000m²；③停车场两处：门诊处设置停车场≥1300m²，住院及后勤出入口处设置 10 个停车位；④集中绿地≥3000m²。

● 规划要求：

(1) 拟建建筑物后退用地红线不应小于 15m。

(2) 停车场退用地红线不应小于 5m。

(3) 保留用地中的树木。

(4) 康复楼、住院楼建筑日照间距系数为 2.0。

● 建筑物均应按正南北朝向布置，平面尺寸及形状不得变动且不得旋转。

● 各建筑物耐火等级均为二级。

● 应满足国家现行规范要求。

任务要求：

● 根据设计条件绘制总平面图，画出建筑物、场地并标注名称，画出道路及绿化。

● 注明康复医院主出入口、住院及后勤出入口，并在城市道路处用"▲"表示。

● 标注满足规划、规范要求的相关尺寸，标明主入口广场、室外康复场地、停车场及集中绿地的面积。

● 下列单选题每题只有一个最符合题意的选项，从各题中选择一个与作图结果对应的选项，用2B铅笔将答题卡对应题号选项信息点涂黑。

（1）康复医院主出入口位于场地的：（8分）

　　[A] 东侧　　　　[B] 西侧　　　　[C] 南侧　　　　[D] 北侧

（2）康复楼（一）位于：（8分）

　　[A] Ⅰ-Ⅱ地块　　[B] Ⅲ地块　　　[C] Ⅴ地块　　　[D] Ⅵ地块

（3）住院楼（一）位于：（6分）

　　[A] Ⅰ-Ⅱ地块　　[B] Ⅲ地块　　　[C] Ⅳ-Ⅴ地块　　[D] Ⅵ地块

（4）门诊医技楼位于：（6分）

　　[A] Ⅲ地块　　　[B] Ⅳ-Ⅴ地块　　[C] Ⅴ-Ⅵ地块　　[D] Ⅵ地块

（5）住院及后勤出入口位于场地的：（6分）

　　[A] 东侧　　　　[B] 西侧　　　　[C] 南侧　　　　[D] 北侧

（6）室外康复场地位于：（6分）

　　[A] Ⅲ地块　　　[B] Ⅳ地块　　　[C] Ⅴ地块　　　[D] Ⅵ地块

[参考答案]（图30-5-42）

（1）C；（2）C；（3）B；（4）D；（5）D；（6）B。

[提示]

（1）6道作图选择题显然是本题考核的重点所在；即场地主次入口的方位，门诊楼、病房楼、康复楼的合理定位，以及室外康复场地的位置等，是本题的主要考核点。

（2）医院主要出入口宜面向城市主要道路，以方便人流集散。

（3）注意总平面图右下角指北针旁的风向标识，厨房应放在位于常年主导风向下风向的场地西北角。住院部与后勤出入口应布置在病房与厨房所在方位，故应放在场地北侧。

（4）场地西南角保留的树木提示那里布置集中绿地最为合适，室外康复场地与绿地结合布置则较为合理。

（5）各主要医疗建筑用连廊串联成梳齿状布局是现代医院的常用模式。

（6）注意病房楼与康复楼的日照间距必须保证。

（7）场地内的7m宽车道应尽量沿用地周边布置。在确保通达各建筑物与场地的同时，保证大部分室外步行区的安宁。

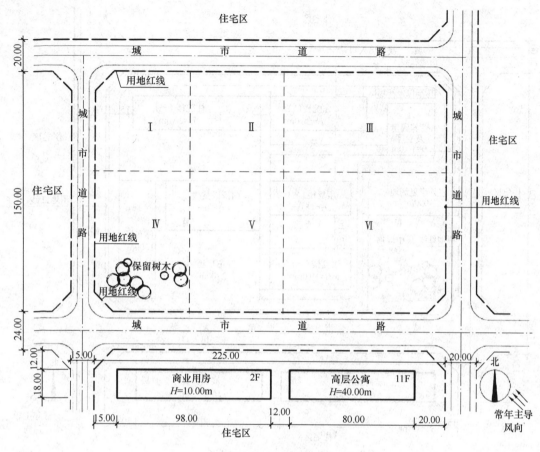

图 30-5-40 总平面图

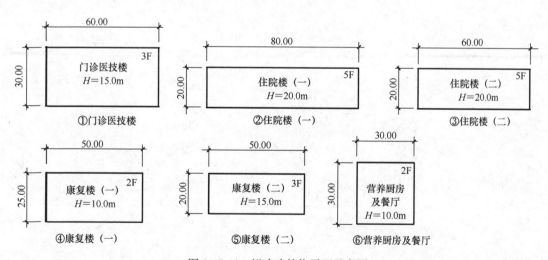

图 30-5-41 拟建建筑物平面示意图

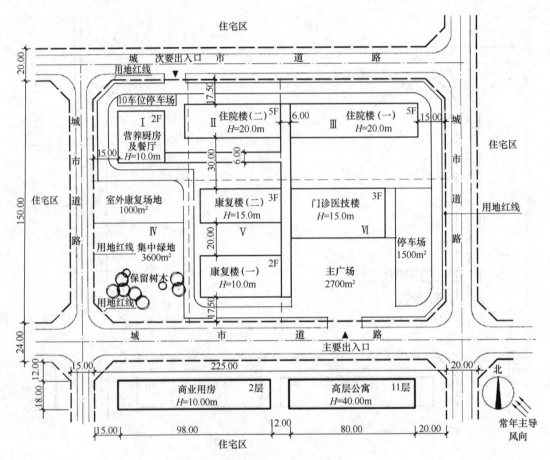

图 30-5-42　作图参考答案